☆美国名校学生喜爱的心理学教材☆

认知心理学

COGNITIVE
PSYCHOLOGY
In and Out of the Laboratory

原书 第 5 版

认知科学与你的生活

[美] 凯瑟琳·加洛蒂（Kathleen M. Galotti） 著 吴国宏 等译

机械工业出版社
CHINA MACHINE PRESS

图书在版编目（CIP）数据

认知心理学：认知科学与你的生活（原书第 5 版）/（美）加洛蒂（Galotti, K. M.）著；吴国宏等译 . —北京：机械工业出版社，2015.12（2025.4 重印）
（美国名校学生喜爱的心理学教材）
书名原文：Cognitive Psychology：In and Out of the Laboratory, 5th Edition

ISBN 978-7-111-52418-2

I. 认⋯ II. ①加⋯ ②吴⋯ III. 认知心理学 – 高等学校 – 教材 IV. B842.1

中国版本图书馆 CIP 数据核字（2015）第 295722 号

北京市版权局著作权合同登记 图字：01-2013-8064 号。

本书涵盖了了解人类思维的所有基本问题，例如我们是如何认知他人、事件及各种事物的，我们是如何记忆的以及我们究竟记住了什么，我们是如何在头脑中组织信息的，我们如何调动这些信息以及其他心理资源以做出重要的决策。作者通过本书告诉读者这一领域的知识是多么有趣，让读者了解认知心理学家们为什么会如此热衷于他们的研究。

本书适合于心理学、教育学、管理学、社会学、哲学、语言学等专业的师生和相关研究人员使用。

出版发行：机械工业出版社（北京市西城区百万庄大街 22 号 邮政编码：100037）
责任编辑：朱婧琬　　　　　　　　　　　　　责任校对：殷　虹
印　　刷：北京捷迅佳彩印刷有限公司　　　　版　　次：2025 年 4 月第 1 版第 13 次印刷
开　　本：214mm×275mm　1/16　　　　　印　　张：17.75
书　　号：ISBN 978-7-111-52418-2　　　　　定　　价：89.00 元

客服电话：(010) 88361066　88379833　68326294

　　20多年前，当我编写本书第1版时，才新晋为一名妈妈，并在卡尔顿学院（Carleton College）获得了终身教职。这是一份我热爱的工作，即使没有报酬我也愿意去做，但能够获得稳定的薪水我当然更兴奋。至今我仍旧对我的谋生方式有如此感受，再也没有一项工作比教书更好的了，也没有学生再比卡尔顿的孩子们更让我喜欢。许多学生影响了这一版以及之前的版本——在我说明某一个概念时所举的例子里，在他们独立完成的、扩展了我们对这些理念了解的项目中，也在他们对之前版本的反馈中（他们特别热衷于发现我的错误）。

　　当然，自从1992年以来发生了太多的改变。我生了一个儿子（现在读大学），还收养了一个越南女婴（现在11岁了）。学生和校园也经历了诸多改变，例如我们日益成为技术高手，并依赖于这些技术。而认知心理学领域更是变化多多，越来越强调神经科学以及情境认知，同时，在告知我们人们如何获得和使用信息的基础研究方面也取得了进展。这些改变当然值得定期地修订本书，可不是吗，我们现在有第5版了！

　　本科学生学习心理学会对认知心理学领域有不同的反应。有些人觉得它有趣而高雅，涵盖了了解人类思维的基本话题。要知道，认知心理学提出的是人的思维如何运作的问题，即我们如何认知他人、事件和物体；我们如何记忆，记住的又是些什么；我们如何在心理上组织信息；我们如何调动心理资源来做出重要决定。其他学生则认为，认知心理学领域弥漫着技术和"讨厌"的气息，充斥着远离实际生活的各种现象的复杂模型。

　　我编写本书所有版本的初衷就在于填补这一鸿沟——是想向后一个阵营中的学生传递信息，告诉他们这一领域所提供的知识是多么让人感到兴奋。我认为问题主要出在实验室研究与现实生活的分离上。教材往往是全然关注实验室的研究，却没有向学生展示这一研究工作对于现实问题会发挥多么重要的影响。我希望当学生们读完本书后，能够了解认知心理学家为什么会如此热衷于他们所从事的研究。

　　教材的作者既可以包罗万象，追求百科全书式的编写，也可以有所取舍，即便是很有价值的题目或研究也略过不用。我希望自己能在这两种方式中达到某种平衡，但必须坦率地承认，我更倾向于后者。这也符合我自己设定的教授目标，我喜欢将一些期刊上的文献作为教材章节的补充。我努力让章节保持相对较短的篇幅，冀望于讲授者用一些其他的阅读材料来加以补充。我坚信那些最好的课程都是讲授者在课程中对所授内容充满了热情，而课本内容相对简洁正是希望促进讲授者，用他们找到的尤为有趣的附加内容来补充教材，并使得课程更能体现讲授者自己的风采。

我更希望鼓励教师与学生，在看待认知现象的同时关注情境，这些情境既可以促进也会限制这些认知现象的发生。普遍的假设和从实验室里推广而来的知识并不一定适用于每一个人或任何场景。近来发展心理学、跨文化心理学以及关于个体差异的研究强烈地指出，这种笼而统之的表述说得好听点是过于简化，说得不客气就是编造了。我希望认知心理学新的研究能够保持其活力与精致，但在设计问题和议题时更具包容性，在承认普遍性的同时也充分认识到，对于不同的人与情境，情况也会有所不同。

本书的组织结构

本书基本上是一学期的课程，针对的是已经学过心理学导论的学生。开篇第 1 章是对认知心理学领域的纵览，并介绍了其研究方法和范式。接下来的一章回顾了大脑的结构与功能。在这两章导言性内容之后的各章则涵盖了认知核心方面的各个主题：知觉、注意、记忆。这几章所强调的是，既回顾定义该领域的堪称"经典"的研究，也介绍一些挑战长期以来人们认识的新方法。接着是关于知识表征和组织的章节，着重讨论我们是如何在心理上表征和储存日常生活中获得的大量信息的。再接下来的几章介绍的主题是所谓的"高级"认知，包括对语言、问题解决、推理和决策等主题的讨论。

而最后三章恰恰是本书有别于大多数"典型"认知心理学教材的地方。第 12 章介绍的是从婴儿到青少年时期的认知发展。最后两章介绍的是个体差异和跨文化研究的内容，通常不被纳入认知心理学的课程。我个人强烈感受到要想彻底地审视各种认知现象，就必须涉及这些主题的讨论。尽管传统的认知心理学家并不总是关注这些领域，但我深信他们应该关注，也迟早会关注。

所有重要的材料都被整合进课本，而不是生硬地抠出来，再放入学生们很可能忽略的专栏、旁白或附件之中。之所以这么做是源于我曾作为一名学生的经验，也得益于我的学生们的反馈，他们认为专栏里的内容会分散注意力，且常常将之视为可读可不读。我期望这些附件的省略传递给学生这样一个信息，即只有通过自己仔细地阅读和记笔记，才能更好地学习掌握知识，而不是用画重点或浮光掠影的方法来敷衍了事。

本版之新

本次修订是迄今为止本书最为重大的一次修改。几乎所有的照片、整个内部设计以及许多图片都已更新。这使得本书看上去焕然一新，也有助于吸引各类不同的本科生。

从编辑的效果看，本版做了大量的精简。对一些章节进行了合并，使得内容更富于组织化，篇幅也有所缩减。第 4 版的 16 章内容被压缩为 14 章。原本关于"语义记忆"以及"概念和分类"的不同各章被整合进"知识表征"这一章中。同样，"推理"和"决策"其实是彼此相关的高级认知活动，现在也合并成一章。

关于近来的一些研究工作可在本书各处找到。这里仅举几个小例子，在第 3 章中出现的"构型优势效应"，在第 6 章中出现的"测验效应"，以及在第 13 章中出现的对"学习风格"研究工作的述评等。

Contents | 目录

⊖⊜ 图表资料来源及参考文献见 http://course.cmpreading.com,注册后搜索本书,可在相应的页面下载。

认知心理学
历史、方法和研究范式

　　本书是关于认知心理学的，即人们如何获得、储存、转换、运用以及沟通信息的心理学分支（Neisser，1967）。也可以这么说，认知心理学涉及我们心理生活的方方面面：当人们进行知觉、注意、回忆、思考、分类、推理、决策等心理活动时，头脑内部究竟发生了些什么。为了对认知心理学有一个更好的感性认识，让我们一起思考一些认知活动的例子。

　　你正行走在一条漆黑且不太熟悉的街道上。天下着雨，雾蒙蒙的，你觉得身上挺冷，而且略微有点担心。当穿过一条小巷时，你眼角瞥到有什么东西一晃。于是你回头朝小巷进来的地方看去，发现有一个黑影正逐渐向你靠近。随着黑影越来越近，你看得越来越清楚，突然意识到原来它是……

　　在这一颇具情节剧色彩的例子中，你实际经历了哪些认知过程呢？总体来说，这一例子反映了信息最初的获得与加工过程。具体而言，这些认知过程包括**注意**（attention），从心理上关注一些刺激（神秘的影子）；**知觉**（perception），解释感觉信息以形成有意义的资讯；**模式识别**（pattern recognition），将一种刺激划归某一已知的类型当中；在认出影子是某一熟悉事物的过程中，无疑还会用到**记忆**（memory），即认知的信息存储和提取过程。所有这些加工进程都发生得非常迅速，也许就在几秒钟或更短的时间里完成。这个例子中大多数认知加工都是自动化的而无须付诸努力，通常我们自然而然地就会这么做。

　　以下是另一个例子：

　　你置身于一个拥挤的公共场所，假设是节日期间的商品大卖场。人群熙熙攘攘，你又热又乏。你走向附近的一条长凳，打算和其他看热闹的人一起休息片刻。正当你走过去时，一位年龄与你相仿的女士撞了你一下。你们双方连忙彼此打招呼（"噢，抱歉！""对不起"），互相对视了一眼，她立刻惊诧道，"噢，是你！你好吗？我从未想过会在这里碰到熟人，太难以置信了！"你的脸上也即刻呈现出友好而略带含混的微笑，以掩饰心中的困惑：她是谁呢？看上去挺眼熟的，但到底会是谁呢？以前的同班同学，还是和她一起露过营？从她的话语之间可以找到她是谁的线索吗？

　　这一例子显示的是你运用记忆加工的状况，包括**再认**（recognition）（你看见那位女士觉得眼熟）和**回忆**（recall）（你试图确定在哪儿认识的她）。这里当然还包含了其他的认知加工过程，尽管它们起的作用相对较弱。例如，你将同你说话的对象知觉为一个人，并确定为一位女性，或再具体一点，确定为一位似曾相识的女性。你对她加以关注。你还可能运用不同的**推理**（reasoning）和**问题解决**（problem solving）策略或技巧，来帮助自己确认她到底是谁。这一任务的成败其实取决于你将一生知识加以心理组织的效果，即你的**知识表征**（knowledge representation）。为了与她进行交流，你使用**语言**（language）和其他一些非语言线索和符号。最后，你必须为如何应对这样的局面加以**决策**

(decision making)：是承认你忘记了，还是试图掩饰过去？

正如上面两个例子所展现的那样，在我们的日常生活中包含了大量的认知活动，而且这些日常认知活动还相当复杂，往往包含了多个认知加工过程。然而，我们不太会意识到这种复杂性，因为我们的认知加工发生得如此频繁、迅速，且不需花多大的力气，以至于我们根本就觉察不到它们的进行。

在上述两个例子中，多个认知加工过程或者同时进行，或者是在间隔很短的时间进行。事实上，在这两个例子中我们几乎不可能准确地指出到底发生了多少认知加工过程，以及它们到底是按怎样的顺序进行的。这一不确定性恰恰很能说明日常生活中的情景：如此多的过程如此迅速地发生进行着，我们甚至不能肯定正在接收和运用着什么样的信息。那么，如何才能准确地研究人的认知活动呢？

这是所有科学家都面临的一个问题：如何对一个自然发生的现象进行充分而严谨的实验研究，以获得确定的结论。许多情况下解决的办法是，将该现象（或剥离具体内容后的简化版）分离出来并引入实验室。而面临的挑战就是要确定对于所研究现象而言，什么是核心根本，什么显得不那么重要。

例如，心理学家在研究记忆加工时，就常常会向实验被试呈现一组单词或无意义音节。然后，实验者控制或系统地改变一些变量，如复杂度、长度、词频、意义度、相关度以及词项呈现的速度，同时也控制改变参与实验者的警觉度、专长、练习和兴趣等，以观察他们的记忆效果。实验者假设，在实验室中能提高或降低参试人员表现的因素，在控制程度较低的情况下也同样会提高或降低人们的表现。研究人员进一步假设，虽然日常生活中人们不会碰到这样的记忆材料或以这样的方式来进行记忆，但是记忆加工的基本过程对于实验室或日常生活来说都是一样的。如果在实验室里增加需要记忆的词项数目，会导致记忆表现降低，因此我们同样也可以预期，在日常生活中，同等条件下如果需要记忆的内容多就要比记忆的内容少来得困难。

即使一个极其普通的活动，例如查看地图，也包含着许许多多的认知过程。

不过对于科学家而言，最为关键的挑战还在于确定他们所设计的实验室任务，能否真正保持所研究的认知活动的基本加工过程。如果在实验室以外根本就不是这么一回事，或者发生的情况与实验室中存在显著的差异，那么即使最为严格控制的实验也毫无价值。遗憾的是，现在还没有一种简便或有保证的方法来确保实验室任务准确无误地模拟现实中的情形。因此，学生和其他学科的"消费者"在考虑如何将实验情景应用于现实生活时，必须采取尤为谨慎的态度。通篇我们都将看到，实验室中的模型是如何能够准确或不能准确地描述、解释以及预测真实生活中的认知加工过程的。我们同样还应考虑到一些情景和个人的因素，诸如个体发展水平、人格因素、专业知识的掌握程度、性别以及文化背景等，也会影响认知加工过程。

在讨论具体的认知加工过程之前，对认知心理学领域作一番总体的了解将为我们建立起有效的知识框架，帮助我们更好地理解具体的课题、实验以及该领域中的发现。首先我们将回顾认知心理学的历史根源，看看这一学科究竟是如何建立起来的。接着，我们将审视认知心理学传统和常见的研究方法。最后，我们将一起领略代表该领域当今潮流的四种研究范式，或称思想学派。

1.1　认知研究的各种影响

如果要完整地记录现代认知心理学在整个人类历史进程中是如何逐步发展而来的，恐怕几本书都写不完，而且这显然也不是我们的意图。然而值得关注的是，有关一些特定心理能力的思想至少可以追溯到古希腊哲学家亚里士多德和柏拉图（Murray，1988）。比如这两位哲学家写过许多关于记忆性质的著作。柏拉图就将人的记忆储存比作在蜡板上的书写。在其他一些著作中，他又将人的思维比作一个有许多鸟在里面飞的鸟笼，记忆提取就是试图抓住一只特定的鸟：有时你能捉住，而有时你只能捉住一只附近的鸟。同样，当我试图回忆小学 3 年级坐在我后面的女生名字时，也不能准确地对上号（是琼、乔安妮还是安娜？），但我的选择会相当接近。

心理学的其他历史渊源可以追溯到 17 ～ 19 世纪的哲学家，包括洛克、休谟、约翰 S. 穆勒（John Stuart Mill）、笛卡儿、贝克莱（George Berkeley）和康德。这些哲学家同样在思维和知识的本质方面存在争议。洛克、休谟、贝克莱和穆勒追随的是亚里士多德，更多地采取经验论者的立场，而笛卡儿和康德赞同柏拉图的思想，是一种先验论的立场。

简单来说，**经验论**（empiricism）仰赖这样的信条，知识来自个体的自身经验，即来自人们从自身感觉和经验收集而来的经验信息。虽然经验论者承认基因上的个体差异，但是更强调人的天性中可塑性或可变性的特征。经验论者相信，人之所以成为他们自己，具有他们现在所具有的能力，在很大程度上是因为先前的学习。其中一种被认为是这种学习发生的机制，就是通过两种思想观念的心理**联结**（association）[⊖]。洛克（1690/1964）提出过，两种不同的没有关联的观念或经验，仅仅因为恰好同时在个体面前发生或呈现，就可以在人的头脑中联系起来。经验论者因而认为，环境在塑造人的智力（以及其他方面）能力时起到相当的作用。

先验论（nativism）的观点则正好与之相反，在获得各种能力、形成各种倾向时，更强调素质因素即天生的能力。他们认为天赋的作用甚于学习的作用。先验论者较少将个体能力方面的差异归为学习上的差异，而更多地从固有的差异，即生物学意义上天赋能力的方面去寻找原因。正如我们将会看到的那样，先验论是认知心理学中一种重要的思想。先验论者常常认为，有些认知机能是与生俱来的，本身就是我们作为人的一部分。某些"固有"的机能，如工作记忆，完全可以归为人类思维的先天结构，从一出生起就已初具形态，而不是由于经

验造成的学习、塑造或创造的结果。

有意思的是，仅仅在过去的 120 年间里，一些重要的认知方面的问题，诸如思维的实质和信息的本质等，才落入科学心理学研究的视野。事实上，在 1870 年以前，没有人真正思考过真实的数据资料是否会有助于解决任何这些有关的问题。而一旦人们开始付诸实施，实验心理学便随之诞生了。尽管如此，先验论者和经验论者之间的论战仍旧是 21 世纪的争论之一（Pinker，2002）。接下来，我们将一起回顾构成当今认知心理学基础的不同实验心理学流派。

1.1.1 结构主义

令许多学生都感到惊讶的是，心理学成为一门正式的学科只有短短 100 多年的历史。史学家常常将心理学学科的"诞生"追溯到 1879 年，以威廉·冯特（Wilhelm Wundt）在第一个进行实验心理学研究的学院建立实验室为标志（Fancher，1979）。冯特期望建立一门"心理科学"，以发现那些可以解释人们即时意识经验的法则。冯特尤其希望确定构成心理的最简单的基本单元。其实，他很想绘制一张像化学元素周期表那样的"心理元素"表。冯特相信，一旦找到这些元素，心理学家就可以确定这些单元是如何组合，并形成复杂的心理现象。冯特预见整个学科领域会致力于这样一种研究，即如何系统地改变刺激以影响或产生不同的心理状态。他在《生理心理学原理》一书中对此进行了描述（Fancher，1979）。

冯特及其学生进行了数以百计的研究，其中许多都运用了**内省**（introspection）的研究方法。虽然这一术语在今天有着"心灵探索"的意味，但冯特的这一技术却是更为特指的。它由一些训练有素的观察者（通常是研究生）执行，给他们呈现不同的刺激，并要求他们描述意识经验。冯特认为意识的原材料是感觉，因而感觉是在意义水平"之下"的。冯特尤其认为，任何意识思维或观念皆由感觉组合而成，且可通过 4 种特性来加以限定：方式（如视觉、听觉、触觉、嗅觉）、性质（如颜色、形状、质地）、强度和持续时间。

冯特的目标在于"梳理那些规定我们日常生活经验的习得范畴与概念"（Fancher，1979，p.140）。冯特坚

⊖ Association 有时也译作"联想"。——译者注

信只要经过恰当的训练，人们能够分辨并报告他们自己心理运作的情况。冯特的一位学生，爱德华 B. 铁钦纳（Edward B.Titchener）用**结构主义**（structuralism）这一术语来定义自己和冯特的工作（Hillner，1984）。这一术语表达了冯特着重关注的是心理的基本成分构成方面，而不是侧重于回答人的心理为什么会如它所发生的那样运作。

遗憾的是内省法被证实是存在问题的，稍后我们就会看见。尽管如此，现代认知心理学家欠冯特的还远不只是历史方面的债务。作为许多认知现象研究的先驱，他是第一个用科学方法研究认知方面的问题，并首先试图设计实验来检验其认知理论的心理学家。

1.1.2　机能主义

当冯特在莱比锡从事研究的同时，一位叫威廉·詹姆斯（William James）的美国人正在美国致力于建立一个新的心理学流派。从很多方面看，冯特和詹姆斯的立场是截然相对的。作为一位多产的研究者，冯特亲力亲为或监控了数以百计的严格实验，而其个人风格反而不为人所知。詹姆斯（作家亨利·詹姆斯的兄弟）则恰好相反，其进行的原创研究不多，却写了大量有关心理学的发现以及它们同日常生活关系的著作且文风优美（Fancher，1979）。由他编写的教科书《心理学原理》（1890/1983）至今仍享有很高的声誉，并被广泛地引用。

詹姆斯认为心理学的使命就是要对我们的经验加以解释。同冯特一样，詹姆斯也对意识经验感兴趣。然而与冯特不同的是，他并不关心构成意识的基本单元，而更关心为什么思维会如此运作。在他看来，心理的运作恰恰与它的机能有着千丝万缕的关系，所谓机能就是不同心理操作的目的。由此，**机能主义**（functionalism）一词便代表了他的这一派研究。

曾经将心理学问题引入了美国学术界的詹姆斯著作，至今仍为心理学的师生提供着思考的养料，可能就是因为它们如此地贴近现实的生活。从他教科书中最为人熟知的"习惯"一章的内容中就可以感受到这一特点。詹姆斯把习惯视为"社会的飞轮"（1890/1983，Vol.1，p.125），这是一种使我们的行为保持在规范以内的基本机制。在他看来习惯是必然而强大的，并由此得出了一个实际的结论：

再小的善举与恶行都会留下它微小的痕迹。在杰弗逊的戏剧中，醉鬼力普·凡温柯每次在犯了错误为自己开脱时总会说："这次不算！"好吧，他自己可以不算，仁慈的主也可以既往不咎，但其实它是被不折不扣地记录在案的。在他的神经细胞和纤维中分子正记录、登记并储存着它们，以备在下一次诱惑来临之际可以随时听命使用（James，1890/1983，Vol.1，p.131）。

詹姆斯的意思当然是说，人们应该非常小心地避免不良的习惯，而养成好的习惯。为此他提出该如何行事的建议，敦促人们在努力建立一个良好习惯的过程中，千万不要允许有一次例外存在，抓住机会果断行事，并采取一种每天付出"一点微不足道的努力"的方法，以确保"整个的努力"常存而不付诸东流（James，1890/1983，Vol.1，p.131）。其他一些美国心理学家也与詹姆斯有着相同的观点和立场。如同时代的机能主义者约翰·杜威（John Dewey）和爱德华 L. 桑代克（Edward L. Thorndike）都赞同詹姆斯的这一观点：思维或心理所做的最为重要的一件事就是使个体适应其环境。

机能主义者在很大程度上吸收了达尔文的进化论思想，并努力将生物学的适应概念扩展至心理学现象中（Hillner，1984）。结构主义者和机能主义者的分歧表现在方法和所关注的焦点上。结构主义者认为，开展实验心理学研究的适合场景是实验室，在那里实验刺激的日常生活意义可以被剥离，从而得以确定心理的真实特性。机能主义者尖锐地反对这一做法，主张去研究真实生活情景中的心理现象。他们的基本立场是，心理学家应该在完整的、现实生活的作业任务中研究完整的机体（Hillner，1984）。

1.1.3　行为主义

你可能已经在心理学导论课上学过了经典条件反射和操作性条件反射的术语。俄国心理学家伊万·巴甫洛夫（Ivan Pavlov）在先，其他心理学家如爱德华·桑代克在其后，运用这些条件反射机制，并严格借助可观察的刺激和反应来解释心理学现象。

在美国，**行为主义**（behaviorism）作为一个重要的心理学学派产生于 20 世纪 30 年代，直到 20 世纪 60 年代仍主导着心理学界。许多人将之看作机能主义的一个分支（Amsel, 1989）。行为主义的一则普遍信条就是将任何不可观测的、主观的心理状态（如意识），以及不可观察的、主观的心理过程（如预期、相信、理解、记忆、希望、决策和知觉等）通通排除在心理学的大门之外，在行为主义者看来心理学应当是对行为的科学研究。

行为主义者拒绝诸如内省这样的研究方法，因为它根本无法接受检验。在 1913 年发表的一篇文章中，约翰·华生（John Watson）最直接地表述了他所认为的心理学应该是什么和不应该是什么：

> 心理学在行为主义者看来是一门纯粹客观的自然科学，其理论目标在于预测和控制行为。内省法不是构成其方法的基础部分，通过内省法获得的资料数据也是没有科学价值的，因为它依据的是主体意愿，听任被试用意识的东西来解释说明。行为主义者致力于获取动物反应的单一格式，认为人与牲畜之间并不存在一条分界线。人的行为，不管有多么精致和复杂，也只不过是行为主义心理学家整个研究视野中的一隅而已（p.158）。

为什么行为主义的学者会如此不屑于用内省法呢？主要原因还是在于其显而易见的主观特性，以及它不能解决理论上的分歧和争议。假设给两位观察者呈现同样的刺激，一位报告是"绿色"，而另一位却报告是"黄绿"，那么到底谁正确呢？是其中的一人错误地表征或错误地解释了自身的经验？如果没有生理方面的原因（如色盲）可以解释他们各自不同的报告结果的话，科学家就只有无休止地争论了。尽管铁钦纳将参与其研究的人员限定为经过训练、懂得如何"恰当"内省的研究生，然而，此方法所产生的问题甚至比它能解决的问题还要多。这种推理是循环的：我们怎么能知道某种特殊的感觉就是构成认知的一个真正元素呢？因为受过训练的观察者这样报告。那我们又怎么能知道观察者是受过训练的呢？因为他们始终如一地报告某种感觉而不是其他的感觉是意识的真正基本要素。

华生事实上认为所有的"心理"现象都可以还原为行为和生理上的反应。而诸如"意象"和"思考"之类，在他看来都是低水平的腺体和小肌肉活动造成的结果。在他的第一本教科书中，华生引用证据显示，当人们报告称其在"思考"时，舌头与喉部的肌肉确实在轻微地蠕动。思维在华生看来只不过是这些肌肉的运动而已（Fancher, 1979）。

华生对认知心理学的贡献（摒弃使用所有的内部"心理语言"）大部分是负面的，他认为科学地研究内部心理现象根本就是不可能的。然而华生及其追随者的所为，也激励了心理学家思考超越主观内省的其他测量和研究方法，促使后来的心理学家建立更为严谨也更经得起推敲检验的假设和理论，以及更为严格的研究范式。

心理学史上最为著名的行为主义心理学家斯金纳（B.F.Skinner, 1984），在对待心理问题和心理表征的议题时，采取了另外一种不同的方式。斯金纳认为，不能因为意象、感觉和思维这些"属于心理方面的"实体难以研究，就将它们排斥在心理学的大门之外。他相信意象、思维之类的存在，并且同意它们作为研究的对象，但在对待这些心理事件时应采取与对待行为事件和活动根本不同的方法。他尤其反对假设**心理表征**（mental representations，即对信息的内部描绘）的存在，而认为心理表征是对外部刺激的内部拷贝。斯金纳认为意象和思维其实与用言语来标志某种身体内部的过程无异。即使心理事件是真实存在且是不同的一种实体形式，斯金纳也认为它们是由外界环境刺激所引起的，并通过行为表现出来。因此，他认为对刺激与行为之间的关系做一个简单的机能性的分析，就能很好地避免研究心理事件时所遇到的众所周知的难题（Hergenhahn, 1986）。

其他的行为主义者相对则更接受心理表征的思想。比如爱德华·托尔曼（Edward Tolman）认为，即使是老鼠也会有一些目标和期望。如他所解释的，当一只老鼠学走迷宫时，就必然会以获得食物为目标，而且必然会获得迷宫的内部表征——某种认知地图或其他在"头脑"中描述迷宫的方法，使其可以在迷宫的尽头定位食物。托尔曼的工作着重于展示动物同时具备期望和指引其行为的内部表征。

1.1.4 格式塔心理学

格式塔心理学（Gestalt Psychology）诞生于 1911 年德国法兰克福的一次会议上，与会的三位心理学家是马克斯·韦特海默（Max Wertheimer）、科特·考夫卡（Kurt Koffka）和沃尔夫冈·科勒（Wolfgang Köhler）（Murray, 1988）。正如格式塔其名（该德文单词可大致译为"构造"或"形状"）所寓意的那样，这些心理学家的核心假设是，心理现象不能还原成简单的元素，而是应该将它们进行整体的研究和分析。格式塔心理学家主要研究知觉和问题解决，他们相信，观察者不会从经验中简单基本的感觉方面形成一种连贯一致的知觉，而是会把经验的完整结构作为一个整体来加以理解。

图 1-1 即是一个具体的例子。我们注意到图 1-1a、图 1-1b、图 1-1c 包含相同的元素——8 条相同的线段。然而，绝大多数人对三种排列会产生不同的经验，将图 1-1a 看成 4 对平行线，将图 1-1b 看成 8 根杂乱排列的线段，而将图 1-1c 看作一个圆圈，或更为准确地说是由 8 条线段组成的 8 边形。在确立最后形成什么样的经验时，线段的排列（即作为一个整体的各元素之间的关系）起到重要的作用。

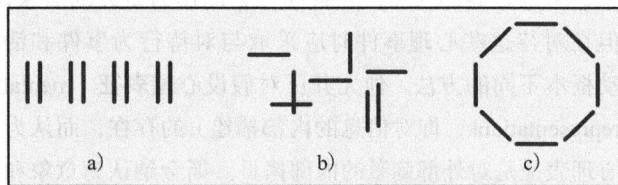

图 1-1 格式塔图的例子

虽然图 1-1a、图 1-1b、图 1-1c 都包括 8 条等长的线，但大多数人对它们的理解不同，将 a 图看成 4 对线段，将 b 图看成 8 个不相关的线段，将 c 图看成一个由 8 条线组成的圆。

格式塔心理学家由此拒绝接受结构主义、机能主义和行为主义的观点，因为它们都不能对心理方面，尤其是认知方面的经验提供完整的解释。他们选择有关刺激的个体主观经验作为研究对象，着重关注人们是如何使用或运用结构，并规定自己经验的。他们相信思维会运用其自身的结构对刺激加以组织，特别是将知觉组织为整体，而非分割的部分。这些整体趋于将刺激简化，这样，我们在听到某个旋律时就不会觉得这是单个声音的集合，而是更大的、更富于组织的单元：旋律段。

1.1.5 个体差异研究

在此我们还有必要提及心理学史上另外一种立场，尽管并没有特别的"学派"与之相联系，即由弗朗西斯·高尔顿（Francis Galton）爵士及其追随者致力研究的人类认知能力的个体差异（individual differences）。高尔顿是达尔文的半个表弟⊖，在 20 多岁出头时就继承了一笔数目很大的遗产，使他能够从事感兴趣的研究。高尔顿自己也是一位天才（他在两岁半就会读写了），并

在英格兰的剑桥大学学习医学和数学。像他的许多同学（也如现在的大学生）一样，高尔顿备感学业上的压力和竞争，并且"一直关注自己与其他同学相比所处的位置"（Fancher，1979，p.257）。这一强烈的痴迷（曾几度导致他在剑桥的崩溃）最终变成了他一生的兴趣，测量人们的智力。

高尔顿对人与人之间智力差异的兴趣，部分源自他阅读了表兄查尔斯·达尔文有关进化的著作。达尔文认为，动物（包括人类）是经过一种他称之为自然选择的过程进化而来的。有些特质被永久地保留下来，因为个体一旦拥有这些特质就更容易生存和繁殖。高尔顿想知道智力才能是否也可以被遗传。他注意到"智力""聪明""超常"似乎会在家族中蔓延。也就是说，聪明的家长会生出聪明的孩子。当然，这既可以用遗传也可以用环境来加以解释（例如，智力出众的家长在教育上可能提供更多的资源，或者能够让儿童的学习更有兴趣或更具有动机）。于是，高尔顿有关遗传究竟在智力上起到多大作用的问题是难以回答的。在这一问题上，高尔顿运用其数学特长来分析数据（通常是"卓越"人士的系谱图），并且在后来发明了统计测验的方法，有些至今仍在使用。

高尔顿（1883/1907）研究了一系列的认知能力，每一种都着重从测量能力的方法入手，并且关注不同个体之间的差别变化。在他所研究的这些能力中（在实验室和"自然"场景中）有心理意象。他设计了一个问卷，指导人们去"想某个确定的物体，比如今天早晨你吃早点时的早餐桌，并仔细地考虑在你头脑中浮现的画面"（p.58）。然后他问，这一意象是模糊还是清晰？该意象中所有的物体都能很好地确定吗？该意象的某些部分是不是能更好地界定？意象中物体的颜色很特别还是很自然？高尔顿吃惊地发现，这些能力是存在极大差异的：有些人几乎说不出什么意象，而有的人则意象生动，甚至很难区分它们是意象！

高尔顿为心理学留下了很多的传奇，尤其是在认知心理学方面。他所发明的测量心理能力的测验和问卷，也激励后来的认知心理学家发展出类似的测量。他的统计分析方法，后来又经其他统计学家的改进，使得假设能够得到严格的检验。他关于心理意象的著作仍然为当

⊖ 高尔顿的母亲和达尔文的父亲是同父异母的兄妹，故文中会有半个表弟之说。——译者注

今的研究者所引用。更为广泛地看,高尔顿的工作同时挑战了那些相信遗传具有相当重要影响力的心理学家和持截然相反意见的心理学家,让他们思考心理(即认知的)能力的实质。

1.1.6 "认知革命"与认知科学的诞生

尽管早期试图定义和研究心理生活,但心理学,尤其是美国的心理学在20世纪上半叶几乎都为行为主义传统所笼罩。然而,在第二次世界大战后的几年中,来自学科内外的几股历史潮流汇聚到一起,产生了许多心理学家认为的认知心理学领域中的一次"革命"。这一**认知革命**(cognitive revolution)其实包含了一系列新的心理学研究,主要是反对行为主义的主张,将心理事件和心理状态排除在科学研究领域之外,否认心理表征的存在。"革命者"尤其指出,如果不考虑人对世界的心理表征,就不可能对人的心理机能进行完整的解释。这是对极端行为主义基本原则的直接挑战,因为在行为主义者看来,诸如"心理表征"之类的概念是无助于解释行为的。

这些历史潮流中最先确立的**人因工程学**(human factors engineering),本身就是战争的产物。在大战期间,军事人员必须训练有素以操控各种复杂的装备。工程师很快就发现,他们必须设计出与人们操控能力相吻合的装备(如有仪表控制盘的设备、雷达屏幕和通信装置等)。Lachman、Butterfield等人(1979)提供了一个这方面的例子,告诉我们为什么这些问题的解决非常重要:

有一种型号的飞机在降落时常常坠毁。后来发现是飞行员用来刹车的操纵杆与收回起落装置的操纵杆靠得过近导致。在降落过程中,飞行员的视线不能离开跑道,他只能通过触摸来进行操纵。有时,飞行员就会误收起落装置而没有拉刹车杆,这就造成飞机的机腹以极高的速度接触地面。防止飞机坠毁的最好办法不是让驾驶员小心再小心,为了防止机毁人亡他们已经高度谨慎了;改进训练程序也徒劳无功,许多即使有着丰富安全降落经验的飞行员仍旧重蹈覆辙,包括后来驾驶火箭的航天员亦是如此。

最为合理的解决办法是重新设计飞机的控制系统,让制动和回收降落装置的手臂动作完全彻底地有所区别(p.57)。

心理学家和工程师由此建立起人机系统的概念,现在更为准确的说法是**人-机系统**(person-machine system),即由人所操控的机器必须很好地根据操控者的生理、认知和动机方面的特点与局限来加以设计。

第二次世界大战中的心理学家也从通信工程中借用了许多的概念、术语和类比。工程师关心的设计是电话和电报系统,它们通过不同的"渠道"(如电报用的电缆和电话线)来进行信息的交换。不同通道在单位时间内可以传递的信息量以及传递的准确性上都是有所差异的。很快,人就被视作与为人熟知的非生命沟通渠道具有同样性质的特定沟通渠道。因而,人也被称为信息的**有限能力加工者**(limited-capacity processors)。

那么什么是有限能力加工者呢?顾名思义,它意味着在某一特定的时刻人只能从事有限的工作。当我打字的时候,就很难(事实上是不可能)同时听到一个谈话最后说什么,阅读一篇社论,或跟上一段电视新闻。同样,当我集中注意结算支票簿的时候,不可能同时背诵乘法口诀表,或记起从幼儿园开始我所有的老师。虽然我也可以同时完成一些任务(我可以边看电视边叠洗好的衣服),但同时进行任务的数量和种类却是有限制的。

乔治·米勒(George Miller)于1956年发表的《神奇的数字7±2》(The Magical Number Seven, Plus Or Minus Two)就是着重描述这一局限的经典论文,他观察了对于大多数正常成人而言,①我们可以不经记数而分辨知觉的不相干事物的数目,②我们可以即刻记住在一列清单上所列的不相干事物的数目,③我们可以完全区分的刺激的数目,一般都在5~9。米勒的工作由此向我们展现,人的认知能力局限是可以被测量和检验的。

与此同时,对语言进行研究的**语言学**(linguistics)发展清楚地表明,人们通常可以加工非常多的复杂信息。诺姆·乔姆斯基(Noam Chomsky)的工作彻底改革了语言学领域,语言学家和心理学家都逐渐认识到研究人们如何获得、理解及生成语言的重要意义。

此外,乔姆斯基的早期著作(1957,1959,1965)显示,行为主义的理论不能充分地解释语言。以语言是如何获得的为例,行为主义者可能把语言获得解释为家长对孩子符合语法的言语、发音加以强化,而对不符合语法的言语行为进行惩罚(或至少不予强化)的结果。

然而，语言学家和心理学家很快都认识到，这样的解释必然是错误的。一方面，那些对和父母在一起的年幼儿童进行观察的心理学家和语言学家发现，家长一般是对儿童言语行为的内容而非其形式加以反应的（Brown & Hanlon, 1970）。另一方面，即使家长（或教师）有意识地试图纠正儿童的语法，往往也不能奏效，儿童似乎就"听"不懂问题所在，如下面的对话中我们所看到的那样（McNeil, 1966, p.69）：

儿童：没人不会喜欢我。（原文为 Nobody don't like me，存在着明显的语法错误）

母亲：不，应该说"没人喜欢我。"（Nobody likes me）[这样的对话重复了 8 遍]

母亲：错了，现在仔细听好。跟我说，"没人喜欢我。"

儿童：噢！没人不会喜欢我。

（显然这位母亲关心孩子的语言要甚于情绪方面的发展！）

因此，乔姆斯基的工作给心理学家提出了一个根本的挑战：此时我们已经了解到人类是有限能力加工者了，那又怎么会如此迅速地获得这样大量复杂的知识体系——语言，并且随心所欲地加以使用呢？

如同工程师关于机器必须设计成符合人的特点观点加以修正，许多语言学家试图描述一些非常复杂的系统，足以对语言进行加工。乔姆斯基（1957, 1965）认为，构成人们语言能力基础的是一个潜在的规则系统，即广为人知的普遍语法（generative grammar）。这些规则使得说话者生成的以及听者所理解的句子在语言中"合法"。例如，"你把燕麦麸皮粥全都吃完了吗"就是一句符合语法、构成良好的句子，但是"麸皮是否全部的燕麦吃了你的粥"就不是。我们的普遍语法，即一种心理表征形式的规则系统会告诉我们这些，因为它能够产生（生成）第一句句子，但不会是第二句。

乔姆斯基（1957, 1965）并不认为所有关于一种语言的规则都能被该语言的使用者有意识地了解。相反，他认为这种语言规则的运作是潜在和内隐的：我们不需要准确地了解所有的规则是什么，但我们可以轻易地使用它们，生成可以为人理解的句子，防止出现那些啰嗦又词不达意的句子。

认知革命的另外一支发端于**神经科学**（neurosci-ence），即对构成心理和行为机能的大脑基础的研究。神经科学领域的一个主要争论其实已持续近百年，全都可追溯到笛卡儿关于**机能定位**（localization of function）问题的阐述。说某种机能"定位于"大脑某一特定的区域，也就意味着承认是神经结构支撑了存在于大脑特殊区域的机能。在 1929 年发表的一篇重要论文里，卡尔·拉什利（Karl Lashley）这位极富影响的神经科学家提出，没有理由相信人的主要机能（如，语言或记忆）是定位的（H. Gardner, 1985）。

然而，20 世纪 40 年代后期及 50 年代的研究逐渐形成气候，都对上面的观点提出挑战。唐纳德·赫伯（Donald Hebb, 1949）的研究显示，某些机能如视知觉，是经过长期的细胞集群（cell assemblies，即大脑中细胞组的联结）的建立而构成。诺贝尔奖获得者，神经生理学家戴维·胡贝尔（David Hubel）和托斯登·威塞尔（Torsten Wiesel）发现，猫的大脑视皮层的某些特殊细胞特异化地只对特定刺激（如线条的定位、特殊的形状等）做反应。同样重要的是，胡贝尔和威塞尔还展示了早期经验对神经系统发展的重要性。如果小猫在生活环境中受限制地只能经历水平直线的视觉刺激，今后它就不能发展知觉垂直线的能力。这一研究显示至少有一些机能在大脑中是定位的（Gardner, 1985）。

在认知革命的大潮中还有一些线索不容忽略，同样也可以追溯到第二次世界大战：那就是计算机与人工智能系统的发展。1936 年，一位名叫阿兰·图林（Alan Turing）的数学家写了一篇论文，描述了这一"万能机器"，这个数学实体性质虽然简单，但是理论上却能解决各种逻辑和数学的问题。这篇论文最终使一些心理学家和计算机科学家提出了**计算机隐喻**（computer metaphor）：将人的认知活动比作运行着的计算机。正如计算机必须输入数据那样，人也必须获取信息。

计算机和人都要储存信息，也因此必然具有使得这种储存成为可能的结构和加工过程。人和计算机也常常需要对信息进行重新编码，即改变信息被记录和呈现的方式。人和计算机还必须操作这些信息——以某种方式使其形式加以改变，如重新排列，对信息进行增减，从中进行推演等等。从事**人工智能**（artificial intelligence）问题研究工作的计算机科学家现在研究的是，如何设计程序使计算机能够解决人类才能解决的问题，以及在解决这类问题时计算机是否能够运用人所采用的同样方法。

20 世纪 70 年代，不同领域的研究者逐渐发现，他们对问题的研究殊途同归：思维以及认知的本质；信息是如何获得、加工、储存和传递的；以及知识是如何表征的。来自认知心理学、计算机科学、哲学、语言学、神经科学和人类学等不同领域的学者认识到彼此的共同兴趣，协同创立了这门跨学科领域的**认知科学**（cognitive science）。加德纳（Gardner，1985）甚至将 1956 年 9 月 11 日于麻省理工学院举办的、一些该领域创始人出席的一次关于信息理论研讨会的日子，定为这门学科的生日。加德纳（1985）指出，认知科学领域具有一些特定的共同假设。其中最为重要的一条是，认知必须在所谓的表征水平（level of representation）上来加以分析研究。这意味着认知科学家同意，认知理论可以使诸如符号、规则、意象或思想等用加德纳的话来说"在输入和输出之间可见的……所有内容"（p.38）都有机地结合在一起。因此，认知科学家关注的是信息的表征，而非大脑中神经细胞是如何工作的，或者是历史和文化的影响之类。

1.1.7 一般要点

上述的每一心理学学派都为现代认知心理学留下了宝贵的遗产。结构主义间的问题是，思维的基本单元和过程是什么？机能主义学者提醒心理学家关注认知加工所达成的更大目的与情境。行为主义者敦促心理学家提出可供检验的假设，避免无解决可能的争论。格式塔心理学家则指出，对每个单元的理解不会自动地引领我们对整个加工过程和系统的理解。高尔顿则向人们展示了个体在认知加工过程中的差异与不同。工程学、计算机科学、语言学以及神经科学的发展，揭开了信息如何被有效地表征、储存及改变形式的奥秘，为认知心理学家提供了类比和隐喻，使他们可以以此构建和验证各种认知模型。随着接下来进入更为专门的议题，我们将会发现更多这样的例子，告诉我们认知心理学的不同根源是如何影响和规定这些领域的。

我们应该记住的一点是，认知心理学会影响其他领域所做出的发现，正如其他领域也会影响认知心理学的发现一样。这些研究方法、术语和分析的共享与借鉴，给许多研究者以殊途同归之感。这也要求所有认知心理学家都时刻关注与认知有关的其他领域的最新动向和发展。

1.2 认知心理学的研究方法

在整本教科书中，我们将领略许多不同的、有关认知的实验研究。在详细讨论这些研究之前，我们将先考察一些认知心理学所采用的不同类型的研究方法。以下的描述并没有穷尽认知心理学家可以采用的所有研究方法，但也足以让你领略认知心理学领域最主要的方法。

1.2.1 实验和准实验

在认知研究中最常采用的方法是心理学实验。一个真正的**实验**（experiment）是，实验者操纵一个或多个自变量（实验条件），并观察记录指标（因变量）是如何随之发生变化的。实验与观察法（我们随后将进行讨论）的主要区别就在于研究者对研究的实验控制程度。进行实验控制，意味着实施实验者会将被试分派到不同的实验条件之下，以尽可能地减少他们之间事先存在的差异。理想的情况是，实验者除了能够控制研究所关注的变量之外，还能控制所有可能影响被试表现的变量。

例如，一个认知心理学的实验可以按以下方式展开：实验者招募一些人员来参加一个有关记忆的研究；随机将他们分成两组；给每组呈现完全相同的刺激，采用完全相同的程序和实验场景，仅在两组的指导语（自变量）方面有所不同。实验者随后观察这些被试在稍后的记忆测验中的整体表现（因变量）。

这一例子展示的是一种**被试间设计**（between-subjects design），即将不同的实验被试分配到不同的实验条件中，研究者从中寻找两组被试表现上的差异。与之相对，**被试内设计**（within-subjects design）是将同一名被试放在一个以上的实验条件之中。例如，被试可以同时执行几项记忆任务，但每项任务的指导语都不相同。研究者然后比较被试在第一种条件下的表现与同样的被试在其他条件下的表现。

有些自变量会妨碍随机分配。比如，实验就不能随意将被试分配到不同的性别、种族、年龄或教育背景之中。有些研究在其他方面看很像是实验，但自变量中有一个或几个这样的因素存在（或在另外一些方面不能保证成为真正的实验），我们称之为**准实验**（quasi-experiments）(Campbell & Stanley，1963）。

科学家推崇实验和准实验，因为它们使得研究者可以分离出那些真正形成因果的因素，比起单独使用观察法能够更好地说明因果关系。然而，许多实验并不能在实验任务或研究设计中完全捕捉和反映现实世界中的现象。实验室场景、实验任务的人为性以及形式化会阻碍研究被试正常地表现。而且，经得起实验研究检验的任务不一定就是日常生活中最为重要或最为一般的现象。因此，实验者也要承担研究的现象只与人们的现实生活经验有微弱联系的风险。

1.2.2 自然观察

顾名思义，**自然观察法**（naturalistic observation）是指一名观察者在熟悉的日常情境中对人们的认知活动进行观察。例如，研究者可以观察人们是如何弄明白位于机场的一台新的自动取款机（ATM）的使用方法。理想状况是观察者尽可能地不去侵入观察对象的领地，将由此造成的对被观察者行为的影响和改变降低到最低程度。在前面提到的例子中，研究者可以站在附近，悄悄地记录下使用 ATM 机者的言行举止。但要真正做到不引人注目其实非常困难。观察者必须确定被观察的人感到自如，而不会有"众目睽睽"之下的感觉。同时，也要尽量避免造成被观察者"表演"情况的发生。在任何情况下，观察者都很难对其观察的效果进行完全的评估；尽管如此，不进行观察又如何能够知道他们做了些什么呢？

观察研究的优点在于研究的事物是在现实生活中发生的，而不仅仅是在实验室内。心理学家将这一性质称为**生态效度**（ecological validity）。另外，观察者还有机会看到在自然条件下认知加工是如何运作的：其灵活变通情况如何，它们是如何受环境变化影响的，以及真实的行为到底有多么复杂丰富等。自然观察法相对简便易行，执行起来一般不需要耗用大量的资源，也不需要人们充当正式的研究志愿者。

自然观察法的缺点是缺乏**实验控制**（experimental control）。观察者无法分离出不同行为或反应的原因。所能做的无非是搜集观察资料，并尝试推导出其间的相互关系。尽管不同的假设似乎都有道理，但观察者却没有

办法去证实它们。有些心理学家认为，自然观察法最适合用来确定问题、议题以及所感兴趣的现象，随后可以运用其他的研究方法进行探索。

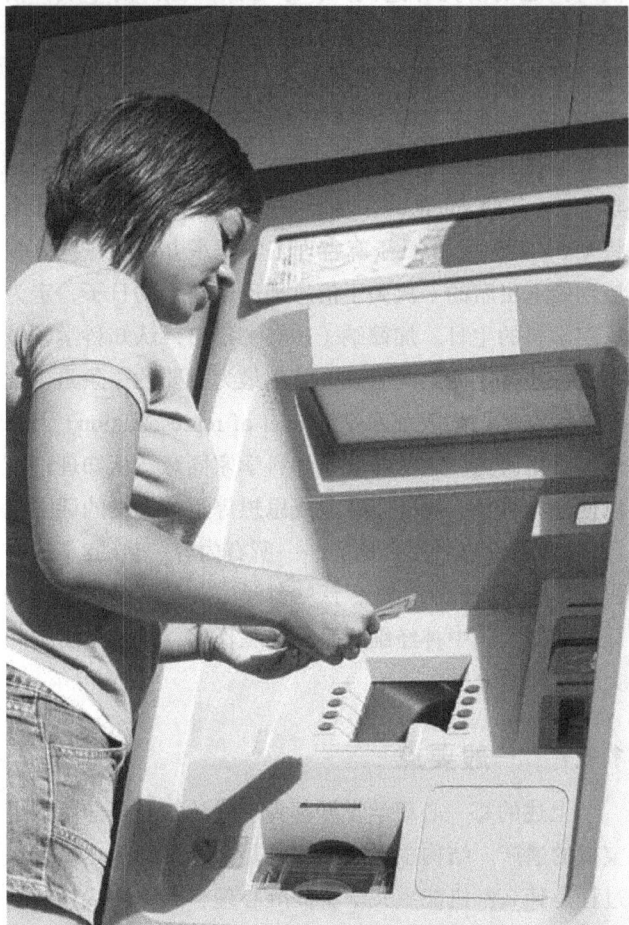

记录人们在特定情境中的行为需要使用自然观察法。

所有科学家要面临的第二个问题是，观察者记录的充其量也就是最初计划以为重要的内容。观察的场景和挑选用来观察的对象，选择记录的行为和反应，记录的方式，以及观察的持续时间和频度，所有这一切都会影响到观察的结果和稍后得出的结论。此外，任何观察者带入实验的偏见（在第11章中我们会看到，任何人都会受到各种偏见的影响）都会限制甚至扭曲观察的记录。

1.2.3 控制观察和临床访谈

顾名思义，**控制观察**（controlled observation）这一方法允许研究者对观察实施的场景施加稍多一些的影响。研究者选择此方法进行研究时，试图将所有被试活

动的场景加以标准化，在许多情况下通过操纵某些特殊条件，观察被试如何受到影响。比如在自动取款机的例子中，研究人员可以让取款机对不同的人显示不同的提示指导语。研究仍旧属于观察性质（因为研究者没有控制使特定人员在特定时间里用这台机器），但研究者却努力以某些特定的方式对所要观察的行为进行引导。

在**临床访谈**（clinical interviews）法中，研究者会更多地规定研究进程。一开始，研究者会问每一位被试一系列开放性的问题。询问者会让被试去想一个问题，并描述自己是如何解决的。但进入临床访谈法的环节，就不会让被访者自由地做出反应，而是让他们根据另一系列的问题做出回答。根据被访者的回答情况，访谈者可以顺着一条或其他可能的提问路线继续下去，在关注特定议题或问题的同时，也照顾到每一位被访者自身的思考和经验。

1.2.4　内省法

前文中我们已经介绍过这种独特的观察法，它一直可以追溯到冯特的实验室中。所谓内省技术，就是指观察者对自身心理过程的体察记录。例如，被试在没有纸和笔的条件下解答复杂的算术题，在解题的过程中请他们"出声地思考"。

内省法除了观察法具有的所有长处和缺点之外，还有一些专门的特点。一个附加的好处是对自身反应和行为进行观察，这可以使我们更深入地了解领悟一种经验以及影响该经验的各种因素，提供一幅较外部观察者所能提供的更为丰富和完整的画面。然而，观察自己也是一柄双刃剑。虽然从某种意义上说它要优于外部观察者的观察，但也可能由于涉及自身的认知活动而更加容易带有偏见。人们在观察自身的心理过程时，可能更关心自己的操作表现水平，并可能因此驱使他们以不被察觉或无意识的方式扭曲自己的观察。获得的有关自身心理过程的结果，可能要比实际情况更具有组织性、更富有逻辑或更完整等。人们一般不愿意承认他们的认知活动中会有错误和不经意的地方。另外，对于一些认知任务（尤其是一些颇具要求的任务）而言，观察者可能很少再有多余的精力来观察和记录。

1.2.5　对神经基础的研究

大量认知神经心理学的研究工作都是检验人们大脑的。在 20 世纪下半叶以前，这类检验工作只有在病人去世以后对其进行尸体解剖时方能进行。然而，自 20 世纪 70 年代以来，**诸多脑成像**（brain imaging）技术（即构建未受损完整大脑的解剖和机能图像）发展和建立起来。我们将在第 2 章中对这些技术进行介绍和讨论。

1.2.6　一般要点

以上对不同研究设计提纲挈领的介绍只是对所有我们能够看到的重要内容的一种粗浅描述，然而，还是有几个需要关注的要点。首先，认知心理学家使用各种不同的方法对认知现象加以研究。在一定程度上反映了各自哲学立场的不同，因而才会决定他们认为对于研究而言什么才是重要的，以及如何在这些方法的优点与短处方面做出权衡。而在另外一方面，这也反映了研究者在各自工作中所采用的知识框架或范式（稍后便会对此展开讨论）。同时也表明，对于不同的认知领域需要由不同的研究方法来加以应对。

其次，没有一种研究设计是完美的。每一种方法都有其潜在的优点和局限，研究者在设计研究时必须加以权衡。不论是学生、教授还是其他研究者，都应批判并心存感激地仔细思考这些研究设计是如何解决所呈现的研究课题的。我希望读者在本书接下来的内容中，在发现认知心理学家已经完成的大量研究实例时也能牢记这些。

1.3　认知心理学的研究范式

在审视了认知心理学的历史渊源以及研究方法之后，现在我们再将目光转向当现代的认知心理学。在本节中，我们将一起了解认知心理学家用以规划和进行研究的 4 种主要研究范式。

首先，什么是研究**范式**（paradigm）呢？该词有许多种相关的含义。可以这样理解，范式是一个知识体系，该知识体系根据服膺于此的学者所推崇为重要或不重要的内容建立起来。范式包括研究某一现象时研究者所做的假设，同时它也规定了在研究过程中应该采取什么样的实验和测量方法。因此，范式是用来引导研究者对各种现象加以研究和理解的知识框架。

在学习每一种范式的过程中，试问自己如下问题：构成该范式基础的假设是什么？该范式所强调的问题或议题是什么？每一种范式所运用的类比（诸如在计算机和思维之间所做的类比）是什么？每一种范式所推崇的研究和测量方法是哪些？

1.3.1　信息加工的方法

信息加工的方法（information-processing approach）于 20 世纪六七十年代在认知心理学领域独领风骚，并且至今都有深远的影响（Atkinson & Shiffrin，1968）。正如其名称所寓意的那样，信息加工的方法在人类认知和计算机信息处理之间进行了一种类比。信息加工方法的核心思想是，认知可以视为信息（我们所看见、听到、阅读和思考的内容）在一个系统（即我们，或更具体地说，是我们的头脑）中经过。

以信息加工研究方法为信条的研究者常常认为，信息经历了不同阶段的加工（被搜集、储存、记录、转换、提取和传输），并且在加工过程中储存于特定的位置。因此，此范式的目标之一就是确定这些阶段和存储位置，以及它们具体是如何运作的。

构成信息加工研究方法基础的还有其他一些假设。一种观点是将人的认知能力看作相互关联的"系统"。我们知道，不同的个体具有不同的认知能力，例如不同的注意广度、记忆能力、语言技能等。信息加工理论家试图找到这些不同能力之间的相互关系，并用来解释个体是如何运用它们以解决特定认知任务的。

根据计算机的类比，信息加工心理学家认为，人就如同计算机，是多用途的符号操作者。换言之，人和计算机一样，只需对符号（如字母、数字、命题或场景等）进行一些心理运算，就能表现出许多令人惊异的认知技能。因此，这些信息是以符号的形式储存的，其编码和存储的方式会极大地影响它们日后是否容易地被加以使用（如，当我们想回忆某些信息，或以某种方式运用它们时）。

图 1-2 显示的就是一个多用途的信息加工系统。从图中可以看到不同的记忆存储，信息保留其中以备今后使用，还有不同的加工过程，在不同的阶段对信息进行处理运算，或将信息在不同的存储中加以转换。有些特定的加工过程用于信息加工的开始阶段，如侦测和识别；另外有些加工，如记录和提取，则与记忆存储有关；还有如推理和概念形成这样的加工，则是将各种信息以一种新的方式组合在一起。在该模型里，方框代表存储，箭头表示加工过程（有时人们将信息加工模型称为认知的"方框箭头"模型）。总之，该模型最适合用计算机科学家所称的流程图来加以表示，它代表了信息在一个系统中的序列流动。

信息加工的传统根植于结构主义。推崇结构主义的学者试图确定认知进程中所使用的基本能力和加工过程。工程和传播领域同样受惠于本学派所运用的计算机类比法。信息加工学派旗帜下的心理学家对个体和发展中的差异与基本能力和加工过程之间的差异如何相互关联尤其感兴趣。一般来说，信息加工心理学家用实验和准实验的技术方法来进行研究。

1.3.2　联结主义的方法

20 世纪 80 年代早期，来自诸多不同领域的研究者开始探索其他可以用来解释认知且不同于信息加工范式的方法。他们所建立的体系被称为**联结主义**

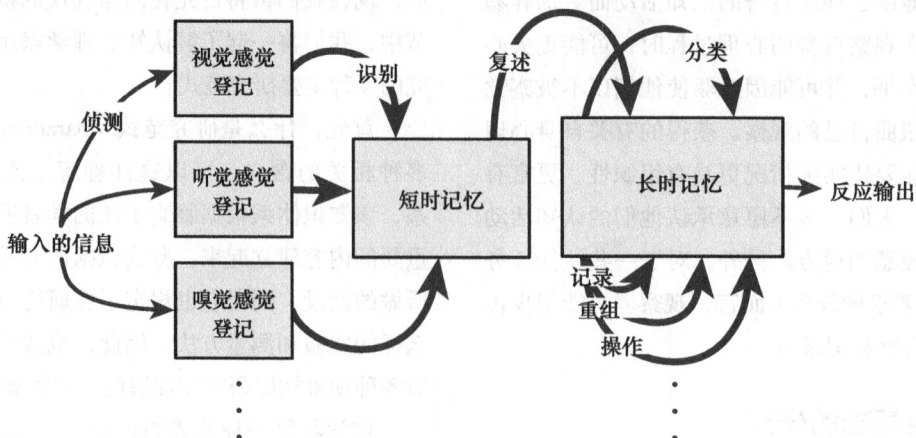

图 1-2　典型的信息加工模型

（connectionism），有时也称之为平行分配加工（parallel-distributed processing，PDP）。它将认知描述为一个由简单（而且常常是众多）加工单元联结所构成的网络（McClelland，1988），其名号也正由此而来。由于有时将这些单元同神经元进行对比，后者用来传递神经电位，并构成一切感觉和肌肉动作的基础，故有时我们也将联结主义模型称为**神经网络**（neural networks）（从技术上说，联结主义模型和神经网络模型之间还是有所区别的，但在此我们不做讨论）。

在一个庞大的网络中，每一个单元都与其他单元联结。在任一时刻，每一单元都具有一定的活跃水平。而其具体的激活水平则有赖于来自环境和来自与该单元相连的其他单元的输入。两个单元之间的联结都是有权重的，既可以为正也可以为负。所谓正权重的联结就是一个单元可以激活或提升与之相连的单元的激活水平；而负权重的联结效果正好相反，它会导致相连单元活性的抑制或降低。

信息加工方法与联结主义方法之间的一个主要区别在于它们假定认知加工发生的方式。在信息加工模型中，认知加工一般被看作以系列加工的方式进行的，即加工分不同的阶段（一个加工首先进行，然后将信息供给下一个加工过程，而下一个加工又会将信息传入再下一个加工过程）。与之相对，大多数（不是全部）联结主义的模型假设认知加工是以平行（或并行）的方式进行，可以同时进行许多不同的加工。

联结主义的框架由此产生了众多不同的模型，它们的不同主要体现在所假设的单元数量、单元之间的联结数量及方式以及单元与环境的联系方面。然而，所有这些模型都具有的共同点是，无须假设一引导信息从一种加工或存储区流向其他加工或存储区的中央处理器的存在。取而代之的是，用不同的激活方式来解释不同的认知过程（Dawson，1998）。知识不是储存在不同的存储区中（如图 1-2 中描述的方框），而是储存于单元之间的联结当中。当新的联结方式得以建立，并由此改变了单元之间联结的权重时，学习便发生了。

Feldman 和 Ballard（1982）在一篇早期描述联结主义特点的文章中提出，这一方法较之信息加工方法更符合大脑运作的方式。他们认为，人脑由许多神经元构成，它们以不同的复杂方式彼此相互联结。两位学者断言：

联结主义的基本前提是，单个神经元不会传递大量符号化的信息。相反，它们通过与其他数量众多的相同单元的恰当联结来进行计算。这与盛行于计算机科学和认知心理学领域的有关智力的传统计算机模型是截然不同的（p.208）。

Rumelhart（1989）更简洁地指出了问题的关键："联结主义试图用大脑的类比来取代信息加工体系中的计算机类比（p.134）。"

与信息加工方法一样，联结主义也从结构主义汲取有关认知是如何运行的思想。不过，信息加工心理学家注重的是计算机科学，而信奉联结主义的学者更偏向信息的认知神经心理学（对脑损伤的病人或不同寻常的大脑结构进行研究）和认知神经科学方面，并以此作为他们建立有关理论和模型的基础。在对待认知方面，相比联结主义而言，信息加工方法试图做出更为抽象、更具有符号水平的解释。联结主义模型更关心"符号下"（subsymbolic）水平：认知加工到底是如何被大脑执行的。作为一种比信息加工更新的范式，联结主义刚刚开始着手对个体和发展中的差异做出解释。大多数联结主义学者致力于运用以神经网络模型为基础的计算机编程，重复那些实验和准实验研究的发现。

1.3.3 进化论的方法

人们具有的一些最为突出的认知能力和成就，在我们自己看来是理所当然的。最明显的两个例子就是我们正确感知三维物体的能力，以及理解和产生语言的能力。这些能力有时看来微不足道，再寻常不过了，因为三岁小童都能表现得很好。然而，从事人工智能研究的学者很快发现，编制程序让计算机执行哪怕是最为简单的同类任务都不是一件容易的事（Winston，1992）。

那么为什么儿童能够完成这样的任务？为什么大多数人看来似乎能够不花什么力气就能轻易地执行这些任务，即使那些不见得是天才和特别聪明的人也如此呢？有些心理学家试图从进化论中去寻找答案（Cosmides & Tooby，2002；Richerson & Boyd，2000）。他们的观点大致如下：像其他动物的心理一样，人的心理也是一个生物系统，随着世代的更替而逐渐进化。和动物心理一样，它本身也遵循自然选择的法则。因此，为了应对我们的祖先所遭遇的环境变化，人的心理会以某些特定的而不是其他方式，对进化的压力做出反应，以适应和调整。进化心理学家 Leda Cosmides（1987）指出，我们的祖先所经历的环境不仅仅是物理意义上的，而且还是生态和社会意义上的环境。

按照这样的说法，人所具有的各种特定领域的能力皆是进化遗传使然。Cosmides 和 Tooby（2002）认为，人拥有"经过进化的大量不同性质的、确实发展了的、用于问题解决的程序，每一种都专门用来解决某一类或某一特殊领域的适应性问题（诸如语法的获得，求偶，讨厌某种食物，认路等)(p.147)"。换言之，人拥有针对某一特定情境或特殊类型问题的专门技巧和机制（包括认知机制）。

Cosmides 和 Tooby（2000，2002）相信，我们祖先所面临的最为要紧的问题是一些社会性的问题，如建立和巩固社会联系等。为了实现这一目标，人们必须善于对花费和收益进行推算，并且能够识别社会交换中存在的欺骗。因此，进化论心理学家预计，当人们对欺骗行为进行推理时，其推理能力尤其会得到促进和发展，这也是我们将要在第 11 章中详细讨论的议题。

总而言之，持进化论观点的心理学家相信，只有了解我们祖先所面临的生存进化压力，才能更好地理解这一系统。在他们看来，只要我们了解进化的力量是如何以某种特定的方向，而不是其他可能的方向塑造和规定人的推理系统发展的，再来解释该系统究竟是如何运作的就会容易得多。

1.3.4 生态学的方法

研究人类认知的第四种方法是由心理学家和人类学家共同提出的，相比信息加工方法和联结主义的方法，它与进化论的方法拥有更多的相同之处。该方法的核心要旨是，认知不会独立于其广阔的文化情境而单独发生。所有认知活动都会受到文化以及它们所发生情境的规定和影响。

该学派当代学者 Jean Lave 进行了一些令人兴奋的研究，很能反映**生态学方法**（ecological approach）的特点。Lave（1988）将"成人数学方案"（Adult Math Project）的结果描述为"一次关于日常数

学实践的观察性和实验性调查"（p.1）。Lave、Murtaugh 和 De la Rocha（1984）对人们在日常生活中运用算术的情况进行了研究。在其中一项研究中，他们跟随在杂货店购物的人之后，分析人们如何以及何时计算"最佳购物方案"。结果发现，人们在不同的情境下运用的计算方法各不相同。这有点奇怪，因为在我们所处的文化中，学生接受的教导是对某一特定类型的所有问题都运用同样的专门公式加以计算，以获得有限数量的答案。为了加以说明，不妨比较一道 3 年级老师布置给学生的典型算术题："布兰迪有 8 个贝壳，妮基有 5 个。他们两人共有多少个贝壳？"而下一个问题是由一位在杂货店购物的顾客提出并加以解决的，是关于她为家里买一周所吃的苹果数量的算术题：

家里还有三四个（苹果），而我有 4 个小孩，在接下来的 3 天里至少每人要吃两个。这些东西我不得不经常补给，但家里冰箱的储存空间有限，所以我也不可能将它塞满……现在我正待在夏季家中，这是一种不错的小吃。而我也很喜欢在午饭时来一个苹果（Murtaugh，1985，p.188）。

Lave（1988）指出，解决这类算术问题与解决学校中的问题两者之间存在许多的不同。首先，第二个例子有许多可能的答案（如，可以是 5，6 或 9），而不像第一个例子中只有唯一的解（13）。其次，第一个问题是别人让解题者解决的，而在第二个例子中，问题是由问题解决者自己提出的。最后，第一个问题与个人的实际

以生态学方法考察人的每日活动，如每日的购物习惯来进行认知学的研究。

经验、目标和兴趣无关，而第二个问题直接来源于日常生活。

虽然这是生态学学派近来研究的方向和兴趣，但是，研究日常生活情境中认知活动的想法其实在早些年前就已提出。持该观点的一位主要人物就是吉布森（J. J. Gibson），他关于知觉的研究工作我们将在第 3 章中详细展开介绍。吉布森的朋友和同事尤里克·奈瑟尔（Ulric Neisser）在 1976 年写了一本旨在重新指明心理学研究领域的著作，提出研究应该指向更为"现实"的认知现象。

我们可以看到生态学方法其实受到了机能主义和格式塔学派的双重影响。机能主义者关注的是认知加工的目的，这当然也是一个生态学的问题。格式塔心理学强调任何经验产生的周围情境，这一点与生态学方法非常一致。生态学方法否认与广阔现实情境相分离的、在人工环境下进行的对认知现象的研究价值（甚至是可能性）。因此，该方法较少依赖实验室中的实验和计算机的模拟，更倚重自然观察和现场研究的方法来探索认知。

1.3.5 一般要点

以上介绍的 4 种研究范式都对认知心理学的发展做出了重要的贡献，从某种意义上说，它们为我们如何对认知基本原理加以必要的澄清和理解提供了互为补充的视角及观点。信息加工研究范式使研究者关注认知的机能方面，即用什么样的加工过程可以得到什么样的结果。联结主义的方法与之正好相反，关注的是构成认知基础的"硬件"，即信息加工模型描述的整个认知加工过程是如何在大脑中执行的。进化论方法关心的是，一个认知系统或机能是如何历经世代逐渐进化的。生态学的方法则强调，要想更彻底地了解认知加工在现实世界中是如何运作的，就必须考虑到它们周围的情境。

当然，并不是所有的认知研究都一定要严格地落在 4 种范式的其中一种。有些研究整合了不同范式的各个部分，还有的则根本就没有依据这些范式。然而，我期望这 4 种研究范式可以为我们研读各种具体的研究提供一个有用的知识背景。

这一框架为我们阅读本书接下来的部分，更为详细地讨论某一特定的认知议题时提供了线索。自始至终，你都要关注这些研究是如何指向日常生活里的认知活动的。问题的提出以及用以回答它们的研究方法是否恰当？理论假设是如何影响和规定了问题提出的方式？研究的发现意味着什么，接着又产生了什么样的新问题？

认知心理学是我的研究领域。毫不奇怪，我发现它充满了神奇而意义深远的问题，复杂却不失精巧，而且同许多日常生活紧密相关。我希望在阅读完本书之后，你也能发现这是一个重要的研究领域，值得我们去关注和了解它的内容。

概要

1. 认知在我们的日常生活中起着非常重要的作用。我们认为自己大多数的认知经验都是理所当然的，因为我们认知活动的运作是如此按部就班，以至于根本就不会去注意它们。然而，只要仔细审视就会发现，许多认知活动的复杂程度是令人惊讶的。

2. 我们考察了认知研究中的不同传统流派，将研究的历史至少追溯至冯特在莱比锡的实验室。我们已经看到不同流派的思想如结构主义、机能主义、行为主义和格式塔学派以及这些流派是如何构筑认知研究问题的。

3. 结构主义作为一个与威廉·冯特相联系的心理学学派，致力于寻找和发现那些能够解释我们直接意识经验的法则和原理。结构主义者尤其期望找到构成心理的最简单的基本单元，并确认这些单元是如何进行组合以形成复杂心理现象的。

4. 机能主义的代表人物是威廉·詹姆斯，该学派将心理学的基本目标锁定为了解心理的机能，即这些心理机能使得个体适应周围环境的方式。

5. 行为主义有时被看作机能主义的一个分支，它认为心理学的核心任务是科学地研究行为，即心理经验的可观察结果。激进的行为主义者坚持认为，与不可观察的主观的心理状态（如意识）以及不可观察的主观过程（如预期、相信、理解、记忆、期望、决定、知觉）有关的内容，都应屏除在心理学研究的大门之外。

6. 格式塔心理学派的基本观点是，心理学现象不能还原成简单的元素，而必须以其整体的面貌和形式来加以分析研究。格式塔心理学家认为，观察者不是以经验中简单、基本的感觉特点来形成一个完整的知觉，而是将经验的完整结构作为一个整体来加以理解。

7. 弗朗西斯·高尔顿强调个体差异，认为即使是成人，在认知特性、能力和偏好方面也是存在差异的。

8. 当今的认知心理学研究既受到领域之外其他学科的影响，也为其他学科的创新做出了贡献。这些学科包括计算机科学、传播学、工程学、语言学、进化论以及人类学。

9. 认知心理学利用了许多不同的研究方法，包括实验、准实验、有控制的观察和自然观察。

10. 我们回顾了当代认知研究中4个主要范式或知识框架。范式会让研究者采用特定的假设、引领问题和研究方法。

11. 信息加工范式强调阶段性的信息加工和加工进程中信息的特定储存。

12. 联结主义方法将认知加工描述为一种网络联结的激活与抑制模式，这一网络联结是在简单（且通常是众多）的加工中形成，其各自的运行是并行的。

13. 进化论范式考察的是经历很长一段时间后，认知加工是如何受到环境压力的影响而被塑造的。

14. 生态学范式强调的是环境和情境影响塑造认知加工进行方式的途径。

复习题

1. 在认知研究中实验室中的实验以及自然观察各自发挥了什么样的作用？

2. 结构主义、机能主义和行为主义这三个心理学"学派"之间存在着哪些相同和不同之处？

3. 什么是心理表征？格式塔学派、信息加工学派、行为主义以及联结主义的心理学家对这一概念各自有什么样的看法？

4. 请描述认知发展和个体差异的研究是如何对认知心理学产生影响的。

5. 什么是"认知革命"？它的结果如何？

6. 评述认知心理学的主要研究方法。

7. 比较和对比本章介绍的4种认知心理学的主要研究范式（信息加工、联结主义、进化论方法和生态学方法）。

大　脑
结构与功能概述

认知心理学领域刚刚兴起时（20世纪五六十年代），当时的认知心理学家发现，尽管大脑的运作相当有意思，但似乎与了解认知加工是如何进行的没有必然联系。普遍的观点是，描述认知过程与结构最好在高于神经水平的抽象层面进行，因为神经水平的机制被认为超乎寻常的复杂。很多人担心，假如你想了解人们是如何学习法语动词结尾的话，去描述大脑中每一个神经元如何运作根本不可能有完整的解释。用诸如记忆存储区（可能实际并不存在）这样理论化的术语可以说明的问题，改从大脑神经元细节层面入手反而无法提供有用的解释。因此，理论家开始在不同"水平"的解释之间进行区分，如符号化和抽象地解释认知，与之相对的是，从神经水平解释实时认知加工的实际运转。

在何种水平的解释对不同类型的理解而言最为有用的问题上，心理学家、生物学家、哲学家和计算机科学家之间仍存在很大的争议。但是，越来越多的认知心理学家开始对大脑如何运作感兴趣，并将其视为认知活动的基础。尽管哪一种水平能够提供最为有力的解释问题依旧，许多认知心理学家还是认为，如果不了解大脑发展和运作的实际知识就无从研究认知。

当然，大脑的运行及其与认知的关系本身就是一个宏大且复杂的问题，在此我们只作简要的介绍。感兴趣的学生可以参考其他关于此议题的深入探讨（如，Gazzaniga，2009；Reuter-Lorenz，Baynes，Mangun & Phelps，2010）。首先呈现一些大脑成长的数据：大脑在胎儿期经历了从 0 ~ 350 克（大约3/4磅）的生长，但出生后这一进程并未停止。当个体在年龄20岁左右时，大脑重量达到1 350克（约3磅）的峰值（Nowakowski & Hayes，2002）。出生后大脑的生长主要发生于儿童4岁之前，但有些变化却会一直持续到成年。

2.1　大脑的结构

在谈及大脑时，显然会涉及大脑众多不同的结构。首先要对大脑的不同划分加以讨论，让我们从大脑的系统划分开始。图2-1展示的是成人大脑的不同结构，也包括中脑。中脑之上的部分称为前脑（包括脑叶，稍后我们将详细讨论）。中脑以下的部位称为后脑。在之后的介绍中我们将尤其关注大脑皮质，它属于前脑的一部分。首先，我们将简要地介绍一些后脑和中脑的内容。

2.1.1　后脑与中脑

后脑（hindbrain）由脑桥、髓质和小脑组成（B. Garrett，2011）。**髓质**（medulla）（有时也被称作延髓，medulla oblongata）将信息从脊髓传递到大脑，并负责调节诸如呼吸、血压、咳嗽、喷嚏、呕吐和心率等生命支持机能（Pritchard & Alloway，1999）。**脑桥**（pons 取自拉丁语的桥）也起到神经传导中继站的作用，负责将一侧身体的信息"交叉"传递至对侧大脑。它还与平衡、睡眠以及唤醒有关，并涉及视觉和听觉加工。

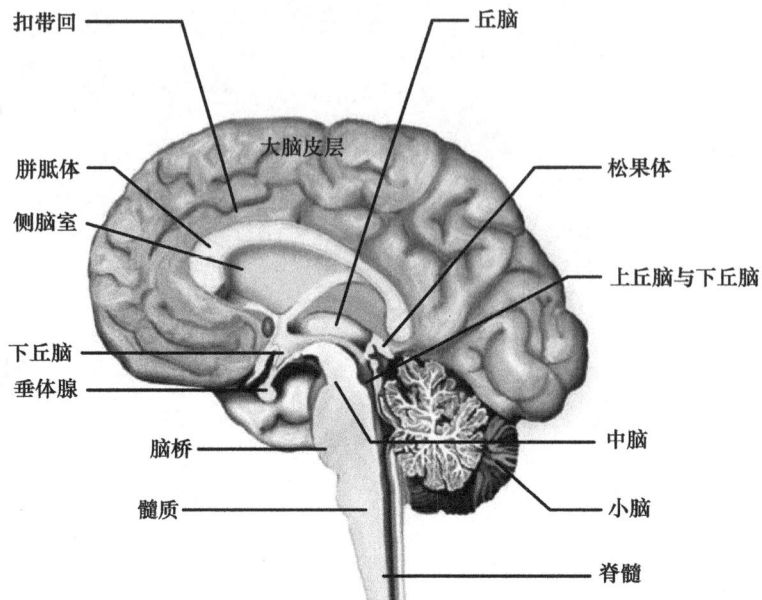

图 2-1　人类大脑内部特征侧视图

小脑（cerebellum）包含了调节肌肉活动的神经元（B. Garrett，2011）。它是最原始的大脑结构之一，也负责平衡并与一般运动行为及协调有关。小脑损伤会造成不规则的动作和抽搐、颤抖，损害平衡和行走步态。小脑还与人们在视觉与听觉之间转换注意有关，同时还处理与时间有关的刺激，如节奏（Akshoomoff & Courchesne，1994）。

中脑（midbrain）位于大脑中间（一点也不令人感到意外）。中脑包含的很多结构（如上丘脑和下丘脑）与大脑不同区域之间的信息转运有关，如小脑与前脑之间的信息转运。中脑的另一个结构——网状结构（reticular formation），则帮助人们维持与唤醒有关的觉醒和警觉（B. Garrett，2011）。

2.1.2　前脑

因为我们关心的是认知的议题，所以余下来针对大脑的讨论将集中在前脑（forebrain）。有些前脑结构已在图 2-1 中呈现。如丘脑（thalamus），是另外一个信息中转的结构，尤其是向大脑皮质的传递（Pritchard & Alloway，1999），稍后我们就将谈及。下丘脑（hypothalamus）通过释放荷尔蒙来控制脑垂体，而这些特殊的化学物质可以帮助调节人体其他的腺体。下丘脑还控制着所谓自我平衡的行为，如进食、饮水、体温控

制、睡眠、性行为和情绪反应。

前脑的其他一些结构如图 2-2 所示。**海马体**（hippo-campus）与长时记忆的形成有关，**杏仁核**（amygdala）负责调节情绪记忆强度并与情绪学习有关，也位于前脑（事实上，是在下面就将提到的内侧颞叶里面），同样还有与动作行为有关的基底核（basal ganglia）。

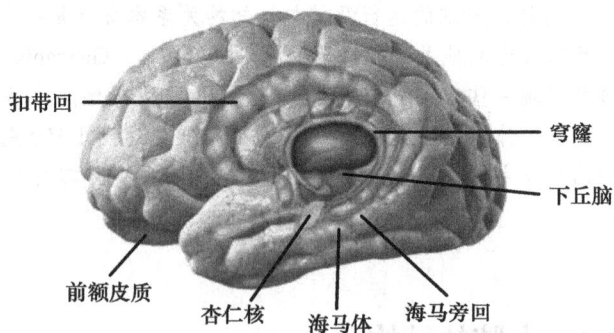

图 2-2　大脑边缘系统结构

我们将在接下来的章节中讨论许多这样的大脑结构，包括海马体和杏仁核。而现在，我们将着重讨论端脑（cerebrum，拉丁语大脑一词）这一大脑中最大的结构。它包括**大脑皮质**（cerebral cortex），由大约 6 层神经元构成，之下是白质，负责在皮层与丘脑之间或皮层的不同部分之间传递信息。

图 2-3 展示的是大脑皮质更为详尽的图解。神经

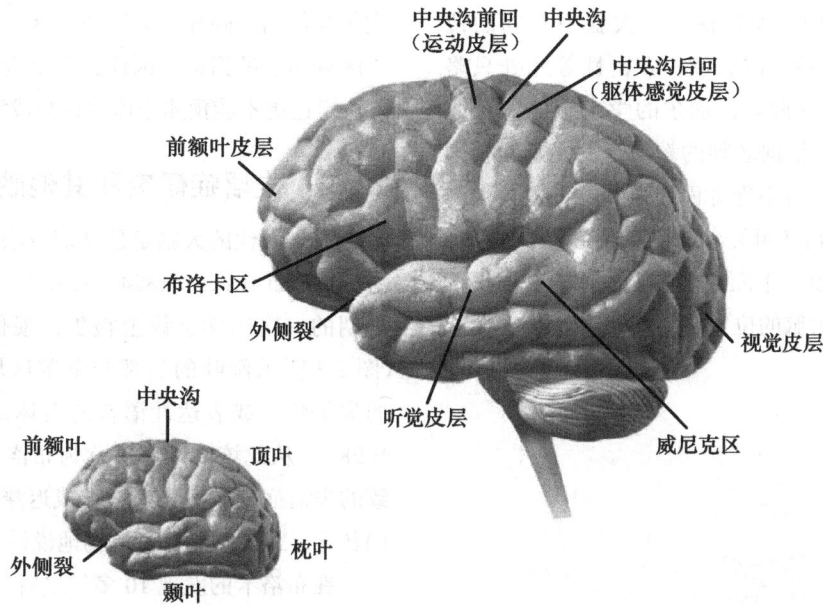

图 2-3　脑叶和位于大脑半球表面的功能区

学家将大脑分成四叶，它们分别是**额叶**（frontal，在前额下面）、**顶叶**（parietal，在头顶部的头盖骨下面）、**枕叶**（occipital，在头的后部）和**颞叶**（temporal，在头的侧部），左右半球或通过胼胝体（额叶、顶叶和枕叶的情况）或通过前连合（颞叶的情况）相互连接。中央沟（central sulcus，大脑表面一条明显的浅凹槽）将额叶和顶叶分开；另外一条外侧裂（lateral fissure）划分出颞叶的范围。由于头有左右两侧，所以事实上每一种脑叶都有两叶：右额叶、左额叶，右顶叶、左顶叶，依此类推。

顶叶包含置于中央后回（postcentral gyrus；脑回是大脑中的回或脊）内的躯体感觉皮层，是紧贴着中央沟的区域。躯体感觉皮层与对来自躯体的信息加工有关，如痛觉、压觉、触觉和温觉（Pritchard & Alloway, 1999）。枕叶负责视觉信息加工，而颞叶处理听觉信息，并使得我们可以辨认人脸这样的特定刺激。因为颞叶就在与记忆有关的杏仁核和海马体之上，所以一旦颞叶受损也将导致记忆的瓦解。

额叶有三个不同的区域。**运动皮质**（motor cortex，位于中央前回）负责精细运动动作；前运动皮质看来与此类动作的计划有关。**前额皮质**（prefrontal cortex）关乎神经科学家所称的**执行功能**（executive functioning），即计划、做决定、执行策略、抑制不恰当行为，以及运用工作记忆加工信息。损害前额皮质的特定部位会导致

人格、心境、情绪以及控制不恰当行为能力的显著改变（Pritchard & Alloway, 1999）。

前额皮质具有最长的成熟期，似乎是最后成熟的脑区（Casey, Giedd & Thomas, 2000）。有趣的是，它也是衰老影响大脑走向生命终点进程中"首当其冲"的区域之一。已有的假设认为，这一在最长时期中最具可塑性的脑区也对环境中的毒素和压力源最为敏感。

2.2 功能定位

当我们说特定的脑区或结构各自发挥不同的特定作用时（如提及记忆或注意时），你会怀疑这样说的依据何在。即，认知科学家是如何知道某个脑区在做什么呢？回答就在功能定位研究之中，这是一种映射大脑的方法。

2.2.1 官能心理学和颅相学

功能定位的原初思想可以追溯至奥地利解剖学家加尔（Franz Gall, 1758—1828）提出的定位理论。加尔相信所谓**官能心理学**（faculty psychology），当然这一术语与你的大学老师为什么疯了或者没疯没有任何关系。官能心理学的理论认为，阅读或计算这样不同的心理能力是独立和自主运作的，分别在大脑不同的部

分执行（Fodor，1983）。加尔认为，大脑中不同的位置与父母之爱、好斗性、占有欲、守密性等此处只略指一二的官能相联系。此后，加尔的学生施普尔茨海姆（Johan Spurzheim）根据老师的教诲，发展了**颅相学**（phrenology）研究，声言心理方面的强和弱可以与大脑不同区域的相对尺寸精确相关。当然，现在这样的思想早已不再为人们所接受。下图的塑像上显示的是根据该理论，不同官能位于大脑的位置。

颅相学头像头颅上的不同位置对应着特定的功能。

颅相学的主要问题不在于其大脑不同部位控制不同功能的假设，而在于两个附加的假设：①大脑某一部分的大小与其相对的能力相对应；②不同官能之间是完全独立的。现在我们知道，不同的心理活动（例如知觉和注意）并不是完全相互区别独立，而是以很多不同的方式相互作用。同样，大脑或脑区的整体大小并不能作为该区域功能的指征。因此，大脑内部凹凸深浅的结构不能决定也更不能预测个体在认知或社会方面将如何运作。

2.2.2 失语症研究和其他映射技术

更为现代的大脑定位功能方法可以追溯到保罗·布洛卡（Paul Broca，1824—1880），他在 19 世纪 60 年代早期的一次医学会议上报告，损伤左额叶的特定部位（图 2-3 所示额叶的后部与下部区域）会导致一种特别的失语症，或表达性语言的破坏（Springer & Deutsch，1998）。从此该脑区就被称为布洛卡区，而该区受损导致的失语症则被称为布洛卡或迟滞型失语症，患者的语词贫乏，或者不能非常流畅地说话。

在布洛卡的发现 10 多年之后，卡尔·威尼克（Carl Wernicke，1848—1904）宣告发现了大脑中的第二个"语言中枢"，该区域控制语言的理解（与语言的生成相对）。这一脑区现已被命名为威尼克区，位于颞叶后侧的上方，在左半球更为典型，可参见图 2-3。威尼克失语症（也称流畅型失语症或空洞型失语症）患者说起话来乍一听其音高和节奏的轮廓似乎也很流畅，但是言语往往没有任何意思且包含很多乱语。同时，此类病人理解言语的能力也会有所损害（Pritchard & Alloway，1999）。

其他一些神经心理学家开始在特殊脑区损伤与丧失特定运动控制和感觉接收上建立联系。运用动物研究或作为解决诸如癫痫这样问题的神经外科手术的一部分，科学家开始在额叶"标画"出运动皮质区的部分，参见图 2-3。

另外，神经心理学家也标画出第二块脑区，位于顶叶紧靠运动皮层的后方，称为**初级躯体感觉皮质区**（primary somatosensory cortex，见图 2-3）。与运动皮质区一样，初级躯体感觉皮质区的组织构成也是每一部分都分别接收身体特定部位的信息。与运动皮质区相同，身体某个特定区域对应在大脑的"居住面积"并不与该身体部位的大小成比例。例如，身体中像腿这样大片的区域，对应在主要皮质区上却只占很小的一部分。而更为敏感的身体部位，如手指或嘴唇，对应在大脑中的相应区域就显得很大。

前面的讨论会给读者这样的印象，即大脑中的每一个部分都可以对应于某种特定的感觉、行为、思想、记忆或其他的认知加工。然而，这种观点是错误的。尽管运动和感觉接收具有图 2-3 所示的某种映射，但更多所谓的高级认知加工，如思维和回忆，其实并不如此。

多数神经科学家倾向于这样的观点，即高级认知加工太过复杂而且彼此相互联系，在大脑中不会只局限于任何单一的区域（Pritchard & Alloway，1999）。这一观点得到了卡尔·拉什利（Karl Lashley，1890—1958）研究工作的支持。他进行了一些堪称神经科学里程碑式的研究，测评大脑**切除术**（ablation，摘除大脑的某些部分）对白鼠走迷宫能力产生的影响效应。拉什利（1929）报告，走迷宫能力的损伤与被切除的大脑皮质的总量有关，而不是特定的部位。

使既有的关于大脑的图景复杂化的是大脑**可塑性**（plasticity）的概念（Black，2004）。根据损伤和所包含的功能，有些脑区可以适应性地"接管"受损区域的功能。一般来说，患者越是年轻，损伤越不是广泛性的，重获这一机能的可能性就越大。

2.3　功能偏侧优势

保罗·布洛卡报告其病人的"语言中枢"远不只是为了证明功能的定位。从那时起，他和许多神经心理学家都发现，涉及一些认知功能，尤其是涉及语言时，两个大脑半球似乎发挥着不同的作用。我们将这一现象称为功能**偏侧优势**（lateralization）或功能偏侧化。

绝大多数个体（大约 95%）的语言特异化半球都是左半球。此类人的左半球显得更大，尤其是在语言功能所在区（Springer & Deutsch，1998）。我们称此类人具有语言的左脑优势。一小部分人群没有这样的特异化，而是两个半球都具有语言功能（他们被称为双侧化个体），更少一部分人的语言中枢是在右半球。

如果语言优势在左半球，那么右半球又起到什么作用呢？从结构上看，右半球的顶叶和颞叶区往往较大，以此推测，右半球相比左半球而言，对视觉与听觉的信息整合更好，对于空间的加工也更佳。右半球与几何拼图、在熟悉的空间导航，甚至还与音乐能力相关（Springer & Deutsch，1998）。

在大脑两侧半球功能的区分上，有人将左半球称为分析脑，而将右半球称为合成脑（N. R. Carlson，2013）。其观点是左半球尤其擅长对信息进行系列化的加工，即关于事件的信息依次出现。如果是加工一个句子，单个的词就按照顺序依次被说出或读出。相反，右脑更具整合性，是将个别的信息聚拢形成一个整体。右脑加工更多的是构建地图或其他空间结构，画素描以及在迷宫中寻求出路等。

流行杂志上的文章会对左右半球做更多的区分，有时会有点言过其实地将人分为左脑型和右脑型。非常重要的是我们必须意识到这太过粗略也过分简单化了。绝大多数人都具有两个功能了得的半球，它们持续协同作用加工信息，执行各种认知功能。日常生活中正常人只有一侧半球活跃的情况少之甚少。此外，两侧半球之间通过一个大型的神经结构**胼胝体**（corpus callosum）彼此相连（见图 2-3），能够在两半球之间快速地传递信息。［图 2-3 中没有显示的稍小一些的"前连合"（anterior commissure）是另外一种连接两侧半球的大脑结构。］

裂脑人研究

如果胼胝体不能将信息从一侧大脑传递至另外一侧的话会有什么情况发生呢？一经提出，科学家便对这一最初的假设给出回答。自 20 世纪 50 年代初起，研究者和神经科医师就开始寻找治疗严重顽固型癫痫症患者的办法，这类癫痫往往于大脑一侧发作，转而扩散至另外一侧，一天要发作几次（N. R. Carlson，2013）。手术治疗采取一种引人注目的措施是将这些病人的胼胝体切断，以阻止发作的扩散。神经心理学家罗杰·斯佩里（Roger Sperry）、迈克尔·加扎尼加（Michael Gazzaniga）以及合作者们着手研究这些病人，以观察胼胝体被切开之后所带来的后果（Gazzaniga & Sperry，1967）。

如果仔细观察图 2-1，尤其关注胼胝体的大小的话，你就有可能想到切断它会有什么样戏剧化的结果，但事实却并非如此。如加扎尼加和斯佩里（1967）记录的那样，"对两侧半球中间整合区域的破坏，只给患者的日常行为、脾气和智力方面带来非常小的影响"（p.131）。事实上，要想了解所谓**裂脑人**（split-brained patients）与胼胝体完整者在认知方面的差异，研究者必须求助于特殊设计的任务。

其中一项任务如图 2-4 所示，病人通过一道帘幕抓握一件熟悉的物品，图中显示的是一副太阳镜。从早先对动物和人的研究中我们已经知道，从身体一侧获得的感觉信息会投射到对侧的大脑半球（B. Garrett，2011）。因此，图 2-4 中的病人用左手抓握太阳镜，应该将这一感觉信息投射于右侧半球。但对于大多数人（尤其是右利手的人）而言，语言中枢位于左半球。所以，该病人将无法描述他手持的物体，尽管让他从一系列熟悉的物品中"挑选"出太阳镜的话，他能轻而易举地做到。进一步的实验表明，如果运用特殊的设备（速示器），信息可以（非常短暂地）被投射于患者左半球或右半球的一侧。加扎尼加和斯佩里（1967）记录了如下一些结果：

需要从视觉向触觉或从触觉向视觉进行跨通道感觉统合的任务总会得到相类似的结果。当一个单词，如铅笔、大头针、小刀、短袜、梳子等呈现于左半视野时，可以用左手（而不是右手）的触摸来从一系列物品中找到与描述相匹配的物体。在这样的情况下，如果刺激及匹配的回答仅仅都呈现于右半球的话，受试者依旧完全无法察觉到刺激和反应选择……在进行了一次正确的手工操作之后……他们通常会将所选的物品描述成毫不相干的东西，所以显然只是靠猜（pp.139-140）。

显然，裂脑人的实验结果能够引起研究者的兴趣，也就此提出了许多远非他们可以回答的问题。此时重要的一点在于让我们认识到，对于某些认知加工来说，尤其是关于语言的加工，两个大脑半球显然发挥着不同的作用。

2.4 脑成像技术

在布洛卡的年代，神经专家只有在病人去世以后方能真正对其大脑结构进行研究。在 20 世纪早期，更多的信息则来自对病人进行脑外科手术时所进行的研究，最为常见的是切除肿瘤和阻止癫痫扩散的手术。出于伦理的考虑不能对健康人实施大脑手术，这限制了我们对"正常"大脑运作的了解。对人而言何其幸哉，而对于科学来说又何其不幸！

不过，在过去的 50 多年中，技术取得了长足的进步，神经学家和神经心理学家可以运用非损伤的办法来对正常大脑的实际运作进行研究。在此，我们将对其中一些方法进行回顾，它们统称为脑成像技术。

2.4.1 CAT（CT）扫描

其中有些方法为我们提供了神经解剖即大脑结构方面的信息。大脑成像技术中最早发展起来的一种技术是 X 射线计算层面照相术（X-ray computed tomography），也称 X 射线 CT（X-ray CT），**计算机轴向断层扫描**（computerized axial tomography scans），或 **CAT 扫描**（CAT scans）。这是一种让高度集中的 X 光束从多个不同角度穿透人体的技术。身体器官（包括大脑）由于密度不同，所反射的 X 射线也会存在差异，这样就能看见器官的图像了。下图是一个人正在接受 CAT 扫描。

图 2-4 一位胼胝体被切断的病人通过触摸来识别物体

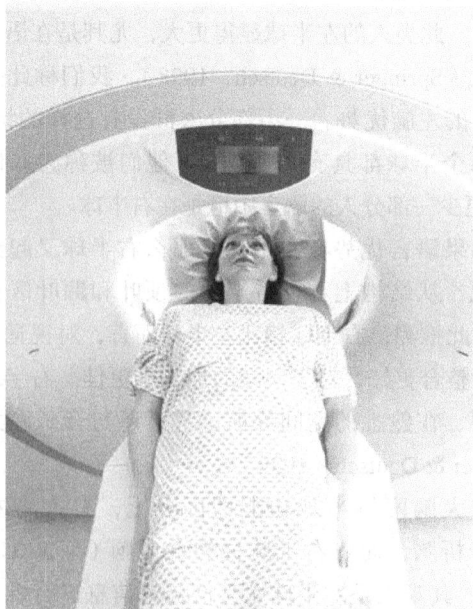

一位正在接受 CAT 或 CT 扫描的人。

典型的人类大脑 CAT 扫描可以产生 9 ～ 12 张不同的大脑"切片"，每一张反映的都是不同的深度水平。CAT 扫描的依据是，不同密度的结构组织在成像显示上也各不相同。例如，骨骼的密度大于血液，血液的密度大于脑组织，脑组织的密度又大于脑脊液（Banich，2004）。最近的脑出血部位一般都会有血迹呈现，而旧的损伤部位出现的是脑脊液。所以，临床医生和研究者就可以运用 CAT 扫描来显示大脑损伤的部位，并提示损伤的相对"年代"。

2.4.2　磁共振成像

　　尽管是一种重要的神经心理学诊断工具，人们已较少使用 CAT 扫描现，而转用一种新的大脑成像技术，**磁共振成像**（magnetic resonance imaging，MRI）。和 CAT 扫描一样，MRI 也提供有关神经解剖方面的信息。与 CAT 扫描不同的是，MRI 能避免暴露在辐射之下，而且一般能够得到更为清晰的照片。下图是一张 MRI 扫描的片子。

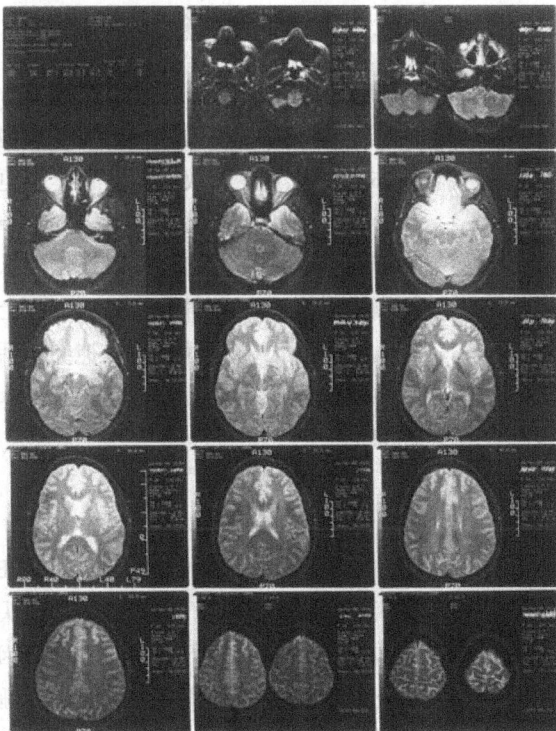

一个 MRI 扫描图像，不同的图像图示着大脑的不同切片图像。

　　接受 MRI 扫描的人一般躺在一个管状的装置中，环绕人体的是一个很强的磁场。无线电波被指引向头部（或接受扫描的身体部位），它会使这些组织中氢原子的

原子核以一种可预期的方式排列。计算机对这些原子的排列信息加以整理，并形成一张复合的三维图像，任何期望了解的横切面都可以进一步进行检查。

　　MRI 扫描常常作为一种可供选择的技术，因为它可以生成最为清晰的大脑图像。然而，并不是人人都可以进行 MRI 扫描。MRI 扫描中产生的磁场会影响电场，所以安装心脏起搏器的人不适合做 MRI（起搏器会产生电信号）。另外，身体内部有金属的人，如安装动脉支架的人也不适合做。磁场可能使金属在体内移位，从而造成伤害（但用来加固表面的金属，如牙科用的填充物，则不成问题）。由于 MRI 要求人静止不动地躺在管状的机器当中，留给胳膊移动的空间很少，那些患有幽闭空间恐惧症的人同样不适合此项技术。

　　正如已经提到过的那样，这两项技术能够提供脑部结构的图像照片，研究者可以运用这些照片指出损伤或其他病变的区域位置。然而，这些扫描提供的是大脑不同部位相对静止的图像，而不能提供很多关于大脑功能方面的信息，即当人们从事不同任务时，显示大脑的哪个区域正在活动。为了解决这个问题，就需要其他不同的大脑成像技术。令人高兴的是，最近的技术发展已满足这样的需要。

2.4.3　正电子发射断层扫描

　　同样可以追溯到 20 世纪 70 年代的一种功能性大脑成像技术称为**正电子发射断层扫描**（positron emission tomography，PET）。这一技术中要注射用来标记的放射性化合物（碳、氮、氧或氟的放射性同位素，可以快速释放伽马射线的逊原子微粒，并且都可以被脑外部的仪器装置检测到）。PET 扫描测量大脑不同区域的血液流动情况，可以形成大脑的电子图像，显示某一时刻大脑最为活跃的区域（Posner & Raichle，1994）。PET 另外一种变式是测量局部新陈代谢的改变，而不去测量血液的流动，注射的是与葡萄糖结构相同的放射性同位素——荧光脱氧葡萄糖。

　　PET 扫描的依据是，当某个区域的大脑处于活跃状态时，会有更多的血液流向该部位，那里的细胞也会吸取更多从流经血管中渗透的葡萄糖（Frith & Friston，1997；Kung，1993）。接受 PET 扫描的人通常采取坐姿，头上戴一个由光电管组成的网罩。通过静脉注射将放射性示踪剂，一般是 $^{15}O_2$（去除一个电子的氧原子），

以水的形式（即 $H_2^{15}O$）注入人体。30 秒之内示踪剂就可以抵达脑部区域。示踪剂 ^{15}O 在脑部区域的聚集可以显示流经该区域的血流量的比例（Banich，2004）。在大约两分钟的放射性同位素示踪剂的半衰期之前，可以进行若干次的扫描，显示流经该区域的血液数量（Frith & Friston，1997）。

另外一种测量大脑血液流动的技术称为单光子发射计算断层扫描（single-photon emission computed tomography，SPECT）。其基本技术原理与 PET 扫描类似，但却不需要 PET 扫描那样昂贵的仪器，因此有时也被称为"穷人的 PET"（Zillmer & Spiers，2001）。

如同 CAT 扫描一样，PET 和 SPECT 扫描也要用到放射物。此外，PET 扫描显示的是一定时间内的大脑平均活动状况，时间大约从一分半钟（对于示踪剂 ^{15}O 而言）到一个小时，因此很难确定大脑活动的时间进程。PET 扫描还需要不是轻易就能够获得的非常昂贵的设备。

2.4.4 功能性磁共振成像

一项新的技术提供了一种克服这些困难的办法。**功能性磁共振成像**（functional magnetic resonance imaging，fMRI），它所依据的是血液具有磁性的特性。心脏携带的血液磁性最大。而当血液流经毛细血管时，磁性就会

减弱。有活动显示的大脑区域，可以表现出血液中含氧和脱氧比例的变化（Banich，2004）。fMRI 扫描运用现成的 MRI 设备，但提供给医生和研究者的是不带伤害、不含辐射地检测不同大脑区域血流情况的方法。图 2-5 提供的就是一幅 fMRI 扫描的例子。

这些研究大脑功能运作方式的技术，使得在认知心理学领域产生新联合、引发新问题成为可能。在这些技术出现之前，认知理论是不涉及那些为不同认知加工过程提供保证的生物学机制的。而现在，认知神经科学家依据一种新的假设提出他们的发现："大脑内部的生理活动及其功能状态之间的映射关系是这样的，如果两种实验条件与不同的神经活动模式相联系，我们就可以认为它们所参与的是不同的认知功能"（Rugg，1997，p.5）。例如，最近一次对 275 例 PET 和 fMRI 研究的回顾总结表明（Cabeza & Nyberg，2000）：不同的认知功能如注意、知觉、意象、语言和记忆，所激活的大脑区域是不同的。

2.5 其他记录大脑活动的技术

另外一扇"大脑之窗"可以通过电位记录的方法来获得。你可能已经知道大脑中的神经元（或其他部位亦是如此）一旦激活，就会产生电活动。一些动物研究已经将电极安在单个神经元上，记录它们何时以及以什么样的频率活动。这类研究还未在人身上进行，而只能记录获得由大量神经元活动所共同造成的总的电活动信息（Banich，2004）。

2.5.1 脑电图

脑电图（electroencephalography，EEG）是用来侦测意识的不同状态的。在头皮上布满金属电极，所记录的波形会因为被记录者是处于清醒警觉、瞌睡、睡眠或昏迷状态而产生相应的可以预计变化。EEG 为医生和研究者提供了对大脑活动的连续测量（Banich，1997）。一种新的技术**脑磁图**（magnetoencephalography，MEG）可以测量神经元电活动产生的

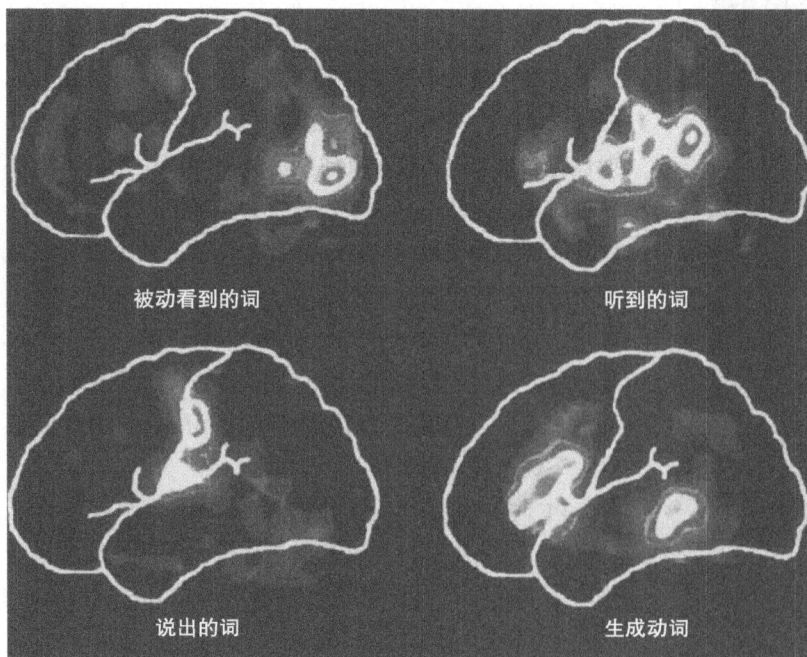

图 2-5 一个 fMRI 扫描的例子，其中大脑扫描中高亮的颜色说明更强的新陈代谢活动

被动看到的词　听到的词　说出的词　生成动词

磁场变化。它被称为 EEG 的 "磁等效"（Springer & Deutsch，1998）。MEG 相比 EEG 可以更精确地对脑区活动加以定位。

2.5.2　事件相关电位

另外一种电活动记录的技术被称为**事件相关电位**（event-related potential，ERP），是大脑一个区域对某一特定事件有所反应时对该区域活动的测定。ERP 研究中的被试也是在头皮上附着电极，然后向他们呈现不同的外部刺激，如视觉和声音。对大脑活动的记录从刺激呈现前就已开始，一直持续到刺激结束后的一段时间。所记录的脑电波同样有一些可以预测的部分或成分。其波形会因为被测试者是否预计到刺激会发生，或者是否注意到刺激出现的位置，以及刺激是否与其他新近的刺激有所不同而产生相应的变化。

2.5.3　经颅磁刺激

一种新的研究大脑活动区域的非伤害性技术称为**经颅磁刺激**（transcranial magnetic stimulation，TMS）。简单说，研究者将磁线圈靠近患者头皮上的目标区域，比方说，主要运动皮质。根据 TMS 脉冲的频率，可以了解该脑区处于兴奋状态还是抑制状态。这一方法可以让研究者测量特定大脑环路的活动（B. Garrett，2011）。

脑成像和记录技术包括很多的字母缩写形式，对于初学者而言如何记住它们呢？其中一种办法是根据它们所能提供信息的种类来加以分类。CAT 和 MRI 扫描产生的是神经解剖学的信息，PET、SPECT 和 fMRI 提供的是关于不同认知活动过程中血液如何流动的信息。MEG、EEG、ERP 以及 TMS 都是测量（或引出）认知活动中的电活动。在接下来的章节中，我们将看到许多研究的例子，运用这些技术方法来探索不同认知活动的神经基础。

本章我们涉及了很多的基础方面，但在了解人类大脑复杂性的征程上才刚刚起步。感兴趣的学生可以参考神经心理学、生理学或生物心理学的教科书，以获得与本章介绍内容有关的更为详尽的内容（Banich，2004 & B. Garrett，2011）。

重要的是牢记认知加工在人们的大脑中进行。有些学者在人类思维与计算机之间进行类比，按此来说，大脑相当于 "硬件"（"湿件"），而认知加工相当于软件。虽然这两方面的运行可以区分，但要想真正了解其中的奥秘，就必须对它们的分别运作以及如何相互作用有充分的理解。在接下来的章节中我们会不时地回到这样的思想中。

概要

1. 后脑包含了一些从进化上来说最为原始的结构，负责将信息从脊髓传递至大脑，调节生命支持功能，以及保持平衡。
2. 中脑包含了许多 "中继" 中枢，在大脑不同的区域之间传递信息。
3. 前脑包含丘脑、下丘脑、海马体、杏仁核以及大脑皮质，这些结构与记忆、语言、计划和推理等认知加工有着最为直接的联系。
4. 大脑皮层有四叶：额叶（与运动和计划有关）、顶叶（与接收和感觉信息统合有关）、枕叶（负责加工视觉信息）和颞叶（加工听觉信息以及味觉和嗅觉的信息）。

5. 虽然有一些脑区有特定的机能进驻（例如，运动皮质区和主要体觉皮质区），但是大多数高级认知加工并不会映射到某一特定的神经区域。
6. 失语症作为一种语言障碍，可以追溯到两个脑区：布洛卡区和威尼克区，尽管其他脑区也与之有关。
7. 对于多数人而言大脑半球都会显示出偏侧优势，左半球通常加工分析性的信息，右半球则加工合成性的信息。然而，在一般的大脑运行过程中，两侧半球会有广泛的联系。
8. 科学界已经发展出众多测量记录认知加工时大脑运作的方法。其中主要的技术包括 CAT 扫描，MRI、PET 扫描，fMRI、EEG 记录、ERP 记录以及 TMS。

复习题

1. 与知觉、注意、记忆、语言和问题解决有关的脑区是什么？你回答的依据和理由何在？
2. 描述大脑皮质 4 种脑叶的功能。
3. 解释当今大脑功能定位观点与颅相学的区别。
4. 什么是大脑半球偏侧优势？什么是偏侧优势的典型模式？
5. 比较并对比不同的脑成像与大脑记录技术。

CHAPTER3
第 3 章

知 觉
模式与物体识别

现在请你环顾房间，注意你所看到的物体。当你往窗外张望的时候，可能会看见树或灌木，或许还有自行车以及小汽车，也可能是一位行人或一群正在玩耍的孩子。

从认知的角度来说，刚才你已经完成了一项令人惊异的成就：在这个被称为**知觉**（perception）的过程中，你接受了感觉输入，并富含意义地解释它。换言之，你已经感知到模式、物体、人以及你周围世界中那些可能发生的事件。也许你自己并不觉得这种成就有什么了不起，毕竟你已习以为常了。但是，那些正在尝试创造人工智能系统的计算机科学家却已发现，这样的知觉过程尤其复杂。神经科学家已经做过估算，我们大脑中负责视觉信息加工的皮层已经占到整个大脑皮层的一半之多（Tarr，2000）。

知觉的核心问题在于阐释我们是如何赋予所接收信息以意义的。在刚才的例子中，你接收到并以某种方式解释了大量的感觉信息，你"看到"树、人，还有其他一些物体。你认出特定的物体，也就是说，你将它们看成过去曾经见到过的物体。对于认知心理学家来说，他们想探明我们是如何又快又准地完成这些步骤的。

知觉是一个庞大的概念，其包含的内容可以再分为视知觉、听知觉、嗅知觉、触知觉和味知觉。在本章中，我们将把关注焦点集中于视知觉和听知觉，一方面是为了使我们的讨论更易控制，另一方面这两种知觉形式也是心理学家研究最多的。不过在本章中我们也会或多或少地接触其他知觉形式来帮助我们阐述不同的观点。

注意，当你看一个物体时，你就获取了有关于它的特定信息，包括它的位置、形状、质地、大小和（所熟悉的物体）名称。一些心理学家，即那些追随詹姆斯·吉布森（James Gibson，1979）传统的人同时会强调，在这一过程中你也随即获得了有关物体功能的信息。认知心理学家试图描绘人们是如何获得这些信息，以及接下来又将如何对它们进行加工的。

于是一些相关的问题便随之而来。通过知觉获得的信息中有多少是基于我们过去的学习？有多少知觉是我们推断而得的，又有多少是直接获得的？是什么特定认知加工过程使我们能够知觉物体（事件和状态等）？首先接受信息的是感觉，知觉和感觉的界限在哪里？对于不同的特定感觉通道（视觉、听觉、嗅觉）来说，哪一种是最原始的？知觉与其他认知类型（如推理和分类）的区别又在哪里？显然，即使是对知觉加以定义，当然也包括对这些问题进行回答，也将是一种挑战。

现在，我们将以一种所谓经典的方式给知觉下定义。图 3-1 以视知觉为例对这种方法加以说明。外界物体和事件都可以作为被知觉的对象，比如一本书或者像先前例子中提到的树和灌木。每一个这样的物体都是一个**远端刺激**（distal stimulus）。对一个活着的机体来说，对类似的刺激进行加工，首先就必须通过一种或多种感觉系统接受信息，在这个例子中，就是视觉系统。信息的接受以及在感觉器官上的登记便构成了近端刺激（proximal stimulus）。在我们先前的例子中，树和汽车反射的光波进入你的眼睛，被特定地映射在位于眼球后侧的**视网膜**（retina），并在视网膜上形成树和汽车的**视网膜像**（retinal image）。这个成像是二维的，其大小取决于你与窗以及窗外物体的距离（距离越近，所成的像越大）。而且，这个像是上下、左右颠倒的。

对近端刺激赋予意义的解释就是**知觉对象**（percept），即你将刺激解释为树、汽车、人等。从这一上下颠倒、左右互逆的二维映像中，你迅速（几乎是瞬间的）"看见"一系列所辨认出的物体。你同样"辨认发现"，比起那些丁香花，那棵巨大的栎树离你更近，因为丁香花看来更退后一点。这些信息并不是近端刺激的一部分，但你必须解释近端刺激以了解它们。

虽然从事知觉研究的学者在很多方面都未达成共识，但他们一致认为知觉对象同近端刺激并不是一回事。让我们以**大小恒常性**（size constancy）为例做一个简单的说明。张开你的双臂，然后看你的手。让你的手背对着自己，慢慢地让它向你靠近一些，然后再移开。你有没有发觉因为你手的移动而使它的大小看上去发生了变化呢？可能没有吧，尽管手在视网膜上所成像的大小必定发生了变化。这里的关键是，知觉除了包括视网膜像，肯定还存在着其他一些内容。

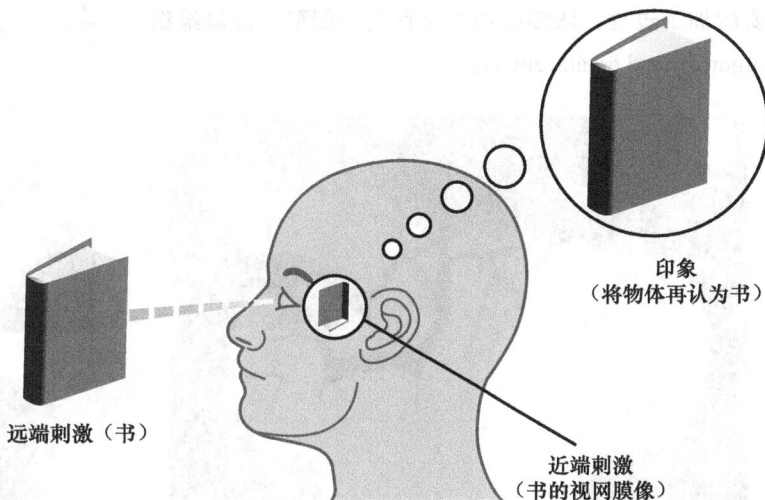

印象
（将物体再认为书）

远端刺激（书）

近端刺激
（书的视网膜像）

图 3-1　远端刺激、近端刺激以及知觉对象

与知觉相关的一个加工过程称为**模式识别**（pattern recognition）。这是指对于某种特定物体、事件等的识别，并将其归之为某一类物体或事件。当你看到某物体时，通过感知将其归为"灌木"，这就是模式识别的一个例子。因为知觉或多或少都会包括一些分类和识别，所以即使不是全部，绝大多数的知觉也都包含有模式识别。

我们将从格式塔心理学派提出的观点入手来分析知觉过程，他们认为知觉是对视觉刺激进行分割和"分析"，以构成相应的物体和背景（也就是说这些表面看起来简单的过程其实是复杂的）。接着，我们会回顾一些（主要是）自下而上的知觉模型。之后，我们将考察一些引发许多认知心理学家产生争议的现象，即是否在知觉过程中，一些自上而下的加工必然会发生，并与自下而上的加工发生相互作用。我们还会讨论一些有关物体知觉的神经生物学发现，以及字词知觉的联结主义模型。

最后，我们会介绍一个非常与众不同的观点，它是受吉布森（J. J. Gibson，1979）关于"直接知觉"研究启发而产生的。吉布森的观点与绝大多数知觉理论相背离，不论是从自下而上还是自上而下的加工来说，他认为知觉者事实上只对信息进行了很少的"加工"。相反，他认为世界上可获得的信息已经足够丰富，知觉者要做的只是发现或"拾取"这些信息。我们将以一些神经心理学家对不具有知觉能力的病人（但有完好的视觉能力）的研究作为总结，说明知觉加工过程的实质和全部。

3.1　格式塔学派对知觉的看法

当刺激在空间和时间上以较近间隔排列，它们会在知觉上组成连贯的、显见的模式或者整体。这样的格式塔（或称完形），顾名思义，在我们的知觉世界中比比皆是，正如枝叶成树，众木成林；如眼、耳、鼻、嘴构成人脸；如不同音符构成和弦与曲调；亦如无数像素点融汇成一帧相片。

最终呈现的整体会具备其部分所不具有的特性。例如，脸部的特征和表情从其任一部分都辨识不出，又如一段旋律的调子也无法从其中任何一个单独音符中推出。探究部分是如何组合构成知觉整体的，被认为是知觉理论中最为核心的挑战，而这样的探索从100年前便已开始了。

——Pomerantz 和 Portillo，2011，p.1331

视知觉中最重要的一个方面是有关我们如何解释刺激的排列，以形成物体和背景的。如图 3-2 所示，这一刺激模式可以用两种不同的方式看待：既可以将其看成右下角有两个人的一幅风景画，也可以将其看成由黑色线条构成的一个婴儿。这种将整个呈现画面分成物体（也称为图形）和背景（也称底）的过程是一种重要的加工过程，认知心理学家称之为**图形－背景组织**（figureground organization）。

图 3-2　在这棵树的树枝中找出婴儿

　　这是一幅巧妙的可逆图形：当你看到了"婴儿"，那么此时树枝便成了背景，而当你看到了树与人，"婴儿"便消失在了背景之中。

　　两可图形并不是认知心理学家的专利。艺术家萨尔瓦多·达利（Salvador Dali）将两可图形的存在表现在他的画作《消失在奴隶市场的伏尔泰半身像》（*The Slave Market With Disappearing Bust of Voltaire*）之中，如图 3-3 所示。

　　将图形从背景中分离出来的后果有许多。作为图形的部分看上去往往具有确定的形状，而被当作某种"东西"，而且较之被视为背景的部分更容易被人牢记。而背景看上去往往没有形状，构成性较差，在空间上较为疏离（Brown & Deffenbacher，1979）。对大多数人而言，形状知觉是一种迅速和容易的认知任务，也视其为理所当然。我们直观地以为之所以能知觉这些物体和背景是因为它们确实存在，我们所做的就是看见它们而已。

　　但是请看图 3-4。几乎所有的人都认为这个图形由两个三角形构成，它们交错地叠在一起构成一个六角星。在上面的三角形的三个角，一般被看作放置在三个深色的圆圈上。现在，让我们再仔细观察这个图形，尤其注意上面这个三角形。请记住三角形的定义是一个有三条边的封闭几何图形。而该图中所谓的三角形却没有边。对于你来说，那里只有白色的空间，是观察者将它解释为一个三角形。作为观察者的你不知怎的就添加了三条边或轮廓线。

图 3-3　萨尔瓦多·达利，《消失在奴隶市场的伏尔泰半身像》

　　放在图画中央偏左拱门下的两个修女可以被看成伏尔泰的半身像，这幅油画也可以展现出可逆图形现象。

图 3-4　主观或错觉的轮廓

　　Gregory（1972）称之为"错觉的"或**主观的轮廓**（subjective contours），并对之进行研究。他认为这实际上是知觉者对相对复杂的呈现进行简化的解释，在这一过程中人们甚至都没有意识到进行了这样的解释：一个三角形位于图形其他部分之上，从而遮挡了对这部分图形的观察。这里的关键在于，这种知觉不是完全由刺激呈现本身所决定，而需要观察者积极主动的参与。

第3章 知 觉 29

在 20 世纪早期，马尔斯·韦特海默、库尔特·考夫卡和沃尔夫冈·科勒等人对于观察者是如何辨认物体或图形的过程尤为感兴趣。正如我们在第 1 章中了解的那样，正是这些研究者创立了心理学的格式塔学派，他们尤其关注人们是如何把握整体的物体、概念或单元的。格式塔心理学家认为，知觉者遵循特定的组织规律或原则以形成对于知觉对象的解释。他们断言，整体或格式塔（Gestalt）不等同于其各部分之和。换言之，格式塔心理学家否认我们是通过确认个别特征和物体的各个部分来辨识物体的。反之，我们将每一个物体或单元作为一个整体来看待和辨识。

是什么样的**格式塔知觉组织原则**（Gestalt principles of perceptual organization）使我们将物体作为整体来看待呢？此处要想完整地说明这些原则耗用篇幅过长（Koffka，1935），因此，我们只对其中 5 条重要原则加以阐述。第一条是接近律（principle of proximity）或靠近原则。如图 3-5a 所示，你倾向于将之视为由一行行构成而不是由一列列构成的图形。这是由于各行中元素之间的距离相比各列元素间的更为接近。根据接近律，我们会将彼此靠得近的物体归在一起。

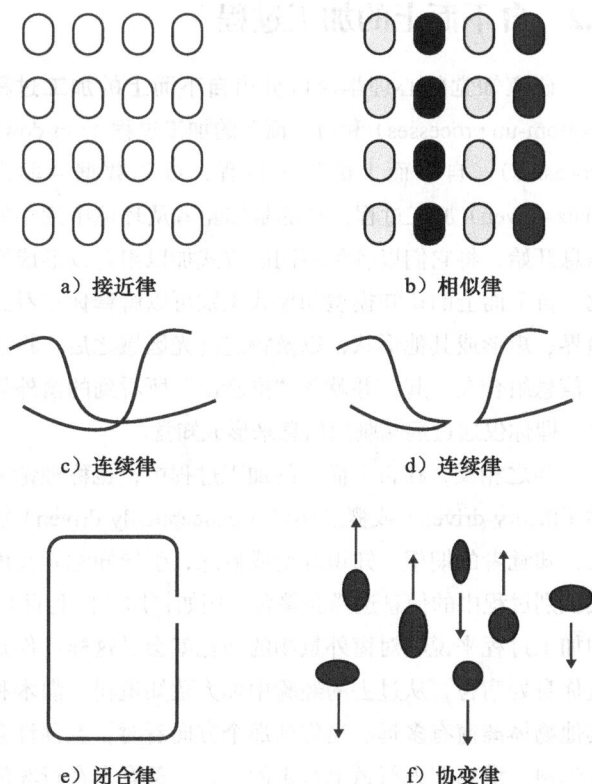

a）接近律　b）相似律　c）连续律　d）连续律　e）闭合律　f）协变律

图 3-5　格式塔知觉组织原则

图 3-5b 显示的是知觉的相似律（principle of similarity）。你知觉到的是由列构成的图形（而不是行），因为在各列中的元素彼此相似，所以我们将之组合在一起。

第三条原则是连续律（principle of good continuation）。图 3-5c 所示，我们会将轮廓构成连续直线或曲线的图形归在一起。因此，我们一般都将图 3-5c 视为两条交叉的曲线，而不会是图 3-5d 所示的其他在逻辑上也存在可能的元素。

当我们看到主观轮廓时，用到的就是知觉的第四条原则闭合律（principle of closure）。图 3-5e 准确地说明了这一原则：我们将其知觉为一个矩形，在头脑中将那个空缺填满，于是看到的是一个闭合、完整的整体图形。

知觉的第五条原则是协变律（principle of common fate），静态的图画不易说明。其主要观点如图 3-5f 所示，同一运动趋向的元素会被归在一起。有关这条规律，你自己可以通过下面的方法来进行一个很好的演示（Matlin，1998）。拿两块透明塑料块（可以如原来报告中的那样将盖子切成两半），在它们上面各粘一些纸屑。然后，将其中一块塑料块面朝下放在另一块塑料块上面，这样你就会发现很难区分纸屑究竟在哪个塑料块上。现在移动其中一个塑料块，而另一块不动。你会突然发现两组不同的纸屑。

大多数格式塔原则都可归入一个更为一般的法则中，即完形律（law of Prägnanz）。（Koffka，1935）。这个法则认为，在所有用来解释呈现图形的可能方式中，我们趋向于选择那些能产生最简单和最稳定形状和图形的方式。因此，简单和对称的图形较之复杂和不对称图形更容易为人们所发现。这个法则可以帮助解释我们在看图 3-4 的主观轮廓时所发生的经验，因为那个无形的"三角形"构成了一个简单且对称的图形，因而我们"倾向于"以此方式解释图形呈现的模式，好像三角形真的就在那里一样。

在近期的研究中，心理学家詹姆斯·波梅兰茨（James Pomerantz）和玛丽·波蒂略（Mary Portillo，2011）正在对这些法则进行深一步的研究来探讨格式塔究竟是如何形成的。他们将重点放在知觉的**涌现**（emergence）属性上，即"（对于一个知觉对象而言）随着其各部分的累加……会出现质的差异，即整体会具有某种崭新的、不可测的甚至是令人惊讶的特性"（p. 1331）。

为了演示涌现的特性，Pomerantz 和 Portillo（2011）使用了"奇异象限辨别任务"（odd-quadrant discrimination task）。如图 3-6 所示，第一排最左边的框中（称为基本呈现）包含 4 个字母。被试的任务是辨别出 4 个刺激中，哪一个与其余三个不同（本例中为字母 B）。第二列框中显示的是前后关联刺激（本例中为字母 C），与基本呈现中对应的刺激叠加形成最右边一列框中的组合呈现。研究者以实验被试辨认组合呈现所需时间为基准，比较他们辨认"奇异"刺激（即基本呈现中的 B，和组合呈现中的 BC）所耗费的时间。

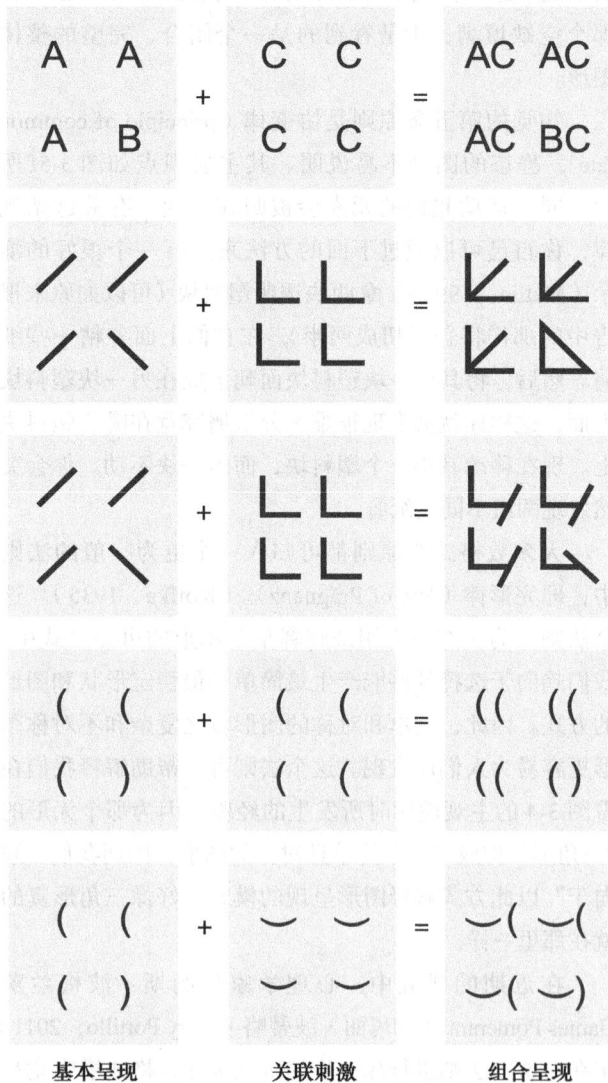

| 基本呈现 | 关联刺激 | 组合呈现 |

图 3-6　奇象限辨别任务

第 1 行是该任务的原理图。被试只能看到基本呈现与组合呈现，仅仅看不到关联刺激。A、B 和 C 代表着任何一个刺激成分。在第 2 行与第 4 行中同样的基本呈现刺激产生了构形优势效应，但是第 3 行与第 5 行却不是如此。这就很明显，特征是基于背景信息之上的。

虽然照道理说我们本可以预计组合呈现的刺激反应时会更长（例如，有更多的信息需要加工，有更多的刺激分散了注意），但对于一些特殊的刺激而言，却有着相反的结果，即能够"将奇异刺激辨别出来"的知觉，要快于对基本呈现的辨识速度，这称为**构形优势效应**（configural superiority effect，CSE）。实际上，图 3-6 的第二和第四行就显示了这一效应，较之基线呈现，奇异刺激在组合呈现条件下更加戏剧性地"凸显"出来。Pomerantz 和 Portillo（2011）认为构形优势效应很好地阐释了格式塔的组合原则，而且这样一来就能使不同原则的量化和比较更成为可能。

许多视知觉领域的研究者认为，格式塔知觉组织原则尤为基本（Tarr，2000；van den Berg，Kubovy & Shirillo，2011）。有些学者业已证实 3～6 个月的婴儿已经开始运用一些格式塔的组织原则（Quinn，Bhatt，Brush，Grimes & Sharpnack，2002）。而且，关于视觉皮层在构形优势效应知觉任务中的 fMRI 研究已经逐步表明，格式塔的这种组织原则与神经活动是有关联的（Kubilius，Wagemans & Op de Beeck，2011）。

3.2　自下而上的加工过程

研究知觉的心理学家区分出**自下而上的加工过程**（bottom-up processes）和**自上而下的加工过程**（top-down processes）。自下而上的加工过程，或称数据-驱动（data-driven）加工过程，指的是知觉者从环境中细小的信息开始，将它们以各种不同的方式加以组合以形成知觉。自下而上的认知模型和模式识别可以解释你在看到边界、矩形或其他形状，以及特定高光区域之后，将这些信息组合在一起，并就此"推断出"所看到的窗外景象。即你仅通过远端刺激信息来形成知觉。

与之相反，在自上而下的加工过程中，也称理论驱动（theory-driven）或概念驱动（conceptually driven）加工，知觉者的期望、知识理论或概念，引导知觉者在模式识别过程中的信息选择和整合。例如，用"自上而下"的加工过程来说明对窗外景物的知觉就会是这样：你知道你身处宿舍，从过去的经验中你大致知道树、灌木和其他物体离窗有多远。当你朝那个方向看时，就预计会看到树、灌木在人行道上行走的人，一条有车在行驶的街道等，这些期望会引导你往哪里看，看什么，以及如何将信息整合在一起。

本节我们着重讨论自下而上的加工模型，其核心观点是系统运作为单向，即从信息输入开始，一直到形成最终的解释。无论在特定的时刻发生什么情况都不会受后面加工过程的影响，这种加工系统无法回到先前的阶段去进行调整。

为了说明自下而上的加工过程，请设想有一排学生坐在桌前。由坐在最后排的学生开始，他在纸上写下一个单词，然后将纸条传给前面的同学，让这位学生在纸上添加一些信息（可以是另一个单词或是对前面单词的解释说明）。然后将这张纸再传给前面的学生，依次进行下去，直到这张纸传到第一位同学手里。最前排的这位同学没有任何机会问后面的同学有关这张字条的说明和其他信息。

当心理学家谈及自下而上的加工过程，通常想到的是从作为输入的刺激获得信息（定义为一种"低级"加工）。自下而上的加工相对不受期望和先前学习（即所谓的高级加工）的影响。Posner 和 Raichle（1994）认为，自下而上的加工过程包括自动化的和反射性的加工，即使知觉者被动接触信息时它也会发生。本节我们将讨论三种不同的自下而上知觉加工模型。

3.2.1　模板匹配

图 3-7 是一张支票的复印件，请注意支票下面的一串数字。这些数字对该张支票账户有关信息进行了编码——称为账号，它是由银行设定的。你可能觉得这些数字很滑稽，但对于辨认它们的支票分类机来说就一点也不滑稽了。比如联邦储备银行会用此分拣支票，再将它们交付指定的银行用以支付。这些机器会"读"这些数字，并将它们与先前存储的模式，即所谓**模板**（templates）进行比较。通过如图 3-8 所示的过程，将数字模式与这些模板中的加以比较，从而"确定"哪一个是所代表的数字。你若是到当地的联邦储备银行走一遭的话，就会确信这一系统的运作的确名不虚传。

你可以将模板看成模绘板，那种你儿时可能用过的绘画工具。你是否还记得通过模绘板，你想要多少幅就能描出多少幅同样的东西来。模板的运作恰好与模绘板相反。一个未知的进入模式与手头所有的模板（模绘板）相比较，以确认一个与之最吻合的模板。

作为一种知觉模型，模板匹配的过程如下：我们

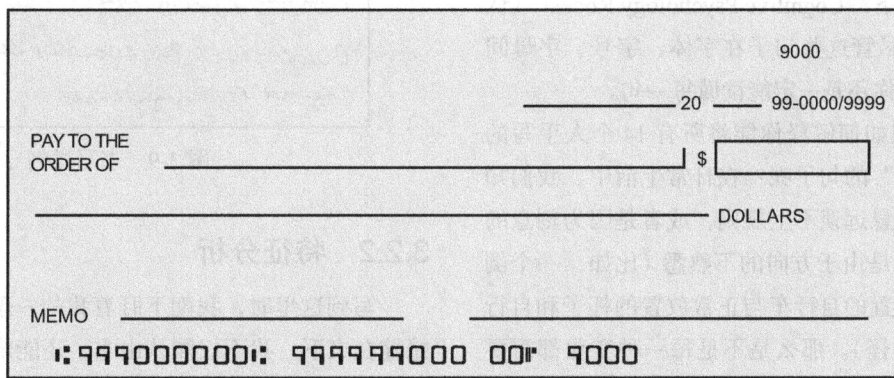
图 3-7　银行支票样张，请注意位于底部的数字

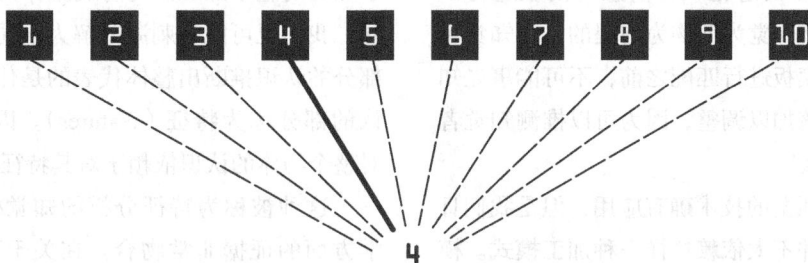
图 3-8　模板匹配示意

输入的数字"4"以系列或同时的方式与所有的模板比较。与模板上的"4"最为匹配。

遇到并期望从中获得意义的每一个物体、事件或其他刺激，都会与先前已经储存的模式或模板进行比较。因此，知觉的过程包括将输入信息与已经储存的模板进行比较，并从中寻找出一种匹配的模板。如果有几个模板都与之匹配或接近，我们就需要通过进一步的加工以区分出哪一个模板最为合适。请注意，这一模型意味着在我们的知识库中已经储存了数以百万计的不同模板，即每一个我们可以辨认的不同物体或模式，都有一个与之匹配的模板存在。

正如你可能已经意识到的那样，模板匹配模型不能彻底解释知觉的工作原理。首先，这一模型要想成立，我们就必须储存数量大得令人难以置信的模板。其次，随着技术的发展和我们经历的改变，我们还会不断地辨识新的物体，如 DVD、手提电脑、手机等。因此，模板匹配模型就必须解释这些新模板是何时以及如何创造出来的，而我们又是如何保持与这些数量不断增多的模板的联系。

第三个问题在于人们会将许多模式或多或少地认为是同样的东西，即使在刺激模式差别很大的情况下亦是如此。图 3-9 就揭示了这一点。请 14 个人按照各自的书写习惯在纸上写下 "Cognitive Psychology Rocks!"（认知心理学很酷）。尽管这些句子在字体、字号、字母间距上存在差异，但你还是一定能读懂每一句。

模板匹配模型如何解释你能将所有 14 个人手写的句子认为是 "同样" 的句子呢？在日常生活中，我们知觉到的众多刺激信息远谈不上规则，或者是因为刻意的变化和改变，或者是由于方向的不熟悉（比如，一个倒放的杯子或一辆倒置的自行车与正常放置的杯子和自行车相比，肯定比较怪）。那么是不是每一种变化都需要不同的模板与之对应呢？知觉者又是如何知道在尝试与模板匹配之前，是否要将所知觉的物体加以旋转，或做出相应的调整呢？请不要忘记，将信息与模板进行匹配，是以告诉知觉者所知觉为何物为前提的。在知觉者试图将输入的模式与模板进行匹配之前，不可能事先知道该输入模式是否应该加以调整，因为可以推测知觉者还不知道此物体是什么！

所以，尽管模板匹配的技术确有应用，但是我们日常生活中的知觉可能并不太依赖这样一种加工模式。模板匹配可能只在刺激相对清晰的条件下适用，我们事先就已知道它与哪些模板有关。模板匹配模型不适于解释

我们是如何对 "噪声" 模式和物体（模糊不清的字母，部分被遮挡的物体，在其他声音背景下的声音）有效地加以知觉的，而这一切却是我们每天都会遇到的。

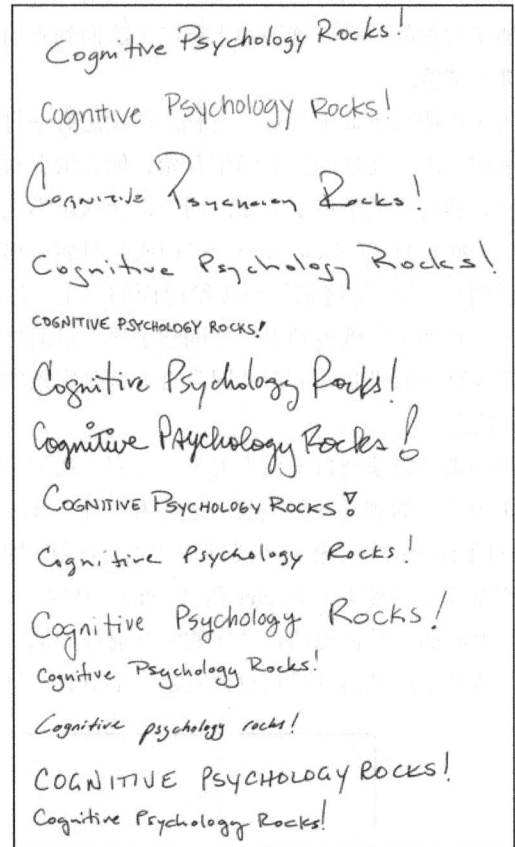

图 3-9　书写样例

3.2.2　特征分析

写到这里时，我朝下盯着我的一条狗看，此时它正蜷缩在桌下。我不仅能认出它，还能辨认它的每一个部位：耳朵、鼻子、尾巴、背部、爪子、胸口和眼睛等。一些心理学家认为，这种将整体分解为部分的分析构成了知觉的基本加工。与将刺激作为一个整体进行加工不同，我们也可能将刺激分解为不同的成分，根据我们对部分的认识推断出整体代表的是什么。这些被搜寻和辨认的部分称为**特征**（features）。因此，在这个模型中，对整个物体的认识依赖于对其特征的辨识。

这种被称为特征分析的知觉模型与一些神经生理学方面的证据非常吻合。在关于青蛙视网膜的研究中（Lettvin, Maturana, McCullogh & Pitts, 1959），科学家将微电极植入视网膜的单个细胞中，Lettvin 等人发

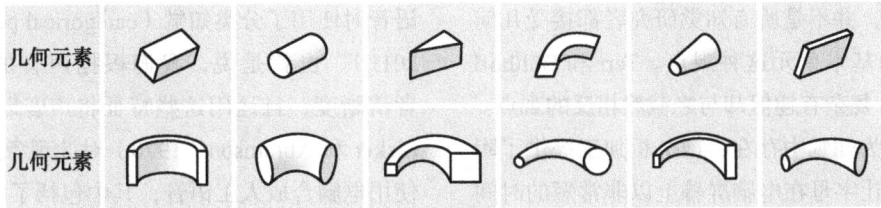

图 3-10　一些几何元素的例子

现，特定的刺激能更频繁地激活这些细胞。一些对明暗交界反应强烈的特定细胞被称为"边界探测器"（edge detectors）。因为一旦受到明暗之间的视觉"边界"刺激，这些细胞就会被激活。而这些细胞之所以被称为"探测器"，是因为它们能够指出特定种类视觉刺激的存在。另外一些细胞选择性地只对移动的边界和其他刺激做出反应，被称为"虫子探测器"（bug detectors），当一个小黑点（很像一只昆虫）移动越过视野时其反应最为强烈。Hubel 和 Wiesel（1962，1968）后来发现，猫和猴子大脑中负责有选择地对视野中的移动边界和轮廓作反应的视皮层区域，其实具有特定的方向性。换言之，他们发现了区分"水平线探测器"和"垂直线探测器"的证据，也包括其他不同的探测器。

这些证据是如何支持特征分析的呢？特定的探测器会对输入的模式进行扫描，以寻找一种特定的特征。如果该特征存在，探测器就会迅速做出反应。如果该特征不存在，探测器就不会有强烈的反应。每一种探测器显然只负责探测一种特征的存在。这些探测器的存在，无论是视网膜细胞还是皮层细胞，都证实了特征分析模型的适用性。

艾尔文·贝德曼（Irving Biederman，1987）提出了有关物体知觉的理论，这个理论既运用了一种类型的特征分析，同时也融合了一些前面所提到的格式塔知觉组织原则。贝德曼认为，当人们观察物体时，会将其分割为一些简单的几何成分，称为几何元素（geons）。贝德曼一共提出了 36 种这样的基本成分，图 3-10 显示了其中一些图形。他认为，有了这些基本的单元系列，我们就可以构建众多寻常物体的心理表征。他在物体知觉和言语知觉间进行了一番类比：利用英语的 44 个音素（phonemes），即声音的基本单位，我们可以表现出英语中所有可能出现的单词（数量可达几十万）。同理，贝德曼认为运用 36 种基本几何元素，我们也可以表现出成千上万迅速就可以辨认的一般物体。

作为这个理论（称为"通过成分识别"）的证据，贝德曼设计了如图 3-11 所示的物体。一个可能谁也没有见过的虚构物体。然而，面对这个不知为何物的物体，在涉及它的部件组成时，我们所有人的想法竟然惊人的一致：当中是一个"盒子"，左下方有一个波浪形的东西，右下方有一个弯曲的手柄样的东西等。贝德曼相信，我们用来将这一未知物体分解成各个部分的知觉加工，在对熟知物体的知觉加工时也同样会用到。我们将整体分成部分或几何元素（由" geometrical ions "而来，直译为"几何的离子"；Biederman，1987，p.118），不仅注意这些几何元素是什么，也注意它们的排列。如图 3-12 所示，两个相同的几何元素以不同的方式进行组合，就可以产生截然不同的物体。

图 3-11　一个虚构的物体

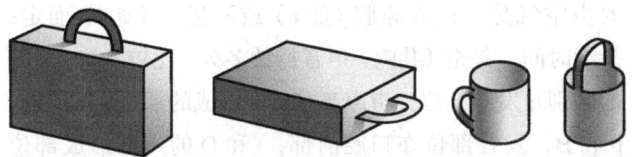

图 3-12　不同的物体包含了相同的几何元素，但排列的方式有所不同

值得注意的是，并不是所有知觉研究者都接受几何元素是物体知觉的基本单元这种观点。Tarr 和 Bülthoff（1995）提出过一个复杂有趣但却与之截然相反的观点。

另有一些研究为知觉中存在特征分析加工提供了附加的证据。比如，让字母在电脑屏幕上以非常短的时间间隔闪现，通常会导致特定的可预见错误。如，相对字母 F 而言，人们更容易将字母 C 与 G 混淆。可能这是因为 C 和 G 拥有许多共同的特征：都有一条弧线，且向右开口。

Neisser（1963）的研究证实，人们会利用这些特征来辨认字母。他让被试执行一项**视觉搜寻任务**（visual search task）。在该项任务中，研究者向被试呈现一系列字母，如图 3-13 所示。研究者要求被试一旦发现特定的目标，比如字母 Q 或 Z，就做出反应。呈现如图 3-13a 的一系列字母，他们找到 Z 所花的时间远远超过寻找 Q 所花的时间。在图 3-13b 中则情况正好相反。在图 3-13a 的排列中，非目标字母具有共同的特征，都由直线和带尖角的线构成，而图 3-13b 中，非目标字母都包含了弧线。目标字母（Z 或 Q）与非目标字母间的相似会使搜寻变得更加困难。

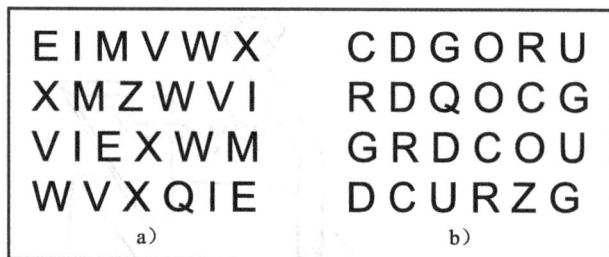

图 3-13 视觉搜索刺激

请注意要多久才能在图 3-13a 和图 3-13b 中发现 Z 或 Q。

在对拥有共同发音特征音节的听知觉实验中，也有类似报告。例如，da 和 Ta 相对 da 和 Sa 而言，具有更多的相同发音特征，因此也更容易被混淆（Miller & Nicely，1955）。发音特征（对辅音来说）包括发音、声带振动（例如，b 是发音的，p 是不发音的）；鼻音，主要由空气是否进入鼻腔（如 n）或不进入（如 l）而定；持续时间，是指（共鸣）声音持续多久（比较 s 与 t 之间的区别）；发音部位，指声音在口中形成的部位（试比较，p 和 B，发音部位在口腔前部；t 和 D 的声音形成部位在口腔中间；k 和 G 的发音部位在口腔后部）。

实际上，语音知觉的研究已再次表明了人类在解释语音时使用了**分类知觉**（categorical perception，Samuel，2011）。也就是说，我们根据声音的特征，如发音或者清晰度，且运用这些特征将声音划分入不同的类别。Lisker 和 Abramson（1970）对此现象进行了研究。他们使用电脑合成人工语音，其中包括了以跟在 "ah" 音后的以双唇音结尾的辅音（类似于 b，或者 p）。b 和 p 音有着相同的辅音结构，只是辅音释放时间（voice onset time，VOT）不同（VOT 与辅音释放之后声带开始震动的快慢有关，VOT 负值表明在声音发出之前声带就开始震动了）。通过计算机，Lisker 和 Abtamson 将 VOT 分成从 –0.15 秒到 +0.15 秒，由此产生了 31 个音节。

当他们将这些音节呈现给被试时，他们只 "听到" 两个音："ba" 和 "pa"。VOT 在 +0.03 秒以下的都报告为 "ba"，而 VOT 在 +0.03 以上的都报告为 "pa"。被试报告在这条分界线两边的音节没有差别。对于他们来说，VOT 为 –0.10 秒的音节同 VOT 为 –0.05 秒的音节是毫无区别的。然而，即使 VOT 处于非常靠近临界线两边的音节仍能被 100% 地被辨认出来，例如，VOT 0.00 秒和 VOT +0.05，能够被准确地辨识为 "ba" 和 "pa"。

显然，我们关注了语言的特定声学特征（这些声学特征在我们的语言中起到了极具意义的作用），而忽略了其他的特性。这可能解释了我们为什么能够轻而易举地听懂陌生人说的话（只要说我们的语言）。我们忽略了他们语音中无意义的差别（如，声音的高低、口音）。另外，分类知觉同样也在非言语声音，如声调、嗡嗡声和不同乐器演奏出的乐音中表现出来（Harnad，1987）。对婴儿的研究进一步发现，即使是非常小的婴儿也能够区分出许多（尽管不是全部）世界上所有语言都在使用的声音区别。而在大约 6 个月时，这一能力便开始窄化以调整至婴儿最初语言的音素（Eimas，1985）。

然而，作为一种知觉的一般模型，特征分析模型也不是一点问题也没有。首先，除了在字母知觉、熟悉物体的线条知觉以及言语知觉这些相当局限的领域中，现在还没有关于什么是特征、什么不是特征的明确定义。当我们看一张脸时，是否有关于眼睛、鼻子和嘴的一般特征呢？是否有关于右鼻孔、左眉毛、下嘴唇的特定特征呢？可能存在多少特征？是不是不同种类的物体拥有不同系列的特征？再以竖直线为例，虽然这一特征对知觉字母 A 来说很重要，但它又能与知觉一张人脸、一个沙滩排球、一朵拍击海岸的浪花有多大的联系？如果对于不同的物体有不同体系的特征存在，那么知觉者又如何知道用哪一种体系来知觉某一件特定的物体呢？（请记住，这必须在知觉者知道是什么之前就已经确定。）如果是对所有物体都运用同样系列的特征，那么可能存在的特征数量就非常多了。知觉者又怎么能如此快地知觉物体呢？

3.2.3　原型匹配

另外还有一种有关知觉的模型，它试图纠正模板匹配模型和特征分析模型的一些缺点，称为原型匹配。该模型和模板匹配模型一样，通过输入信息与业已储存的表征相匹配的原理对知觉加以解释。但是，它与模板匹配模型的不同之处在于，这里的所谓储存表征，不再是必须完全或非常接近匹配的整个模式（这是模板匹配的情况），而是一种**原型**（prototype），即对某类物体或事件的理想化表征，如字母 R、一个茶杯、一台录像机、一只柯利大牧羊犬等。

你可以将原型看作其所代表物体的理想化模型。比如，狗的原型就是对一只非常典型的狗的描述，即你能想象的"最像狗"的狗。与原型完全相像的狗也许存在，也许不存在。图 3-14 显示了字母 R 的各种不同变体，如果你直觉就同意大多数先前看过这些 R 的人的观点，就会认为图中上一行靠左和靠右的字母比中间的字母更具原型的意味。

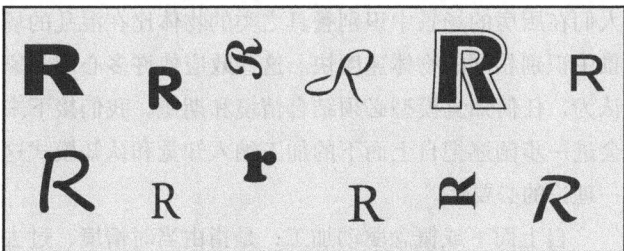

图 3-14　字母 R 的样例

原型匹配理论是这样描述知觉加工的：当一种感觉装置收到了一个新刺激，该装置就会将它与原先存储的原型进行比较，但并不要求完全相匹配，事实上大致的匹配就可以了。原型匹配模型允许输入信息与原型之间存在差异，这就赋予了该模型比模板模型更多的灵活性。一旦这样的匹配找到了，一个物体也就被"知觉"了。

原型匹配模型与模板匹配和特征分析模型的区别在于，它不需要物体包含任何特定的用于识别的特征。相反，特定物体与原型共有的特征越多，匹配的可能性也就越大，而且原型匹配模型不仅顾及了物体的特征和各个部分，还将它们之间的相互关系也一并考虑在内。

然而，原型从何而来呢？Posner 和 Keele（1968）证实了人能以惊人的速度形成原型。这些研究者编制了一系列由点组成的图形模式，将 9 个点安排在 30×30 的方格中，形成一个字母、三角形或者其他的随机模式。然后，将这些点稍微移动到方格内的其他位置（Posner，Goldsmith & Welton，1967）。最初的模式被定为原型，其他（相对于原型发生微小变化的）则都是变形（distortions）。图 3-15 中显示了一些这样的例子。

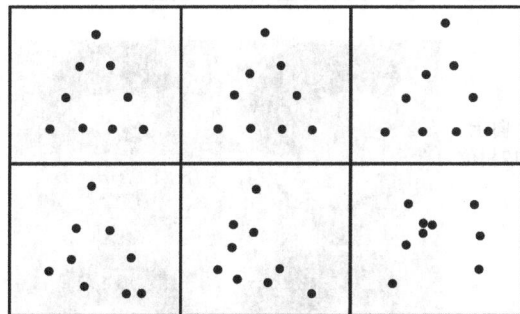

图 3-15　Posner 和 Keele（1968）所使用的刺激
左上格中的是原型，其他格中的都是变形。

不让被试看到原型，只让他们看各种不同的变形，而且也不告诉他们这些图形其实是变形。被试会依据（他们自己并不知道）产生这些变形的原始模式，学会将这些变形分成各个组。在能够准确无误地执行分类任务之后，再让被试看另外一系列点的模式，并要求他们以某种方式将它们进行分类。实验这个部分呈现的点的模式有三种：旧刺激，即被试已经见过的变形图形；新刺激，即之前并未见过的变形图形；以及被试也不曾见过的原型。结果，被试对旧刺激进行分类的准确率为87%，能对 67% 的新刺激进行准确分类（仍旧高于随机水平），而原型分类的准确率为 85%。

由于被试从来也没有见过原型，他们对原型分类的准确性如此之高实在令人感到惊奇。这又如何进行解释呢？Posner 和 Keele（1968）认为，在最初的分类任务中，人们对每一类物体都形成了某种形式的心理表征。这些表征可能是心理意象或画面。一些被试甚至可以用言语描述小点在哪里聚集，以及会以何种方式进行汇合的规则。在任何一种情况下，他们对新模式进行分类时都会用到这些表征。

这一研究为在日常的知觉中我们会形成和使用原型的观点提供了凭证，而且它不仅是在点的模式这样的人工刺激中才发挥作用。Cabeza、Bruce、Kato 和 Oda（1999）在实验中展示了同样的"原型效应"，不过他们的实验材料是人脸的照片，将照片中人脸一些特征（如眉毛、眼睛、鼻子、嘴巴）的位置做上下一定相位的改变。

图 3-16 显示了实验中所用到的不同刺激。Cabeza 等人的报告结果与 Posner 和 Keele 的相似，被试更倾向于"认出"他们事实上从未见过的原型脸，而相对不易认出其他的、较少具有原型特点的新脸。

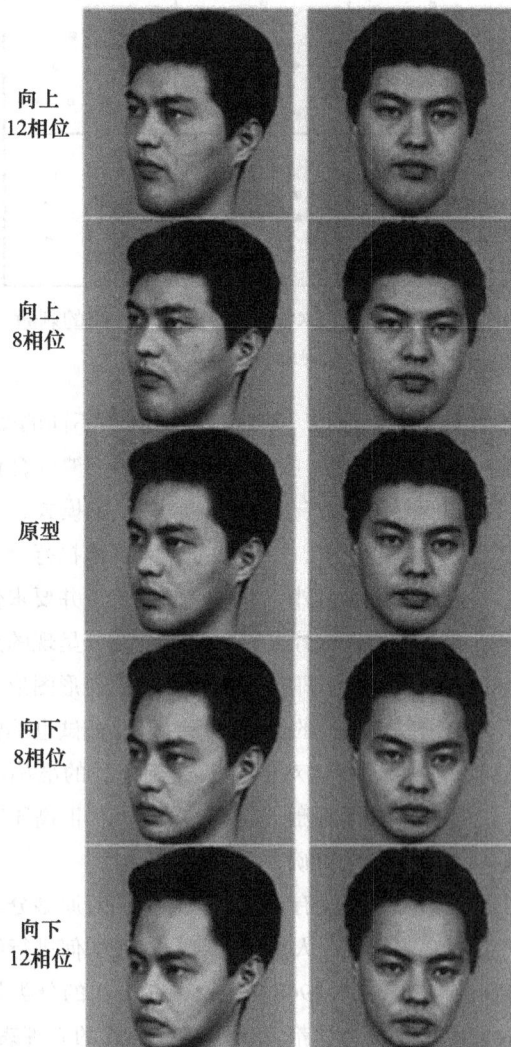

图 3-16   Cabeza 等人（1999）在研究中所使用的刺激

3.3   自上而下的加工过程

所有自上而下的加工模型在解释观察者如何赋予所接受刺激以意义时都面临一些共同的问题。其中最大的问题是**情境效应**（context effect）和期望效应。

如图 3-17 所示，两个单词中的第二个字母是相同的。尽管如此，你还是很可能会将这两个单词读作"they，bake"。毫不迟疑地将上一个单词中的该字母知觉为 h，几毫秒后，又把下一个单词中的这个字母知觉为 a。这些字符周围的语境，即前者的 t 和 ey，及后者的 b 和 Ke，显然对你知觉到什么产生了影响。一个图案或物体周围的情境使知觉者对将要出现什么样的物体建立某种预期。

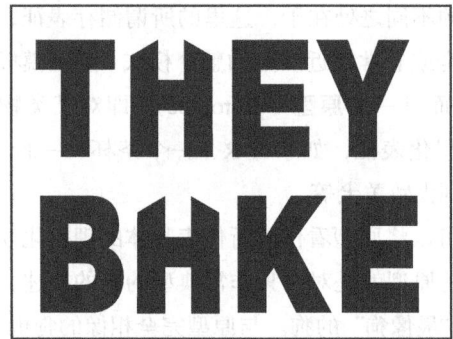

图 3-17   知觉过程中情境效应的例子

知觉者在现实中识别物体时，也表现出类似的情境效应：物体识别的精确度和所需时间随情境变化而变化（Biederman, Glass & Stacy, 1973；Palmer, 1975）。例如，人们在厨房的场景中识别餐具之类的物体比在混乱的场景中识别相同的物体速度快。这些效应使许多心理学家认为，任何知觉模型必须结合情境和期望。我们接下来会进一步阐述把自上而下的加工纳入知觉和认知模式这一理论的必要性。

自上而下或概念驱动加工，是指由当时情境、过去的经验或两者共同产生的期望所引导的加工过程。如果有人告诉你此时你所在的房间里有只苍蝇，你会往哪里看？想象如果你要找的是只蜘蛛或蟑螂，又会往哪里去寻找？对这些生物的过去经验会引导你首先朝什么地方看，是墙壁、地面还是天花板。你可以将这一寻找不同种昆虫的知觉加工看作自上而下式的，你的期望和经验引导着你搜寻的方向。

当然，自上而下的加工必须和自下而上的加工共同

一个物体所处的情境能使知觉变得容易或困难。如果测量反应时我们就会发现，人们在右图中识别出烤面包机的时间要比左图中的长。合乎常情的厨房场景为我们提供了一个情境，帮助我们知觉所期待看到的厨房物件。这一场景一旦打乱，就会破坏这一情境。

作用，否则你将永远不可能知觉到未曾预期的事物，而总是知觉你期望知觉的东西——这显然与事实不符。一个同时包含自下而上和自上而下加工的著名知觉模型来自 David Marr（1982）。Marr 的模型在技术性和数学形式方面堪称精彩。建议有兴趣的读者去查阅他关于此模型的完整阐述。在此我只做一个简要的概述。

Marr 认为，知觉依据几个不同的有特定目的的运算机制进行，如一个模块分析颜色，另一个分析动作等。每个模块都自发运行，与其他模块的输入输出无关，也与现实世界的知识无关，因此，它们属于自下而上的加工。

Marr 认为，视知觉是通过构建三种不同心理表征或素描进行的。第一种称为原始素描（primal sketch），它以二维图像的方式描述相对明暗的区域和已经固定位置的几何结构。这使得观察者能够分辨不同区域的边界，但无法"得知"这些视觉信息的"含义"。

一旦原始素描建立起来，观察者就用它建立一个更加复杂的表征，即 2½-D（二又二分之一维）素描。观察者利用阴影、纹理和边界等线索，获得关于该素描表面的信息，以及此刻它们在景深上与观察者的相对位置关系。

Marr 认为原始素描和 2½-D 素描所依据的基本上全都是自下而上的加工。只有在观察者最后构建视觉场景的三维素描（3-D sketch）时，有关现实世界知识或特定的期望（即自上而下的知识）才会被纳入进来。这一素描既包括对事物的识别，也包括了对视觉场景"意义"的理解。

Marr 的理论不是唯一融入自上而下加工的理论。有自上而下加工的其他知觉现象还包括知觉学习和字词优势效应，我们接下来就将讨论这些内容。

3.3.1　知觉学习

知觉会随练习而变化的观点已被普遍接受（E. J. Gibson，1969），这种现象称为**知觉学习**（perceptual learning）。在 J. J. 吉布森和 E. J. 吉布森（1955）的一项经典研究中阐释了这一现象。首先给被试（包括成人和儿童）单独呈现图 3-18 正中间的卡片约 5 秒钟。这张卡片叫作原版（original）。接着呈现其他卡片并随机混入原版的 4 张拷贝。被试的任务就是从这些卡片中认出这 4 张拷贝。他们得不到反馈，但在看完所有卡片后，原版会再次呈现约 5 秒钟，然后再以新的次序将所有卡片重新呈现给被试。这个程序会一直持续下去，直到每一名被试能完全正确地分辨出这 4 张原版的拷贝。

当 J. J. 吉布森和 E. J. 吉布森（1955）在对被试实验中所犯的错误进行分析时发现，这些错误并非是随机的。错误次数大多会随刺激与原版卡片的相似程度而变化。和与原版仅有相等圈数的刺激相比，被试往往会将与原版具有相等圈数和相同旋转方向的刺激，错误地识别为目标刺激。

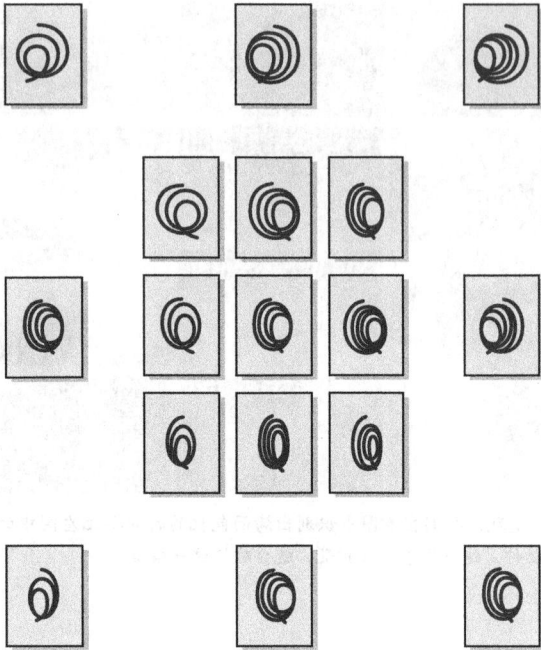

图 3-18 吉布森等人所使用的刺激（1955）

随着时间的推进，被试似乎能对图形观察得更为深入，注意到那些最初他们显然不能意识到的刺激特征。这个解释与其他日常生活中知觉学习的例子是相一致的。经验丰富的品酒师会告诉你，只有通过大量的练习才能真正品尝出不同酒的细微差别。新手也许能区别（通过品尝）出红葡萄酒和白葡萄酒，甚至果酒和干邑白葡萄酒之间的区别，而对专家而言，甚至能识别出某一特定年份装瓶的酒产自哪个葡萄园。新手往往忽略了一个事实，他们的味蕾和那些专家一样发挥功能，但某些信息似乎会被他们忽略。

究竟是什么在起作用呢？显然，有知觉经验的人懂得刺激的哪些方面需要被关注，并更努力、更有意识地去区分这两种不同的刺激。至于自上而下的加工方面，知觉者的经验显然有助于引导他去关注刺激的特定方面，也会促进他"获取"更多的信息（Gauthier & Tarr, 1997a, 1997b; Gauthier, Williams, Tarr & Tanaka, 1998）。

3.3.2 字词优势效应

Reicher（1969）的一项研究揭示了另一种自上而下的加工现象——在经过练习的知觉者中存在知觉情境效应。基本任务很简单：让被试识别两个字母（比如 D和 K）中的哪一个快速出现在屏幕上。然后，另两个可能的情况出现，直接呈现于此字母原来的位置之上。图

3-19 描述了这个实验的程序。

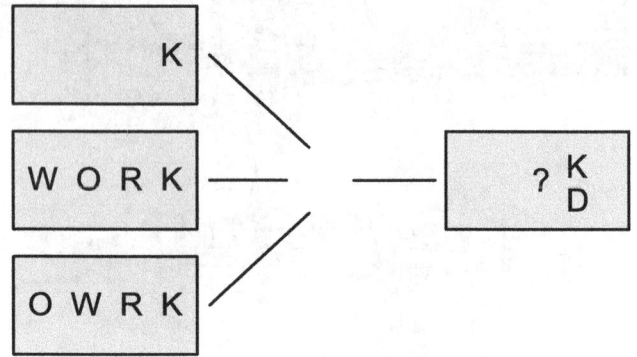

图 3-19 Reicher（1969）所使用的刺激呈现和实验程序

不过该项实验包含了一个有趣的转换。有时是以字母的形式单独呈现，有时该字母包含在一个单词中出现（如 WORD 或 WORK，注意 D 或 K 与另外三个字母都能构成一个常用的英语单词）。还有一些时候，字母与另外三个字母的组合不能构成单词（如 OWRD 或 OWRK）。在每一种情况下，刺激稍后即被遮挡，被试只要说出刚才呈现的字母是 D 还是 K。

令人惊奇的是，被试在单词语境下识别字母的精确程度，远甚于字母单独呈现或在非单词语境下的呈现。这一被重复了好几次的结果就被称为**字词优势效应**（word superiority effect）或字词优势（word advantage）（Massaro，1979）。字母在一个熟悉的语境下（一个单词）比在非熟悉语境下或根本无语境的情况下明显地更容易被知觉。对该效应理论上的解释引起了诸多争议（Massaro，1979；Papp, Newsome, McDonald & Schvaneveldt，1982）。当然还有不清楚的地方，例如，究竟是当字母出现在单词中时人们能够检测到更多的特征，还是人们做出推断（即猜测出），该字母能以最好的方式使这个单词变得完整。我们呈现此研究的目的在于再一次说明，即使是在知觉单个字母这样一项简单的任务中，语境和知觉经验（如在阅读单词时的情景）都会对知觉产生直接的影响。这一领悟促成了字母知觉更为详尽的模型产生，将情境引导（即自上而下）的加工与诸如特征检测这样自下而上的加工结合在一起（McClelland & Rumelhart，1981；Rumelhart & McClelland，1982）。

有趣的是，尽管在不同的上下文中对于字母的辨认表现出明显的不同，但是当读者被要求阅读书面文

字并且划去所有带特定字母（比如 f）的单词时，他们极有可能会漏划类似于 of 或者 for 中的 f，而易于捕捉到 function 或者 future 之类词中的 f，这一现象被称为缺失字母效应（Greenberg, Healy, Koriat, & Kreiner, 2004）。可能的原因在于，当读者在阅读联系紧密的课文时，会迅速将单词分为实义词（包含实际意义的）和虚词（用以组织实意词）。于是，他们会将注意力更多地放在相对熟悉的实意词上，却忽略掉更为熟悉的虚词。此处的关键在于，当单词独立呈现时，对于字母的辨识能力会随着单词的熟悉程度而有所提高，但是在课文中，却会因熟悉度的提高或单词的作用反而受到抑制。

3.3.3 字词知觉的联结主义模型

McClelland 和 Rumelhart（1981）提出的关于字词知觉的详尽模型是一种联结主义的模型。图 3-20 显示了这个模型提出的一些加工水平。注意这个模型假定输入的刺激，无论是书面的（视觉的）、口头的（听觉的），还是较高的水平，如由情境或观察者期望造成的，都是在特征、字母、音素（声音）或单词等不同水平上被加工。还请注意图中的一些箭头，它们表明不同水平的加工是相互注入的。每个加工水平形成了不同抽象水平的信息表征，其中，特征的抽象程度次于字母，字母的又次于单词。

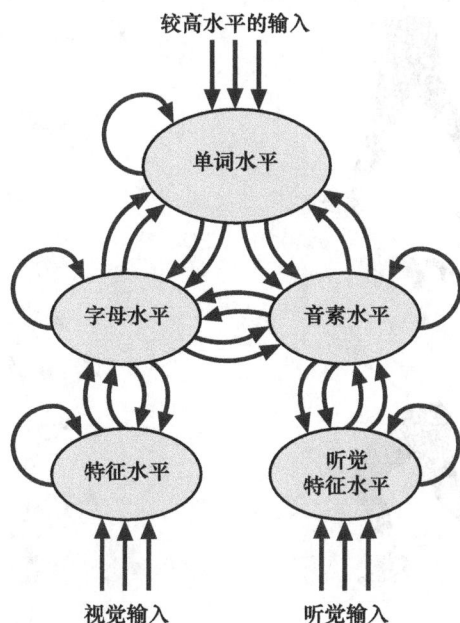

图 3-20 McClelland 和 Rumelhart（1981）的字母知觉模型

这个模型在图 3-21 中有更为详尽的描述。图中每个圆圈代表模型中的一个加工节点。模型假定每一个不同的单词、字母和特征都由一个不同的节点代表。在某个时间点上，节点具有特定的活动水平。当一个节点达到一个特定激活水平时，我们便可以说，它所代表的特征、字母或单词就能被感知到了。

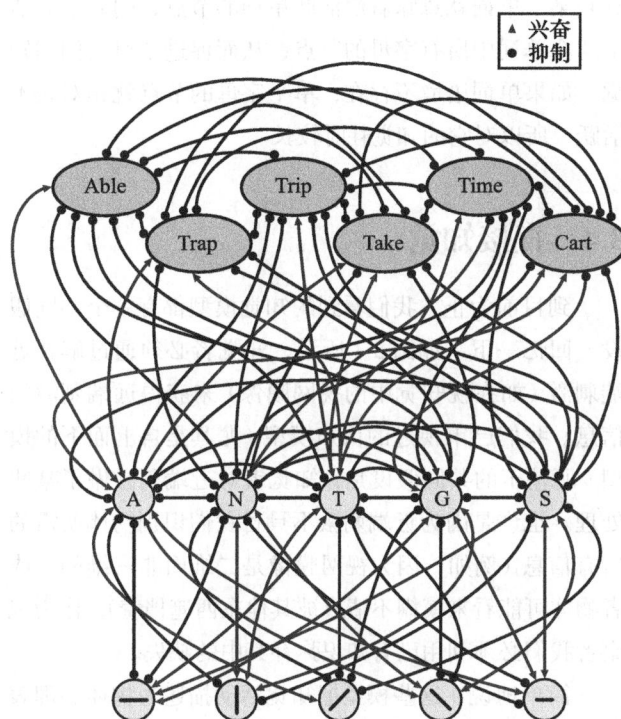

图 3-21 McClelland 和 Rumelhart（1981）的单词知觉模型中的节点和联结

请看节点间的连线。它们表示节点间的联结，既可以是兴奋的也可以是抑制的。当两个节点形成兴奋性联结时，它们就会相互提示。例如单词 TRAP 和字母 T 的节点。想象在一份家庭报纸上的填字游戏中有这样一题：_RAP。四个格后三个分别填着 R、A 和 P。如果这样的形式对你的提示是单词 TRAP 的话，联结主义者就会说，你的 TRAP 节点已被激活。

一旦一个节点被激活，这个激活便会沿着此节点的兴奋性联结传播到其他节点。如果节点 TRAP 与节点 T 之间存在兴奋性联结，那么当节点 TRAP 活跃时，节点 T 也随之变得更活跃，反之亦然。在图 3-21 中，兴奋性联结用末端带箭头的连线表示。图 3-21 中两端带点的线表示抑制性联结，如节点 TRAP 和节点 ABLE 之间的连线。因此，如果节点 TRAP 被激活，节点 ABLE 反而会更不活跃。如果你知觉到单词 TRAP，那么你在同一时刻不太可能知觉到单词 ABLE。该假设就是说在任一时刻人只能知觉到一个单词。

关于这个模型还有很多可解释的，但我们现在关注的是联结主义模型如何解释字词优势效应。为什么某个字母在单词的语境下更容易被知觉？根据这个模型，知觉到某个单词就意味着激活此单词的节点，同时也激活了这个单词中所有字母的节点，从而促进了对它们的知觉。如果单词语境不存在，单个字母的节点就相对较不活跃，所以对它的知觉耗时较长。

3.4　直接知觉

到目前为止，我们看到的知觉模型都有一个共同假设。回忆一下，如图 3-1 所示，知觉者必须通过解释近端刺激（如在视知觉中的视网膜像）来获得远端刺激的信息。我们已审视过的认知模型（尤其是自上而下的模型）所基于的共同假设是：知觉者对近端刺激做了某些处理。也许是因为近端刺激不具备我们识别物体所需的所有信息（例如，因为视网膜像是二维而非三维的，或者物体可能看来模糊不清或被其他东西遮挡着），作为观察者我们必须利用已有知识弥补其中的缺失。

简单地说，这些模型把知觉活动描述为物体心理表征的建构。通过知觉到的信息，我们对外部物体或事件所进行的描述或与它们的物理特征相符或不符，但是我们的认知和生理加工过程却能够将这些描述对应于所知觉的信息而加以分辨。我们同时利用来自近端刺激和来自长时记忆中的信息建构这些心理表征。

显而易见地，这一思想被称为**知觉的建构主义**（constructivist approach to perception）（Hochberg，1978）。这一理论认为，人是通过增添或歪曲来自近端刺激的信息以获得知觉的，即对外来信息的一种有意义的解释。人不再被看成被动接受可获得信息的加工者，而是信息的主动选择者、整合者和构造者。

J. J. 吉布森及其追随者（J. J. Gibson，1979；Michaels & Carello，1981）则立场相反。吉布森反对知觉者是利用过去遇到过的相似物体或事件的记忆来建构心理表征的说法。相反，吉布森认为知觉者所做得很少，主要是因为世界可以提供太多的信息，根本不需要人们再去建构表征和进行推断。他认为知觉是人对环境信息的直接获取。

这个观点被称为**直接知觉**（direct perception），根据这个观点，投射到视网膜上的光线包含了几乎不需要解释的高度组织化的信息。在我们生活的世界中，随着时间的推移，外界的事物总会发生改变或者我们自身同外界事物的联系方式会发生改变，但事物的某些特定方面却总是保持不变的，而我们对这种不变性可能已经习以为常。例如，一段用 C 调在钢琴上弹出的旋律，想象一下，同样的旋律改为 G 调来演奏。尽管旋律中每一个音符都发生了改变，但这段旋律仍然能被辨认。如果两次演奏之间有足够的时间间隔，许多听众甚至不能识别它们的调式变化。尽管元素（音符）改变了，但音符之间的关系仍保持不变。

Johansson（1973）的研究向我们展示了知觉不变性在视觉上的例子。研究者将灯泡附着在一个黑衣模特的肩、肘、手腕、臀部、膝盖和脚踝上，并在黑暗背景下对其进行拍摄，所以只有灯光能被看见，如图 3-22 所示。那些看到模特静止照片的研究被试认为只看见一组随机的光亮。而当看到模特进行一些熟悉动作（行走、跳舞、攀爬等）的录像时，立刻就辨认出这是一个正在进行特定活动的人。

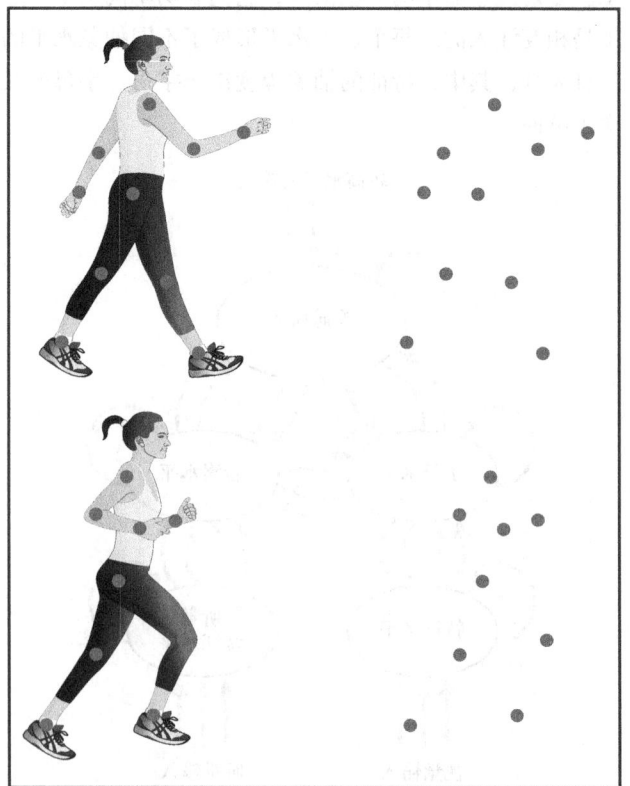

图 3-22　Johansson（1973）实验刺激示意

后来的研究（Kozlowlski & Cutting，1997）甚至发现，观察者可以仅通过灯泡的移动就辨认出模特是男是女！灯泡的运动显然为观察者能知觉到一个行动中的人提供了足够的信息。这个例子中需要注意的是，观察者并没有看见模特的外形和任何的个体特征，如头发、眼睛、手或脚。如果一个人形可以在如此有限的视觉信息情况下被快速识别，那么可以想象在正常环境下，又有多少可利用的信息了。近来，关于此现象的研究发现了更多令人吃惊的超凡知觉技能，就算是非常贫乏的刺激常人也能完成对其的知觉。该研究也对伴随这种知觉的大脑活动模式进行检验，尤其是在顶叶和颞叶（Blake & Shiffrar，2007）。

J. J. 吉布森（1950）确信，动作的模式可以为知觉者提供大量的信息。在第二次世界大战中选拔和训练飞行员的工作使他想到飞行员在着陆时可利用的信息。他提出了视觉流（optic flow）的观点。图 3-23 所描绘的是飞行员在驾机降落接近跑道时的视觉呈现排列。箭头代表被知觉的运动，即地面、云和其他同飞行员有关物体的明显运动。这些运动有不同的结构层次：较近物体比较远物体移动得快；物体运动的方向则依据的是飞机相对于它们的飞行角度。飞行员可以利用所有这些信息将飞机驶入跑道。

Turvey、Shaw、Reed 和 Mace（1981）认为，其他知觉模型说明的是人们如何做出知觉解释和判断，而吉布森则试图解释人们是如何在生理或其他方面适应环境的。对吉布森而言，知觉的核心问题不是我们如何观察和解释一个刺激如何排列，而是在现实世界中我们究竟如何看到视觉对象并用以指引我们的行动方向。比如，为什么我们一般不会冲着墙壁走，或因为知觉快要撞到墙壁而退缩？

吉布森理论中的一个重要观点是，一个生物体可以利用的信息不仅存在于环境之中，还存在于一个动物—环境的生态系统中（Michaels & Carekko，1981）。当动物四处走动时，它们其实一直都在体验周围的环境。不同生物有机体的知觉经验各不相同，这是因为不同的生物具有不同的生存环境，或者是因为它们与环境的相互关系不同，抑或是这两者共同造成。有机体直接知觉到的不仅是形状和整个物体，而且还包括每个物体的**情境支持**（affordances），即"物体、地点和事件所容许发生的行动或行为"（Michaels & Carello，1981，p.42）。换言之，也是指环境所能提供给有机体的东西。因此对人类而言，椅子提供的是坐，把手或手柄提供的是抓握，而玻璃窗提供的就是可以透过它看到外面的东西。J. J. 吉布森（1979）声称，物体的情境支持也可被直接知觉到。我们"看见"一把椅子且知道它是用来坐的，就与我们"看见"一把椅子在两英尺[⊖]以外以及它是用木头做的一样容易。

根据吉布森的观点，我们不会撞墙或撞上已经关闭

图 3-23　视觉流描述图

———————————
⊖　1 英尺 =0.304 8 米。——译者注

的门，是因为这样的表面不是供人穿行用的，当我们走近它们时自然就会知觉到这点。我们会坐在椅子、桌子或地板上，但不会坐在水面上，因为前者可供人坐而后者不能。通过针对这些不同物体进行的活动以及围绕这些物体所发生的活动，我们了解到它们的情境支持并相应地做出反应。对吉布森而言，知觉与行为是紧密联系的。

对吉布森理论的反应可谓褒贬不一。例如，Fodor和Pylyshyn（1981）认为，吉布森的理论虽然饶有趣味，但却是定义不清的。因为没有对情境支持下一个严密的定义，所以他的理论无助于解释知觉。他们批判吉布森没有明确区分什么东西是不变的，什么东西是变化的。没有这种区分，就很容易造成以下的循环解释：

人们是如何把一样东西知觉为鞋子的呢？有某种特定的（不变的）性质是全部且仅仅只有鞋子才具有的，即所谓的作为一只鞋子的属性。要把某物知觉为一只鞋子就应找到这样的属性（Fodor & Pylyshyn，1981，p.142）。

好在吉布森的支持者与反对者之间的争论还是最终解决了，他提醒认知心理学领域中每一位研究者需要关注认知在实验室外情境中的运作方式，以及信息加工的方式与有机体的加工目标和需要之间的关系。我们将在整本书里不断地提到这些主题。

3.5 知觉损伤：视觉性失认

前面我曾提到，知觉是为所接收的感觉信息赋予意义的过程。此定义区分了感觉（例如视觉、听觉、嗅觉）或者说感觉信息的接收，和赋予感觉信息意义的知觉之间的不同。

最能说明感觉和知觉这两个不同加工过程的是认知神经心理学对**视觉性失认**（visual agnosias）的研究，所谓视觉性失认，是指解释视觉信息能力（虽然可以看见）的损伤（Banich，1997）。请看图3-24这一取自Rubens和Benson（1971）报告的个案研究例子。图中显示了呈现给病人的原画以及他临摹的作品。正如图中所见，这位病人能清楚地看见这些画，对每幅画的临摹也都复制了其中的一些细节。但是，这位病人却不能正确地说出任何一样东西的名称，只会说那只猪"可能是一条狗或

其他的什么动物"，称一只鸟"可能是一段山毛榉树桩"（p.310）。

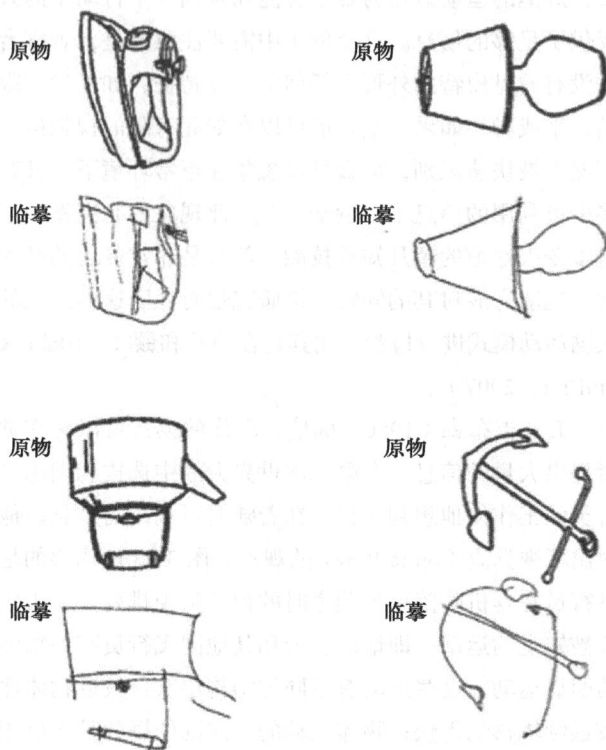

图3-24　失认症患者的临摹作品

罹患视觉性失认的病人并非只存在语言方面的问题，因为他们同样不能用非语言的方式来辨认熟悉的物体（如运用手势来表达它们的一般用途）。他们也没有记忆方面的问题，因为他们可以说出一只猪或一把钥匙应该是什么样子的。问题似乎出在对视觉模式和呈现物体的理解上（Farah，1990）。这一缺陷似乎具有特定的模式：视觉性失认的病人不能通过视觉识别物体，但可以通过声音、触摸或嗅觉来识别它。用我们以前的术语来说，问题似乎在于他们不能通过近端刺激建立一个知觉。

研究者把视觉性失认分为不同的类型。第一种称为统觉性失认（apperceptive agnosia）。此类患者只能加工处理非常有限的视觉信息。他们可以看见图画或物体的轮廓，但要将一个物体与另一个相匹配或将物体进行分类就非常困难。有些人根本不能指出物体的名称。有报道说还有一位病人不能区分印刷体的字母X和O（Banich，1997）。一些病人虽然可以完成这些加工，但不能识别轮廓线有遗漏的线条画，如图3-25a中所画的

椅子，或者不能识别一些非正常角度放置的物体，如图 3-25b 所示的椅子的顶视图。

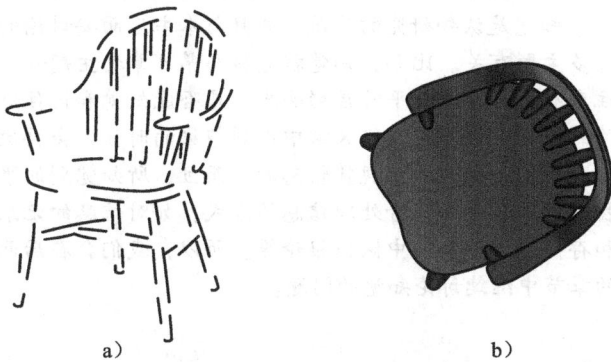

图 3-25 物体轮廓信息是如何影响统觉性失认患者辨认物体的例子

图 3-25a，统觉性失认患者很难辨认出这是一把椅子，因为他们不能插补缺失的轮廓。图 3-25b，当椅子从这样一个不寻常的角度进行观察时，统觉性失认患者就很难辨认。

第二种视觉性失认称为联结性失认 (associative agnosia)。有这种缺陷的病人可以匹配物体或图画并能进行临摹，但他们做得非常慢而且极其小心，几乎是一个点一个点地画出来 (Banich, 1997)，而不是运用更为一般的绘画技巧：先画大的特征再画小的细节。联结性失认病人可能被小的细节分散注意，比如画面上一个多出来的小点或无关的线条。联结性失认患者也不能顺利地说出他们看见或画出的物体的名称。

这两种不同类型的视觉性失认似乎与大脑中两个不同区域的损伤有关。统觉性失认一般与一个大脑半球，或大脑的一侧（常为右侧）损伤有关，联结性失认与大脑两侧特定区域（即大脑的两侧半球）的损伤有关。

还有一种视觉性失认被称为面孔失认 (prosopagnosia)，它是一种非常特殊的有关人脸的视觉失认 (Farah, 1990)。大脑右半球特定区域受损（也可能包括左半球的一部分）的面孔失认患者可能拥有完好的识别物体的能力，但却不能认出家人或政治领袖的脸，甚至连自己面孔的照片也认不出来。他们能看见脸的细节，如鼻子、眉毛或一颗痣，但却不能把这些视觉细节整合在一起，形成一个清晰的脸部知觉。Oliver Sacks (1985) 在他的书中对面孔失认的详细案例情况进行了生动的描绘。

视觉性失认并不是唯一同知觉的认知加工和模式识别有关的神经病理方面的缺陷。另一种知名的缺陷称为单侧忽略 (unilateral neglect)，有时也称为偏侧忽略 (hemineglect)，它是由顶叶皮质的损伤引起的，导致病人完全忽略了对侧空间的刺激 (Mozer, 2002)。例如，大脑右半球顶叶损伤的病人可能不会清洗身体的左半侧，不能梳理面部左侧的头发，或不能对由他们左侧发出的刺激做出反应等。

上述对知觉神经病理方面缺损的简要介绍表明，知觉并非只是单纯地接收信息这么简单。不管是不是你所确信的，你所看到的显然并不等同于你所知觉到的！

概要

研究者提供了一些研究知觉的不同方法。尽管他们的理论假设与实验方法有所不同，但至少在如下第 1 和第 2 两条普遍原则上达成了共识。

1. 知觉不仅仅是静态的、个别感觉输入的总和。知觉显然还包括对我们接收到的感觉信息的整合，或许还包括对它们的解释。知觉不是简单地从外部世界接收信息，而是由此建立一个复制的内部表征。

2. 知觉有时会"看见"一些实际并不存在的东西（如主观轮廓例子中所示那般），有时会曲解客观事物（如其他一些情境效应的例子中所示那样）。知觉既包括将从外界获得的小片段信息组合成大块的自下而上的加工，也包括由知觉者的期望和对刺激的认识所引导的自上而下的加工。

3. 从背景中将图形分离出来是一项重要的知觉任务。格式塔心理学家提出了许多关于我们是如何完成这些任

务的原则，其中包括接近律、相似律、连续律、闭合律和协变律。所有原则都遵循完形律，即在知觉者对一个刺激做出的所有可能的解释中，他（她）会选择一个能产生最为简单和稳定的形式。

4. 不同的自下而上的知觉模型包括模板匹配，即知觉者通过将模式与储存的心理表征相匹配的方式对模式进行识别；原型匹配，指储存的心理表征不是对刺激的精确复制，而是一个理想模型；特征分析，指首先识别模式和物体的特征或成分，然后将这些特征或成分组合在一起，形成整合性的解释。

5. 自上而下的知觉模型把知觉者的期望纳入解释感觉信息的模型中。对字词优势效应的研究则显示了情境能改变我们对刺激的知觉。

6. 字母知觉的联结主义模型说明，即使像识别单个字母这样的任务（都用单个、简单的印刷字体）也是非常

复杂的。

7. 知觉也包含了知觉者这方的大量活动。我们远不只是简单地记录周围的视觉世界；我们也不是照相机。在建构主义和直接知觉这两种研究知觉的方法取向上，知觉都被看成心理或生理活动的结果，我们在这个信息的海洋中遨游，边行进边搜取信息，同时探索更多旅途中有趣的事物。任何知觉理论最终都必须考虑我们日常知觉中自身的活动。

8. 知觉损伤（如视觉性失认中的面孔失认）意味着患者不能理解和识别所看见的事物。统觉性失认患者对事物轮廓进行识别的能力完好，却无法辨认它为何物。

联结性失认患者可以（有时速度缓慢）识别物体的特性，但过度拘泥于细节。面孔失认病人不能识别人脸，不论是亲属、名人还是自己在录像或照片中的脸。

知觉是认知研究的基础，并且与本书后面要讨论的许多主题有关。比如，知觉就直接与第 4 章的主题——注意有关，注意水平常常影响我们是否能知觉和记住有关的事物。当我们在第 8 章中提到想象的时候，会再次看到人们是如何加工视觉信息的。而且，所知觉到的事物往往限制了知觉者处理信息的方式，如对信息的记录和存储、思考和从中做出推论等。所以，我们会在后面的章节中继续讨论知觉的问题。

复习题

1. 指出传统信息加工范式、联结主义范式和吉布森生态学范式各自对于知觉假设的区别。
2. 描述两个格式塔知觉组织原则，并各举一例说明。
3. 区分自上而下加工和自下而上加工。
4. 特征分析和原型匹配模型在哪些方面是对模板匹配模型的改进？哪些方面则不然？
5. 评述格式塔知觉组织理论和贝德曼的几何元素理论之间的一致性。
6. 描述知觉的情境效应在实际生活中的例子。
7. 思考 McClelland 和 Rumelhart 关于字母知觉的联结主义模型。格式塔心理学家或认知神经心理学家会如何看待这个模型？他们会指出该模型具有什么样的优点和缺陷？
8. 讨论下面问题："J. J. 吉布森的支持者和反对者争论不休的一个原因是他们各执一词却又鸡同鸭讲。吉布森并不是仅仅提出一个与众不同的知觉理论，他还对知觉的任务是什么进行了重新定义。"
9. 不同的视觉失认可以告诉我们有关知觉的什么内容？（难点：利用脑损伤病例来形成关于"正常"认知功能的理论有什么理论上和经验上的局限？）

注　意
配置认知资源

　　请设想一下驾车的任务。除了包括许多动作技巧如控制方向和刹车，如果你驾驶的车辆是手动挡的，那么还得包括换挡。驾车还包括许多认知加工过程。很显然，其中之一就包括知觉：你必须迅速辨认相关物体，如禁止通行标志，行人以及迎面驶来的汽车。驾车同样需要心理努力和集中注意力，也就是认知心理学家所说的注意。在任何给定的时间里所需注意量的多少，部分取决于你周围环境的复杂度：在没有其他车辆的宽阔马路上行驶，一般比高峰时段在拥挤的快车道行驶容易。你驾车方面的技术和熟练程度同样影响你集中注意力的水平（Crundall,Underwood, & Chapman, 2002）。

　　回忆一下你第一次驾车的经历。大多数人第一次面对方向盘时，总是一副注意力高度集中的神情。紧紧握着方向盘，眼睛盯着路面或是前面的停车位，新手在驾车时谈话、听收音机或者吃汉堡包都是非常困难的事。而6个月后，如果有了足够的驾驶经验、无特殊情况下，这位驾驶员则可以做到一边驾车一边谈话，同时摆弄门把手甚至吃东西。

　　研究注意力的认知心理学家最为关心的是认知资源和它们的局限性。他们认为，在任一时间里人们致力于所有手中任务以及应对所有面对输入信息的心理能量只能是一个确定的值。如果他们将一定比例的资源用于一项工作，那么对于其他工作而言，可分配到的资源就相对较少。工作越复杂越不熟悉，要想顺利地执行该任务就必须占据更多的心理资源。

　　再以驾车为例。新驾驶员实际上面对的是一项复杂的任务。他必须学会操作许多机械装置：油门、刹车、排档、离合器、灯光、远光灯开关、方向灯等。同时，在汽车行驶过程中，驾驶员必须仔细观察车前的状况（路面、树木、砖墙之类），并且还需时不时地看一下速度表和后视镜。总之有许多东西需要掌握，面对一系列如此复杂的要求，那留下来完成其他认知任务（如交谈，调节收音机，从手袋或背包中取出口香糖，化妆）的资源少之又少就一点也不令人感到奇怪了。

　　然而通过练习，驾驶员可以准确地了解这些装置的方位，并且知道如何操作它们。举例来说，一个有经验的驾驶员可以轻而易举地"找到"刹车踏板。训练有素的驾驶员已经学会了如何操

学习驾车任务包含了许多的认知过程。

控汽车，观察前方路面以及检查相关的设备，而且所有这些动作差不多是同时进行的。随着更多的认知资源得以用于其他方面，有经验的驾驶员可以在驾驶时做其他各种事情，例如听收音机，打电话，计划工作日程，排练演讲内容等。

任何必须同时操控许多复杂装置或监控众多仪器设备的人都会面临同样的挑战。空中交通管理员、商用飞机驾驶员、加护病房和急诊部门的医务工作者都必须处理来自各种不同监控器和仪器的大量信息（这些信息大多是同时到达的）并且准确而快速地做出反应。这些工作中的任何错误都是致命的。下面的例子引自对飞机驾驶舱中听觉警报声设计的研究（Patterson，1990），它向我们显示过量的信息输入是如何造成任务操作失败的。

夜晚，我驾驶着一架喷气式飞机。突然，我平静的思绪被飞机失速的警报声、操纵杆的摇晃和数盏警报灯的同时闪烁打破了。这种效果确实不是有意的；我被吓懵过去几秒，然后撇下仪器，设法去消除这些该死的响声和灯光骚扰，而并没有采取飞行员应该有的本能反应以控制飞机。这种组合式的骚扰实在是太吵、太刺眼了，以致我完全不可能和另一个机组成员说上话，在处理实际问题前，我只能一味地去消除这些噪声（p.37）。

很显然，仪器和设备的设计人员应该了解人们是如何处理大量信息的，也应该知道在一段时间之内人可以同时处理多少信息。系统设计者经常会请教研究这些问题的人因工程心理学家（Wickens，1987）。

本章的目标在于从认知的角度解释上述例子中所发生的一切。更加具体来说，我们将考察心理资源这一话题，了解它们是如何被分配到各种认知任务中去的。首先我们将一起探讨精神集中（mental concentration）的概念。尤其是，我将尝试说明对某人或某事"注意"意味着什么。你们会看到"注意"至少有一部分就是集中精神，即排除其他的活动或信息，而在你期望关注的事物上投入更多的心理资源。

接着，我们将一起回顾认知神经心理学的最新研究成果中，有关人们"注意"时所涉及的脑机制问题。我们会看到，当集中注意或者注意再集中时，大脑某些特殊区域就会趋于活跃，那些由被注意信息所引起的大脑反应与那些由未被注意信息所引起的大脑反应是不同的。

我们还将探讨人们的专注是如何随着练习而发生改变的。对于很多任务而言，大量的练习能使任务变得简单和容易，只需稍加注意就行了。在这种情况下，操作就是自动化的。这意味着在其他事务中，对该个体而言注意得到了解放，他可以在执行自动化操作任务的同时进行其他的任务操作。这一被称为**注意分散**（divided attention）的现象引起了认知心理学家的兴趣，将在本章结尾部分进行讨论。最后，我们将回顾一些有关注意与自动化加工之间关系的最新研究方向。

正如心理学中的许多议题一样，早在1800年，注意就引起了心理学家威廉·詹姆斯的兴趣。詹姆斯（1890 / 1983）早在有关注意的研究者近来文章发表之前就提出了这样的观点，在某一时段内，仅有一个系统或一个想法能够轻松地进行；他认为要想在同一时间做两件或更多的事，需要经过"习惯"这一过程。詹姆斯在100多年前对于注意的描述，与今天对注意的描述同样清晰，巧妙地将心理学家研究注意时的种种现象组合在了一起：

每个人都知道注意是什么。它是以清晰和生动的形式对可能同时呈现的物体或一系列想法中的一种进行心理占据。意识的聚焦化和专注是其根本所在。这意味着为了有效地处理某些事务，就必须从另外一些事务中抽离出来，是与混淆、茫然、脑力不集中截然相反的一种状态，后者在法语中叫作distraction，在德语中称为Zerstreutheit（pp.381-382）。

4.1 选择性注意

选择性注意（selective attention），指的是我们通常把注意集中于一项或一些工作和事件而不是同时关注许多。要想在心理上集中资源，就意味着我们会关闭停止（或至少是很少加工来自其他任务的信息）其他相竞争的任务。如注意研究者霍尔·帕什勒（Hal Pashler，1998）所言："在任何时刻，（人们的）注意力只仅仅覆盖了进入感觉系统刺激中的很少一部分。"（p.2）

直觉上你同意这一观点吗？看一看下面的实验。将手头的工作停下并想一想：你能听见环境中的噪声吗？也许，就在你阅读前面段落时，你周围的那些声响同样存在，但是你不会注意那些声响，因为它们根本就没有"通过"你的系统。对于其他刺激也同样如此，当你把注意力集中于你的衣服、手表和首饰上时，你能感觉到它们紧贴着你的皮肤吗？也许，在一秒钟前你并没有意识到它们的存在。可能我们是依据是否主动将注意集中于刺激之上而有所区别地加工处理信息。

认知心理学家是如何研究人们怎样处理那些未加以注意的信息呢？如果你也思考这样的问题，就面临一个艰巨的挑战：怎样既将信息呈现给别人，也确保这些信息没有被他们注意到呢？仅仅告诉他们别去注意往往只会适得其反。（不信你试一下：在接下去的 25 秒内，不要去注意自己手指的感觉。）

认知心理学家都知道的一个解决办法是**双耳分听实验**（dichotic listening task），如图 4-1 所示。这个实验是这样进行的：让被试通过头戴式耳机双耳同时接收录音带上所录的不同信息。双耳分听任务中的被试一般要听两个或更多不同的信息（通常是从文学作品、报纸上摘录的故事或一些演讲片段），并要求他们进行"追踪"，即大声重复一个耳朵中听到的内容。信息呈现的速率一般很快（每分钟 150 个字），所以要想完成追随任务是很不容易的。在任务的最后，还要问被试通过双耳各自记住了哪些信息。（有时，录音带中所录的信息同时会被两

耳听到，这称为双耳呈现。有些研究者除了用双耳分听实验之外，还会使用这种技术。）

该实验进行的逻辑是这样的：被试必须将注意集中于被追踪的信息。因为信息呈现的速度很快，追踪任务难度很大，需要大量的心理资源。因此，很少再有资源能被用以处理非追踪的未加注意的信息。

Cherry（1953）的一项经典研究显示，人们可以追踪从正常到快速的言语信息，而且错误较少。当研究者后来问及被试关于那些未被注意的信息材料时，被试几乎都能准确地报告这些内容究竟是言语还是噪声，如果是言语的话，还能说出讲话的人是男还是女。当这些未被注意的内容倒着播放时，一些被试报告他们注意到了信息的某些方面，原本以为是平常的交谈现在却隐约地让人觉得有些奇怪。

不过，被试不能回忆未被注意信息的内容或说话所用的语言。在该实验程序的一种变式中，将未被注意信息的言语表达由英语改成德语，但被试显然没有注意到这个改变。在另一个实验中（Moray，1959），被试听到的被注意信息是一段散文，未被注意的信息为一组简单的词汇。即使这组词汇被重复了 35 次，他们还是不能注意到大多数词汇的出现。

4.1.1　瓶颈理论

为了解释这些发现，Broadbent（1958）提出了注意的**过滤器理论**（filter theory），指出在任何时候人们能够

图 4-1　双耳分听实验

听者听两个不同的信息，并被要求重复（"追踪"）其中一个。

注意的信息量是有限的。因此，在任何时候，如果输入信息量超过这一容量的话，人们就会利用这一注意过滤器，让其中一些信息通过而阻挡其余的信息。该过滤器主要依据被注意信息（在这个特定例子中，基本是声音方面）的物理特征：声音源的定位、其典型的音高或响度。只有通过过滤器的材料内容才能在后面的加工中被分析含义。

这个理论解释了为什么未被注意的信息意义很少能被回忆起来：未被注意信息的意义根本就没有被加工处理。从另外一个角度看，Broadbent 的过滤器理论认为，注意的过滤器功能是进行选择，即哪些内容在加工过程中被较早地接受处理，所谓较早一般是指在材料内容的意义被确认之前（Pashler，1998）。

这是不是意味着人们不能对两条消息同时加以注意呢？Broadbent（1958）并不以为然，他认为，受限制的只是我们在任意时间段中能够处理的信息数量。如果两条消息各自包含的信息量很少，或信息呈现的速度较慢，它们就能被同时处理。举例来说，如果只是一遍一遍地重复同一个词，被试就能同时注意另外的消息，因为前者包含的信息量很少。相比之下，如果消息包含大量的信息且快速呈现，会占据更多的心理容量，一次就只能注意到其中很少的一部分。在我们接收许多信息而不能同时处理时，过滤器就会阻止消息以保护我们免受"信息超载"的困扰。

不过很快，其他研究者就报告了与过滤器理论相反的结果。Moray（1959）发现了其中最为著名的"鸡尾酒会效应"（cocktail party effect）：无论是被注意信息还是未被注意信息，只要在其中插入自己的名字，对其追踪就会遭到破坏。此人不仅能听到自己的名字，而且还会记住曾经听到过自己的名字。在嘈杂的社交场合，你可能也有过同样的经历：当你和一人或多人交谈时，听到身后有人提到你的名字。在你的名字被说出来之前，此人在说什么你一概没"听见"，而提到你名字的声音却似乎总能抵达你的耳朵，攫取你的注意。

为什么鸡尾酒会效应给过滤器理论出了一道难题？过滤器理论声称，所有未被注意的消息都会被过滤掉（也就是说，不会因为辨认或意义而被处理加工）这就是为什么在双耳分听实验中被试只能回忆起未注意信息中极少内容的原因。鸡尾酒会效应则展示了一些完全不同的情况：人们有时确实能在非经注意的信息或谈话中听

到自己的名字，一旦听到自己的名字便会将他们的注意力引到先前未曾注意的信息上来。

Moray（1959）总结，只有"重要的"材料才能穿过为阻挡未注意信息而设的过滤器。也许，含有人们名字的这类消息足够重要，以至于它们能通过过滤器并且被分析其中的含义。这样一来，留待解释的便是过滤器如何"知道"什么样的消息非常重要而可以放行通过。

值得一提的是，被试并不总是能在未曾注意的通道中听到他们的名字：在事先没有线索提醒而引起警觉的条件下，只有 33% 的人注意到他们的名字（Pashler，1998）。所以，对于名字辨识的一个另外的解释就是，追踪任务并不总是百分百地占据人的注意。因此，注意偶尔也会失察，并转向未被注意的消息上面。正是在这一注意涣散的时刻，名字再认发生了。

Treisman（1960）发现了一个与上述对鸡尾酒会效应另作他解相抗衡的现象。她向被试的两只耳朵播放两条不同的消息，并要求追踪其中一只耳朵的消息。在消息播放期间的某一特定时刻，第一条消息的内容和第二条消息的内容相互切换，导致第二条消息后一半内容正好延续第一条消息的前一半，而第一条的后一半与第二条的前一半衔接。当两条消息刚刚"两耳切换"之时，许多人立刻能从"未注意耳"播放的消息中重复一两个单词。如果被试只是在他们的注意过滤器"打盹"时才处理这些非注意信息的话，就很难解释为什么这样的错误总是出现在两耳信息转换的当口上。

为了解释这一结果，Treisman（1960）推断，被试选择什么信息加以注意至少有一部分是基于信息的意义，这是过滤器理论无法接受的一种可能。有趣的是，大多数被试并未意识到所听的文章已经过两耳切换，也未意识到他们是从"不对的耳朵"中获得信息、重复那些单词的。同样，这也给过滤器理论提出一个疑问：有什么可以预测从未注意通道而来的信息会被阻挡在外呢？

Wood 和 Cowan（1995）又对从未注意通道获得的信息是否可以被再认的问题进行了研究。在一个实验中，他们让 168 位本科生被试执行双耳分听实验。其中两组用注意通道（总是呈现于右耳）追踪《愤怒的葡萄》（Grapes of Wrath）中的一个选段（读得很快，每分钟 175 个词），并在非注意通道（左耳）呈现《2001 太空漫游》（2001：A Space Odyssey）的选段。在实验的 5 分

钟内，非注意通道中的讲话将被转换为倒放的效果，并且持续 30 秒。以前的实验证明，在这样的条件下大约有一半的被试会察觉到转变，而另一半则不能。在实验中，两个实验组的区别仅在于倒放说话之后，"正常"讲话呈现的时间：一组是 2 分钟；另一组是 1.2 分钟。第三组是控制组，被试所听到的非注意通道的信息中没有逆向效果。

Wood 和 Cowan（1995）首先希望了解的是，那些意识到非注意信息中含有逆向讲话的人，是否会对他们注意内容的追踪产生影响。换言之，如果他们对非注意信息中的内容进行处理，那么这样的处理是否会使他们在执行主要任务时的表现大打折扣？答案显然是肯定的。Wood 和 Cowan 计算了追踪任务中的错误百分比，发现在逆向讲话持续的 30 秒内，错误比例提升至最高峰。对于那些报告注意到逆向讲话的被试来说，这个效果特别富有戏剧性。从未听过逆向讲话的控制组成员未出现追随错误上升的现象。同样，大多数先前没有注意到逆向讲话的被试也没有出现错误上升的情况。

是什么引起了注意向逆向讲话的转移呢？是不是被试（或至少他们中的一些人）周期性地来回将注意轮流置于两种信息之上呢？抑或逆向讲话造成注意过滤器的自动重启（即没有觉察，没有意图，也不费精力）？为了说明这些问题，Wood 和 Cowan（1995）以 5 秒为一个间隔，分析了逆向讲话呈现 30 秒前、30 秒后和 30 秒中（针对那些呈现逆向讲话的被试）三部分的追踪错误。这些发现（如图 4-2 所示）表明，控制组的被试和那些未注意逆向讲话的被试随着实验的进行，并没有多犯错误。而那些报告听到逆向讲话的被试错误明显较多，并且在逆向讲话开始 10 ~ 20 秒后达到顶峰。

Wood 和 Cowan（1995）的总结认为，未注意信息的注意转移是无意的，而且完全没有觉察。他们之所以得出这个结论是基于这样的事实，对于觉察到逆向讲话的被试来说，正是由于这种觉察打断并干扰了追随任务，错误率达到顶峰的阶段也与他们注意到逆向讲话的时段相吻合。从另一方面来说，Wood 和 Cowan 相信，觉察到逆向讲话的被试其注意被逆向讲话所"捕获"，这导致了他们在主要追随任务的执行过程中表现较差。

事实上，Conway、Cowan 和 Bunting（2001）的研究表明，在非注意信息中听到自己名字的被试，往往拥有较低的工作记忆广度。（我们将在下一章讨论工作记

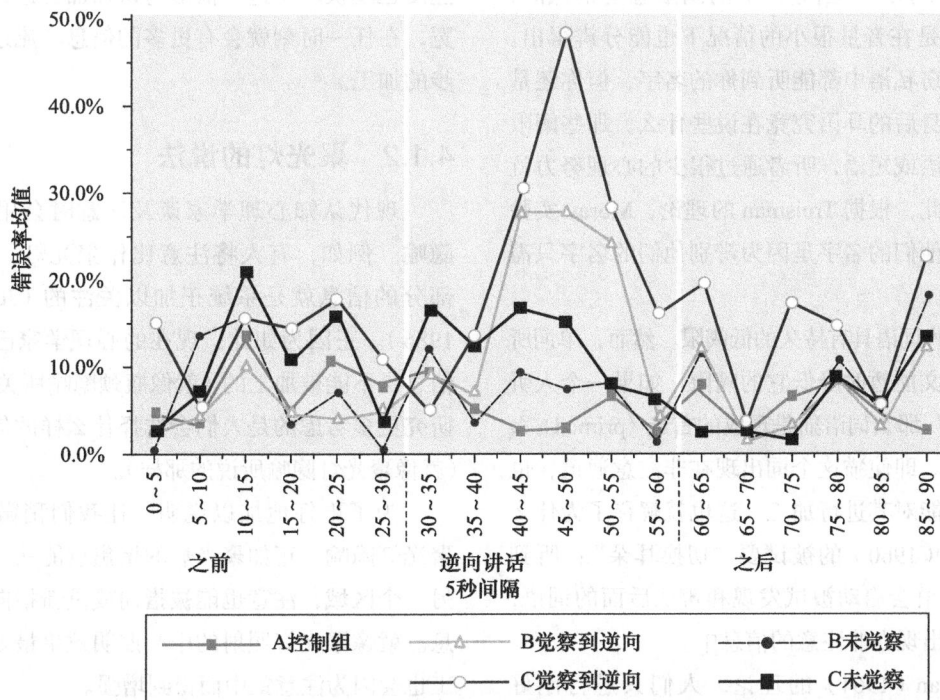

图 4-2　觉察到和没有察觉到逆向讲话的被试，在逆向讲话开始之前、期间、之后的 30 秒内，每间隔 5 秒所犯追踪错误的平均百分比示意图。A= 控制条件；B= 第 6 分钟前一半的逆向讲话；C= 与 B 相同，但 6 分钟而不是 8.5 分钟后就停止。

忆。现在，你可以将其想象为记忆的"空间"，或者是一个人用来将事物保存在即时思维中的容量。）其实，对于65%拥有低工作记忆广度的被试来说，20%拥有高工作记忆广度的被试能在非注意通道中察觉到他们的名字。研究者是这样解释的：工作记忆广度较低意味着较少具有主动阻拦非注意信息的能力。换句话说，具有较低工作记忆广度的人很难集中注意。

结合她自己的研究，心理学家 Treisman（1960）提出了一个改进的过滤器理论，称之为**衰减理论**（attenuation theory）。与过滤器理论所认为的、未注意的信息在它们可以被加工成意义之前就已被完全地阻挡不同，Treisman 认为它们只是"音量"被"调低"了而已。换言之，在未被注意信息中的一些有意义的信息即使难以恢复，也仍是可以获得的。她是这样解释这一思想的。

输入的信息会经历三种分析。第一种分析是对信息物理特性的分析，如音高或响度；第二种分析是语言方面的，是一个将信息分解成音节和词语的过程；第三种分析是语义分析，是对信息意义进行处理加工。

对一些有意义的单元（如单词或短语）的处理相对简单。具有主观重要意义的词语（如你的名字）和那些危险信号（"着火了！""当心！"）的阈限总是很低的，也就是说，即便是在音量很小的情况下也能分辨得出。尽管你在任何窃窃私语中都能听到你的名字，但你还是会发现很难听出身后的耳语究竟在说些什么。那些阈限永远都很低的词语或短语，听者通过很少的心理努力就能辨认出来。因此，根据 Treisman 的理论，Moray 实验中的被试能听到他们的名字是因为辨别他们的名字只需较少的心理努力。

只有很少一些词语具有持久的低阈限。然而，单词所在信息中的上下文能暂时降低它的阈限。如果一个人听见"狗在追……"那么词语猫是现成的**首选**（primed）[⊖]，尤其容易被认出。即使猫这个词出现在非注意通道，也只需一点努力就能对其进行加工。这也就解释了为什么Treisman 实验中（1960）的被试要"切换耳朵"：听到一句中前面的词语会启动被试发现和辨认后面的词语，即使这些词语是出现在非注意的信息中。

根据 Treisman（1964）的理论，人们只进行刚好能满足所需的加工以区分注意和非注意信息。如果两条信息在物理特征上有所不同，那么我们只会在该水平上处理这两条信息，并且很容易拒绝非注意信息。如果两条信息只在语义上有所不同，那么我们就在语义层面对信息进行加工，并且根据语义的分析来选择注意哪条信息。语义处理需要更多的付出，因此，我们只在必要的时候才进行这种分析。没有被注意到的信息并非完全被阻挡，而是被弱化了，就好比调低音量以减弱声音信号一般。具有永久低阈限的信息（"重要的"刺激）依然能被发现，即使它是来自那些未被注意的信息。

这里需要说明一下衰减理论和过滤器理论之间的不同：衰减理论允许针对所有信息的不同种类的分析存在，然而，过滤器理论只允许一种分析。过滤器理论认为，那些未被注意的信息一旦经过物理特征方面的加工，便遭抛弃和完全阻挡；衰减理论则认为那些未被注意的信息仅仅被削弱，但是它们所包含的信息依然是能被利用的。

Broadbent（1958）最初将注意描述成一个瓶颈，它会将一些信息挤出加工区域。为了更好地理解这种类比，请想象瓶子的形状。瓶颈的直径相对瓶底的来说较小，从而降低了溢出的速度。瓶颈越宽，内容物溢出的速度也越快。将这一情形与认知加工进行类比，瓶颈越宽，在任一时刻就会有更多的信息"流过"并得到进一步的加工。

4.1.2 聚光灯的说法

现代认知心理学家谈及注意时会用到许多不同的隐喻。例如，有人将注意比作聚光灯，任何聚光照亮部分的信息就是系统正加以关注的（Johnson & Dark，1986）。正因为如此，现在的心理学家已很少关心什么信息是不能被加工的（就像瓶颈隐喻所关注的那样），而研究更多考虑的是人们会选择什么样的信息去加以关注（就像聚光灯隐喻所说的那样）。

为了更好地加以说明，让我们稍微详细地看一下聚光灯隐喻。正如聚光灯的聚焦点能从一个区域转移向另一个区域，注意也能被指向或重新指向各种进入的信息。就像聚光灯照射的中心照明效果最好一样，认知加工也会因为注意集中而得到增强。

⊖ prime 作为及物动词有"事先为……提供消息（或情报等）"之解，文中这样翻译比较自然。国内心理学界习惯将 priming 译为"启动"，primed 也可称为"被启动的对象"。——译者注

注意就像一盏聚光灯，也有其模糊的边界。聚光灯能在同一时刻照亮一个或多个物体，这取决于物体的尺寸大小。同样，注意也能在同一时刻指向一项或多项工作任务，这取决于每项任务所需的容量。当然，聚光灯隐喻并不能说是最完美的一个，许多研究者认为它存在许多不足（Cave & Bichot，1999）。例如，聚光灯隐喻假定，注意总是指向一个具体的区域，然而事实并非如此。

丹尼尔·卡尼曼（Daniel Kahneman，1973）提出了一个稍有不同的注意模型。他把注意看成一系列对刺激分类和辨认的认知过程。刺激越是复杂，加工就越困难，占用的资源也就越多。然而，人们对于将心理资源指向何方具有一定的控制能力：他们常常能选择那些需要关注的事物，并为之付出心理努力。

这里也可以做一个类比，有一个投资者将钱存入一个或多个不同的银行账户，在卡尼曼的模型中，人们将心理容量"存入"一项或多项不同的任务中。影响容量分配的因素很多，这种容量分配本身取决于可利用心理资源的范围和类型。而心理资源的可获得性，又受整个唤醒（arousal）水平或警觉状态的影响。

卡尼曼（1973）认为，被唤醒的结果就是更多的可获得认知资源被用于各种不同的工作。然而矛盾的是，唤醒水平也取决于任务的难度。也就是说，当我们执行"2+2"这样简单的任务时，唤醒水平没有在执行困难任务时的高（如用 π 乘以社会保障号码）。因此，幸运的是我们在执行简单任务时运用较少的认知资源，因为这些任务只需要很少的资源就能完成。

所以唤醒水平影响到我们执行任务的容量（我们心理资源的总和）。但是，这一模型仍需详细说明人们是如何对所遇到的认知任务进行资源分配的。卡尼曼假设每个人都有不同的注意"分配方针"，它们受个人的持久倾向性（如对某些工作的偏好大于其他工作）、暂时的意愿（如你发誓在做任何事之前，要先把就餐卡找到！）和所需容量的评估（如有关现在你正从事的那项任务需要一定量的注意的知识）的影响。

本质上，这个模型预示我们会对自己感兴趣的、有心思去做的，以及认为重要的事物给予更多的注意。比如，喜爱歌剧的人会在表演过程中仔细聆听，关注那些表演中的细微差别。而对歌剧没有兴趣的人在听歌剧时，甚至想不睡着都难。在卡尼曼（1973）看来，注意其实就是外行人所说的"心理努力"的一部分。花费的

努力越多，用到的注意也越多。

卡尼曼的观点引出了这样一个问题，是什么限制了我们同时去做几件事的能力？我们已经讨论了唤醒水平的问题。一个相关因素是警觉，它是一天中时间的函数，也受前一天晚上所获睡眠时间等因素的影响。有时我们可以以极高的集中力关注较多的任务，而在另一些时候，如我们疲劳和瞌睡时，集中注意就非常困难。

努力只是影响任务执行的一个因素。极大的努力或集中思想可以导致更好地执行一些任务，即那些需要有限资源加工的任务，以及受到所分配的心理资源或容量限制的操作（Norman & Bobrow，1975）。参加期中考试就是这样的一种任务。对于另一些任务来说，倾注再多的努力也不能很好地完成。例如要求在明亮的房间里察觉到微光或者在吵闹的屋子里发现轻微的声响。即使竭尽所能集中注意力，你的警觉也还是不足以帮助你察觉到那些刺激。这些任务的执行称为数据限制（data limited），意味着它们完全取决于输入信息的质量，而不是心理努力或专心程度。Norman 和 Bobrow（1975）指出，这两种局限都会影响我们执行任何认知加工任务的能力。

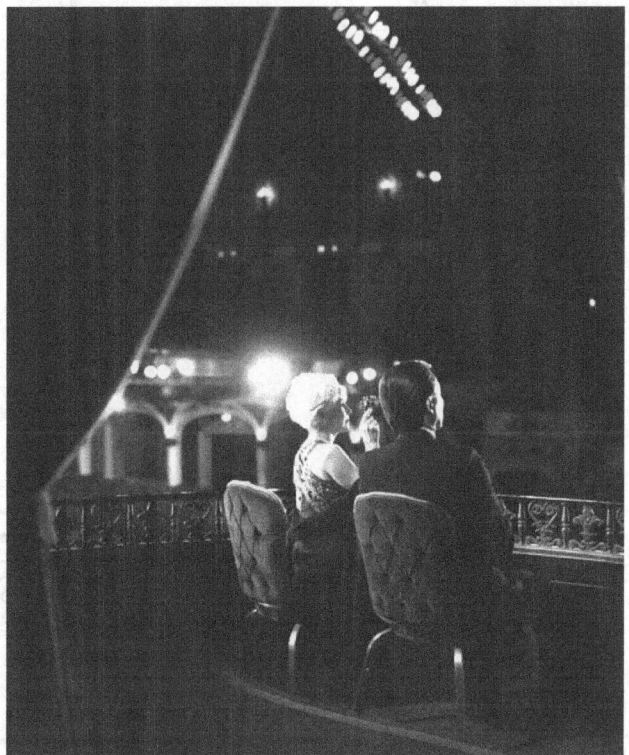

在观看演出时，感兴趣的观众通常会比那些对此毫无兴趣的观众投入更多的注意。

4.1.3 图式理论

Ulric Neisser（1976）提出一个赋予注意以完全不同理念的理论，称为**图式理论**（schema theory）。他认为，我们并不会过滤、遗忘那些不想要的材料，或让这些内容衰减，而是在第一时间里其实就根本没有接收到它们。Neisser 把注意比作摘苹果。所注意的材料就好比是我们从苹果树上摘下的苹果，我们抓住了它；未被注意的材料则是那些未摘下的苹果。认为那些未摘下的苹果会从我们的手中"漏过去"显然是荒谬的；一个比较合理的解释是这些未被摘下的苹果依然留在树上。Neisser 以为那些未被注意的信息之所以未被注意到是基于同样的道理：它们只是被认知加工遗漏了而已。

Neisser 和 Becklen（1975）做了一个关于视觉注意的实验。他们创立了一项"选择性观看"的任务，要求被试看两部有视觉叠影的电影中的一部。图 4-3 显示的就是被试在实验中所看到的一个例子。第一部电影放的是"手的游戏"，就像是我们小时候玩的那样，一个人的手放在另一人的双手之上，手在下面的人要出其不意地拍击上面一双手的手背。第二部电影播放的是三人传

递、运球或运球传递的打篮球场景。实验要求被试"追踪"（注意）其中一部电影，而且一旦目标事件（如在第一部电影中的拍手或第二个电影中的传递）发生，他们都要按键反应。

Neisser 和 Becklen（1975）发现，首先，即使所注意电影中的目标事件以每分钟 40 幅的速度放映，被试也能相当轻松地跟上影片的节奏。但被试忽略了非注意电影中目标事件的出现。

被试同样没有注意到非关注电影中出乎意料的事件。例如，监控打球游戏的被试没有注意到拍手游戏电影中一个玩家停止了拍手，而开始将球扔向另一个玩家。Neisser（1976）相信只能用有技巧的知觉而不是用被过滤的注意才能解释这种表现模式。Neisser 和 Becklen 认为：

一旦电影的内容为被试所了解，那么打球游戏（或拍手游戏）中连续和连贯的动作会引导被试对后继画面的理解，这就是所谓的所见到的会指引进一步去看什么。认为在新异的场景中当场就能设立特定的"过滤器"或"门槛"以阻隔无关材料深入渗透到"加工系统"的内部，这一假设显然是站不住脚的。用视觉追踪特定事

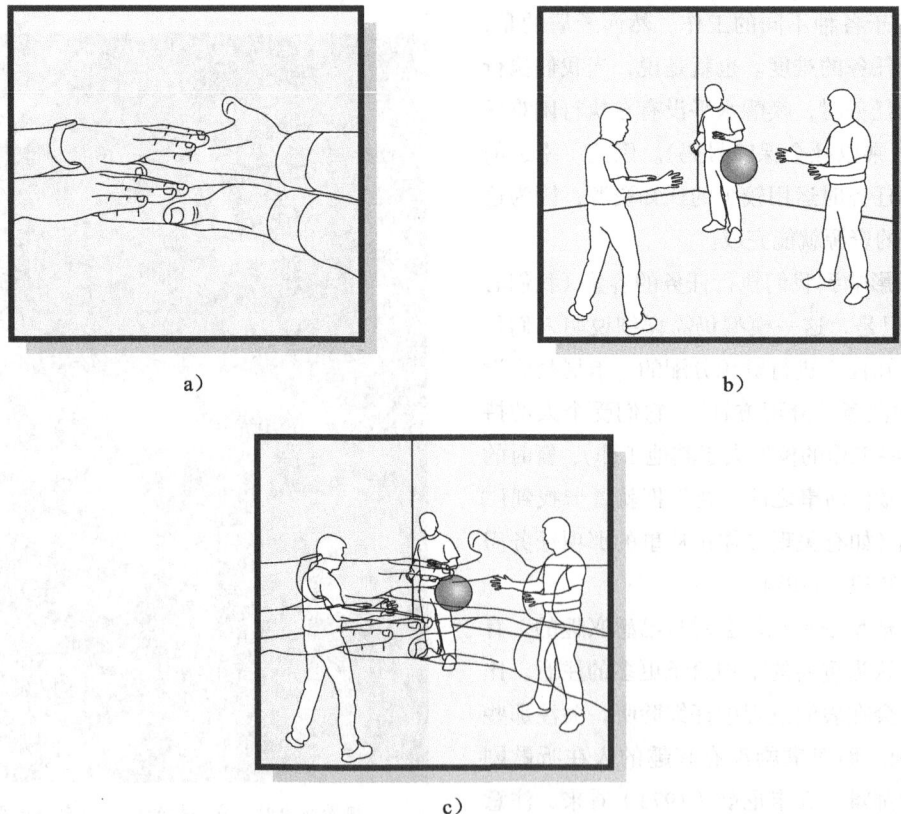

图 4-3　Neisser 和 Becklen（1975）研究中使用的典型录像资料概述

件的正常知觉技能"被简单地用于所注意的而不是其他的情节"（1975，pp.491-492）。

4.1.4 非注意盲视

有关注意近来的一个研究领域关注于**非注意盲视**（inattentional blindness）现象（Bressan & Pizzighello，2008；Rensink，2002；Simons & Ambinder，2005；Simons，Nevarez & Boot，2005）。这种现象简单来说就是，如果你不加以注意，就会对眼前的刺激或者刺激内部发生的明显变化毫无察觉。

Mack（2003）给出了一个我们日常生活中常见的非注意盲视的例子：

想象一位经验丰富的飞行员试图在繁忙的跑道上降落。他的注意力集中于面前的控制台，紧紧盯着挡风玻璃上的航速表以确保飞机没有失速，但是他完全没有察觉到跑道上正有另一架飞机挡在他的路线上（p.180）！

你可能对此现象是否真的会发生持怀疑态度。毕竟，一个精神正常的人对于放在眼前的物品怎么会视而不见呢？或许我们可以从 Neisser 和 Becklen（1975）之前的一个实验描述中找到答案——被试无法"看到"一个出乎意料的事件。同样，一个更为戏剧（也很幽默）的证据可以从 Daniel Simons 实验室中找到，他使用了更为复杂的视频技术来重复 Neisser 和 Becklen 的研究。Simons 的研究生 Christopher Chabris 协同他一起进行了这项研究，并且将其过程记录在他最近的一本书中，供一般读者阅读（Chabris & Simons，2010）。

图 4-4 描绘了 4 个实验情境（每位被试都被分配到其中一个实验情境中）。在 Neisser 和 Becklen（1975）的研究中，要求被试跟踪白队或者黑队的情况，同时对传球次数进行计数（低难度组），或者数出击地传球和空中传球的次数分别是多少（高难度组）。

在这个一分多钟的视频呈现中，出现了一件非预期事件：

在视频放到 44～48 秒之后，两个非预期事件会出现其中之一：在"撑伞的女人"条件下，一个身材高挑的女性撑着一把打开的伞从摄像机的左边走到右边。演员和非预期事件都是根据 Neisser 和他的同事所使用的刺激而设计的；在"大猩猩"条件下，一个身材矮小的女性穿着一套大猩猩的行头同样从画面的左侧走到另一侧。无论在哪一个条件下，这样的非预期事件都持续 5

图 4-4 这些图片是从向被试播放的录像带中截取的

"透明条件组"（上两幅图片）是将三个独立的影片事件通过视频编辑软件叠加起来的。"不透明组"（下两幅图片）是由 7 位演员完成的连续动作序列。这张图展示了每种条件下中途所发生的突发事件，在全长为 75 秒长的影片中占据了 5 秒的时间。

秒钟，而其他演员则始终不停地在传球（Simons & Chabris，1999，p.1066）。

在看了整个视频后，被试首先被要求写下他们计数的答案，然后还需要描述视频中看到的任何不寻常的事件。而且提问会越来越明确，从一开始提问"当你在计数时，你是否注意到视频中有不同寻常的事件发生"到最后"你是否看到大猩猩（或者一个撑着伞的女士）从画面中走过"。

结果显示，46%的被试没有注意到那位女士或大猩猩，只有44%的被试报告说他们看到过大猩猩，被要求关注黑队实验组的这一数字要明显高于关注白队的实验组，可能是由于在视觉特征上，黑色大猩猩与黑队队服更为相似（参见表4-1中的完整结果数据）。Simons 和 Chabris（1999）认为这些非预期事件的确有可能会被忽视。可能的原因是，我们仅会觉察所关注的事件，尤其是那些非预期事件同我们所要投入关注的事件并不相似，或者是我们需要将关注高度集中于其他事情上时，就会忽略非预期事件。

表4-1 每一种条件下被试注意到非预期事件的百分比

每一行对应四种视频呈现中的一种。列按照监控任务及关注的队（白或黑）进行分组。在简单任务中，被试要对所关注队伍的传球总数进行计数。在困难任务条件下，被试要同时保持对所关注队伍空中传球和击地传球次数的分别计数。

	容易任务		困难任务	
	白队	黑队	白队	黑队
透明组				
撑伞的女人	58	92	33	42
黑猩猩	8	67	8	25
不透明组				
撑伞的女人	100	58	83	58
黑猩猩	42	83	50	58

最初的这一发现已被许多不同的刺激材料所验证（e.g., Bressan & Pizzighello, 2008；Chabris & Simons, 2010；Chabris, Weinberger, Fontaine & Simons, 2011；Graham & Burke, 2011；Hyman, Boss, Wise, McKenzie & Caggiano, 2010；Simons, 2010；Simons & Jensen, 2009）。你可能怀疑这一现象会不会只发生在电影或视频中？那让我们来看另外一个由 Simons 和 Levin（1998）开展的研究，他们描述了如下的一个情境：（这个研究的描述请看图4-5）。

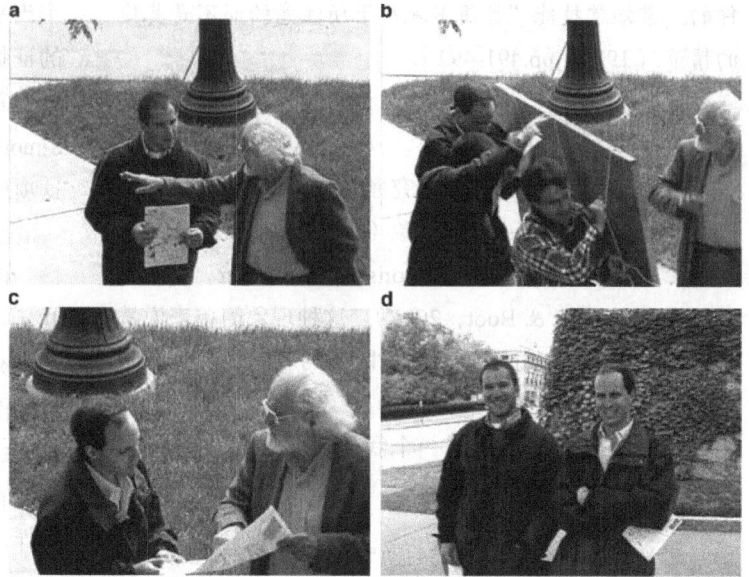

图4-5 Simons 和 Levin（1998）研究视频中被试行为的截图

资料来源：Simons, D. J., & Levin, D. T. (1998). Failure to detect changes to people during a real-world interaction. *Psychonomic Bulletin and Review*, 5, Fig. 1, p. 646. Copyright ©1998, Psychonomic Society, Inc. Reprinted with permission.

想象一个人走过来向你问路。你好心相助，并开始给他指路。在你说话时，两个人冒失地打断了你们，竟然扛着一扇门从你们之间穿过。显然你应该注意到与你说话的那个人已经换成了一个完全不同的人（Simons & Levin, 1997, p.266）。

但事实上，只有差不多50%的"被试"真的注意到了那个问路的人被另外一个人替换了（这个替换过程是这样发生的，第二位"询问者"抬着门的后一半走到第一位"询问者"与被试之间，然后两人互换位置，并用袖珍照相机拍摄的片段为证）。即使这两个询问者的身高、体型不同，声音、发型和衣着完全不同（参看最后一帧照片），被试仍然没有察觉出异样。

有趣的是，学生被试比年长的被试更有可能察觉到不同（这个研究在康奈尔大学的校园中进行）。但是当两位问路人穿上建筑工人的服装时，只有不到一半的学生能够察觉到差别。Simons 和 Levin（1997）推测被试在对问路人身份（包括年龄和职业）进行编码时只是择其概要。也就是说，一旦学生判断这个人是一位工人，那么就会忽略这个人到底长啥样。情况相反的是，如果问路人看上去更像学生的话，他们可能会投入更多的注意在其身上。

研究者同样也考察了他们是否能够推测出哪一类人容易或者不易被非注意盲视所影响，但是结果并不一致。Simons 和 Chabris（2010）认为，几乎没有证据表明在注意或其他能力方面的个体差异会影响非注意盲视。Simons 和 Jensen（2009）通过实验为上述结论提供了论据。不过有趣的是，Graham 和 Burke（2011）报告说，年龄较大的人身上似乎更容易发生此现象。Hannon 和 Richards（2010）报告说，工作记忆容量低的人意味着更易受到非注意盲视的影响，这个结果我们在本章开始时也曾在 Wood 和 Cowan（1995）的研究中也提到过。Seegmiller，Watson 和 Strayer（2011）发布了类似的发现，并推测使得人们能够觉察到"人群中的大猩猩"存在，是注意控制的作用，这属于工作记忆的部分，我们将在第 5 章中进行讨论。

4.2 注意的神经基础

认知神经心理学家很有兴趣研究这样一个问题，即当人们注意一个刺激或事件时，大脑中哪些区域的活动会趋于活跃。研究者长期以来一直怀疑大脑顶叶（该脑叶的位置可参见图 2-3）就是这样的一个区域。

临床神经学家已经证实，顶叶损伤的病人中会有感觉忽略（有时也称偏侧忽略）的现象出现（可以回顾一下第 3 章中对偏侧忽略的讨论）。这些病人常常无视或忽略损伤半球对侧视野中感觉信息的存在。所以，如果右顶叶的某个区域损伤（偏侧忽略往往正是这个区域出问题），那么病人就会忽略左视野的信息。例如，病人会只洗半边的脸或身体而忽略另外的半边，刷牙时也只刷一边的牙齿，或者只吃了盘中一边的食物。

在临床研究中，对表现出偏侧忽略症状的病人进行了更为细致的研究。通常的做法是向他们呈现各类刺激并要求他们加以复制。图 4-6 展示的是呈现给右顶叶损伤病人的刺激和病人的临摹画。在两个例子中都可以看

到，图画的左半部分缺失了，显然是病人没注意到。

临床研究表明，偏侧忽略属于注意缺损，而不是感觉上的障碍（Banich，1997）。如果它只是感觉方面的缺陷，那么我们就可以预期病人会将他们的注视转向他们所忽略的视觉领域，换句话来说，就是可以意识到他们的视觉信息是不完整的。事实上，有一些病人的确有这方面的缺陷，并且可以通过这种策略来加以弥补。对比之下，患有偏侧忽略的病人似乎并没有意识到他们身体另一边的存在，而且根本不去注意身体这半边的信息。在极端的情况下，偏侧忽略的病人甚至否认那半边的肢体属于他们身体的一部分。在一个研究案例中，一个病人认为医护人员残忍地将一条锯断的腿放到了他的床上，他试着将它扔到地上，但是身体的其他部分会跟着这条（仍旧附着在身上的）腿。

虽然顶叶是已知的大脑中与注意有关的一个脑区，但它不是唯一的区域。额叶区（也可参见图 2-3）在人们选择动作反应和发展计划的能力中，同样起到很大的作用（Milham et al.，2001）。但是，大脑各个区域是怎样彼此沟通，从而形成注意表现的呢？这个问题显然相当重要，通过对一种特殊注意的解读，我将给出简要和集中的回答。

4.2.1 视觉注意的网络

许多关于注意的大脑加工研究都集中于视觉注意。研究者已经确认大脑中有 32 个以上的区域在对注意刺激进行视觉加工时趋于活跃（LaBerge，1995）。当然，在此我们没有时间和篇幅对每一个都加以详尽的回顾。我们将集中讨论 Posner 和 Raichle（1994）提出的视觉注意的一些"网络"或系统。

其中一个网络称为操作网络或提升加工网络（Kastner，McMains & Beck，2009）。Luck 和 Mangun（2009）命名为"注意的实施"，是指当一个人已经决定将注意指向何处以及何物时便会用到该区域。这一网络用来确保

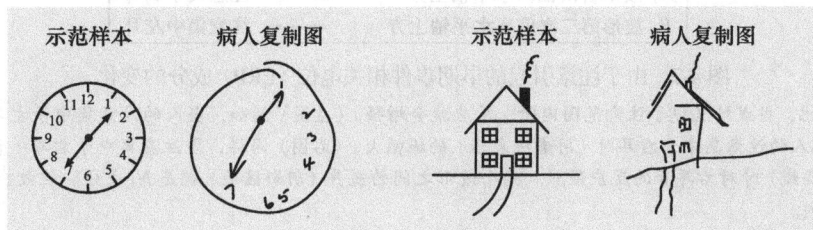

图 4-6 当要求右顶叶损伤的病人复制图中的钟或房子时，他会漏掉左边的细节部分

被注意的刺激确实能够获得所需的资源并进行认知加工。Kastner 等人（2009）认为，该注意网络纵贯于前额叶和顶叶。这些区域向视觉系统发布自上而下的指令，引导注意指向相关刺激。

另外一个网络同样位于额叶、顶叶和皮质下叶（大脑皮质之下），用于控制注意。当你决定或者被要求看着教室前面的黑板时，就会用到这个注意系统，将注意从之前关注的任何刺激中移开，并转移至新的刺激或位置。该网络包含的脑区同样位于额叶、顶叶和颞叶的特定部位，尤其是在右脑半球（Karnath，2009；Luck & Mangan，2009）。

临床心理学对注意缺陷多动障碍（ADHD）的成人和儿童所做的研究，在一定程度上支持了注意是由几个不同的、独立操作的过程所组成的观点（Barkley，1998；Rubia & Smith，2001；Woods & Ploof，1997）。估计有 3% ~ 5% 的学龄儿童患有某种形式的多动症（Casat, Pearson & Casat，2001），而男孩患者的数量是女孩的 3 倍。Barkley（1998）的经典研究表明，多动症患者不能保持警觉或将心理资源投入于一项任务的情况还好，而更多的是不能保持对单调、枯燥、重复性工作的警觉，如"独立的学校作业、家庭作业或家务活等"（Barkley，p.57）。Logan，Scharchar 和 Tannock（2000）

提出，多动症儿童实际上最主要的缺陷在于他们无法抑制一个正在进行的反应（例如，当要求他去做家庭作业的同时，又去聊天或玩游戏）。

4.2.2 事件相关电位和选择性注意

认知神经心理学家曾经报告过一些相当戏剧性的发现，提示我们其实对注意通道和非注意通道的信息加工是非常不同的。在这类研究中，有些依靠的是对一系列电位记录的测量，或从被试头皮测得的脑电图（EEG）。出于技术的原因，研究者常常对多次实验记录的脑电图加以平均以减少噪声，最终得到的是刺激呈现一毫秒后、二毫秒后的平均记录电位，依此类推。这个程序所得到的测量结果就是我们在第 2 章中已经简单介绍过的**事件相关电位**（ERP）。

Banich（1997）介绍了这类典型研究的方法。让被试听一个通道的信息并且同时记下长间隔音的数目。短间隔音和长间隔音同时在注意和非注意两个通道中呈现。研究者则追踪记录每一个刺激的 ERP。许多研究结果表明，事件相关电位的变化是刺激有没有被注意的函数（Pashler，1998）。图 4-7 呈现的是一些典型的实验结果。从图中可以看到，注意刺激波形的振幅（即波形偏离水平线的程度）通常要比非注意刺激波形的振幅大。

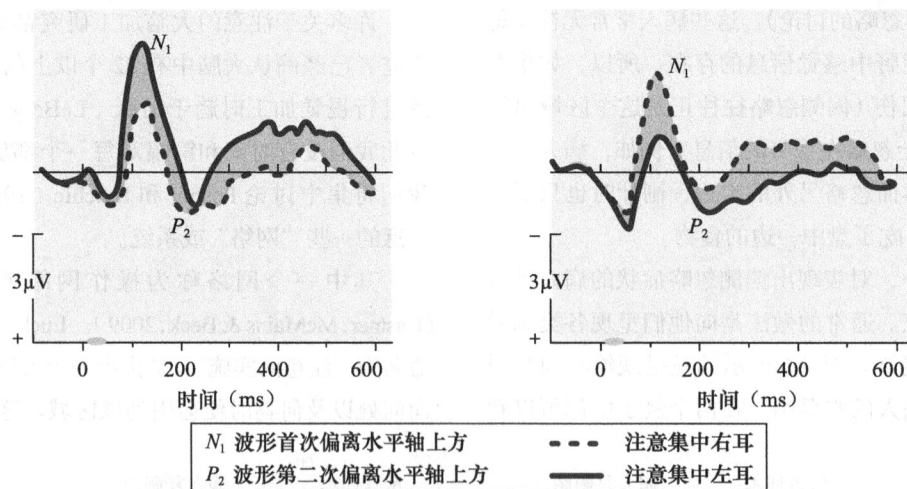

| N_1 波形首次偏离水平轴上方 | - - - 注意集中右耳 |
| P_2 波形第二次偏离水平轴上方 | —— 注意集中左耳 |

图 4-7 由于注意引起的早期事件相关电位（ERP）成分的变化

与非注意区的情况相比，当成绩呈现于注意范围内时，反应就会增强。（左图）例如，当人的注意集中于左耳时（用实线表示），其对左耳音的电位振幅 N_1 要比人的注意集中于右耳时（用虚线表示）的振幅大。（右图）同样，当注意集中于右耳（虚线），其对右耳音的反应就要比注意集中于左耳（实线）时对右耳音的反应强烈。两个波形之间的差异（阴影区域）就是 N_d 成分。该效应起始于成绩呈现后不久，大约在第一个 100 毫秒之内。

资料来源：Banich, M. T. (1997). *Neuropsychology: The neural bases of mental function* (1st ed.), p. 239. Copyright ©1997 Wadsworth, a part of Cengage Learning, Inc. Reproduced by permission. http://www.cengage.com/permissions/.

这种区别通常在刺激呈现 80 毫秒后开始出现，这段时间对于信息从耳中的感受器传递到相应的大脑半球来说已经足够，这也表明该效应是发生在大脑中，而不是发生在耳中的（Banich）。

4.3　自动性和练习效应

当我们能够很熟练地做某件事情时，这一操作只需较少注意就可以执行。打字便是一个很好的例子。如果你打字熟练的话，就可以打得快而准，而且还能边打字边交谈甚至看着窗外。如果你不很熟练的话，打字就会很慢，犯的错误也较多，并且不太可能同时加工其他进入的信息。更为正规的说法是，一个重要的、掌握我们能够同时做几件事情的变量就是一件指定任务所占的容量。"2+3"这样的任务占据容量很少，因此就留出了我们执行其他工作的空间（如，计划晚餐并且还想着家里是不是备齐了材料）。

是什么影响着指定任务所需的容量呢？一个很显然的因素是任务难度。另外一个因素则是人对于工作的熟悉程度。虽然对我来说 2+3 是很容易的题目，但是对 5 岁的小孩来说它就是一个挑战。就该任务而言，我们之间的区别就在于练习，即我算 2+3 的次数远比 5 岁小孩多。一般认为，练习可以减少一项任务所需心理努力的总量。

回忆一下前面提到过的驾车新手的例子。如果操控一辆行驶中的汽车是一项未经练习的任务，就需要相当多的心理努力，很少再有容量应付调节收音机或回电话之类的其他任务。甚至边开车边看仪表盘都会觉得困难，因为新驾驶员的心理能量是高度集中的。然而，只要经过几个月的实践，驾驶员开车本身所需的付出就会大大减少。此时就有更多心理容量可以应付其他事务，驾驶员完全可以一边开车一边交谈。然而，在路况复杂的情形下（如高峰时段的交通事故），即使是最熟练的驾驶员也要多加注意，这会暂时降低他的交谈以及跟着收音机哼唱的能力。

4.3.1　斯特鲁普效应

对于认知操作中的练习效应，约翰·瑞德雷·斯特鲁普（John Ridley Stroop，1935）给出了一个著名的例证。斯特鲁普向被试呈现一系列的彩色条棒（红、蓝、绿、棕、紫）和一些表示颜色的字（红色、蓝色、绿色、棕色、紫色），但却以矛盾的颜色印刷（以红色为例，该词就可能用绿色油墨来印）。图 4-8 就是此类任务中所使用的刺激示例。

要求被试尽可能快速地说出系列中每一个词印刷所用的颜色。当用颜色条棒显示时，被试的反应很快，很少有错误，显然不需要太多的努力。当项目中的词所指称的颜色与印刷它们的颜色不相对应时，便会产生戏剧性的变化。被试对这一系列的词倍感困惑，往往很难做到不读出词语本身。

根据斯特鲁普（1935）的研究，困难出自以下的原因：接受过教育的成年被试在阅读方面有很多的练习，以至于这样的任务对他们而言不需要多大的注意力，且执行得很快。事实上，根据斯特鲁普的说法，接受过教育的成人读得如此快速省力，不把词读出来倒是相当困难的一件事。如此一来，当被试遇到由词语组成的题目时，便不由自主地把它们读出来。我们将这种反应，即花较少的注意和努力就可以完成且较难抑制的反应，称为自动化（automatic）。

给被试的实际任务是要他们说出颜色，这项任务他们显然练习得很少。在斯特鲁普（1935）后继实验中的一名被试，经过了 8 天指称颜色的练习之后，在所谓的**斯特鲁普效应**（Stroop task）的执行过程中就能较少受到干扰，对所有刺激颜色的指称都变得更为迅速。不仅如此，一段文献的总结表明，斯特鲁普干扰效应在儿童学

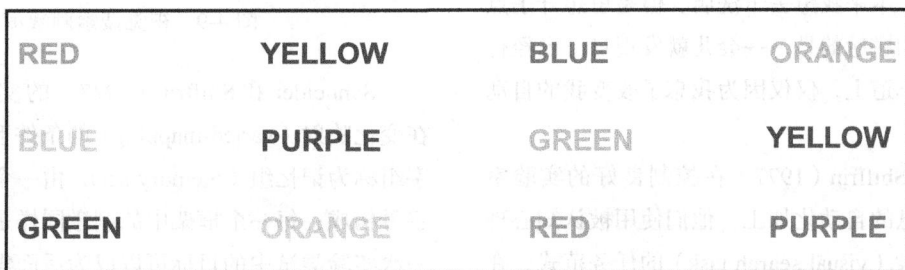

RED	YELLOW	BLUE	ORANGE
BLUE	PURPLE	GREEN	YELLOW
GREEN	ORANGE	RED	PURPLE

图 4-8　与著名的"斯特鲁普"效应相似的刺激示例。尝试尽快说出印刷这些词的油墨颜色

习阅读时开始出现，一般在小学二、三年级阶段达到顶峰（当阅读能力发展时），并且在成年期直到 60 岁的阶段中逐渐消退（MacLeod，1991）。实际上，每一个能流利阅读的人从很早开始就表现出强烈的斯特鲁普效应。

当儿童掌握阅读技能时，他们在斯特鲁普任务中也开始现出受到干扰。

4.3.2　自动化加工和注意（控制）加工

"自动地"执行一项任务到底意味着什么？当我们在做某件事时并没有意识到它的存在，便会说"习以为常"了，但是，从认知的角度出发，这到底发生了什么呢？Posner 和 Snyder（1975）提出了三条可以将认知加工称为**自动化加工**（automatic processing）的标准：①它的发生必须是无意的；②其发生必须不包括意识觉察；③它一定不能干扰其他的心理活动。

让我们再以驾车为例。一位老练的驾驶员在正常、无压力的条件下，行驶在一条熟悉的道路上，他完全可能自动地进行操作。比如我自己在开车回家的时候，经常在转弯转到一半时发现自己实际上并没有意识到：手似乎按了转弯信号，胳臂转动着方向盘，而自己根本不是有意识地打算这样做。事实上，有时候我已经打算走另外一条路，但还是会不知不觉地沿着那条通常行进的路回到家。比如，本来我想去干洗店，但是思想开了点小差，令我奇怪和尴尬的是，一会儿就发现自己已经行驶在那条熟悉的车道上，仅仅因为我忘了改变我的自动路线！

Schneider 和 Shiffrin（1977）在控制良好的实验室条件下考察了信息的自动化加工。他们使用被认知心理学家称为视觉搜索（visual search task）的任务范式，在这个过程中，被试能够看到不同的字母或者数字的数组，然后要求他们去搜寻一个或多个目标，如图 4-9 所示的是一些目标刺激。我们可以看到，任务被分成很多不同的情境，例如根据目标刺激的个数，目标刺激是否呈现，抑或是目标刺激与干扰刺激是否属于同一个类别（如字母），等等。

以前的研究已经表明，当人们在某种类型项目（如字母）的排列中寻找一个不同类型的目标（如数字）时，任务相对容易。例如，图 4-9a、图 4-9c 或图 4-9d 中所示的搜索就比图 4-9b 中所示的搜索要容易。数字在字母背景的映衬（或者字母在数字背景的映衬）下会自动地"凸现出来"。事实上，在排列中非目标字符统称为分散注意项，如果分散注意项与目标项属于不同类型字符的话，其数目的多少对识别目标的影响并不大。因此，在刺激 1，6，3，J，2 中找到 J 与在刺激 1，J，3 中找到 J 都一样的简单。而要想在以其他字母作背景的条件下找到一个特定的字母时，任务就要困难得多。因此，在刺激 R、J、T 中找出 J 比在刺激 G、K、J、L、T 中找出 J 要简单。换言之，当目标和分散注意项同属一个类型时，分散注意项的数目就会造成表现方面的不同了。

目标3	目标B
R T E U	S D C X
I O P M	M R E A
Q 3 V Z	Z F G L
E N C A	N Q W O
a）单一目标呈现	b）单一目标缺失
目标B	目标3或9或1
2 5 4 9	T R P Q
0 3 4 B	G 9 H J
7 1 5 8	X M C E
4 2 7 0	W V L N
c）单一目标呈现	d）多重目标呈现

图 4-9　视觉搜索刺激示例

Schneider 和 Shiffrin（1977）的实验有两个条件。在变化映射（varied-mapping）的条件下，目标字母或数字组称为记忆组（memory set），由一个或更多的数字或字母构成；每一个框架中的刺激同样是字母或数字。在一次实验尝试中的目标可以成为后面尝试中的分散注意项。因此，被试可能在一次实验尝试时寻找 J，下一次就是去寻找 M，在第二次尝试中 J 就变成了分散注意项。在这种条件下，任务难度往往较大并且需要注意力集中并付出更多的努力。

在一致映射（consistent-mapping）条件下，目标记忆组由数字组成，而框架由字母组成，或调换一下。一次实验尝试中的目标刺激永远也不可能成为其他尝试中的分散注意项。这一条件下的任务只需较少的容量就能执行。图 4-10 给出了 Schneider 和 Shiffrin（1977）所用的一些刺激。

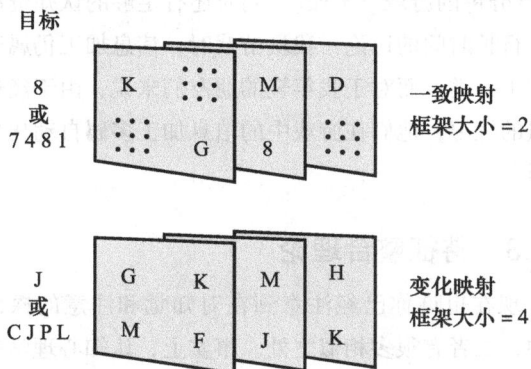

图 4-10　Schneider 和 Shiffrin（1977）研究中呈现给被试的刺激示意

除此之外，Schneider 和 Shiffrin（1977）通过改变其他三个因素来操作对任务的注意要求。首先是框架大

小，在每一次呈现时，项目中包含字母和数字的数目。这个数字总是介于 1 和 4 之间。没有字母或数字出现的空缺处，由一个随机的点阵替代。其次可以操作的是框架时间，即每一种排列呈现的持续时间。变化范围是 20～800 毫秒。最后一个可被操作的变量是记忆组，即在一个实验中要求被试去寻找的目标数目（如，只找一个"J"或者找"J，M，T 和 R"）。

图 4-11 呈现了 Schneider 和 Shiffrin（1977）实验的结果。这个图在理解上稍有困难，但你可以试着将它们与下面几个段落的内容联系起来看。在一致映射的条件下，一般认为只需要自动化加工（因为目标和分散注意项不是同一类型的刺激），被试只会因框架时间的变化而在执行上有所不同，而不会因为目标项的数目（记忆组）或者呈现的分散注意项数目（框架大小）产生相应的变化。这意味着无论是搜寻一个还是四个目标，无论是在一个、二个或四个项目组成的框架中寻找，被试的准确率都是相同的。正确率只取决于框架呈现的持续时间。

在变化映射条件下，一般认为需要比自动化加工更多的其他加工（因为目标和分散注意项可能同时是字母或数字，而且一次实验尝试中的目标可能在另外的实验尝试中就变成分散注意项），被试侦察目标的表现同时取决于这三个变量：记忆组大小（要寻找目标的数目）、框

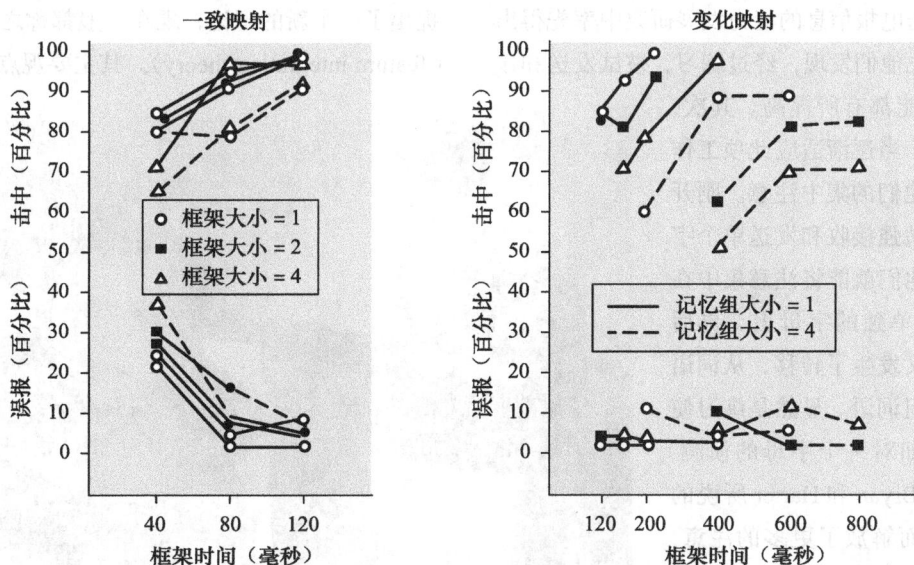

图 4-11　Schneider 和 Shiffrin（1977）的实验结果

请注意在一致映射条件下的实验被试表现，只有框架时间的变化能够影响反应时。而在变化映射条件下，被试的表现还要受到结构大小和记忆组的影响。

架大小（分散注意项的数目）和框架时间。你可以通过图 4-11 的第二个图中看到，所有的线都是分开的，也就是说，被试在不同的记忆组大小或者是不同的框架大小的尝试中所表现出的反应是不同的。

Schneider 和 Shiffrin（1977）通过区分两种不同的加工对这些结果进行了解释。他们断言，自动化加工是用来完成简单和熟悉任务或项目的。它以并行的方式进行加工（也就是说它能与其他加工一起运作），而且不会给容量限制造成紧张。这类加工在一致映射条件下进行：因为目标从背景中"凸显"，只需要很少的努力或集中就能分辨。寻找一个目标和寻找四个目标同样简单，这就说明了这类加工的并行性质：几种搜索能在同一时刻进行。

Schneider 和 Shiffrin（1977）称第二类加工为**控制加工**（controlled processing）。控制加工运用于有难度的任务和一些包含不熟悉加工的过程。它的运行经常是序列性的（在一个时间段只能加工一组信息），需要注意参与，容量有限制，而且受意识控制。控制加工在变化映射条件下发生（目标和分散注意项在不同的实验尝试中可以互换）。更一般地说，控制加工运用于非常规和不熟悉的任务中。

那我们能学习用自动化加工来代替控制加工吗？许多研究表明，对于一项任务而言，只要经过大量的练习就可以达到自动化加工。Bryan 和 Harter（1899）很早就在关于接收发送电报信息的能力发展研究中率先得出这样的结论。首先他们发现，经过练习，被试发送和接收电报信息的技能都有所提高。其次，他们的被试报告，当逐渐适应此项工作后，就可以转移他们的集中注意。刚开始时，他们只能勉强接收和发送单个字母。几个月后，他们就能将注意集中在词语上而不再是单独的字母上。再后来，他们的注意又发生了转移，从词语转到了短语和一组词语。显然是练习使得个体的反应（如对一个字母的侦测）自动化，或就像 Bryan 和 Harter 所说的"成为习惯"，从而解放了更多的注意，用于更高水平的反应（词语代替了字母，短语代替了词语）。

如果你玩过视频游戏，可能会注意到一个类似的学习效应。第一次玩一个新游戏时，学着怎样操作控制键使游戏中的人物穿过屏幕就需要花一些时间。（我第一次玩"超级玛丽"游戏时只持续了约 15 秒。）刚开始，你必须全神贯注地找到何时、何地以及如何去移动你屏幕上的游戏人物，很少再有多余的容量去注意正在迫近的危险。

通过练习，你的操作会不断熟练，花费的努力也相应减少。据我所知，超级玛丽的"高手"（他们的年纪和受教育水平都远不及我，这点让我觉得自己很可悲）能玩 30 分钟的游戏"不死"，同时还有足够的认知资源与我进行长时间的讨论！我玩游戏时，信息加工仍属于控制加工一类。而对于我年轻的朋友们来说，由于经过了大量的练习，他们在游戏中的信息加工多属自动化加工性质。

4.3.3　特征整合理论

现在也许你已经注意到在对知觉和注意的探讨过程中，二者有很多相似之处。事实上，认知心理学的这两个领域是高度交错的，研究其中一个领域的学者肯定也非常熟悉另一个领域。你也许会问，注意和自动性在知觉中起到什么样的作用，或者反过来，知觉在注意和自动性中扮演着什么样的角色。因为本章中我们讨论的许多实验都在一定程度上包含了对熟悉刺激的知觉和辨认。受 Schneider 和 Shiffrin 研究的启发，Treisman 又提出了一个新的理论，现在一般都称之为**特征整合理论**（feature integration theory）。其主要观点是，人们通过两

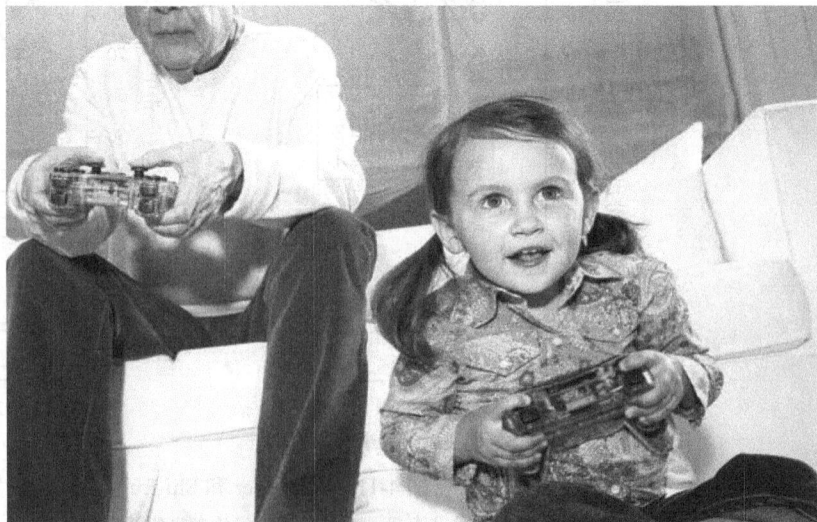

即使是年龄很小的孩子也可以成为一个使用较少注意资源的游戏高手。

个不同的阶段知觉事物。在第一个阶段中，加工是先于注意的或自动的，我们对事物的特征进行登记，如它们的颜色或形状等。在第二个阶段中，注意使我们能够将这些特征"黏合"在一起，成为一个完整的事物（Tsal，1989a）。

Treisman 报告了一些支持特征整合理论的实验结果。在一项实验中（Treisman & Gelade，1980），研究者呈现给被试一系列简单的事物（如字母），它们在一些特征上（如颜色或形状）存在不同。要求被试找出一个特定的东西，比如，一个粉红色的字母或一个字母 T。如果被搜寻项与其背景项在关键特征上有所区别（如在绿色或棕色项中的粉红项，或字母 O 项中的 T），那么目标项就能从呈现中凸显出来，背景中的项目数量不会影响被试的反应时间。Treisman 和 Gelade（1980）将这一结果视为对个别特征的侦测是自动的（只需要很少的注意或集中，并且是并行发生）证据。因此，侦察到一个圆圈、蓝色或其他任何单独特征是相对容易的。你可以用图 4-12 上的刺激自行对此现象进行检测。

在另外一个条件下，研究者要求被试寻找一个具有综合特征的事物（如粉红色的 T）而构成背景的事物具有一个或其他的特征（在本例中，背景包括粉红色的非 T 项和非粉红色的 T）。在这样的条件下，被试的反应随背景项数量的不同而改变。Treisman 和 Gelade（1980）

认为，寻找一个联合或组合的特征需要控制的、非自动化的加工。

有趣的是，Treisman 和 Schmidt（1982）后来的一项研究表明，当注意被转移或"超载"时，被试会因为 Treisman 所称的错觉联合（illusory conjunctions）而犯整合方面的错误。请看这样的一个例子，如果不加注意地快速瞥一眼窗外的红色"本田思域"车（Honda Civic）和蓝色"凯迪拉克"车（Cadillac），稍后再问你看到了什么车。你可能会说是"一辆蓝色的本田思域"。将两种刺激中的特征组合在一起显然是错误的，报告中的这种联合也是一种错觉。

在证明此现象存在的一项实验中（Treisman & Schmidt，1982），让被试看两个黑色的数字，它们各自呈现于两边由三个较大彩色字母组成的排列中，而且呈现时间很短（为 200 毫秒）。要求被试注意并且背出这些黑色的数字，实验者尤其强调了准确的重要性。被试在报告数字之后，还要报告出它们的位置（左、右或者中间）、颜色以及任何他们所看见字母的名称，而且只要求报告那些他们觉得非常有把握的信息。被试在 52% 的报告中能提供关于字母的正确信息，但是还有 39% 的报告是错觉联合（如用红 X 来代替一个蓝 X 或一个红 T）。换言之，当承受心理压力时，人们便会以错觉联合的方式错误地将特征组合在一起。

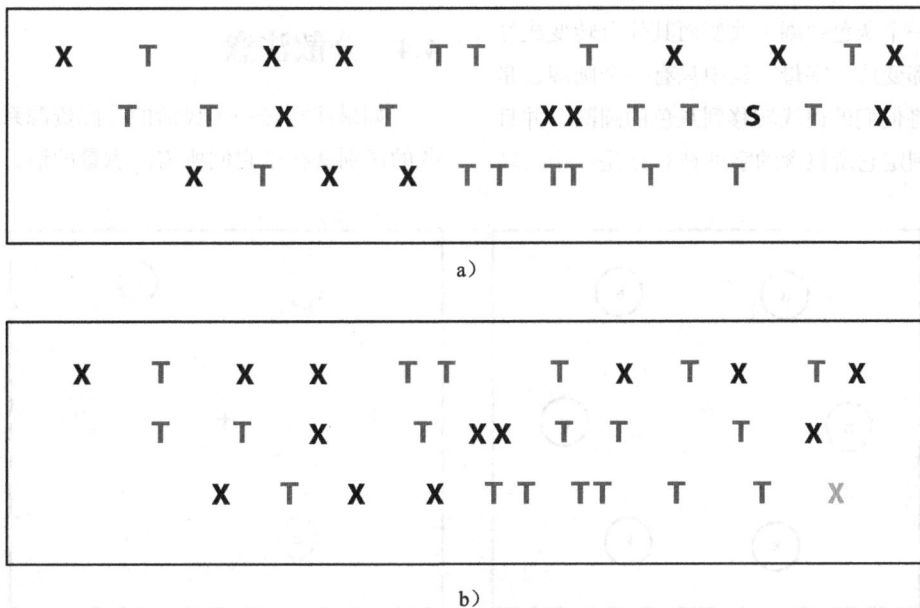

a)

b)

图 4-12　特征综合研究中的刺激示例

注意相对于图 4-12b 中找到灰色的 X 而言，图 4-12a 中找到一个黑色的 S 是多么的容易。

Treisman 在综合这些观点之后认为，个别特征能被自动地辨识，所需的心理努力很少。而明显需要心理容量的是特征整合，将片段的信息组合在一起以识别更为复杂的事物。因此，根据 Treisman 的理论，知觉个别特征只需要很少的努力或注意，而将特征"黏合"在一起，使之成为完整的事物就需要更多的努力和注意。许多研究者（Brian & Klein，1989；Tsal，1989a，1989b）都已证实了该理论的预言，并且提出了相应的改善和批评。

4.3.4　注意捕获

上面回顾的视觉搜索任务中一般都包含了"凸显"的现象，即有些刺激在观者看来好像从屏幕或书页中跳出来一样吸引人的注意。实验心理学家称这种现象为**注意捕获**（attentional capture）。是指这些刺激能够"引起无意识的注意转移"（Pashler，Johnston & Ruthruff，2001，p.634）。许多人把这种现象看成一种自下而上的加工，完全由刺激的特性所驱使，而不是出于知觉者的目的或目标。因此，"注意捕获"一词，意味着刺激在某种程度上自动地吸引了知觉者的注意（Yantis，2000；Yantis & Egeth，1999）。

举例来说，在 Theeuwes、Kramer、Hahn 和 Irwin（1998）的实验中，被试所看到的是如图 4-13 所呈现的刺激。刚开始，如图 4-13 左面所描述的那样，被试看见 6 个灰色的圆圈，里面有一个小的 8。在呈现 1 000 毫秒之后，只有一个灰色圆圈未改变而其他全转变成红色，而所有的 8 都变成了字母。其中只有一个圆圈还是灰色。要求被试将他们的视线转移到灰色的圆圈，并且要以最快的速度判定它所包含的字母是 C 还是一个反转的 C。

在一半的情况下，当那些灰色圆圈变成红色时，另外一个（第 7 个）红色的圆圈没有任何征兆地突然在屏幕的某一位置出现。尽管这一新生事物与任务无关，但它仍会将被试的视线吸引过去，拖延被试判定的反应时间。然而，在接下来的实验中，预先警告被试注意某一特定的区域（那个剩下的灰色圆圈所在的位置），他们的注意就不会被那个新的无关刺激的出现"捕获"。这说明只要有足够的时间，由被试有意控制的自上而下的加工就能压倒被动的、反射性的"注意捕获"（Theeuwes，Atchley & Kramer，2000）。这也说明只要有足够的时间，被试有意控制的自上而下的加工过程就能够越过被动的反射性注意捕获（Eimer & Kiss，2010；Liao & Yeh，2011）。

Fukuda & Vogel（2011）研究了在注意捕获中工作记忆容量所起到的作用。他们分别招募了具有高工作记忆容量和低工作记忆容量的学生被试，通过实验得出两组被试在对待注意捕获这个问题上都是同样敏感的。唯一不同的是，高工作记忆容量组比低工作记忆容量组能够更快地从初始注意捕获中恢复过来。这就意味着工作记忆水平较低是与注意控制有关，尤其是同一个人不受分散注意项影响的能力有关。我们将在第 5 章中继续讨论这个问题。

4.4　分散注意

如果注意是一个灵活的分配资源系统，并且如果任务的区别就在于它们所需注意量的话，那么人们应该可

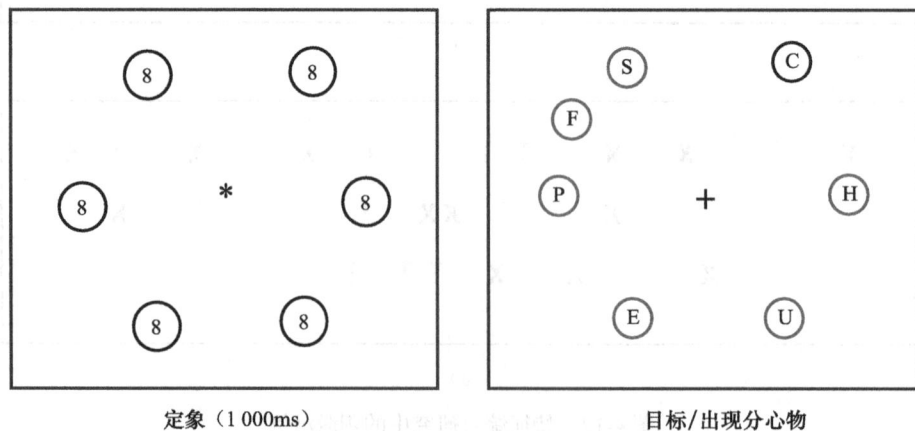

定象（1 000ms）　　　　　　目标/出现分心物

图 4-13　Theeuwes 等人（1998）关于注意捕获研究中采用的刺激

青少年尤其倾向于尝试一心多用，同时将注意分配在不同的活动中。

以学会在同一时间内执行两件工作。比如，许多青少年的家长常常搞不清楚他们的孩子怎么能够将听音乐、与朋友通电话和学习同时进行。同时做两件或三件工作的难度有多大，而这种能力又取决于什么因素呢？

4.4.1　双任务执行

Spelke、Hirst 和 Neisser（1976）用一个巧妙而严格的实验对此问题进行了研究。两位康奈尔大学的学生被征作被试。通过每天一个小时，一个星期五天，持续 17 个星期的练习，这两位学生学会了一边听写单词一边阅读故事。研究者会对他们的阅读能力定期加以测试。在 6 个星期之后，他们的阅读速度已接近其正常的情况，如图 4-14 所示。同样在第 6 个星期末，不管他们是只阅读故事（假设他们将所有注意力全放在阅读上）还是一边听写一边阅读，在阅读理解测验中的得分是相当的。进一步的研究表明，被试还能根据意义对所听写的

单词进行分类，并且可以发现这些词之间的关系，而且这一切不会影响阅读的速度和质量。

许多心理学家对研究中的被试能够对信息的意义进行加工，且不需要有意注意感到惊讶，其中一些人提出了新的其他解释。一种假说认为，被试其实是将他们的注意在这两项任务中进行来回地转移，首先将注意放在故事上，然后转向听写，接着又回到故事，这样来来回回。虽然这种可能没有经过直接检验，但作者还是认为，不管有没有在听写，被试的阅读速度是相当的这一事实说明，即使他们的注意的确发生了转移，这种转移也是以一种时间间隔无法测量的方式进行的（Spelke et al., 1976）。

Hirst、Spelke、Reaves、Caharack 和 Neisser（1980）发现了反对转移假说的证据。他们训练被试的方式与 Spelke（1976）所用的相类似。所有被试在阅读的同时记录听写到的单词。有的被试阅读短篇故事，假设含有一些多余的材料，只需要相对少的注意。其他被试阅读百科全书中的文章，文中多余材料较少，并且需要较多的集中注意。当在听写时能达到正常的阅读速度和理解水平之后，将被试的任务进行交换，让那些阅读短篇故事的人此时看百科全书中的文章，而让那些训练阅读百科全书文章的被试现在改读短篇故事。7 个被试中有 6 个在新阅读材料上的表现与原来相当，这表明其实被试并没有在两个工作中轮换他们的注意。如果真发生转换的话，那么学习边阅读短篇故事边听写的人的表现，就不应该很理想地迁移到边听写边读百科全书文章的情形。

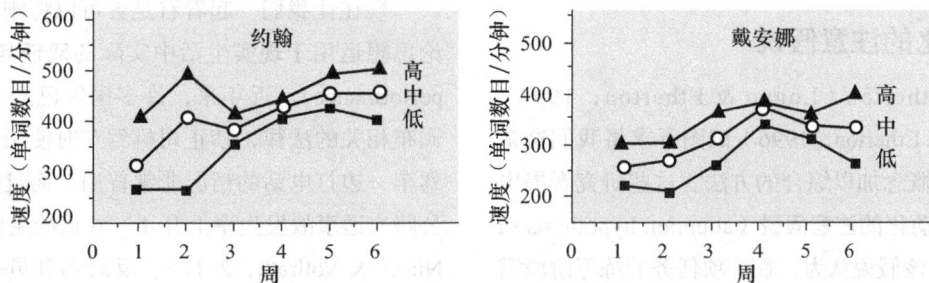

图 4-14　在学习同时做两件事的练习阶段，被试阅读速度的变化情况示意图

图中的阅读速度是周平均值，记录的是两位被试——约翰和戴安娜每周练习后测试的情况。

第二种关于被试具有同时学习做两项工作的能力的解释是，两项任务中的一项（如听写工作）的执行是自动的。根据 Posner 和 Snyder（1975）判断自动化的一个标准（加工不影响其他心理活动），在该研究中的听写可以看成自动化的。然而，被试清楚地知道被听写的词语，并且他们一般能辨认出实验中 80% 的听写单词。不仅如此，被试显然是有意图地记录这些听到的单词。因此，听写并没有满足 Posner 和 Snyder 的后面两个标准：发生并非有意，以及发生未包括意识的察觉。

Hirst 等人（1980）同样提出证据，反对任务执行可以达到自动化的可能性。训练被试在阅读的同时听写完整的句子，结果他们完全能够理解和回忆那些句子，这意味着被试已经对听写任务的意义进行了加工。由于大多数心理学家认为自动化加工的发生是不包括理解的，因此，被试至少花了一部分的注意在听写任务上。

第三个关于被试如何在同一时间执行两项工作的解释也是 Hirst 等人（1980）所认同的观点，认为被试学会将两项特定的任务，即阅读和听写加以组合。也就是说，对两项任务进行的特定练习，可以使这些任务的执行不同于它们最初被执行的方式。这意味着如果这两项工作中的任何一项要与第三项任务相结合的话（如追踪一篇散文），那么，在这两项任务能够被同时有效地执行完成之前，还需要有另外的不同练习才行。

所以说，练习在执行表现方面起了非常大的作用，它也是确定任何工作所需注意多少的一个重要的决定性因素。Hirst 等人的研究也不乏批评（Shiffrin，1988）。然而，他们的工作以及相关的研究开始改变了我们对练习在认知任务执行中所起作用的理解（Pashler et al.，2001）。

4.4.2　自动化的注意假说

Logan 和 Etherton（Logan & Etherton，1994；Logan，Taylor & Etherton，1996）试图寻求将我们这章中所提及的许多概念加以综合的方法。这些研究者提出了他们所谓的**自动化的注意假说**（attention hypothesis of automatization），该假说认为，在一项任务的练习阶段需要注意，而且它决定了练习中学到的内容。注意同样决定了通过练习什么内容能够被记住。Logan 等人（1996）

是这样表达的："学习是注意的副效应：人们会对他们所注意的事物进行学习，而不会去学习很多他们没有注意的事物"（p.620）。Logan 等人尤其认为，注意影响了什么信息可以得到编码进入记忆，以及什么信息能够在后来得到提取（在第 5 章和第 6 章中我们将详细讨论这些问题）。

在一系列实验中，Logan 和 Etherton（1994）给大学生被试一系列的双词呈现，要求他们以最快的速度侦察特定的目标词（如，表示金属名称的词语）。对一些被试而言，他们在实验中看到的单词对是不变的，比如，如果单词"铁"和"加拿大"在一个实验中配对出现，那么在以后的实验中这两个词都不会再与其他词搭配。而其他被试看见的单词对会随实验的进程发生改变，如在一个实验中"铁"与"加拿大"配对，而在另一个呈现中"铁"与"椰菜"或其他的词搭配。问题是，在第一种条件下被试是否会因为单词的配对保持不变而在执行任务时体现出优势？

答案是肯定的，但是只有当目标侦察工作的特性迫使被试同时注意呈现的两个单词时才成立。举例说明，如果实验者将两个单词之一涂成绿色，并且只是要求被试去判定该绿色单词是不是每次判断刺激呈现中的目标时，那么在第一种条件下被试就得不到任何便宜，以后也回忆不出多少分散注意的单词。很显然，颜色线索很容易使被试忽略刺激呈现中的第二个单词。忽略某事就意味着不去注意它，因此显然对它的了解也少了。如果分散注意项的理由不存在，即使经过了大量的练习（5个单元），在单词固定搭配条件下，被试也不太会去了解究竟是哪些单词进行了搭配。

4.4.3　实验室以外的分散注意：驾车时移动电话的使用

现在让我们一起看看是否可以将刚才回顾的一些理论思想运用于现实生活中实际的**双任务执行**（dual-task performance）。近年来，许多国家已经颁布或正在考虑颁布相关的法律，禁止司机驾车时使用移动电话。一边驾车一边打电话的情况非常普遍，而且被公认为是导致公路交通事故发生率上升 4 ~ 6 倍的主要原因（Maciej，Nitsch & Vollrath，2011）。反对驾驶员一边开车一边打电话的理由是，使用移动电话会把驾驶员的注意力从他们应该首要执行的、在道路上驾车行驶的任务上移开。

通过一项巧妙的设计，Straye 和 Johnston（2001）对这一干扰进行了研究。在他们的第一个实验中，他们让被试执行一项追随任务：用一个方向盘移动计算机的光标，使它始终保持在一个移动的目标上（出于伦理的考虑，当然不会让驾驶员在真正的公路上驾车行驶）。在不同的间隔中，目标会闪成红色或绿色，在这种情况下实验要求"驾驶员"按下在方向盘上的"刹车"按钮（红色）或忽略这个闪光信号（绿色）。开始，被试只执行追踪（驾驶）任务，接着会执行该研究中的"双任务"：在执行第一项任务的同时，要么听收音机，要么用手机与一个实验者的同伴打电话。这名实验者的同伴身处异地与被试交谈，内容或者是当今热门的克林顿总统弹劾事件，或者是关于盐湖城奥林匹克组委会的贿赂丑闻，并且尽量确保被试在电话中讲和听的部分大致相当。听收音机并没有导致人们忽略红灯信号，也没有造成他们的反应速度比单独执行追随任务时（"单任务"条件）有所减慢。然而，打手机时的确出现了上述两类问题，如图 4-15 所示。

在第二项实验中，实验者要求被试使用移动电话，要么让他们在电话里"追随"实验者读给他们听的一系列单词，要么执行一项词语生成任务。在后面的这项任务中，被试听实验者同伴读给他们听的单词（比如，其中一个词语是 cream），接着，不仅让被试立即做出反应读出该词，同时他们还必须造出一个新词，这个新词以对方所读出的词的最后一个字母作为开头字母（在本例中，被试必须说出一个以 m 为开头的单词）。对一些被

试来说，没有太多不可预测的变化出现的追随任务是容易的，然而，如果这样的变化一多，任务的执行就变得很困难了。追随单词并不一定会导致反应能力的下降，但是生成词语的任务则的确会产生这样的影响，而且当组词变得困难时下降得尤为明显。

你可能会问为什么一边开车一边打电话如此危险，而同边上的乘客说话却不容易发生事故。事实上，相比一个人单独驾驶，边上有乘客的话事故发生率反而会降低。研究人员（Maciej et al.，2011）认为，解释这个看上去似乎是"悖论"的现象可以从以下观点着手，乘客能够看到司机所能看到的前方路况，从而实时调整交谈的方式以匹配驾驶员所需的注意。当司机面对交通事故、恶劣天气等具有挑战性的路况时，乘客就会改变谈话的方式，比如谈话不再那么复杂。当司机需要调整以适应复杂的路况时，他们会说得少、短促并且停顿次数更多，而此时乘客也会做出相应的变化。所以，打手机者的同伴如果也能看到司机所面临的路况时，情形也是一样（这一研究同样是通过模拟器实现的）。

那一边发短信一边开车会怎么样？F. A. Wilson 和 Stimpson（2010）通过实验数据得出结论，每个人都应该及时停车来做其他事情。2008 年一年内，大约 1/6 的致命交通事故是由注意"被分散"所引起的，其中包括开车时打电话或者发短信。研究人员用包括回归分析等统计手段估计了 2001～2007 年假设在没有短信的情况下可能发生的交通事故数量，并将其与实际数字相比较，得出如图 4-16 的结果。

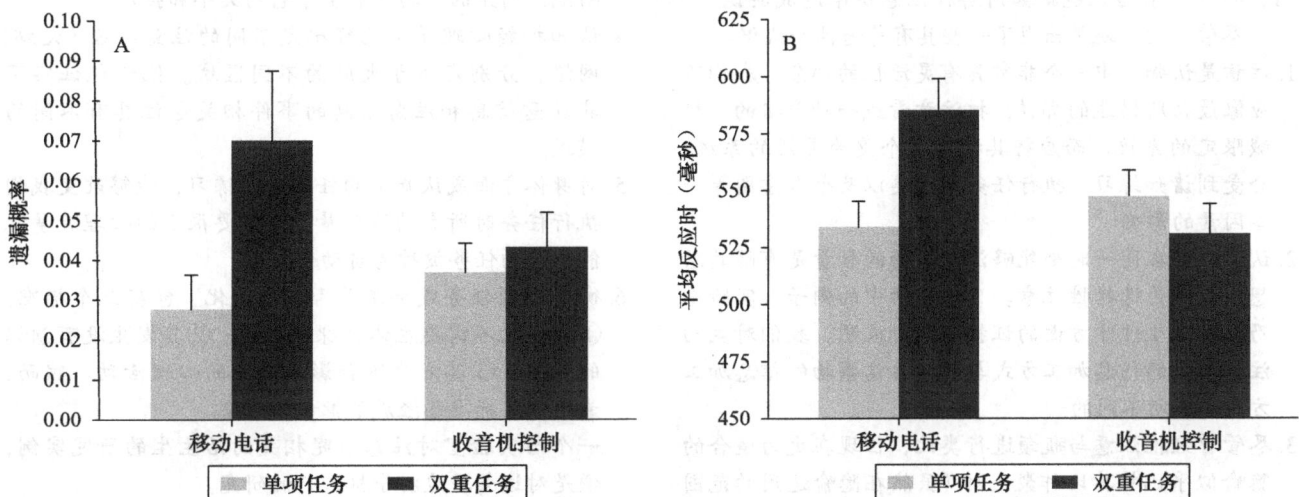

图 4-15　Straye 和 Johnston（2001）研究的结果

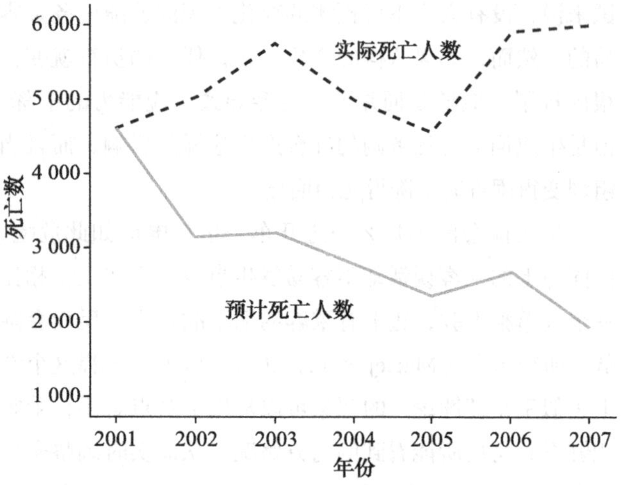

图 4-16　估计的和实际的交通事故死亡人数

尽管开车时发短信非常危险，但是这依然是普遍现象，相对年轻和缺乏开车经验的人尤甚。Harrison（2011）最近的研究显示，91% 的大学生被试报告曾经在开车时发过短信，甚至有乘客在边上的情况下也是如此，尽管他们知道这样做很危险并且是违法的。Atchley、Atwood 和 Boulton（2011）发现，70% 的本科生报告在开车时发短信，81% 的人会回复短信，92% 的人读短信。还有一些被试报告说，他们会在等红灯时才发短信，但是只有 2% 的人在开车时完全不使用手机收发或者阅读短信。

总之，分散注意的研究表明，我们同时能成功执行的任务数量是受到严格限制的。看上去似乎我们可以同时做几件事，但在许多情况下，是通过将注意快速在两项任务之间进行转移来使一心二用得以实现。当然，如果其中的任务要求变高时，要想同时执行它们将会变得难上加难。

研究提供了有力证据表明，边驾驶边打电话是很危险的，边驾驶边发短信情况更糟。

概要

我们这里所讨论的有关注意的不同理论取向表明，心理学家远未能就如何解释注意现象达成共识。

尽管如此，还是出现了一些具有普遍性的认识。

1. 注意是认知当中一个非常具有灵活性的部分。我们不应像最初所描述的那样，把注意看成一种严格的、机械限定的系统，而应将其视为一个更为灵活的系统，会受到诸如练习、执行任务的种类以及个人意图等一些因素的影响。

2. 认为我们在同一时刻能够注意事物的数量是有限的思想，被称为选择性注意。日常生活中的例子、实验中乃至神经生理学方面的证据似乎都表明，我们对主动注意事物的信息加工方式与对非注意事物的信息加工方式是有所不同的。

3. 尽管曾经把注意与瓶颈进行类比，但现在更为适合的隐喻似乎已将其比作聚光灯（虽然在隐喻适用的范围上存在争议）。这一思想认为，注意在效果上是可以发生变化的，就好比一个聚光灯照射向某个区域，照射范围内光的多与少取决于它的大小和强度。

4. 认知神经心理学家已经确定不同的注意神经（大脑）网络，分别定位于大脑的不同区域。他们也证实了非注意信息和注意信息的事件相关电位具有不同的模式。

5. 对身体方面或认知上的任务进行练习，能够改变我们执行任务时所需的注意量。只需要很少的心理容量就能执行的任务被称为自动化任务。

6. 衡量一项任务或加工是否"自动化"包括三个标准：①其发生不需要主体自身的察觉；②其发生没有意识的觉察；③其发生不会影响其他的心理活动。然而，最近这些标准已经成了批评的对象。

7. 一个与实验室对注意研究相关的活生生的研究实例，便是对边驾驶边打手机进行的研究。

复习题

1. 认知心理学家已经提供了几个不同的关于注意的定义，哪一个对你来说更为有用？描述并且说明你的理由。

2. 描述双耳分听实验，并解释为什么认知心理学家认为它是一种用来研究注意的有效方法。

3. 描述过滤器理论、衰减理论和图式理论的异同点。

4. 对卡尼曼的注意容量模型加以述评。它可以预测或解释现实生活中的哪些现象？

5. 对注意的神经学基础研究回答了什么样的问题？又引发了什么问题？

6. 评价 Posner 和 Snyder 关于什么能使认知加工自动化的标准。哪一个标准是有说服力的，为什么？

7. 思考有关分散注意的研究。这些研究发现能否运用于训练那些需要同时加工大量信息的工人？请说明可以或不可以的理由。

CHAPTER5
第 5 章

工作记忆
形成和使用新的记忆痕迹

许多认知心理学家认为记忆是最基本的认知过程之一。不论什么时候，当我们回想一件与个人有关的事时，都要依靠记忆，例如，当我们回忆自己在学校第一天的情景、10 岁生日或者迪士尼乐园之旅时，都会用到记忆。在我们回忆历史事件的时候显然也包括记忆，如"挑战者号"爆炸、"9·11"事件或是本·拉登的突然死亡。这些例子体现的都是**提取**（retrieval）过程，让先前储存在大脑中的信息重新回到思绪之中。本章和接下来的两章我们都将关注这样的加工过程。

从某种意义上说，记忆参与了几乎每一种认知活动。有些很明显，比如考试复习或记住 3 年级老师姓名这样的活动都需要记忆。但是其他的活动，比如结算支票簿或理解一个句子，也与记忆的某些方面有关。当你为结算支票簿做一些必要的计算时，就必须记住一些数字，而且至少保持一会儿。同样，当我们听或读一个句子时，必须在处理句子中间和结尾的时候记住句子的开头。我们运用记忆是如此频繁，以至于像其他的认知过程一样，会视其为理所当然。

例如，试着回忆一下你进入大学的第一天。你会记起那天的什么情景呢？现在试问自己，你是如何能够回想起这些情景的呢（如果你真的能回想起的话）？如果你什么也回想不起来，又是什么原因呢？当你试图回忆时到底发生了什么，是什么原因使得一些信息能够被回忆起来而另一些信息却难以回忆？（比如，你能描述一下你的认知心理学老师前两次上课时穿了什么衣服吗？）

有时，我们根本不会注意到某种能力有多么不同寻常，直到遇见一个缺失这种能力的人才会有深刻的体会。Baddeley（1990）曾描述过一位名叫克里夫·威尔林的音乐家兼播音员的悲剧。由于脑炎引起大脑损伤，并留下了严重的失忆症。尽管也有许多人患过失忆症，但这一病例却是有记录以来最为严重的。Baddeley 是这样描述威尔林情况的：

他的失忆症已经严重到根本记不起来几分钟前发生的任何事情，他总是处于刚刚恢复意识的状态。对此他自有诀窍，人们总是发现他在记录时间。例如，他记录下 3:10 这个时间后写下了附带的说明："我刚恢复意识"，然后他划掉 3:10 换成 3:15，接着是 3:20；等等。他的妻子离开房间才几分钟，再回来时他又会十分高兴地上前迎接她，就像有好几个月没见到她一样，并且还会问自己失去知觉多久了。偶尔经历一次，人们也许还会为之动容，但天天重复上演的话，很快就失去了魅力（pp.4-5）。

有意思的是，威尔林的一些记忆能力似乎有备份。他还是可以轻松地指挥一个唱诗班完成一段复杂音乐的演唱，并且仍能弹奏古钢琴和钢琴。但这些记忆只是一小部分而非常态。威尔林不能独自一人出门，因为他很快便会迷失方向，找不到回家的路。他也不太认得出以前他所熟悉地方的照片，关于自己生活的记忆则十分粗略。

在这一章和接下来的章节中，我会试图解释这些现象。为此，我们将仔细考察人们用于形成、储存和提取信息的加工过程。我们将用理论方法来研究记忆，涉及那些持续时间非常短暂或长达几小时、几周甚至几年的记忆，第 5 章和第 6 章将会介绍许多来自实验室的研究，其中被试通常是学生志愿者，在高度控制的条件下，给他们呈现一系列的词、音节及图片。在第 6 章的一些部分，我们将讨论以实验研究为基础的模型是如何很好地应用于解释实验室之外的记忆现象的，以及应用于最为常见的、有关人们自身生活故事的情节记忆之中。

我们将从前两章讨论的知觉和注意开始本章的内容，因为记忆与这两个概念也有深刻的联系。我们之前已经看过一些研究，例如工作记忆空间会影响注意聚焦以及注意控制的程度。这里，我们将继续探索工作记忆这个术语到底指的是什么。现在我们的一个重点是，第 4 章中的一些议题可以很自然地放在这里讨论，反之，本章的一些议题也很适合在第 3 章和第 4 章讨论。所以我希望读者在仔细阅读这些章节的同时，也能对所有的内在相互联系心中有数。

在开始讨论之前，先依次对相关术语做一简要介绍。当信息首先被转化为其他认知过程可以使用的形式时，所谓的**编码**（encoding）便发生了。我们称之为**记忆痕迹**（memory trace）的形成。这些痕迹以某种形式保存在**存储**（storage）之中以便将来提取之用。而当我们不能提取信息时，**遗忘**（forgetting）就发生了。

5.1 记忆研究的传统方法

在心理学的研究开始之前，哲学上对于什么是记忆以及它是如何运作的兴趣由来已久。Neath 和 Surprenant（2003）指出，希腊哲学家柏拉图就曾提到过记忆，把它比作一间鸟舍或一块可以产生印象的蜡版。整个中世纪和文艺复兴时代，又产生了其他一系列关于记忆的类比，有人将其比作洞穴、空的柜子或是需要锻炼的身体等，不一而足。

20 世纪 50 年代，记忆又被比作电话系统，之后又被比作计算机。20 世纪 60 年代和 70 年代期间，主导认知心理学记忆研究的理论取向是按照信息储存的时间长短对记忆的种类进行划分。

这一记忆的**多系统模型**（modal model of memory）假设，对于不同的记忆而言，信息是以不同的方式获取、加工和贮存的（Atkinso & Shiffrin，1968；Waugh & Norman，1965）。非常迅速且未被注意的信息只是短暂地保留在**感觉记忆**（sensory memory）中，被注意的信息则保存在**短时记忆**（short-term memory，STM）中 20 ~ 30 秒。（STM 的同义语包括初级记忆和短时存储或 STS。）需要长时间保存的信息（例如正确拼写明天要测验的单词，或你 4 年级老师的名字）被转移到**长时记忆**（long-term memory，LTM）中，有时也称二级记忆或长时存储（LTS），我们将从这个隐喻入手，对记忆心理学研究进行回顾，主要是因为它对认知心理学领域的巨大影响，以及它对其他大部分记忆发现所具有的解释能力。

许多经验上的发现似乎支持不同记忆系统的观点。

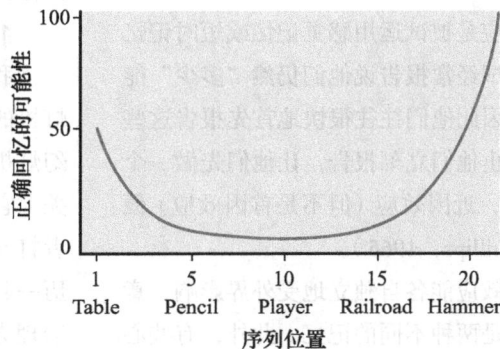

图 5-1　序列位置曲线实验的单词表（图 5-1a）；典型的结果（图 5-1b）

一个著名的发现来自自由回忆实验，如图 5-1a 显示的那样，让被试记住一系列呈现的单词，并要求他们以任意顺序回忆这些词。接着，实验者利用所有被试的数据计算出每一个单词被回忆起来的可能性，它是单词在初始词表中序列位置的函数。在本书的例子中，table 所处的序列位置为 1，因为它是词表中的第一个词；candle 的序列位置是 2，依此类推。图 5-1b 显示的是理想化的典型结果（Murdock，1962）。

可以看出，曲线的两端比中间高，这表明相对位于词表中部的单词而言，人们更容易回忆起词表开头和结尾处的单词。这就是**序列位置效应**（serial position effect）。位于单词表开头部分的词回忆效果较好，这称为**首因效应**（primacy effect）；而位于单词表结尾处的回忆成绩出色称为**近因效应**（recency effect）。

如何解释这两种效应呢？当被试第一次开始实验时，通常会像下面这样默读给自己听：

实验者（按固定的速率读词表）：Table
被试（对自己）：Table-table-table-table
实验者：Candle
被试（略快）：Table-candle-table-candle
实验者：Maple
被试（很快）：Table-candle-maple-table-candle
实验者：Subway
被试（放弃从最初的单词开始复述）：Subway

之后我们将看到，被试对词项的重复，或称**复述**（rehearsal），被认为是有助于词项进入长时存储的加工。事实上，如果实验者读词表的速度够快，能防止被试有足够的时间进行复述的话，尽管近因效应依然存在，但首因效应将随之消失（Murdock，1962）。

一般认为近因效应是被试运用感觉记忆或短时记忆二者之一的结果。被试经常报告说他们仍然"多少"能听到最后几个单词，因此他们往往很快地首先报告这些单词。如果实验者阻止他们立刻报告，让他们先做一个无关的计数任务的话，近因效应（但不是首因效应）便会消失（Postman & Phillips，1965）。

首因效应和近因效应能各自独立地受外界影响，意味着它们反映的其实是两种不同的记忆。此外，有些心理学家认为第三种记忆即感觉记忆，其运作方式与其他两种记忆系统不同。持这种观点的人认为，外界进入的

信息首先要通过这个快速衰竭的储存系统。如果加以注意，信息便会接着进入短时记忆（STM）。若要保存超过一两分钟，信息就必须被再次转移，这次将进入的是长时记忆（LTM）。

在本章中我们将讨论记忆的前两种假设形式，首先考察感觉记忆，然后是短时记忆。在回顾多系统模型及其包含的假定和解释后，我们将关注一个来自心理学家 Allen Baddeley 的新提法，称为工作记忆。接着，我们会重拾第 4 章就已开始的讨论，将关注转向最近提出的有关执行加工的存在和重要性内容上，该加工过程控制并指引着其他认知过程的运行。在本章最后，我们将回顾神经心理学有关记忆材料实际上都是主动地进行加工的证据。我们将在第 6 章再来讨论记忆的长时存储。

5.1.1　感觉记忆

感觉"记忆"与我们所说的"感知"紧密相连。这种记忆被认为是对感知觉的记录（Baddeley，1990），因为它涉及感觉信息最初的短暂储存，例如，你快速地瞥一眼公告牌，然后又迅速地将视线移开，可能会留下什么印象。事实上，从一个典型的感觉记忆研究中得到的发现，在本质上究竟是感知层面的还是记忆的（与记忆有关），在认知心理学界仍存在争论（Neath & Surprenant，2003）。当今更为普遍的观点认为，这种现象实际上更像是记忆而非知觉。

许多心理学家设想，不同的感觉记忆存在于各个感觉形式之中。换句话说，他们相信存在一个视觉感觉记忆、一个听觉感觉记忆、一个嗅觉感觉记忆、一个味觉感觉记忆和一个触觉感觉记忆。迄今为止，大部分关于感觉记忆的研究都集中于前两种感觉记忆，分别称为图像记忆和声像记忆。

1. 图像记忆

我们先来探讨图像记忆。想象坐在一间头顶装有幻灯机的教室内。演讲者进来并把她的第一张幻灯片放在幻灯机上。为了检查它是否运作正常，她快速地打开又关上它（她不想让任何人事先看到太多内容）。如果讲演者打开和关上幻灯机时你一直盯着屏幕看，你可能会经历一起快速消退的视觉事件，并且你可能将之归于刺激物理方面的消退——可能是幻灯机中的灯泡逐渐熄灭。但是控制更为精细的研究证明，正如我们即将看到的，这一效应其实是一种心理经验（Massaro & Loftus，1996）。

Sperling（1960）进行了一个堪称经典的精巧实验，用来研究视感觉记忆的特性。他给被试呈现如图 5-2 所示的包含字母的刺激，并要求他们回忆看到的字母。这些字母只快速呈现约 50 毫秒。Sperling 发现，人们平均能报告 12 个呈现字母中的 4 或 5 个，增加呈现的时间，甚至到 500 毫秒，也不能提高他们的表现。问题并不是出在感觉方面；500 毫秒或是半分钟足够让被试知觉到所有字母（klatzky，1980）。

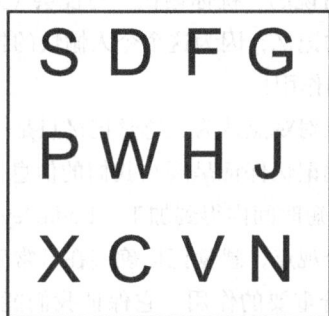

图 5-2　Sperling（1960）使用的刺激呈现示例

不过 Sperling（1960）确实发现了一个提高被试表现的方法，那就是他发明的所谓部分报告法。当被试看到呈现的字母后，再给他们呈现一个低音、中音或高音的刺激。低音指示他们只需报告最下面一排的字母，高音对应上面一排的字母，中音则是中间一排的。无论出现的是哪一种音调，被试的报告几乎总是完全正确的。这个发现表明，被试一定储存了所有的呈现字母，因为他们事先不知道将会听到哪一种音调。如果他们能准确报告任意一排字母的 90%，我们就可以推断任意一排的准确报告率都是 90%。事实上，Sperling 运用部分报告法发现，被试平均能准确地回忆出任意一排 4 个字母中的 3 个，这意味着平均的回忆准确率为 75% 甚至更高。

是什么造成了表现的提高呢？Sperling（1960）认为，在最初的情况下（即全部报告条件，因为被试必须报告所有的字母），当被试报告前几个字母时，便已丢失了记忆中的其他信息。从另一个角度看，即使被试记起了呈现字母，信息也会在被存储的地方消退。这表明信息在这一记忆系统里只能持续很短的一瞬间。事实上，Sperling 发现如果音调延迟 1 秒呈现，被试部分报告的效果也并不比全部报告的好。

Neisser（1976）把这个短暂的视觉记忆称为**图像**（icon）。图像是一个视觉材料的感觉记忆存储系统，能保持信息约 1 秒钟。它以一种相对未经加工的形式储存信息，正如 Sperling（1960）的另一个实验所显示：如果呈现的字母同时包括辅音和元音字母，并且用两个不同的音调提示报告所有元音字母或所有辅音字母的话，被试的表现与全部报告时差不多。这表明人们通过类别进行报告（元音或辅音）的效果并不会像他们通过物理方位进行报告时（即，顶上一排，底下一排）的效果一样好。因此 Sperling 推测，图像承载的信息并没有按字母的类别加以分类。

Averbach 和 Coriell（1961）提出，在图像呈现后马上呈现一个其他刺激，这一图像就会"被抹去"，这个现象被称为掩蔽（masking）。例如，如果字母呈现后接着再呈现一个圆圈，并要求被试报告在圆圈呈现的位置曾经出现哪一个字母的话，这个圆圈似乎会"抹去"最初呈现字母的记忆痕迹。

其他工作研究的是被试在部分报告中可以用多少种线索进行提示（Coltheart，1980）。不同的研究者分别发现，字母的颜色、亮度等都能作为部分报告的线索。有趣的是，用类别或音韵学的声音（例如，"报告所有和 B 同韵的字母"）做线索几乎是不可能的。这表明在图像记忆中有效的信息只能是视觉的，而不是听觉或相关类型的刺激。

然而，更新近的研究却使关于图像记忆的描述更趋复杂化。Neath 和 Surprenant（2003）回顾了一些研究，确实发现被试能成功地依据类别线索进行报告。他们还记录过其他的研究，表明尽管有关排列中某个特定位置的信息会随时间而消退，但关于呈现的是哪一个字母的信息却并没有受到影响。因此，现在一些认知心理学家开始把图像看作只持续 150 ～ 200 毫秒的心理表征，接着就会以其他更富有意义的编码对刺激加以记录。

2. 声像记忆

对于听觉材料而言，同样存在一种感觉记忆，Neisser（1967）称其为**声像**（echo）。Moray、Bates 和 Barnett（1965）提供了一个巧妙的证明声像记忆的方法。给被试一个"四耳"听觉任务，与双耳分听任务相类似（可参见第 4 章）。通过耳机可以听到 4 个通道传来的信息，每个信息都来自不同的位置，各包含一串任意的字母。（4 个通道都是由立体声混成的。）

在一种类似 Sperling（1960）全部报告的条件下，要求被试报告听到的所有字母。而在另一种条件下，被试手握一块有 4 个灯的板，每个灯泡对应一条通道，提示被试只报告某个通道的字母。正如 Sperling, Moray 等所发现的那样，在部分报告时被试能报告比例较多的字母。这表明声像和图像一样，只能短暂地保存信息。

后来，Darwin、Turvey 和 Crowder（1972）运用更好的实验控制重复了 Moray 等人的结果，尽管他们发现"部分报告的优势"要小得多。Darwin 等人还发现，类别至少在某种程度上能为回忆提供线索，这表明声像的运作多少与图像的有所不同。Crowder（1972）在回顾了声像有关文献的基础上，提出声像记忆的容量大于图像记忆的观点。另外的研究（Watkins，1980）提供证据表明，声像比图像保持的时间长出 20 秒左右，当然也有其他研究者不同意这个结论（Massaro & Loftus，1996）。

一个有关"后缀效应"（suffix effect）的演示同样揭示了一些声像记忆的本质。设想你就是记忆实验的被试，实验中呈现给你一列随机的数字、字母或类似的东西。如果这些内容用听觉（与视觉相反）的方式呈现，而且如果有一个口语词或特定的项目作为听觉的回忆线索，那么，对最后几个项目的回忆会受到严重的妨碍（Crowder，1972）。

研究者认为，那些被称为后缀的回忆线索起到了类似于听觉"掩蔽"的作用，因为当后缀是一个简单的嘟嘟声或音调，以及视觉刺激的条件下，通常都没有很大的影响。如果这一系列的项目以视觉方式（例如在计算机屏幕上）呈现时，也同样没有任何效应。最后，后继提示内容与刺激系列项在听觉上越相似，后缀效应也越显著。

尽管人们还在不断研究以求更好地了解图像和声像，但感觉记忆的一些性质现在已经能够很好地被描述出来。首先，感觉记忆有形式特异性（modality specific），即视觉感觉记忆容纳视觉信息，听觉感觉记忆容纳听觉信息等。其次，感觉记忆的容量显然相对较大，但信息保存的时间却很短，远远低于 1 秒。最后，可以保存的信息相对没有得到加工，意味着大部分的感觉记忆与刺激的物理性质有关，而同意义不相关。

还有一些观点（Haber，1983；Neisser，1983）批驳了图像和声像在知觉或记忆中起到重要作用的观点。尽管没有人反对 Sperling（1960）等人报告的发现，但还是有人认为对这个发现的解释会引起一些问题。尤其是一些研究者断言，非常短暂的刺激呈现（通常少于 1 秒）给被试制造出一个人为的任务，实验室以外人们根本不需要也不会去执行这样的任务。相反地，Neath 和 Surprenant（2003）认为，感觉记忆研究在实验室之外可以得到一项非常实际的应用：咨询话务员在提供了一个电话号码后说的"祝你愉快"可能会（显然是）破坏对电话号码的记忆，因为这个令人愉快的告别语实际上起到了后缀的作用！

另一个反对观点认为，感觉记忆只是一个实验室中的现象，感觉记忆保证呈现给我们的信息（我们注意的信息）能在最短时间内得到加工（Baddeley，1990）。换言之，按这个观点，感觉记忆确实在日常工作中的正常记忆里发挥着重要的作用：它保证我们能"再次审视"输入的信息，即使不是真的通过眼睛和耳朵，也是通过头脑中的眼睛和耳朵进行。正如你所看到的那样，人们还在激烈争论感觉记忆在之后的信息加工过程中扮演着什么样的角色。

5.1.2　短时记忆

通常当人们提到记忆时，总认为信息的保持要长于一两秒。在本章剩下的部分和下一章中，我们将讨论对于非心理学家的人来说更为熟悉的记忆种类。

首先我们来看短时记忆（STM），当你查了电话号码，穿过一个房间来到电话机旁并开始拨电话时，使用的正是这个记忆系统。假如我让你打电话给我的一个学生，他的电话号码是 555-4362。而且，如果你不能带着本书而必须记住这个号码，直到你在附近的电话上拨这个号码，你将怎样完成这个任务呢？你可能会在穿过房间时出声地复述这个号码。一旦拨完号码开始对话，你就很可能忘记所拨的这个号码。这个例子说明了短时记忆一个方面的特性：它只能持续很短的时间。（认知心理学家一般认为短时记忆可以持续 1 或 2 分钟，但也有一些神经心理学家认为，短时记忆中的信息可以保持一天，这引发了一些争论。而在本书中提到的短时记忆，所指的是信息能保持约一分钟的记忆。）

除了信息保存时间的长度外，还有没有其他的特性能把短时记忆与长时记忆区分开呢？致力于此项工作的心理学家相信，有许多这样的特性存在，它们包括信息储存的多少（容量）、信息储存的形式（编码）、信息保持和遗忘的方式，以及信息提取的方式。

在过去的 20 年中，从信息加工范式对记忆进行研究的心理学家对短时记忆的定义有了很大的改变。为了避免混淆，我们先对短时记忆的传统描述进行回顾，然后再讨论一种新的被称为工作记忆的概念。

1. 记忆容量和编码

如果你只想在短时期内保存信息（如上面例子中的记电话号码），你会有多少空间来完成呢？换句话说，在很短的时间内你能记住多少信息？针对这些问题，乔治·米勒（George Miller, 1956）在一篇经典论文中做出了如下与众不同的阐述，文章的开头是这样的：

我一直为一个整数所困扰。7 年以来，这个数字总是如影随形，闯入我最为隐私的数据之中，并且从最公开的杂志中向我袭来，这个数字有许多伪装，有时大有时小，但从来也不会变得太多以至于认不出来。

折磨我的这个数字持续存在远非偶然事件那么简单。引用一位著名议员的话来说，它的背后有一个阴谋，某种模式控制着它的表现。关于这个数字，要么确实有一些不同寻常的意义在里面，要么就是我产生了遭受困扰和迫害的错觉（p.81）。

这个困扰米勒的整数是 7（加减 2）。在其他事物中，7（加或减 2，依个体、材料及其他情景因素而定）是我们短时记忆所能保持独立单元数的最大值。我们将它称为短时记忆的**容量**（capacity）。

米勒（1956）对相关的证据进行了回顾，如果向你呈现一串随机的数字，只有当这串数字个数小于或等于 7 个时，被试才能将它回忆出来。对于任何其他随机的字符串（字母、单词、缩写词等）情况也是一样。唯一能克服这种局限的方法就是把单个字符构成的单元**组块**（chunking）为较大的单元。例如，以如下一串字母为例：NFLCBSFBIMTV。它包含了 12 个字母，超过了一般人的短时记忆容量。但是，如果你仔细观察这些字母，就会发现它们其实是由 4 个众所周知的缩写词组成：NFL（the National Football League，全美美式足球协会）、CBS（美国目前主要的三大电视网之一）、FBI（the Federal Bureau of Investigation，联邦调查局）和 MTV（音乐电视台）。如果你注意到这 12 个字母实际上是由 4 个缩写

词组成的话，就很容易回忆出整个字母串。认识到三个相邻字母能"联合在一起"形成一个独立单元，就意味着对它们进行了组块。

组块依赖于知识。不熟悉美国文化的人可能只把 MTV 看作三个随机呈现的字母。米勒（1956）把形成组块的加工（他称其为"再编码"）看作记忆的基本加工，即一个能在任何时间增加我们加工信息量的有力手段，也是我们日常生活中经常不断使用的方法。组块加工可视为一种克服短时信息储存仅有 7 个单元这一严重局限的重要手段。

编码（coding）指的是对信息加以心理表征的方式，也就是信息保存的形式。如前面的例子一样，当你试着记住一个电话号码时，你是如何表征它的呢？Conrad（1964）进行的一项研究回答了该问题。他向被试呈现一个辅音表，然后让他们回忆。尽管字母是以视觉方式呈现的，被试易犯的错误却往往是那些在读音上与标准刺激相似的字母。因此，如果说呈现的是 P，稍后如果被试回忆这个刺激时出错的话，就很可能会报告一个读音上与 P 类似的字母（如 G 或 C），而不会报告一个与 P 外形相似的字母（如 F）。请记住，最初呈现的是视觉信息，但被试显然是在声音上产生了混淆。被试明显是通过声音方面而不是视觉方面的特性来形成心理表征的。

Baddeley（1966a，1966b）后来的研究证实了这个效应，即使刺激不是字母而是单词，情况也是如此：读音相近的词的即时回忆效果差，词义相近的单词则不会这样，而对于延迟回忆来说情况正好相反。尽管听觉编码不是短时记忆中唯一使用的编码，研究者还是将其视为占主导地位的编码方式，至少对于听力正常的成人和年龄较大的儿童来说是这样的（Neath & Surprenant，2003）。

2. 保持时间和遗忘

我们把短时记忆看作信息的短时存储。那么，这个保存时间到底有多短呢？Brown（1958）以及 Peterson 等人（1959）通过各自独立的研究得出了一致的结论：如果不加以复述，信息在 20 秒之内便会从短时记忆中丢失。这个时间长度被称为记忆的**保持时间**（retention duration）。

Brown-Peterson 的任务是以如下方式执行的。呈现给被试三个相连的辅音字母，例如 BKG。同时呈现一

个数字如 347，并让他们按节拍器以每秒两次的速度做递减 3 的运算。计算的目的就是避免被试复述三连字母。被试必须进行计算的时间长度是有所变化的。如果只让被试计算 3 秒钟，约 80% 的被试能记起那个三连字母，而如果让他们计算 18 秒的话，能回忆的人数就会下降到 7%。Brown 和 Peterson 都把这个发现解释为记忆痕迹的**衰退**（decays）或者破坏，即需要记住的短时记忆信息的心理表征没有得到复述。通常这一衰退就是在约 20 秒的时间里发生的。下面我们用这个来解释电话号码的例子：如果告诉你我的电话号码，而你又没有采取什么措施去记住它（即通过复述或把它写下来），那你将至多记住它 30 秒。过后，记忆痕迹就已衰退而信息也将会丢失。

然而，不久其他的认知心理学家就开始挑战这种对遗忘的衰退解释。他们提出了一个不同的遗忘机制，称为**干扰**（interference），其大致原理是：一些信息可以"替换"其他信息，从而使得前面的信息难以获得提取。你可以把干扰的解释理解为在桌面上找一张纸。每学期开始的时候，我的桌子（相对而言）比较整洁。每一张放在桌上的纸都很容易找到。然而，随着学期的进行，我的时间会越来越紧，我会听任所有便签纸和期刊的堆积，而学期初放在桌上的纸被彻底掩埋了；它们肯定在桌上，但很难马上找到它。后面的纸取代了先前的纸。

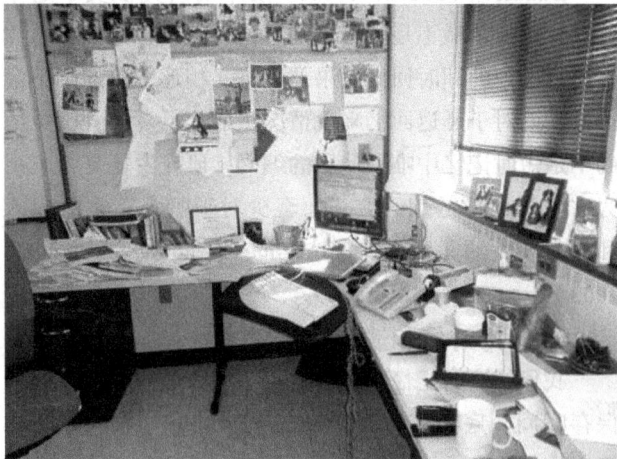

我办公桌的照片，用来类比记忆干扰。

我们能用干扰来解释 Brown-Peterson 的实验结果吗？再想一想计数任务，其目的无非是分散被试的注意力，使得他们不能复述三连字母。但可能这一任务不仅起到阻止被试复述的作用，实际上它可能干扰了三连字

母的短时存储。当被试大声计数时，是在一边计算一边报告数值。而在他们计算和报告数值的同时，会把结果储存在短时记忆中。这样，计算得出的数值实际上可能取代了最初的信息。

Waugh 和 Norman（1965）做的一个研究证明了干扰在短时记忆中的作用。他们发明了数字探测任务（probe digit task），具体操作如下：给被试一个由 16 个数字组成的数，如 1596243789024815。该数中最后一个数字是被试回答报告的线索，被试的任务是要报告该数第一次在数列中出现时紧跟其后的数字。（这一说明稍有些复杂，但确实能够做到；不妨停下阅读自己试一试。）在我们的例子中，线索数字是 5（位于数列中的最后一个数字），而该数第一次出现时紧随其后的数是 9，所以应该回答 9。

Waugh 和 Norman（1965）快速（每秒 4 个数字的速度）和慢速（每秒 1 个数字）呈现数字。他们的推理是，如果是衰退导致了短时记忆的遗忘，那么接受慢速呈现的被试就不能很好地回记出该数字第一次出现在数列中的位置。因为慢速呈现势必会使报告时间滞后，从而导致前面数字更多的衰退。而图 5-3（标绘出回忆率与干扰项数目多少之间的函数关系）表明，其实这并没有发生。该数字无论以什么速率呈现，被试回忆数字的表现都是一样的。在所有实验中，被试对位于后面数字的回忆不如对开头数字的回忆，这表明短时记忆中信息的遗忘是干扰而不是衰退造成的。

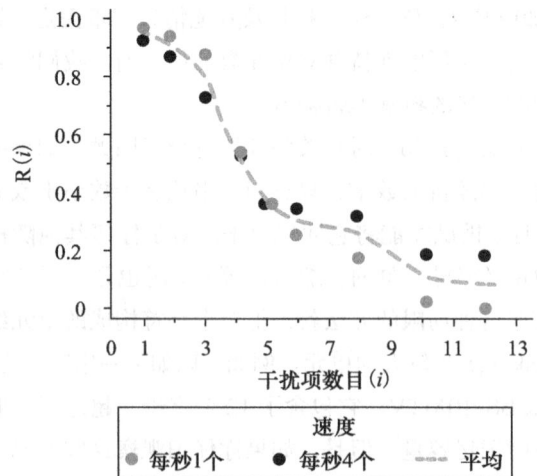

图 5-3 Waugh 和 Norman（1965）的数字探测研究结果

所有这些证据可能会使你认为，所有认知心理学家都同意只有干扰才是导致短时记忆中遗忘的原因。然而，情况没有这么简单。Reitman（1971，1974）起初

提供了支持短时记忆遗忘干扰说的证据。其被试在执行
Brown-Peterson 任务的同时，还执行一项没有干扰的任
务：从一串反复读出的类似音节（"toh"）中侦察一个
音节"doh"。一般认为听力侦察任务能阻止被试复述
三连字母，但不会干扰保存在短时记忆中的材料。从对
短时记忆遗忘的干扰解释中可以预计，在保持期间三连
字母不会丢失，这也正是 Reitman（1971）得到的结果。
然而，在一个重要的后续研究中 Reitman（1974）发
现，一些被试承认有"欺骗"行为发生：当他们执行侦
察任务的同时会偷偷地复述字母。当 Reitman 只看那些
没有复述过的被试表现时，发现了明显的衰退效应：在
15 秒的间隔后，只有 65% 的三连字符串得到了保持。
Reitman 从中得出结论，如果在短时记忆中没有进行复
述的话，信息确实会衰退。

Reitman 的研究给我们留下了一个没有解决的问题：
究竟是什么导致了短时记忆中的遗忘，是信息痕迹的衰
退还是干扰？至少到目前为止，我们不能排除其中任何
一种可能。困扰我们的是很难想出一个没有干扰的任
务。因而，设计一个限定性的实验（或一系列限定性的
实验）超出我们目前的能力范围。

当然，也许"究竟是衰退还是干扰"这一问题提得
不好，因为它排除了两者皆包含于其中的可能性。也就
是说，短时记忆丢失信息不是只有一种机制。Baddeley
（1990）认为，在短时记忆中，伴随着干扰确有一些（尽
管很少）衰退痕迹发生。Altmann 和 Gray（2002）提出，
衰退的确会发生而且事实上这对避免灾难型的干扰十分
重要。他们相信，当记忆中的信息必须频繁更新时（例
如，你正在开车并且必须记住每条公路的限速），当前内
容（你在州际公路上行驶，时速 70 英里[⊖]）的衰退可以
避免后续内容的干扰（驶离高速公路，现在的速度限制
为时速 55 英里）。

3. 信息的提取

我们已经讨论了人们在短时期内保存信息的方法：
他们如何编码信息，能编码多少信息以及能够保持多长
时间。这又给我们带来了一个问题，"当我们再次需要
这些信息时，怎样将它们从短时记忆中提取出来？" Saul
Sternberg（1966，1969）在一系列关于如何从短时记忆
中提取信息的实验中，获得了一些令人吃惊的发现。在
介绍他的实验之前，我们先来思考一下从短时记忆中提
取信息的各种可能性。

Sternberg 第一个考虑的是，我们在短时记忆中搜寻
信息是以平行的方式还是以系列的方式进行。例如，想
象一下短时记忆中全是一些（少量的）电影名称。假设
你的短时记忆中保存了一张我向来都很喜欢的电影清
单，我刚刚口头告诉了你。我们把这些电影名称的数目
称为记忆组大小。现在假设有人问你《玩具总动员 3》
是否在你的清单上，要想回答这个问题，你就会在头脑
中检索这张清单。

如果你把《玩具总动员 3》同时与你清单上的所有
电影名称相对照，你所执行的就是**平行搜索**（parallel
search）。不管这些电影名称的数目有多少，你基本上都
会同时对它们加以检查，将《玩具总动员 3》与 10 个电
影名称相比所需的时间不会比与 1 个电影名称相比的时
间多。图 5-4a 描述了用平行搜索时的数据走势，图中表
示的是搜索时间与记忆组大小的关系。

还有一种可能，你使用的是**系列搜索**（serial
search）。在电影名称的例子中，你可能会先把《玩具总
动员 3》与清单中的第一个电影名称相对照，然后再与

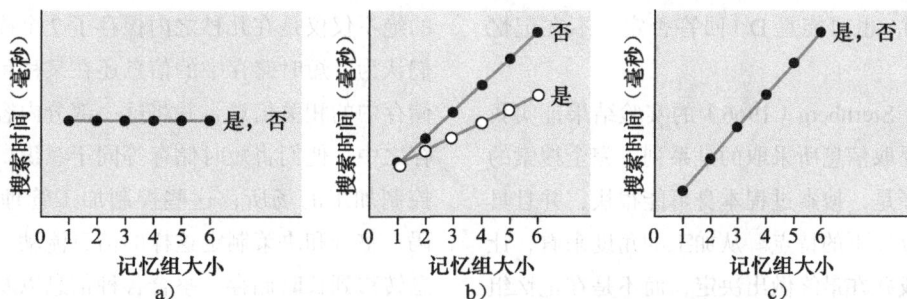

图 5-4　Sternberg（1966）的短时记忆扫描实验理论上的预期结果

"是"和"否"代表被试是否能报告记忆组中的探测字母。图 5-4a 描述的是平行搜索的情况；图 5-4b 是系列的、自我终止搜索；图 5-4c
是系列完全搜索，Sternberg 报告的数据与图 5-4c 最为接近。

⊖　1 英里 =1.6 千米。——译者注

第二个相对照，依次进行下去，直到比照清单中最后一个名称，每次只对比一个。对于这个模型来说，清单越长，用来确定《玩具总动员3》是否与你清单中的一个名称相符所需的时间也越长。一次成功的搜索就如图中"是"那条线所描绘的情况，而失败的搜索（未找到匹配项）则如"否"所代表的直线。

我们还可以确定这个搜寻是自我终止搜索还是完全搜索。**自我终止搜索**（self-terminating search）一旦发现匹配项后就停止继续搜索。假设你清单上的电影名称包括《公民凯恩》《泰坦尼克号》《玩具总动员3》和《冰川时代》。如果你执行的是自我终止搜索的话，就会在第三次对比完成后停止搜索，因为你已经发现了匹配的目标。通常而言，成功的搜索（发现匹配项后不再继续搜索）比不成功的搜索（必须搜索所有项目）耗时更少。图5-4b描述的是用自我终止系列搜索提取记忆中信息时的情况。

另一种系列搜索称为**完全搜索**（exhaustive search），它意味着即使匹配项已被发现，你还须继续检查记忆组中所有其他的项目。在我们的例子中，这就意味着即使找到了《玩具总动员3》，你还得检查清单中余下的电影名称。使用这种搜索时，未成功搜索与成功搜索所用的时间是一样的，图5-4c描述了这种可能性。

Sternberg（1966）的实验任务如下。首先，给被试呈现一排7个或少于7个的字母组。这些字母被编码保存在短时记忆中，因此可以称为"记忆组"。当被试记牢这组字母后，就示意做好准备可以开始实验。此时，呈现给被试一个单独的字母称为探子，被试的任务就是尽快确定这个探子是否在记忆组中出现过。例如，记忆组可能是BKFQ，而探子则可能是K（回答肯定，它是在记忆组中），也可能是D（回答否定，不在记忆组中）。

与直觉相反，Sternberg（1966）的实验结果证实我们从短时记忆中提取信息所采取的是系列、完全搜索的方法。对此的解释是，搜索过程本身可能很快，并且具有一旦启动就难以停下的特点。从加工的角度来看，让搜索过程得以完成并在最终做出决定，而不是在记忆组中各项目后做出决定，其效率更高。Hunt（1978）在回顾中发现，所有类型的人群（大学生、老年人、记忆特别好的人、智力低的人）尽管搜索效率各不相同，记忆好的人快些，老年人慢些，但表现出的结果却都与使用

系列完全搜索从短时记忆中进行提取的观点相一致。

正如任何科学观点一样，其他的后续研究发现了Sternberg（1966，1969）提出的系列完全搜索也存在着问题。Baddeley（1976）对其中的一些问题以及对Sternberg发现的其他解释进行了回顾。使人们对Sternberg研究结论发生态度转变要归功于DeRosa和Tkacz（1976）的研究，他们证实在图片刺激的情况下，人们明显是以一种平行的方式在短时记忆中进行搜索。这个研究提出了一个重要的观点：记忆的加工方式会因材料的不同而有所不同，它是所需记忆材料（刺激）的函数。因此，我们不能不假思索地将实验室的研究结果推广到日常生活中来。反之，要想知道一个实验模型对应哪种现象，就需要考虑什么样的信息会以什么样的方式进行加工。

让我们总结一下到目前为止所介绍的短时记忆系统。20世纪60年代和70年代出现的关于短时记忆的描述是，它是一个短期的、容量有限的仓库，信息在其中进行听觉编码，并通过复述来加以保持。可以用高速、系列、完全搜索的方式从这一存储中将信息提取出来，而短时记忆中信息的特性对改变记忆容量和对已存信息的加工有所帮助。

5.2 工作记忆

记忆是由一些信息加工储存所组成的，这一观点已由Atkinson和Shiffrin（1968）给出了最为完整的描述。他们对储存的信息（即"记忆"，例如短时记忆、长时记忆）和进行储存的结构（称之为"储存"，例如短时储存、长时储存）做出了区分。在他们看来，短时储存所进行的绝不仅仅是在几秒之内保存了7个或更少的信息。他们认为，短时储存中的信息还在某种程度上激活了长时储存中的相关信息，并将这一部分内容也涵盖在短时储存之中。他们将短时储存等同于意识，并把它看作各种控制加工的场所，这些控制加工管理着诸如复述、编码、整合和决策制定这样的信息流动。短时储存还与信息转移到长时储存、整合各种信息以及保存某些信息以便随时利用有关。

Baddeley和Hitch（1974）进行了一系列的实验以检验该模型。其总体的设计是让被试暂时储存一些数字（用以消耗一些短时储存的容量）并同时完成另一个任

务，例如推理或言语理解。这些任务同样需要短时存储中的资源，尤其是刚才提到的控制加工过程。其假设是：如果短时储存容量被保存的数字所占据，其他任务就只能占有较少的资源，因而在执行表现方面就会受到影响。

让我们来详细分析一个 Baddeley 和 Hitch 的研究（1974）。被试看到一句描述两个字母出现顺序的句子，例如 "A 在 B 之前"，以及两个按某种顺序出现的字母 "B、A"。其任务是尽快判断这个句子是否正确地描述了字母的顺序。在核实这些句子的同时，让被试记 1～6 个数字。只记 1 或 2 个数字时，被试在判断上的表现与不记任何数字时的一样。然而，6 个数字的记忆负担确实会影响被试的表现：此时句子的核对耗时就会变长。所要判断的句子是否定句式或者是被动语态时（例如 B 不在 A 前面）这个影响尤其明显，因为这两种类型的句子都较难加工。尽管保存 6 个数字会影响另外一项任务执行的表现，但这种影响并不是灾难性的（Baddeley，1990）。也就是说，复述 6 个数字的同时还要进行推理，耗费的时间虽会拉长，但他们仍能完成任务。而按照 Atkinson 和 Shiffrin（1968）模型的预测，他们是做不到的。相关的实验表明，在记忆中储存数字

也会干扰阅读理解以及对最近学习材料的提取。

Baddeley 和 Hitch（1974）以及 Baddeley（1981）解释了来自各种后续研究中的发现。首先，存在一个公共系统，它对诸如暂时储存信息、推理或理解语言等认知加工过程有所帮助。在短时记忆中注入 6 个数字的确对各种认知任务的表现有所损害，表明该系统正被用于这些任务的执行。然而，尽管实验中采用的记忆负荷已接近短时记忆容量的极限，但却并没有完全打乱被试的表现。因为研究者认为短时记忆的容量是 7±2 个项目，6 个字母的记忆负荷基本上应该终止任何其他的认知活动。因此，Baddeley 和 Hitch（1974）认为存在一种所谓的**工作记忆**（working memory，WM）。Baddeley（2007）将工作记忆定义成一个 "为人类思考提供支持的、容量有限的暂时性储存系统"（pp.6-7）。

Baddeley（1981，1986，1990，2000，2007）设想，工作记忆由如图 5-5 所示的多个成分构成。首先是**中枢执行系统**（central executive）。这一部分指挥信息的流动，选择何种信息在何时以何种方式得到操作。研究者认为，执行任务的资源和容量的总量是有限的。一些容量可以用于储存信息。一般认为中枢执行系统的运作

图 5-5　Baddeley 的工作记忆模型

更像是一个注意系统而非一个记忆储存系统（Baddeley，1990），即该系统其实并不是处理信息的储存和提取，而是认知任务所需资源的分配方式。所以，中枢执行系统是一个控制许多第4章中提到的现象的系统。中枢执行系统还可以协调来自当下环境的信息和所提取的关于过去的信息，从而使人们可以利用这些信息来做出选择或形成策略。Baddeley（1993a）将这种协调等同于意识觉察。

Baddeley 模型中另外几个组成部分与信息的储存和暂时保持有关：它们分别是**语音回路**（phonological loop），用于执行默读复述以保持言语材料，以及**视觉空间模板**（visuospatial sketch pad），用于通过形象化的方式来保持视觉材料。研究者认为，语音回路在学习阅读、理解语言和获得词汇等任务中扮演着重要的角色。而视觉空间模板则包含了心理意象的产生和使用。最终，**情节缓冲器**（episodic buffer）被认为是一个临时性系统，它能够将不同来源的信息整合到一起（Baddeley，2000）。

值得注意的是，假设以单独的语音回路存在为出发点，就可以解释为什么让一个人记住数字（这可能给语音回路增加负载）不会完全破坏其他需要工作记忆的任务表现。研究者认为，之所以会出现这样的情况是因为剩下的任务会由工作记忆中的另一个部分来完成。

研究者认为语音回路由两个结构组成：一个短时语音缓冲器（可以短期地保存语言信息，如果没有组织附属物的话可以保持几分钟），和一个默读复述环路，用来抵消语音缓冲器中信息的快速衰退（Demetriou，Christou，Spanoudis & Platsidou，2002）。此处的观点是，当人们最初遇到信息，特别是言语信息时，会将其转化为某种听觉编码并通过语音回路对之进行加工。因为来自语言缓冲器的信息衰退得很快，人们就必须不出声地复述信息，复述加工越快，保存的信息就越多。如果语音缓冲器被"占满"（比如让一个人重复一个音节或大声地计数），那么这个系统就只有很少的容量可以用于其他任务的执行。

研究者设计了许多不同的包含语音回路的工作记忆广度任务。其中由 Daneman 和 Carpenter（1980）设计的最为著名。该任务如下：让被试读一组句子（通常是出声的），但同时要求记住每句的最后一个词，过后再进行回忆。例如，假设给被试呈现以下三个句子：

The leaves on the trees turn various hues in autumn.（树叶在秋天变成各种各样的颜色。）

A group of students congregates outside the front entrance of the delicatessen.（一群学生聚集在熟食店前门入口处的外面。）

Although lying and fabrication are generally not acceptable, they are sometimes necessary.（尽管说谎和捏造通常不为大家所接受，但有时它们也是必要的。）

在大声朗读这些句子之后，被试就要回记每句的最后一个词。在这个例子中，正确的答案是 autumn（秋天）、delicatessen（熟食店）和 necessary（必要的）。被试能够加工并且准确回忆出其中单词的句子数量，就是其记忆广度的大小。这个测量结果与其他认知方面的（如阅读理解和其他复杂的认知任务）测量结果有显著的相关（Miyake，2001）。

正如语音回路是针对听觉及言语材料的，视觉空间模板是针对视觉信息的。研究者认为，它保持并包含于对视觉信息和图像的操作中（Baddeley & Andrade，2000）。我们将在第8章讨论视觉图像的话题，所以把细致的讨论留待那时再讲。

Baddeley 在 2000 年修订了他提出的工作记忆的最初模型，将所包含的第四个成分称为情节缓冲器。这是另一个暂时的储存系统，但是却能够与语音回路、视觉空间模板以及长时记忆相联系。它同样受中央执行系统的控制，用来将来自不同形式的信息进行整合，并且帮助信息转化进入长时记忆或者从长时记忆中提取。

Teasdale 等人（1995）报告了一项有关 Baddeley 工作记忆观的有趣应用。他们着重关注"与刺激无关的思想"（stimulus-independent thoughts，SITs），将其定义为"思想或意象的流动，内容与即时感觉输入无关"（p.551）。SIT 包括白日梦，甚至是侵入性的思想，例如当我们担心或对一个问题及所关注的对象进行反思的时候。

Teasdale 等人（1995）通过让被试执行其他的任务来检验 SIT 的产物是否能被干扰。他们让被试执行的任务中有一部分是听觉的，它们包含工作记忆的语音回路。例如"傻句子"（silly sentences）任务，被试会看到一个句子［例如，"Bishops can be bought in shops"（主教能够在商店中买到）］，并尽快判断句子的正误。给被试的其他任务则更多是视觉或空间方面的。例如，给被试观看复杂的图画并要求从中找出"隐藏的"几何图案，或以某种特殊方式敲击键盘上不同的键。

而在实验期间，会在不同时刻让被试停下来，请他们告知实验者"在实验者叫'停'的时候他们头脑中正在想些什么"。实验者记录并在稍后进行分类，看它们究竟是从属于手头的任务，还是与之无关（即一些与刺激无关的思想）。Teasdale 等人（1995）发现，听觉和视觉空间任务都会明显地干扰与刺激无关的思想的产生。语音回路和视觉空间模板都不能单独地对 SIT 负责。

在后续实验中，Teasdale 等人（1995）确定，这些侵入性思想的产生与中枢执行系统有关。他们让研究被试练习一个空间任务（让一个铅笔之类的器件发出的光束保持照射在一个旋转的圆形物体上，这称为追逐转子任务）或一个记忆任务（记住某个每 4 秒改变一次的特定数字）。接着，被试同时执行这两项任务，并且实验者再次在不同的时刻打断他们，让他们报告那时所想。Teasdale 等人发现，无论哪种任务，只要是练习过的，它所产生的对 SIT 的干扰，要比未练习过的任务所产生的影响小得多。换句话说，当人们执行一个新的富有挑战性的任务时，很少会体验到入侵式的、无关想法（例如，刚才发生的与同伴的吵架，或有朝一日能得到一个梦幻般的假期）的干扰。而执行一项驾轻就熟的任务时，思想就很容易走神。

请注意，这一解释与我们在第 4 章中讨论过的议题相吻合。可能的解释是，练习过的任务需要较少的注意，或者用 Baddeley 的术语来说，需要较少的来自工作记忆中枢执行系统的资源。因而思维就有更多的容量用于其他任务的执行，如去想其他无关的事情。相反，执行未经过练习、要求高的任务时，会"吸收"更多中枢执行系统的资源，使得思维无暇产生无关的其他想法。

Teasdale 等人（1995）指出了他们研究的实用意义。假如你不想再为某事担心。如果只是简单地重复记住的短语，或将同样的单词像唱山歌一样反复念叨的话，恐怕效果极其有限。因为这样的任务不需要多少中枢执行系统的资源，以打消担心的念头。Teasdale 等人指出，只有投入到那种需要"持续需求中枢执行系统的控制和协调资源"的任务中时才会有效（p.558）。一个建议是，不妨尝试在任意的时间间隔里想出一个单词或

短语，这会使你持续监控自己的表现，并将你当前的反应与过去的加以协调。

Baddeley（1992）自认为他关于工作记忆的观点是对短时记忆思想的一种深化，而不是与之相对立的一种思想。短时记忆已不再被看作一种被动的、临时的、容量有限的储藏室，Baddeley 和其他学者现在所研究的是运作当前信息的加工系统所扮演的主动角色，以及将这一功能从信息的暂时存储中分离出来。在诸如把视觉信息转化为听觉编码，形成组块，通过复述以保持对所要记忆材料的注意（如先前提到的电话号码的例子），以及有时从长时记忆调用与输入信息有关的知识以对信息进行精细加工的过程中都包括了工作记忆。因此，工作记忆一词所表达的远不只是临时性储藏室的含义。相反，所指的是这样一个场所：人们在此付诸主动的心理努力去关注材料，而且常常是转化材料。

5.3 执行功能

回忆一下第 4 章中的研究发现，在双耳分听任务中，工作记忆容量较高的人不太会在非跟踪信息中觉察出自己的名字（Conway, Cowan & Bunting, 2001）并且更不易受非注意视盲的影响（Hannon & Richards, 2010）。Baddeley（2007）和 Engle 及其同事（Barrett, Tugade & Engle, 2004; Engle, 2002; Unsworth & Engle, 2005）回顾的一系列研究表明，其他一些个体差异在一些非常不同的任务中是工作记忆容量的函数。大致是高工作记忆容量的个体可以更好地控制其认知焦点。

对于其中一项研究任务，Kane、Bleckley、Conway 和 Engle（2001）称之为"反向眼动"（antisaccade）任务。让被试坐在一个视觉呈现面前，并要求他们将视线集中于屏幕的中间。然后，在屏幕的一侧或另一侧短暂地呈现一个刺激（一个待辨认的字母），迫使被试关注这个刺激以便尽可能迅速地做出适当的反应。现在，就在刺激显现之前，实验者闪现某种线索。有时这一线索会出现在刺激将要呈现的同一侧。研究者将之称为"朝向眼动"任务，因为线索会使被试自动地观察（移动眼睛向一边扫视）视觉呈现的正确方位。在这种情况下，不管被试工作记忆容量的高或低，他们在辨别目标字母的反应时上没有区别。

　　然而，在反向眼动任务的情况下，高工作记忆容量和低工作记忆容量的被试表现会有很大的区别。所谓反向眼动任务，就是让线索呈现于目标刺激将要出现的位置相反的一侧。因此，被试要想表现出色，就必须抵御注意被误导线索吸引的诱惑。此时的情况是，由于这是一个很强的诱惑，所以相对朝向眼动条件，本条件下每个人都表现出较慢的反应时。然而，低工作记忆容量被试的表现相比高工作记忆容量被试会受到更大的损害。

　　其他研究者还发现，工作记忆容量与根据前提进行推理或做出一致决策的能力之间存在相关，这都是我们将在第 12 章中讨论的话题（Del Missier, Mäntylä & Bruine de Bruin, 2010；Markovits, Doyon & Simoneau, 2002）。同样，它也与克服目击者记忆任务中事件后误导信息效应的能力之间存在相关，我们将在第 6 章中加以讨论（Jaschinks & Wentura, 2002）。执行功能在不同类型问题解决任务中所起到的作用将在第 11 章予以介绍（Gilhooly & Floratou, 2009）。事实上，还有一些学者将工作记忆容量与一般的流体智力联系起来，我们将在第 13 章中深入探讨这一话题（Baddeley, 2007；Suess, Oberauere, Wittmann, Willhelm & Schulze, 2002）。

　　我们已经目睹了许多从短时记忆到工作记忆概念的发展和演进。有必要在此稍作停顿，以考察这两个概念的关键区别。Conwan（1995）、Engle（2002）以及 Kail 和 Hall（2001）提出了强有力的经验证据和理论论证，来表明短时记忆和工作记忆的区别。短时记忆可以视作经主动加工的信息，甚至可能是来自目前被激活的长时记忆信息。工作记忆则包含这些活跃的记忆痕迹，同时还包括用于保持这种激活状态和使人们将注意集中于手头正做的首要认知任务的注意过程。

　　通过图 5-5，我们可以将工作记忆概念的发展描述为不同短时记忆成分的衔接。我们不再把短时记忆看成一个单独的实体，而是以一种新的方式将其概念化，并给予它一个新的名字，以指出它包含了许多成分且包括在各种认知加工的形式之中。

5.4　记忆过程的神经学研究

　　当然，记忆加工过程最终是在大脑中进行的，我们

现在将上面的讨论告一段落，去考察一些来自神经心理学研究的相关背景和发现。先前对记忆"存储"或"成分"的讨论容易让人觉得记忆似乎是位于大脑的某一个地方：一种保存储存信息记忆痕迹的神经"公文柜"。

　　然而事实上，来自神经心理学研究的发现表明情况并非如此，而是要复杂得多。记忆并非"储存"在一个地方。Desimone（1992）指出在人和动物中，控制动作的小脑结构损伤，会损坏经典条件化动作反应的获得；在感觉运动整合中发挥作用的纹状体损伤和疾病，会影响习惯的刺激－反应学习；对视觉分辨至为重要的颞下回皮层的损伤，会影响视觉辨识和联想记忆；而对听觉辨识至关重要的颞上回皮层的损伤，则会削弱听觉识别记忆。

　　对记忆在大脑中"定位"的热情可以追溯到一个著名的病例研究。1953 年，神经外科医生 William Beecher Stover 给一位 27 岁的癫痫病人 H. M. 实施手术。手术前 H.M. 的智力正常。Stover 在手术中切除了 H.M. 大脑两侧颞叶内部的许多组织，包括大部分的海马体、杏仁核，以及一些联结区域（可回看图 2-2）。手术明显降低了 H.M. 的病情发作，而且 H.M. 术后的智商居然还上升了 10 点（Schacter, 1996）。

　　然而不幸的是，H.M. 却在其他方面受到了影响：他失去了将新的情节记忆转换进入长时记忆的能力，并因此而成为文献中最为著名的神经心理学研究案例之一。H.M. 能记住语义信息（更为完整地讨论见第 6 章）和手术前几年经历过的事情。然而，H.M. 再也不能形成对新事件的记忆。在不分散注意的情况下他能记住 7 个左右的数字，然而一旦他把注意力转移到一个新任务上时，似乎就不能保存这个（或其他）信息。除了这一顺行性遗忘症（anterograde amnesia，即对新事件的遗忘症）之外，H.M. 还有逆行性遗忘症（retrograde amnesia，对过去事件的遗忘症），对手术前几年发生的事也一概不知。

　　布伦达·米尔纳（Brenda Milner）广为发表 H.M. 的案例，是期望能够阻止类似的手术继续发生，但这也在另一方面有力地表明，从病人脑中切除的组织，尤其是嗅皮层和构成基础的结构，在形成新的记忆时扮演着重要的角色。其他研究者所报告的案例研究和动物研究似乎也都提供了确凿的证据。

　　H.M. 的案例也为长时记忆和短时记忆的区别提供了证据，长时记忆（也许是非常长期的）病人还是有的，

至少是手术前几年的事他还有印象，而短时记忆似乎已不可再储存新的内容了。在第 6 章和第 7 章中我们将会看到，这一结论似乎只对某些类型的记忆起作用，所以情况会更复杂一些。

来自其他脑损伤病人的发现表明，额叶部分与工作记忆密切相关，这也许是因为额叶损伤的病人经常被报告为注意、计划和问题解决的紊乱（也就是 Baddeley 模型中的中枢执行系统；Gathercole，1994）。Shimamura（1995）指出，问题的出现不是因为注意和计划的功能区位于额叶，而是因为额叶区抑制了后部大脑的活动。额叶损伤的人似乎更易分心，而且不太会忽略那些无关的信息。

PET 扫描研究也为我们提供了更多的关于记忆神经基础方面的信息。回忆一下我们在第 2 章中所提到的一些 PET 研究，病人会接受一种放射性化合物的注射，然后让他们把头放在一个环状扫描设备中平躺不动（Posner & Raichle，1994）。这一扫描装置可以测量血液在大脑不同区域的流动情况。其原理是，当大脑某一部分用于认知活动时，就会有更多的血液流向该区域。E.E. Smith 和 Jonides（1997）报告，PET 研究的结果证实了 Baddeley 工作记忆模型的许多方面，尤其是言语工作记忆（主要位于左额叶和左顶叶；见图 2-3）和空间工作记忆（主要位于右顶叶、颞叶和额叶）有着不同的激活方式。Nyberg 和 Cabeza（2000）对许多不同实验室进行的记忆脑成像研究做了回顾，也报告了同样的发现。Baddeley（2007）同样对这方面研究进行了回顾。

当记忆形成时，不同大脑区域的活动是如何改变的？我们距离完全回答这个问题还很遥远。然而，一些初步的回答已然出现。Neil Carlson（2013）描述了学习新信息的基本生理机制。其中一条称为"赫伯原则"（Hebb rule），这是以该原则的提出者，加拿大心理学家唐纳德·赫伯（Donald Hebb）的名字命名的。根据赫伯原则，如果两个神经元间的一个突触一再被激活，且大约在同时突出后神经元也开始兴奋，突触的结构或化学性质就会发生改变。一个更为一般也更为复杂的机制称为**长时增强作用**（long-term potentiation）。在这个过程中，遭受重复和强烈电刺激的海马体神经回路会产生出对刺激更为敏感的海马细胞。这一提高反应的效用能持续数周甚至更长的时间，提示我们这可能就是长时学习和保持的机制（Baddeley，1993b）。正如你猜想的那样，破坏长时增强作用（比如通过不同的药物）也会破坏学习和记忆。

不管来自神经心理学的研究结果多么令人鼓舞，我们还远不能了解大脑的全貌，哪怕是诸多记忆现象。我们还是不清楚记忆的哪些部分定位于大脑的某一区域，哪些部分是分散于皮层的不同区域。至于在任何一项特殊复杂的认知活动中都包含有哪些基本的神经过程，我们也不是很清楚。Tulving（1995）很明确地表达了这个观点：

记忆是一种生物学上的抽象。大脑中没有一个地方人们可以指着说：这就是记忆。在个体身上也没有一项单一活动或一类活动能等同于该术语所指的意思。不存在已知的对应于记忆的分子水平的改变，也没有一种生物有机体的行为反应可称为记忆。然而，记忆一词却涵盖了所有的这些变化和活动（p.751）。

Tulving 进一步指出，现在的神经科学家早已抛弃了将记忆视为单一加工过程的观点。取而代之的是，他们倾向于在一个更为具体的水平上（如在编码或提取的过程中）寻找记忆的神经学基础。

概要

1. 记忆是一个非常基础的认知过程，几乎每一个认知活动都会用到。它包含编码信息、储存信息，以及之后从储存中提取信息。认知心理学家认为记忆是一个主动的建构过程。这意味着信息不是"静止地待在"一个仓库中，等着被提取，而是被精细化加工着，有时还会被扭曲或建构。

2. 一个被称为形态方法的研究记忆模式把记忆分成不同的类型：感觉记忆，即在特殊的通道中保存记忆一到几秒（由通道决定）；短时记忆，即在几秒或几分钟的较短时间内保持有限数量的信息；长时记忆，即长时间地将信息保持在记忆中。

3. 能保存在短时记忆中（不经复述或编码）的无关信息数量约为 7 加减 2。这一限制能通过组块这样的技术来加以克服，但这还需要一些有关信息以及它们如何相关联的知识。

4. 在解释我们为什么会将信息遗忘时存在一些争论。问题的关键在于，记忆储存的信息究竟是衰退或"瓦解"了，还是像推测的那样，"被遗忘"的信息实际上被来自其他信息的干扰所掩盖。尽管这两种可能性差别很大，但事实上很难设计出一个经得起推敲的实验能将其中一种可能性排除。也许这两个过程都在遗忘中发挥了作用。

5. Saul Sternberg 的研究表明，从短时记忆中提取信息是以系列的和完全的方式进行的，之后的研究表明这可能取决于呈现刺激的特性。

6. 短时记忆的一种新的提法，由 Allen Baddeley 提出，称为工作记忆（WM）。工作记忆包括一个中枢执行系统，与协调和控制输入信息有关；一个语音环路，相当于一个内部"耳朵"；一个视觉空间模板，扮演内部"眼睛"的角色；还有一个情节缓冲器，是用来在工作记忆与长时记忆间转换信息的临时储藏地。

7. 最近的研究认为，工作记忆容量是有关防止注意分散和分心的重要变量，也与用抽象或具体的前提进行推理有关，还同更为一般的保持对注意的控制有关。

8. 一些非常令人兴奋的前沿领域研究让我们看到了记忆神经心理学研究的希望。研究者检测了特定大脑结构的作用，如记忆形成过程中的海马体和内侧颞叶皮层，并尝试对编码和提取的大脑区域加以定位。

复习题

1. 指出使心理学家设想存在不同记忆存储（诸如感觉记忆、短时记忆、长时记忆）存在的证据。

2. 讨论为了理解人们如何加工输入信息而对图像和声像进行研究的重要性。同时考虑实验控制和生态效度的问题。

3. 心理学家提出了两种截然不同的遗忘机制：衰退和干扰。请分别描述，简要回顾支持它们的实验证据，并阐明区分二者时的问题所在。

4. 描述 S. Sternberg 的记忆 - 扫描实验中所使用的方法，其结果告诉了我们哪些关于从短时记忆提取信息的内容？

5. Baddeley 的工作记忆概念与传统的对短时记忆的描述有什么不同？

6. 解释为什么是工作记忆容量而不是短时记忆容量与其他诸多认知任务有关（例如，双耳分听、非注意盲视、问题解决和推理）。

7. 请指出两种运用对工作记忆研究的发现和成果的方法，可以帮助我们设计出有效的现实生活中的策略，以应对日常的任务和问题。

8. 总结记忆在大脑中定位的神经心理学研究发现。

从长时记忆中提取记忆

在第5章中，我们关注的是新记忆的形成以及几分之一秒、几秒或者一分钟这样短时间的记忆保持。在本章中，我们将关注保持时间较长的记忆：几分钟、几个小时、几个星期、几年甚至几十年。与短时记忆相比，我们将讨论的这种记忆更接近一般人所说的记忆：在长时期的存储之后所提取的信息。

我们将首先回顾有关长时记忆的传统观点，即记忆的形态模型。这一模型强调不同的记忆存储：感觉的、短时的和长时的。接着我们会针对将长时记忆细分成不同系统的各种可能性展开讨论。随后我们将转而关注其他模型，这些模型较少强调记忆存储的类型而更关注编码和提取时的信息加工方式。我们将会考查在有意识或无意识的情况下，各种线索是如何与回忆的信息相联系的，而我们又是如何利用这些线索使信息提取的机会最大化的。

我们的第四个主题是记忆的易变性。在这一部分，我们将会回顾有关事件记忆的研究，以及这些记忆是如何在个体无意识的情况下被歪曲的。最后，我们会详细地介绍遗忘症的有关话题，考查不同类型遗忘症的特点。我们还将从迄今为止获得的临床资料的角度分析，以实验室为基础的有关记忆组织的理论究竟是否准确。

6.1　长时记忆的特征

在形态模型中，长时记忆（LTM）与短时记忆存在许多不同方面的特征。一般认为长时记忆是一处无限期存储大量信息的场所。这里要注意与该模型对短时记忆描述的对比：短时记忆只能在短时间内（几秒或至多几分钟）保存数量极其有限的信息（7±2个不相关的信息单元）。换言之，人们通常把长时记忆看作某种心理"藏宝箱"或"剪贴簿"：你一生中通过认知活动所收集的材料都以某种形式存储其中。在这一节的内容里，我们将考查长时记忆的容量、编码、存储，以及从长时记忆中提取信息，同时还要回顾那些有关材料遗忘的证据。

6.1.1　容量

长时记忆的容量有多大？这个问题不能简单地用一个数字来回答。想一想存储在你长时记忆中的信息，其中肯定包括了你所认识的所有词语的意思（可能介于50 000 ～ 100 000）、所有数学知识，以及历史、地理、政治和其他各种已学习过的信息的记忆；同时，你也可能于不同的时间在长时记忆中存储了各种关于人的名字和面貌的内容，包括家庭成员、重要的老师、邻居、朋友、敌人及其他人。你肯定也保留着关于他们的各种信息：生理特征、生日、喜爱的颜色或乐队组合，诸如此类。另外，你的长时记忆中肯定也存有从事各种你所熟悉事情的方法，诸如怎样从注册主管人员手中领取证书；怎样从图书馆里借阅书籍；邀请、接受或拒绝约会；如何找到一个电话号码；如何书写信封；等等。事实上，关于你在不同时刻存入长时记忆的所有信息的完整清单十分冗长。这使得心理学家推测，长时记忆的容量实际上是无限的。

Thomas Landauer（1986）试图更为量化地估算长时记忆的容量。他首先提出了两种假设。第一，人类记忆容量的大小与人类大脑皮层中神经突触的数目相等。不妨回忆一下你在心理学导论课程中学过的内容，一个神经突触是两个神经元或称为神经细胞之间的空隙，神经递质会通过这个间隙传递化学信息。大脑皮层有 10^{13} 个神经突触，因此，有人认为人类记忆能存储 10^{13} 个比特的不同信息。

另外有人推测人类的记忆容量是 10^{20} 个比特的信息，这也是人一生神经冲动或电信息在大脑内传递的大概估计数量。Landauer 认为，这两种记忆容量大小推测可能都有所偏高：并不是每一个神经冲动或突触连接都能产生一个记忆。通过各种不同的分析，包括对获得新信息的速度和信息遗忘丢失速度进行的估算，他最后推测并提出第二个假设：一个成年人在中年时（约35岁）的记忆容量为10亿比特的信息。

无论实际存储在长时记忆中的信息数目有多大，并非任何时候、任何信息都能被提取出来。事实上，每天都有许多信息提取失败的例子。你遇到一个明知道自己认识的人，却又记不起在哪里见过他，或者你想到一个词却一时说不出来。这些信息很可能就在你长时存储系统的某个角落，但你却无法接近它。我们稍后会就提取和遗忘的话题再作讨论。

6.1.2　编码

大量关于从长时记忆中进行回忆的研究都报告了一个共同的发现：从长时记忆中回忆信息所犯的错误可能都是语义混淆。也就是说如果出现错误的话，往往是因为实际呈现的词或意义相近的词或短语被错误地"回忆"起来。Baddeley（1966a）通过实验阐释了这一现象。他给一些被试呈现一组发音相近的词（如 mad，map，man），或者与第一组词长相匹配但发音不相近的词（如 pen，day，rig）。其他被试则看一组意义相近的词（如 huge，big，great）以及另外一组与第三组相匹配但意义不同的控制词（如 foul，old，deep）。20分钟后对被

试进行回忆测试。为防止复述的发生，并确保材料提取自长时而非短时存储系统，在这20分钟的间隔内被试需要执行另一项任务。结果表明，语音相似词语对被试的回忆几乎没有影响，而要记住语义相近的词则比较困难。Baddeley（1976）在考查回顾这一研究和其他研究后，总结出以下推断：语音相近会影响短时记忆，语义相近则会对长时记忆有所影响。尽管这一推断并非绝对正确，但已大致表明了语音相近和语义相近对记忆的影响。

6.1.3　保持时间和遗忘

信息在长时记忆中能存储多长时间呢？尽管大多数实验室中进行的实验会在材料呈现几个小时或几天之后检测回忆，但已有足够的证据表明一些信息至少能保持几十年甚至终生。Harry Bahrick（1983，1984）对在不同时间、学习程度有所不同的材料学习记忆进行了研究，其中包括在毕业20年、30年甚至50年后对大学同学容貌的记忆。

在一项研究中，Bahrick（1984）测试了733位已经学习过或正在学习高中或大学西班牙语课程的成年人。其中，那些目前没有修读西班牙语课程的被试已停止学习西班牙语 1～50 年不等。被试西班牙语的学习掌握程度也有所不同。Bahrick 根据西班牙语知识框架的各个要素（例如，语法回忆和习惯用语的再认）绘制了"遗忘曲线"。尽管由于测试方法的不同而使得遗忘程度存在细微差别，但呈现结果的形式相当一致。在完成西班牙语学习的最初 3～6 年中，被试的记忆会逐渐消退。但在随后30年左右的时间里遗忘曲线是平坦的，这表明有关信息并没有进一步丧失。在 30～35 年后，记忆呈现出最终的衰退。

Bahrick（1984）对研究结果做了如下解释：

尽管有的信息在将近50年的时间内未被使用或复述，但人们依然能够回忆出原先获得的大部分信息。这部分处于"永久存储状态"的信息综合了原先西班牙语训练水平、西班牙语课程成绩和测试方法（再现或再认）等多种因素，而这些信息似乎不受一般干扰条件的影响（p.1）。

所以，你还会认为期末考试后你将忘掉所有关于认知心理学的内容吗？如果你的教授在20年后再与你联系，你的表现可能会让双方惊诧不已：你很可能至少

还记得这门课程的某些内容!

Bahrick（1983）的另一项研究考察了人们在时隔 1～50 年后对空间布局的回忆。Bahrick 的研究被试是他所任教的俄亥俄卫斯理大学（Ohio Wesleyan University）的 851 名在校学生和已毕业学生。Bahrick 要求被试描述校园和俄亥俄特拉华市（city of Delaware）的周边环境，其中被试需要列出他们能记起的特拉华市所有街道的名称，并将每一条街道按南北向或东西向归类；被试需要回忆出城市和校园中建筑物和地标的名称，同时在实验提供的地图中标记出街道、建筑物和地标的名称。

Bahrick（1983）同时询问被试在特拉华市的居住时长（排除那些入校就读之前或毕业后在城中居住时长超过两年的学生），回访特拉华市的频率（对毕业生而言），以及他们在特拉华市附近驾车或使用地图的频率。利用上述数据资料，Bahrick 对那些比其他人拥有更多关于这座城市各种不同体验的被试进行了相应的调整。

Bahrick（1983）根据在校学生的数据绘制了城市信息获得和在特拉华市居住时长的函数图像。结果显示，在居住 36 个月后，街道名称的学习逐渐趋于稳定。相反，由于大多数的学习发生在第一年内，因此建筑物和地标名称的学习则表现出较为陡峭的变化曲线。Bahrick 推测，对学生而言，记住校园内位置信息比记住街道名称更为重要，而且他们更多的时间是在城市和校园中的一小块区域内活动，而不太会驾车穿行于城市街道之间，因此便产生了上述学习速度的差异。

Bahrick（1983）通过调查毕业 1～46 年不等的校友对信息保持的时间进行测评。实验结果在某些方面和上述学习的数据是相反的。街道名称（其学习过程是缓慢而稳定的）很快就被遗忘，有关街道名称的大部分信息在 10 年后已丢失殆尽。然而与地标和建筑物名称相关的信息则消退较慢；毕业 46 年后，校友大约保留了即将毕业的大学 4 年级学生所拥有信息的 40%（这一测试仅包括已存在 50 年的地标和建筑物）。

如果信息能够在长时记忆中无限期地保持，那么为什么甚至在一星期之后就有如此多的信息无法获得提取呢？下面是几个为人熟知的例子：你"知道"自己知道这一考题的答案但仍旧无法确切地回忆起来；在街上遇到一个人觉得很面熟却想不起来在哪里见过……在这些例子中你的记忆到底出了什么问题？它是被什么抹去了吗？

遗忘或"错记"这一话题可以追溯到实验心理学的早期。赫尔曼·艾宾浩斯（Hermann Ebbinghaus）是一位普鲁士心理学家，他开创了在有控制条件下进行记忆的经验研究的先河（Hoffman, Bamberg, Bringmann & Klein, 1987）。他在其主要著作（Ebbing-haus, 1885 / 1913）中报告了他以自己为被试的 19 项研究。

艾宾浩斯创造出一些他自认为是严格控制且不受先前学习影响的刺激，他称之为无意义音节（nonsense syllables），比如 rur、hal 和 beis。他以一种控制的速度，仔细而精确地将数百个无意义音节列表呈现给唯一而又具有献身精神的被试：他自己。艾宾浩斯日复一日地识记，自我测试，记录结果，并准备新的刺激。他总共用 830 个小时识记了 6 600 张列表中的 85 000 个音节（Hoffman et al., 1987），并依此提出了以下几个主要问题：达到完全正确的回忆所需的复习次数、遗忘的性质、疲劳对学习的影响以及分散练习与集中练习的效果等。

艾宾浩斯的众多发现之一体现在图 6-1 中。在如图所示的"遗忘曲线"中，曲线图显示了他初次学习后经过不同的时间间隔，然后重新学习这一无意义音节列表所需要的时间（保持间隔在图中用 x 轴表示）。艾宾浩斯认为，如果遗忘越多，重新学习这个列表所需要的精力也越多；相反，遗忘越少，重新学习所花的精力也越少。这一曲线表明，遗忘并非与时间呈现单纯的线性关系。相反，遗忘起初非常迅速而随后渐趋平缓。可以看到，这一实验室中的发现恰好完美地印证了前面提到的 Bahrick 有关现实生活的记忆研究。

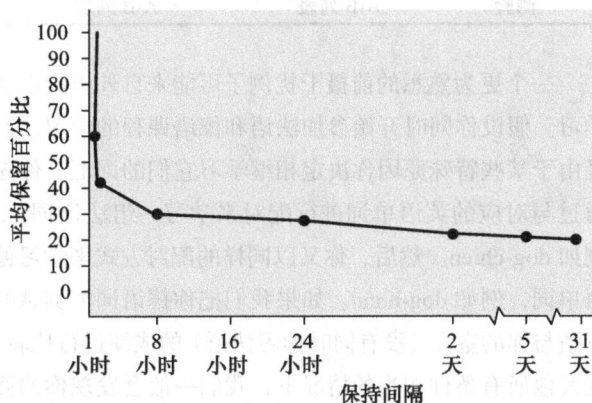

图 6-1 艾宾浩斯（1885/1913）的遗忘曲线

与短时记忆一样，许多心理学家相信是干扰而非衰退导致了长时记忆中的"遗忘"（McGeoch，1932）。他们认为，无法从长时记忆中成功提取的材料依然存在，只不过因为被"掩藏"或以其他某种方式存在而无法得到而已。（你可以回顾第5章中有关衰退与干扰导致遗忘的内容的讨论。）

许多关于干扰的文献都采用了一项称为**对偶联想学习**（paired associates learning）的任务。被试听到如flag-spoon和drawer-switch这样的词对。在呈现一个或多个词表后，实验者给被试呈现每一对词中的第一个单词（如flag），并要求被试回忆原先与该词配对的词（如spoon）。

研究者通常以两种方法运用这项任务对干扰进行实验研究（见表6-1）。第一种称为前摄干扰（proactive interference，PI）。前摄干扰是指先前的学习会使后续学习的保持更为困难。所以，如果一组被试在学习了一组配对词表之后（表中的"A-B列表"），再学习第二组配对词表，其中两组配对词表的第一列词语相同而第二列词语不同（表中的"A-C列表"），那么回忆第二组配对词表中的第二列信息就会比较困难。

表6-1 评估前摄干扰和倒摄干扰的实验范式

阶段	试验组	控制组
前摄干扰		
I	学习A-B列表	（不相干的活动）
II	学习A-C列表	学习A-C列表
测验	A-C列表	A-C列表
倒摄干扰		
I	学习A-B列表	学习A-B列表
II	学习A-C列表	（不相干的活动）
测验	A-B列表	A-B列表

一个更为熟悉的前摄干扰例子可能来自外语词汇的学习。假设你同时开始参加法语和德语课程的学习，而且由于某些特殊原因你决定相继学习它们的词汇。你先通过与对应的英语单词进行配对来学习一组法语词汇，例如dog-chien。然后，你又以同样的配对方式来学习德语单词，例如dog-hund。如果我们把你德语词汇测试的成绩与你的室友（没有同时学习法语）的成绩进行比较，在其他所有条件相当的情况下，我们一般会发现你的回忆成绩不如你的室友。我们把你经历的这种干扰称为前摄干扰，即表示前面材料对后续材料产生的干扰。

另外一种干扰称为**倒摄干扰**（retroactive interference）。

想象一下，你和另一位朋友都在学习一组英语单词及其相对应的法语单词。随后你的朋友开始解答一组物理题，而你则开始学习一组同样的英语单词及其相对应的德语单词。第二天，你和朋友一起参加法语测验。在其他条件均等的情况下，由于倒摄（或逆行）干扰，你的法语回忆成绩会比你的朋友差。这可能是因为你对法语的回忆由于插入了对德语的回忆而受到了污染。

一些研究者认为，从长时储存系统中遗忘材料内容，干扰起到的作用即使不是全部也是大部分（Barnes & Underwood，1959；Briggs，1954；Postman & Stark，1969）。当然，因为无法设计出一项不出现干扰的任务，所以我们不可能否定衰退发生的观点。

干扰究竟是如何起作用的呢？ M. C. Anderson 和 Neely（1996）提出了几种可能的机制。他们首先假设一条**提取线索**（retrieval cue）能够指向并引出一个目标记忆的恢复。但是，当这个提取线索与其他目标同时产生联系时，在提取记忆时第二个目标便会与第一个目标相竞争。M. C. Anderson 和 Neely（1996）举例如下：

例如，请回忆一下你在当地购物中心将车停在什么地方。应该说这是一个极简单的任务。如果你以前从未去过那个购物中心，那么回忆你的停车位置可能相当简单，但是如果你经常在那里停车，就可能会发现自己混淆了今天和昨天的停车地点，或者你会像本文作者一样站在停车场边不知所措。而且，如果问你在以前来访时将车停在何处，你几乎肯定无法回忆这些位置，就好像你当前的停车经历已经覆盖了你过去那方面的经历（p.237）。

他们认为，你在某个停车场停车次数越多，与提取线索（比如你离开商店时问自己："今天我把车停哪儿了"）产生联想的"目标"（实际停车位置）就越多。而与线索相联系的可能目标越多，找对其中一个特定目标的概率也就越小。事情甚至会更复杂，一个特定提取线索会与不同目标（甚至其他线索）产生联想，导致了更为复杂的结构，使得跨越从线索到正确目标的路途变得更加困难。

为了解释其中的一些结果，心理学家 John Anderson（1974；Anderson & Reder，1999）提出了所谓的**扇形效应**（fan effect）。Anderson 的观点是，随着被试对某一特定概念的事实学习越多，他们用于提取有关这个概念的特定事实的时间也就相应增加。所以，如果你学习了众多有关遗忘的知识，那么你回忆其中任何一个关于遗忘的个别知识（例如，许多心理学家认为遗忘是由干扰引起的）的能力便会降低。

M. C. Anderson 和 Neely（1996）认为，遗忘与其说是记忆的缺陷，还不如说是我们指挥记忆能力的副作用，甚至他们认为在某些时候能够主动遗忘反而是有益的。例如，暑假时你去打工做快餐厨师。服务生大声地将顾客订单报给你："鸡蛋沙拉包，加莴苣，不要蛋黄酱！"对你而言，既要在做三明治时把这一信息保持在即时记忆之中，同时当你完成后还要及时清除这条信息以免干扰新的订单。M.C.Anderson 和 Neely 回顾的实验研究表明，当人们通过"被指引的"（主动的、有意识的）遗忘来舍弃信息时，他们较少会经历前摄性干扰。这样看来，遗忘可以成为一件有益的事情！

在本节中，我们已经讨论了遗忘或至少无法提取原先存储信息的机制。那么现在我们就有必要提出以下问题：被保持而没有被遗忘的信息又怎样了呢？接下来就让我们看看信息是如何从长时记忆中成功提取的。

6.1.4　信息提取

假如你想提高自己在以后日子里回忆信息的能力（例如，为即将来临的认知心理学期中考试做准备），我们如何知道哪些是可能会有所帮助的认知心理学内容呢？我们可能需要使用一些特别的技巧来帮助记忆，它们被统称为**记忆术**（mnemonics）。

1. 记忆术的使用

大约在公元前 500 年，希腊诗人西蒙尼蒂斯（Simonides）被人从宴会餐厅中唤出。恰好当他走出大厅时，大厅的屋顶塌陷了，宾客被严重砸伤以致他们的家人都无法辨认他们。西蒙尼蒂斯通过回忆每个宾客所坐的位置，成功地帮助亲属找到了他们幸存的家人（Paivio，1971）。由此创造了最早的记忆术技巧之一，通常被称为**位置法**（method of loci）。

位置法顾名思义要求学习者设想一系列有先后次序的地点（位置）。例如，我可以使用从我的办公室到校园快餐部的路上所经过的一系列路标。继而我会在头脑中想象要记住材料的不同部分，并分别将其置于不同的路标上。

假设我要记住某些需要带到一个会议上去的东西，比如说一本便笺簿、一支钢笔、一些电脑打印件、一本书，以及一个计算器。我可以使用位置法通过以下途径来记住这些东西。首先，我想象自己正走出办公室的门口（第一个位置）并拿起靠在门上的第一个物件（便笺簿）。接着，我看到自己正经过行政助理的办公桌，将我的钢笔放在桌上的一封信或者一张便条上。然后，我看到自己走进了大厅并走下楼梯，将打印件卷起来穿过扶梯放在最上一级的楼梯上。想象中我离开了这栋建筑，经过左侧的一棵大橡树时，将书放在了它的树杈上。最后，当我进入学生会时，想象那个计算器正挂在门上。当我需要记起这 5 样物件时，只需在头脑中沿着这条同样的路径"散步"，并注意我所经过的那些东西就行了。基本上我只是又走了一遍同样的路径，不过这一次我边走边要对表象进行查看。

增进记忆的另一种技巧可以称为"交互意象"（interacting images）技术。1894 年报告的一项研究预见了这项技术的使用价值。其结果表明，相比没有得到指示的情况，在要求形成词的意象的条件下，被试对一张列表上具体名词的回忆有所提高（Kirkpatrick，1894）。Bower（1970）在对偶联合学习的实验中也发现了相似的结果。换而言之，如果给被试呈现配对的词，例如山羊/烟斗，构建意象（比如，一只山羊抽着烟斗）的被试能回忆起的配对联结的数量是控制组中没有被提示使用意象的被试的两倍。这些数字可能低估了这种效果，因为控制组中的一些被试也许会自发地使用意象。

Bower（1970）的研究表明，为了使意象在对偶联合中发挥最大效用，在个别情况下被试会试图构建相互作用的意象，例如，是一只山羊在抽烟斗而不是简单地把一幅山羊的图画放在一幅烟斗的图画旁边，好像两幅图画在空间上是分离的一般。交互意象原则同样可作为位置法的技巧来加以运用：意象应该描述需要记忆的项与其他位置上的项之间的某种相互作用。

第三种记忆术同样包含表象，可称为**字钩法**（pegword method）。和位置法一样，它也包含将记忆项目想象成与另外一组有序的"线索"相连，即将它们钩在线索上。这里所谓的线索不再是位置而是来自熟记的押韵名词列表："One is a bun, two is a shoe, three is a tree, four is a door, five is a hive, six is sticks, seven is heaven, eight is a gate, nine is wine, ten is a hen."这种

方法要求被试将第一个记忆项想象成与 bun（小圆面包）发生相互作用，第二项与 shoe（鞋），第三项与 tree（树）发生相互作用，以此类推（注意此方法只适用于 10 项或者少于 10 项的记忆内容）。Bugelski, Kidd 和 Segmen（1986）的研究表明，在对偶联想任务中，若给被试 4 秒或者 4 秒以上的时间用来对每个项目加以想象的话，就能起到改善回忆的效果。

并非所有的记忆术都要涉及意象。一组不包括视觉意象本身的技巧是将记忆材料进行"重新编码"（recoding），添加额外的词或句，从而在你的记忆和材料之间充当"中介"（mediate）。有一个对大多数在校学生而言非常熟悉的例子，就是根据给出的每个要记住单词的首个字母来构建一个单词，或者根据这些字母来构建一个句子。这种方法可以用来记忆五大湖的名字（HOMES：Huron, Ontario, Michigan, Erie, Superior），或者用来回忆五线谱上各音调的名称（"Every good boy deserves fudge"）。有研究对这种技巧的用处做了调查，尽管这种方法非常流行，但结果却是褒贬参半（L. Carlson, Zimmer & Glover, 1981）。请同时注意的是，这些词和句子的功能与前面提到的那些技巧中的意象相似。它们都是中介物（mediators），也就是连接记忆项目与你（稍后的）外在反应的中介代码（Klatzky, 1980）。

2. 其他提取原则

接下来我们来考察一些用以帮助我们回忆的提取原则。

首先是分类原则。该原则指出，材料在经过组织成类或其他单元之后，较之无明显组织的材料更容易回忆。即使最初是随机呈现的材料经过组织后也能产生同样的效果。

Bousfield（1953）给被试呈现了一份含 60 个单词的列表。这些词分别来自 4 个种类：动物、名字、职业和蔬菜，将其顺序打乱后再呈现。尽管如此，被试仍倾向于按类别回忆这些词，例如将许多动物归在一起，然后是一组蔬菜，如此等等。结果表明，即使是没有明显组织材料，如果要求被试按照他们自定义的主观类别进行组织的话，也会改善回忆的效果（G. Mandler, 1967）。

我们怎样把分类原则应用于你应付期中考的学习中呢？简单来说，最佳建议是分类并组织你的知识！例如，列一份有关遗忘理论的清单，将你有关记忆现象的

笔记组织在清单周围。这样如果让你写一篇关于遗忘理论的文章，就可能会回忆起更多的相关信息。

第二条是由 Thomson 和 Tulving（1970）发现的称为**编码特定性**（encoding specificity）的提取原则。其思想是，当材料初次存入长时记忆时，编码需依赖于材料学习的情境。信息编码方式对情境而言是特定的。在回忆时，信息具备同样的情境将会十分有利。信息的各个方面都可作为提取的线索。

Roediger 和 Guynn（1996）总结的编码特定性假设略有不同：

提取线索当且仅当它能恢复被记忆事件的原始编码时才有效。比如当"黑"一词在没有情境的条件下呈现时，它很可能以其优势语义（比如与白相联系）进行编码。因此，"白"可以作为有效的提取线索，而像"火车"这样一个相对较弱的联系则不能做到。但是，当"黑"在"火车"这样联系较弱的情境下进行编码时，被试很可能对目标词进行更具特色的编码（例如，他们可能会构想出一列黑色火车）。在这一案例中，弱的联系能成为一个极佳的提取线索，然而此刻强的联系就完全失效了（p.208）。

显然，即使是与材料无关的信息，例如编码时的环境刺激，也能成为一个提取线索。Godden 和 Baddeley（1975）开展的一项研究是我最欣赏的研究之一，他们给佩戴水下呼吸器的 16 名潜水员呈现 40 个不相关词构成的列表。潜水员在岸边学习一些词表，而其余词表的学习则在 20 英尺深的水下进行。随后要求他们在与学习环境相同的环境中，或者在其他环境中回忆这些词。结果表明，当回忆环境与学习环境相同时成绩最好。在水中回忆水下学习的词表成绩最好，而在岸边学习的词表在岸边回忆时效果最佳。这一发现被称为情境效应（context effect），即回忆任务在最初的学习环境中执行表现最好。

有趣的是，研究者后来发现，再认记忆并不能显示出同样的情境效应（Godden & Baddeley, 1980），这表明再认和回忆的运作是有所不同的。尤其是，这一发现指出物理情境影响回忆但不影响再认（Roediger & Guynn, 1996）。可能在前一项任务中被试必须进行更多的工作以创造属于自己的提取线索，这些线索可以包括学习环境中的某些特征。而在后一项任务中，测试本

身就（以问题和可能答案的形式）提供了一些提取线索。

其他对个体药理状态的研究也发现了相似的效应，称为**状态依赖性学习**（state-dependent learning）：在（例如，由酒精或大麻引起的）化学中毒状态下进行学习的材料，通常个体再次进入该状态时回忆效果更好（J. E. Eich，1980）。顺便提一下，为保证你不会使用这一科学发现作为参加聚会的借口，我必须特别指出，那些自始至终在清醒状态下识记和回忆材料的被试成绩最好。但是，这一发现的有趣之处在于，如果被试是在由化学药剂改变状态的情形下学习材料的话，他们回忆时若再次处于化学迷醉状态则回忆效果明显更好。后来的研究表明**状态依赖记忆**（state-dependent memory）效应，与情境效应类似，仅存在于回忆任务中，而再认任务无此特点（Roediger & Guynn，1996）。

Bower（1981）甚至宣称，如果一个人在回忆时的心境与编码时相同，那么他可能会回忆起更多的信息来。也就是说，Bower 认为如果你识记信息时心情愉悦，那么当你情绪轻松时再去回忆这些信息效果会更好。尽管最近的研究表明这一现象的确会在某些情况下发生，但是近年来的研究表明，**心境依存性效应**（mood-dependent memory effect）远非这样简单（E. Eich，1995）。

称为**间隔效应**（spacing effect）的现象更进一步加强了编码特定性的假设（B. H. Ross & Landauer，1978）。你可能早已熟知这一效应，因为它验证了老师们常常给你的建议。简单地说，在重复学习同一材料时，如果你将材料分成一些短小的部分并分开时间学习，会比你用一个长时段的学习效果好得多。（换言之，不要死记硬背！）Ross 和 Landauer 特别指出："在大多数情况下，（一则信息）连续呈现两次的效果与单独呈现一次几乎毫无差别，而间隔很好地将该信息分别呈现两次的话，其效果将会是一次呈现的两倍（p.669）。"

许多理论都试图解释间隔效应（Glenberg，1997；B. H. Ross & Landauer，1978），其中最为普遍的一种被称为**编码变异性**（encoding variability）。间隔使得编码的情境发生变化，因此有更多的线索可以附着到材料上。线索的数目越多，提取时其中一个或几个线索被激活的概率就越大，因而间隔效应主要由编码特定性原则来加以解释。

另一个与从长时记忆提取信息相关的概念是**线索过**载（cue overload）（Roedige & Guynn，1996）。其基本原理是：提取线索在非常与众不同且与其他目标记忆无关时最有效。例如，我们对戏剧性的不同寻常事件的记忆就好于对日常的、更为庸常事件的记忆。

3. 测验效应

心理学家 Henry Roediger 及其同事于近期报告了一系列针对**测验效应**（testing effect）所做的探索性研究。所谓测验效应是说，参加关于某些材料的测验确实会改善对其的学习，甚至只是与简单重复该材料的学习相比，情况亦是如此（Butler & Roediger，2008；Roediger，Agarwal，McDaniel & McDermott，2011；Roediger & Butler，2010）。

Roediger 等人（2011）在 6 年级学生的社会研究课上完成了一系列的研究以揭示测验效应。研究者将已经学习但之前没有进行过测验的学生表现，与之前参加过测验的学生表现进行比较。无论测验是两天前还是两周前进行的，也不管测验形式是选择题（如一般的考试）还是自由回忆（如，"请回忆所有学过的有关古代中国的内容"），学生在之前测验过的内容方面表现更好。在之后的一项实验中，将之前测验过的材料上的表现与那些重新阅读过的材料上的表现进行对比，结果测验效应仍旧存在。

还有一些研究对其他群体（成人、大学生）在学习其他材料上的表现进行研究，同样显示有测验效应存在。Roediger 等人（2011）认为两个原因中的其中之一（或两者皆是）可以解释测验效应。首先，参加一次测验相比单纯阅读或重新阅读材料需要投注更多的努力。这一努力可能包括对材料的精细化加工，或者是建立起被接下来测验证实是有用的提取策略。其次是，学生在复习重读课文时（高亮标记或画线以示重点）会形成某种"过度自信"，自以为已经掌握了。而参加测验正好可以与这样的过度自信相抗衡。不管是哪一种机制，对于埋头学习复习迎考的学生而言（可能就是你），最为有益的忠告是：丢开你的记号笔，自己给自己来次小测验才是最为有效的方法！

6.2 长时记忆的细分

我们在第 5 章中提到，Alan Baddeley 认为工作记忆中存在不同的组成成分或部分。类似地，其他认知心理学家已经提出将长时记忆"细分"成不同的系统。如果这样的话，这些系统就应该按照不同的规则或加工过程且各自独立地运作。这一节中，我们将看到三种不同的划分方法。

6.2.1 语义记忆和情景记忆

Tulving（1972，1983，1989）区分了针对事件的记忆和针对一般知识的记忆。他认为长时记忆由两个分离的、有所区别的同时又相互作用的系统组成。其中一个系统，**情景记忆**（episodic memory），保持了你自己以某种方式参加过的特定事件的记忆。另一个系统，**语义记忆**（semantic memory），保持了你的一般知识基础信息的记忆。你可以回忆其中的部分信息，但是你所回忆的信息只是一般性的，它与你的个人经验没有太大的关系。例如，你对西格蒙德·弗洛伊德的记忆是，他是一位精神分析的创始实践者。这很有可能存在于你的一般知识基础之中而与你在某个特定时间段做了什么的个人记忆无关。事实上，很有可能你连关于弗洛伊德的知识是何时进入你记忆之中的都记不起来。

将上述这一情形与你第一次约会或是"9·11"袭击世贸大厦和五角大楼做一对比。对于这些例子来说，你可能不仅能够回忆信息本身，而且还可以回忆起你获悉信息时周围的环境（何地、何时、为什么、怎么样、从谁那里得知、看到或是获悉到这个消息）。我们之后在回顾"闪光灯记忆"时将做进一步探讨。

任何可以追溯到一个单一时间的记忆都是情景记忆。假如你回忆高中毕业时的情景，你第一次遇见你的大一室友，第一次学会一件重要的事情，其实你都是在回忆情景记忆。即使你不能想起确切的日期或年份，你也知道该信息第一次出现一定是在某一特定的时间和地点，你也有关于它出现的记忆。

和情景记忆不同，语义记忆储存的是关于语言和现实世界知识的一般信息。当你回忆一个数学方面的事实（如"2+2＝4"），或者历史日期（如"在1492年，哥伦布驶过蓝色大洋"），或者各种动词的过去时态（如 run & ran，walk & walked，am & was），你就是在提取语义记忆。

请注意，当你回忆"2+2＝4"的时候，是不会记得在什么时候学会这个算式的，而不像你能够确切地记起"9·11"恐怖袭击的时间。许多人都会说是"知道"2+2＝4，而不是"想起"2+2＝4。这种关于特定时刻和一般性知识回忆的区别指明了语义记忆和情景记忆的主要不同。为什么要做这种区分呢？这是因为这样划分与我们的直觉相符，对某些内容的回忆不同于对其他事物的回忆。回忆毕业时的情景显然与回忆2+2＝4的"感觉"不同。

Tulving（1972，1983，1989）把情景记忆和语义记忆描述成为不同的**记忆系统**（memory system）各自按照不同的原理运作，并且各自保持不同的信息。Tulving（1983）举出一系列情景记忆和语义记忆运行的不同方式，我将在此描述两者的一些主要差别。

情景记忆的组织是时间性的。也就是说，一件事情会被记录为在另一件事情发生之前、之后或者同时发生。而语义记忆的组织更多的是根据意义以及不同信息之间的意义关系来加以安排的。

Schacter（1996）提供了一系列关于遭受不同类型遗忘症折磨的病人的研究成果，来证实情景记忆和语义记忆之间的区别。举个例子，一个名叫吉纳的病人，在1981年发生的一起摩托车事故（那时他30岁）中死里逃生，他的额叶和颞叶包括左脑的海马体严重受损，吉纳表现出顺行性遗忘症和逆行性遗忘症的症状。尤其严重的是，他无法回忆起过去发生的任何特殊事件，即使给予大量的细节性暗示也无济于事。也就是说，吉纳记不得任何的生日派对、在学校时的日子或交谈。Schacter 进一步指出，

> 即使把他生活中曾经经历过的最为戏剧性的事情详尽地描述给他听，例如，他哥哥不幸溺死，以及在他家附近发生的一起列车出轨事故，由于车上满载致命的化学药剂，致使240 000名居民从家中紧急疏散长达一个星期，吉纳都无法产生任何情景记忆（p.149）。

但是，吉纳能够回忆起许多过去生活中的事实（与情景相对）。他知道自己上学和工作的地点，能够说出以前同事的名字，还能够解释事故前他在苗圃生产基地工作时所使用的技术术语的含义。Schacter 认为，吉纳的记忆类似于我们具有的关于他人生活的知识。比如，你可能会知道一些在你出生以前父母生活中的一些事件，如他们什么时候相遇，甚至是一些值得记忆的童年往事。你知道这些事，但你没有关于这些事情的特定回忆。所以在 Schacter 看来，吉纳拥有对过去生活某些方

面的知识（语义记忆），但并没有回忆起发生过什么特别的事（情景记忆）。

Schacter（1996）还描述了缺陷正好与吉纳的情况相反的神经心理学的研究案例。如在报告的一则个案中，一名妇女因脑炎导致了前颞叶的损伤。她再也不知道一些基本单词的含义，并忘记了大量的历史事件和著名人物的名字。

这两个案例，以及其他相似的例子（Schacter，1996；Riby，Perfect & Stollery，2004），都提供了一些神经心理学的临床证据，支持情景记忆和语义记忆是独立运作的观点。也就是说，既然有一种类型的记忆严重受损而另外一种记忆保存完好的病人存在，那么就足以证明两种分离的记忆系统的存在。

Tulving（1989）还报告过这样的案例：当自愿参加实验的被试安静地躺着进行测试并要求他们提取一条情景或语义的记忆时，其大脑的血流形式也会有所不同。情景记忆与额叶活动的联系要比语义记忆与它的联系更大。但遗憾的是，并非所有的被试都表现出这样的状况，在有些被试身上找不到明显的差别，所以还不可能对这种结果做出直接的解释。其他的研究则指出，情景记忆和语义记忆的提取各自激活的是不同的神经区域，尽管构成不同类型记忆提取基础的神经活动模式不是完全不同，而是具有共同之处（Menon，Boyett-Anderson，Schatzberg & Reiss，2002；Nyberg，Forkstam，Petersson，Cabeza & Ingvar，2002）。

Tulving（1972，1983，1989）的观点在认知心理学界引起了巨大的争论。Mckoon、Ratcliff 和 Dell（1986）提出了一系列的商榷意见，主要是针对把情景记忆和语义记忆划分为两个独立的记忆系统有无必要，并对支持这种差异存在的证据提出疑问。许多心理学家发现，很难在第一次学习关于时间的知识与更具"一般性"的知识之间划分明确的界限（Baddeley，1984）。然而，大部分人都同意至少存在两种类型的记忆（语义的和情景的），哪怕它们是贮存在一个单一的系统中。

6.2.2 内隐记忆和外显记忆

其他认知心理学家则提出了另一种区分这些记忆种类的方法：内隐和外显（Roediger，1990；Schacter，1987）。**外显记忆**（explicit memory）是指那些可以有意识地回想的内容。例如，当回忆你上一个假期的时候，明确地提到一个特定的时间（如上个夏天）和一个特定的事件，或者一系列事件。你所回忆的都是你意识到的，甚至是你刻意寻找的东西。相反，**内隐记忆**（implicit memory）是非刻意或非意识，但是却明显显示有先前学习和储存的记忆。Schacter（1996）非常有诗意地把内隐记忆描述成"一个非意识记忆和知觉的隐秘世界，通常隐藏在意识思维的背后"（pp.164-165）。

内隐记忆的实验工作主要同一个称为重复启动的现象有关。**重复启动**（repetition priming）是指同样的信息在最近出现之后，会促进对该信息的认知加工（Sehacter，1987）。例如，极为快速地呈现给被试（30毫秒或更短）一个单词（如，button），紧接着再给他一项新的填词任务（例如，"用你此刻头脑中所想的填空以形成一个英语单词：_U_TO_"）。这个任务被称为"词干补笔任务"（word stem completion task）。重复启动效应表现为，与那些没有向他们出示过 button 一词的被试相比，接受过刺激的被试在词干补笔任务中回答 button 的可能性增加了。（注意：有其他办法可以完成这个单词，如 mutton 或者 suitor。）

在实验室中展示内隐记忆的存在与现实世界有任何的关联吗？研究内隐记忆的心理学家认为答案是肯定的。现实世界中内隐记忆的例子是由谢尔盖·科尔萨科夫（Sergei Korsakoff）报告的，在1889年时他记录了一个遗忘症的病人，现在已将这种疾病命名为"科尔萨科夫综合征"。一个他曾经给予电击治疗的病人声称他不记得接受过电击，但是当他看到装着电击发生装置的箱子时，就告诉科尔萨科夫他害怕科学家可能会电死他（Scbacter，1987）。

其他对遗忘症患者的研究所报告的发现，支持内隐记忆和外显记忆之间是相互分离的观点。例如，Warrington 和 Weiskrantz（1970）进行了一项控制更为严格的研究，他们给4个遗忘症患者呈现一些不同的记忆任务，同时也对作为控制组的其他8个脑部正常的病人进行实验。在一个实验中（实验2），被试要接受两项"外显记忆"任务（使用引号表明研究者没有用这个术语来形容这些任务），一项自由回忆任务和一项再认任务。

被试同时也执行两项"内隐记忆"任务，其中一个是词干补笔任务，这与上面描述的相类似。另外一项则是向被试呈现一些字母模糊不清的单词，让他们猜测所看到的单词是什么。所有这4项任务都包含了一些前面呈现过的不同单词。在那两项"外显记忆"任务中，被试要有意识地回忆或再认之前展示的单词；在两项"内隐记忆"任务中，被试没有得到任何关于先前展示单词的提示，而仅仅要求他们猜测正在呈现的单词（即，以模糊字母形式或以部分词干形式呈现的单词）。

图6-2显示了实验的结果。它很清晰地表明遗忘症患者在外显记忆任务上比非遗忘症患者表现得更为糟糕，但是在内隐记忆任务上却与非遗忘症患者不相上下。换句话说，他们的遗忘症似乎是有选择性地影响了外显记忆任务的执行。在各种任务中这些结果都已经重复多次了（Shimamura，1986）。

图6-2中所描述的现象有时被称为"分离"现象，因为其中一项任务的执行似乎是独立于（分离于）另一项任务。分离现象并不仅仅发生在遗忘症患者身上。很多研究（Roediger，1990）业已证明正常被试在内隐记忆和外显记忆任务的表现上有显著区别。Schacter（1996）报告重复启动效应可以持续整整一周，甚至当他的实验被试否认曾经在实验中见过这些单词时仍有作用！

怎样才能最好地对这一分离现象进行解释呢？Roediger（1990）提出了两种不同的可能性。一是主张两种记忆系统。Schacter（1996）甚至推测，不同的脑部结构与这两种不同的记忆系统相联系。因此，实验中两种任务执行的分离，就被认为是两个记忆系统以各自不同的方式进行工作的反映。

第二种可能性是这两种类型的记忆任务需要不同的认知程序，尽管它们都属于一个记忆系统（Roediger，1990）。一个与这种提法相符的观点是，大多数的内隐记忆任务需要"知觉性"的加工处理（即用富于意义的方式来解释感觉信息），而外显记忆任务需要"概念性"的加工处理（换句话说，就是从记忆和知识基础中获得信息）。根据这个观点，是这两种类型任务所需的加工处理类型解释了分离现象。大量的争论主要集中在这两种解释的取向能否调和在一起（Schacter，1989；Whittlesea & Price，2001）。实际上，这种争论是随各自按照不同原则运作的多重和不同记忆系统是否存在，以及对是否有一个单一的记忆系统可以支持不同种类的加工这些问题的回答而定的。

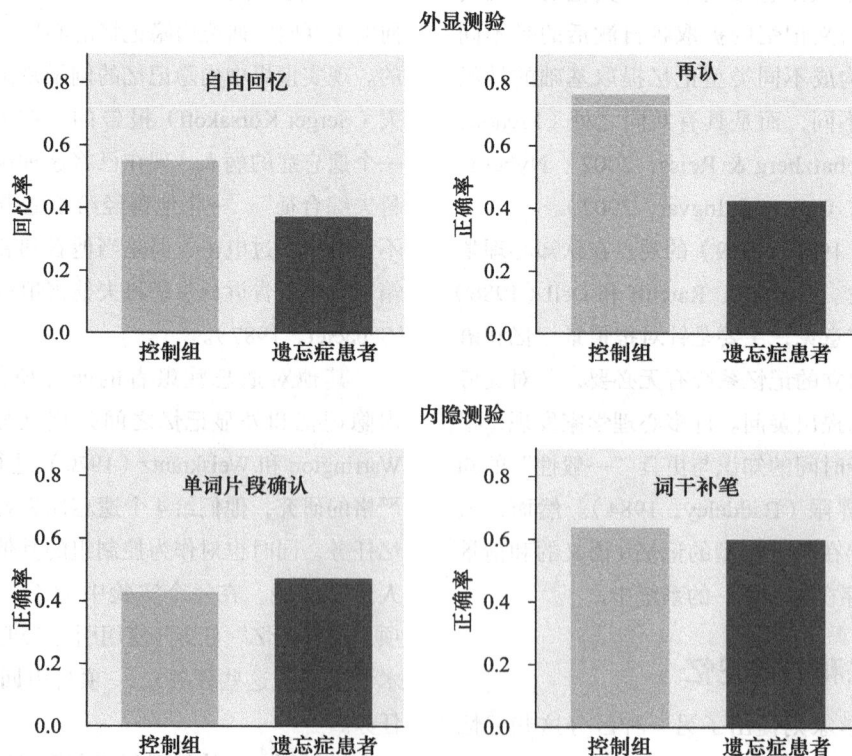

图6-2　Warrington和Weiskrantz（1970）研究的结果

资料来源：Figure created by Roediger (1990). In Warrington, E.K., & Weiskrantz, L.（1970）. Amnesic syndrome: Consolidation or retrieval? *Nature*, 228, p.630. Copyright © 1970, Nature Publishing Group. Reprinted permission.

6.2.3 陈述性记忆和程序性记忆

然而，另一种对长时记忆细分成不同成分的方式是将其分为**陈述性记忆**（declarative memory）与**程序性记忆**（procedural memory）。陈述性记忆包含知识、事实、信息、想法，基本上包括任何能够用词语、图画或者符号进行回忆和描述的内容。相反，程序性记忆储存了与动作或者一系列动作有关的信息。Sun，Merrill 和 Peterson（2001）描述的两者区别则略有不同：陈述性记忆是外显地进行表征，并且是意识可以达到的；而程序性记忆则是内隐地进行表征，因此，也许意识并无触及。

例如，当你骑自行车、游泳或者挥动高尔夫球杆时，你就正在调动你的程序性记忆。这里还有另一个关于程序性记忆的例子。现在，我所使用的电话大部分都有触摸式拨号盘。我"知道"的许多电话号码，其实是通过拨号时我拨动号码盘的顺序来记忆的。如果谁问我其中的一个电话号码（这是一个要求用词语把信息描述出来的任务），我常常发现自己答不上来，然后我就开始在想象中的拨号盘上"拨号"，观察我手指的运动，并且根据我手指运动到的部位"读出"电话号码。你可以说我关于该电话号码的知识是程序性的，而不是陈述性的。在被询问的时候，我不能用语言将我所知道的说出

来，而只能操作它。程序性记忆还有其他例子，比如你怎样系鞋带，骑自行车，弹吉他，给汽车换挡等。陈述性记忆和程序性记忆的区别能有助于解释，为什么你直觉上就认为你关于美国现任总统是谁的记忆与如何跳出一段特定的舞步两者是截然不同的。

6.3 加工水平理论

记忆的形态研究方法区分了不同种类的记忆，例如感觉记忆、短时记忆和长时记忆。许多认知心理学家认为这些成分以不同的方式加工、存储信息，且两者保持信息的时间也不同。在任何特定时间使用哪种记忆主要取决于信息保持时间的长短。

然而，形态研究方法并未得到普遍认同。一些心理学家认为，仅仅存在一种记忆存储系统（Melton，1963），而不同种类的信息加工都在该存储系统中进行。其他的心理学家则质疑形态研究方法所描述的某种记忆的信息存储方式，比如短时记忆。

例如，Crowder（1993）提出了许多他认为与短时记忆形态模型不一致的实验发现。仅举一例：如果让在校大学生列举出他们能记起的历届美国总统的名字，很可能会得到如图 6-3 所示的一条曲线。注意它的整个形

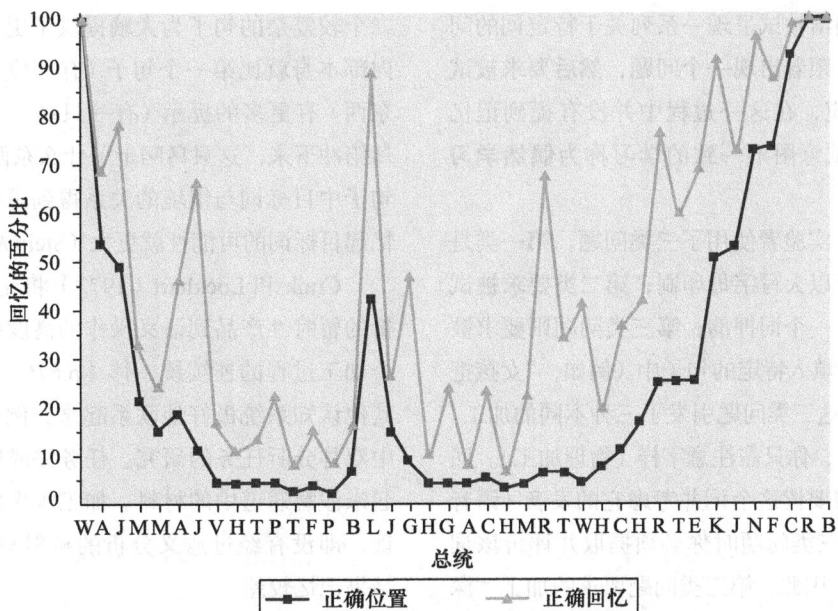

图 6-3 对美国总统名字的回忆取决于他们的顺序位置

资料来源：Crowder, R.G.（1993）. Short-term memory: Where do we stand? *Memory and Cognition*, 21, p.143. Copyright © 1993, Psychonomic Society Inc. Reprinted with permission.

状与系列位置曲线十分相似，曲线显示了首因效应和近因效应。但是如果说近因效应的存在说明大学生正从短时记忆中提取信息来回忆最近几任总统，这是完全难以令人信服的。或许你会辩解说近因效应要比通常发现的大得多（Healy & McNamara，1996），或者说可以用扩展和细化了的传统短时记忆概念来解释这些发现（Shiffrin，1993），但事实上形态模型已不再是阐释记忆如何运作唯一可行的理论。

与记忆形态模型分庭抗礼的是记忆加工水平理论（levels-of-processing theory of memory）。在这个模型中，记忆不是取决于材料能被保持多久或材料被存储在哪一个系统，而是取决于识记信息的最初编码形式（Craik & Lockhart，1972）。也就是说，加工水平研究方法并不认为存在不同的记忆存储系统（比如短时记忆和长时记忆），而是假设人们在编码信息时采取了不同类型的认知加工。

这一理论的基本假设是，信息保持和编码取决于编码时对材料的知觉分析类型。一些加工只达到表面的或"浅层"的水平，就不会有好的保持效果，而另外一些"深层"（更有意义或语义上）的加工则能够改善信息的保持。根据加工水平论的观点，只有更深入地分析材料而不是借助于复述和重复，才能真正地改善记忆。

Craik 和 Tulving（1975）进行了一项典型的加工水平的探索研究。他们给被试呈现一系列关于特定词的问题。每一个词后面紧跟着出现一个问题，然后要求被试尽快对问题做出反应，在这一过程中并没有提到记忆或学习。这类与被试意图不一致的学习称为偶然学习（incidental learning）。

在一项实验中，实验者使用了三类问题。第一类是询问被试所示词是否以大写字母印刷；第二类要求被试回答目标词是否与另一个词押韵；第三类问题则要求被试回答所示词语能否填入特定的句子中（例如，"女孩把____放在桌上"）。这三类问题引发了三种不同的加工。在回答第一类问题时，你只需注意字样（物理加工）。回答第二类问题时你需要读这个词并考虑它的发音（语音加工）。而在回答第三类问题时你必须提取并评价该词的意义（语义加工）。因此，第三类问题要求的加工"深度"最深，而第一类问题最浅。

正如所预计的，Craik 和 Tulving（1975）在随后进行的一项出其不意的记忆测试中发现，进行过语义加工的词记得最牢，其次是经语音加工的词。但是实验引发了另一种可能的解释：被试在回答关于句子的问题时，所花时间比回答关于大写字母的问题要多。为了反驳这一解释，在后续实验中实验者证明，即使（通过不停地询问被试："这个词是辅音–元音–辅音–元音–辅音–元音的结构吗？"）使被试减缓物理加工速度，经过较为深度加工的信息记忆效果仍然最好。

Craik 和 Tulving（1975）最初将加工深度等同于语义加工的程度。但 Bower 和 Karlin（1974）通过研究人脸记忆发现，使用非言语刺激也能得到类似的结果：让被试评价人脸是否"诚实"或让被试按性别区分人脸，被试在前一项任务中表现出对人脸更好的记忆。但是，这种研究方法也存在一个问题，它限制了什么是水平、什么又构成了"深度"的定义（Baddeley，1978）。

例如，Craik 和 Tulving（1975）发现，最初的任务"富有意义"并非是解释保持较好的唯一因素。当要求被试决定呈现的词是否适合填入句子时，被试对于简单句（例如"她煮了____"）中词语的回忆比对较复杂的句子（例如，"巨鸟猛扑下来叼走了挣扎着的____"）中词语的回忆效果差。而最初形成的加工水平理论会论证说，两个词都被语义加工了，所以不可能导致记忆效果的差别。因此，Craik 和 Tulving 扩展了加工水平理论，他们认为对材料进行精细化加工也有助于记忆。可能第二个较复杂的句子为大脑提供了更为丰富的想象：句子内部本身就比第一个句子（有一位女士，她正在烤什么东西）有更多的提示（有一只鸟，这只鸟非常大，这只鸟俯冲下来，这只鸟叼走了什么东西）。研究发现，如果句子中目标词与情境的关系得到更精确的说明，那么回忆起目标词的可能性就更大（Stein & Bransford，1979）。

Craik 和 Lockhart（1972）将记忆视为从"感觉分析的暂时性产品到语义操作的高度持久的产品"这样多个加工过程的连续统一体（p.676）。这一观点将记忆与其他认知系统极好地联系起来。例如，回顾一下第 4 章中双耳分听任务的研究。任务完成后被试明显不能回忆起未注意通道中的材料。加工水平理论能够解释这一发现，即没有经过意义分析的材料只经过"浅层"加工，结果记忆较差。

Baddeley（1978）对加工水平理论进行了彻底的批判。首先，他指出在没有更为精确和独立地定义加工深度的情况下，这一理论的实用性是非常有限的。其次，他的重复研究表明，在一定条件下语音加工信息比语义加工信息的记忆效果更好。最后，他描述了以记忆形态观点解释典型的加工水平研究结果的方法。

然而，加工水平理论确实使记忆研究者开始注意到材料编码方式的重要性，并重新确定研究的思考方向。这一理论促使认知心理学家考虑人们处理学习任务的方法。它强化了这么一种观点：一个项目与其他信息（比如提取线索）之间的"联系"越多，要回忆起它来也就越容易。这一点与前面讨论过的编码特定性的观点尤其吻合。同时，这一框架继续鼓舞推动着当前研究的进行（Rose，Myerson，Roediger & Hale，2010）。

其他记忆研究也促使心理学家开始关注编码如何随呈现材料类型的不同而发生变化。例如，信息的某些方面似乎甚至不需要有意图就可以毫不费力地进行编码。发生的频度就是这样一个例子（Hasher & Zacks，1984）。如果你是一个影迷，看过很多电影，而且有些电影你甚至看过不止一遍。尽管你可能早就不记得某一部电影你到底看了几遍，但是你可能清楚地知道看过某部电影的次数多于另一部，而且很可能你的感觉是对的。要是这样，Hasher 和 Zacks 会将你的感觉印象解释为"自动编码"：经验的某些方面，比如发生次数，具有一种特殊的表征，无需努力甚至意图就能被保存在记忆里。

在许多实验室中开展的其他研究旨在详细说明另外所谓的记忆一元模型，这些模型否定记忆具有短时和长时不同加工过程的假设。心理学家 James Nairne（2002）

跟 Craik 一样反对区分短时和长时记忆存储。Nairne 认为，几秒钟和几年后的回忆差别在于起作用的提取线索不同。因此，与 Craik 重视编码过程不同，Nairne 注重的是提取过程。

6.4　记忆的再建构特性

到目前为止，我们一直都将注意力集中在记忆的实验室研究上。这一传统至少可追溯到艾宾浩斯。每个人都不能不钦佩艾宾浩斯的献身精神，对他许多关于记忆的洞见心存感激。但是，另一个类似的普遍反应就是发现他的努力有些可笑。毕竟，他那些富有献身精神的研究与"现实生活"中的记忆又有何相关之处呢？有关无意义音节的记忆研究真能告诉我们许多关于怎样学习来应对即将到来的期中考试，怎样记住我们把房间钥匙放在何处，或是怎样回忆自己在幼儿园第一天的情景（如果实际上我们对那一天还有所记忆的话）这样的知识吗？

记忆研究的另一位先驱弗雷德里克·巴特莱特（Frederick Bartlett）反对将记忆研究的重心放在实验室内。巴特莱特（1932）认为现实世界中的（与实验室相对）记忆很大程度上需要运用社会知识和**图式**（schemata）——组织信息的框架。根据巴特莱特的理论，在提取时这些知识和有组织的信息是用以再建构材料的。巴特莱特以朋友和学生为被试，首先给他们呈现专栏 6-1 中的故事，并对他们进行测试。

专栏 6-1　"幽灵战争"：巴特莱特（1932）用以研究长时记忆的故事

一天晚上，两个来自 Egulac 的青年男子想下河捕海豹。当他们到达河边时，四周雾气茫茫，一片寂静。然后，他们听到了战争中才会有的嘶喊声。于是他们想："也许有人在举行战争游戏晚会。"他们逃到岸边，躲在一根木头后面。

这时出现了几条独木舟，桨声棹棹，其中一条小船向他们驶来。独木舟上坐着 5 个人，那些人问道："我们带你们一块到河的上游去和敌人打仗，你们觉得怎么样？"其中一个年轻人说："我没有箭。"他们说："箭就在船上。"

这个年轻人说："我不想跟你们去。我可能会被杀死。我的亲戚朋友都不知道我去了哪里。不过你，"他转向另一个人，"可以跟他们一起去。"所以，其中一个年轻人就跟他们走了，另一个则回了家。

战士们逆流而上，到达 Kalama 另一端的一个城镇。镇里的人涉水而来，开始战斗，许多人被杀死了。但就在此时，这个年轻人听到其中一个战士说："快，我们回家去，那个印第安人已经被打死了。"这时他想："噢，他们都是幽灵啊。"他并没有感到不适，但他们却说他被射死了。

于是这些独木船返回 Egulac，这个年轻人上岸后回到家里，生了火。他对大家说："看，我和幽灵一起去打仗。我们的很多同伴都被杀死了，攻击我们的对方也死了不少人。他们说我被击中了，但我并没有感到不适。"他讲完这些话后就安静了下来。当太阳升起时他倒下了，有黑色的东西从他嘴里流出来。他的脸扭曲了。人们跳了起来而且哭泣。

他死了。

巴特莱特运用了系列复制的方法，即要求被试多次对故事进行回忆。被试回忆距首次听到故事的时间间隔不等，有些甚至要在几年之后。巴特莱特希望在被试的回忆中发现哪些信息仍然保留，哪些信息被"误记"，即在记忆中被扭曲或重新排序。专栏 6-2 的例子就是一名被试复述的对"幽灵战争"这个故事的多次回忆的记录。这项复述生动地表明：随着时间的推移，同一个人的记忆会渐渐扭曲。

专栏 6-2　一名被试对"幽灵战争"的回忆

听完故事 15 分钟后开始回忆：

幽灵

两个男子在 Egulac 附近的河岸边。他们听到划桨的声音，一条载着 5 个人的独木舟出现了。这些人招呼他俩说："我们将去和敌人作战，你们愿意跟我们一起去吗？"其中一个男子答道："我们的亲戚朋友并不知道我们去了哪里，而且我们也没有箭。"他们回答："船里有箭。"于是这个男子去了。他们和敌人奋战。然后他听见他们说："一个印第安人被杀死了，我们回去吧。"于是他回到了 Egulac，并且告诉那 5 个人他知道他们是幽灵。

他告诉 Egulac 的人们他和幽灵作战，双方都伤亡惨重，他负了伤但没什么感觉。他躺下后平静了下来，深夜里他开始抽搐，而且有黑色的东西从他嘴里流出来。

一个人说："他死了。"

两个星期后的回忆：

幽灵

两个男子在 Etishu（？）村庄附近的河岸边。他们听到上游传来的划桨声，不一会儿出现了一条独木舟。船里的人说："我们将去和敌人作战，你们愿意跟我们一起去吗？"

其中一个年轻男子答道："我们的亲戚朋友不知道我们去了哪里，不过我的伙伴可以和你们一起去；除此之外，我们也没有箭。"

于是那个年轻人跟他们一起去了，他们和敌人奋战，双方都伤亡惨重。然后他听到喊叫声："那个印第安人受伤了，我们回去吧。"他听到人们说，"他们是幽灵。"他不知道自己受伤了，回到了 Etishu（？）。人们围拢到他身边，帮他擦洗伤口，他说他刚和幽灵战斗过。他安静了下来。但是深夜里他开始抽搐，而且有黑色的东西从他嘴里流出来。

人们哭喊着说："他死了。"

巴特莱特以此为依据提出了长时记忆的建构观。他认为，为了使材料从自身角度来看更加合理、一致，被试无意识地扭曲了事实的真相。有趣的是，这个印第安纳土著民间故事原作经常被"错误回忆"，而与人们的文化习俗保持更强的一致性。因此，"四周雾气茫茫，一片寂静"的天气可能变成一个"漆黑的风雨之夜"，而这与西方人对天气是如何预示坏事的假设更为一致。巴特莱特因此反对把长时记忆看成仓库、将材料视作原封不动地存储在仓库之中直至提取这样的观点。他更倾向于将记忆看成主动的但常常又不很精确的加工过程，对信息的编码和提取都是为了使之"更有意义"。

心理学家 Uric Neisser 作为现代记忆研究领域的重要人物，也提出过应在自然环境中研究记忆的观点（1928a）。实验研究的记忆必然与自然环境中的记忆有关，Neisser 对这样的假设持怀疑态度。相反，他认为实验室研究对于理解日常生活中记忆的运用而言价值甚微。Neisser 提倡研究关于人们是如何建构有关他们自身过去经验的记忆，人们究竟是如何记忆意义重大的历史事件，以及如何使用记忆来规划和执行日常事务等等。在本节中，我们将讨论其中的一些问题。

6.4.1　自传体记忆

Marigold Linton（1982）开展的一项研究极好地阐释了这一原理。与艾宾浩斯一样，她研究的是自己的记忆。她的资料收集方法跟艾宾浩斯一样了不起：6 年里她每天都简要地记录下当天发生的两件（或更多）事情。每个月她都依照如下程序测试自己的记忆。

记忆测试程序如下：每月一次从积累的事件库中半随机地抽取事件。在阅读一对随机配对的事件描述后，我对这两个事件发生的先后顺序进行推断并努力回忆每个事件发生的日期。然后，我简单地将自己的记忆搜索进行分类（例如，我可能会"倒数"一系列相似的事件，如学校的学期、心理学协会的会议，诸如此类），并重新评价每个事件的显著性。6 年后实验已颇具规模。我已经记录了 5 500 多个事件（每天至少两次），测试（或重测）了 11 000 个事件（每月大约 150 个事件）。每天事件的发生只需要几分钟，但每月一次的测试是极其吃力的，需花费 6 ~ 12 个小时（pp.78-79）。

Linton（1982）发现有些事件很容易提取，比如任何一个"我第一次做了某事"这样的描述（例如，去纽约，会见一位著名的心理学家）都是非常难忘的。其他事件则变得越来越难回忆，特别是当这些描述并不仅仅涉及单独的、有特色的事件时。

这一研究就是自传体记忆经典研究的一个很好的例子。**自传体记忆**（autobiographical memory）是记忆者对自身经历事件的记忆。在前 20 个月的研究中，Linton记录了 2 003 项事件，测试了 3 006 项（其中 1 468 项是将原先测试过的项目进行重测）。研究开始前，她预计自己会很快忘记其中的许多项，但事实并非如此，这也许是因为她只需再认（而非回忆）这些事件并确定其发生的日期，而不必详尽地回答问题的缘故。事实上，Linton 的研究结果表明，较之绝大多数实验室研究的记忆，现实生活中的记忆保持得更为持久。

同时，Linton 也对自己在确定事件发生日期时的出声思考（第 10 章将会讨论的一项技术）做了记录。她发现自己常常使用问题解决的策略来推定日期，甚至在对事件没有任何外显记忆时也是如此。当你试着回答如下问题时，可能也会再生这一现象：2012 年 6 月 28 日上午 9:20 你在哪里？你的第一反应或许是笑着宣称你不可能答复这个问题。但是不妨想一想。毫无疑问你会发现一些能引导你得到某个答案的"标记"。例如，你可能会注意到 6 月是暑假。接着也许会推算出 6 月 28 日一定是个星期四，因为（假设）你妈妈的生日是 6 月 25 日，而你记得那是一个星期一。你可能记起当时自己正在当地一家百货商店做暑期兼职。6 月 28 日上午 9:20你一定是在工作，很可能是在把货放上货架。注意，你所做的就是通过寻找并利用不同的标记，以对准确切的日期和时间。你不必记住自己那时正在干什么，相反，你会将这些记忆重新建起来。

Linton（1982）同时也报告了那些"未被回忆起来"的项目，并发现（至少）可将其分为两类。有些就是未能回忆起来，即原先的记录在测试时无法在头脑中产生任何头绪。但是 Linton 发现，至少还有相当项目的"被遗忘"是由于无法将它们与其他相似的记忆区分开来。

Robinson 和 Swanson（1990）对 Linton 关于"未被回忆起来"项目的发现进行了解释。他们指出：当相似的事件重复发生时，事件的相似部分就开始形成一个事件图式。也就是说，当 Linton 重复地经历一个事件时，比如将她认为是"定稿"的书稿送交给出版商，事实上她随后需要重新修改再提交，这些不同事件的特定方面所形成的记忆痕迹就会融合在一起，变得难以区分。Linton 自己（1982）认为，这是从情景记忆到语义记忆的转变。

Barsalou（1988）记录的发现与 Robinson 和 Swanson

（1990）的观点一致。Barsalou 及其合作者于秋季学期在埃默里大学（Emory University）校园内，通过拦截路人的方式寻找被试。Barsalou 要求愿意参加研究的被试描述刚过去的夏天发生在他们自己身上的事情。尽管研究者要求被试报告并描述特定的事件，但是收集到的回忆资料中只有 21% 能被归类为特定事件回忆。被试更倾向于报告"概要化的事件"，即有关特定种类事件的两件或更多事件的陈述，比如"我连续一个星期每天都去海滩"。这些概要化事件几乎占了收集到的回忆资料的 1/3。此外，被试也报告了 Barsalou 所谓的"延续性事件"，即持续时间长于一天的单一事件，比如"我在一个夏令营工作，该夏令营为处境困难的儿童开办"。甚至当 Barsalou 及其同事引导被试进行特定事件回忆时，被试仍倾向于报告延续性或概要性事件。

Brewer（1988）采用不同的方法对日常事件的回忆进行研究。他以 8 名积极配合的在校大学生为被试，开展了一项严格的历时几个星期的实验。在资料收集阶段，要求被试随身携带 BP 机，BP 机按预定程序随机响起，大约每两小时响一次。当 BP 机响起时，被试必须在卡片上填写 BP 机响起之前发生事件的有关信息。被试尤其要报告时间、他们所处的地点、行为和思想，然后完成一些分级评估（例如，估计这类事件发生的频率，事件给人的愉悦程度以及事件的重要性等）。如果被试出于某种原因不愿意报告他们所参加的活动，也可以选择在卡片上写下"隐私"一词，而不必对事件进行详尽描述。Brewer 发现大多数被试偶尔会行使这一选择权，这无疑会导致某类特定事件，比如约会或派对这类活动产生系统性的样本缺失。

Brewer（1988）认为这一方法与 Linton 采用的方法相比有其优越性。显然，它可以将实验者与被试分离开来，从方法上就占据了许多的优势。更为重要的是，Brewer 认为，Linton 每天记录下来最"可以记起"的事件，可能会曲解用来记忆的项目。在他看来 Linton 的方法好比是实验室中的研究方法，每天给被试呈现数百个词，最后要求被试选择一个词用于以后的测试。为了比较这两种研究方法，Brewer 也要求其被试每天列出最难忘的事。随后 Brewer（1988）就被试记录在卡片上的事件对他们进行测试。每名被试接受三次测试：一次是在资料收集阶段结束时；一次约在 21.2 个月后；另外一次是在资料收集阶段结束 41.2 个月后。测试所用项目从被试原先记录的所有项目中随机选取。

Brewer（1988）发现被试的记忆整体保持较好，能对超过 60% 的事件进行再认。他们对行为的记忆好于对思想的记忆，对"值得记忆"事件的记忆好于对由 BP 机选取的随机事件的记忆。Brewer 的报告与 Linton（1975，1982）的部分研究结果相一致，与经常在某一地点发生的事件相比，被试对在特别或偶然的地点发生的事件有更好的记忆。同样，较少发生的行为比经常发生的行为更容易回忆起来。有趣的是，Brewer 研究的时间段包含了感恩节假期。被试对那个短暂假期的记忆特别好。Brewer 认为其原因在于这是被试上大学以来的第一次返家旅行（所有被试都是大学 1 年级学生）。这些旅程与假期前后去教室上课这样的日常事件相比显得尤为独特。Brewer 与 Linton 得到了相类似的结论：对一个事件的心理表征越独特，它被回忆起来的可能性就越大。

总而言之，Brewer 认为，自传体记忆在表现出许多实验室研究所表明的现象的同时，也显示出与后者有很大的差异。自传体记忆较少出现明显的错误，正如 Brewer 所言，"个人记忆相当精确地复制了个体原始事件的经历"（p.87）。

进入大学后的第一个感恩节记忆似乎是最为特殊的记忆。

6.4.2 闪光灯记忆

当 2001 年 9 月 11 日你得知纽约世贸中心遭受恐怖袭击时，你身处何方？我们很多人不仅能回忆起这一巨大的灾难性事件本身，而且还能记起当我们第一次获悉这一消息时身处何地，与谁在一起，以及正在干什么。比如：我当时正在所居住的小镇中的咖啡店 "再见，蓝色星期一" 排队；我刚刚做完头发，正在考虑那天要做些什么时，就听到了这则消息；我回到自己车内，急忙打开收音机，驾车回学校上网搜索；那天的大部分时间里我边听收音机边上网，跟同事惊惧地交谈；那天晚上，我带 8 岁的儿子参加一项校内的纪念活动，这一天将永远铭刻在我的记忆中。

Brown 和 Kulick（1977）创造了**闪光灯记忆**（flash-bulb memory）一词来描述这种现象。在你父母或其他亲戚的记忆中也有同样的情况。比如，他们都记得得知约翰·肯尼迪总统或马丁·路德·金遇刺时自己身处何地。最近一项研究报告了丹麦第二次世界大战老兵对丹麦被侵略和解放的闪光灯记忆（Berntsen & Thomsen，2005）。由于这些事件具有历史意义重大和令人震惊的特点，对于大多数年纪足够大且经历过这些事件的人而言，能记住这些事件没有什么好奇怪的。但是，为什么我们也清楚地记得自己第一次听到消息时周围环境的细节呢？一些学者认为，部分原因是我们听到这些消息时的生理反应：大脑中与情绪反应有关的部分被激活，而激活产生的认知效应导致大脑存储大量与主要信息不直接相关的信息（R. Brown & Kulick，1977）。例如，Pillemer（1984）发现，那些报告自己对里根总统险遭刺杀这一消息的情绪反应越是强烈的被试，就会表现出更为强烈和详细的闪光灯记忆。

Neisser（1982b）对闪光灯记忆的产生做出了不同的解释：人们总在寻找一种方法将他们自身与历史联系起来。闪光灯记忆的产生是由于历史事件引起了强烈的情绪体验，这些事件促使人们复述自己的故事，比如当听到这一消息时自己身处何处等。因此，闪光灯记忆是故事复述的结果。随着时间的推移，记忆会逐渐歪曲，就像巴特莱特（1932）研究中的被试复述 "幽灵战争" 时对故事的歪曲：人们对故事进行精细加工，查遗补缺，使其更接近于标准的故事格式。

史蒂芬·施密特（Stephen Schmidt，2004）提供了一项关于人们对 "9·11" 事件闪光灯记忆研究的结论。他所在大学（中田纳西州立大学）的本科生填写了相关问卷，问卷询问了被试在 "9·11" 事件发生后一天（2011 年 9 月 12 日）时对事件的回忆。此外，在两个月后对学生进行重测研究。因此，施密特能够比较被试横跨两个月时长的回忆内容。几乎所有的被试都能够报告基本的 "闪光灯" 信息：是谁告诉他们 "9·11" 事件，他们第一次获悉这一消息时身处何地、与谁在一起，他们的穿着，那天的天气情况。被试在回答斯密特称之为 "核心" 问题（比如上述列表的前三项）时，表现出更大的一致性，而在 "外围" 问题（比如那天他们的穿着）上表现出更少的一致性。然而，与预期相反，施密特发现那些最初对 "9·11" 事件报告的情绪反应强度最强烈的被试随后表现出最为严重的记忆错误。有趣的是，Daniel Greenberg（2004）通过分析新闻报告认为乔治·布什（George W. Bush）对 "9·11" 事件的闪光灯记忆中存在大量的不确信。另外，作为 "9·11" 事件发生之时的在位总统，布什的情绪反应强度非常强烈。

大多数年纪够长的人都能理解 "9·11" 事件发生时，他们身处何地、什么时候得到消息的记忆难以磨灭。

闪光灯记忆是否可与其他类型的记忆分属不同的种类呢？这一问题激起了热烈的讨论（N. J. Cohen, McCloskey & Wible，1990；McCloskey, Wible & Cohen，1988；Pillemer，1990）。例如，McCloskey 等人发现一些闪光灯记忆很不精确，这类闪光灯记忆中的遗忘和扭曲，可在一般记忆的传统研究基础上找到证据。

Weaver（1993）报告了一项有关闪光灯记忆的及时性研究。1991 年 1 月，Weaver 请注册高级心理学课的学生详细回忆他们与室友（如果单独住宿的话，则与朋友）最近的一次会面。其中，特别要求学生尽量回忆聚会时"所有的周围环境"（并未要求学生回忆特定的某些事物）。Weaver 希望借此比较形成日常聚会记忆的作用机制是否与闪光灯记忆相同。学生在与朋友或室友聚会后要求尽可能快地就聚会填写一份事先密封的问卷。

碰巧，正是那个晚上布什总统宣布了海湾战争中对伊拉克发动首轮攻击。尽管这在意料之中，因而并不十分令人惊讶，但毕竟是一个极其重大的事件，特别是对那些朋友或亲戚卷入其中的人而言。因此，这一事件很可能促使闪光灯记忆的形成。反应快速的 Weaver 编制了另一份问卷，让被试描述他们听到布什宣告时的记忆。学生们在两天后填写了第二份问卷。Weaver（1993）在 1991 年 4 月（事件最初发生 3 个月后）和 1992 年 1 月（事件发生 1 年后）对被试的两种记忆（轰炸伊拉克和会见室友或朋友）进行类似的问卷调查。

结果发现（以被试 1991 年 1 月和后续两次描述的相关程度测量）这两种记忆在精确性方面几乎没有差异。Weaver 报告说两者的精确性都经历了"艾宾浩斯"式的下滑：3 个月后精确性有所下降，但从第三个月到第十二个月变化相对较小。那么学生对自身记忆的确信度有什么不同呢？和会见朋友或室友的记忆相比，他们对轰炸波斯湾的记忆更为自信。然而，高的确信度并不保证高的精确性。

Weaver（1993）认为，"闪光"并不是形成闪光灯记忆所必需的：只要有记住特定的会面或事件的意图就足以确保对其形成记忆。他相信"闪光"仅仅影响我们对自己记忆的确信度，而且他认为闪光灯记忆的特别之处部分在于"对于这些记忆准确性的过度自信"（p.45）。尽管后一论断肯定会招致非议，但可能没有一位认知心理学家会对 Weaver 的另一结论持有异议："出于显而易见的原因和趣味性，异常事件的闪光灯记忆仍将继续研究下去。它们罕见、独特而又普遍"（p.45）。然而，Weaver 和其他一些研究者反对闪光灯记忆依赖于特殊记忆机制的观点。

6.4.3　目击者记忆

假设你是一起抢劫谋杀案的陪审员。被告是一名年轻男子，他被指控在晚上 11 点左右持枪抢劫了一家便利店，并杀死一名店员。没有确凿的证据（比如指纹或纤维样本）证明被告与此案有关。然而一名便利店顾客的宣誓证词使案件出现了转机，证人坚信被告就是那晚她看到的疑犯。在相互质询时，辩护律师让证人承认了这样的事实，即那晚灯光黯淡，歹徒用长筒袜套蒙面，她自己惊慌失措而且较多地把注意集中在枪上而非歹徒的面貌等。尽管如此，证人仍坚持被告正是那晚她所看到的抢劫并杀死店员的匪徒。

目击者的证词在多大程度上使你确信被告的罪行？Elizabeth Loftus 是一位专门研究**目击者记忆**（eyewitness memory）的认知心理学家，她认为证词会对你的行为产生不恰当的影响。她坦陈"目击者的证词很可能被陪审员采信，特别是当证人表现出极高的确信度时"，即使在自负的证人记忆不正确的情况下也是如此。确实，她认为"所有的证据都明显地说明一个结论：当一个站在证人席上作证的活生生的人，用手指着被告说'就是他'时，几乎没有任何事情会比这更令人信服的了"（Loftus，1979，p.19）。但是，Loftus 重新考察的几项研究表明，目击者对证词的确信度可能被夸大了。

尽管目击者的证词对陪审员的决定有着戏剧化的影响效果，但是研究显示它并不是永远准确。

例如，在一项研究中，被试观看一组描述一次（模拟）交通事故的幻灯片。一辆红色的"大生"（Datsun）汽车行驶到一个停车标志下（一半被试观看）或一个让车标志下（另一半被试观看），然后与一个行人发生了碰撞。实验控制体现在幻灯片放映后的问题中。问大约一半的被试（其中一半人看到了停车标志，另一半看到了让车标志）："是否有另一辆车超过了停在停车标志下的红色大生车？"另一半被试则被问道："是否有另一辆车超过了停在让车标志下的红色大生车？"答完这些答案明显的常规问题后，让被试进行一项 20 分钟的非相关活动操作。随后他们通过看幻灯片进行再认测试。测试包含一对关键性的测试对，其中分别描绘一辆红色大生车停在停车标志下或让车标志下。要求被试判断哪一张幻灯片是他们最初所看到的。回答的问题与最初看到的幻灯片一致的被试（例如，被试原先看的幻灯片中有停车标志而不是让车标志，问题也与停车标志有关）其正确再认率达 75%，而那些所答问题与幻灯片不一致的被试总体正确率只有 41%，相对于仅靠猜测也可能有 50%的正确率而言确实是急剧的下降。

Loftus（1975）还有一些研究证明人们的记忆能明显地被误导性问题改变。例如，在一些被试看完一场电影后问他们："那辆沿着乡村公路行驶的白色跑车经过谷仓时速度有多快？"而对其余的被试只是提问他们："那辆沿着乡村公路行驶的白色跑车速度有多快？"事实上电影中并未出现谷仓。一星期后，询问所有被试是否在电影中看到过谷仓。第二种条件下的被试报告看到谷仓的人数少于 3%，而接受误导性问题被试中有 17% 的人报告看到过谷仓。Lane、Mather、Villa 和 Morita（2001）发现，与仅仅要求实验中的"证人"总结录像中犯罪行为的主要方面相比，要求被试集中注意特定细节更有可能使被试将他们所看到的事件与事件发生后提出的问题中的信息混淆起来。

"记忆的延展性"与句子回忆的实验室研究结果相吻合，而且两者都支持巴特莱特把记忆视为一个建构性过程的观点。由 Bransford、Barclay 和 Franks（1971）开展的一项经典研究说明了这一思想。他们给被试呈现一组句子，所有的句子都产生于 4 个基本句子，例如"蚂蚁在厨房里""果冻在桌上""果冻是甜的""蚂蚁吃了果冻"。呈现给被试的句子由前面 4 个短句中的两个（例如"香甜的果冻放在桌上"）或 3 个结合而成如"蚂蚁

吃了桌上的甜果冻"）。在随后的再认测试中，要求被试判断每一个呈现的句子是不是以前见过的原句，并评价自己判断的确信度。结果显示，即使由全部 4 个短句联合成的句子"厨房里的蚂蚁吃了桌上的甜果冻"没有被呈现过，但被试对于"再认"这一句子最为自信。

Bransford 等人（1971）解释说：被试并未在记忆中存储实际呈现的句子副本。相反，他们从句子中提取并重组信息，整合思想，然后将整合过的信息存入记忆，以致最后无法将呈现过的句子和自己整合后的信息区分开来。有人也许认为这正是 Loftus 的被试所做的事情：把原有记忆与后来的问题整合起来。如果后来的问题是误导性的，那么其中的错误信息就被整合到原有记忆中，从而产生歪曲的记忆。

认知心理学实验近期的研究主要集中于如何提高目击者指认的准确性方面。Wells（1993）回顾了一些研究，并对警察如何编排待指认的嫌疑犯或嫌疑犯照片，以降低目击者错误的概率提出了具体的建议。例如，他建议使用"模拟"证人，也就是犯罪发生时不在现场但得到了有关犯罪行为有限信息的人。其中的逻辑是，模拟证人也同样会指认一排嫌疑犯中的任何一人。但是，如果所有模拟证人都"指认"同一个事实上的嫌疑犯，那么这就部分表明嫌疑犯的排列方式存在偏差。对于如何降低对目击者的暗示性问题，其他研究者也提出了建议（K. L. Chambers & Zaragoza, 2001），例如告诫人们不要被要花招的问题误导。

但是，对于实验室研究的结论在多大程度上能推广应用到现实世界中这一问题，仍然存在着激烈甚至尖锐的争论。具有代表性的就是研究中被试所看到的是被搬上舞台的事件，或者甚至是事故的电影或幻灯片。这种经历可能与一名旁观者目击现实中的抢劫、强奸、谋杀、恐怖袭击或其他类型犯罪的情境有所不同。而且，案件的受害者或潜在受害者与旁观者相比，很有可能会注意到情境中的其他方面。Yuille（1993）认为，我们需要更充分的理由来证明实验中的被试与现实犯罪的目击者（或受害者）受到的影响相同。

6.4.4　被恢复的／错误记忆之争

近年来在认知心理学领域爆发的最大争论之一便是关于遗忘、提取和创建自传体记忆的问题。这一争论对实际的影响已远远超出实验室的范围。有些问题的危险

性已经触及甚至危害到人们的现实生活。这样的问题主要是关于一些虐待的受害者是否能够真正压抑有关被虐事件的记忆，尔后在治疗中又提取出这些所谓的**被恢复的记忆**（recovered memories），或者还是由于治疗师（事实上是极少数人）误读了工作记忆中的某些内容，无意中怂恿病人创建出有关其实从未发生过的事情的**错误记忆**（false memories）。

其实在"目击者证词"和"错误的与被恢复的记忆"这两者之间有许多相似之处：本质上它们都与据称的一个事件的目击有关，这个事件有时是创伤性的，通常其后又会有新的扭曲信息加入。但是，我们也应记住两者的差别，在目击者证词的情况下，问题主要集中于对几天前、几星期前或几个月前获得信息的回忆，而在错误的与被恢复记忆的情况下，问题涉及的是个体能否回忆起几年甚至几十年前的信息。

这些"回忆"究竟代表了被恢复的记忆还是错误记忆已成为时下争论的焦点。Elizabeth Loftus 再次成为其中活跃的被试之一。她在一篇回顾性文章的（Lohus，1993）开头叙述了这样一则轶事：

1990 年，一个具有里程碑意义的案件在加利福尼亚州的雷德伍德城开庭审理。被告乔治·富兰克林爵士，51 岁，因 20 多年前的一起谋杀案而受审。8 岁的受害者苏珊·凯·纳森于 1969 年 9 月 22 日被杀害。富兰克林的女儿艾琳在谋杀案发生时年仅 3 岁，她提供了指控她父亲的主要证据。这个案例的不同平常之处在于艾琳对谋杀案的目击记忆已被压抑了 20 余年之久。

艾琳的记忆并不是一下子就恢复的。她宣称第一次闪回是在 1989 年 1 月的某个下午。当时她正陪两岁的儿子阿伦和五岁的女儿杰西卡一起玩耍。杰西卡抬头问了她母亲一个类似于"妈妈，难道不对吗"的问题。有关苏珊·纳森的记忆便突然重现了。艾琳记起了被害前苏珊眼中无辜的神情。随后，又有一些片段逐渐恢复，直至艾琳形成了丰富而详尽的记忆。她记起了父亲在货车尾部对苏珊进行了性侵犯。她记得苏珊挣扎着说"不，不要"、"停下"。也记起父亲说"现在苏珊"，她甚至逼真地模仿了他的语调。然后，她的记忆又将 3 人带出货车，她看到父亲双手捧着一块石头举过头顶。她记起了惨叫声。她记得自己走到苏珊躺着的地方，地上淌着血，苏珊手指上的银戒指已被砸得粉碎。

艾琳的治疗师、另外几个家庭成员和圣马特奥区的律师办公室采信了她的记忆报告，并据此起诉她的父亲。陪审团也相信了她的回忆，并宣判了乔治·富兰克林爵士谋杀罪成立。陪审团于 1990 年 11 月 29 日开始审议，并于次日做出裁决。艾琳详细而自信的回忆给他们留下了深刻印象，因此她的父亲被判处一级谋杀罪（p.518）。

Loftus 在文章中继续探讨了各种问题，其中之一便是关于被恢复记忆的可信度究竟如何。创伤性事件记忆可能会被压抑的观点（长期甚至永远地埋藏在无意识中）可追溯到弗洛伊德的精神分析治疗的原则。但是从认知心理学角度来看，问题在于这些**被压抑的记忆**（repressed memory）能否被细致地描述、证明和解释。

Loftus（1993）与 Lindsay 和 Read（1994）不约而同地将矛头指向各类自助书籍中的建议，其中最著名的是《康复的勇气》（The Courage to Heal，Bass & Davis，1988）。该书鼓励那些想要知道自己是不是童年性虐待受害者的读者，应从诸如自尊心不强、抑郁、自我毁灭或自杀倾向，或是性机能障碍等各种症状的存在与否入手，进行分析和诊断。Lindsay 和 Read 指出，问题在于以上症状在不是虐待受害者的人群中同样也会出现，它们不足以作为诊断依据。在《康复的勇气》一书中，Bass 和 Davis 进一步强调，"如果你无法记起以上提及的任何有关虐待的特殊事件，但仍有自己曾受过虐待的感觉，那么它可能发生过"（p.21），而"如果你认为自己被虐待过且你在生活中表现出这些症状，那么你一定是受害者"（p.22）。该书又建议那些想知道自己过去的读者花时间探究自己被虐待的可能性。该书提供了回忆特定记忆的技术，比如运用家庭中的老照片并充分发挥想象，或者以记得的童年事件作为起点，然后特意去回忆与那个事件相关的虐待。

我们在前面就已发现，即使人们自己非常肯定，关于他们自传体记忆的绝对准确度仍旧是很值得怀疑的。目击者记忆的研究已经表明，人们其实很容易受事后暗示的影响。那么对于那些从未发生过的事件的错误"记忆"是否有可能以某种方式被灌输呢？Loftus 和 Pickrell（Loftus & Pickrell，1995；Loftus，2000；Loftus & Ketcham，1994）在一项研究报告中提出了这种可能性。

24 个人作为指标研究对象。实验者首先访问了被试的亲属（入选实验的人员必须对被试的童年生活非常熟悉），并从访问中选取了三个发生在研究被试 4～6 岁时的真实经历。实验者告知被试亲属，报告须排除"家庭传说"或具有创伤性以致被试能毫不费力地回忆起来的事件。被试亲属同时提供了研究被试 5 岁时去大卖场的细节和他最以为乐的事情。

随后，根据被试亲属的访谈资料，实验者虚构了事实上从未发生过的事件的错误描述：据说目标被试 5 岁时曾在大卖场迷路。描述中包含了那时离被试最近的大卖场的名称，还有在这次虚构的行程中可能陪伴被试的家庭成员的名字等细节。以下是针对一名 20 岁的越南裔美国妇女虚构的"错误记忆"的例子：

你、你妈妈、迪恩和图万一起去布雷默顿大卖场，那时你正好 5 岁。你妈妈给你们每人一些钱去买蓝莓冰激凌。你跑在最前面想排到第一，但是不知怎么搞的，你在店里迷路了。迪恩找到你时你正向一位老年华裔妇女哭诉。然后你们 3 人一起去买了冰激凌（Loftusa & Pickrell，1995，p.721）。

实验者发给被试的手册中包括指导语和 4 个故事。其中 3 个故事描述的是真实事件，而第 4 个故事描述的是错误事件。每个故事约为一个段落，余下的空间则由被试描述自己对该事件的回忆。一两周后，实验者对被试就其回忆分别进行采访（再次要求被试尽可能多地回忆 4 个"事件"），两周后再次访问参测者。

一组研究被试中 68% 的人回想起了真实事件。但是看完手册后 29% 的被试（24 人中有 7 人）回忆起了在商店区迷路的错误事件。7 人中有 1 人后来说她在第一次采访时并没有回忆起错误记忆，但是剩下的人（6 人，25%）坚持认为在两次采访中至少都部分地回想起了错误事件。被试对真实事件的回忆长度（以他们描述事件的词语数目来测量）大于对错误事件的回忆长度，而他们对错误记忆的描述清晰度低于真实记忆。

Loftus 和 Pickrell（1995）没有明确指出错误记忆的产生为何容易或这类记忆如何普遍。他们以结果证明错误记忆可能通过暗示性的问题形成，并推测了其中的机制：

迷路的错误记忆之所以形成，首先可能仅仅是迷路的暗示在大脑中留下了记忆痕迹。尽管原先的信息被称为暗示而不是历史事实，但暗示逐渐会与其他有关迷路的信息（他人的故事）产生联系，随着时间的推移，在大卖场走失的暗示残迹慢慢消退。去大卖场游玩的真实事件的记忆与你曾在大卖场迷路的暗示混淆在一起。最后，当被问及你是否曾在大卖场迷路时，你头脑中那些关于迷路和大卖场的印象被激活。结果形成的记忆甚至还会添加有真实事件的细节片断，比如你曾在大卖场看到过的人。于是你记起了孩提时在大卖场迷路的事情。通过这一机制，有些经历过的事件或想象中的事件与推断以及其他超越直接经验的精细化加工整合在一起，最终形成了记忆错误（p.724）。

其他研究者同样也成功地诱导人们产生了对未发生过的事件的"记忆"。例如 Hyman、Husband 和 Billings（1995）以在校大学生作为被试，成功地让其中 25% 的被试错误"回忆"起不同的童年事件：因耳道感染而住院治疗；有比萨和小丑的 5 岁生日晚会；在一次婚宴上打翻饮料；当洒水车离去时人在杂货店；被留在一辆停着的车上，不小心松开了车闸，结果使车撞到了什么东西。Garry 和 Wade（2005）使用（修改过的）照片和故事来诱发错误记忆，结果发现叙述性故事能够更有效地诱发错误记忆。

Clancy、Schacter、McNally 和 Pitman（2000）在报告的一项研究中提出了以实验为基础的错误记忆模型。他们使用了所谓的 Deese/Roediger-McDermott 范式，实验中给被试呈现许多有联系的词，例如瞌睡、床、安静、昏暗、打鼾、做梦、枕头、夜晚。然后，用由这些"旧"词和一些不在表中的"新"词组成的词表对被试再次进行测试，结果表明，高达 80% 的大学生被试很有可能对睡觉等语义上相关的词存在错误再认（Roediger & McDermott，1995）。

Clancy 等人（2000）招募了 4 组参测对象：一组女性被试为控制组，她们童年时从未遭受过性虐待（childhood sexual abuse，CSA）；一组女性被试遭受过性虐待并且对此一直有记忆；另外一组女性被试认为她们经历过性虐待，但对此已没有特殊的记忆（"被压抑的记忆"组）；还有一组女性被试宣称有压抑后又恢复的遭受性虐待的记忆（"被恢复的记忆"组）。记忆恢复组与其他组相比对语义相关词表现出更高的错误再认。作者总结道，尽管在解释这些结果时需要特别谨慎，但结果至少与"报告性虐待记忆恢复的妇女与那些没有任何类型的错误记忆的妇女相比，更容易形成一定类型的错误记忆"的假设相一致。

但并非所有认知心理学家都完全热忱地接受上述有关错误记忆的研究。例如，Pezdek（1994）就认为，现有关于错误记忆是如何形成的解释并不意味着错误记忆事实上就一定是这样形成的，特别像童年虐待这样的创伤性记忆。这就好比用现有的航天工程学原理去解释为什么蜜蜂是不可能飞行的那样（尽管它们显然能飞），Pezdek 告诫人们不要认为"记忆恢复疗法"非常普遍，治疗师灌输记忆的现有证据其实并不充分。

显然，对于错误记忆是否能够、怎样以及何时成为个人记忆的一部分这一问题，还需要进一步研究。Loftus 和 Pickrell（1995）以及 Hyman 等人（1995）的研究既有启发性，同时也招致了争议，但在何种程度上它们能被推广仍是有待解决的问题。一项 fMRI 研究（Cabeza，Rao，Wagner，Mayer & Schacter，2001）显示，在一项词汇再认任务中大脑不同的区域被激活，"错误的"词汇（这些词汇并没有被呈现出来，但与那些真正被呈现的"真实的"词汇在语义上是相关的）激活了大脑的不同区域。然而，将词汇再认任务中的结果推广至现实生活中的叙述性记忆回忆可能并非那么简单。

认知心理学家逐渐清晰地认识到，自传体记忆的工作方式并不是像录像机那样忠实地记录下细节并保存到长时记忆存储系统中以待提取。相反，人类记忆具有延展性，会受到后续问题或信息的"塑造"。而这种塑造作用的发生频率和机制仍是有待解决的令人兴奋的问题，它对现实生活具有重要的意义和影响。

6.5 遗忘症

在前面的部分中，我们讨论了长时记忆的材料遗忘。在此我们花些篇幅来更详细地考查一下长时记忆受到严重损伤的人群，即那些遭受人们所称的**遗忘症**（amnesia）困扰的记忆障碍患者的情况。其中最被广泛讨论的临床个案研究是 H. M.，一名因患病在 1953 年接受外科手术，切除了大脑双侧（两边）中颞叶区相当一部分的脑组织，包括大部分海马体和杏仁核以及一些临近区域的患者。结果，H. M. 自此便对手术后的任何一个事件（顺行性遗忘症）和手术前几年内发生的事件，都表现出严重的遗忘症情况（Schacter，1996）。

当然，罹患遗忘症的并非 H. M. 一人，几年来神经病学家和心理学家已经积累了大量的临床案例，并从中找到了相应的原理和概括。海马系统（包括海马体和杏仁核，参见图 2-2 以复习这些大脑结构的位置）或密切相关的间脑中线区的损伤都可导致遗忘症。

而这些损伤可由缺氧、中风形成的动脉阻塞、疱疹单结构脑炎病毒、通常因车祸所致的颅内损伤、老年痴呆症（阿尔茨海默症）、科尔萨科夫综合征（Korsakoff's syndrome、一种慢性酒精中毒引起的疾病）、某些肿瘤或短期内的双侧电痉挛疗法所引起（ECT；Cohen，1997）。

遗忘症的严重程度每例各不相同，如 H. M. 显示出的是最严重记忆损伤的一些表现。有些患者经过一段时间后能恢复部分记忆，例如，那些接受双侧 ECT（现代用于治疗严重抑郁症的一种疗法）的患者在几个月内记忆会完全恢复，而遭受脑内部损伤的病人通常能恢复部分或全部记忆。一些因车祸或中风引发遗忘症的病人发病非常突然，而那些因脑肿瘤或病变引起的患者则逐渐显现遗忘症状（Cohen，1997）。许多神经心理学家根据失忆的作用方式将遗忘症分为顺行性遗忘症和逆行性遗忘症，以下我们将分别介绍这两种遗忘症。

6.5.1 顺行性遗忘症

N. J. Cohen（1997）指出**顺行性遗忘症**（anterograde amnesia），即自记忆丧失起随后的记忆缺失有 5 个主要特征。第一是顺行性遗忘症影响长时记忆但不影响工作记忆。Cohen 讲述了他和 H. M. 的谈话并以此作为例证：

一天，在去麻省理工学院医学研究中心接受测试的漫长行车途中，H. M. 开始对我讲述关于他家里有过枪的事情（事实上，他只是年轻时拥有过枪）。他告诉我他有两支步枪，其中一支有望远镜瞄准器和某些特性，另一支只有瞄准器。

他说自己有国家步枪协会（National Rifle Association）的杂志（事实上，这只是他关于早期家庭生活的记忆），里面都是与步枪有关的信息。但是他接着说自己不仅有步枪，还有几支手枪。他有一支 0.22 口径、一支 0.32 口径和一支 0.44 口径的手枪。他不时地把它们拿出来擦拭干净而且偶尔带着它们去射击场。但是，他接下来又说自己不仅有几支手枪，他还有步枪。他有两支步枪，一支带有望远镜瞄准器而另一支只有一般的瞄准器。他说自己有关于步枪的国家步枪协会的杂志。而且他不仅有步枪，还有手枪……这样的描述一遍遍地继续，在对步枪和手枪的描述之间来回循环。最后我不得不转移他的注意力来打断谈话（p.323）。

N. J. Cohen 认为，H. M. 对他的手枪和步枪的记忆都是不完整的，因为这些记忆都是来自他接受外科手术几年前相当久远的过去。它们在他的长时记忆中是有联系的，就研究者已知的一般知识的记忆（第 7 章中我们将详细阐述这一话题）而言不足为奇。因此他谈到一项知识时想起了另一项。但是每一项知识都填满工作记忆容量，所以当 H. M. 谈完一项后，他已忘了自己刚刚讲过另一项。

第二个特征是从任何通道获得的记忆，即无论视觉、听觉、动觉、嗅觉、味觉或触觉信息都受顺行性遗忘症影响。N. J. Cohen（1997）指出，整体的顺行性遗忘症是由双侧中颞叶或间脑中线组织的损伤引起的，这些区域单侧（一边）的损伤往往只破坏一种记忆，例如，语言或者是空间记忆。而且，无论以自由回忆、线索回忆或再认等方式测试记忆，患有顺行性遗忘症的个体记忆都会受到相同的阻碍。

第三，根据 N. J. Cohen（1997）和 H. M. 与枪的故事中所描述的，顺行性遗忘症保留了遗忘症出现前学习的一般知识的记忆，但对新的事实和事件的回忆却严重受损。因此 H. M. 无法报告手术后发生的任何个人事件。而且当被要求回忆超过几分钟长的词表时，他的任务执行成绩也很差。H. M. 也无法保持新学习的信息配对，比如新词汇的学习（如"极可适意"浴缸（Jacuzzi），"格兰诺拉"（granola）麦片和其他 1953 年他接受外科手术后才开始使用的词）。

顺行性遗忘症的第四个主要特征是保留了熟练操作。回忆一下第 5 章中提到的音乐家克里夫·威尔林的故事，他不能回忆起自己的大部分生活或他妻子的频繁探视，但他仍然能演奏羽管键琴和钢琴，指挥合唱团表演一首复杂的乐曲。其他研究也表明顺行性遗

忘症患者能学会操作技能，比如镜式画（描绘只能在镜子中看见的几何图形的轮廓）或旋转追踪（跟踪一定的做无规律环形运动的目标）。H. M. 学会了第一项技能，尽管每一次学习时他都否认以前有过操作这项技能的经历，但他表现出了正常的学习曲线。N. J.Cohen 和 Squire（1980）在让遗忘症患者和非遗忘症控制组被试进行镜像阅读作业的研究中也得到了相似的结果。在很多例子中遗忘症患者的表现和控制组被试的表现是相当的。

顺行性遗忘症的第五个主要特征是，当遗忘症患者确实学会一项技能时，他们表现出非常专门化（hyperspecific）的记忆：他们只能在与编码环境极其相似的情境中展现学习成果。从某种意义上说，这似乎是编码特异性原则的极端表现。

6.5.2　逆行性遗忘症

对遗忘症产生前习得和存储信息的记忆丧失被称为**逆行性遗忘症**（retrograde amnesia）。虽然这样的记忆丧失和顺行性遗忘症有相似之处，但两者之间也有明显的差别。有趣的是，所有的遗忘症患者或多或少都表现出逆行性遗忘，但他们却有可能没有顺行性遗忘的现象。N. J.Cohen（1997）描述了逆行性遗忘的四项基本特征。

第一是逆行性遗忘症的时间延展性（记忆丧失的时间跨度）可以极大地变化。科尔萨科夫、阿尔茨海默、帕金森或亨廷顿病症（Huntington's disease）的患者可能会出现严重失忆，几十年前习得和存储的信息都会丢失。其他比如接受双侧 ECT 或颅内损伤的患者，都表现出有限的逆行性遗忘，只丢失几个月或几个星期之内的信息。在许多案例中，一段时间后患者完全（ECT 案例中）或部分恢复丧失的记忆。海马区域的损伤也能引起逆行性遗忘症。研究发现 H. M. 的逆行性遗忘的时间跨度为 11 年，比文献中报告的其他一些案例短。

逆行性遗忘症的第二个特征是，当科学家检测哪部分记忆丢失时遗忘症是可观察的。实验者要求接受 ECT 治疗的患者回忆关于仅播放了一个季度的电视节目的信息（这样，实验者就能精确地知道记忆在何时形成，这项研究在有线电视普及前开展得很好）。正如图 6-4 所示，在接受 ECT 治疗前，患者可能会像一般人那样最

擅长回忆近期播放的节目信息。但是在 ECT 治疗后，同一患者的数据表现出时间上的梯度变化，最新近的记忆最有可能被丢失（N. J. Cohen，1997）。

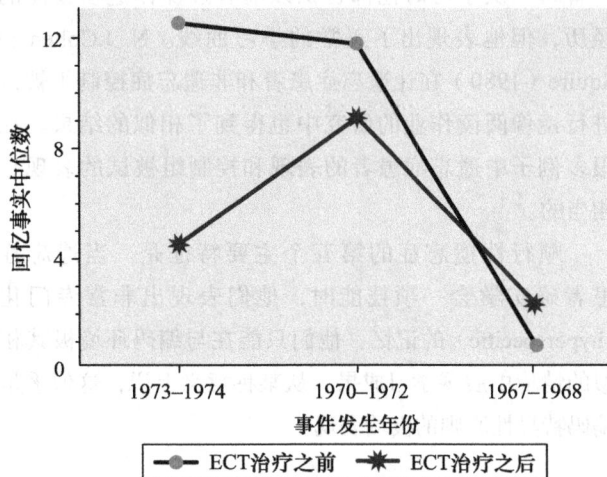

图 6-4　接受电痉挛治疗的患者表现出暂时、有限的逆行性遗忘的证据

在一系列 ECT 治疗前后，要求 20 名被试回忆以前只播放过一季的电视节目的有关信息。此图所示的是被回忆起来的事实的中数。被试接受 ECT 治疗前表现出正常的遗忘曲线：他们对最近一段时期内电视节目回忆效果最好，而对间隔最远的节目内容回忆最差。在接受 ECT 治疗后，被试对最近期节目内容的回忆表现出选择性损伤。

资料来源：Banich, M. T. *Neuropsychology: The neural bases of mental function*（1st ed.），p.337. Copyright © 1997 Wadsworth, a part of Cengage Learning, Inc. Reproduced by permission. http://www.cengage.com/permissions/.

在 ECT 患者的案例中，我们预期总有一天失去的记忆能够完全恢复。但是，对于遭受颅内损伤的患者，情况就略有不同了。逆行性遗忘症的时间延伸度通常是缓慢萎缩的，最久远的记忆信息有可能最先返回记忆。例如，最初逆行性遗忘症时间跨越至脑损伤发生几年前，经过一年的康复，逆行性遗忘总的时间跨度可能只包含了损伤前的两个星期。

N. J. Cohen（1997）认为逆行性遗忘症的第二个特征是：它通常保留了遗忘症出现前"过度学习"的信息。最后，与顺行性遗忘症一样，逆行性遗忘症似乎不影响镜式画这样的技能学习，他们的表现仍然体现出正常的改进速度。

许多神经心理学家认为遗忘症的研究大体上支持了与记忆结构有关的一些特殊观点。遗忘症会影响长时记忆但对工作记忆却没有任何损伤，这为将两种记忆划归不同的类型提供了一些支持。逆行性遗忘症有一定的时间跨度并表现出记忆随时间的延续逐渐下降的现象，这意味着即使在新的记忆形成后，它仍然在一段时间（可能是几年内）继续经历着神经方面的变化。一些类型的信息（个人记忆、事件或随机信息片断的记忆）在遗忘中丢失而另一些仍然保留着（比如过度学习的和练习熟练的信息和技能），据此，一些（但并非全部）心理学家提出了许多不同类型的记忆系统。最后，有一项令人关注的观点认为，大脑结构中的海马体在提取记忆信息过程中起了重要的作用，尽管并非所有长时记忆都存储在海马体中（否则，遗忘症患者永远无法回忆起先前学习的任何信息）。

McGaugh（2000）指出，研究遗忘症患者也使我们了解了最初于一个世纪前提出的加工过程，**记忆巩固**（memory consolidation）。这个观点认为，新信息"最初是以零散的状态存在，随着时间的推移会巩固起来"（p.248）。击打头部可以中断这个加工过程，使新习得的信息丢失。McGaugh 的一些研究表明了我们前面讨论过的一个组织，即杏仁核在记忆巩固过程中的重要作用。

综观本章，我们着重讨论了有关特定事件的记忆（如听到一个特定的单词表或目睹一桩犯罪）。但通常的情况是，我们对于特定事件的回忆能够引发我们有关一般知识的记忆。例如，如果我要回忆我上一次做的讲座，就会用到我关于讲座的一般知识（有学生坐在那里，或一些我讲座时常用的白板记号笔、投影仪等设备）来重新建构我关于某次特定讲座的记忆。在下一章中，我们将更为详尽地讨论一般知识储存和组织的方式。

如前所述，记忆涉及任何我们可以想到的认知活动。因此，记忆与本书许多其他章节有关系就不足为奇了。特别是，在第 7 章中我们将继续讨论一般知识的记忆是如何组织和储存的，以及我们是如何形成新概念的问题。在第 8 章中我们将讨论视觉表象，并将回到信息是如何进行编码和心理表征的问题。在其他章节中我们也会看到，记忆在几乎所有的认知加工过程中都起到重要的作用。因此，当记忆研究领域中的新研究改变了我们对其运作机制的看法，我们可以期待在几乎任何其他认知领域也有新的发展出现。

概要

1. 我们在本章以及第 5 章中发现，认知心理学家采用多种方法研究记忆，而这种多样性至少可追溯到艾宾浩斯和巴特莱特等认知心理学的"奠基人"。心理学家之间的一些差异表现在理论取向上：有的心理学家试图证明存在多种记忆存储的观点（例如感觉记忆、短时记忆、长时记忆），而其他心理学家则关注被记忆信息的加工类型。

2. 在记忆形态模型中，长时记忆作为大量信息的存储器，通常以语义进行编码，保持时间可达几十年甚至无限长。

3. 长时记忆的遗忘理论强调干扰这一重要机制。该观点可这样细加阐述：当要提取的线索与多个目标相关联时，人们用这些线索选取既定目标的可靠性降低。

4. 人们经常使用记忆术的技巧来帮助自己从长时记忆中提取信息。常见的记忆术包括位置法、字钩法、交互作用意象法和重新编码。

5. 当被提取的信息经过分类，或者当提取线索与编码时所用的线索相配时（编码特定性原则），或者当提取线索区分度很大时，信息的提取较易进行。

6. 与编码特异性原则相符，研究者发现在以下情况下回忆（而非再认）更容易进行：回忆情境和学习情境相同（情境效应）；被试回忆和编码时的药理状态一致（状态依赖学习效应）；被试回忆和学习时的情绪相同（情绪依赖记忆效应）。把材料分成若干个短暂的学习段学习，比起用一个较长的学习段来学习，也能提高记忆（间隔效应）。

7. 信息提取练习，比如重复地测试，同样被证明可以增强回忆或再认的效果。这一现象被称为测验效应。

8. 诸多不同的理论假定了长时记忆中的不同记忆系统，包括情景记忆与语义记忆、内隐记忆与外显记忆，以及陈述性记忆与程序性记忆。

9. 加工水平理论的研究表明：最初的信息加工过程越主动且富有意义，信息越是容易回忆起来。这一观点对学生而言有明显的实践意义：如果你想改善自己对将要来临的（期中或期末）测试材料的记忆，与其单纯地阅读、画线或标出重点词语（浅层加工），还不如组织材料并思考其意义（深层加工），这样做往往更为有效。

10. 已报告的对人们关于自身生活事件回忆的研究，在某些方面与本章和上一章中所述的以实验室为基础的记忆研究结果相吻合。其中一些报告的发现（例如，记忆的建构性）和实验室发现极其吻合。但是以实验室为基础和以日常生活为基础的研究也有不同的结果。自传体记忆看起来好于对实验室刺激的回忆，但其中是否存在不同的认知机制仍有待讨论。

11. 对闪光灯记忆和目击者记忆的研究表明，即使人们对自己记忆的精确度绝对自信，但他们对过去的回忆仍会产生错误。这表明我们有时对自己记忆的确信度过高，至少存在这样的可能，我们对自己的记忆很确信，但结果却是错误的。对目击者证词的研究发现，目击事件的记忆痕迹极具适应性，易受事件发生后提出的导向性问题的干扰。

12. 近年来研究者就记忆痕迹能否被长期压抑尔后再回忆起来的问题展开了争论。一些研究试图证明通过反复强调，可诱使被试"回忆"起从未发生过的带有情绪性的事件。一项研究表明，可被灌输的"错误"记忆的种类可能有一定的范围，不过，我们还未确切知晓这些范围。

13. 研究记忆缺陷的神经心理学家区分了两类不同的遗忘症。两者似乎都与海马系统或间脑中线区的损伤有关。这些损伤可能由多种因素造成：通过颅内损伤、中风、大脑缺氧、双侧电痉挛疗法、脑炎病毒或其他如阿尔茨海默症、科萨科夫综合征引起。

14. 顺行性遗忘症是一种从发病时开始往前推进的遗忘症，无论何种通道或记忆的测试类型它都会有选择性地影响长时记忆（而非工作记忆），并保留了一般知识和熟练操作（尽管后来的学习不会外显地被记住）的记忆。然而，顺行性遗忘症能够导致技能记忆对最初学习情境的高度特定化，而不能迁移至其他类似的情境中。

15. 逆行性遗忘症表现为病症出现前习得和存储的记忆信息的丢失。失忆的时间跨度因不同患者而不同。通常，患者对接近遗忘症开始那段时间内所习得的信息记忆较差。逆行性遗忘症患者也保留了病症开始前"过度学习"的材料，包括语言、一般知识及知觉和社会技能等。与顺行性遗忘症一样，逆行性遗忘症患者也保留了技能学习的能力。

复习题

1. 加工水平理论和形态理论基本假设的差别体现在哪些方面？

2. 描述不同种类的干扰以及它们在理论上是如何发挥作用的。

3. 描述并评价信息提取的编码特定性原则。它与提取时的间隔效应、状态依赖学习及情境效应有何联系？

4. 探讨情境效应、状态依赖学习效应、情绪依赖记忆效应和间隔效应之间的相互关系。

5. 将记忆的认知研究应用于实际问题，对大学生如何准备即将来临的期中考试提出建议。你会提出什么样的建议，它们各自运用了哪些原理？

6. 描述两种记忆术并对由它们内在机制差异而产生的不同效用做出比较。

7. 描述语义/情景记忆的区别，讨论某些心理学家做出如此划分而其他心理学家却没有的理由。

8. 描述陈述性记忆和程序性记忆，内隐记忆和外显记忆的区别。这两种区分能够相互配合吗？解释你的理由。

9. Linton 和 Brewer 对于日常事件的自传体记忆的运作有何发现？

10. 来自目击者证词和闪光灯记忆资料的发现，是否与原先报告的以实验室为基础的研究相符？

11. 是否有必要为闪光灯记忆设定特殊的机制？陈述你的观点并说明理由。

12. 描述有关创伤性事件的"恢复的"记忆与"错误的"记忆间的争论。认知心理学家提出的最重要问题是什么？而他们这样做时可能面临哪些问题（实际的、伦理的、理论的）？

13. 回顾顺行性遗忘症和逆行性遗忘症之间的异同。

14. 对遗忘症患者研究的发现对非遗忘症人群记忆的作用方式有何启示？（注意：这一问题在心理学领域内尚存在争议，你知道为什么吗？）

知识表征
长时记忆中信息的储存与组织

身为一名心理学家、教授和业余训狗员，我脑海中贮存了大量关于各种领域的不同知识。我常常对我们的记忆能力感到惊叹，我的学生还有我自己至今能够清楚地记住在完成一项独立研究计划时所用到的相关书名、作者名字、杂志名称或者一篇文章的年份。当我教小狗服从命令或因为小狗无法学会一个简单的动作而犯难时，便会想起多年前在小狗训练研习班上听到的教导。显然，当我回想或者回忆这些信息时，我正在运用我的记忆。

我是怎样通过这样一种方式储存信息，使我能够在记下它们几年之后还能将其重新提取出来的呢？想想每个人都要长久地记住那么多方面的信息。除了关于你生活中发生的一些事情之外（如你在 6 岁时的生日派对，你摔断胳膊的经历，到马戏团看表演，以及你高三开学的第一天等），你还储存了大量的知识：你所了解的词语含义、数学公式和解题步骤，还有历史、科学以及地理方面的知识，甚至是（我也希望是）关于认知心理学原理的知识。在本章中，我们将详细讨论这类永久的记忆——关于知识和信息的记忆。

第一个困扰我们的问题是，这些储存起来的知识是如何进行组织的。心理学家认为有几种不同的安排和贮存信息的途径，而且每一种方法都具有不同的便于提取和获得的途径。将之与书架进行类比，也许能够帮助你更好的理解。想想你的书籍是如何整理的？假设你有一些课本、一些非小说类文学作品、一些神秘类小说和一些不太有用的言情小说，或许你会按照作者名字的字母顺序进行排列，或许你会将大开本的书放在书架的一格上，将平装本放在另外一格上。其实每一种分类方法也就代表了一种不同的组织方式。每一种方式对于你如何找到一本书以及找到它是否容易，其意义都是不同的。假设你想寻找《飘》，但是你忘记了作者的名字。如果你是按照作者名字的字母顺序来整理书籍的，那么相对于按照题目或者题材的划分方法而言，你会花上更多的时间用来找到它。

有许多心理学家也提出了各种关于我们的知识如何进行心理表征和组织的模型。每一种模型都对我们如何提取某一特定信息提出了不同的看法。尤其是，我们将考察一系列关于知识基础是如何组织的理论，以及这种组织对于我们获得这些信息的方式有何意义。我们在第 6 章中已简单介绍了语义记忆，这一章我们将对语义记忆（与情景记忆相对应）做深入的探讨。

接下来，我们将重点关注概念和分类。我们会发现心理表征类别可称为概念，而用以将个别样例分配至不同概念的加工过程称为分类。Medin（1989）认为"概念和分类是人类思考和行为的构建基石"（p.1469）。Lamberts 和 Shanks（1997）则认为，称为概念的事物是如何被心理表征的议题是认知心理学的核心内容。

为了进一步阐释上述两个概念，我们来考虑一个现实生活中医疗诊断的例子。假设有一天你醒来时觉得头痛乏力、鼻塞、发烧，你的症状也许只是感冒而已。但是这些症状也可能是另一种严重疾病的先兆。这时，你的医生就要做出诊断，也就是说把你的症状表现划入到某类已知的疾病或医学问题。这样的分类使医生可以制定相应的治疗方案，预计康复时间。要做出诊断，医生必须熟悉所有可能病症的不同分类（可能的医学问题），很可能医生需要提取所储存的关于这些病症分类（概念）的心理表征。另外，最近一项关于一般人对精神类疾病分类的研究表明（Kim & Ahn，2002），医生不是唯一将疾病分类的人。

7.1 知识的组织

由于对人工智能领域感兴趣的心理学家和计算机科学家需要建立一种具有大多数人所称的"常识性知识"系统，许多语义记忆的模型应运而生。其前提是，你关于任何一个明显（或外显）事实的知识，其实都与大量"内隐"知识，即那些你以为理所当然应该知道的信息相联系。

这里有一个我们理解日常生活中内隐知识的例子。以洗发香波瓶身上一般的说明为例："先弄湿头发，再使用洗发水，揉出泡沫，冲洗，再重复一次。"如果你死板地按照上述办法操作，你会不停地重复直到把洗发水用完为止或是直到把水全部耗尽！但是，我们都知道如何正确使用洗发水，就好比不用教我们也会喝咖啡一样。我们所遵循的并不是说明书上的指示，而是我们的常识——洗头时冲洗泡沫的循环程序进行一两次就已经足够（Galotti & Ganong，1985）。

我们关于语言和概念的大量知识同样与许多内隐知识之间有着密切的关系。举个例子，如果我问你："一只伯尔尼山地犬（Bernese）有肝脏吗？"你会很爽快地回答："是的"（正确）。（我认为）你的回答并非源自你对伯尔尼山地犬的广泛研究，而是因为你知道伯尔尼山地犬是狗，而狗是哺乳动物，哺乳动物都有肝脏。在本节中，我们将探讨几个模型理论，看看知识在语义记忆中是如何进行表征，以使我们能够做出这样的推断，表现出我们的常识。

要建立这样的模型，我们就需要从人们在执行特定任务时对得到信息所做的心理表征进行一些推断。比如，如果相对其他信息而言（如，第四个字母是 L 的单词），我们能非常迅速地提取一些信息（如，以 L 为开头字母的单词），这就能够提示我们知识的组织方式。在这个例子中，我们可以推测我们的词汇（lexicons），或称心理词典，是根据单词的第一个字母而不是第四个字母加以组织的。在随后提出的特定模型中你会发现，所设定的任务意味着要回答关于信息的心理组织性质的特殊问题。

7.1.1 网络模型

因为关于现实世界和语言的知识是如此多，要求用来保存这些知识的储存空间的容量也应该是巨大的。几十年以前，计算机科学家试图创建知识数据库的努力，会受到那个时代计算机记忆容量非常有限的限制，所以，语义记忆的模型也不可避免地受到这种局限的影响。一种保存记忆空间的方法就是在任何可能的地方避免贮存重复的信息。因此，在已经储存了人类、狮子、老虎和熊的有关心理表征之后，就没有必要再重复地储存关于伯尔尼山地犬"是胎生的"这样的信息心理表征，更加有效的方式是在哺乳动物这一较高的表征水平上储存它一次就行了。这很好地说明了**认知经济**（cognitive economy）原则：所有的特性和事实都尽可能地在最高水平上储存。这样，在重新找到信息时，你就可以进行推理，就像你回答伯尔尼山地犬有肝脏的问题一样。

Collins 和 Quillian（1969）进行了一项关于语义记忆的里程碑式的研究。他们验证了这样一种思想，即语义记忆可以类比为一个概念相互连接的网络。正如后来的网络联结主义模型一样，这一模型也包含节点，而它们又与词和概念相对应。每个节点通过指针（pointers）与相关的节点相连，或通过其他的节点彼此相连。因此，与所给词汇或概念相联系的节点，加上与第一个节点相连的指向其他节点的指针，组成了关于这个词汇或者概念的语义记忆。与所有人们知道的词和概念相联系的节点组合在一起，就称为**语义网络**（semantic network）。图 7-1 显示了一个掌握大量有关伯尔尼山地犬知识的人（比如我）的语义网络情况。熟悉计算机科学的读者可能会想起连接表和指针，这正是 Collins 和 Quillian 用来做类比的。

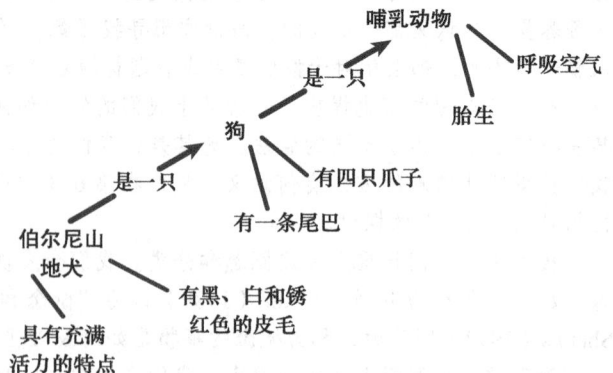

图 7-1 伯尔尼山地犬的部分语义网络表征

Collins 和 Quillian（1969）还验证了认知经济原则。他们推测，如果语义记忆可以类比于节点和指针组成的网络，而且如果语义记忆真的遵循认知经济原则的话，

两只真正的伯尔尼山地犬。

那么，离节点距离越近的储存事实和特性，证实它们所花费的时间也越少。Collins 和 Quillian 的推理可以得出以下的预测：如果一个人关于伯尔尼山地犬的知识是按照图 7-1 那样的线路建构的话，那么对他而言，能够证明"一只伯尔尼山地犬具有精力充沛的特性"的速度应该比证明"一只伯尔尼山地犬是胎生的"更为迅捷。注意"精力充沛"这一描述就储存在"伯尔尼山地犬"这个节点的旁边，表明它是这种动物所特有的。而"胎生"并非仅仅是伯尔尼山地犬的特征，所以它储存在更高水平的语义层级中。

在他们的研究中（见图 7-2），Collins 和 Quillian（1969）给被试呈现一系列相类似的句子或是发现，与研究者预测的一样，人们对跨越两个语义等级（如"金丝雀是鸟"）的句子的推导反应时间要比对表征跨越三个语义等级的句子（如"金丝雀是动物"）的反应时间更短。

这个理论模型被称为语义记忆的层级语义网络模型

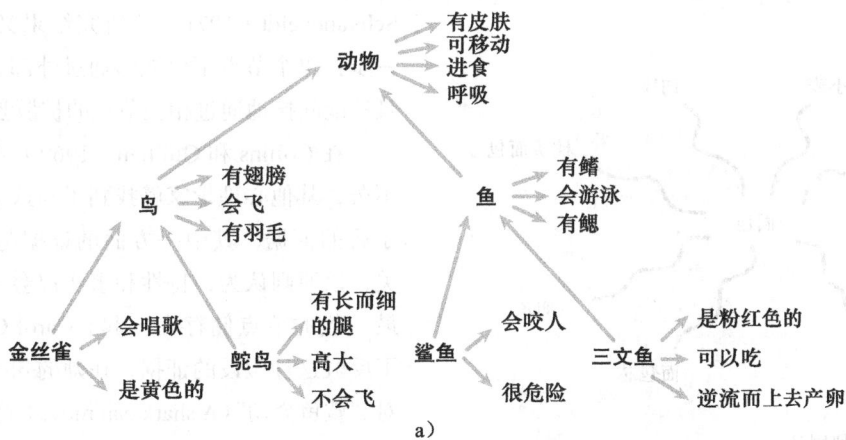

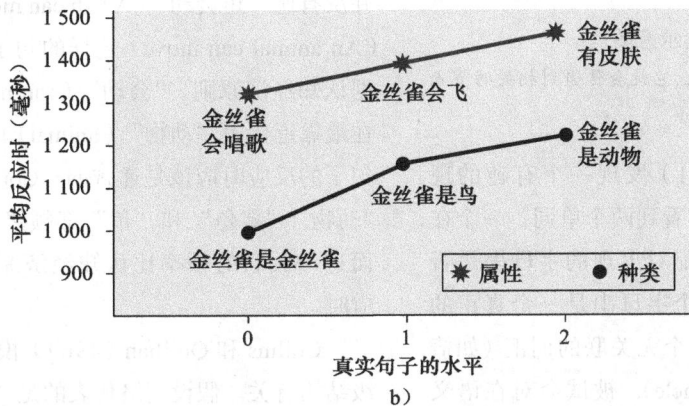

图 7-2　Collins 和 Quillian（1969）实验示意图

图 7-2a 显示的是假设的基础语义网络，而图 7-2b 显示的是验证语义网络中信息的句子所需的反应时情况。

（hierarchical semantic network model of semantic memory），因为研究者认为节点的组织是按层级进行的。在网络中的大部分节点都会有上位层级的节点和下位层级的节点。上位层级的节点对应的是下位层级节点所代表的那一种事物的种类名称，下位层级节点则代表了上位节点所指事物的成员。所以，举例来说，"猫"这个节点的上位节点是"动物"，而下位节点可能是"波斯猫""斑猫""斑点猫"。

Meyer 和 Schvaneveldt（1971）进行了一系列的实验以完善语义网络模型。他们认为如果相关的词汇储存时彼此非常接近，而且在语义网络中是彼此连接的话，那么，不论何时只要其中一个节点被激活或产生活动，能量就会传递到相关的节点上去，如图 7-3 所示。他们通过一系列**词汇判断任务**（lexical decision tasks）实验证实了这种关系。在这类实验中，被试观看一系列的字母串并要求他们尽可能快地判定这一字母串是不是真的词。因此，如果出现 bread（面包）这样的字母串他们就要做出肯定的回答，而对 rencle 这样的字母串做否定的回答。

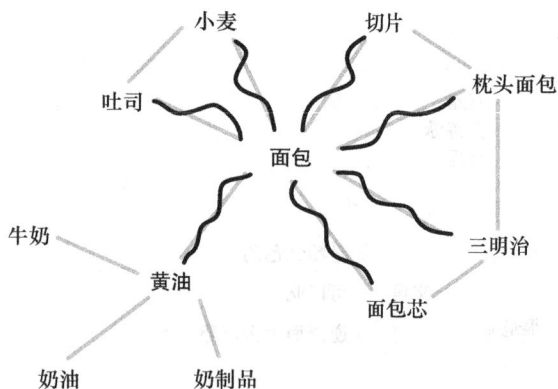

图 7-3 扩散激活示意图
一旦 bread（面包）的节点被激活，它就会传递到相关的节点上去。

Meyer 和 Schvaneveldt（1971）发现一个有趣的现象。在他们的研究中，被试同时看到两个单词，一个在另一个的上面，并且要求判断配对出现的字母串是否都是真正的词汇，如果其中一个字母串是一个真正的词汇（如面包）的话，相对于一个无关联的词汇（如椅子），或者不存在的单词（如 rencle），被试会对在语义上与该词相关联的词（如黄油）做出更加快速的反应。对这一发现的一种解释需要借助**扩散激活**（spreading

activation）的概念，其观点是兴奋会沿着语义网络中节点的连接而扩散传播。假如被试看到单词 bread，他就会激活语义记忆中相应的节点，这种活动会事先影响或改变与 bread 有关的词所对应的节点的激活水平。因此，当对 butter 这个单词的加工处理开始时，与之相关的节点已经被激活了，因而处理速度就会相应地加快。这种最初由 Meyer 和 Schvaneveldt 发现的**启动效应**（priming effect）一经提出就被广泛地重复验证（Neely，1990），它也是理解我们后面将要阐述的联结主义模型的一个重要观点。

在此，你也许注意到它与在第 3 章中所讨论的语词优势效应是有联系的。回想一下，人们在语词情境（如 WOR_）中再认一个特定的字母（如 D 或 K）的速度，相对于他们在没有语境或者在一个错误单词情境（如 OWR_）下要更为迅速，给出的解释大致如下：词语情境能够促进单词再认，因为与单词对应的节点能够在前一种条件下被激活，这种自动的激活促进了对单词各部分的再认，从而促进了对整个单词的再认。Meyer 和 Schvaneveldt（1971）的研究结果又将这一思想推进了一步：单个节点不仅能够通过外部刺激被直接激活，而且还能间接地通过相关节点的扩散激活而被激活。

在 Collins 和 Quillian（1969）提出他们的模型后不久，其他心理学家就找到了与这个理论预测的结果相矛盾的证据，其中一方面的证据与认知经济的预期有关，该原则认为，特性和事实都会尽可能地与最上位和最一般的节点储存在一起。Carol Conrad（1972）找到了反驳这种假设的证据，在她的句子判断实验中，被试对"鲨鱼会动"（A shark can move）这个句子做出的反应，并没有比"鱼会动"（A fish can move）或者"动物会动"（An animal can move）这样的句子反应更慢。然而，根据认知经济原则，"会动"（can move）的特性会被储存在最靠近代表"动物"（animal）的节点周围，因此三个句子的反应时应该是递减的。Conrad 认为"会动"是与"动物""鲨鱼"和"鱼"都频繁发生联系的一种特性，而这一关联的频率比认知经济原则更能预测被试的反应时。

Collins 和 Quillian（1969）模型的第二个预期与层级结构有关。假设网络代表的是"动物""哺乳动物"和"猪"这些单词（也依次代表各个概念），那么在储存的时候，代表"哺乳动物"的节点就会放在代表"动物"

的节点下面，而"猪"的节点又会被安排在"哺乳动物"的下面。然而，Rips、Shoben 和 Smith（1973）发现，被试确定"猪是动物"的速度要快于确定"猪是哺乳动物"的速度，而这与层级结构的预期显然存在矛盾。

层级网络模型存在的第三个问题是：它不能很好地解释其他已成定论的发现。其中一种发现被称为**典型性效应**（typicality effect）。Rips 等人（1973）发现，人们对"知更鸟是鸟"这样的句子的反应要比对"火鸡是鸟"的反应更迅速，即使证明这两个句子本来需要相等的时间。一般而言，对一个概念的典型事例的反应要比对非典型性事例的反应更快。对于大多数人而言，知更鸟是一种典型的鸟，但火鸡不是。层级网络模型并没有预期到典型性效应，相反，它认为所有概念的例证都会得到同样的处理加工。

Collins 和 Loftus（1975）提出一个对 Collins 和 Quillian（1969）层级网络模型的细化修正，他们称之为"扩散激活理论"（spreading activation theory）。总体上，这些学者都尝试进一步澄清和深化关于人们语义信息加工方式的理论假设。他们同样把语义记忆看成一个网络，网络的节点对应着相应的概念。他们同样认为相关联的概念是通过网络中的路径彼此连接的。他们更进一步地指出，当一个节点被激活的时候，该节点的兴奋会传到各条路径及相关的节点。他们认为在刺激向外扩散的过程中，强度会逐渐减小，对非常相关概念的激活程度会相当大，而对只有较远关系节点的激活就微乎其微了。

图 7-4 表示了 Collins 和 Quillian（1975）提出的一个语义网络一部分的表征。请注意，这个模型中，非常相似的概念，如"汽车"和"卡车"之间有许多的连接，而且彼此靠得很近。而不太相似的概念，如"屋子"和"日落"（前者可能是也可能不是红色的），没有直接的联系，而且在空间上也是隔开的。每一种连接或联系都被认为是有权重或一组权重的。这种权重说明一个概念对另一个与之相连概念意义的重要性。权重还会因为连接方向的不同而发生变化。因此，作为一种交通工具的意义对于卡车而言非常重要，但是，作为其中的一个范例，卡车的意义对于交通工具来说就不那么重要了。

Collins 和 Quillian（1975）阐述了这个理论模型其他的一些假设，来解释这个模型是如何解释许多其他实验中的数据的。他们省却了认知经济原则和层级组织的

假设，以避免他们的模型重蹈 Collins 和 Quillian（1969）模型的覆辙。然而，许多心理学家却发现，这个模型的广度是它最大的优点，也恰恰是它最大的缺点，因为从这个与经验发现有关的模型中，很难做出清楚而有力的预测。因此，即使这个模型和许多发现相一致，如典型性效应和类别大小效应，但是却很难有数据可以对该模型进行证伪。所以，提出的理论更多地应该被看作一个描述性的框架，而不是一个确切的模型。

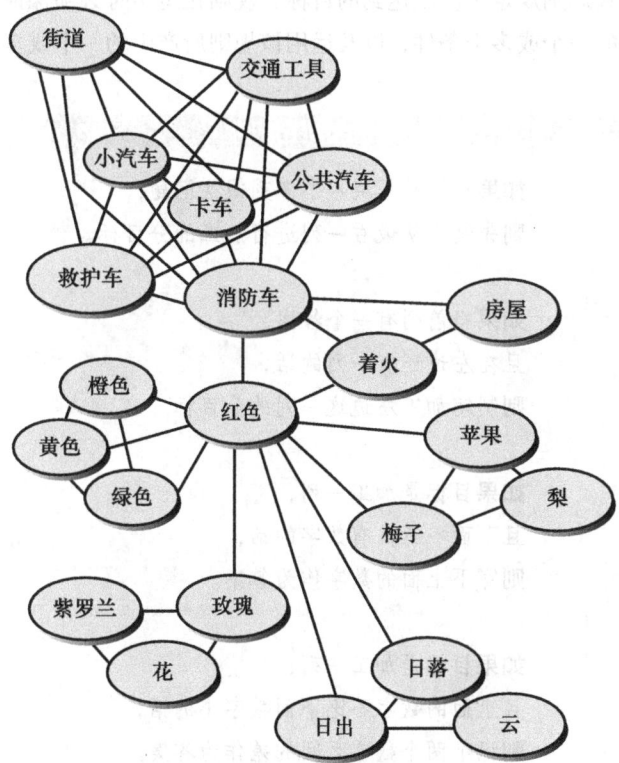

图 7-4 相关概念的部分网络表征
线段的长度代表两个概念之间相关或联系的程度。

7.1.2 ACT 模型

另外一个有关记忆的网络理论是在数年之后由 John Anderson（1976，1983，1993，2005；Anderson, Budiu & Reder，2001）提出的发展和修正方案，被称为**思维的适应性控制记忆模型**［adaptive control of thought(ACT) model of memory］，这个理论问世至今，已经有了将近 30 年的发展，并有不同的版本（如 ACT-*，ACT-R）存在。基于和计算机的类比，ACT 已经对一些不同任务的认知加工过程进行了计算机模拟实验。ACT 模型起先并没有像第 6 章描述的那样对语义/情景记忆做出区分，

但是却另外区分出三种不同类型的记忆系统：工作记忆、陈述性记忆和程序性记忆。

J. R. Anderson（1983）相信，陈述性记忆储存包含节点的网络信息。有不同类型的节点包含与空间意象或抽象命题相对应的节点。和其他网络模型一样，ACT 模型也允许任何节点的激活和向相连节点的扩散激活存在。Anderson 同样假定程序性记忆的存在。这种记忆储存通过**产生式规则**（production rules）来表征信息。产生式规则规定了应该达到的目标，规则在运用时必须保证的一个或多个条件，以及运用该规则所产生的一个或多

个动作。

举个例子，一个典型的大学生可以运用这样的产生式规则："**如果**目标是积极专心地学习（目标），**并且**宿舍里的噪声很大（条件），**并且**学校图书馆是开放的（条件），**那么**就收拾你的学习资料（动作）**并**将它们带到图书馆（动作），**并且**在那里学习（动作）。"好吧，也许这个例子有些不自然。但是心理学家、计算机学科学家和其他人已经运用产生式规则编写了计算机程序，来模拟人类解决问题的过程。专栏 7-1 节选的是 J. R. Anderson（1995）所举的一些多列（竖式）减法产生规则的例子。

专栏 7-1　多列减法的产生规则

如果目标是解决一个多列减法问题，
则先制定从最右一列进行加工的分目标。

如果当前列有一个答案，
且在左边还有一列的话，
则制定加工左边这一列的分目标。

如果目标是加工一列，
且下面一行没有数字的话，
则写下上面的数字作为答案。

如果目标是加工一列，
且上面的数字不比下面数字小的话，
则记下两个数字之间的差作为答案。

如果目标是加工一列，
且上面的数字比下面数字小的话，
则在上面的数字前加 10，
且将从左边一列借数作为分目标。

如果目标是从一列中借数，
且该列上面的数字不为零的话，
则将该数减去 1。

如果目标是从一列中借数，
且该列上面的数字为零的话，
则用 9 代替零，
且将从左边一列借数作为分目标。

J. R. Anderson（1983）的理论并非只想回答知识表征的问题。相反，他的目的是创造一种认知结构的理论，一种关于人类认知是如何实际运作的理论。他提出一个同时包含记忆存储和特殊加工结构的系统。有趣的是，这一宽泛的目标反倒使他建立的有关知识表征的模型与那些目标更为集中的研究者所提出的模型非常吻合。

在 ACT 的模型中，工作记忆实际上是陈述性记忆的一部分，在任何时刻都是被高度激活的。当在陈述性记忆中与相关产生规则条件相对应的节点被激活时，产生规则也同样得到激活。当产生规则被执行时，它们能够在陈述性记忆的范围内产生新的节点。因此，ACT 模

型也被描述成一种关于人类认知的"以激活为基础的"模型（Luger，1994）。

7.1.3　联结主义模型

本章伊始我就做过图书馆的比喻，储存在长时记忆中的每一条信息都象征着一个特定的项目，被储存在某个特殊的地方，就如同图书馆中的一本书一样。在假定存在一个或多个不同的记忆"储存"的信息加工框架里，这个比喻是相当有用的。

而联结主义模型做了非常不同的假设，因此不会很容易地就与前面的图书馆隐喻相结合。让我们对联结主义的记忆模型作一个简要的回顾，以了解其中的道理。

James McClelland，这位认知联结主义模型的先驱认为：

联结主义记忆模型带来了这一思想，即项目在记忆中的储存是这样的。其基本观点是，存储在记忆中的是一系列指令神经元相互传递的变化，它们影响到给定的输入可以建构的活动模式，根据这个观点，当经历了一个事件后，它就会通过一系列的加工单元形成一种活动模式。这一活动模式就是对该事件的表征。这种活动方式的形成引发了指令的创造，这组指令于是就存储在这些单元的联结中，随时接受接下来的活动模式构建的调遣。在某些情况下（例如，当这种构建过程发生于对回忆线索的反应之中时），该线索可能导致一种激活模式的建构，可以视作一种对先前经历过的事件的重建。这种重建的表征对应了一种回忆。而这些模式本身并没有得到储存，也不是真正的"提取"，回忆并不是提取，而是重建（2000，p.583）。

让我们来看一个具体的例子，比较一下语义记忆的网络模型和联结主义模型。图 7-5a 代表着由不同概念组成的语义网络模型，看起来很熟悉。而图 7-5b 呈现的是由同样概念组成的联结主义模型。知更鸟的概念，在图 7-5a 中是一个特殊的节点，并且和其他节点之间有相关性的连接，而在图 7-5b 中则表示为一个被激活的特定单元组。一个单元可能对应着某些生物的一种能力（如飞翔）或对应着某些方面（如颜色）。深色的单元就是被激活的单元，联结主义网络在经过尝试以后便可得知，当"知更鸟"的节点被激活时，相关的其他节点也会被激活（如"能够"和"生长"，"移动"和"飞翔"，但不包括"游泳"）。

这种学习是如何发生的呢？事实上，联结主义网络中激活模式的形成需要经过多次实例的练习才能完成。我们称这种过程为"反向传播"，这一过程相当复杂，但这里我将对之做一非常简化的阐述。

最初，单元间联结（图 7-5b 中呈现的不同单元之间的连接线）的权重都是随机和中性的（如 0.5，假设最小

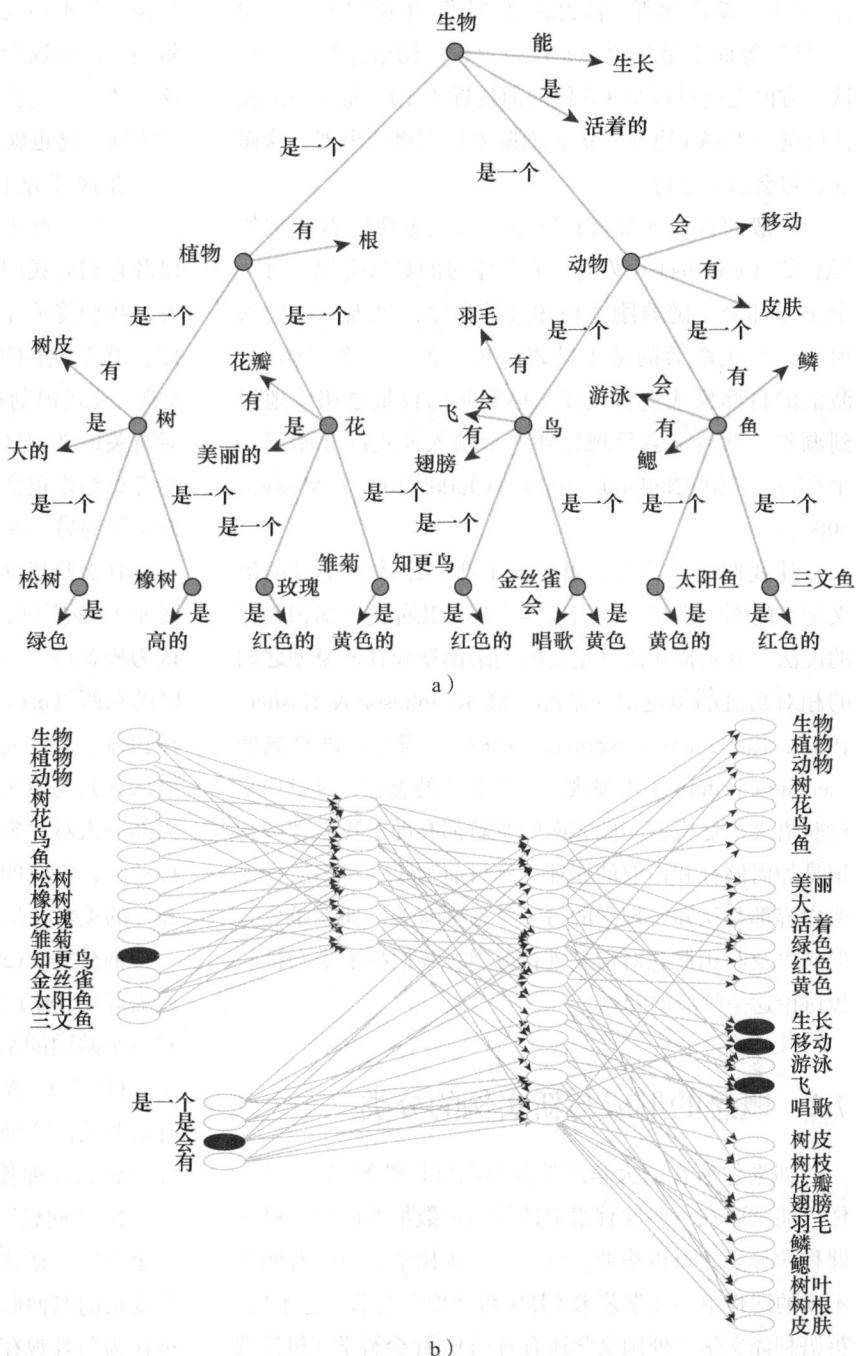

图 7-5　图 7-5a 是关于"知更鸟"的网络描述示意。图 7-5b 中联结主义网络模型对图 7-5a 中同样的信息给出了不同的描述

值和最大值分别为 0 和 1）。激活权重会使得它们连接的单元变得活跃（或不活跃）。给网络呈现一个特定的实例（输入模式），之后会引发一个特定的输出，于是练习就发生了。所以，举一个练习的实例来说，当"知更鸟"这一单元开始活跃时，"会""漂亮""飞翔"和"树枝"这些单元也会随之被激活。这些输出的内容再与目标（正确）输出如所有被激活的"会""生长""移动"和"飞翔"等而不是其他单元进行比较。网络连接就会在这一方向上进行调整（它们的值接近于 1），而其他的连接值则会下降（趋近于 0），而随着新实例的出现，这样的练习会重复进行。

一般而言，训练会在联结主义模型研究者所称的"纪元"（epochs）中发生，它与学习的尝试类似。每一个纪元都会紧随着刚才描述过的程序：呈现一个输入模式，产生激活的输出模式，然后再与一个正确的、激活的目标模式进行比较。单元间的权重也相应地得到调整，然后又会呈现另外一个输入模式以开始下一个纪元。（MeClelland，2000；Clark，2001；McRae，2004。）

让我们稍停片刻，思考一下我们刚才讨论过的语义记忆的不同模型。我们已经看到了几种关于知识表征的说法。有关描述语义记忆的网络模型和其他模型之间的相对功过的争论仍在继续（M. K. Johnson & Hasher，1987；Rumelhart & Norman，1988）。当然，**语义启动**（semantic priming）的发现、扩散激活的思想，以及用来检验语义记忆模型实验方面的革新都有助于我们理解知识是如何储存和提取的原理。到目前为止，我们所讨论的内容都与认知心理学的另一个话题有关，那就是概念形成以及利用概念对信息进行分类。我们接下来会进一步讨论这一领域的问题。

7.2　概念的形成与新实例的分类

如果你所在的大学或学院与我所任教的那所一样，你可能就要在一些课程组中选择一定数量的课程，修完课程学分后才可以毕业。例如，卡尔顿学院曾经有四个不同的课程组：文学艺术（其中包括舞台艺术、艺术史、英语翻译文学、外国文学还有音乐）、社会科学（包括教育学研究、经济、政治科学、心理学以及社会学 / 人类学）、自然科学和数学（包括天文学、生物学、计算机科

学、化学、地理、数学和物理学），还有人文科学（包括历史、哲学和宗教）。我可以从这些课程组中选出科目，形成我自己的课程目录，这就是选修课程以完成学业任务。

当然并不是所有学校都有相同的课程分类，例如，在有些学校，心理学一般被归入自然科学类。而在许多学校，艺术和人文科学是归在一起的。我不是很清楚卡尔顿学院的课程组合是如何形成的，但是我知道，创造这一体系的院长或管理委员会对这种分类有一种心理上的表征，这也就是认知心理学家所说的概念。

在这部分中，我们将关注概念和概念的形成，我们将回顾一些不同理论的描述，考察概念是怎样构成的以及它们对我们了解心理表征的运作有何启发意义。接着，我们将关注人们如何获得概念，并应用于对新的物体、模式和事件的分类。本章中讨论的许多观点都是第 3 章（模式识别和分类有许多相似之处）以及上一部分对有关语义记忆中理论的拓展和深化。同样地，对分类的考察结果也会预期稍后关于语言、思维、推理、决策制定等的另一些讨论（第 9 ~ 11 章）。

什么是概念和分类，它们有什么区别呢？虽然这种区别有些模糊，但我们仍然可以分辨。Medin（1989）认为概念是"一个观念，它包括所有在特征上与之相关联的东西"（p.1469）。换句话说，**概念**（concept）是对某种物体、事件或模式的心理表征，其中还储存了大量一般认为是与这些物体、事件或模式相关的知识。例如，大部分人对"狗"的概念中会包括这样的信息：狗是一种动物，它有四条腿和一条尾巴，拥有"人类最好的朋友"的美名，是一种常见的宠物等。

而**分类**（category）可定义为相似的一类东西（物体或集群），它们至少具有以下两个特点中的一个：它们具有一个共同的基本核心（例如，为什么所有科学都被称作"科学"），或者它们在知觉、生物学或功能特性方面有某些共同之处。当一个心理学家想到"分类"时，常常会想到各种各样不同的东西被归入一些不同的类别。在"20 个问题"游戏中，最常见的开始问题是："它是一个动物、矿物，还是蔬菜？"这个问题就是想要把那个要猜的东西归入三个类别中的一个。有时候，"种类"被认为是客观存在于这个世界的，而概念则是对种类的心理表征（Medin，1989）。

概念帮助我们在已有的知识基础上建立等级

（Medin & Smith，1984）。概念还给予我们一个心理上的"容器"，把我们遇到的东西归类进去，从而使我们可以进行分类。只要这些东西和我们原来熟悉的东西相类似，我们就可以用相同的办法来处理那些新的我们从没遇到过的东西（Neisser，1987）。分类还可以让我们进行预测并做出相应的行动。如果我看见一只四条腿一条尾巴的动物向我走来，我对它"是狗还是狼的分类"影响着我的反应，如果是一只狗，我会叫它，把它当作宠物爱抚；而如果是一只狼的话，我就会逃走或者呼救。

本节我们将关注一些物体和名词的概念，因为它们在目前的认知心理学中被研究得最多也最普遍。我们会看到，这种对概念的研究会影响到随后理论的创立。所以我们要记住一点，心理学家已经探索了人类几乎所有的概念。

我们之前已经讨论了语义记忆模型，它描述了不同概念的表征是如何相关联的。而在这里，我们要关注单个概念的表征和组织，我们将考察 5 种不同的关于"概念是如何表征和构成的"观点，每个都对"当我们具有了一个特定的概念时，我们拥有哪些信息"这一问题做出不同的回答。同样，每个理论对于概念是怎样形成、获得与学习的都有着不同的解释。

7.2.1　概念和分类的经典观

传统观点可以上溯至亚里士多德的概念经典观，这一观点在 20 世纪 70 年代以前一直在心理学中占有主导地位（Smith & Medin，1981）。该观点认为，一个概念中所有的样例都具有相同的基本特性或特征（Medin，1989）。**概念经典观**（classical view of concepts）尤其认为，被表征的特征对于个体而言是必要条件，同时对于总体来说是充分条件（Medin）。前者是指每一个成员都必须具有这一特征才能成为这个概念中的一员。例如，"有三条边"是三角形概念的一个必要特征，没有三条边的图形自然就不能被称为三角形；一组特征对于总体而言是充分条件指的是，任何客体只要符合这一系列特征就自动归入这个概念。例如，"有三条边"、"封闭的几何图形"这一系列特征就是定义一个三角形的充分条件，任何物体只要符合这两个特征就可称为三角形。表 7-1 呈现了关于系列特征和概念的一些其他例子，它们都说明了个体必然和总体充分的意思。

表　7-1

概　念	特　征
单身汉	男
	成年人
	未婚
	人
偶数	整数
	可以被 2 整除
三角形	平面图形
	封闭几何图形
	三条边的

经典观中还有一些引申的含义：第一，它推定概念是在心理上表征一系列的特征，也就是说，概念不是特定样例的表征，而是一种抽象，包含了所有样例都必须具有的性质和特点；第二，它推定类别中的成员是界定清晰的，它们要么具有所有充分必要的特征（此时它就是该类别的一员），要么缺少一种或多种特征（这样它就不是该类别中的一员）；第三，它意味着一个类别中所有的成员生就是平等的，也就是说，就像没有"较好的"或"较糟的"三角形一样。

Eleanor Roach 及同事进行的研究工作（Rosch，1973；Rosch & Mervis，1975）质疑了传统的论调，并且降低了人们对经典观的关注。Roach 发现人们在判断类别中的成员时，在"吻合性"方面是存在差异的。例如，北美洲的人大多认为知更鸟和麻雀是非常吻合鸟类特征的样例，同时觉得小鸡、企鹅、鸵鸟就不那么吻合了，请注意这一结果给经典观带来的问题和麻烦。在经典观中类别只有"全或非"的分界。某个实例（如知更鸟或鸵鸟）要么属于这个类别，要么就不是。这种观点就没法解释在人们的印象中某些鸟比另一些鸟"更像鸟"的现象。

人们对类别中典型性的判断，影响了他们之后在不同任务中的表现。我们在本章最初已经提到，在句子判定任务中，人们对句子"知更鸟是鸟"的反应要快于"小鸡是鸟"的反应（McCloskey & Glucksberg，1978；Rosch，1973；E. E. Smith，Shoben & Rips，1974）。当要求被试列出属于某个概念中的例子时，人们更倾向于列出典型性的例子而不会是非典型性的例子（Mervis，Catlin & Rosch，1976）。同时，语意启动研究表明，高典型性的例子更易产生启动效应（Rosch & Mervis，1975；Rosch，Simpson & Miller，1976）。

这些研究结果在经典观的框架下都很难解释。另外，其他研究也对"人们在判断类别成员时储存和参照一系列必要特征"的观点提出了质疑。在 McCloskey 和 Glucksberg 的研究中（1978），他们给被试一张项目列表，要求他们判断这些项目是否属于某个特定类别（例如，"椅子"是否属于"家具"）。经典观预计人们的回答会高度一致，但是在 McCloskey 和 Glucksberg 的实验中，被试却不同意那些非典型性的例子（例如"挡书板"是不是"家具"）。事实上，被试在不同阶段的反应中常常自相矛盾。这个研究结果对经典观中类别具有明确清晰的界线这一点提出了尤为激烈的反对意见。最后，即使给被试特定的指导语，大多数人仍然难以总结出某个类别成员的特征列表，既能反映对于个体的必要性，又能反映出对整体的充分性（Ashcraft，1978；Roach & Mervis，1975）。

7.2.2　概念和分类的原型观

第二种概念本质的理论观点是 20 世纪 70 年代提出的所谓原型观。**概念的原型观**（prototype view of concepts）否认了充分必要特征列表的存在（除了在有限的概念类别中，例如一些数学概念），而将概念看成不同类别的抽象（Medin & Smith，1984）。像知觉研究者一样（见第 3 章），概念研究者也认为有心理原型存在，它就是某类别事物或事件的理想化表征。持原型观的研究者尤其认为，概念原型包含的特征或方面是该类别成员所特有的，即典型的，而不一定是充分必要的特征。在衡量是否为类别中的一员时，没有哪一种单独的特征或方面（除了那些不说也罢的，如"是一个物体"）是必不可少的，但是这个示例拥有的典型性特征和方面越多，就越容易被认为是该类别中的一员。

概念和分类的原型观常常提到概念的**家族相似性结构**（family resemblance structure of concepts）（Wittgenstein，1953），该结构中每个成员都具有一些特征，与不同成员之间的相似之处是各不相同的。几乎没有一个特征是类别中

每个成员都共同具有的。然而，一个成员拥有的特征越多，它就越具典型性。图 7-6 给出了一个家族相似性的例子，注意史密斯兄弟有一些共同特点：浅色头发，浓密的胡子，大耳朵还戴着眼镜。但不是所有的头像都拥有每个特征，不过中间那个具有所有特征的兄弟对于史密斯的朋友来说，最容易被认为是史密斯家族的后代。他长着大耳朵，戴着眼镜，还有浅色的头发，这个与在"10 点钟"位置的兄弟相同。同时他又和"7 点钟"位置的兄弟一样，都有小胡子和大耳朵。实际上每对不同的兄弟之间共同具有不同的特征。

概念的原型观通过家族相似性对典型性效应进行了解释，即当某一个样例含有越多的典型性特征，那么它与其他样例之间的家族相似性就越强，因而该样例也就越典型。比方说，我们认为知更鸟相对企鹅来说是更典型的鸟类，因为它具有更多鸟类的特征，比如"体形小""会飞""吃虫子"还有"住在树上"。即使在"单身汉"这样定义良好的概念中，一些人也会比另一些人更像单身汉。例如，一个 13 岁的男孩不就是一个单身汉的很好例子吗？他是男性并且未婚。那教皇算不算单身汉呢？关键在于他们都符合单身汉的定义（单身汉是否

图 7-6　家族相似性的一个例子

一定为"成人"仍有争议），但是他们显然都不如"20来岁适合人追的小伙子"更符合这一标准。

在一组研究中，Roach 和 Mervis（1975）给大学生被试看一组词语（例如，椅子、小轿车、橘子、衬衫、枪、豌豆），它们是从分属 6 个不同的上位概念（"家具""车辆""水果""衣服""武器""蔬菜"）中挑选出来，要求被试列出每一个物品的"共同点和特征"。例如，对椅子这个词来说，被试可能会列出"有四条腿；用来坐的；有时有扶手；在家里或者办公室中使用"。接下去 Roach 和 Mervis 记录了一张列表，囊括全部被试列出的所有属于上位类别的基本词语（例如，所有列出的关于椅子、沙发、桌子、梳妆台、书桌、床、钟、花瓶、衣橱、电话等）的特性。下一步，他们再计算每一词被试共同列出特性的数目。他们发现某些词项，像椅子和沙发（对于上位类别"家具"而言似乎更具原型的特征）具有更多的所列的"家具"特征，而钟或电话则不是家具的原型样例。然而在 6 个大类中，只有非常少（0 或者 1 个）的特性是类别中所有的 20 个词语都有的。

一个原型就是某种包含一个类别所有典型性特征的抽象物。原型可能是类别中一个具体的样例，但也有可能不是。原型通常也可理解为心理上对类别中所有成员的"汇总"或者"平均"，虽然这样说存在着一些问题（Barsalou，1985），所以原型观的总体思想是基于一种家族相似性结构，概念都具有一个或几个"核心"表征，但是并没有严格的界限。

Roach 和她的同事（Roach，Mervis，Gray，Johnson & Boyes-Braem，1976）对概念有另一个重大的发现。虽然概念存在于一个层级结构的许多不同水平（例如"伯尔尼山地犬""狗""犬科动物""哺乳动物""动物"），但一种抽象的水平显然更具有心理学意义上的基础性。研究者称之为"基本"水平，并将它与高级水平（上位水平）和低级（下位）水平区分开。

要想理解**分类的基本水平**（basic levels of categorization）和其他水平的区别，就要考虑分类的目的。从一方面看，我们要将相似的物体、事件、人、观念等归类在一起；从另一方面来说，我们又要通过分类来区分物体、事件、人和观念之间的重要不同。所以必须将这两个目标都包括进去，Roach 和她的同事认为基本水平就是最好的折中方法。

"钢琴"和"吉他"是基本水平类别的两个例子。这样的类别包括了彼此最为相似的成员。另一方面，**上位水平类别**（superordinate levels of categories）（例如"乐器"）所包含的成员（如"钢琴"和"吉他"）在很多地方都存在区别。同时，基本水平的类别又可以最大限度地彼此区分，尤其是相对于下位的类别。"三角钢琴"和"竖式钢琴"这两类**下位水平类别**（subordinate level of categories）与"钢琴"和"吉他"这两个基本水平类别相比区分性较差。表 7-2 列出了一些基本水平类的例子，同时还附有其上位水平与下位水平的类别。

表 7-2　基本水平类别以及相应的上位水平和下位水平类别

上位水平类别	基本水平类别	下位水平类别
乐器	吉他	古典吉他 民谣吉他
	钢琴	三角钢琴 竖式钢琴
	鼓	低音鼓 定音鼓
水果	苹果	美味的苹果 红苹果
	桃子	核肉粘连桃 核肉分离桃
	葡萄	康克特葡萄 绿色无核葡萄
工具	锤子	羊角锤 半球形铁锤
	手锯	竖锯 横锯
	螺丝刀	飞利浦螺丝刀 普通螺丝刀
服装	裤子	李维斯牛仔裤 双面穿裤子
	袜子	长筒袜 短袜
	衬衫	礼服衬衫 针织衬衫
家具	桌子	厨房桌 餐桌
	台灯	落地灯 桌灯
	椅子	厨房椅 客厅椅
交通工具	小轿车	跑车 四门轿车
	公共汽车	城市公共汽车 越野汽车
	卡车	轻型小货车 牵引拖车

原型观可以很好地解释为什么类别中某些特定的成员比其他的更典型。同时，它也解释了为何人们觉得要给他们的概念下一个严格的定义很难：因为严格的界定是不存在的。最后，它也解释了为何有些分类容易判断而有些却不清晰。例如番茄，有的人说它是水果，而有的人觉得它是蔬菜。因为番茄常常和蔬菜而不是和水果一起吃，而且与蔬菜有某些相似性。然而，对于生物学家而言，番茄是水果，因为它是从植物的花而来的（严格地说，是雌蕊结出的）。而蔬菜是植物不具繁殖能力的部分，例如茎或者是根的部分。原型观解释番茄概念的含糊性，因为它同时具有某些蔬菜的特征（而把它归为蔬菜）和某些水果的特征（而把它归为水果）。

然而原型观也不是一点问题没有。首先，它没有抓住人们知识体系中概念分界的极限。例如，尽管一只墨西哥吉娃娃狗在很多地方更像一只猫而不像大丹犬，但它仍和大丹犬一样是犬类。这个例子用原型观就很难解释。与经典观不同的是，经典观为究竟属不属于一个类别设定了明确清晰的界限，但原型观却没有说明清晰的界限。

虽然外观非常不同，但大丹犬与吉娃娃却同属犬类。

Roach 和她的同事们（Roach，1973；Roach & Mervis，1975；Roach，Mervis et al，1976）对此进行了反驳，他们认为某些类别间的界限来自环境本身。举个例子，有翅膀和能够飞常常是一块发生的，而我们一般称之为鸟（但飞机、蝴蝶和昆虫也有翅膀且会飞）。类别间的界限并不是来自作为信息加工者的我们，而是来自世界运作的方式：有些因素或特征的模式是世界上早有的，有些则不是（Komatsu，1992；Neisser，1987）。人们在分类

时的主要任务是从现实世界的规则中挑选信息，而不是像经典观中所认为的那样，强加一些界限来分组。（从现实世界"选择信息"可能会让同学们联想到第 3 章中所讨论的知觉加工。）

原型观的第二个问题在于如何解决类别中典型性的评级。Barsalou（1985，1987）以及 Roth 和 Shoben（1983）的研究表明，样例的典型性某种程度上取决于情境的范围。所以，尽管知更鸟可能是你在邻居家里看到的典型的鸟类，但是如果在谷仓外的空地上它就不典型了。这一发现可以和"类别中每一个成员都具有一个特定程度的典型性"这一观点形成对照。相反，典型性很明显地随着概念被提及的情境而加以改变。

Armstrong 和 Gleitman（1983）的研究表明了典型性评判中的另外一些问题。在这些研究中，调查者要求被试对于自然概念（例如"车辆""水果"）和定义良好的概念（例如"单数""女人"）中例子的典型性定级。他发现，被试很容易就能将定义良好类别中成员的典型性分级。一般都认为相对于数字 57 而言，3 是一个更典型的奇数。然而，同样的被试也同意，"奇数"的定义很明确，将典型性分级没有什么意义：因为数字不是奇数就是偶数。研究者就此得出结论，认为"典型性分级"任务是有缺陷的，至少对于发现潜在表征的概念而言是这样。

7.2.3 概念和分类的样例观

前两种观点都认为，概念是心理表征的抽象或总结，换句话说，具体的样例并不是特别加以存储或表征的，而是均衡地融进某种合成性的表征之中。**概念的样例观**（exemplar view of concepts）则恰恰相反：它断言概念包括至少一些实在的具体实例的表征。样例观认为，人们是通过将新的实例与以前存储下的被称为样例的实例进行比较，从而对新实例进行归类的。也就是说，人们会存储实例的表征（Fido 是长耳朵金色猎犬；Rover 是因为和浣熊冲突不幸失去尾巴的黑白两色小牧羊犬；约克郡犬则常常为脚趾甲上色，头上还系着一个蝴蝶结）。

就像原型观一样，样例观解释了人们不能够表述出必要的和界定性的特征的原因：没有可以用来表述之物。它还解释了人们在对不清晰、非典型的实例进行归类时为什么会遇到困难，因为这样的实例与其他类型

的样例相类似（例如，番茄既与水果的典型，如与橘子或苹果相似，又与蔬菜的典型，如与甜菜或南瓜相似），或者其特征不够鲜明，从而不与任何已知的样例相类似（Medin & Smith，1984）。典型的实例比那些不典型的实例更有可能被存储下来（Mervis，1980），典型的实例也更容易被判定与已存储的样例相似。这就解释了为什么典型实例的信息能更快地得到处理：人们在尽力搜寻典型实例的过程中，找到十分相似的已经存储的样例相对而言是很快的；而与此相对的是，非典型实例的信息由于与已经存储的样例不相似，因此需要花费更长的时间去加工处理。

对于样例观而言，最大的问题与原型观一样，是太缺乏界定。比如说，它没有特别指明哪些实例会最终作为样例而存储，哪些则不会。它也未说明在进行归类时，不同的样例是如何"被召唤到头脑中的"。但是，许多心理学家还是相信，人们通常会在他们的概念表征中存储一些特别类别成员的信息。

Arthur Reber（1967，1976）主持了一系列关于这个课题的研究。在他的实验里，被试需要学习给定的一串字母，类似于图 7-7a 所示。有部分实验组的被试并不清楚这些字母并非随机排列，而是按照一种具有共同语法规则的结构来生成的。

图 7-7b 表示的就是一种这样的语法。要依据这种语法得到一个"合法"的字母串，你就要从写着"入口"的路径开始，沿途根据箭头所指的方向，一直走到标记"出口"的地方。每当你选择一条路，就把代表那条路的字母加到你的字母串中。所以，"合法"字符串的第一个字母总是 T 或 V。注意该语法中包括的两个回路，分别标记为 P 和 X。这些回路可以重复任意次数（每次都在字母串后加上一个 P 或 X），这样一来字母串就可以无限延长了。

Reber（1967，1976）发现，学习有一定规律的字母串的被试，与学习随机字母串的控制组相比，犯的错误较少。出人意料的是，那些事前被告知字母串包含了某种复杂规则的被试，比起那些只被简单要求记忆特定字母串、而不知道字母串有特定结构的被试，记忆成绩

反而较差。Reber 就此推断，当复杂的潜在结构（例如他的人工语法）存在时，人们更多的是记忆样例，而不能很好地找出这种结构到底是什么，这主要是因为试图猜出结构的被试常常会引申或创造出错误的规则和结构。

Brooks（1978，1987）相信，Reber（1967）发现的加工过程在一般认知中的大部分时间都存在。Brooks 称这些加工过程为**非分析性概念形成**（nonanalytic concept formation），与之相对的是分析性（逻辑性、科学性、聚焦的）概念形成，譬如概念形成的早期研究中被试所表现的那样。非分析性概念形成，有时也称为**内隐学习**（implicit learning），要求人们将注意力放在个体样例上，把有关样例的信息和样例的表征存储在记忆里；后面的分类则是通过把新的实例与这些表征加以比较，得出新旧之间的类比关系而进行的。

在一项研究中，Brooks（1978）要求被试执行一项对偶联结学习任务，学习把象形文字符号串与英文单词联结起来。图 7-8a 列出了一些实验的例子。符号串中每一个符号都有一个特定的含义，如图 7-8b 所示，但被试并不清楚这一事实。然后，研究者出其不意地给被试看如图 7-8c 所示的新的符号串，并要求被试回答以下四个问题：它会飞吗？它大吗？它是生物吗？它会攻击吗？绝大多数被试都报告称，他们对这些问题的回答靠的是回想前面看到的相似实例。但是，他们

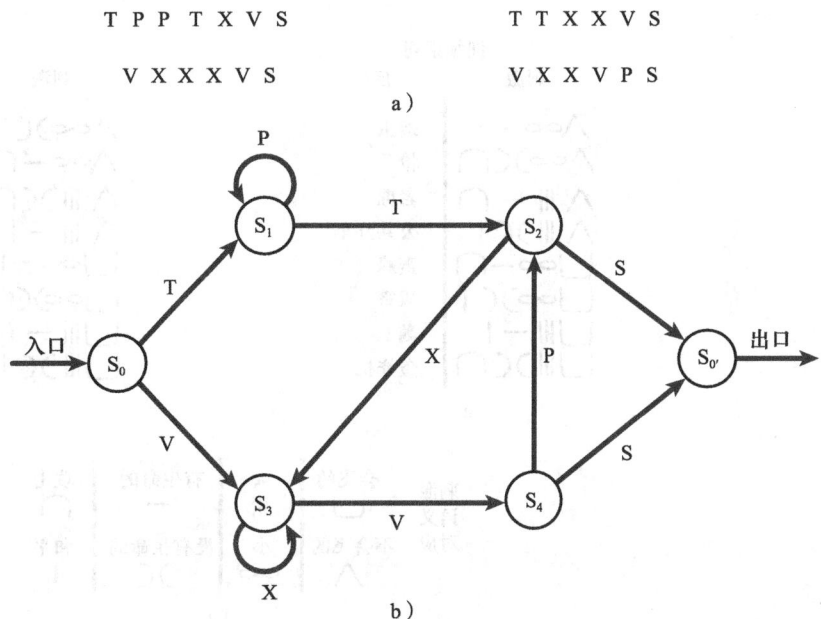

图 7-7 Reber（1967）使用的可能刺激图 7-7a 及其潜在的"语法"图 7-7b

一般不能指出到底符号串中哪些特定的符号是他们回答的基础。

Brooks 的研究结果给认知心理学家提出了一个难题。很显然，被试在形成概念时，有时会外显地尝试特定的假设。有时会形成原型（比如第 3 章提到的 Posner 和 Keele 1968 年的实验），而有时又会记忆样例（Reber，1967，1976；Brooks，1978）。问题在于，人们在什么情况下会选择这些不同的方法，又为什么会选择这些不同的方法呢？

Brooks（1978）认为，这个问题的答案一定与概念形成任务本身有关。一些简单的实验室任务似乎会引导被试选用分析性的、假设检验的框架。而其他较为复杂的刺激则导致人们摒弃这种方法，转而选用另外的途径。Brooks 进而描述了五种促使人们存储个体样例信息的因素。

第一个因素涉及学习区分各个实例信息的任务要求。Brooks（1978）提醒我们，在自然的情形下，同一个类别的不同项目有时必须加以区别对待。比如，虽然我们都知道可爱的家庭宠物狗"巡游者"和街道尽头那家当铺的看门狗"杀手"都是狗，但是不论孩子还是大人都知道要是把宠物狗和看门狗的角色互换，后果一定会让人大跌眼镜。

第二个因素涉及最初的学习情景。现实生活中的很多时候，示例并不是以很快的速度接二连三地出现（像很多实验室实验一样），相反，同一个例子（比如家庭宠物狗"巡游者"）会重复地出现（尤其是吃饭的时间！）。这样一来，就给人提供了深入了解特定示例的机会。

第三，一些刺激本身就比其他的刺激更适合假设检验。在简单的实验室环境下，刺激可能仅在少数几个维度上存在明显的变化。而现实生活中，事物变化的方式非常复杂。在知觉学习方面，对于初学者而言，变化的相关维度并不那么明显，这一思想在第 3 章知觉学习中我们已经讨论过了。第四个因素是指在现实生活中学习概念时，那些示例可能会同时属于好几个类别。比如，"巡游者"可以属于"狗""家庭宠物""忠实的伙伴""雨天时污泥的来源"甚至"大额食品账单的制造者"以上任何一个类别中的一员。Brooks 指出的最后一个因素是，在自然情景中学习示例时我们并不知道以后什么情况下会需要用到这些信息。

7.2.4 概念和分类的图式/脚本观

另一种人们表征知识和概念的方法需要用到图式的概念。这种方法可追溯至 Frederick Bartlett（1932），我们在第 6 章中已经提到这一点。图式通常是指比单个概念要大的东西。图式将关于现实世界的一般性知识与关于特殊事件的信息结合于一身。Bartlett 定义图式为一种"对过去反应或过去经验的主动组织，它必须随时听候调遣，应用于任何适应良好的有机体的反应中"(p.201)。

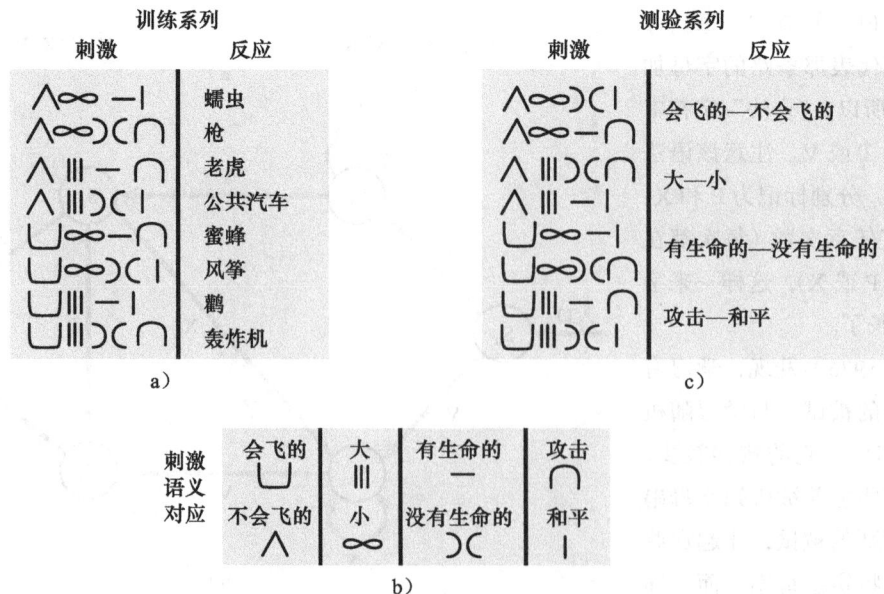

图 7-8　Brooks（1978）实验中的刺激

这里的关键词是组织。**图式**（schema）是一个有组织的、大的信息单元，用于在记忆中表征概念、情景、事件和行动（Rumelhart & Norman，1988）。

Rumelhart 和 Ortony（1977）将图式视为认知的基本构成结构，类似于理论的组织知识单元。总体上，他们把图式看作"打包的信息"，既包含变化的成分，也包含固定不变的内容。比如关于"狗"这一概念的图式。固定的信息包括狗是一种哺乳动物，（一般）有四条腿，是家养的动物；而变化的内容包括品种（长卷毛狗、西班牙长耳狗、伯尔尼山地犬），大小（微型、中等、超大），颜色（白、棕、黑、三色），脾气（友善、孤僻、野性）以及名字（斯波特、罗弗、泰迪），等等。Just 和 Carpenter（1987）将图式比作一张留有空白、待人们填写的问卷。空白边的标记指示应该填写的信息种类，例如姓名、地址和出生日期等。

图式同样指明了各种信息之间的相互关系。例如，要描述一只狗，其各个"部分"（尾巴、腿、舌头、牙齿）就必须以特定的方式组合在一起。一个四条腿长在头下面、尾巴从鼻子上伸出来而且舌头长在肚子下面的家伙是不会被当作狗的，即使狗的各个部分都已经齐全。

此外，图式也可以通过不同的方式与其他的图式联系起来。以我的狗"泰迪"的图式为例，这是"所有我养过的狗"（泰迪、布西、艾斯克、弗里特和泰克）这一较大图式的一部分，后者又是更大的"伯尔尼山地犬"图式的一部分，而"伯尔尼山地犬"则是更大的"狗"的图式中的一部分。伯尔尼山地犬的图式又与类似相关的图式相联系，如，圣博纳德犬（它们都出自瑞士的博纳省），以及罗特威勒犬（都被美国肯尼尔俱乐部及其他注册机构归为"工作犬"）。

图式存在于所有的抽象水平之中，因此图式可以存在于很少的知识中（一种特定墨水的组合形成了一个什么字母？），也可以非常大（相对论是什么？）。它们是主动的加工过程，而不是被动的知识单元。也就是说，它们不是简单地被记忆唤起，然后被动地加工。相反，人们在不断地估测和评价他们当前的情景与一些相关的图式和分图式之间相吻合的程度。

有些研究者认为，图式被用于认知的各个方面。当我们在确认面前所看到的物体时，图式在这其中的知觉和模式匹配中起到了重要的作用。它们在记忆任务的执行中也发挥着重要的作用，我们会回想起相关的信息，以帮助我们解释周围现在发生了什么，制定下一步行动的方案。我们将在第 9 章中看到，当我们试图跟上谈话、故事或书本内容的意思时，图式还可以用以解释文本和谈话理解的某些方面。

脚本（script）是图式的一种，是用来描述日常事件的图式（Schank & Abelson，1977）。让我们一起看一下最著名的去餐馆吃饭的脚本。想一下（最好在继续读下去以前做一些笔记）当你去餐馆时会发生什么事情。然后再想想其他事情：听讲座，早上起床，在杂货店中购物，看医生。Schank 和 Abelson 注意到，人们关于去餐馆的知识是相当一致的，而且是用非常相似的方法加以建构的。他们认为这是人们的共享脚本，从而解释了这一相似性。

脚本可以应用在各种情况下。例如，当你来到一个从来没有到过的城市的新餐馆时，就可以利用一个脚本提示自己，在这里你会遇到什么事情。一般来说，你可以想象在门口受到主人的接待，由服务员领你到一张有空的餐桌旁边，给你菜单，等等。这些知识提示你如何恰当行事。所以，当你走进一间餐厅却没有看到服务生时，在坐下之前先等待（至少一会儿）通常是个不错的主意。你的脚本会告诉你这些。

脚本引导我们做一系列的推断（Rumelhart & Norman，1988）。请看这个故事："蒂姆很想吃炸鸡排，于是他来到一间餐厅并且点了一份。最后，他要来账单，结账，然后离开。"其他明显省略的信息就可以用脚本来推断。例如，我们可以猜测蒂姆进了餐厅，就座，然后有人过来点菜并拿走了点菜单，接着有人按照菜单烹制鸡排，而且蒂姆是带着钱或者信用卡走进餐厅的，等等。这个故事没有必要告诉这些信息，因为只要我们回想起恰当的脚本（"去餐馆"），该脚本就会填补其余的部分，给我们足够的信息。

Bower、Black 和 Turner（1979）研究了人们使用脚本的典型程度有多大。他们首先要求被试写出某些特定事件的脚本，包括去餐馆、听讲座、起床、采购食品杂货和看医生。他们比较了所有被试写出的要点，发现人们的描述有高度的一致性。被试所叙述的特点，提及的器具和动作，以及不同动作发生的顺序，大都如出一辙。

这些研究者们还发现，被试的描述水平也非常一致。绝大多数人都会说"吃东西"，而不会说"拿起汤勺，放进汤里，把汤勺举到唇边，吮吸"。在另一项研究中，Bower 等人（1979）发现，如果某个故事的信息以杂乱的顺序呈现给被试，他们会倾向于以脚本的顺序进行回忆。在更进一步的实验中，研究者呈现的故事仅仅涉及某个典型脚本中的部分事件。他们发现，在其后的回忆任务中，人们经常"回忆"起故事中没有但存在于相关脚本中的信息。Rizzella 和 O'Brien（2002）发现，如果让人们阅读并记住一篇记叙文，他们记忆相关脚本中核心概念（比如在餐馆脚本中的上菜）的表现要明显优于那些脚本中不太重要的概念（比如把某人的名字告诉主人）。

上述发现被 Owens、Bower 和 Black（1979）在一个研究中加以复制。他们呈现给被试的是一个人做日常琐事的故事，如煮咖啡，看医生，听讲座。在实验条件下，被试阅读了一个包含三句描述的问题。例如，"南茜起床后又感到不舒服，她怀疑自己是否真的怀孕了。她该如何告诉教授她一直看到的东西呢？而钱又是另外一个问题。"接着，要求被试尽可能地逐字重述这个故事。读过这些问题描述的被试比那些控制组中没有看过问题的被试重述了更多的情节内容，同时也"回忆了"比该故事更多的东西。这些额外信息显然来自背后的脚本（如一个年轻的孕妇），而且间隔时间越长，出现得就越频繁。

作者建议，虽然脚本在帮助我们回忆的过程中起了重要的作用，但这也会让我们付出代价：其他与脚本有关的信息会入侵到我们的记忆之中。因此，巴特莱特（1932）的被试产生了关于幽灵战争的歪曲回忆（已在第6章中讨论），其部分原因是他们使用了他们的图式和脚本来使最初听到的故事"合理化"，使它们更符合自己文化中对这一类故事该如何发展的预期。

一些心理学家（Komatsu，1992）认为**概念的图式/脚本观**（schemata/scripts view of concepts）既与原型观有重合（两者都存储从实例中抽象出来的信息），又与样例观具有共同特征（两者都存储有关实例的信息）。图式观也同原型观和样例观一样面临着一些问题。它没有足够清晰地详细说明单个图式之间的界限。而且一些心理学家认为，在当前状况下，图式的框架并没有得到充分的描绘，以至在经验的层面我们无法对之加以检验（Horton & Mills，1984）。我们仍然需要回答以下问题：何种经历会使新的图式形成？图式是怎样随着经验更改的？人们如何才能弄清楚在不同的情况下哪些图式形成

了，也就是说，人们运用了哪种环境提示？

7.2.5　概念和分类的知识基础观

许多认知心理学家（Barsalou，2008；Keil，1989；Lin & Murphy，2001；Murphy & Medin，1985）都认为，相比我们先前的认识，概念更多地与人们的知识和世界观有关。Murphy 和 Medin 提出，概念与这个概念的事实原型之间的关系可以类比为理论和支撑这个理论的数据之间的关系。**概念的知识基础观**（knowledge-based view of concepts）认为，人们在对物体和事件进行归类时，不是仅仅把物体和事件的特征或物理方面的特点与所储存表征的特征进行比较，而是会运用自己有关概念是如何组织的知识去判断分类，并解释说明为什么某些实例恰好能归入同一类别之中。知识基础观有助于解释一些表面上没有联系的物体集合是如何在特定环境下形成一个一致类别的。

我们可以从 Barsalou（1983）那里取得例证。看看这个由孩子、宠物、相册、传家宝和现金组成的类别吧。从表面上看，这些东西这样放在一起好像很难解释得通，但是如果是在一个剧本里，一场大火即将吞噬一处房屋，那么这些东西可以顺理成章地归到"需要抢救的东西"这一类中去。以上提到的每一件东西对于物主或父母来讲都是十分珍贵和无可替代的。但是请注意，只有当我们知道它的目的时，类别成员的一致性才能保证。当概念相互组合的时候便会形成一种相似的情境效应。举一例，当我让你思考"宠物"的时候，你很有可能联想到狗和猫；当我要求你联想"鱼"的时候，你可能会想到鳟鱼或是鲑鱼。但是，如果我要求你联想"宠物鱼"的时候，金鱼则是最佳样例和最具典型。然而我们需要注意到，金鱼根本不是典型的宠物或典型的鱼（Hampton，2007；Wu & Barsalou，2009）。

回想一下我们会发现，概念类别的原型观、样例观以及图式/脚本观并没有很好地回答这样一个问题：同一类别的成员是如何走到一起的。知识基础观认为，人们关于世界的理论或心理上的解释是与他们的概念交织在一起，并为分类提供了基础（Heit，1997）。这一观点使人们可以向自己并向他人解释，什么样的事物可以归入一类以及这样归类的原因，同时也说明了哪些特征或方面或实例是重要的、哪些特征和方面是无关的，以及其中的原因。

Medin（1989）根据哲学家 Hilary Putanm（1975）的研究成果，对人们关于构成大部分概念基础的一些本质性特征的依赖性进行了检验。Medin 设计了一个被他称为**心理本质论**（psychological essentialism）的框架，并描述了几种假想：通常而言，人们似乎认为物体、人或事件具有某些使它们得以成为自己的基本的或构成性的性质。例如，人之所以成为人，在于其具有一定的分子结构。

这种本质约束或限制着一个类别中不同实例可以表现出的种种差异。因此，举例来说，人们可以在身高、体重、头发颜色、眼睛颜色、骨骼结构等方面有所差异，但是他们必须具有某些共同拥有的、能够决定他们成为人的构成性的本质特征。人们关于不同类别本质的理论有助于他们将比较深刻的特性（比如 DNA 的结构）和比较表面的特性（比如眼睛或者头发的颜色等）联系起来。例如，Medin（1989）指出，尽管我们大多数人都相信，"男性"和"女性"的类别是由基因决定的，但大多数人在将一个人归类为男人或女人时，仍然是根据对他们的表面观察，比如对头发长短、面部毛发等特征的观察来得出结论，而不是去做基因检测来确定他们的性别。在根据表面特征做判断时，我们有时候可能会犯错误，但大多数情况下是正确的。

人们关于类别本质的知识根据专业程度的不同而千差万别。通常来说，相比门外汉而言，生物学家知道的有关人类基因结构的知识要多得多。由于这个原因，人们一般认为专家往往能够做出与众不同的、更为精确的分类，特别是当分类的标准十分精细时。Medin（1989）认为，根据感觉或其他表面相似性进行归类的做法在多数时间里都是相当有效的一种策略。而且当情况需要或者人们拥有更多专业知识时，人们就会在更为深层的知识水平基础上进行分类。这种观点意味着，随着经验和知识的丰富，人们对实例的分类就会有所变化——这种观点与我们现有的数据和关于感知学习的讨论不谋而合。

人们获得概念并且对其加以心理表征的方式也会因概念的不同而有所差别（Murphy，2005）。一些心理学家接受了哲学家对各种概念进行区分的观点。**名词类的概念**（Nominal-kind concepts）有清晰的定义。**自然类概念**（natural-kind concepts），比如"金子"或"老虎"是在一定环境中自然出现的（Putnam，1975）。第三类概念是**人造物品概念**（artifact concepts），构造这些物品是用来达成某种功能或完成某项任务的（Keil，1989；S. P. Schwartz，1978，1979，1980）。不同的信息可能会表征于不同种类的概念中。

例如，名词类的概念（比如单身汉或奇数）包括有关充分必要特征的信息，因为这些东西是作为概念定义的一部分而存在的。自然类概念包括更多的关于定义性特征或本质性特征的信息，特别是关于分子或染色体结构的信息。自然类概念更有可能拥有家族相似性的结构，但是同样能够在知识基础观中得到解释。

与此形成鲜明对比的是，人造物品概念可能特别关注有关物品目的或功能的信息，可能只有在知识基础观里才能得到充分解释。在一项研究中，Barton 和 Komatsu（1989）给每一位被试五种自然类概念（如，山羊、水和金子等）以及五种人造物品（如，电视、铅笔和镜子等）。对每一种概念而言，他们都要求被试想象它们不同的变化形式。一些变化用功能或目的类词汇进行描述（例如，一只不产奶的母山羊或者一台没有可视图像的电视等）；其他的变化则用物理特征来描述（例如，金子是红颜色的或者一支不是圆柱形的铅笔等）。第三种变化的类型是分子层面的（例如，不含有分子式 H_2O 的水，或者不用玻璃制造的镜子等）。调查者发现，对于自然类物品，被试对分子变化最敏感；然而对于人造物品，他们对功能改变最敏感。很明显，人们不是对所有的概念都一视同仁，至少在有些情况下，人们在表征概念时使用了他们关于为什么同一类别的物体会被划分在一起的知识（Medin，Lynch & Solomon，2000）。

我们刚刚回顾的关于概念结构的五种方法本身又可以归入两大类型之中：以相似性为基础和以解释为基础的观点（Komatsu，1992）。以相似性为基础的类别包括经典观、原型观和样例观（以及图式／脚本观的一部分）。其包含各类型所具有的共同特点是，分类都建立在实例与抽象说明的具体类别（比如定义或原型）或是与一个或多个保存样例的相似性基础之上。

但是，Goodman（1972）曾经指出，在相似性基础上对物体进行分类也会带来一些问题。让我们看一下两样东西：叉子和勺子。两者相似，因为它们具有许多共同特性：都是金属制造，都没超过一英尺长，都是餐具。现在再来看另外两样东西：李树和除草机。它们相似吗？它们也具有一些共同的特征：两者都轻于 100 公斤（而且事实上都轻于 101 公斤、102 公斤，等等）。事实上，这两个风马牛不相及的东西具有的共同特征可谓无穷多（Hahn & Chater，1997）。但是，在你评估李树与除草机之间的相似性时，轻于 100 公斤的特性似乎有些不着边际。关键在于相似性只在某些特定的方面才会有意义。于是 Goodman 得出结论，如果缺少一些对相关方面的具体界定，相似性就相当空泛。

Komatsu（1992）也给概念划分了一个不同的类别，称之为"以解释为基础的类别"（explanation-based category），包含了一些图式 / 脚本观和一些知识基础观的看法。这种研究概念的方法认为，人们是以实例与类别之间有意义的联系为基础进行归类的。以相似性为基础的方法和以解释为基础的方法两者之间的反差在于：前者涉及的是人们关注物体表面的、知觉方面信息的程度，而后者涉及的则是人们关注物体功能或作用方面深层的、源于知识的信息的程度。

这五种有关概念的看法存在几个方面的不同。例如涉及心理表征的认知经济性。回想一下我们之前所讨论的认知经济原则。其思想是通过限制我们必须储存的信息数量，来节省心理资源（如储存空间、加工时间）。如果我们将每一项单独事物都看作独立的话，那么就得对每一个事物都形成独一无二的心理表征，这样就不可能经济合理地使用我们的认知资源。相反，如果我们把所有的事物都归为一类（称为"东西"），那么这种分类就毫无意义。因此，任何一种关于概念和分类的理论都必须在认知经济性和提供信息的充分性之间寻求某种平衡（Komatsu，1992）。同时，任何一种概念理论都必须解释一个概念或者类别的连贯一致性问题——是什么使得一类事物归入一个自然组合当中。一些方法，比如经典观的方法，对此的解释十分直截了当，而其他的一些方法则在概念之间没有明确的界限。

在接下来的几年中，我们可以预期在知识和概念表征这个领域中将出现更多的研究，诸如"知识表征的实质是什么？""应用一般性知识比较容易进行哪些推论，而哪些推论的进行则比较困难？"以及"知识表征是怎样随着练习和专长而发生改变的？"这样的问题都必须做出解答。知识表征和组织对于认知心理学家来说是极其重要的。知识是如何进行表征的议题构成了另外一个重要问题的基础，即"什么是常识？"致力于人工智能研究的学者一次又一次地发现，一个真正的智能程序或系统必须具有一个广阔而深厚的知识基础，同时必须不仅能够贮存而且能够提取关于现实世界的大量信息。因此，这个知识基础必须组织得富有效率。到目前为止，唯一能够有效组织这样广博知识基础的生物就是我们人类。现在面临的挑战就是要揭示我们是如何完成这一不可思议的壮举的。

概要

1. 关于信息在永久记忆中的储存和组织方式有一系列不同的理论体系和经验验证。

2. 语义记忆的网络模型认为不同的概念被加以心理表征成为节点，并与其他相关概念连接，从而得以传递扩散心理激活。

3. ACT 模型也认为有节点存在，并进一步假定用以在程序性记忆中表征信息的产生（如果 - 那么）规则的存在。

4. 联结主义模型认为概念是作为一种跨越不同单元的激活模式来加以表征的。

5. 类别是相似的物体、事件或模式的集合。概念是对这些类别的心理表征。概念可以帮助我们梳理知识，使之有序化，将新接触的事物或模式与先前遇到的建立联系。

6. 在概念研究中共有五种主要的方法。它们本身又可以归入两大类：以相似性为基础的一类和以解释为基础的一类。

7. 以相似性为基础的类别包括经典观、原型观和样例观（以及图式观的一部分）。其包含的各种方法都认为，分类建立在一个示例与该类别某种抽象的特别说明（如，一个定义或者原型等）或者与一个或更多已存储的样例的相似性的基础上。

8. 以解释为基础的分类包括图式 / 脚本观的一部分和知识基础观，却认为人们是在示例和类别之间有意义的联系基础上对示例进行分类的。

9. 概念的经典观认为每一个概念都是由一组必要而且充分的特征加以定义的。

10. 概念的原型观认为，人们是通过将事物与它们的心理抽象物，即原型加以比较来进行分类的，原型是对某类物体或事件的理想化表征。

11. 概念的样例观认为，我们存储特定的单个实例，并且使用这些存储的表征进行分类。

12. 图式 / 脚本观的方法将概念看作图式，是由特定部分组成的信息集合，可以填充情景中各部分的缺失值。

13.知识基础观的支持者认为，人们使用自己的理论指导对事物的分类。专家有比新手更为复杂的理论，也因此有着不同的心理表征。

复习题

1. 解释扩散激活的概念，并回顾使一些心理学家认为它是语义记忆的一种特性的证据。

2. 关于知识表征的研究一般包括让被试执行人工任务的实验室研究（如，词语判定和句子判断）。这些研究能够真实地反映现实生活中的认知现象吗？给出你的回答并用具体的实例来加以说明。

3. 指出认知心理学家提出的概念和类别之间的区别。解释一下，拥有概念对我们的认知有何帮助？

4. 比较经典观、原型观和样例观（在概念的心理表征过程中）各自有哪些论据和发现？它们各自又有哪些证据和经验性数据揭示了其存在的不足。

5. 描述什么是"家族相似性"，以及它和概念原型观的联系。

6. 比较和对比概念的图式观和知识基础观。它们相容吗？为什么相容或不相容？

7. 简要总结 Reber 对内隐学习的研究工作以及它对概念形成的启示。

8. 给出一些新的脚本例子，并对你的例子加以说明。

9. 讨论下述命题："任何一种关于概念的研究方法都必须在认知经济性和信息充分性两方面达成平衡。"

CHAPTER8
第8章

视觉表象和空间认知

想一下你长期居住的房屋或者公寓。尤其是厨房，其中会有多少扇橱柜门？显然，这个问题得依靠你的记忆。大多数人可以在一系列心理活动后给出答案，那么这其中所需的是何种活动呢？在我所进行的加工中，首先意识到我所需的信息并非已经储存，即我"一下子"想不出答案来，因此需要另辟蹊径以获得答案。我依照记忆在心里勾画我的厨房。接着，从房间的一头开始扫视我的心理画面，并计算出橱柜门的数量。我进行的这些步骤既不复杂也不新颖（Shepard，1966），而是相当常用的一种。

这些"心理图画"或称**视觉表象**（visual images）的性质即是本章的焦点之一。我们将要研究表象在记忆中的作用。我们也将考察研究人们构造并使用视觉表象方式的实验，以及这些结果对于认知的启示。最后，我们将转向视觉表象的性质，考察用于制造和储存它们的心理表征的种类。

贯穿整章，我们将讨论的范围仅限于视觉表象。不过我们也应该认识到，其他种类的心理表象也是存在的，例如听觉表象（比如想象你爱犬的吠叫声）、嗅觉表象（比如想象新鲜出炉的面包香味）、触觉表象（例如想象你的脚尖撞到墙时的感觉）。视觉表象，如同视觉感知一样，获得了认知心理学领域内最多的关注。因此，如同我们在考察感知觉（第3章）时强调视知觉一样，在本章内我们将着重讨论视觉表象。

在心理学领域，对于视觉表象的研究有一段富有争议的历史（Paivio，1971）。尽管在20世纪初时曾有对表象的偶尔提及，但行为主义的盛行基本上决定了它的命运，甚至连表象的概念也遭到摒弃。作为科学研究的对象，视觉表象是有问题的。毕竟，视觉表象的经验是近乎个人所有的私人体验。如果我宣称我正在构建一帧我家厨房的视觉表象，除我以外，没有人可以判别我是真的想象到这幅画面抑或我只是假装。有别于行为的是，视觉表象是不可见、不可数，也不能为他人所控制的。由于视觉表象只能为宣称正在体验它们的人所报告出来，因此人就可以歪曲或者以偏见影响它们，无论是出于有心或者无意。故而，行为主义者们坚持主张，表象不是那类可以用足够科学的约束与控制进行调查研究的主题。

尽管如此，人们对于视觉表象的兴趣却从未完全消失过（Paivio，1971）。并且，伴随20世纪60年代行为主义势头的日渐衰退，这一兴趣事实上变得越发浓烈。若不涉及视觉表象，要想解释人们是如何完成之前描述的特定认知任务是相当困难的。此外，记忆领域的研究表明，那些报告说使用了表象的人较之没有使用表象的人而言，能够更好地回忆信息。

运动心理学家对于视觉表象的应用也具有强烈的兴趣。一个在赛前花时间在心中演绎一次顺利执行、时机正好且表现完美的流程的运动员，被证明能在稍后投身的运动项目中表现得更出色（Martin，Moritz & Hall，1999）。一些研究进一步表明，表象能帮助人们处理消极的情绪事件，诸如回忆一起被拒绝、被遗弃或者被排斥的真实事件。那些被要求将这些经历中所谓冷酷的部分形象化的研究被试[例如，在该事件中他们相对于其他人而言自己所站（或坐）的位置]，较之于那些被要求在该事件中构建自己内脏反应表象的被试，以及没有被要求做任何表象构建的被试而言，更能够缓解他们的敌对情绪（Ayduk，Mischel & Downey，2002）。

心理学家现在认识到，将表象从讨论与研究的课题中排除出去，势必会忽略认知科学中一个潜在的重要方面。因此，视觉表象作为一个有价值的课题又重新获得了大部分认知心理学家的接受。

8.1 长时记忆代码

如果回想一下我们在第 6 章中对不同记忆术的讨论，你应该记得记忆术是用来帮助人们记住某些信息的技术方法。就目前而言，我希望你们能了解一些（尽管不是全部）记忆术包含了视觉表象：位置法、交互作用表象和字钩法。你可能已经在好奇为什么那么多的记忆术都运用到视觉表象，或是基于表象的记忆术与非基于表象的记忆术在运行方面有何差别。对此，我们现在将会看到两个截然相反的观点。

8.1.1 双代码假说

Allan Paivio（1969，1971，1983）开创了用以解释各种不同记忆术运作的**记忆双代码假说**（dual-coding hypothesis）。依据 Paivio 的观点，长时记忆包含了两个不同的代码系统（或者说代码），用来表征存储的信息。其一是言语性的，包括有关事物抽象的、语义的信息。另一个则包括了表象，即用以表征记忆项看上去像什么的心理图片。要记忆的项目既可以用言语标签进行代码，也可以用视觉表象进行代码，并且在有些情况下两者可以同时进行代码。Paivio 的观点是，图像与具体的单词同时产生了言语标签和视觉表象，也就是说，它们具有两种可能的内部代码或者心理表征。相反地，抽象的词语一般仅具有一种内部代码或者表征：一个言语标签。

Paivio 的一项研究（1965）提供了支持该假说的证据。要求被试学习 4 张名词对词表中的一张。第一张词表（CC）包含的词对均指向具体的物件（比如，书 – 桌子）。第二张词表（CA）包含的词对中，第一个名词是具体的，而第二个则是抽象的（比如，椅子 – 公正）。第三张词表（AC）与第二张相反（比如，自由 – 裙子）。第四张（AA）包含的词对均为抽象名词（比如，美丽 – 真理）。在最高为 16 项均答对的情况下，对应于 CC，CA，AC 与 AA 词表，被试的平均成绩分别为 11.41，10.01，7.36 和 6.05 项答对。

Paivio（1965）对结果的解释如下：在任何可能的时候，被试会自发地构建这些名词对的视觉表象。这种构建对于具体名词而言是最简单的。Paivio（1969）认为，不同于言语标签，视觉表象其功能就是提高具体化的程度：该名词越具体，表象就越丰富，而内部代码也就越复杂。这有助于解释为什么对图像（非常具体的）的记忆常常比词语更好（Kirkpatrick，1894；Shepard，1967）。当事物是由表象和言语标签双重编码时（就如具体名词可以做到的那样），学习者能够重新提取它们的机会明显更多。如果学习者忘记了言语标签，也仍旧可以提取视觉表象。反过来也是一样。而仅仅有言语标签编码的项是不利的，如果该言语标签被遗忘或者"误放"的话，学习者将无法继续。

Paivio（1969）进而确信，一对名词中的前一个（称为"刺激"名词）常作为概念上的"挂钩"，从而使第二个（"反应"）名词可以被钩住。也就是说，刺激名词是作为一个"心理锚"来发挥作用的，使得反应名词的表征可以依附其上。因此，第一个词的可想象性对于增进易记性而言尤为重要，这就解释了为什么在 CA 条件下的回忆水平要明显高于在 AC 条件下的。

8.1.2 关系 – 组织假说

Bower（1970）提出了双代码假说以外的另一个假说，他称之为**关系 – 组织假说**（relational-organizational hypothesis）。他相信表象之所以能增进记忆，并不是因为表象必然较言语标签来得丰富，而是因为表象在记忆项目之间制造了更多的联系。构建一幅表象（即在一对词之间或者如位置法中在一个词与一个位置之间）总是需要人们创造出需要记忆的信息与其他信息间的一系列联系或者挂钩。不妨回忆一下在第 6 章中已提到过的内容，记忆中的一条信息拥有越多的提取线索，它被回忆起的概率就越大。因此，Bower 认为，表象的作用在于它能促进产生大量的连接两则需要记忆信息的挂钩。

Bower（1970）做了一个实验，以区别双代码假说

与关系 – 组织假说。将被试分成三组，每组给予一个配对联结学习任务，并给予不同的指示语。第一组被告知使用"外显机械式重复"（即大声复诵）的方法；第二组被告知构建两幅无相互影响且"在表象空间内相互独立"的表象；第三组则被告知构建一个组中两个词发生相互影响的情景（p.530）。结果表明，所有被试都能再认出85%左右之前所见过的单词。然而，对这些词的回忆水平则大相径庭。那些使用机械识记的被试回忆出了大约30%的配对联结；那些使用互不影响表象的为27%；而那些构建相互影响表象的被试则将近53%。

如果表象仅仅是如双代码假说所预计的列出了更多详细的配对联结代码的话，那么处在两种均包含两幅图像构建条件下的被试应表现相同。而事实上，只有那些构建了相互作用表象的被试才表现出相对于机械识记者的优势。显然，有助于记忆的并非表象本身，而是表象的使用方式。可以推测，相互作用的表象创造或者支持了更多的目标信息与其他信息间的联系，从而使目标信息的重获更为容易。

尽管双代码假说仍继续吸引着它的拥护者（Yuille，1983），但仍旧无法解决的是，它对表象记忆术效用解释的理想程度，以及它对非表象记忆术能提供何种解释。然而毋庸置疑的是，表象记忆术对提高记忆力确实大有裨益。为了理解这些记忆术是如何发生作用的，有必要进一步探究表象究竟是什么以及它是如何工作的，这也是我们接下来要讨论的话题。

8.2　表象的实证研究

表象不同于言语材料或至少调用了与言语材料不同的加工过程，对此 Lee Brooks（1968）进行了一系列研究，这些研究被公认为是研究表象的最佳证据。图 8-1 记录了 Brooks 最初研究时的不同条件。在一个条件下，要求被试想象一个字母，例如图 8-1a 中的大写轮廓字母 F，接着在心理上从一个指定的角落（在图 8-1 中用星形符号标记的位置）开始顺时针移动，并在每个拐角处给予报告，此时它是否位于字母的顶部或者底部。在这个例子中，正确的回答是"是、是、是、否、否、否、否、否、否、是"。

被试报告他们反应的方式是不同的。一种回答模式是语词形式：被试如上面提到的那样回答"是"或"否"。另一种回答是空间模式。被试拿到一张不规则的印有 Y 和 N 的字母答题纸，要在每一行中指出一个 Y 或者 N 来报告他们的回答。Brooks（1968）发现，被试在指认回答时比他们在语词回答时花费的时间长近2.5 倍。

在如图 8-1b 所示的第二个任务中，要求被试记住一个句子，例如 " A bird in the hand is not in the bush"，然后要求被试指出其中的每一个词是不是一个具体的名词。在这个例子中，正确的回答是"否、是、否、否、是、否、否、否、否、是"。如同上一个任务，被试有时用言语回答，而在其他时候须在一张答题纸上指出 Y 或 N。然而，在这个任务中，人们在指认回答时比在言语回答时要快（尽管回答时间的差别并不很大）。

对此结果的一种解释如下。第一个任务要求构建一个 F 的视觉表象。视觉表象可能至少具有一些类似于图画的性质（空间的或者视觉的），所以较之言语回答，一个空间或者视觉类型的任务（指认）可能受到更大的干扰。换言之，对比言语类型的任务（说话），视觉表象对于另一个空间或视觉类型的任务（指认）而言，更具混淆性，也更容易被混淆。反之亦然：在记忆中保持一个句子（一项言语任务）更容易与一项视觉/空间任务（例如指认）而不是与另一项言语任务一同执行。注意，指认或者说出的反应方式并非在难度上完全不同，难度的变化应该随与什么类型的任务一起执行的而相应地发生变化。Brooks（1968）的研究支持了表象与言语分别使用不同种类的内部代码（如同双代码假说所认为的）的观点。

Brooks（1968）设计的任务并非唯一明显地要求人们构建视觉表象的任务。这里还有另外一个例子。回答下列问题：菠萝和椰子哪一个更大（Finke，1989）。要

图 8-1　Brooks（1968）研究中的刺激

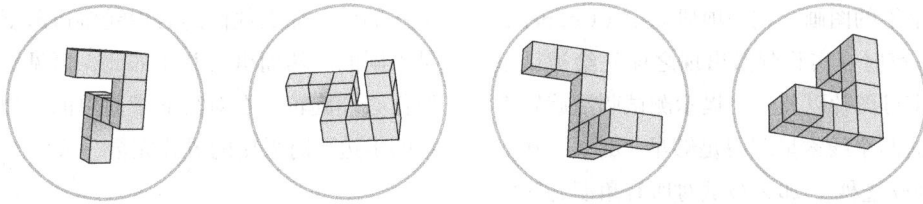

图 8-2　Shepard 和 Metzler（1971）研究中采用的刺激

资料来源：Shepard, R. N., & Metzler, J. (1971). Mental rotation of three-dimensional objects. *Science*, 171, p. 701. Copyright © 1971, American Association for the Advancement of Science. Reprinted with permission.

回答这个问题，你最可能构建一幅视觉表象，一个椰子边上还有只菠萝，然后你就从表象中"读取"答案。

Moyer（1973）也提出相似的问题并且发现，当两个对象（在他的研究中是动物）的区别非常大时，人们回答得更快。这一效应被称为象征－距离效应（symbolic-distance effect），其运作方式如下。在其他条件相同的情况下，你回答"一条鲸鱼和一只蟑螂哪一个更大"的速度比回答"一头公猪和一只猫哪个更大"这一问题的速度更快。有趣的是，这种反应时模式在人们观察现实客体时同样也会获得（Paivio，1975）。也就是说，即使不是通过视觉表象而是看着真实的动物或者动物的照片，你也会更快地回答第一个问题。这一结果表明，表象至少在一些方面同图片的功能是一样的。如若人们仅是提取言语信息的话（例如，从一个诸如第 7 章中描述的语义网络系统中提取），那就很难解释这样的结果模式。

8.2.1　表象的心理旋转

前面的研究表明，人们制造并使用视觉表象以回答某些特定的问题以及完成特定的任务。它们同样表明，被制造的表象具有一定的类似图片的性质（尽管我们将会看到，这一结论引起了激烈的争论）。而在这些结果报道的同时，其他研究表明，人们不仅会制造表象，显然还可以在心理上改变它们。

这类研究中最著名的一项是由 Shepard 和 Metzler（1971）完成的。他们给被试呈现透景线画的三维物体（图 8-2 呈现了其中的例子）。在每次测试中，被试将看到两张图。在一些情况下，这两张图描绘的是同一个客体，只是其中一个旋转了一定角度。而在另一些情况下，这两张图是镜像的颠倒效果图，换言之，这两个物体虽然相似，但不是同一个。镜像有时也经过了旋转，

使用的旋转类型既有在纸平面上的（即，如同图片在页面上旋转），也有深度上的（即，如同物件正朝着或远离观察者旋转）。Shepard 和 Metzler 发现，被试判断两张图是描绘了同一物件还是一个镜像的颠倒所需要的时间与两图间的旋转角度成正比关系。

图 8-3 显示了实验的结果。旋转角度与被试的反应时之间的对应关系有力地揭示了被试是使用图像的**心理旋转**（mental rotation）来完成这项任务的。此外，被试对纸平面或深度方向上的旋转判断时间是相同的。这表示他们是在心理上旋转三维的图像，而不仅仅是二维的图片。如果仅是二维的话，那么他们的表现就会随着是在图形所在的平面或是在深度上旋转而有所不同。

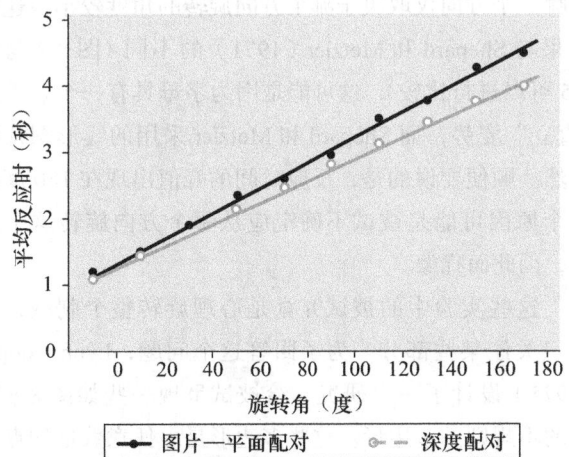

图 8-3　Shepard 和 Metzler（1971）研究的结果

资料来源：Shepard, R. N., & Metzler, J. (1971). Mental rotation of three-dimensional objects. *Science*, 171, p. 701. Copyright © 1971, American Association for the Advancement of Science. Reprinted with permission.

Cooper 和 Shepard（1973，1975）后来的研究表明，被试还可心理旋转更多的可识别刺激，例如字母

表中的字母或者手绘的图画。在一项研究中（Cooper &
Shepard，1973），有时在实验刺激出现之前先给被试呈
现一个测试用的字母图片以及一个提示测试刺激旋转朝
向的线索。如果这两个线索呈现得足够早（例如，在实
验刺激出现前 1 000 毫秒），那么被试对所有角度旋转的
表现都是一样的。图 8-4 描绘了该试验的实验条件，而
图 8-5 则是实验的结果。

先行信息　　　　　　　　　　　　测试

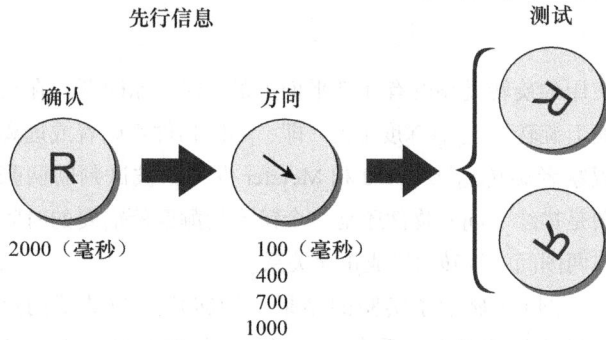

图 8-4　Cooper 和 Shepard 1973 年的实验设计
资料来源：Cooper, L. A., & Shepard, R. N. (1973). The time
required to prepare for a rotated stimulus. *Memory
and Cognition*, 1, p. 247. Copyright © 1973,
Psychonomic Society, Inc. Reprinted with permission.

　　注意图 8-5 中曲线的形状，它表明被试在顺时针方
向与逆时针方向上都可以进行表象的心理旋转，具体采
取哪一个方向仅取决于哪个方向旋转的角度较小。这些
结果与 Shepard 和 Metzler（1971）的不同（图 8-3 与图
8-5 可以进行比较），这可能是因为字母具有一个熟悉的
"直立"姿势，而 Shepard 和 Metzler 采用的线形图片则
不然。顺便要说的是，反应时间的峰值出现在 180 度的
一个原因可能是被试不确定应从哪个方向旋转这个图
形，因此而犹豫。

　　这些实验中的被试究竟是心理旋转整个刺激，还
是只关注某些部分？为了回答这个问题，Lynn Cooper
（1975）设计了一个研究，给被试呈现一些如图 8-6 所
示的不规则的多边形。这些多边形是由任意数量的点连
接而构成的，越多的点即构成越复杂的多边形。被试首
先练习区别两个多边形是同一的还是镜像的。接着，呈
现给他们不同旋转角度的同一多边形或者是镜像的图
形，并要求他们判断此图形是同一的还是镜像的。

　　Cooper（1975）发现，反应时再次随着旋转角度的
增加而直线上升，并且所有多边形的旋转速率都是相同
的，与它们的复杂度无关。如果被试只是关注多边形的

某些部分，那么他们的表现受多边形复杂度的影响也应
是不同的。然而事实并非如此，可见被试是对整个多边
形作心理旋转，在对待非常简单的多边形与对待非常复
杂的多边形时采用的方式完全一致。

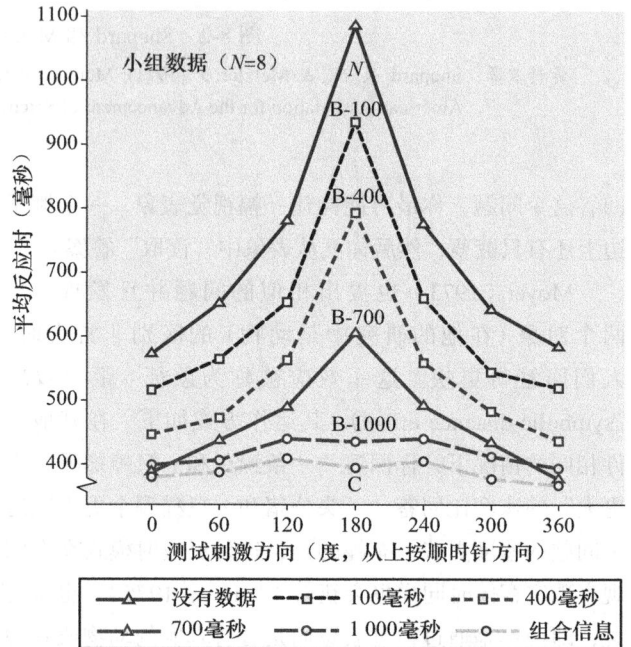

图 8-5　Cooper 和 Shepard 1973 年研究的结果
资料来源：Cooper, L. A., & Shepard, R. N. (1973). The time
required to prepare for a rotated stimulus. *Memory
and Cognition*, 1, p. 248. Copyright © 1973,
Psychonomic Society, Inc. Reprinted with permission.

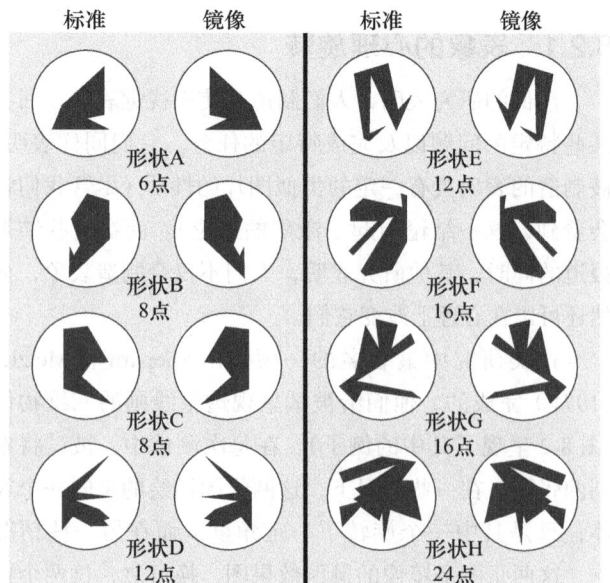

图 8-6　Cooper 1975 年研究采用的刺激

Cooper（1976）在另一项研究中证明，心理旋转与物理旋转一样，本质上都是连续的。她的论证如下。她测定了每个人的心理旋转速度。为了做到这点，她给被试呈现了一个特定朝向的多边形。该多边形被移走后，要求被试开始在心理上将图形沿顺时针方向旋转。在他们执行的时候，一个测试图形（该多边形或者是其镜像）以某种朝向呈现。如果该测试图形的朝向与被试的视觉表象所期望的朝向一致的话，他们的反应时就会很快。而当测试图形的实际朝向与视觉表象期望的朝向间差异增大时，回答的反应时也会变长。

这些结果尤其说明了心理旋转同物理旋转是一样进行的。如果你在一张纸上画一个图形，并慢慢地将这张纸旋转 180 度的话，这张画将经过一些中间的朝向：10度、20 度，等等。这些也在 Cooper（1976）的研究中类似地出现，旋转的图像也经过了朝向的中间角度。

自 Cooper 里程碑式的研究之后，其他认知心理学家也已对人们是否运用以及如何运用心理旋转，识别以特殊角度呈现的物体进行了研究。例如，请看图 8-7a 与图 8-7b 中描绘的物体。你是如何识别出图 8-7a 与图 8-7b 其实是同一样东西呢？一种可能是，你在心理上旋转图 8-7a 的表象，直到它到达如图 8-7b 中所描绘的典型的或标准的朝向。Tarr 和 Pinker（1989）以及 Gauthier 和 Tarr（1997a，1997b）提供了心理旋转存在于识别相似的具有不对称性的二维图形中的证据。相反，Biederman 和 Gerhardstein（1993）则坚持认为，当人们观察三维物体（或它们的透视图）时，只要该物体区别于其他的几何元素（最基本简单的几何成分，可参见图 3-10）仍然可辨的话，人可以不经心理旋转就认出该物体。这场争论延续至今。然而，我们注意到争论的双方都运用了用来解释知觉现象的概念和模型。

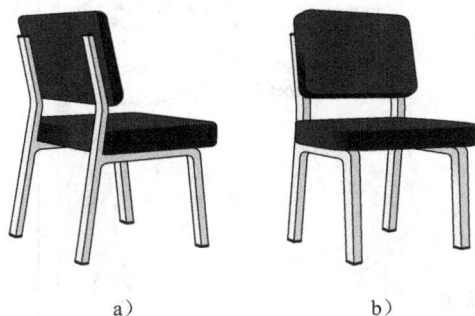

a)　　　　　　　b)

图 8-7　两个视角下的一把椅子

8.2.2　表象扫描

到目前为止，我们所涉及的研究都表明人们能够构建和改变视觉表象。这一事实同时也显示表象在许多方面都类似于图像：它们包含视觉信息，对这些信息的改变方式也类似于对图像的改变。由 Stephen Kosslyn 完成的另一个系列的研究则考察了表象的某些空间特性。这一系列的研究一般会要求被试首先构建一帧视觉表象，然后从表象中的一个位置到另一个位置对其进行扫描，这一加工过程称为**表象扫描**（imaginal scanning）。其思想是，人们扫描所花费的时间揭示了表象在表征诸如位置和距离等空间特性时所采用的某些方式（Finke，1989）。

在一项研究中，Kosslyn（1973）让被试学习如图 8-8 所示物体的图片。注意，这些图片都被垂直或水平地拉长了，并且每一个物体都包含了三个易于描述的部分：两端与中间。在最初的学习阶段之后，告诉被试构建其中一张图片的表象，然后“寻找”某一部分（例如，花的花瓣）。告诉其中一些被试首先注意表象的某一部分（比如，上部或者左部）然后再开始审视，寻找指定的部分。结果表明，指定的端点与该部分所在位置之间的距离越大，被试用于判断他们先前所寻找的部分是否在画中的时间也越长。因此，比如说，告诉被试构建花的表象并从画的底部开始扫描，那么“发现”花瓣（在画的顶部）要比“发现”叶子（在画的中部）耗时更长。据此可以推断，个中的原因是构建的视觉表象保存了画面的空间特征：画面中某些在空间上分离的部分在表象中也是分离的。

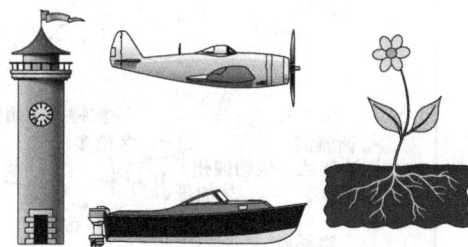

图 8-8　Kosslyn 1973 年研究中采用的刺激

然而，这个研究的结果并不非常清楚。例如，Lea（1975）提出，也许反应时增加并非是因为表象中距离拉大的缘故，而是因为表象中必须扫描的项目数量。请看在花的例子中，如果被试从底部开始扫描，在他最终抵达花瓣的进程中，会扫描花的根部和叶部，而达到叶部则只需经过根部。Lea 报告了支持这一解释的结果。

作为回应，Kosslyn、Ball 和 Reiser（1978）进行了关于表象扫描的另一系列的研究。在其中一项研究中，他们首先制作了一幅虚构岛屿的地图，并让被试记忆地图上 7 件东西的位置，如图 8-9 所示。注意这 7 件东西之间一共可以构成 21 条不同的路径，例如，从树到湖以及从树到小棚屋。这些路径长度从 2cm 到 19cm 不等。

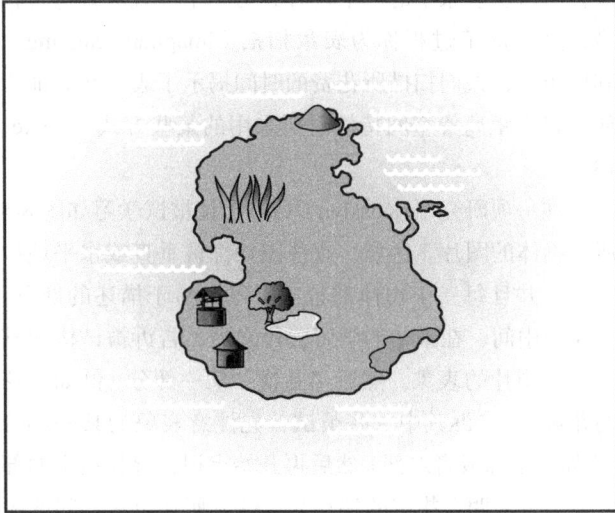

图 8-9　Kosslyn 等（1978）研究采用的刺激

指导被试将注意集中于一个物体之上。几秒钟后，实验者报出岛上另一物件的名称，要求被试想象一个黑点在地图中沿直线穿越，然后意象扫描至第二个物体。当他们"到达"第二个物体时，指示他们按下一个按钮，随之记录他们的反应时。在物体间扫描的反应时与物体间距是相关的（Kosslyn et al., 1978），也就是说，被试在扫描两个相互远离的物体时，较之扫描两个靠近物体所花费的时间更多。这支持了表象保留了空间关系的观点。在 Pinker（1980）进行的相关研究中，当刺激物是一个在三维空间中摆放的物体时（玩具悬挂在一只打开的盒子内），也得到了同样的结果。

Kosslyn 的研究表明，人们对视觉表象的扫描在某些方面类似于他们对真实图片的扫描：两个部分之间的距离越大，扫描它们所需的时间也越长。显然表象至少记录了一些空间信息，人们可以从他们的表象中重新提取这信息。这些结果强化了表象如同某种"心理图片"的隐喻（Kosslyn，1980）。

然而，给 Kosslyn 的结论添堵还颇有意味的是 Barbara Tversky（1981）关于人们地图记忆的系统性错误研究。在继续看下去之前，先合上本书，画一张美国地图，并将下列城市标注其中：西雅图、俄勒冈州的波特兰、里诺、洛杉矶、圣迭戈、芝加哥、波士顿、缅因州的波特兰、费城、纽约以及华盛顿特区。为了完成这一任务，你也许会依靠以前就已形成的美国地图的心理表象做画，这一表象可能是在你 4 年级的地理课上形成的，也许甚至是在你盯着一张画有 50 个州的塑料蹭鞋垫时形成的。

现在，参照你的表象回答下列问题：①波士顿和西雅图哪一个城市更靠北面？②纽约和费城哪个城市更靠西部？③里诺和圣迭戈哪一个城市更靠东部？现在请看显示这些城市实际位置的图 8-10。如果表现与 Tversky

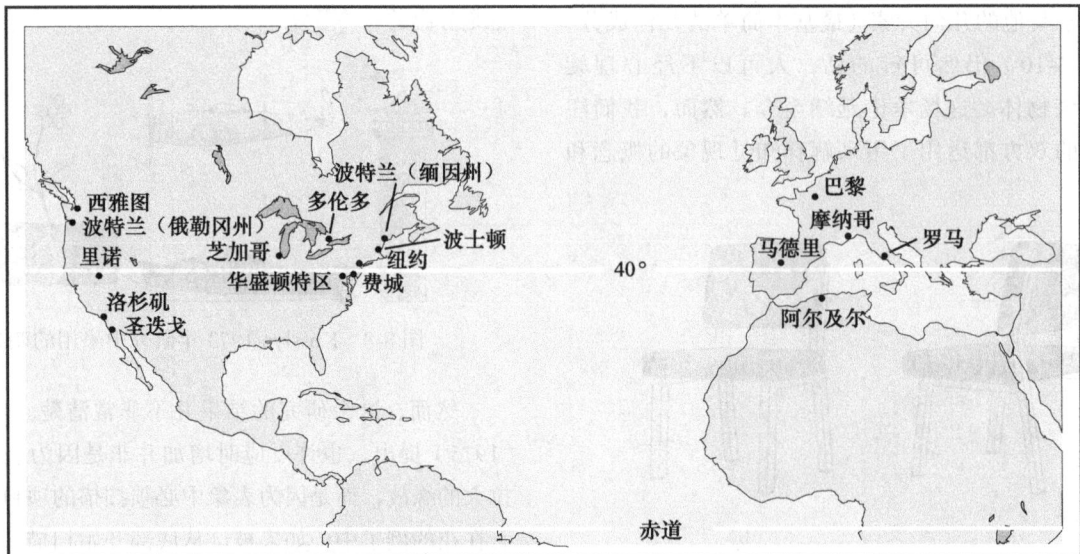

图 8-10　欧洲及美国的地图标有一些挑选出来的城市（柱面投影）

在斯坦福大学的被试一样的话,你在问题①和③上就出了错。Tversky（1981）认为,人们的心理地图是被系统性地歪曲的,因为人们在对洲或者国家这种形状怪异的单元进行定位或定向时,会运用不同的**启发式**（heuristics）,即经验的法则。使用在第 3 章中讨论过的那些知觉组织原则,人们试图让东西"排列成行",以使它们更富有秩序。因此,南美洲被当作位于北美洲的正南方而"被记忆"在一幅表象中,而不是像事实那样位于北美洲的东南方。

在你的地图上确定不同城市的位置也应用了相似的原则。你可能知道加利福尼亚州在内华达州的西面,这在很大程度上是没错的。然而,内华达州的某些部分位于加利福尼亚州某些部分的西面。事实上,圣选戈在里诺的东面,而不是西面。而西雅图明显位于波士顿的北面。但是你关于州之间相对位置关系的知识,加上你使地图的心理表象更趋直线化的倾向,造成了你的系统性歪曲。这种歪曲是心理表象不同于心理图片的一个方面。

另一个方面是在 Chambers 和 Reisberg（1992）的研究中发现的。他们首先要求被试构建一幅如图 8-11a 所示的动物表象。你可能在许多心理学导论的教科书中都看到过这一"鸭 / 兔"两可的动物。实验者告诉一部分被试说该动物是一只鸭子,告诉另一部分被试说它是一只兔子。他们只让实验用的真正画面呈现了 5 秒钟（对构建图像的表象而言足够了,但对"转换"图像而言却是不够的）。

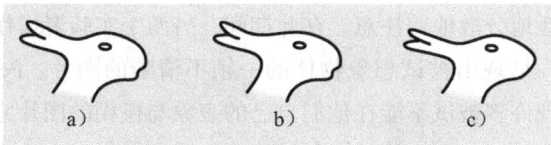

图 8-11　Chambers 和 Reisberg 实验所用刺激:图 8-11a,未修改过的图形;图 8-11b,修改成鸭嘴的像;图 8-11c,修改成兔鼻的像

一旦被试构建了一幅表象后,呈现给他们一对鸭 / 兔,要么是图 8-11a 和图 8-11b,要么就是图 8-11a 和图 8-11c,并被要求选择真正呈现过的那一幅。其实任意一组的差异都是非常微妙而难以发现的。Chambers 和 Reisberg（1992）发现,当被试认为他们想象的是一只鸭子时,他们发现图 8-11a 与图 8-11b 之间差别的可能

就会提升（图 8-11b 的变化在于鸭的嘴部）但却不能清晰辨别图 8-11a 和图 8-11c（图 8-11c 的变化在于兔的鼻子）。对于最初构建一幅兔子表象的被试来说,情况正好与前面相反。Chambers 和 Reisberg 相信,造成这种效果的原因是人们对他们认作是动物"面部"的地带投注了较多的注意,而对于动物的脑后部注意较少。无论如何,这一结果表明,以同样的物理刺激构建表象,但赋予刺激不同意义的人,实际上构建了不同的表象。事实上,Chambers 和 Reisberg 根据他们之前的研究报告称,即使伴随有暗示和提醒,被试也极少能自发地转换他们的鸭 / 兔表象,尽管几乎所有看到这鸭 / 兔图像的人都可以这样做。

回顾到此给我们的感觉是,能够构建和使用心理表象总是有益的。然而最近 Knauff 和 Johnson-Laird（2002）的一项研究却提供了一个反面的例子。他们研究了人们对于所谓"三项系列问题"（three-term series problems）的推理,例如:

> 泰迪的毛比布西的多。
> 布西的毛比艾斯克的少。
> 哪只狗的毛最多?

研究者改变这些问题使用的项目种类,使得它们易于做视觉化的和空间上的设想。例如上 – 下或者前 – 后。换言之,在心理上想象一个人是在另一个人的前面还是后面是很容易,并且在心理上描绘这三项也是很容易的。例如,让我们来看前提的状态。

> 泰迪在布西的后面。
> 布西在艾斯克的后面。

然后,不需构建它们的视觉表象,而在空间上描绘这三条狗的相对位置关系是很容易的,就像在这样的"地图"上:

> （前）艾斯克　布西　泰迪（后）

注意,这一表征并不显示任何一条狗的视觉细节。Knauff 和 Johnson-Laird（2002）编制了其他不同内容的题目,这些题目易于构建心理表象,但不见得易于构建空间表征（如干净 – 肮脏、胖 – 瘦）。比如,如果你构建"泰迪比布西脏"的表征,你可能是构建了一幅一只狗比另一只狗沾了更多泥的视觉表象。此外还存在对

不易于构建任何种类的表象与空间表征的项目（如好 – 坏、聪明 – 愚笨）的控制问题。

结果表明，相对于控制问题（例如，好 – 坏）与视觉空间问题（在后 – 在前），视觉关联问题（例如，干净 – 肮脏）操作执行速度有所减缓。可能的解释是，必须单独集中使用以得出一个逻辑结论的心理容量，已经被构建视觉表象的心理努力耗用殆尽了。因此，表象对于认知表现而言并不总是一种便利，在很大程度上要取决于手头任务的性质。

8.3　心理表象的性质

迄今为止，所有回顾结果都表明，表象与图像共享一些特性。人们总是像观看心理图片一样报告他们的表象经验，并且作用于表象的各种心理转变也类似于作用于图片的各种心理转换。这直接引出了一系列的问题：究竟什么是表象？表象具有何种特性，它们与真实图片的特性又有哪些相同或者不同呢？

也许，这些问题的答案对于我们了解信息的存贮、提取以及使用的方式是有所启发的。因此，对于视觉表象的研究能够潜在地告诉我们许多有关信息是如何在心理上加以表征和组织的知识。我们对知识表征与概念（见第 7 章）的讨论基本集中于言语信息。对视觉表象的研究显示，可能存在另一种被存储和使用的信息。

在认知心理学的领域内，存在着关于视觉表象性质的争论。我们将在这里回顾其中最精彩的部分，更仔细考察"表象类似心理图片"的隐喻。为了组织这一讨论，我们将首先来看看 Ronald Finke（1989）的视觉表象原则。然后我们将考察对该研究以及表象 – 心理图片隐喻的批评。

8.3.1　视觉表象的原则

Finke（1989）的视觉表象原则，概括地说，是为了描述视觉表象的基本性质与特性。一共有五条原则，并且，每一条都涉及了表象的一个不同方面或者特点。

1. 内隐编码

Finke 的第一个视觉表象原则被阐述为，"心理表象有助于提取有关对象的物理特性或者对象间物理关系的信息，这在之前的任何时候它们都不曾被外显编码"（1987，p.7）。这一原则意味着表象是获得一些信息的场所，即使这些信息并未曾被有意存储。因此，表象可以用来回答那些你可能从未直接存储过答案的问题。本章开头的那个任务（问你居所厨房的柜门数量）就是如此。我的猜测是，如果你与大多数人一样，就不太有可能去数厨房的柜门。因此，这信息可能并不直接存在长时记忆当中。然而，这些信息是**内隐编码**（implicitly encoded）的，也就意味着它与其他信息一起被无意存储，并使你能够构建一幅自己厨房的视觉表象。要回答这个问题，你只需构建视觉表象，扫描它，然后数出柜橱的数量就行了。

Brooks（1968）的任务（即人们要回答关于一个画出轮廓的大写字母 F 的问题）提供了另一例证。大多数人不会自找麻烦地去检验大写字母 F 的每一个折点是否位于该字母的顶部或底部。但人们的确还是能完成这一任务，可能是因为所需信息已与能使他们构建一帧大写 F 表象的信息一起内隐地编码了。

2. 知觉等价

Finke 的第二个视觉表象原则有关视觉表象的构建与对真正物体和事件的知觉间的相似性。它表明，"表象在功能上等价于知觉，想象物体或事件时激活的视觉系统机制与同样的物体或事件真正被知觉到时相类似"（1989，p.41）。换言之，许多在心理视觉化中使用的内部加工在视知觉中也同样用到。

Perky（1910）的一个早期研究就是关于这一原则的。Perky 让被试在注视一个空屏时想象他们正在观察一个物体（例如一个西红柿、一根香蕉、一只橘子、一片叶子）。当他们报告说已建立好表象时，一个实验者短暂地分散他们注意。在此期间，另两个实验者操作仪器，呈现出被试想象物体的一帧不清晰的图片。Perky 发现许多被试不能在他们自己的表象与模糊的图片之间做出辨别。这可能是表象与模糊的图片之间拥有许多相似点的缘故。

Martha Farah（1985）报告了一组包含更多实验控制的相关研究。要求被试构建某一指定字母的表象，例如，一个 H 或者 T。在间隔很短的时间之后，有时会给被试呈现这些字母中的一个，不过对比度很低，以确保该字母非常难以辨认。较之他们对另一个字母的侦查，开始时想象过一个字母的被试在侦查真实呈现的字母时更敏感。这些结果表明，表象能"预测"用以侦察真实刺激的视觉通路（Finke，1989）。有些作者更将视觉表象看作知觉"预期"：视觉系统"准备好"要看到一些真实的东西了（Neisser，1976）。

3. 空间等价

Finke 的第三个视觉表象原则有关于空间信息（例如位置、距离和大小）在视觉表象中的表征方式。该原则指出，"一个心理表象组成部分的空间排列相当于客体或其部分在真实物理表面或真实物理空间内的组织排列"（1989，p.61）。

这条原则的证据大部分来自前面已介绍过的 Kosslyn 及其助手对扫描的研究结果。总的发现是，从一帧视觉表象的一个组成部分扫描到另一个组成部分，人们所花费的时间对应于这些部分物理表征之间的距离。因此，一幅画或一个客体的组成部分间的空间关系（例如，相对位置、距离、大小）似乎全都保存在画或客体的视觉表象中了。

从表象（或客体、画）的空间特征中分离出视觉特征是相当困难的。然而 Nancy Kerr（1983）的一系列精巧研究却在此方面取得了明显的成功。她做的是一项地图扫描研究，非常类似于先前提到过的 Kosslyn 等人（1978）的研究。然而，在此研究中，一些被试是先天失明的，通过触摸放置在一个平滑表面上的物体（每一个都具有一些特别的形状）来学习"地图"。一旦被试了解了这些位置，实验者会报出一对物体的名称并要求被试注意集中于其中一个物体，并想象有一个突起的点从该物体移动到第二个物体。Kerr 发现，物体间的距离越大，无论是失明的抑或正常的被试扫描所需的时间都越长。

这一研究发现验证了 Kosslyn 等人（1978）的结果，表明视觉表象具有空间特性。这种空间特性类似于视觉表征，但未必是可视的，因为先天性失明的人（没有视觉）显然也能够利用视觉表象。

4. 转换等价

Finke 的第四个视觉表象原则有关表象的心理转换方式。它指出，"表象的转换与物理的转换显示出一致的动力特征，并受同样的运动规则控制"（1989，p.93）。

此原则的最佳证据来自心理旋转的研究。研究结果表明，心理旋转明显地与物理旋转有同样的运作方式：它是连续的，随着旋转物体运动，通过中间的位置方向直至它们最终的朝向。如同物理旋转一样，完成心理旋转的时间取决于旋转的多少。并且，同物体的物理旋转

一样，整个物体，而不仅仅是其部分，均被旋转。然而，转换等价的原则要超出心理旋转的范围，其他类型的转换对表象的影响几乎与它们对真实客体的影响在方式上完全一致。

5. 结构等价

Finke 的第五个视觉表象原则是有关于表象的组织与集合方式的。它表明，"就从结构是连贯、组织良好并且能被再组织与再解释的意义上来说，心理表象的结构同真实知觉对象的结构是一致的"（1989，p.120）。

设想你要画一幅关于某物体的画，也许（如果你的艺术技巧和倾向与我一样糟糕）你需要仔细观察这一物体。你将如何做，而该物体的哪些特征会影响你的任务难度？一般来说，物体越大，观察或作画所需要的时间就越多。同时，物体越复杂（即，该物体具有的不同部分越多）要仔细观察或者作画就越难（并且所耗时间越长）。显而易见，视觉表象的构建方式是相同的。视觉表象的构建并非一蹴而就，而是片段地结合成最终的完整表象（Finke，1989）。

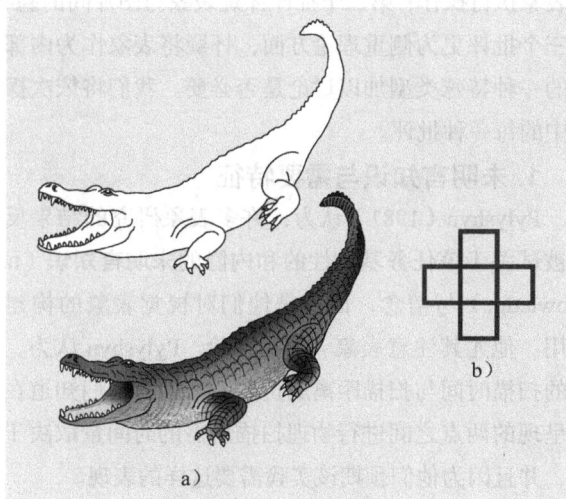

图 8-12 Kosslyn 等人（1983）研究采用的刺激

Kosslyn、Reiser、Farah 和 Fliegel（1983）研究了表象的发生与被表象物体的复杂性之间的关系。他们要求被试构建一些在细节上有所不同的图片表象，例如图 8-12a 中所示。构建一帧有细节的图片表象所花费的时间大约是构建一帧只有轮廓的图片表象的 1.3 倍。在一项相关研究中，作者使用如图 8-12b 所示的几何形式作为刺激，所有这些图形都允许有不同的描述。例如，图 8-12b 可以描述为"构成十字形状的五个方块"

或者"两个重叠的长方形"。被试先阅读一种描述，然后看到对应的图，随即将它遮盖起来并构建一帧该图的视觉表象。Kosslyn 等人发现，被给予第一种描述的被试比第二种描述的被试花费更长时间构建表象，尽管物理的形式其实是一样的。同时注意，如果你将图 8-12b 想成两个长方形而不是 5 个正方形，你也许能更快地观察或者画出它。显然，对于表象而言，物体被认识复杂程度越高，集成一帧表象所需的时间就越长。

8.3.2　对心理表象研究及其理论的评论

在本章开头，我提到表象的研究在心理学中曾经引起过争论，而现在该是讨论这些争论的时候了。尽管几乎每一个表象研究都曾引起过争议（Finke，1989），我们将仅关注三个具有普遍性且相互影响的问题：第一个是有关对表象研究的批评，批评意见尤其认为，是实验本身提供给人们充足的"提示"，无论是外显的还是内隐的，让他们依靠自己的信念和知识而不是严格依靠视觉表象执行操作；第二个批评怀疑表象与图片间的隐喻；第三个批评更为侧重理论方面，怀疑将表象作为内部代码的一种特殊类型加以讨论是否必要。我们将依次探讨其中的每一种批评。

1. 未明言知识与需要特征

Pylyshyn（1981）认为，许多表象研究的结果反映了被试关于该任务基础性的和内隐的**未明言知识**（tacit knowledge）与信念，而不是他们对视觉表象的构建与使用。他尤其注意表象 – 扫描实验。Pylyshyn 认为，被试的扫描时间与扫描距离成正比，是因为他们知道在视觉呈现的两点之间进行物理扫描所需的时间量取决于距离，并且因为他们预期该实验需要这样的表现。

Finke（1989）对知识与预期是如何歪曲结果的进行了解释。想象你要移动一个物体（比如，你的咖啡杯）从一个位置（你书桌的右边）到另一个位置（你书桌的左边）。你可以（依照电影中西方酒吧的场景）把杯子滑过桌面，不过拿起杯子然后将它放在新的位置可能更安全。为了讨论的方便，假设不管两个位置之间的距离有多远，我们都可以瞬间移动杯子（可能将它从一个坐标"瞬移"至另一个坐标）。然而，假设你相信或者预计移动咖啡杯到新位置所耗用的时间应该取决于旧位置到新位置间的总距离，你就可以通过停顿或在把杯子放到新

位置之前多拿在手上一会儿的方法来调控时间。于是你移动杯子的反应时会与杯子移过的距离成正比，尽管这一时间可被你选择暂停的多少而任意决定。

Pylyshyn（1981）的观点是，出于对实验者期望他们做什么的信念和预期，人们在表象扫描实验中也可能有"心理暂停"的现象出现。Pylyshyn 称受人们信念和预期影响的任务为"认知可穿透"。有些任务让被试很清楚应该怎么来完成这些任务。指导语、任务本身，以及其他一些有关环境，都暗示人们应该如何做。人们称这样的任务具有**要求特征**（demand characteristics）(Orne，1962）。换言之，该任务以某种方式"要求"人们以特定的模式行动。一般来说，心理实验中的被试总是试图满足主试，并有意以他们认为能使主试满意的方式表现自己。

此外，实验者有时会在不经意间将微妙的线索提供给被试。Intons-Peterson（1983）认为，这些**实验者期待效应**（experimenter expectancy effects）至少影响了一部分的表象研究。她让大学生实验者执行一系列的表象研究。引导其中一些研究者确信会出现某种方式的结果。而引导另一些相信会得到与前面一种相反的结果。在所有的研究中，被试的表现都如同实验者期望他们做出的一样。

在一项研究中，Intons-Peterson（1983）使用了 4 个大学生实验者，都被公认为具有"聪慧、独立、良好的判断力以及成熟"的品质。他们中无一人熟悉表象的有关文献。分配每一位实验者指导一项有三种条件的心理旋转研究，被试总共有 18 名。一些被试在每次尝试之前，通过看或想象一个刺激作为"启动"的热身；而控制组的被试不接受任何预备。告诉 4 位实验者中的两位，想象的启动（即要求被试想象启动物的存在）要比真实的启动（即真实呈现给被试启动物）更有效。另外两名充当实验者的学生得到的信息与前两位正好相反。尽管所有的刺激都是经由计算机呈现的，并且实验者与被试并没有共处一室，起初他们向被试宣读指导语时除外，结果还是反映了实验者的信念。相信想象的启动比真实的启动更有效的实验者所指导的被试，产生的数据支持了实验者的信念；而另一些实验者指导的被试产生的数据则得出相反的结果。

Intons-Peterson（1983）在表象扫描实验中发现了相似的结果。她总结道，表象实验的被试对实验者给出

的微妙、无意的暗示非常敏感，其中包括语调中的轻微差别以及宣读指导语时的停顿。Intons-Peterson 进一步指出，表象研究，出于此现象具有主观性质的特点，可能对实验者的期望以及要求特征特别敏感。尽管她没有断言所有视觉表象的实验结果都是实验者效应与要求特征的产物，但她还是提醒视觉表象的研究者必须要特别小心地减小这些效应。

2. 图片的隐喻

到现在为止，大部分的讨论都提到了图片与表象间的类似关系。有些心理学家随意地将视觉表象称作"心理图片"（mental pictures）。而问题是，这种相似性到底有多大？如 Pylyshyn（1973）所指出的，图片与表象在一些方面截然不同。也许，最重要的区别是，你可以客观地观察一张图片，而无须先知道它是一张什么图片（即如果某人默默地递给你一张照片，而你问道"这是什么"），但你却不能在首先知道它是什么之前"观察"一帧表象。毕竟，表象是根据头脑中的一些意愿构建而成的内部构造。你并不会自发地随意创造表象；相反，你构建的是特定事物的表象。

其次，图片与表象在瓦解与被瓦解的方式上有所不同。你可以将一张图片一裁为二，导致的结果是所描绘客体任意部分的消失。而表象的组织则更富有意义，并且在它们消退的时候，只有那些富于意义的部分消失了（Finke，1989）。

最后，表象似乎较图片与照片而言更容易被观察者的主观解释所歪曲。还记得巴特莱特（1932）关于故事复述的研究吗？（如果需要，可参见第 6 章。）我们见识了人们的故事记忆是如何随时间发生变化的，以及记忆经常取决于他们最初或之后的主观解释。表象也是如此。Carmichael，Hogan 和 Walter（1932）给被试呈现了如图 8-13 所示的图形。每一个图形都有两个标签（不同的被试给予不同的标签）。稍后被试对于图形

的复制（可假定是基于表象的）受到先前提供标签的影响而发生了如图中所示的歪曲。

同样，Nickerson 和 Adams（1979）也证明人们在复制他们熟悉物体的图像时会产生许多错误。试着不看实物画出一枚 1 美分的硬币，然后将它与实物比较。林肯脸的朝向是否正确？那些格言是不是都各归其位了？日期呢？从这一例子中可以看到，你的表象所具有的信息可能远少于一枚硬币所具有的。即使在包含若干幅硬币图像的选择题认知测试中，Nickerson 和 Adams 实验中的被试也不是很擅长选择正确的表征。

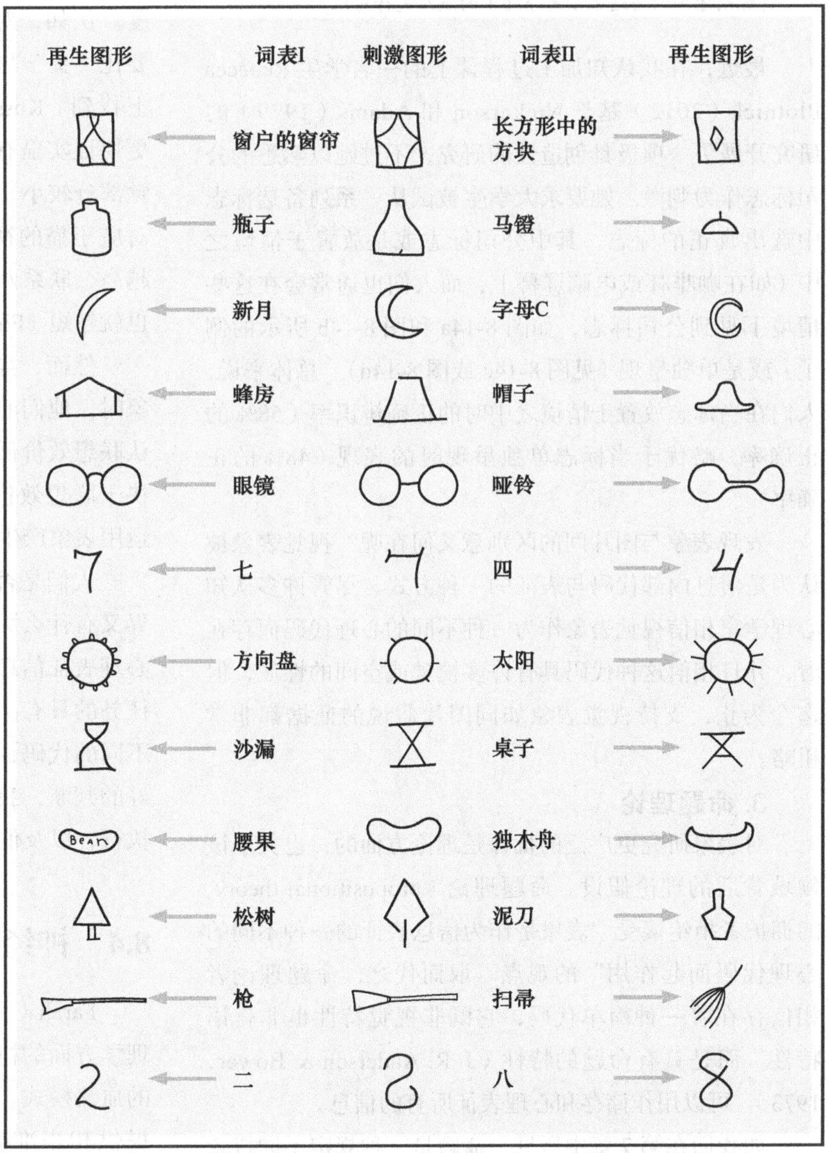

图 8-13　Carmichael 等人（1932）研究采用的材料

将你刚才画的与这张 1 美分硬币的照片进行对比。

最近，在我认知加工过程课上的一名学生 Rebecca Plotnick（2012）基于 Nickerson 和 Adams（1979）的研究开展了一项极具创造性的研究，不过她以熟悉的公司标志作为刺激。她要求大学生被试从一系列备选标志中选出真正的标志，其中公司标志或是放置于情境之中（如在咖啡杯或电脑屏幕上，而人们也通常会在这些情境下见到公司标志，如图 8-14a 和图 8-14b 所示的例子）或是单独呈现（见图 8-14c 或图 8-14d）。总体来说，人们在当标志放置于情境之中时的正确辨识率（58% 的正确率）略优于当标志单独呈现时的表现（48% 的正确率）。

发现表象与图片间的区别意义何在呢？视觉表象被认为是信息内部代码与表征的一种方式。尽管许多认知心理学家相信视觉表象作为一种不同的心理代码而存在着，并且相信这种代码具有许多视觉或空间的性质，但迄今为止，支持视觉表象如同图片假说的证据都非常粗略。

3. 命题理论

对表象研究更广泛的批评是理论方面的，也关乎该领域背后的理论假设。命题理论（propositional theory）的拥护者拒绝接受"表象是作为信息表征的一种不同的心理代码而起作用"的观点。取而代之，命题理论者相信存在着一种简单代码，它既非视觉特性也非言语特性，而是具有命题的特性（J. R. Anderson & Bower, 1973），可以用作储存和心理表征所有的信息。

如我们在第 7 章中所见，命题是一种规定不同概念间相互关系的手段方法。例如，纽约是一座位于波士顿西面的城市这样的观点，可以表征为以下的命题形式：城市（纽约）；西面（纽约，波士顿）。命题可以被结合在网络系统中，两个紧密相关的意思可以通过共同拥有一些命题而加以相连。

Pylyshyn（1973）声称，命题理论可以解释表象实验的结果。他的意见是，所有信息都是通过命题来心理表征和贮存的。视觉表象实验的被试看来像是正在查阅或者操作内部的视觉表征，但实际他们可能正在使用内部的命题表征，一种同样的构成语词材料加工基础的表征，语词材料包括句子或者故事。

Kosslyn（1976）进行的两个研究都试图证实这种论断。Kosslyn 首先检测了动物及其生理属性间的联系强度。例如，对大多数人而言，"爪子"与"猫"的联系要比"头"与猫的联系更强，虽然显然两者都能在猫身上找到。Kosslyn 发现，当不使用表象的时候，人们将更快证实猫有爪子（高联想效价，但对应于猫身上的视觉部分较小），较慢对猫有脑袋做反应（低联想效价，但对应于猫的视觉部分较大）。命题理论预测，联想效价越高，联系两项目之间的命题就越多，相应的确认时间也就越短（Finke, 1989）。

然而，当被试报告说在完成任务的过程中使用了表象时，他们的反应时间则走向了反面。此时，他们在确认联想效价低但对应的视觉部分较大的对象时，速度要快于联想效价高但对应于视觉部分较小的对象。显然，运用表象产生的结果就不是命题理论所预测的。

人们是否用表象为代码信息的一种途径，对现实世界又有什么影响呢？了解人们是如何以及在何种情况下心理表征信息的，对于解释他们是如何完成一系列认知任务的具有决定性的作用。如果他们对不同的任务采用不同的代码，我们就能够对他们何时使用何种代码做良好的判断，我们也许还能预测他们何时能够轻而易举地执行，以及他们何时难以完成某一项任务。

8.4 神经心理学的发现

Farah（1988）对一些研究者进行视觉表象神经心理学方面的检测工作进行了汇总。有些研究检测了大脑的血流模式。大脑血流情况能够对特定区域的大脑活动提供相当准确的测量。Roland 和 Friberg（1985）要求被试完成三项认知任务，并同时对他们的脑血流量进行

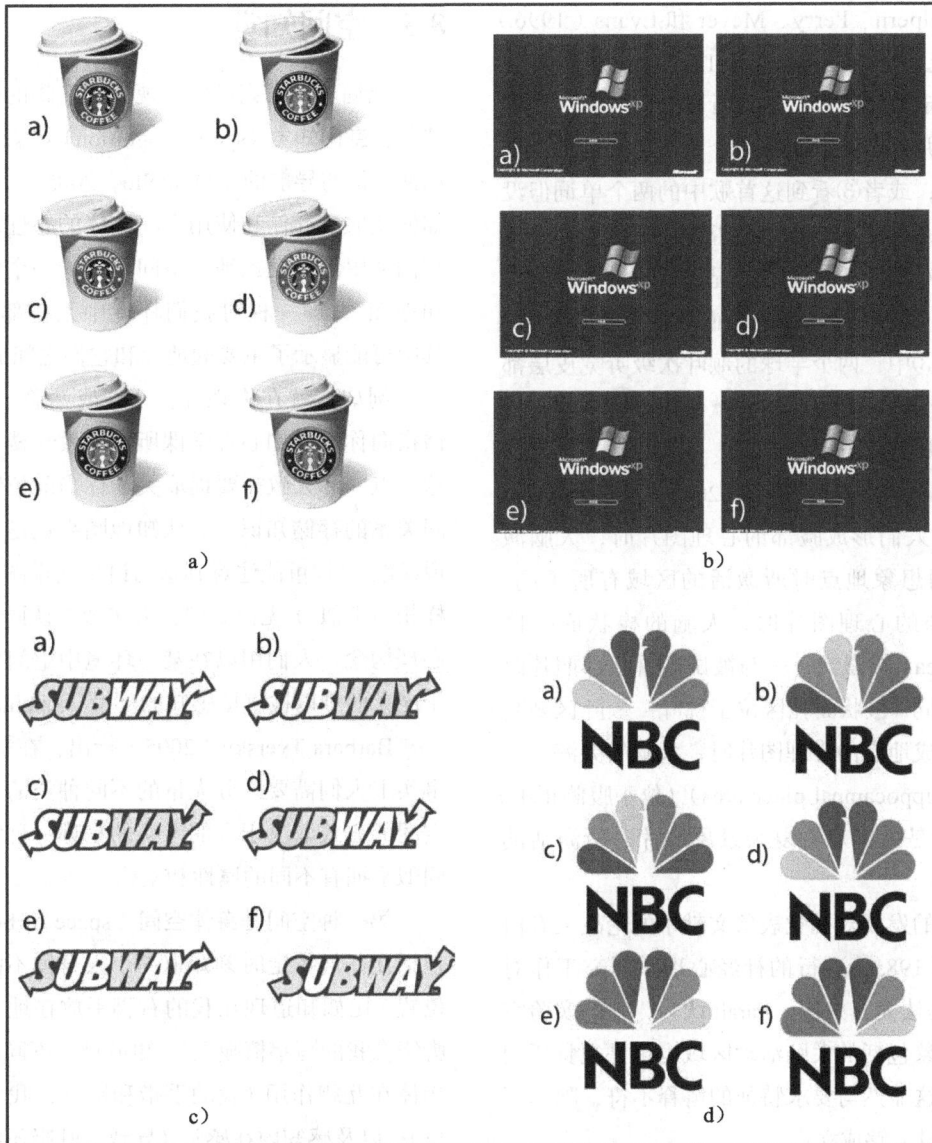

图 8-14　Plotnick（2012）研究中所用的企业标志

监测。这些任务包括心算、对一个听觉刺激进行记忆扫描，以及视觉表象（在头脑中形象化地沿着某条熟悉的街区进行一次散步）。实验者保证这些任务在难度上大致相当。他们发现每一个接受测试的人在执行表象任务时，与信息视觉处理有关的脑区（大部分在枕叶以及其他较后的区域）都显示有大量的活动迹象。然而在另两项任务中，这些区域的脑血流量并不存在这样的激增。Farah 及其同事运用其他神经心理学的测量方法复制了这些结果，如用事件相关电位测量大脑中的电活动（Farah，Péronnet，Gonon & Giard，1988）。

　　其他研究者报告，大量研究显示视觉表象的建立会激活视觉加工所涉及的大脑区域（Kosslyn & Ochsner，1994；Miyashita，1995）。这些区域一般位于枕叶，该大脑皮层区是负责视觉加工的。比如说在一项研究中，Kosslyn、Thompson、Kim 和 Alpert（1995）检测了 12 名志愿者，要求他们（在测验的不同时间阶段）以不同的大小尺寸构建表象。在这些任务中，用 PET 扫描监测志愿者的脑血流情况。结果显示，所有的表象任务都造成视觉皮层的激活，同时也重复了许多先前描述过的那些发现。最有意思的是，根据所建立表象的小、中、大，显示最为活跃的枕叶特定区域是有所不同的。

Zatorre、Halpern、Perry、Meyer 和 Evans（1996）进行了一项性质上类似的研究。让 12 名被试执行①观看两个单词并判定哪个更长；②在听歌的同时看这首歌中的两个单词，并判断此歌于这两个单词之间是否存在一个音高的变化；或者③看到这首歌中的两个单词但没有听到这首歌，并判断这首歌中是否存在一个音高的变化。与此同时，对他们的脑血流情况进行测量。较之于控制条件①，任务②和③产生的脑血流变化模式相同。在任务②和任务③中，两个半球的颞叶次级听觉皮层都有值得注意的活动存在。想象这些歌曲比真实听到它们所引起的活动性要稍微弱一些。

此外，O'Carven 和 Kanwisher（2000）在一项 fMRI 研究中展示，当人们形成脸部的心理图片时，大脑激活的区域与人们想象地点时所激活的区域有所不同。当被试形成脸部的心理图片时，大脑的梭状面孔区（fusiform face area）被激活——与被试观看脸部照片时所激活的区域相同（梭状面孔区位于枕叶 – 颞叶区域）。相反，当被试形成地点的心理图片时，大脑的旁海马空间加工区（parohippocampal place area）（位于腹侧正中）被激活，这恰恰是人们观看复杂景象照片时所激活的区域。

神经心理学的发现对视觉表象文献中的论战又有何影响呢？Farah（1985）进行的神经心理学研究工作对"要求特征"的提法尤具效用。Farah 认为，她的实验室数据表明视觉表象包括的大脑活动区域也正是视觉所用到的同一区域，这显然与要求特征的解释不符，除非下列值得怀疑的假设能够成立：

电生理学和血流量的数据显示，在视觉表象活跃的时候有视皮层区域的活动，对此要用未明言知识予以解释的话，就需要以下两个假设成立：①该主体知道在视觉过程中大脑通常活跃的部位，以及②这些人可以有意地变更它们的脑电活动，或减缓和增加他们大脑特定区域的区域性血流量（1988, p.314）。

Kosslyn 等人（1995）认为，他们的数据同样反对视觉表象的命题式解释。当视觉表象构建时视觉加工区域就开始活跃的事实，有力地支持了这一种观点：表象的加工具有视觉的或空间的特性，而且来自纯认知任务的发现并非仅是由人们关于表象加工应如何运行的隐含理论所造成的。

8.5 空间知觉

视觉表象研究可以被视为更广阔的研究领域中的一部分：**空间知觉**（spatial cognition）或者人们在空间中是如何表征与导航的（Montello, 2005）。换言之，我们是如何获取、存储和使用空间实体的心理表征，同时借助它们从甲地到达乙地。空间实体的一个例子是一张"认知地图"，即一种对我们环境中某些部分的心理描绘，其中可能显示了主要的地标和它们之间的空间关系。

例如，就在你现在坐着（或站着、躺着）的位置，请指向你上认知心理学课所在的教学楼方向。为了做到这一点，你大致需要提取关于你当前位置与特定位置之间关系的存储知识。对认知地图究竟是否呈地图状，众说纷纭。（你可能注意到这与讨论视觉图片是否呈图片模样相当类似。）无论如何，大多数人认同认知地图是一种心理构念，人们用以在某一环境中空间导航，特别是过于庞大而难以被直接感知的环境（Kitchin, 1994）。

Barbara Tversky（2005）指出，在空间认知领域内，事实上人们需要区分大量的不同种类的空间。人们感受空间的方式取决于人们考察的是哪一种空间。每一种空间似乎拥有不同的属性和架构。

第一种空间是**身体空间**（space of body）。这种空间包括在任何特定时刻知道一个人身体不同部分位于什么位置（比如知道现在我的右脚平放在地上，但是我的左脚绕在我的写字椅腿上）；知道身体不同部位与其他什么物体在互相作用（我的手指和键盘，我的臀部与椅子座位）；以及感知内在感觉（导致我呼吸不畅的鼻窦炎，我不够暖和的办公室中的微微凉意）。我使用身体的空间知识来引导我身体的不同部分，例如当我伸手去够某些东西时，当我躲避某些东西，或是当我走或跑向某些东西时。

第二种空间是**身体周围的空间**（space around the body）。这种空间指的是你直接接触的周围区域：你所在的房间，或者你能够轻易感知并作用于物体的区域。Tversky 的工作认为人们将物体定位至作为身体延伸的三坐标轴空间。一个轴是前 – 后轴线，另一个轴是上 – 下轴线，第三个轴是左 – 右轴线。Tversky 和他的同事在研究中让人们想象处于一个特定的空间中，并对该空间中的一件虚构物体进行定位。人们听到描述他们所站位置的一段描述，比如在旅馆大厅或者在博物馆中，他们身体的所有 6 个方向都放置有物体（前面、后面、头顶、脚底、右面、左面）。接下来让他们想象自己面向某一与之前不同的方向，然后当面向这一新方向时定位物体。"提取"位于头顶和脚底物体的时间始终是最快的，而提取位于左 – 右轴线上物体的时间始终是最慢的（Tversky，2005）。

导航空间（space of navigation）指的是更大的空间，即我们在其间行走、探索、到达和穿越。用 Tversky（2005）的话：

> 导航空间的构成包括诸如建筑物、公园、广场、江河或者山岳这样的地点，也可能是更大尺度的国家、行星或者恒星。地点与在一个参考系中的路线或方向是相互关联的。导航空间往往过于庞大而难以从一个地点被感知到，所以它必须将不能直接比较的不同片段的信息整合起来。类似于身体周围的空间，人们可以从描述、图表、明显的地图以及从直接经验中获得导航空间。我们人类大脑拥有的一个杰出能力便是可以想象出那些因过于庞大而难以从一个地点感知到整体性的空间。为了想象出导航空间的整体性，我们需要粘贴、连接、结合、重叠，或以其他方式整合分散的信息片段（p.9）。

当我们给他人指明方向的时候，我们就在和导航空间打交道。无论我们采取"路线"的视角并基于地标建筑物给他人指方向（"直走两个街区直到加油站，然后向右转直到看见一个红色建筑物，然后向左转"）还是

当这些徒步旅行者在景点内探索时，他们都在使用 B.Tversky 提到的空间导航。

采取"勘测"的视角并鸟瞰式地给他人指方向（"华生的宿舍位于小教堂东面的两个街区，古德塞尔天文台东南面的一个街区"），我们交流的都是空间信息。然而，我们在导航空间下形成的表征并不总是准确或完整的。因此，Tversky（2005）倾向于用"认知拼图"一词来替代术语"认知地图"。认知拼图会受系统误差和失真的影响，正如我们之前看到的人们对"西雅图和波士顿哪一个更靠北面"持有的错误信念。

我的一名学生 Drew Dara-Abrams（2005）在其优秀荣誉论文中将这些观点加以实证化。Drew 创造了一项任务，向被试（卡尔顿学院的学生）展示不同校园建筑物的剪纸图案，并要求被试将剪纸图案尽可能准确地摆放在一张地图上。图 8-15 是图案正确摆放的校园实际地图；图 8-16 则是展示给研究被试的剪纸图案任务。

结果表明，被试在剪纸图案任务中更可能制作出"更为整洁"的地图（Dara-Abrams，2005）。换言之，他们系统性地沿着正交线排列剪纸图案，使得建筑物相比真实所在位置更为整洁地排列在南 – 北和东 – 西轴线上。他们也可能会旋转建筑物使得它们全部排列在垂直和水平方向，即他们会避免将建筑物沿对角线方向摆放，尽管我们校园内一些建筑物的确是"对角线"走向的。这一研究重复验证了 Tversky（1992）早期对人们地图记忆的研究结果。例如，人们经常认为南美在北美的正南面，尽管事实上位于更偏向东南面。Dara-Abrams 的论文中意想不到的结论是，他的被试所使用的导航空间是从他们于校园内真实的导航中获得的，而非从地图学习阶段中获得。

空间知觉领域的最近研究关注**空间校正**（spatial updating）（Sargent, Dopkins, Philbeck & Chichka, 2010；Wang et al, 2006）。其观点是，当人们在空间中移动时，必然会基于当前位置持续修正他们对环境中物体所在方向的心理表征。Zhang、Mou 和 McNamara（2011）给出了以下的实例：

> 例如，假设你即将走入你所在部门的主办公室并且看到一名位于你左侧的同事。你停下来，向左转身，并与该同事闲谈了一会。在左转之后，你需要知道主办公室现在位于你的右侧（p.419）。

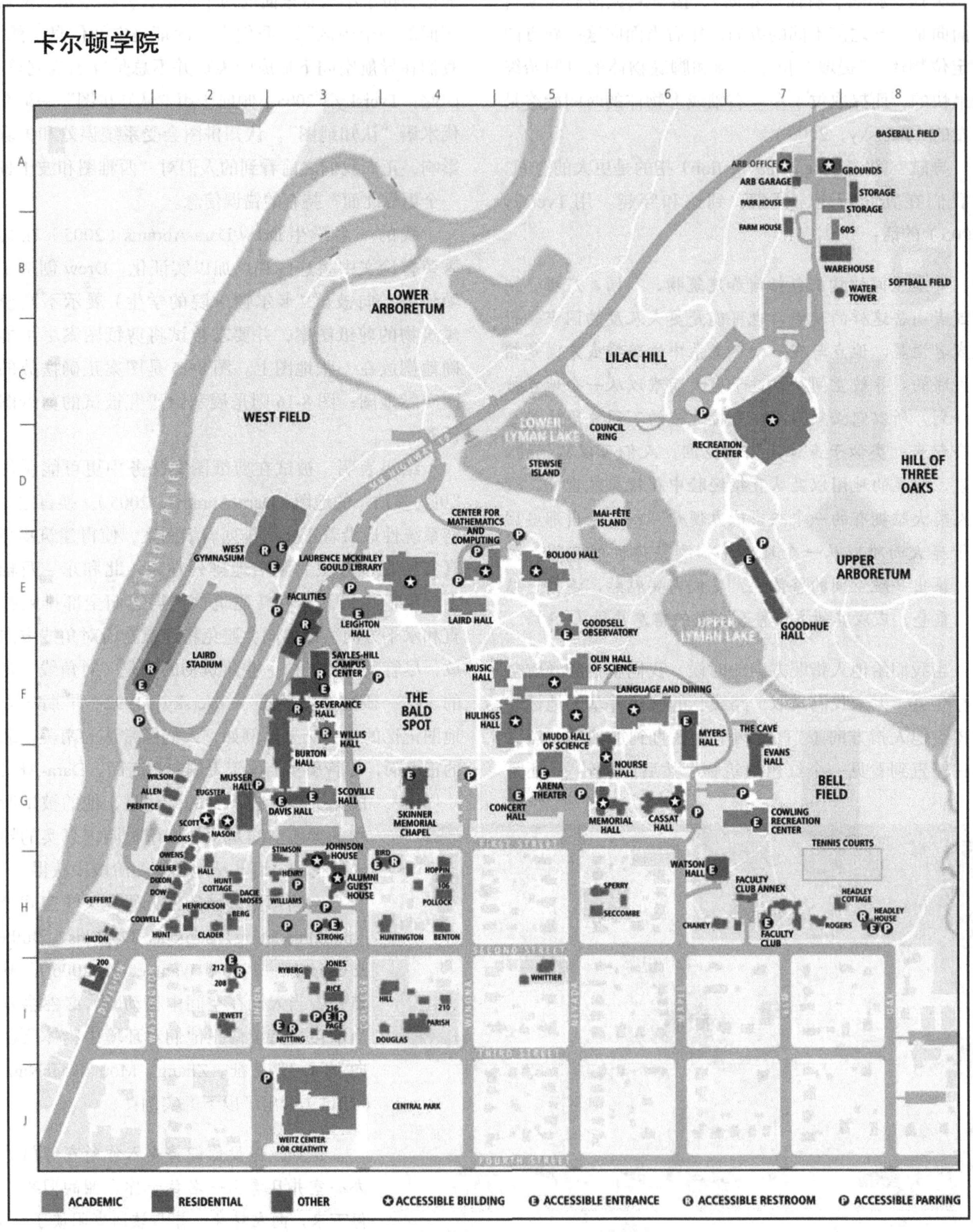

图 8-15 卡尔顿学院校园的实际地图

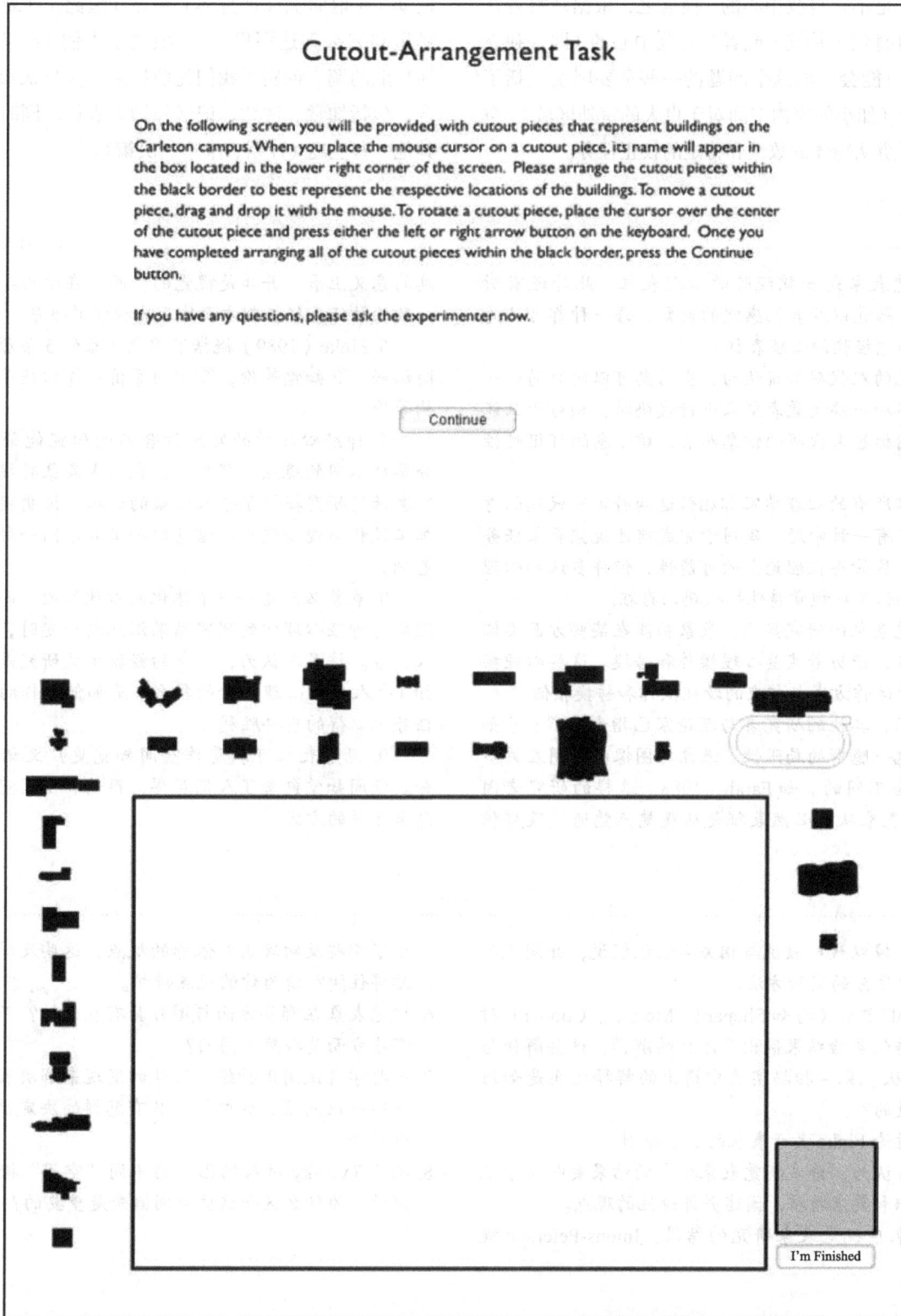

图 8-16　在 Dara-Abrams（2005）研究中呈现给被试的剪纸任务

由此产生的一个重要问题是，当人们空间导航时所构建的表征是不是自我中心的（换言之，根据观察者在空间中的自身位置构建）或者非自我中心的（即，独立构建的）。可能会影响这个问题的一些重要因素包括了空间的大小（如小的室内空间对于更大的室外区域）、空间中明显可辨认物体的数量和特定的校正任务。

Montello（2005）认为导航是由两个主要成分组成：运动（在地面上移动身体）和寻找道路（计划并决定去哪里和怎么到达那里）。一项关于人们（和动物）是如何导航的调查证实了我们先前提到的大量认知过程的整合，包括知觉、注意、记忆和知识表征，同时也包括了其他一些主题（计划、推理、决策）。

概要

1. 视觉表象是知觉经验的心理表征。此外还有听觉、嗅觉、触觉以及其他感觉的表象，每一种都可认为是某一种知觉经验的心理表征。

2. 记忆的双代码假说认为，当信息可以同时通过一张语词标签和一幅视觉表象来进行代码时，相对于只能用一张语词标签来代码的信息而言，该信息的可记忆性得以增加。

3. 并非所有的心理学家都相信这两种不同代码的存在。对于只有一种命题代码用于完成前述视觉表象任务这种说法，尽管存在理论上的可能性，但许多认知心理学家仍然相信某些视觉特殊性代码的存在。

4. 视觉表象的研究显示，表象功能在某些方面类似于内部图像，经历着某些心理操作和转换。这些心理操作和转换的运作方式与相应的物理操作和转换相似。

5. 然而，其他的研究者与理论家已指出了"表象如同图像"这一隐喻的局限性。表象与图像的作用在许多方面是完全不同的。如 Farah（1988）这样的研究者因此总结，"表象从它必然表征是从视觉感觉通道获得信

息的意义上看，并非是视觉的，而是在运用某些与视觉一致的神经表征机制方面体现出视觉的性质"（p.315）。

6. Finke（1989）概括了视觉表象的 5 条原则：①内隐编码；②知觉等价；③空间等价；④转换等价；⑤结构等价。

7. 神经心理学的发现结合旧的研究能帮助我们区分鉴别不同的观点。那些显示在形成表象时视觉皮层有所激活的研究提供了令人信服的证据，证明视觉表象的加工过程与视知觉真实信息的加工共享同一种神经活动基础。

8. 表象必然是一种个体化的心理体验。而当认知心理学与神经心理学的研究结果汇总到一起时，则更加令人兴奋。许多人认为，表象的经验主义研究是在理解认知（个人化的心理经验的集合）是如何运作的这一宏大任务上取得的重要胜利。

9. 视觉表象可以看作空间知觉更广义话题的一部分。空间知觉包含了人们获得、存储和使用空间位置信息来导航的方式。

复习题

1. 描述并比较双代码假说与相关－组织假说，并阐述对它们加以区分的实验方法。

2. 认知心理学者（例如 Shepard、Metzler、Cooper）对心理旋转的实验结果做出了怎样的解释？这些解释与 Kosslyn 从表象－扫描实验中得出的解释之间是如何保持一致的？

3. 阐述并讨论 Finke 关于表象的 5 条原则。

4. Pylyshyn 认为，许多视觉表象研究的结果要归功于未明言知识和要求特征。阐述并评论他的观点。

5. 对某些来自视觉表象研究的结果，Intons-Peterson 提

出了哪些反对理由？依你的观点，这些反对理由是否站得住脚？请为你的观点辩护。

6. 视觉表象在哪些方面与图片具有相似性？而两者又在哪些方面是截然不同的？

7. 一些学者试图用神经心理学的发现来解决表象领域的一些争议问题。这些结果具有怎样的决定性呢？请加以解释。

8. 阐述 Tversky 对人们已有的不同"空间"概念提出的假设。为什么区分这些空间概念是重要的？

语　言

就是现在，当你阅读这句话时，你正处于语言理解的过程之中。而当我写下这个句子时，进行的是语言产生的过程。在我们阅读或讲话时，当我们对话和交谈时，在我们为写一篇学期报告（或是教科书的某一章节）而努力奋斗时，甚至当我们说最司空见惯的话语时（"去图书馆，5点在我的车上见"），我们整天都在产生和理解语言。也许你我都没有觉得这有什么特别之处，简而言之，我们把自己的语言能力视作理所当然。

然而，大量的证据表明，语言的使用和语言能力并不是那么简单。人工智能研究人员发现，要建立一个可以像4岁小孩那样不费力地理解语言（书面或口头）的电脑系统是极为困难的。对于那些蹒跚学步的孩子来说，尽管他们获得语言相当迅速，但也需要几年时间才能达到精通的程度，这一点他们的父母可以作证。很多中学生和大学生直到他们试图掌握第二门语言时，才开始充分意识到语言的复杂性。

语言与认知有着密切的联系。我们所取得的信息大部分来自口头或书面语言（抑或手语），而且我们还用语言来提出疑问，阐明问题说明结论等（Damian，2011；Fox，2007；Sandler & Lillo-Martin，2006）。正如感觉或记忆一样，语言这一重要认知能力的使用似乎太过容易，以至于一般情况下我们都忽视了它的复杂性。

在本章中，我们将首先着眼于语言的结构成分：那些片段或方方面面会逐渐成为精致化的、由规则控制的和富有创造性的交流系统，我们将之看作不同的人类语言。接着，我们将探讨语言理解和产生的模型：我们是如何理解和创造口头交谈和书面材料的。最后，我们将讨论语言同其他认知加工之间的联系。

延续前面章节的主题，我们将看到某些语言加工是自下而上的，或者说是被接收到的信息所驱动；还有一些加工是自上而下的，由听者或是说话者的期望所驱动。某些语言加工似乎是自动化的，执行时不需要觉察和意向。当然，另外一些语言加工则需要有意图地执行并付出努力。正因为如此，语言加工很明显地受到其他认知加工的限制，尤其是受我们已经学过的意识、注意和记忆的影响。同时，语言会在思维、计划、推理、决策制定等认知加工过程中得到运用，这些会在后面的章节中有所介绍。

对语言做出一个精确的定义是十分重要的，特别是要对"语言"和"交流"加以区分。虽然语言经常作为一种沟通交流来使用，但是其他的交流系统并不一定形成真正的语言。举例来说，蜜蜂通过精巧的舞蹈来告诉其他蜜蜂发现了新的食物来源。这类舞蹈传达了食物的方位，但是它所能做的仅仅是传递这类信息，因为舞蹈不能够告诉其他蜜蜂在去食物源的途中可以看到一个有意思的景象。鸟类同样可以用歌声和鸣叫来宣告领土边界并吸引配偶（Demers，1988）。但需要再次强调的是，这类交流系统仅仅能够传递特定的信息。这些交流系统与语言有什么样的区别呢？要回答这个问题，首先必须给语言下一个定义。

自然语言具有两个必要的特征：一是规则，由一系列称为**语法**（grammar）的规则系统掌控；二是具有产生性，意味着在无限的事物组合方式中都可用此来加以表达。人类语言的其他特征包括任意性（单词或句子同它所指的对象之间缺乏必然的相似性）和不连续性（这种系统再可以细分为可辨的部分，比如句子分为单词，单词分为音节；

Demers，1988；Hockett，1960）。

　　根据上述准则，我们可以得出蜜蜂并不具备语言的结论，因为它们舞蹈中的身体动作携带了花蜜来源的信息（缺乏任意性）。例如，食物来源的方向直接由蜜蜂舞蹈的方向来表示，而距离则是由舞蹈中蜜蜂摆动的速度来表示（Harley，1995）。进一步来讲，蜜蜂的这种舞蹈只限于传达食物来源，这样也就没有满足语言的产生性特征。同样由于产生性的原因，鸟类的歌声和鸣叫也不能归类为语言，因为它们只是传达了某种意思（绝大多数是关于配偶、捕食者和领土的；Demers，1988）。以上的说明澄清了语言和交流系统之间的关系：所有的人类语言都是交流系统，但并不是所有的交流系统都是以可归为自然语言作为先决条件的。

　　研究者通过诸如游戏和工具等各种方式来研究动物的交流系统（Bekoff & Allen，2002；Hauser，2000），也有其他一些人用特定的方法尝试教黑猩猩不同的语言和交流系统（B. T. Gardner & Gardner，1971；Premark，1976；Savage-Rumbaugh，McDonald，Sevcik，Hopkins & Rubert，1986；Terrace，1979）。一些研究者教会动物使用符号语言，其他人则依靠塑料代币和几何符号系统。大多数研究人员认为，黑猩猩能够学会使用符号来表达需要和标记对象（如"坎兹追赶苏""我多吃""橘子汁"）。Sue Savage-Rumbaugh 等人的一项研究表明，俾格米黑猩猩甚至能够学会自发地使用符号来进行交流，即只是通过观察其他人或者其他黑猩猩来学会使用符号，并且学会理解口头的英语单词。

尽管这些动物明显正在进行交流，但是很少有证据表明它们的交流系统形成了真正的语言。

　　除了这些发现外，大多数该领域的研究者仍坚持认为，即使是最聪明、最精于语言学习的黑猩猩所能学会的语言与大多数 3 岁儿童所具备的语言还是有实质性的差异。同样，绝大多数人也同意，虽然黑猩猩可以学到许多词条和一些基本的语言结构，但是它们的交流系统依旧远远达不到任何已知人类语言的要求。要了解其中的原因，我们需要详细地考察人类语言的结构。

9.1　语言的结构

　　与许多复杂的能力一样，语言包含了若干协同作用的系统。我将以谈话为例说明这些系统协同运作的一些方式。之所以以谈话为例，是因为谈话对于语言来说是一种基本的设置，所有人都要用到交谈，即使是占世界人口 1/6 的那些缺乏读写能力的文盲也不例外（H.H.Clark & Van Der Wege，2002）。

　　当你与人交谈时，首先必须收听和察觉讲话者指向你的声音。不同的语言有不同的声音，称为**音素**（phonemes）。对在任何语言中音素是如何加以组合的研究构成了音位学（phonology）。接着，你必须以某种连贯的方式将这些声音组合在一起，确认语言中的意义单元，这被称为词法（morphology）。单词的词尾、前缀、时态标记以及其他类似的部分是每个句子的关键。有些**词素**（morphemes，语言的最小意义单元）是单词，你也必须识别它们并且确定每个单词在句子中所起的作用。要达到这一要求就需要确定每个句子的**句法**（syntax）或者结构。图 9-1 说明了一句简单句可以分解为不同的语言"水平"。我们将很快回到句子结构这个话题上来。

　　一个句法正确的句子本身并不能形成一段好的谈话。句子对于听者而言必须有一定的意义。**语义学**（semantics）是语言学和心理语言学的一个分支，致力于对意义的研究。最后，要使交谈得以进行，就必须具有流畅性，有来有回，听者必须集中注意力并做出某些特定的假设，而说话的人讲话的方式必须使听者接收没有困难，能够听得懂。这些属于语言中**语用学**（prasmatics）的方面，它将总结我们对语言结构的讨

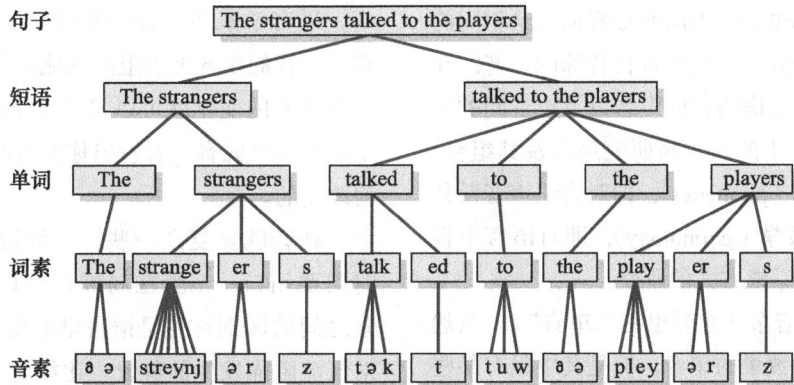

图 9-1　对一句简单英语句子的分析

如同这个例子所显示的那样，口语具有层级结构。层级的底端是音素，它们是口语声音的构成单元，但本身并没有意义。语言中拥有意义的最小单元是词素，包括词根以及像过去时态的后缀 -ed、复数形式 -s 这样带有意义的单元。复杂句法规则掌管词素构成的单词如何又组合成短语，继而形成有意义的陈述或句子。

论。我们应该谨记的是，虽然语言的不同方面是分开单独加以探讨的，但是在真实的谈话中，它们必然协同作用。

在本节中我们会多次遇到不同语言学规则的思想（诸如音位规则和句法规则）。这些规则组成构成了语言的语法，它们组合在一起，规定了一种语言运作的方式。非常重要的一点是，语言学家和心理学家在此使用"语法"这个术语是有严格限制的，是指"语言的一系列规则"。特别要指出的是，符合语法与诸如"不要使用 ain't"和"在一句完整的陈述句后要加上句号"这样所谓"好英语"的"规则"无关。对于语言学家或心理语言学家而言，"I ain't going to happily do it"这样的句子是完全有意义而且是"合法"的，也就是说它根据的正是英语为母语的人所遵循的语言"规则"，因而它也就符合语法了（你完全能理解其中的意思，不是吗）。这里，语法并不是指讲话的文雅方式，而是指说话的方式能够形成可以听懂和理解的短语或表达，与以该语言为母语的人所说的例子相符。

语言学家和心理学家区分了人们关于语言规则的外显和内隐知识。举例来说，毫无疑问，我们中的大多数人都能够根据英语句法规则准确地进行陈述（如果真是轻而易举的话，那么很多语言学家就要失业了）。我们中的大多数人同样也能够轻易而且迅速地发现违反规则的现象，比如"Ran the dog street down cat after yellow the very the"这类在句法上有错误的句子。而且，我们不仅可以辨别出不符合语法的句子，还会避免讲出这样存在明显错误的句子（虽然我们经常讲出或

写下稍有违反语法的句子）。因此我们对于规则的知识并不是外显的（我们不能够表达出所有的语法规则，也不会有意识地察觉到所有的语法规则）而是内隐的（不管它们是些什么样的规则，我们总能遵守它们）。我们常常能清楚地表达出那些告诉我们应该怎样说话或书写的所谓规定性规则（如"不要说 ain't"），然而即便如此，我们有时还是会违反它们（在生活中还是不时地说 ain't）。与此相反，要清楚地表达出英语的描述性规则，说明哪些句子是合法的，哪些是不合法的则十分困难。

语言学家和心理学家也对**语言能力**（linguistic competence）和**语言表现**（linguistic performance）做了区分。能力是指能够使人们产生和理解其语言的基本语言学知识。语言能力在实际使用和表现时并不总是充分显现的。注意或记忆水平的下降、紧张不安或是疲劳、周围环境的改变、兴趣的转移和随之出现的错误都会影响我们对语言的使用，造成我们说出不合语法的句子或是错误地理解句子的含义。语言表现只有在完全理想化的条件下才能反映语言能力（Chomsky，1965）。在现实生活中，这样的理想化条件是不可能达到的。所以，如果你无意中听到了语法错误的言辞，那也许并不是讲话人的语言知识（能力）有错误（特别是当他在使用母语时），更可能是生活中各种不同因素和压力造成了他在讲话时的错误。

9.1.1　音位学

在我看来，法语如音乐般动听，而德语听起来就比

较刺耳。毫无疑问，你也会用不同的形容词描绘不同的语言。区别语言的一个方面是他们各自特殊的声音。在此，我们以英语为例，考虑语言的声音以及声音间的结合。我们基于两个学科中的发现来研究声音及其组合。这两个学科是：**语音学**（phonetics），即对言语声音及其如何产生的研究；**音位学**（phonology），即对语言中言语语音组合及其改变的系统方式的研究。

英语有大约40个音节（有时也称"单音"）。虽然一种语言可能会有更大数量的单音，但是其中只有某些单音是"有意义"的。语言学家使用音素这个术语来表示在一种确定语言中有意义差别的最小声音单元。因此，如果一个单词中的一个音素被另一个所替换，那么这个单词的意思也随之改变。如果音素 \d\ 被 \t\ 所替换，那 duck 就变成了 tuck。英语中音素 \l\ 和 \r\ 是有区别的，而在其他语言中，诸如广东话之类的中国地方方言则没有这样的区分。一个关于方言的笑话称，有一个中国人将"fried rice"（炒饭）说成"flied lice"（飞虫），根据的就是广东人听不出其中的区别（Fromkin & Rodman，1974）。当然，有些语言中也有英语中所没有的音素区分，当母语是英语的人学习这些语言时，也会犯在当地人看来是相当可笑的错误。表 9-1 列举了一些英语音素的例子。

表 9-1　一些英语音素的例子

符号	例子
p	pat, apple
b	bat, amble
d	dip, loved
g	guard, ogre
f	fat, philosophy
s	sap, pass, peace
z	zip, pads, xylophone
y	you, bay, feud
w	witch, queen
l	leaf, palace
ē	beet, beat, believe
e	ate, bait, eight
i	bit, injury
u	boot, two, through
U	put, foot, could
oy	boy, doily
ay	bite, sight, island
š	shoe, mush, deduction

资料来源：Adapted from Moates and Schumacher (1980).

语言学家和语音学家研究了元音和辅音发音的区别。元音的发音无须阻隔气流，只要简单地依靠舌部和唇部位置的变化就可以发出（Halle，1990）。试着清楚地发出一个元音，看看当你发音时口部的结构形态是如何改变的。

辅音就要复杂一些。一般情况下，辅音音素发音时需要闭口，至少在局部几乎是完全闭合的。辅音音素之间的区别首先是语言学家所称的"发音位置"，即对气流阻隔发生的位置。比如说，\b\ 和 \p\ 是通过闭合嘴唇发出的，而发出 \s\ 和 \z\ 时则要将舌头顶住位于齿龈后部的口腔硬腭。辅音在"发音方式"，即气流怎样被阻隔上也存在不同。比如说发 \m\ 是在打开鼻腔时闭口；\f\ 则是通过阻隔气流发出嘶嘶声。辅音之间的第三个不同称为浊化。比较音节"sa"中的 \s\ 和"za"中的 \z\，在发出 \s\ 时不需要声带的震动，而 \z\ 则需要。因此 \z\ 被称为浊辅音，而 \s\ 则被称为清辅音。

上面提到的音素特性都与特定的音位规则有关。这些音位规则规定了音素组合的方式。例如，两个"真"辅音（指除 \h\、\w\、\y\、\r\ 和 \l\ 外的所有辅音与其他音相加，像 thy 中的 \th\，thigh 中的 \th\ 及 chip 中的 \ch\）在一个英语单词的开头，那么前面那个音的一定是 \s\（H. H. Clark & Clark，1977）。这一规则防止了 dtop 和 mpeech 这样的字符串成为我们语言中的"合法"单词（虽然它们在其他语言中是合法的），而 stop 和 speech 则是合法的。这些音位规则也说明了如何发出一个新单词的音以及怎样发出单词的前缀和后缀，比如复数和过去时态的后缀。举例来说，英语单词复数的构成形式是根据该单词最后一个音素来决定的。根据语音学的研究，我们总结了以下规则（Halle，1990），如表 9-2 所示。

表　9-2

如果单词的结尾是	单词的复数形式结尾发音是	例子
\s z c j\	\z\	places、porches、cabbages
\p t k f\	\s\	lips、lists、telegraphs
其他	\z\	clubs、herds、phonemes

不同的语言有不同的音位规则，因而对于为什么不同的语言有不同的声音这一个问题可以有两种解答：一是不同语言包含了不同的声音（音素）；另一种是不同语言有不同的音素组合规则（音位学）。

9.1.2　句法

句法是指句子中单词的排列，宽泛地讲句法就是指句子的结构，即句子的组成部分和这些部分组合在一起的方式。句法规则类似于音位规则，规定了语言中不同单词或词组能够组合成为"合法"句子的方式。这样，诸如"The book fell off the table"对于讲英语的人来说是完全可以理解的，但类似"Chair the on sits man"的词语串则不能被接受。句法规则必须符合两个要求：它们应该可以描述每一句"合法"的句子，同时它们永远不能描述一句"非法"的句子（Chomsky，1957）。

那么，句子具有结构到底意味着什么呢？让我们来看下面的句子。

（1）The student will carry the shiny laptop.（学生将携带闪亮的笔记本电脑。）

如果你要将这个句子中的单词划分成组（语言学家将这种组称为成分），你可能会这样做：student 与 the 当然相配在一起，类似地，shiny 看上去是修饰 laptop，而且 shiny laptop 与 the 一起组成了另一个成分。carry 也可以与 shiny laptop 构成成分。will 则是用来修饰这个更大的分组的。要注意的是，分组或成分存在很多水平，如图 9-2a 所示。这样的图被称为树状图，其中的小灰点被称为节点，用来描述句子中不同的成分。同样要注意，每个单词本身就是一个成分，同时不同的单词组构

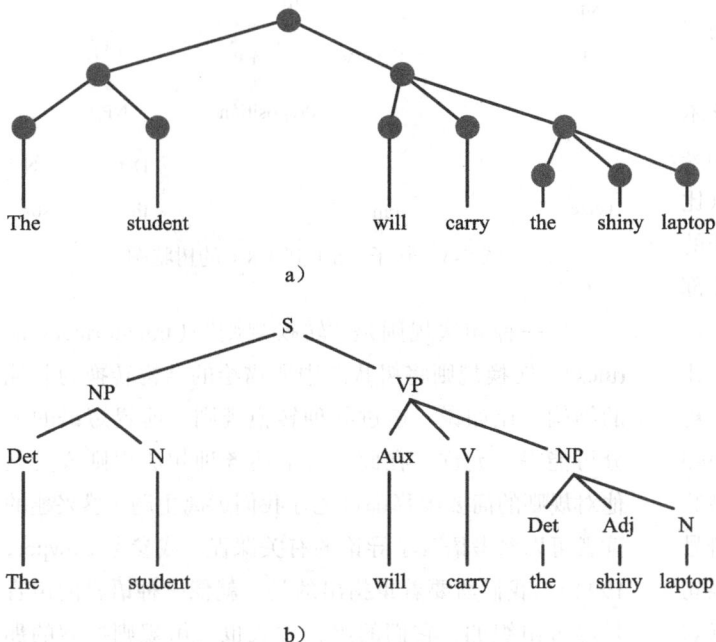

成了更高水平的成分。所以 laptop 这个单词成了 4 个成分中的组成单元：[laptop]，[the shiny laptop]，[carry the shiny laptop]，[The student will carry the shiny laptop]。

图 9-2b 是该句子的另一种图解，其中灰点被用来表示每个成分类别的标记所替代。在树状结构底部层次上，你可以看到代表常见术语的标记：V 代表动词（verb）；N 代表名词（noun）；Adj 代表形容词（adjective）；等等。这些标记让我们清楚每个单词在句子中所扮演的角色，并使我们领会，一般来说如果将一个名词用另一个名词替换，该句子在句法上还是符合规则的。就像用 shoe 替代 laptop，句子就变成了"The student will carry the shiny shoe"。在树形图的上部，其他标记又对较大的成分进行分类。所以"the student"和"the shiny laptop"都划分为名词短语（NP）。这些标记给了我们这样的印象：这些成分与"the angry fireman"（愤怒的消防队员），"her grandfather's birthday"（她爷爷的生日），"my first tooth"（我的第一颗牙）之类在结构上是相似的。图 9-2b 因此被称为标记树状图。它描述了句子的所谓"分类成分结构"（categorical constituent structure）。

句子中的一个名词短语（NP）可以被另一个所替代，产生的结果是句子的语义反常（意思难以理解）但句法上仍是符合规则的。所以，我们可以用"my first tooth"这个名词短语（NP）来替代（1）句中的"the student"然后得到"My first tooth will carry the shiny laptop"这样古怪却"合法"的句子。

这样的图表关键是什么呢？首先，它们可以帮助解释为什么某些改变可以出现在句中而其他的则不可以。前置是这些改变中的一例，它是指将句子中的某一特定部分移到句子前面，通常起到强调的作用（Radford，1988）。以下的几个例子中，斜体的部分被前置：

（2）*My naughty dog*, I'm mad at.（我的调皮小狗，我爱死它了。）

（3）*The inflated price*, I will not pay.（上涨的价格，我付不起了。）

（4）*Up the mountain*, the hikers climbed furiously.（山上，徒步旅行者发疯似地攀登。）

只有在某类短语或句子成分被整体移到前面时，前置才起作用（成为符合语法的合法句子）。正因为如此，"Naughty dog, I'm mad at my.";

图 9-2　句子（1）的树状图

"Price, I will not pay the inflated."；"Up, the hikers climbed furiously the mountain." 皆是不符合语法的。像图9-2这样的树状图回答了句子中的哪些部分组成了结构成分，以及哪些部分可以被前置。

有趣的是这种对句子的分析正好解释了一种表面上看似矛盾的现象，下面四句话都是"合法的"。

（5）Kimmie rang up Emily.（吉米给艾米丽打了电话。）

（6）Timothy stood up his job interview.（蒂莫西爽约了工作面试。）

（7）Carol looked up the definition.（卡萝查找一个定义。）

（8）Isaac ran up the street.（伊萨克跑上街。）

前置"up the street"可以产生一句合乎文法的句子：

（8a）Up the street, Isaac ran.

但是其余的句子都不能这样前置，下面的不合法句子（用星号标记）显示了这点。

（5a）* Up Emily, Kimmie rang.

（6a）* up his job interview, Timothy stood.

（7a）* up the definition, Carol looked.

图9-3提供了（5）到（8）句的树状图，该图表明了在（5）到（7）句中，单词即是与动词所构成的成分中的一部分，因而它在句子中必须同动词在一起。然而在句（8）中，单词up则是"up the mountain"这个成分中的一部分，所以当整个成分都被移动时，把它前置是完全可以的。

我们怎样才能简洁地说出什么可以被前置而什么不可以被前置呢？语言学家通过阐明句法规则上的限制来加以说明：只有当标记的成分是一个完整的短语时（比如名词短语NP和动词短语VP），它们才可以从句子的一个位置移到另一个位置。这类规则描述了句子各个部分组合在一起以及协同运作的方式。

不同的语言学家提出了各种不同的句法规则。比如乔姆斯基（Chomsky, 1965）提出了"短语结构规则"（phrase structure rules），以此产生了图9-2与图9-3中所描绘的结构。这些规则有时又称为"重写规则"（rewrite rules），描述了某些符号可以被重写为其他符号的方式。S→NP VP这一短语结构规则表明S（代表句子sentence）包含了不同的成分并且可以转换为NP（名词短语）和紧接在后的VP（动词短语）。其中的要点在于短语结构规则允许某些特定符号被其他符号所重写。在英语中，要用一个现实的单词去替代一个符号（如N→poodle），就需要一种不同类型的句法规则，即词汇插入规则（lexical-insertion rules）。该规则允许将单词（语言学家将其称为"词条"lexical item）插入短语结构规则所产生的结构中去。

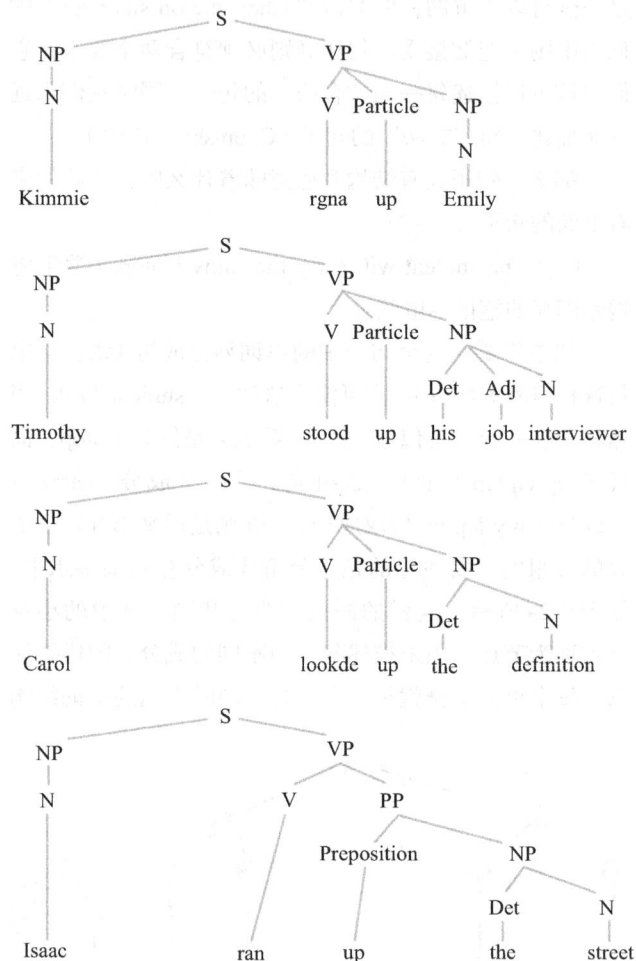

图9-3　句子（5）到（8）的树状图

另一种句法规则是"转换规则"（transformational rules）。转换规则将树状图中所描绘的结构转换为其他的结构。比如说，通过某种转换规则，前置短语的成分可能得到允许。在此，对上述各种句法规则或是其他对规则的简要解释都可能让我们远离主题（感兴趣的读者可以参考语言学导论的有关课程，或参考Cowper, 1992）。我们所要着重指出的是，就像一种语言的声音是经过组织的，它们的组合方式也是由规则控制的那样，短语和句子的情况也都是如此。

此外，句法规则同音位规则一样，都是那种你可能意识不到的规则。然而，语言学家和心理语言学家积累的大量证据显示，人们在很多时候使用了这些规则。人们的语言行为表现与这些规则在很大程度上相符，而且人们（在合理的条件下）对符合语法规则的判断与这些规则也高度一致。

9.1.3　语义学

语义学是指对语言意义的研究，在我们使用语言的过程中也起到了重要的作用。毕竟我们所产生的声音都是为了交流的目的。而且当进行交流时，听者（或是听众）必须要以某种方式来接收讲话者（发送者）的意思。要创造一个完整的有关意义的理论是相当困难的，目前也还没有能够完成。许多这方面的话题与我们在第7章中涉及的内容有关，所以我们在这里将要讨论的意义理论，限定的都较为狭窄。

意义的理论至少要解释以下方面的内容（Bierwisch，1970）：

- 反常（anomaly）：为什么人不能这样说"Coffee ice cream can take dictation"（咖啡冰淇淋可以进行听写）？
- 自相矛盾（self-contradiction）：为什么说"My dog is not an animal"（我家的狗不是动物）这句话是有矛盾的？
- 歧义（ambiguity）：为什么我说"I need to go to the bank"（我需要到bank去）是不明确的，即我究竟是要去一个金融机构（银行）还是河边（岸）？
- 同义（synonymy）：为什么"The rabbit is not old enough"（这只兔子还不够大）和"The rabbit is too young"（这只兔子太小了）是一个意思？
- 蕴含（entailment）：为什么"Pat is my uncle"（Pat是我的叔叔）意味着Pat是个男的？

这些理论同样需要解释人们如何运用单词的意义去加工整个句子和语段。很多认知心理学家都对语义与知识的建构及存储，以及语义与人们概念形成和事物分类之间的关系有很深厚的兴趣。以上话题在前面的第7章都分别介绍过。

让我们通过下面的例子看看语义是如何参与我们对句子的理解的。考虑"Sara exchanged a dress for a suit"

（萨拉把她的连衣裙换成了套装）这个句子。通常我们会这样理解：萨拉把她的连衣裙带到某个地方（最有可能是到了她购买连衣裙的那家商店）并把它交给了某个人（可能是售货员）。反过来，那个人给了萨拉一套套装。交换因此看上去是与两个人有关，每个人都给了对方某样东西。即使是这样，相互给予（mutual giving）和交换在定义上并不是完全一样的（G. A. Miller & Johnson-Laird，1976）。那么交换准确的意思是什么呢？Miller和Johnson-Laird（p.577）给出了以下定义：某人X，与另一个人Y，"交换"某物w，来取得另外一个物件z，而且必须满足以下两个条件：①X把w给Y；②这就使Y有义务把z交给X。注意，这种分析解释了相互给予和交换相似，但又不相同。因为交换使Y形成了一种义务，也就是要将某一物件交还给X，即使Y并没有这种意愿而违背交易；而在互相给予中，X和Y必须要互相给予对方一些东西。

当听者领会了一个句子的含义时，他们需要的不仅仅是只注意单个词语的意思。句法同样给出了有关句子意义的线索。如果句法不起作用的话，那么下面两句由相同单词构成的句子可能就是一个意思了。

（9）The professor failed the student.（那位教授给了这个学生不及格。）

（10）The student failed the professor.（那个学生辜负了教授。）

很明显，failed在两句句子中的意思是完全不一样的。句子中单词排列的方式必须要给听者或者读者这样的线索：谁是句子中行为的实施者，他的行动是什么以及谁被施予了该行为或行为的后果是什么。

对语义学的研究也包含了对句子的"真实条件"（truth conditions）以及句子之间联系的研究。顾名思义，真实条件就是使事情变成事实的情形。我们前面所提到的"萨拉把她的连衣裙换成了套装"这句话在什么情况下可以实现呢？首先，萨拉必须是真的带着连衣裙去进行交换的人，或者是引发这次交换实施的人（也许她让她的助手简去商店）。其次，在办理这件事之初，萨拉必须有连衣裙并且把它交给了还给她套装的那个人。如果交还给萨拉的是一顶帽子而不是套装，或者萨拉给出的是裙子而不是连衣裙，那么这句话就是错误的了。这里的关键是，我们在理解句子的意思时需要：①理解句子中每个词的意思，②理解句子的句法，③理解句子的真实条件。

9.1.4 语用学

要用英语与别人进行口头交流，你的言语要符合音位、句法和语义规则。另外，如果你想使交流更为成功的话，就需要重视第四类规则。这就是语用规则。语用规则涉及了语言的社交规则，包括特有的礼仪习惯，诸如不要打断别人的讲话，在开始讲演时要使用特定的习惯性问候（比如"嗨，你好吗"）等。

Searle（1979）指出，在聆听他人讲话时，我们不仅要理解表达的声音、词语和结构，也要领会言语表达的类型。不同类型的表达需要我们做出不同的反应。比如说，武断型（assertives）的人在表述时会肯定自己的意见，如"这里很热""我是天秤座的"。这类人需要听者有比较明显的反应，他们会认为听者接受了他所确定的信息，并将其纳入自己认识世界的模式中。指令型（directives）是指讲话者对听者给出命令，如"关上门""不要听到什么都相信"。承诺型（commissives）使说话者承诺所说的某事，如"我保证清理我的房间""我保证这会起作用"。表达型（expressives）描绘了说话者的心理状态，如"很抱歉，我吃了最后一块苹果派""我由衷地感谢你对我的帮助"。最后一种是陈述型（declarations），指言语本身就是一种行为言语表现。比如"现在，我宣布你们结为夫妻""你被解雇了"。根据 Searle 的"言语行为理论"（speech act theory），我们作为听者的一个任务就是分辨出特定的言语是五种类型中的哪一种以及对此做出恰当的反应。

此外，在陈述和询问某事时通常有很多种不同的方法。设想一下，你坐在房间内，一股寒冷的风从开着的窗户里吹进来。你想把窗关掉，但出于某种原因，你偏偏又不想自己去关窗。你将怎样说服别人去替你关上窗呢？这里有这样几种可能的问法（所有这些都可以根据 Searle 在 1979 提出的分类方式划分为指令型）：①"关上窗"；②"请你关上窗好？"；③"嘿，你是否介意我们关上窗"；④"我好冷"；⑤"今天挺冷的，不是吗"。你在其中会选择哪一项呢？

要注意的是，在这个例子中，你选择提出请求的方式毫无疑问会与你说话的对象和会话发生的地点有关（比方说，在你的家里对你的孩子说与你在别人家中对主人说）。举例来说，如果你是对一个学龄儿童讲这句话，

选择⑤来传达你的意图可能太难以理解（很可能将这理解成一个一般的并且没有其他含义的天气评论）。然而，选择①也许能够表达清楚意思，但如果你在别人家吃饭时这样对主人说，别人会认为你是一个傲慢而粗鲁的客人。

Gibbs（1986）研究了成人在提出要求时所选择的方式。他的资料表明，讲话者会事先预期听者在满足自己所提出的要求时所遇到的潜在障碍，并且据此做出精确的表达。想象一下，假如你正在图书馆里学习，突然你的钢笔没墨水了。由于你没有备用的笔，所以你环顾四周看看能向谁借支笔。旁边有个全神贯注的学生，你并不认识她，但是她却是你视野中唯一可以借笔的人。她的书本和纸张旁边有两支多余的笔，你会说①"我需要支笔"；②"请给我支笔"；③"打扰一下，你能借我一支笔吗？"；④"你是否有多余的笔？"Gibbs 研究的被试在相似的情节下选择了了③，以此作为对求得一个陌生人帮助时遇到的最大障碍的反应。④是一个相对较好的选择，即使你能够看到多余的笔，但如果你并不知道对那个学生来说是不是多余的，那么④可以说还是适当的。

语用理解也经常被广告所使用。设想一个新产品（Eradicold 药丸）的电视广告。广告展示了在冬天的一个冰雪圣地，看上去非常健康的人积极参加滑雪、雪橇、溜冰等运动。画外音说道："你是否已经厌倦了整个冬季的鼻涕横行？是否厌倦了感觉不好的状态？度过一个没有感冒的冬天！请遵医嘱服用 Eradicold 药丸！"有可能你会因此推论，遵医嘱服用 Eradicold 药丸可以让你整个冬天避免感冒。但是这个广告并没有直接这么说。广告商依靠他们的遣词造句来暗示因果关系，这种因果关系可能是真的，也可能并不存在。Harris（1997）研究了人们对于这种广告的理解，他发现人们不太能够辨别一个广告实际上说了什么以及它暗示了什么。

到目前为止，我们已经知道了语言是结构化的，并受到相互作用的多种不同水平的规则支配。虽然关于这些水平还有更多的内容可以探讨（它们中的每一个都能引起若干种语言过程），但是我们必须将注意转到语言的结构是怎样指引其他认知加工，以及其他认知加工如何影响语言结构的内容上去。我们将首先看到某一语言使用者是怎样加工输入的言语或书面句子，从而理解其中的意义。

9.2　语言的理解和产生

如同别的信息一样，语言也必须经历从原始输入到有意义表征这一转换过程。这一转换过程的第一阶段是知觉性的。在这节中，我们将考察言语知觉，关注言语输入最初加工时所使用的特殊方法。然后，我们将介绍进一步的加工阶段，尤其是对会话之类的理解和谈话加工。最后，我们将介绍通过阅读而进行的对书面语言的加工过程。

9.2.1　言语知觉

我们遇到或使用语言的一种方式就是言语形式。除非听到的是外语或者讲话者有严重的口吃，否则在通常情况下，理解一个人对你说的话是相当容易的。我们在绝大多数情况下都能明白儿童、成人、说话流利的人，甚至是有很陌生的地方口音的人所讲的话。

一种看似很合理的说法是，我们知觉言语的方式（我们认为的）如同我们对书面文字的知觉一样每次知觉一个音，运用声音中的停顿（就像字母间的空白间隔）来识别单词，运用单词间的停顿来确认何时一个单词结束而另一个又开始。遗憾的是，事实上根本就不是这么回事。（事实上，有证据表明我们在加工书面文字时也不是一个接一个词进行的。）

Joanne Miller（1990）阐述了言语知觉中的两个基本问题。第一个问题是，言语是连续的。各个声音之间少有停顿，同一个词中的不同声音会相互掺杂。这在图9-4中表示得十分清楚，该图显示了一幅口语句子的声谱图，声谱图是对言语的图解表征，x 轴表示时间，y 轴表示声音的频率，单位是赫兹（每秒包含的周期数）。图中较暗的区域所表示的是每个频率上各个音的强度。注意其中的边缘（空白部分），它们并不同单词或是音节的边界相吻合。换句话说，当你在听某人讲话时，音节和单词之间听起来好像有停顿，但其中很多只是一种错觉！

言语知觉中的第二个问题是，单个的音素会因为上下文而听起来有所不同。虽然 dog、dig、dug、deep 和 do 看上去好像都是同一声音开头，但实际情况并非如此。图 9-5 是我发出这 5 个单词时记录的语图，仔细检查会发现这 5 个词根本没有什么共同的特征。此外，通常情况下女性和男性讲话时会有不同的音高（女性声音往往音高或频率更高），不同的人有不同的口音，同一个人在叫喊、诱哄、低语和讲演时讲话的方式也是不同

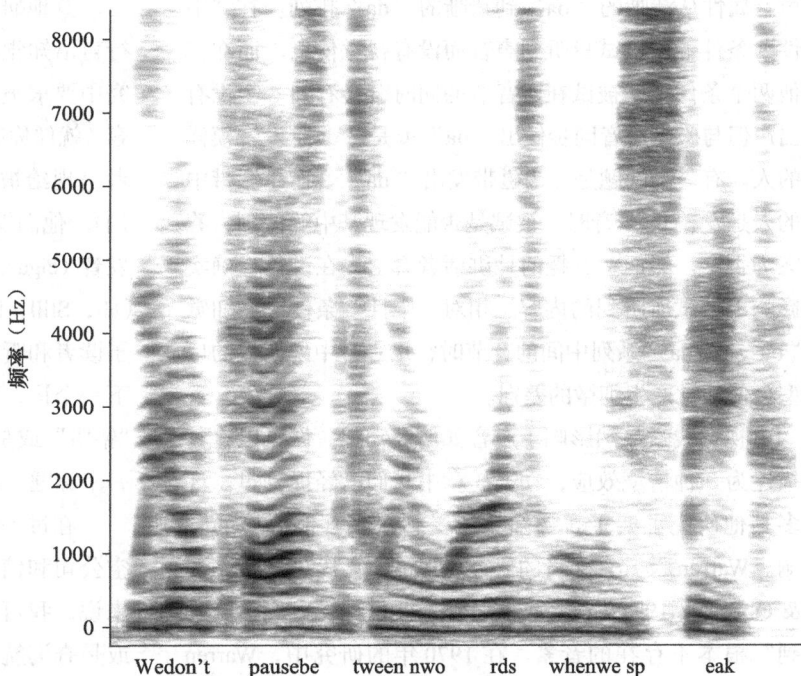

图 9-4　一个人在说这句句子时的声谱图

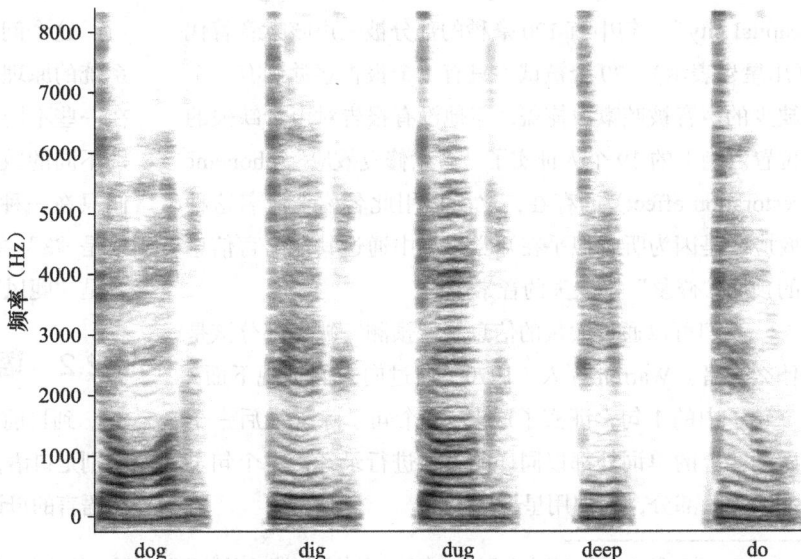

图 9-5　人在发 dog、dig、dug、deep、do 这些单词时的声谱图

的。因此你应该意识到，要确定哪个音素纯粹是由声音刺激的物理性质产生的有多么复杂。

虽然我们显然都对语言中的关键声音差别予以仔细的关注，但并不只是声音才会影响我们的知觉。Massaro 和 Cohen（1983）设计的一个精巧研究证实了我们在言语知觉的过程中也利用了视觉信息。他们研究了 \b\ 和 \d\ 这两个只在发音清晰度上有区别的闭塞辅音的类别性知觉。实验中，被试听到 9 个计算机合成音节，根据声音属性从清晰的"ba"到清晰的"da"排列。在"中性"条件下，被试只听到声音而没有视觉信息。而在其他两个条件下，被试在听音节的同时，会看到一个没有出声但与磁带声音同步做出"ba"或是"da"发音模样的人。有一个问题是，当磁带发出"da"音而录影带中的人是发"ba"音时，被试是否能发现其中的差别，答案为否定。然而，有趣的是讲话者看上去在讲什么确实影响了被试所听到的内容。相对"中性"条件，在知觉"ba"-"da"系列中间的音节时，录影带中说话人的口型会使知觉产生细微的差别。

视觉线索显然影响了声音如何被知觉。你可以将其描述为一种情境效应，在第 3 章中我们已经提到过。许多其他研究证实了言语知觉还受到众多其他情境的影响。Warren 及其合作者的研究（Warren，1970；Warren & Obusek，1971）已经证实，在一些情况下人们会"听到"根本不存在的音素。在 1970 年的研究中，Warren 给被试听一个句子的录音，内容是"The state governors met with their respective legi* latures convening in the capital city"。句中有 120 毫秒的部分被一声咳嗽音替代（用星号表示）。20 个被试中只有 1 个报告察觉到有一个缺少的声音被咳嗽声掩盖，但他没有报告对声音缺失的位置。剩下的 19 个人证实了"音素修复效应"（phoneme restoration effect）的存在，之所以用此名称来命名这种效应，是因为听者似乎在知觉过程中通过其他语言信息的预测"修复"了缺失的音素。

人们可以通过大量的信息来"预测"缺失部分该是什么声音。Warren 等人（1970）通过向人们呈现下面 4 个句子中的 1 句，证实了这点。4 个句子除了最后一个后期接上的单词外都以同样的方式进行录音，每个句子都缺少一部分，句中用星号表示：

（11）It was found that the * eel was on the *axle*.

（12）It was found that the * eel was on the *shoe*.

（13）It was found that the * eel was on the *orange*.

（14）It was found that the * eel was on the *table*.

根据句子中为缺失声音提供的语境，被试报告听到了 wheel、heel、peel 或是 meal。⊖这里我们又一次看到了上下文指引人对声音的知觉，特别是听者根本还没有意识到这种影响的存在。

其他研究同样表明了人们利用上下文来帮助他们进行言语知觉。Marslen-Wilson 和 Welsh（1978）在一项研究中要求被试"跟踪"言语，也就是大声重复听到的内容（就像你能记起的第 4 章中遇到过的追踪任务）。研究者呈现给被试的言语有所变形（比如 cigaresh 这种假单词）。他们发现被试经常会将变化过的内容恢复为确切的发音（cigarette），特别是该单词与前面的语境高度相关时（如，Still, he wanted to smoke a ＿＿＿）。这个结论说明了读者和听者通常利用句子上下文中的前一个词来预测下一个词，如果那个词呈现的是歪曲的形式，甚至还会"错听"或是"错读"该词，你可能会注意到在第 3 章的一个标题下也提到了类似的视觉情境效应。

在过去的 10 年中，我所接触的一些公司（大多是航空公司和信用卡公司）相继安装了语音识别系统。举例来说，我可以拨打一个免费电话来查看信用卡的余额，或是查询航班起飞和到达的时间信息，而我所做的仅仅是在电话中清楚地报出卡号或是航班号。你可能会想，言语的识别是如此复杂，计算机是如何做到这些的呢？

这个问题的答案同我们在第 3 章中讨论的笔迹识别系统的原理是相对应的。简单来说，输入的刺激被限制在一些不同的类别之中。语音识别系统事实上只能够识别不同的数字。他们不需要了解我说的是哪种语言（他们只在一种语言下工作），而且他们只需要对"1""2"或是"3"有特定的反应即可，而不是对"斑马""坩埚"或是"飓风"有反应。

9.2.2　语言产生中的言语错误

到目前为止，我们已经谈论了我们知觉语言的方式，特别是口语，但这只是言语加工过程中的一部分。作为一门语言的母语使用者，除了理解和加工言语外，我们还要

⊖　4 句句子的后半部分分别是"车轴上的轮子""鞋上的鞋跟""橘子上的果皮"和"桌上的食物"之意。虽然 4 个单词都以 eel 结尾，但在不同的上下文中被试会听到不同的单词。——译者注

产生言语来让他人理解和加工。对言语产生的研究中有一类将焦点集中在言语错误上。"言语错误"是指说话者很清楚要说什么，但在说的过程中对词素做了替换或者位置变化。下面是一些言语错误的例子（M. F. Garrett，1990）：

（15）Sue keeps food in her vesk.（，"d" 被 "v" 替代）

（16）Keep your cotton-pickin' hands off myweet speas.（"s" 被移动）

（17）...got a lot of pons and pats to wash.（声音互换）

（18）We'll sit around the *song* and sing *fires*.（互换了单词和词素）

言语错误研究中的大多数数据是从观察中得来的，而不是通过实验，理由很简单，要在实验室条件下控制人们产生言语的方式是相当困难的。因为研究是观测性的，所以对言语错误同言语产生之间因果关系的主张存在一定的疑问。但是根据不同种类言语错误出现的相对频率，还是可以对其中潜在的机制做出推论。M. F. Garrett（1990）就提倡这种研究方法。

在研究单词替换这类言语错误时，M. F. Garrett（1988）发现了两类广泛出现的错误。一类错误显示了意义上的联系（如，使用 finger 替代 roe，或 walk 替代 run），另一类错误则显示了字形上的联系（如 guest 代替 goat，mushroom 变成 mustache）。Garrett 认为这两类错误存在很大的区别。那些在意思上有很大相似性的错误在字形上很少相似，反过来也一样。虽然意思和字形上都相似的错误不是没有发生的可能（诸如 head 与 hair，lobster 用 oyster），但实际上很少出现。

根据 M. F. Garrett（1990）的研究，在意义和字形上皆相似时，词语替代错误的可能性相对较小，体现了言语产生系统对意义和字形信息的加工分别处于句子建构的不同水平之上。他的推理是：如果意义和字形的加工操作是同时的话，那么意义和字形上都相似的错误最可能发生，因为它们产生的机会是最多的。事实并非如此，所以两种加工是分离的，并且是在不同的水平上进行操作的。

9.2.3　句子理解

人们如何理解句子的含义？我们已经知道这是一个十分复杂的过程，不仅要提取每个单词的意义，还要理解句法结构。众多证据表明，人们会注意我们前面所提到过的句法构成。

在一项系列研究中，Jarvella（1971）让被试听一段较长的语段。段落中的干扰是被试回忆的线索。Jarvella 在实验中使用的段落含有完全相同的短语，但这些短语"属于"不同的从句。请看句子（19）和（20），你会发现两句中的从句是相同的，但它们却属于不同的句子。

（19）With the possibility, Taylor left the capital. After he had returned to Manhattan, he explained the offer to his wife.

（20）Taylor did not reach a decision until after he had returned to Manhattan.He explained the offer to his wife.

两组被试对开始的分句（两段中不同的部分）的回忆准确率大致相同，都达到字面的 16% 左右。两组被试对第三个分句的回忆（" he explained the offer to his wife"）的准确率平均都是 85%，这也许是因为他们对这部分句子的加工仍保持活跃，因而仍旧保留在工作记忆中。然而对于中间的从句（" after he had returned to Manhattan"）的回忆则产生一个十分有趣的结果。这部分内容单词和声音完全相同，只是在句子（20）中属于第一句，而在句子（19）中则属于第二句。听到句子（19）的被试能够准确地回忆出其中的大约 54%，而听到句子（20）的则只有 20% 的回忆准确率。Jarvella（1971）认为在句子（19）中，第二个分句仍旧在加工，因为它所在的句子还没有结束，因此该分句依然保持在工作记忆中。然而，在句子（20）中，该从句是属于一个已经加工完成的句子。（下一章中介绍的 Just 和 Carpenter 在 1987 年的研究表明，人们在加工句子时不是按一个分句接一个分句的顺序进行的。）

通常来说，当我们完成了对一个句子的加工后，似乎会"丢弃"这个句子中的具体措辞，而只存储关于句子概要的一个表征（Sachs，1967）。因此，很显然，上面提到的一些句法规则与人们平常在解释言语时所依据的规则是相同的。虽然人们可能从未有意识地去考虑一个词或是一个短语在句子中的作用，但事实无可辩驳地表明了人们对此是十分敏感的，并且在理解的过程中使用了句法信息。

理解一个句子通常包含了理解句中可能出现的歧义。专栏 9-1 在不同的句子中提供了语音、词汇（单词水平）和句法歧义的样例。这些句子的有趣之处在于我们通常不会注意到其中的歧义，我们的加工结果是一个没有歧义的表征。

专栏 9-1　歧义句子举例

音位歧义:

Remember, a spoken sentence often contains many words not intend to be heard.

Ream ember US poke can cent tense off in contains men knee words knot in ten did tube bee herd.

词汇歧义:

I've got to go to the bank this morning.

I've got to go to the First National this morning.

或

I've got to go to the river's edge this morning.

句法歧义:

Have the missionaries eaten.

(Spoken by the bishop as a question or spoken by a cannibal chief as an order)

资料来源: Garrett, M. F. (1990). Sentence processing. In D. N. Osherson & H. Lasnik (Eds.), *An invitation to cognitive science: Vol. 1. Language. Cambridge*, MA: MIT Press, pp. 133–175.

只有在很少的情况下，并且是对于某些特定的句子，我们才可能意识到歧义的存在。请看下列句子（M. F. Garrett，1990，p.137）：

（21）Fatty weighted 350 pounds of grapes.

（22）The cotton shirts are made from comes from Arizona.

（23）The horse raced past the barn fell.

这些句子有时也被称为"花园路径句式"（garden path sentences）。它们会引导听者或读者沿着一条小径到达对句子的一种理解，直到在加工过程的中途或是结束时，听者或读者发现了这样的解释是错误的，句子则必须被重新加工。在这些句子中，使用常规的句子加工方式会不知怎么的就误入歧途。

上面的三个句子都包含存在句法歧义的初始片段（比如"The cotton shirts are made from"），它们至少可以有两种不同的解释。在这个句子中，cotton（棉制的）可以作为形容词来修饰 shirts（衬衣）（如在"The cotton shirts are made from dyed fibers"中）也可以作为一个名词来使用（如在"The cotton shirts are made from comes from Arizona"中）。有人认为我们在分析此类片段时会对不同的方式有所偏好。由于这种偏好的存在，我们只有在第一种解释行不通的情况下才不得不去尝试第二种解释。我们注意到，只有当遇到"comes from Arizona"这一片段，并不知如何处理时，我们最初的偏好才不起作用（G. Altmann，1987）。

句子的加工者也会遇到其他歧义。其中一类叫作**词汇歧义**（lexical ambiguities）。也就是一个词有两种不同的意思，就像 bank 一词既可以表示一个金融机构，也可以表示河流的边沿。词汇歧义通常是怎样解决的？

Swinney（1979）的一项研究给了我们一些启发。Swinney 向对象口述一段文字，其中的一些段落包含了存在歧义的单词，而其余的段落中则没有。在每次呈现时，没有歧义单词的段落中都有一个与另一段落中歧义单词同意义的单词。下面是这样一个例子（歧义 / 无歧义单词用斜体表示）：

（24）Rumor had it that, for years, the government building had been plagued with problems. The man was not surprised when he found several roaches, spiders, and other (*bugs/insects*) ‡ in the corner of his room.（Swinney, p.650）

同时，被试还要执行一项视觉词汇判定任务（我们在第 7 章中曾经提到），他们会看到一串字母，并被要求尽快判断该字母串是否能组成一个英语单词。字母串将会在上述例子中标 ‡ 的地方出现。Swinney 和其他人的一些前期工作已经证实了交叉感觉通道的启动效应的存在，也就是说一个口语单词可以引发视觉呈现的单词。Swinney 在此处有个疑问，究竟歧义单词（如"bug"）的全部意义（如"insect""recoding device"）都可以被启动，还是只是对在语境中激活的那个意义有启动作用？

Swinney（1979）的研究结果表明，即使是在上例这样具有高度语境倾向的段落中，歧义单词的两种意义（在上例中是 bug）在视觉词汇判定任务中都能够得到启动，前提是歧义单词的视觉呈现紧接于听觉呈现之后。所以在句子（24）中，当被试听到 bug 后，立刻给他呈现视觉刺激，"spy"和"ant"这两个与 bug 相关但意思完全不同的单词都被启动。如果字母串的视觉呈现在歧义单词的听觉呈现之后被延迟哪怕只有 4 个音节的长度，那么被启动的就只有歧义单词在上下文中恰当的那个意思。因此，当单词的视觉呈现有了延迟后，根据句子（24）的上下文，bug 所启动的就是"ant"而不是"spy"。Gernsbacher（1993）的后继研究证实了 Swinney 的发现。Gernsbacher 与她的同事们发现，相比不善于阅读的人而言，优秀的阅读者能够更为有效和有准备地抑制单词的不恰当意义（spy）和运用合适的意义（ant）。

这些结果具有几方面的含义。首先，我们在加工歧义句时，是通过看似自动、自下而上的一系列加工进行的，歧义单词的所有意义都暂时可以获得。所以不管上下文效应是否起作用，都并不会立刻限制读者或听者对单词进行最适合的"阅读"。尽管在一段时间里歧义单词的所有意义都可获得，但这段时间十分短暂。

歧义单词出现后三个音节（对于大多数人来说 750 ~ 1 000 毫秒），只有一个意义仍然保持活跃，说明人们消除句子歧义是相当迅速的。Garrett（1990）回顾了上述结论和其他一些实验结果之后总结道，句子理解通常是一种从左至右的加工（句子中的每个单词按序列被加工），并且通常情况下一个单词只被加工一次，也只被赋予一种解释。对句子的加工赋予每个句子一个"逻辑结构"，从而使读者理解每个单词在句子中的作用以及加工句是怎样与前一句相匹配的。然而，花园路径句式证明了常规的加工有时是不起作用的。尽管如此，花园路径句式在数量上的稀少从另一个角度表明，我们在加工句子时大部分时间都是迅速而有效的。

9.2.4　文本段落理解

我们刚刚对如何进行单个句子的加工做了回顾。现在我们可能面临的一个疑问是，当我们将句子连起来成为短文、故事之类的段落时，对单个句子的加工是如何发挥作用的。很多时候，我们所遇到的文本段落以书面形式出现。因此，要研究文本加工，我们首先要简要回顾一些有关人们是怎样阅读的研究发现。

Just 和 Carpenter（1987）对人们如何阅读做了许多研究。他们经常使用电脑控制的仪器来测量和记录眼睛在书面文本上各部分的"注视"情况。注视是指每个人在浏览文本时目光的短暂停留。阅读包括了一系列的注视以及注视之间的跳跃。注视平均持续 250 毫秒（大约 1/4 秒），而跳跃所需的时间大致在 10 ~ 20 毫秒。

在阅读中使用的语言理解尽管复杂，但常常被认为是理所当然的。

Just 和 Carpenter 的阅读模式假设，当读者遇到一个新单词时，会马上设法对其进行解释并且赋予它一个角色。他们称之为直接假设（immediacy assumption）。另外，Just 和 Carpenter（1987）创立了眼 – 脑假设（eye-mind hypothesis），认为对每个单词的解释出现在阅读者注视它们的时候。因此，每次注视所花费的时间提供了解释难易的信息。Rayner 和 Sereno（1994）对上述说法和假说提出了反对，虽然这对下面将提到的结果没有什么影响。Tanenhaus、Magnuson、Dahan 和 Chambers（2000）提供了一个类似的眼动模式，并指出这是在口语理解时从记忆中提取存储单词的途径。Just 和 Carpenter（1987）认为有许多变量会影响注视持续时间以及解释的简易性。在这些变量中能增加注视持续时间的有单词长度、单词罕见程度以及句法或语义上反常的单词。

研究者（Just & Carpenter，1983；Just & Carpenter，1980）给大学生呈现在《新闻周刊》或《时代周刊》这

类杂志上描述科学发明、技术创新或生物学机制的文章段落。专栏 9-2 是其中一名学生实验结果的样本。每个单词上的数字表示对该单词的注视时间（以毫秒为单位），注意其中表示内容的词，如 flywheels、engine 或 devices，它们中的大多数都比虚词有更长的注视时间，像 the、on、a 这样的虚词有时根本就不会去看。虽然我们不会对每一个词都加以注视，但内容词通常都会被留意关注。这些结论表明，如果读者阅读的目的是理解意义的话，如所料一致的是，他们会将更多的时间用于文本中有意义或者语义丰富的部分。

专栏 9-2 一位典型读者的注视持续时间

一位大学生阅读一段科学论文时眼睛注视的情况。注视下面的单词，在单词的上方已标出次序号。在次序数下面是每个单词的注视时间（单位：毫秒）

1	2	3	4	5	6	7	8		9	1
1566	267	400	83	267	617	767	450		450	400
Flywheels	are	one	of the	oldest	mechanical	devices	known	to	man.	Every

2	3	5	4	6	7	8		9		10
616	517	684	250	317	617	1116		367		467
internal	combustion	engine		contains	a small	flywheel	that	converts	the	Jerky

11		12	13	14	15	16	17		18	19	20	21
483		450	383	284	383	317	283		533	50	366	566
motion	of the	pistons	into	the	smooth	flow	of	energy	that	powers	the	drive	shaft.

其他对阅读的研究也表明语义因素会影响阅读任务。Kintsch 和 Keenan（1973）发现，两个长度相同的句子可能会有不同的加工难度。他们认为这些难度在于句子的**命题复杂性**（propositional complexity），也就是句子传达要旨的数量。图 9-6 中的两个句子在长度上大致相等，但它们的构成命题或基本主题的数量却是完全不同的。通过这一模型可以推测，尽管与第一个句子有相同数量的单词，但由于命题数量更多，所以第二个句子将更难加工，事实也确实如此。这也正是 Kintsch 和 Keenan 的发现。

要求被试在默读完一个句子或段落之后按下一个按钮，然后立即尽可能多地回忆该句子的内容。一个句子包含的命题数量越多，被试就需要越长的时间去阅读和理解句子。此外，相比那些边缘性的命题，他们更喜欢去回忆更"中心"的命题，因为它们对理解句子的意思更为关键，而前者只是对中心内容的深化。这一结果表明，命题是以某种层级的形式进行心理表征的。正如图 9-6 所显示的那样，中央命题位于最高层，外围处于较低层次的命题更多的是起到阐明中央命题的功能，因而在记忆时就没那么重要。

影响文本加工的另外一个因素是句子与句子之间的关系。人们是如何将不同句子的主题整合在一起的呢？Haviland 和 Clark（1974）描述了一种他们称之为已知 - 新知（given-new）的策略，指出听者或者读者是通过将句子划分为已知部分和新知部分来加工句子的。句子的已知部分包含已

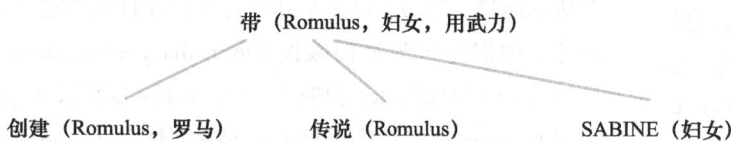

带（Romulus，妇女，用武力）

创建（Romulus，罗马）　　　传说（Romulus）　　　SABINE（妇女）

"Romulus传说中罗马的创建者，用武力把Sabine妇女带走了。"

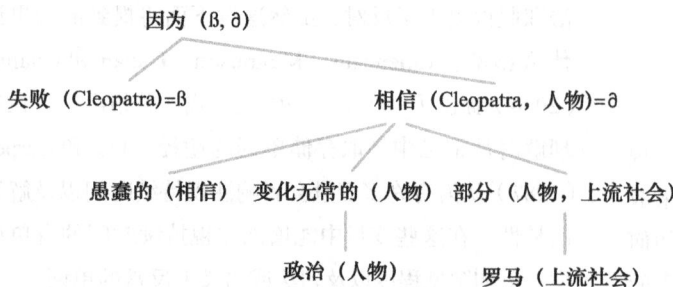

因为 （ß，ð）

失败（Cleopatra）=ß　　　相信（Cleopatra，人物）=ð

愚蠢的（相信）　变化无常的（人物）　部分（人物，上流社会）

政治（人物）　　　罗马（上流社会）

"Cleopatra的失败源于她愚蠢地相信罗马上流社会的那些变化无常的政治人物。"

图 9-6 两个句子的命题结构

从上下文、先前信息（包括刚刚呈现的其他句子）以及背景知识中获得熟悉的信息。新知的部分顾名思义包含了不熟悉的信息。听者首先在记忆中搜索与已知信息相对应的信息，然后再通过整合新知的信息来更新记忆。这种整合通常是作为对已知信息的精细化加工。

已知-新知策略只有在句子已知部分的信息同听者记忆中称为"前提"的某些信息相对应时才会发挥作用。可以帮助听者进行这一联系的方法之一是在记忆中使用同句子已知部分相同的描述。然而，由于操作上的原因，我们用一种稍微不同的方式来考虑这些也许更加容易，即可以理解为听者事实上是通过他们自己认为非常明显的方式来做出联系。这种联系被称为"桥接推论"（bridging inferences），通常要花费一定的时间才能建立。

在一项实验中，Haviland 和 Clark（1974）给被试呈现一个段落，其中目标句紧随上句的语境出现。有时候［如句子（25）］目标句含有与来自上下文的前提信息完全匹配的已知信息，其他时候，被试则不得不做出一个桥接推论，如句子（26）所示。

（25）我们从车中拿出了一些啤酒。啤酒是温的。

（26）我们检查了野餐的食物准备。啤酒是温的。

正如推测的那样，被试阅读和理解句子（26）中目标句所花费的时间要多于句子（25）中同样的一句目标句。这可能是因为阅读句子（26）的被试要做出这样的桥接推论：野餐所准备的食物中包含了啤酒。

阅读者有时也要对文本中相距很远的两个句子做出推论。以侦探故事为例，读者必须推断每个线索的中心命题与另一线索的基本意思是如何联系的，以此来理解每个疑团的线索是如何组合在一起，从而得到最终的答案。这种关联甚至会出现在一个故事不同时期的线索中。读者可以在任何时候改变这类推论的数量，而这些推论本身在一段信息同另一段信息的关联强度上也会有所改变。研究者的结果一致表明，读者形成的关联数量以及关联强度会影响读者对所阅读内容的记忆和理解（Goldman & Varnhagen, 1986；Graesser & Clark, 1985；Trabasso, Secco & van den Broek, 1984；Trabasso & van den Broek, 1985）。简而言之，所有类型的推论，包括句子之间的桥接推理以及连接文本中相距更远部分的推论都是我们理解阅读内容的关键所在。

John Bransford 和 Marcia Johnson 详尽记录了上下文在语言加工中的作用。试着读一下专栏 9-3 中的段落，然后遮住它，并尽你所能地回忆其中的内容。如果你同 Bransford 和 Johnson（1972）的被试一样，就可能觉得这个任务太难了，只能回忆出其中的一小部分。但如果在你阅读之前向你提供一个语境，比如图 9-7 中的描述，那么你的回忆就会更加完整。Bransford 和 Johnson 证明在阅读段落之间给被试呈现一个语境，被试回忆的主题数量平均在 8.0~14.0。而在没有语境的情况下，或者是语境出现在段落之后，被试只能回忆出大约 3.6 个主题。

专栏 9-3 一个意义含混的故事

如果气球炸了，但人们听不到破裂声，是因为他们距离气球的位置太远了。关着的窗户也会阻止声音的传播，因为大多数的建筑隔音效果良好。由于所有的运作有赖于稳定的电流，因而电线中央的一处破裂也可能导致问题。当然，这家伙可以大喊大叫，但人的声音再大也不可能传得很远。另外一个问题是乐器上的弦可能会发生断裂。如果这样，消息就没有伴奏了。很明显，最好的情况是距离更短些，这样潜在的问题就会少很多。在面对面接触时，出错的情况是最少的。

资料来源：Bransford and Johnson (1972, p. 718).

Van den Broek 和 Gustafson（1999）提出了有关文本阅读研究的三个结论。首先，"由读者构建的心理表征，不仅不同于而且远远超出了文本所提供的信息本身"（p.17），这意味着人们是运用自己的背景知识做出推论来对文本加以理解的。其次，"一个好的表征是一致连贯的"（p.18），说明像图式或故事语法（见稍后内容）这类结构是用来将文本中的信息结合在一起的。最后一个原则在前面的章节中曾提到过，即读者的注意是有限的。因此，为了减少工作量读者不会对文本中的所有内容都做出逻辑关系方面的推论（这种推论可以是无限的）。此外，van den Broek 和 Gustafson（1999）还假定，只有当需要建立联系时推论才会被创建。

9.2.5　故事语法

在第 7 章中，我们提到过脚本这一概念，它被定义为有关日常事件的图式。在本章的前面部分，我们讨论了语法这一概念，它是指可以产生诸如句子这样合法言语形式的系统规则。一些认知心理学家将这两个概念结合在一起，形成了**故事语法**（story grammars）的概念，用来描绘人们理解较大、较完整文本片段的方式。

故事语法与脚本的相似之处在于，两者都有不同的变量或位置可供不同的故事填写。举例来说，不同的故事有不同的主角、背景、情节、冲突以及结果。故事语法与句法语法的相似之处则在于，它们有助于识别成分及各成分在故事中的作用（Just & Carpenter，1987）。同句法语法一样，故事语法试图描绘故事的层级结构，特别是故事中的各个部分之间是如何联系的。故事语法将故事分解成若干部分或组成成分。于是，不能被语法分解的文本段落就被看作"违法的"，或者说"不符合语法"，如同不能够被句法语法分析的单词串被识别为"不符合语法的"句子一样。

图 9-7　专栏 9-3 的故事背景

像其他图式一样，故事语法给听者或是读者提供了一个框架结构，通过这一结构能预期特定的元素和序

列并以此填补没有明确表述的"省略"内容。例如，小孩会希望故事以"很久以前"或是"从前"这样的情景作为开头。表 9-3 是故事语法的一个例子（Thorndyke，1977）。该故事语法将故事划分为几个成分：背景、主题、情节和结局等。每个成分都有自己的子成分，比如背景包括地点、人物和时间。一些成分可能还包括了不同层级的子成分，比如情节就可能会有多个事件。表中的星号表示某些子成分［比如（4）中的幕］可以被重复若干次。子成分周围的圆括号表明子成分是可以任意选择的。

表 9-3　故事语法的例子

规则编号	规则
（1）	故事→背景 + 主题 + 情节 + 结尾
（2）	背景→人物 + 地点 + 时间
（3）	主题→（事件）* + 目标
（4）	情节→幕 *
（5）	幕→子目标 + 尝试 + 结果
（6）	尝试→｛事件 * / 幕｝
（7）	结果→｛事件 / 状态｝
（8）	结尾→｛事件 / 状态｝
（9）	子目标 目标｝→期望的状态
（10）	人物 地点 时间｝→状态

资料来源：Thorndyke (1977, p. 79).

J. M. Mandler 和 Johnson（1977）发现，符合故事语法的故事比那些不是很符合故事语法的故事更容易被回忆。事实上，人们更可能"记错"细节，从而使故事更加符合故事语法。有趣的是，当他们分析巴特莱特（1932）的"幽灵战争"故事（见第 6 章）时，发现其中包含了几处违反他们所定的故事语法的地方。巴特莱特报告的一些回忆尝试表明，回忆中的错误恰好发生在违背故事语法的内容上。我们可以在一个故事语法框架结构中来分析这个问题。为什么巴特莱特的被试在回忆故事时遇到了这么多困难，至少有部分原因是因为故事内容没有符合他们所期望的结构。被试试图使故事更加符合预期的结构，所以在加工过程中他们不经意地曲解了对故事的表征。

Thorndyke（1997）已经证实人们会使用故事语法来指导阅读和解释。他对这一概念的检验方法是：要求人们阅读并回忆他事先已经根据一个故事语法进行过分析的不同故事。专栏 9-4 图解了其中一个故事。Thorndyke 推测，在故事中越是高层次出现的故事内容，越能被很好地回忆。实验结果证实了这一推测。要注意的是，这一结果同我们先前讲到的 Kintsch 和 Keenan（1973）关于人们对句子的哪些部分有特别好的记忆的研究，在这点上是一致的。

专栏 9-4　样例故事及其结构

（1）Circle 岛位于大西洋的中部，（2）在 Ronald 岛的北面。（3）岛上的人主要从事农业和畜牧业。（4）Circle 岛拥有肥沃的土地，（5）但河流很少，（6）因此缺少水资源。（7）岛上的管理是民主的。（8）所有的问题都归岛上成员投票的多数决定。（9）管理的主体是参议院，（10）其职能是执行多数人的意愿。（11）最近，岛上的一位科学家发现了一种廉价的方法，（12）来将海水转换成淡水。（13）为此，岛上的农民想要，（14）建立一个环岛的沟渠，（15）这样他们就可以使用沟渠里的水（16）在岛的中央地区进行耕作。（17）农民组织成立了一个支持沟渠联盟（18）并且成功说服了一部分参议员（19）参加。（20）支持沟渠联盟将建造沟渠的提议进行投票。（21）岛上所有的人参加了投票。（22）大多数票是支持建造的。（23）然而，参议院却认为（24）农民计划的沟渠对生态有影响。（25）所以参议院只同意（26）建造一个小一些的沟渠，（27）2 英尺宽，1 英尺深。（28）在这一较小的沟渠开始建设后，（29）岛上的居民发现，（30）水不能在这样的沟渠内流动。（31）因此，这一计划被放弃了。（32）农民愤怒了，（33）因为计划的取消。（34）内战看上去已经是不可避免的了。

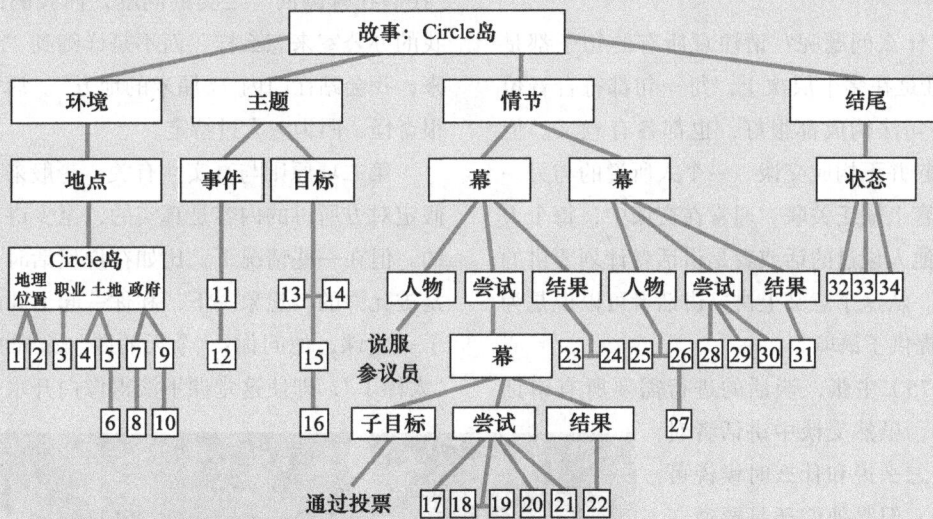

资料来源：Thorndyke (1977, pp. 80–82).

9.2.6　格瑞斯合作交谈原则

人们要加工的相互联结的文本并不都是以书面形式出现的。我们可以将平时的交谈看作口头的、相互联结的文本例子。对交谈的研究是十分有趣的，因为它们的出现频率非常之高并且不像书面文本，通常会在较短时间的计划和修订下产生大量的语言。事实上，Clark 和 Van Der Wege（2002）认为：

运用语言的基本要素可在面对面的交谈中发现。交谈时讲话和倾听皆处于自然一般的状态之中。在此，研究者可以研究为什么说话者说了他所说的内容，以及听者又如何理解这些内容，并最终成为一种协同的联合活动方式……

问题是自发性的语言以及它们同背诵、大声朗读、听理想化的言语和其他形式的语言有什么不同，我们对此知之甚少。理解语言在其自然产生环境下的情形是心理语言学在诞生以来第二个百年中所面临的主要挑战（p.250）。

我们已经看到人们在理解和产生语言时要遵守一系列语言学规则的例子。其中一些规则与声音组成单词，单词组成句子，甚至是观念组成意义有关。然而，许多研究者依然相信，为了更合理、有效地使用语言，尤其是在交谈中，必然还有另外一系列的规则：语用规则。

这里我们将探讨一些专门针对交谈的实用规则，这些规则被称为**格瑞斯合作交谈原则**（Gricean maxims of cooperative conversation，Grice，1975）。格瑞斯（Grice）认为，每个人在交谈时要做的不仅仅是产生音位、句法和语义上适当的言语。来看下面的"交谈"：

> 说话人甲：我刚听说乔今天升职了。这不是很好吗？
> 说话人乙：盐湖城位于犹他州。
> 说话人丙：不，查尔斯·达尔文是现代进化论之父。
> 说话人甲：34 的平方根是什么？
> 说话人乙：巧克力冰激凌很甜。

这些对话有什么问题呢？请注意所有的句子都是"合法"的，而且是在多个层次上。每一句都符合音位规则，每一句的句法构成都很好，也都各有意义。但是，它们合在一起并不构成交谈。一个人所说的与另一个人所说的在内容上缺乏关联。通常在交谈中，每个人的言语都会与其他人说过的话或者是讲话者计划要讲的话有一定的联系。从这个意义上讲，讲话者可以说是为另一个人的话语提供了语境。

格瑞斯（1975）主张，谈话的进行需要所有讲话者之间相互合作。虽然交谈中讲话者对他们要说什么、怎么说和什么时候说可以有很多种选择，但是他们还是要遵守一些约束或是普遍规则（G. A. Miller & Glucksberg，1988）。格瑞斯认为所有交谈中的人都会遵循"合作原则"。为此，他相信讲话者在交谈中会遵守如下 4 个特别的交谈"准则"或规则：

（1）量的原则（maxims of quantity）：确定你所说的能提供必要的所需信息。不要提供过多不必要的信息。

（2）质的原则（maxims of quality）：设法使你所说的每一句都是真实的。不要讲你自认为是错误的内容，不要讲没有事实依据的言论。

（3）关系原则（maxims of relation）：言语要有联系。

（4）规矩原则（maxims of manner）：讲话要清晰，避免表达晦涩。避免歧义，简明扼要，条理清晰。

违背这些原则的交谈会使人明显感到古怪。例如，如果有人问："你有没有手表？"然后你回答："我有的。"你就违反了第一项原则。你没有提供必要的信息。和你谈话的人一般不可能是在关心你有没有劳力士或其他什么牌子的手表，而更可能是想问时间。作为熟悉这一语言约定的成员之一，你应该能够明白这个问题实际是问时间，而且你能做出适当的回答。

提供过多的信息也有可能违背第一条量的原则。比如说，我的一些学生有时会请我与他们一起到学校食堂吃饭。当我们在确定午餐时间时，他们往往会问一些"我们在哪碰面"之类的问题，而我的回答应该是"到我的办公室来怎么样"而不是详细到"到我办公室门口来，我会站在门内 27 厘米的地方"。后面的回答听起来很奇怪，因为它太过特定。

第二项原则与真实性有关。一般来说，交谈双方都假定对方所讲的内容是真实的，至少讲话者认为是真实的。但在一些情况下，比如说反话时，违反这一规则是被允许的。想象一下，和你一起上课的一个朋友错过了一堂课，他问你："今天的课怎么样？"你可以回答，"太棒了"，即使这堂课平淡得像白开水一样。如果你通

格瑞斯提出了成功交谈所必须遵守的四项原则或规则。

过某种方式传递出不必对你的回答信以为真的话，你也完全可以这么说。转转眼睛，夸张的语调，或者是使个眼色这类行为都是对质的原则的违反，而本身就传达了一些信息——在这里是讽刺的幽默。如果你没有让听者明白你的回答并不是认真的，而只是简单地做出与事实相反的回答，那么这样的交谈就不会成功，而你的交谈对象就完全有理由抱怨你的交谈技巧了。

一贯违反量的原则或质的原则的人会被别人看作不合作或令人讨厌的，一段时间后，这些人可能发现要想吸引谈话伙伴会十分困难。一直违反关系原则，用不相干的话作为回答的人问题更大：他们很容易会被人看作古怪异常，而且这已经是最好的情况了。以下这段发生在两个大学生汤姆和乔之间的谈话很好地说明了这点：

汤姆（四下张望）：嗨！乔，你看见过我的毛衣吗？

乔（笑着看汤姆）：噢，一只热情的小松鼠！

如果乔固执地违反关系原则，他或许会发现除了室友或朋友之外，将完全失去交谈的伙伴。

第四项原则，规矩原则通常支配你选择建立交谈的方式。一般认为讲话时你必须尽可能地口齿清楚，使用适合听者和符合当时语境的语言。另外，这一原则不允许你使用颠倒字母的行话来回答教授的提问，同样也不能用"专业的术语"来回答比你小的人。规矩原则也防止你使用冗长的发言（除非你是国会议员），并要求你在发言之前，至少要对想要讲的先进行一下组织。

格瑞斯原则并不是在所有情况下都能得到遵守的，但在绝大多数情况下人们都会努力符合这些原则。一旦违反，讲话者明显是想要结束交谈，避免谈话或者期望听众能够理解违反的出现及其原因（Levinson，2000；Miller & Glucksberg，1988）。此外，虽说一般人毫无疑问都有意识地察觉到这些规则的存在，但就像大多数语言学规则一样，这些原则即使不能被人精确地表达，也能够被人以内隐的方式所理解。

9.3　语言与认知

除了社交之外，语言还有各种用途。教师通过语言将思想传递给学生，作家对读者、新闻播报员对听众等也莫不如此。我们现在可以明确的是，语言被运用在许多认知过程之中。当我们打量一个熟悉的物体并说出

（无论出声还是默念）它的名称时，我们运用到语言；当我们采用一种方式交谈而放弃另一种时，我们在加工语言；当我们大声重复信息或者记下要点以便进行再组织时，我们仍然在使用语言。同样，当进行推理、制订计划或者集体讨论新想法时，我们都十分依赖语言，正如接下来几章中会看到的一样。

我们在各种认知任务中都需要使用语言，这就引出了下面的重要问题：语言对其他认知过程有什么影响。这里存在两种极端的立场：①语言和其他认知过程完全独立运作；②语言和其他认知过程完全紧密联系，一方决定另一方。在这两个极端之间有大量的中间地带，也就是说，语言和其他认知过程之间在某些方面相关，但在其他方面相互独立。

对于语言和思维之间的关系存在着激烈的争论。美国心理学发展的早期，华生（John B.Watson，1930）主张思维就是语言，别无其他。他特别反对的观点是：思维（内在心理表征或者其他认知能力）能够在没有某种习惯性语言辅助的情况下发生。华生相信，所有思考的外在表现（例如心算加法、对于假期的憧憬、权衡一个计划的积极和负面效果等）都是无声语言的结果。思考就等同于与自己对话，即使这一过程十分安静而隐蔽，以至于没有人（包括你自己）察觉到语言的使用。

S. M. Smith、Brown、Toman 和 Goodman（1947）进行了一个异常大胆的实验以检验华生的理论。史密斯自己做被试，接受注射一种箭毒衍生药物，致使所有肌肉都麻痹，以致于实验过程中必须使用一台人工呼吸机维持呼吸。因为他不能活动任何肌肉，也就不可能使用无声语言。问题在于，这也会阻止他从事其他类型的认知活动吗？回答是确定无疑的"不会"。史密斯报告称，在箭毒控制下记忆和考虑某件事情仍可进行。那么很明显，无声语言和思维并不等价。

9.3.1　模块假说

关于语言和其他认知方面的关系，哲学家 Jerry Fodor（1983，1985）提出了大为不同的观点。Fodor 认为某些认知加工过程（特别是知觉和语言）是模块化的。对一个加工过程而言，成为一种模块意味着什么呢？首先，是指该过程具有"领域特殊性"（domain specific）：它专门用于处理特定种类的输入信息，而不能用于其他。例如关于语言，Fodor 认为句法解析就包括专门用来区

分词组和将单词进行组合的加工过程。这类加工过程仅仅对解析有意义，在其他认知任务中几乎毫无用处。

一个加工过程的模块化还意味着它是一个**信息封闭加工过程**（informationally encapsulated process）：它不依赖加工者的观念和其他有用的信息而独立进行。换言之，一个信息封闭加工过程相对独立于其他过程而进行。Fodor（1983）将信息封闭加工比作反射：

假设你和我已经彼此认识了很多年……你已经完全了解我的为人。特别是，你完全确信，我在任何可以想象的情况下都不会将手指戳向你的眼睛。假设你的这一观点既显而易见，又有切身体会。事实上，你愿意为此去撞墙。然而，如果我以足够快的速度把手戳到你眼前足够近的地方，你仍然会眨眼……

[眨眼反射]和你是否了解我的性格没有关系，以此类推，和你其他的观点、习惯思维和期望都没有关系。出于这个原因，眨眼反射经常是在清醒思考时认为没有必要的情况下产生（p.71）。

模块假说（modularity hypothesis）主张，特定的知觉和语言加工过程就是模块。（在上面有关语言的例子中，这样一个过程就是解析输入信息的表达方式。）这些加工过程被认为游离于其他诸如记忆、注意、思考和问题解决加工过程之外，后者我们认为是非模块化的。模块化加工过程的进行是反射性的，并且独立于（起码在加工的最初阶段）其他认知过程，比如说思维。模块化加工过程具有领域特殊性，就是说它们只能用于处理唯一确定种类的输入信息。语言的句法解析在其他种类的认知过程中没有用处。那么在这个意义上，语言的确是一种特殊和非常独立的认知加工过程。

有证据支持模块假说吗？ Swinney（1979）关于多义词辨析的实验结果支持了模块假说。我们来回顾一下这个实验。Swinney 发现，当人们遇到多义词时（哪怕这个词在上下文中意义很明确），所有关于该词的解释会在一瞬间同时浮现在脑海里。这种引发既是自动的，又具有反射性。所有的解释独立于上下文而被"激活"，这显示了某些信息的封闭性。

9.3.2 沃夫假说

模块假说把语言（或者至少是语言的特定方面）看作一种独立于其他认知过程的存在。其他研究者也提出了不同的看法：语言和其他认知过程之间存在非常紧密的联系。其中一种假说是由一位业余喜好研究北美洲原始语言的化学工程师本杰明·沃夫（Benjamin Whorf）提出的，称为**语言相对性的沃夫假说**（Whorfian hypothesis of linguistic relativity）。该假说认为，语言同时指引和控制了思维和知觉。沃夫（1956）是这么表述的：

我们细分自然是依据母语制订的方式进行的。我们从现象世界中分离出的种和类原先并不存在，因为对于每个观察者而言只有各种现象才是显而易见的。相反，以万花筒般印象流形式呈现给我们的世界必须由我们的思想加以组织，也就是说，相当程度上必须由思想中的语言体系加以组织。我们截取某段自然现象，把它组织成概念，然后习惯性地归纳它的意义，在很大程度上是因为我们是约定进行这样组织的成员，这种约定是我们言语群落所共有的，并被整理成语言的形式。当然，这种约定并不明言，但其存在却是绝对必需的（pp.213-214）。

沃夫认为一个人在成长中学习使用的一种或多种语言，此后会组织和指导这个人认知世界、组织与世界相关的信息以及思考的方式。沃夫（1956）假设基于以下的观察：每种语言在强调世界的各个方面上都有所差别。例如，他发现因纽特语中描述雪的有好几个词，而英语中只有一个。Pullum 1991 年写了一篇很有趣的短文，提出了反驳这一因纽特人和雪的观点的证据和论点。英语中有一系列描述基本色彩的单词，但是印度尼西亚农业群体的"达尼"(Dani)语中仅有两个："mili"用于形容黑暗或黑色，"mola"用于形容白色或光亮（Heider，1972）。沃夫假说预言，这些语言差别会限制使用不同语言的人认为有用信息的范围：作为说英语的人，我们可能区分不出不同种类的雪，而因纽特人则可以毫不费力地辨别。类似地，讲达尼语的人加工色彩信息的过程也会与我们大不相同，原因在于各自语言中色彩名词的差异。

Eleanor Rosch（在 Heider 之前）实施了一系列的研究，直接检验了沃夫假说。如果沃夫是正确的，那么相对于说英语的人（他们的语言命名了每种色彩）而言，讲达尼语的人在认知或者记忆他们语言中没有名称的色彩（如绿色对黄色）时应该有很大的困难。向说达尼语和英语的被试呈现不同颜色的晶片。给一些呈现基本色或"焦点"色——晶片是用来表现基本色的最佳选择（比如说，非常绿的绿色，而不是蓝绿色）。给另一些呈现非焦点色，就是那些英语中会描述为一些焦点色的混合或者某些焦点色发生浓淡变化后的色彩（例如浅粉、深红、橄榄绿、碧绿）。

Heider（1972）展示给被试的晶片同样如此，要么是焦点色，要么是非焦点色，展示一般为 5 秒钟。30 秒后，被试需要在 160 张颜色晶片中指出他们刚才看到的色彩。与沃夫假说相反，讲达尼语的被试和讲英语的被试一样，对原先是焦点色的晶片再认效果好于非焦点色。在另一个实验中，Rosch（1973）要求被试学习新创的任意色彩的名称。Rosch 再次发现，讲达尼语的被试和讲英语的被试一样，对焦点色任务完成得更出色。

显然，即使一种语言没有标示出某些差异，也不会完全阻碍其使用者理解或者学习这些差异。这与沃夫的假说并不相符。事实上，两位人类学家 Berlin 和 Kay（1969）的研究指出，在命名色彩的方式上，所有语言都遵循特定的规则。他们发现，每种语言中表示基本色彩的单词（即不是从其他色彩单词变化而来的）都不会超过 11 个。

更进一步的研究结果表明，色彩命名的方式是层级式的。该层级如表 9-4 所示。可以看到，如果一种语言只有两个色彩单词，它们就总是接近"黑"（或"暗"）和"白"（或"亮"）。如果一种语言有三个色彩单词，那就会在上面的基础上多出一个表示"红"的单词。有 4 个色彩单词的语言又会多出一个表示"绿"或"黄"的单词，但是不会同时出现，等诸如此类。具有所有 11 个词语来命名焦点色的英语，包含了该层级中所有的色彩单词。没有任何一种语言有多于基本色的色彩单词。这就告诉我们，色彩单词及概念是以一种重要且通用的方式形成的。不过，有些持反对意见的人认为 Rosch 设置的任务太过依赖颜色知觉（有的情况下具有生理决定因素），故而并不像其所宣称的那样可以严格检验沃夫的假说（Hunt & Agnoli，1991）。

表 9-4　不同语言中色彩名词的层级

色彩单词的数量	色彩单词的名称
2	白，黑
3	白，黑，红
4	白，黑，红及黄或绿
5	白，黑，红，黄，绿
6	白，黑，红，黄，绿，蓝
7	白，黑，红，黄，绿，蓝，褐
8 ~ 11	白，黑，红，黄，绿，蓝，褐加上以下一种或多种：粉红，紫，橘黄，灰

资料来源：After Berlin and Kay (1969).

关于语言相对性更近的争论是由阿尔弗雷德·布鲁姆（Alfred Bloom，1981）的一个观点引起的。他提议研究沃夫假说较弱的一种形式：特定语言标志的存在会使相应的理解和思维更容易、更自然。举例来说，布鲁姆注意到中文缺少一种与印欧语系语言中"反事实推理"（counterfactual inference）标志相等价的结构。比如，"If your grandmother had been elected president, there would be no taxation"这样的句子。反事实推理得以推出的基础是一个公认不可能正确的前提。通过动词的过去式形态，或者在第一个分句中使用短语"were to"，英语就可以标示出"前提为假"这一事实。相比之下，中文没有反事实推理的直接标志，尽管它有各种间接途径达到同样的效果。

基于来自中文使用者的轶事证据，布鲁姆（1981）提出如下假设：中文使用者得出反事实推理比英文使用者困难，尤其是当上下文包含的反事实推理难度很大的时候。在一系列研究中，布鲁姆为讲中文和讲英文的被试提供了用各自母语写成的阅读材料。结果显示，只有 7% 的中文被试看出了材料中的反事实推理，而在相同条件下 98% 的英文被试可以做到这一点。乍看上去，这一发现几近完美地支持了布鲁姆的预言（而回顾一下即可发现，是从沃夫假说中引申出来的）。

然而，之后一些以中文为母语的研究者反驳了布鲁姆的观点。他们认为各种人为因素（或者说，实验中的无关变量）影响了实验结果。例如，Au（1983，1984）提出布鲁姆使用的中文版阅读材料是非惯用的，即很难断句。当她向中文被试提供了新的更常用的材料之后，他们可以非常流畅地做出回答。Liu（1985）在不懂或只懂极少英文的中文被试中重复验证了 Au 关于反事实推理的发现。而就在最近，一场热烈的辩论在 Li 和 Gleitman（2002）、Levinson、Kita、Huan 和 Rasch（2002）之间展开，讨论的内容是：不同语言的使用者在对空间方向进行编码（主要是建立不同的空间结构）时是否有所差别。

综上所述，很明显，几乎没有证据显示语言控制着知觉（颜色命名研究可证明）或者思维的高水平形式（反事实推理研究可证明）。这并不意味着语言对人的思维没有任何影响，相反，正是完全来自实验的证据促使我们否定了沃夫假说中原来极端的形式（Bates, Devescovi & Wulfeck，2001）。

虽然如此，语言的确至少在许多方面影响了思维。例如，尽管我们之中绝大多数人对"雪"只有一种称呼，那些对白色物体感兴趣的人（像滑雪者）则拥有更丰富的词汇，因为可能只有这样才能更好地交流，比如谈论有关斜坡状况之类的信息。一般而言，专家或者内行在他们的领域内确实拥有特定的词汇，可以表述新手难以发现和归纳的细节与差异。可以想象，这是因为这些专家需要讨论这些精细的差异，所以才发展出相应的词汇，而在这方面要求不高的新手则不会拥有这些词汇（顺便提一下，他们也不会拥有在知觉层面将其分化的技能，这一点我们在第 3 章中有所论述）。

9.3.3 神经心理学的观点和证据

如果说我们加工复杂语言信息的速度惊人一点也不夸张。例如，Caplan（1994）发现，一般人可以在 125 毫秒（1/8 秒）左右后再认出说过的单词，也就是说，单词还没有念完。根据若干研究推断，一般单词的发声需要我们检索包含约 20 000 项内容的心理"辞典"，而我们做这项工作的速率是每秒 3 个单词。

显然，大脑用于支持这一快速而复杂的认知加工过程的结构一定非常发达、完善。神经心理学家一直试图回答以下几个问题：处理语言的大脑结构是怎样的？该结构的位置在哪里？以及，该结构是如何运作的？在此我们将简单回顾一下一些主要的发现。

人们对把语言功能在大脑中"定位"的兴趣，至少可以追溯至 19 世纪初，当时一位对人类学和人种学一直十分有研究的法国医师皮埃尔·保罗·布洛卡（Pierre Paul Broca）在参加 1861 年于巴黎召开的人类学会议时宣读了一篇论文。这篇论文描述了一名绰号为"Tan"的病人，除了"tan"之外不会讲任何单词。这名病人去世不久，布洛卡对其大脑进行了解剖，并发现左额叶处受过损伤。第二天，布洛卡就报告了这一令人激动的发现（当然，他是为科学而激动，而并非为了这位病人及其家人）（Posner & Raichle，1994）。从此，大脑的这一区域就被命名为布洛卡区，如图 2-3 所示。随后，又有一些有关于类似语言障碍病人的报道，发现他们在大脑的相同区域也受到了损伤。

大约 13 年后，德国神经学家卡尔·威尼克（Carl Wernicke）发现大脑的另外一个区域，如果该区域受到损伤（通常是撞击所致），将会对病人理解（而非产生）口头语言造成极大的困难（Posner & Raichle，1994）。（顺理成章，这一区域就被命名为威尼克区，也可以在图 2-3 中看到。）

这两种语言失调都被称为**失语症**（aphasia），前者称为**表达型失语症**（expressive aphasia）（或**布洛卡失语症**），后者称为**接收型失语症**（receptive aphasia）（或**威尼克失语症**）。布洛卡失语症病人依然保持了语言的接收和加工能力；而威尼克失语症则不会影响病人词句的流畅表达（尽管此时的语言常常是乱语）。更近来的一些证据对上述说法提出了限制。比如，患布洛卡失语症的患者在理解口语时也会存在一定的困难。因此，我们对不同种类失语症的认识变得更为精确了。其他种类的失语症也陆续有所报告，并且与大脑特定区域的脑损伤联系在一起，而这些区域常常是与布洛卡区或者威尼克区相毗邻的（Banish，1997）。

同时，失语症研究者还注意到失语症病人有趣的共性：通常他们大脑受损的区域是在左半脑，而非右半脑。这就引发了研究者的一种观点——大脑左右两个半球所充当的角色和执行的功能是各不相同的。这种两侧半球功能特定化的现象称为"偏侧性"。

简单来说，它表现为绝大多数人由大脑左半球产生和理解语言，而右半球则负责进行对复杂空间关系的加工（Springer & Deutsch，1998）。偏侧性的证据最早来自临床观察失语症病人（从布洛卡开始）。其他证据则来自瓦达测试（Wada test），其测验对象是即将接受癫痫症脑外科手术的病人。测试之前首先向病人的两根颈动脉之一注射一种巴比妥酸盐药物——钠阿米巴比妥，药物要么流向大脑左半球，要么是右半球。这种药物的注射可以麻痹药物流入一侧的大脑半球。在这个过程中，病人一直保持清醒的意识，而且他们在注射之前已被要求举起自己的双臂并开始计数。当药物到达预定的大脑半球时，与被麻痹的半球相反一侧的病人手臂会相应落下。和其他动物一样，人类大脑组织的形式也是右半球控制身体左侧（左半球控制右侧），所以手臂的落下就等于通知医师药物已经到达了相应的大脑区域。如果病人被麻痹的半球恰好是负责控制语言能力的，那么在其手臂落下不久之后，病人将有 2 ~ 5 分钟不能讲话（Springer & Deutsch）。

并不是所有人都由左半脑管理语言。大约 96% 的右利手者符合上述情况，另外 4% 的人则呈现出一种镜像模式：右半脑控制语言。在左撇子中的情况则是 70%的人用左半脑管理语言，15% 用右脑，剩下的 15% 由两个大脑半球共同管理（Banish，1997）。

CAT 和 PET 等扫描技术也被应用于研究失语症患者以及正常人的语言功能。Kempler 等人（1990）研究了三个患有 "慢性渐进失语症" 的病人，发现他们大脑左部语言区域的正常或轻微萎缩（由 CAT 扫描显示），以及低水平的新陈代谢（意味着这 3 个病人左半脑的葡萄糖消耗量较少）。

Petersen、Fox、Posner、Mintun 和 Raichle（1988）进行了一项堪称经典的研究，运用 PET 扫描检测了单个词语的加工过程。实验时，以书面或声音形式向被试呈现单词，然后一部分被试不要求做任何反应而继续阅读书面刺激，另外一些则要求指出与所呈现单词相关的词语。结果显示，在执行不同的任务时，大脑的不同区域被激活。只要求以视觉接受单词会引发左半脑内部的活动，即枕叶（一般认为该区域是专门管辖视觉信息的）。如果任务是收听单词，被试颞叶皮质的兴奋度将会提高（该区域被认为与听力加工有关，包含威尼克区）。

该研究的一个重要发现是，大脑中的活动区域没有出现重叠。换句话说，大脑进行书面语言认知活动的区域与听到别人讲话时的活动区域是相互独立的。如果被试的任务是看一个单词然后说出它，那么两个大脑半球都会有活动，但此时活动区域在负责指挥动作行为的动作皮层。有趣的是，PET 扫描没有显示威尼克区和布洛卡区活动水平有所提高（Posner & Raichle，1994）。然而，如果被试的任务是需要挑选出与所呈现单词对应的词语，大脑中许多原先平静的区域都会兴奋起来，包括布洛卡区。Petersen 等人（1988）报告的许多发现均已被功能性磁共振成像（fMRl）再次加以验证，这是一种更先进的非损伤性技术（Guenod et al.，1995）。

不过，有些研究却没有如此乐观。例如，不是所有布洛卡区受伤的病人都会患布洛卡失语症，也不是所有布洛卡失语症患者的布洛卡区都受到损伤。此外，并非所有布洛卡失语症患者的严重程度都相同，很多患者无法加工语言中一些微妙的细微差别。对于威尼克失语症来说，情况同样很复杂。

Caplan（1994）推断，将特定语言加工过程定位于对应的特定大脑区域并非是那么明确的。Caplan 较感兴趣的一种可能解释认为，语言加工不需要在大脑中的特定位置进行。相反，它们可能是在经过大脑的某个区域时被分配进入第 1 章和第 7 章中介绍的联结主义模型中的神经网络结构（Christiansen & Chater，2001）。准确的位置因人而异，但很可能是在连接额叶、顶叶和颞叶的通道上（Catani，Jones & Ffytche，2005）。对其中任何一个区域的微小损伤常常不会 "破坏" 整个语言加工过程，但是大的损伤则有可能造成较坏的影响。

显然，有了更先进的神经成像技术，我们还需要大量的工作以验证许多非常吸引人的想法（Gernsbacher & Kaschak，2003）。不过，迄今为止，Fodor 的模块假说似乎获得了一些神经语言学和神经心理学数据的支持。但这一假说是否能经得起以后的检验则有待进一步的探讨。

概要

1. 要称为语言就必须表现出规则性（即由一系列称为**语法**的规则进行管理）和产生性（可以表达无数的观念想法）的系统。

2. 研究者谈到人们 "遵循" 语言规则时，是把对规则的有意注意和内隐使用区分开来的。心理学家和语言学家均认为，前者并非是人们应用绝大多数语言规则的方式，而后者是指：尽管一个人可能没有意识到语言规则的存在，不能明确地表述其内容，但仍然遵循它。

3. 语言在以下几种水平上被建构：音位（声音）、句法（排列和建构词语在句中的位置）、语义（意义）和语用（语言在实际中使用的方式）。每个水平都有各自不同的一套规则与之相对应。

4. 人们产生和理解语言时均需使用不同的语言规则。我们建立知觉系统的许多方式有助于我们较容易地掌握极其复杂的语言加工任务。尽管遇到的很多说话方式都是含糊不清的，我们却可以利用上下文或者其他策略来选择最合适的意义。

5. 知觉语境的影响存在于诸多层面。语境甚至可以影响个别声音的知觉。音素修复效应证明人可以毫不费力地 "填补" 一段话中由实验者预设的空缺。语境还影响了个人表达语句的方式。不过 Swinney（1979）的研究发现，语境发生作用并非即时的，而是需要稍稍延后（几分之一秒）。

6. 人们似乎是在将句子解析为句法构成时构建了句子的意义。当加工过程完成时，表现为丢弃句中的单个词语而仅仅保留了要点。虽然有很多句子存在一定程度的歧义，但人们似乎也能非常迅速地解决问题。

7. 在加工文本段落时，听和读似乎受到单个单词的难度和句法复杂度的影响，以及命题复杂性、句子间关系和该段落所处上下文的影响。一些认知心理学家认为，人是运用故事语法来理解较大的、综合性的文本片断的。

8. 交谈与文本的口头表达似乎也是由一个内隐规则体系来进行管理的，被称为格瑞斯合作交谈原则。那些故意违反这些原则的人，一般是出于以下几种原因：制造幽默或者讽刺效果；试图结束或者避免某个交谈；

心不在焉或表达不当；以及显示出对其交谈对象的巨大漠视。

9. 关于语言和其他认知过程的关系，有两种差异很大的假说：模块假说和沃夫的言语相对性假说。模块假说认为，语言的某些方面（尤其是句法加工）是自主运行的，独立于其他任何认知加工过程。尽管已经有一些证据支持，这一相对较新的假说仍需接受严格的实践检验。沃夫的言语相对性假说的极端形式虽然很吸引人，但迄今为止还没有获得有力而权威的实验支持。

10. 各种神经成像技术的发展，使得研究者有可能描绘出详尽的"大脑地图"，分别对应着不同的功能，但研究者还未就语言加工过程对应的方式达成共识。

复习题

1. 描述并评价语言学家和心理学家用于区分（人类）语言和其他交流系统的标准。

2. "语法"这一术语对语言学家和心理学家而言有什么意义？他们对这个词语的理解与一般人有什么不同？

3. 解释能力／表现的区别，以及语言学家和心理学家关于这些区别是如何产生的争论。

4. 一般认为，我们的语法规则知识是内隐的而非外显的，这究竟是什么意思？请讨论该命题的含义。

5. 比较格瑞斯合作交谈原则和句法及语音规则。

6. 描述模块假说，以及该假说对于把语言作为认知心理学研究的一部分的意义。

7. 什么是言语相对性的沃夫假说？评价相关的经验证据。

8. 神经心理学的发现在哪些方面支持（或者不支持）Fodor 的模块假说？

思维与问题解决

本章是关于不同类型的思维和**问题解决**（problem solving），一项你在下列每一种任务中都会进行的心理运作。

1. 想一想你最喜欢的餐馆。它叫什么名字？它坐落在哪儿？它的招牌菜是什么？为什么它会成为你最喜爱的餐馆？

2. 解决这一问题：如果 10 个苹果售价两元钱，那么 3 个苹果要多少钱？

3. 为图 10-1 中的图样取一个不同寻常但又恰如其分的标题，例如，可以为图 10-1 中左上图取名为"巨大的机器人脑袋"。

4. 考虑你所在学校的一项政策改变（比如，停止所有的分配要求）总的来说是否会产生正面或负面的影响。

在本章中，我们会对你刚才进行的心理运作加以描述和解释。你是如何完成这些任务的？你运用了哪些加工过程？我们将审视一系列不同的思维任务，并且讨论是什么使思维变得简单或困难。

思维是一个宽泛的术语。研究思维的心理学家经常研究那些看似迥异的任务。定义思维成了一项非常困难的工作，定义本身就颇费周章。**思维**（thinking）曾被定义为"超越给定的信息"（Bruner，1957）；是"一种复杂和高水平的、可以填补事实之间空缺的技能"（Bartlett，1958，p.20）；是一种在问题空间内搜寻的过程（Newell & Simon，1972）；也是"当我们对如何行动、该相信或期待什么心存犹疑时"所做的事（Baron，2000，p.6）。

显然，思维这一术语不仅仅是用来指称一个特定的行为。这表明也许有不同类型的思维存在。一个也许有用处

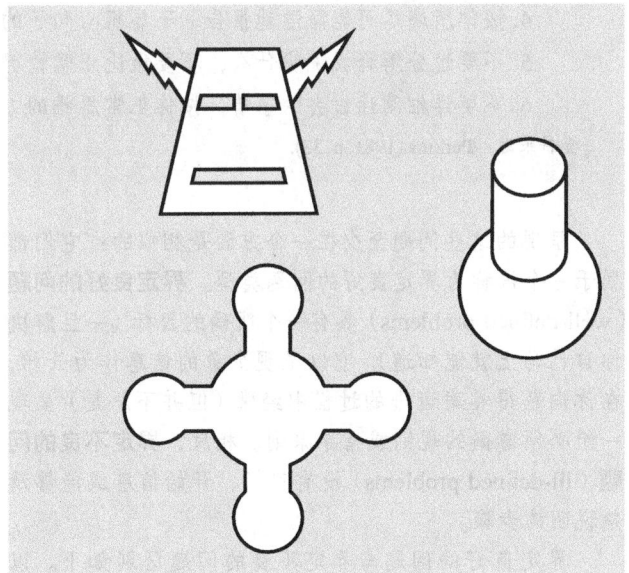

图 10-1　含义不清的图画

的区分就是"集中性"（focused）和"非集中性"（unfocused）思维。集中性思维有一个明确的起点，并有一个特定的目标。（在本章中我们将会看到集中性思维的大量例证，同样在第 11 章中也会大量涉及。）非集中性思维有白日梦的特质，即无目的地想起许多不同的、没多大关联的念头。我们将首先探索集中性思维，特别是在本章第一部分有关问题解决的讨论中。然后我们将讨论创造性思维，某些学者认为它具有非集中性思维的特征。最后，我们将检验人们如何评价思维的产物。特别是，我们将审视人们评价自己的想法、反思他们所做结论的含义以及抵制偏见和冲动的方式。

也许你会奇怪为什么心理学家通过使用问题和谜题这些看上去并不能反映日常生活中发生的思维情况（例如，你考虑穿什么衬衫，在餐厅里点什么菜，或是走哪条路去上班）来研究思维。直觉想到的一个理由是，日常生活中的思维往往进行得如此迅速和自动化，以至于较难加以研究。另外，日常思维总是带有许多的背景知识。你可能根据今天想做什么事，或者依据外部对着装的标准或期望来挑选服装。由于人们的背景知识和目标各不相同，所以，要设计一个对不同个体来说难度相当的问题几乎不可能。通过标准化的问题呈现，研究人员能够对被试可以获得的信息，以及如何将信息呈现给他们具有更多的控制。贯穿本章将会出现许多不同的问题，它们也是我们亲身体验和感受思维现象的机会。我建议为了使这些工作的价值最大化，你可以采用一种在实验心理学中历来推崇的观察方法：内省法。正如第1

章中所讨论的那样，内省法是在解决一个问题时，详细、同步且不带评价地观察自己意识的方法。尽管内省法存在许多缺陷也招致许多批评（Ericsson & Simon, 1984），但它至少可以为那些运用更为客观测量方法的假说和测验提供基础。合理使用这一方法的关键是避免做要求以外的事情：不要解释或为你的思维进行辩护，只需报告出来即可。专栏10-1提供了如何进行内省的准则和说明。在你进一步阅读之前，拿出纸和笔来做笔记，更理想的是用录音机来记录自己在解决问题时的思维。请在属于你个人的房间或者其他安静的地方进行。你不能将自己的笔记或者录音磁带给任何其他人看，所以不要修改或者试图控制你的思维，仅仅做一个仔细的观察者。你可以通过将记录与所介绍的理论进行比较，评估这些理论在多大程度上很好地说明了你的表现（见专栏10-1）。

专栏10-1   内省法的说明

1. 说出你头脑中任何的内容，不要抑制你的预感、猜测、奇怪的想法、意象和意图。
2. 尽可能连续地报告，至少每隔5秒就报告一次，哪怕仅仅是"我头脑中一片空白"也行。
3. 出声报告。当你逐渐投入的时候谨防声音降低。
4. 按你所愿尽可能简洁地报告，不要担心句子的完整性和说服力。
5. 不要过分解释或说明什么，不要做比正常情况下更多的分析。
6. 不要详细阐述过去的事情，按你正常思维的方式讲述，而不是斟酌一会儿再描述你的思维。

资料来源：Perkins (1981, p. 33).

呈现的这些问题至少在一个方面是相似的：它们都属于一个被称为界定良好的问题类型。**界定良好的问题**（well-defined problems）具有一个明确的目标（一旦解决你自己马上就能知道），它以呈现少量的信息作为开始，在你向获得答案迈进的过程中经常（但并不总是）呈现一组必须遵循的规则或指导原则。相反，**界定不良的问题**（ill-defined problems）没有目标、开始信息或能够清楚说明的步骤。

界定良好的问题与界定不良的问题区别如下。以这个问题为例：假设你了解所购买商品的价格、是否应纳税、税率以及乘法运算的基本规则，可以计算出该件商品的销售税。如果你拥有这些相关背景知识，那么对于一个大学本科生来说，算出税额应该是很容易的。将这个问题与另一个经常遇到的问题对比：写一封既要清晰明确又要含蓄委婉的信，向某人传达一种较难表达的信息（例如，一封"亲爱的约翰"或"亲爱的简"之类的信给一个你仍喜爱的人，或者一封向老板请求晋升的

信）。在这些界定不良的问题中没有明确地告知你应从何说起（你应该告诉你的上司多少有关你的学历、资历以及过去的成就的信息），也不清楚怎样才算达到目标（目前的腹稿行吗，或是可以写得更好），或是运用什么样的规则（如果有的话）。

心理学家研究问题解决通常关注的是界定良好的问题，比如在下国际象棋的过程中可能遇到的问题。

心理学家出于以下几个原因关注界定良好的问题：它们较容易呈现，无须花数周或数月的时间去解决，很容易记录也很容易修改。心理学家假定，对界定不良问题的解决与对界定良好问题的解决方式是相似的。尽管这一假设还没有被广泛地验证（Galotti，1989）。在一项研究中，Schraw、Dunkle 和 Bendixen（1995）证明了解决界定良好问题的表现和界定不良的问题没有相关性。

10.1 经典问题和一般的解决方法

解决问题的方法在很大程度上取决于问题本身。例如，如果你的问题是想飞往洛杉矶，你就可能给不同的航空公司或是旅行社打电话，甚至浏览网络搜寻相关的航空公司或是进入一些专门的旅行网站。与之形成对照，如果你的问题是想取得收支平衡的话，通常就不会向旅行社而是向银行家求助。这些是"领域特殊问题"的解决途径，它们只对有限种类的问题奏效。这里，我只回顾一类一般的、不受领域限制的方法。我将从一般意义上介绍这些方法，以便于它们从理论上可以广泛适用于不同的问题，而不仅仅应用于某一类型或某一领域内的问题。

10.1.1 生成 – 检验法

以下是你要尝试解决的第一个问题：想出 10 个以上的单词，以字母 c 开头、代表可以吃或饮用的东西。将所有你想到的单词写下来，即使它们最后并不符合标准。你是如何解决这个问题的呢？

几年前我遇到过类似的现实生活中的问题。在明尼苏达州，我必须在一周内拿到 100 瑞士法郎以预付瑞士伯尔尼一家旅馆的费用。我曾去邮局进行国际汇款，但发现需要一个月才能将款项汇至那家旅馆。我仔细考虑该如何解决这个问题，与许多比我更有旅行经验的朋友交谈后，我得到了许多建议：可以打电话给"美国特快专递"看看他们能否帮忙；可以看看是否碰巧我的朋友中有人会在下周去伯尔尼；可以打电话给"西联"，进行电汇；可以在银行获取本票；可以去我的手机俱乐部用瑞士法郎购买一张旅行支票，然后邮寄。前 4 个建议，正如实际的结果那样，要么无法实行，要么花费太大。而第 5 个建议切实可行，并且在一周内即可实行，同时（相对而言）我也负担得起。这也正是我选择的方案。

在解决这个问题时我所使用就是**生成 – 检验法**

（generate-and-test technique）。顾名思义，它包含生成可能的解决方法（例如，"打电话给'美国特快专递'看看他们能否帮忙"），然后对它们进行检验（例如，"喂，你好，是'美国特快专递'吗？你能帮我解决下面这个问题……"）。对前四个方案的检验都行不通，但是第 5 个方案却能满足要求（它行得通，花费也适中，款项可以准时汇至那里）。

如果要求列出以字母 c 开头并表示食用或饮用东西的单词清单，你可以用生成 – 检验法来解决这个问题。当我在解决这个问题时，一些听上去好像以字母 c 开头但实际上不是 [例如，番茄酱（ketchup），除非你拼写成 catsup] 的单词会在头脑中浮现，以及另一些以字母 c 开头但不可食用或饮用的东西如电缆（cable）、独木舟（canoe）可能也会在头脑中浮现。此时，又会用到的加工是思考可能的解决方法（生成），然后看看这些可能的方法是否符合所有要求（检验）。

照片中是一些以字母 c 开头的食品。

当存在许多可能的方法以及当对产生过程没有特别指导的情况下，生成 – 检验法会迅速丧失其有效性。例如，当你忘记抽屉密码时，这个方法也许最终会奏效，但是等你用这种方法来解决问题时，最终的受挫程度也许远远超过你继续完成这个任务的意愿。而且，如果你不能找到有效标记的方法对已经尝试过的可能途径和未尝试的途径加以标记，也许你会陷入真正的困境之中。电影 *UHF* [注]中有一个笑话：一个盲人坐在一个视力正常的人身边玩魔方。他将魔方扭成一个特定形状，将它伸到那人面前，问他："对吗（是正确的样式吗）？""不是。"后者回答。交替的对话不断迅速地重复了很多次。这个笑话的意味在于，如果存在太多可能并且缺乏系统的方法而盲目加以尝试的话，结果注定要失败。

生成 – 检验法也许是有用的，然而，只有在头绪不是太多的情况下才管用。如果你在咖啡店和你的住所之间的某一个地方掉了钥匙，而途中你仅在教室、快餐店和书店有过逗留，就可以使用这种方法来帮助寻找。

10.1.2　手段 – 目的分析

假定你想拜访住在新泽西州萨米特（Summit）的一位朋友，而目前你居住在加利福尼亚的波莫纳（Pomona）。可供选择的交通方式有许多种：步行，骑自行车，搭乘出租车，搭公交车，乘坐火车，自己驱车前往或是乘坐飞机或直升机。最切实可行的方法可能是搭乘商业航班，这是最快的方法也符合你的预算。然而，为了登机，你必须前往离居住地以东 5 英里的 Orange County 机场。同样你可以选择步行，骑自行车，乘出租车等。效率最高、花费最少的方法是自己驱车前往。然而，当你准备出发去机场时，车却停放在修理厂，而不是你现在所在的地方，所以你必须先拿到车，你或许会选择步行去修理厂（或者叫一辆出租车）。

这里所描述的问题解决方法称为**手段 – 目的分析**（means-ends analysis）。它包括将目标（新泽西州的萨米特）与起点（加利福尼亚的波莫纳）比较，考虑可能克服差距的方法（步行，骑自行车，乘出租车等），然后选择最佳方案。选出的最佳方法（搭乘飞机）也许还需要一些先决条件（例如，人到机场，买好机票）。如果这些前提没能满足，子目标就产生了（例如，"你怎么到达机场"）。通过产生子目标，任务被分解成可以解决的小步骤，完整的解决方案就建构起来了。

Newell 和 Simon（1972）及其助手研究了在解决某些数学问题时所用的手段 – 目的分析，如下所示：

DONALD
+GERALD
ROBERT

假设 $D = 5$，请确定其他字母所代表的数值（这类用字母代表数字的问题被称为密码算术问题）。

研究者创造了一种计算机程序，称为 **GPS**，即**通用问题解决程序**（General Problem Solver），运用手段 – 目的分析法来解决密码算术问题和逻辑问题。GPS 采用下述基本策略：首先，它观察所给定的对象（例如上述的密码算术问题），将它与所期望达到的目标（一道要求将所有字母用数字代替的数学题，解决方法实际上就是线上的两个数字相加）进行比较。GPS 以此检测出所有实际对象与期望目标之间的差异。

接着，GPS 会考虑能够改变对象的可行运算。在此，所谓可行运算包括将某些字母用数字加以代替，例如 $D = 5$。所选择使用的运算目标是缩小实际对象与期望目标之间的差异。万一没有一种现有运算可应用于实际对象，GPS 会尝试修正实际对象以便使用运算。同时，GPS 尽力密切留意实际对象与期望目标之间不同类型的差异，首先解决最困难的差异。因此，如果找到几个可能的运算，它们全都可应用于实际对象的话，GPS 会通过一些方法安排不同的运算顺序，以便某些运算首先得到执行。

Newell 和 Simon（1972）呈现给真人被试和 GPS 一些逻辑问题和密码算术问题，比较两者的"思维"。人类被试用口头报告，就像在阅读完本章后要求你做的那样。GPS 生成有关目标、子目标的打印输出，以及在工作时采用的运算。

比较这些产生的输出，Newell 和 Simon 得出结论：在 GPS 的表现和作为被试的耶鲁学生的表现之间有许多相似之处。我们注意到，GPS 所运用的手段 – 目的分析这一普遍的启发式也称为捷径策略，与生成 – 检验法相比是一个更为集中性的解决方法：它更多的是指导问题解决者接下来选择什么步骤。

手段 – 目的分析同时也迫使问题解决者在开始着手解题之前就分析问题的各个方面，并生成一个解决的计划方案。这通常需要建立子目标。注意，问题解决者只有在经过一些思考之后，"盲目性"的表现才会减少。

[注]　美国米高梅公司于 1989 年出品的一部喜剧影片。——译者注

然而，手段－目的分析并不总是解决问题的最佳途径，因为有时最佳方法反而是暂时后退一步或是远离目标。比如，设想你住在洛杉矶的东部，但是要搭乘从洛杉矶飞往丹佛的航班。为了达到目标，你必须首先前往机场，暂时向与目的地距离更远的方向移动（更向西）。向目标迈进的最有效途径并不总是最直接的一条，这一点在手段－目的分析的观点看来更加难以理解。

10.1.3 逆向作业

另一个常见的问题解决方法称为**逆向作业**（working backward）。运用此方法解决问题的人首先分析目标，以确定为达到目标所采取的最后一个步骤是什么，然后再分析紧挨着最后一步的前一步，以此类推。例如，在"如何到达我高中时期朋友的家"这一问题中，最后一步是从她房子的前门走进屋子。而从新罕布什尔曼彻斯特机场到达她家前门的问题则可以通过搭乘出租车来解决，我可以在机场叫一辆出租车，依此类推。逆向作业通常要建立子目标，所以它的操作与手段－目的分析法相似。

逆向作业是一种可以解决许多问题的重要方法，其中包括著名的河内塔（Tower of Hanoi）问题，如图 10-2 所示。要想成功地解决问题，流程大致如下："首先，必须移开底部的圆盘，但为了这么做，就必须移开上面的两个圆盘。如果将第二个圆盘移到空柱上就可以达到上述要求，但是首先必须将最顶上面的圆盘移开，我可以暂时将它移到目标柱上，然后将第二个圆盘移至中间的空柱上，接着将顶部的圆盘移回空柱，最后移动底部的圆盘至目标柱。"注意，这一解决过程通常不是以问题解决者移动一步然后看看发生什么，相反，即使只有很少的练习，通常的解决模式也是在事先拟定步骤，设立一些解决过程的中间目标（Egan & Greeno，1974）。当然，在问题解决者采用正确步骤之前，往往还是要进行尝试错误的，如果河内塔问题包含三个以上的圆盘，被试不太可能在最初的几次试误中就以最少的步骤解决这个问题（Xu & Corkin，2001）。

图 10-2　河内塔问题
采取一系列的移动步骤，将第一根柱上的三个圆盘移到第三根柱上，一次只能移动一个圆盘，而且不能将大的圆盘置于小圆盘之上。

当逆推路径唯一时，逆向作业最为有效，它比正向前进式的问题解决过程更加奏效。而且，正如你已经注意到的那样，逆向作业和手段－目的分析采取的同样方法是，两者都试图减少当前状态与目标状态之间的差异。

10.1.4 回溯

试着做下面这个问题。假如有 5 位女士：凯茜、戴比、朱迪、琳达和桑娅。每个人都有一条品种不同的狗（一条伯尔尼山地犬、一条金毛猎犬、一条拉布拉多猎狗、一条爱尔兰长毛猎犬或是一条谢德兰牧羊犬）。每个人都从事不同的职业（职员、管理人员、律师、外科医生、教师）。同时，每个人子女的数目也不同（0、1、2、3、4）。根据专栏 10-2 中的信息，计算出拥有谢德兰牧羊犬的女士有几个孩子。

专栏 10-2　女士、狗、儿女、职业问题

从下列信息判断谢德兰牧羊犬的主人有几个孩子。
有 5 位女士：凯茜、戴比、朱迪、琳达和桑娅。
有 5 种职业：职员、管理人员、律师、教师和外科医生。
每个人有不同个数的子女：0、1、2、3、4。
凯茜拥有一条爱尔兰长毛猎犬。
教师没有儿女。
拉布拉多猎狗的主人是外科医生。
琳达没有谢德兰牧羊犬。

桑娅是一个律师。

谢德兰牧羊犬的主人没有 3 个孩子。

金毛猎犬的主人有 4 个孩子。

朱迪有一个孩子。

管理人员拥有金毛猎犬。

戴比拥有伯尔尼山地犬。

凯茜是一个职员。

在解决这个问题时，要经常进行某些假设。有时这些假设证明是错误的就必须"剔除"。在这些案例中，设法让自己清醒什么时候做的假设以及假设的内容是什么会非常有用，这样一来你才能返回可以进行选择的特定点重新开始，这一过程被称为回溯（backtracking）。专栏 10-2 中女士、狗、儿女、职业问题就是这样的问题。许多人通过建立如图 10-3 的表来解决此类问题。这个表格是不完整的，相当于一个看了专栏 10-2 中前 11 行的人所做的表格。此时，问题解决者可以推断金毛猎犬的主人是有 4 个孩子的公务员，不是戴比就是琳达。问题解决者暂时假定这个人是戴比，但结果在读了专栏 10-2 中第 13 行后发现，戴比的狗是伯尔尼山地犬。于是他便会将这一信息添入表格中。一旦回溯到所做错误假设的那一点上（即要么戴比要么琳达是金毛猎犬的主人，也是有 4 个孩子的管理人员），他会知道符合条件的是琳达，这个信息对解决其余的问题也是必需的。回溯的关键在于问题解决者要时刻追踪做出选择的时点（也就是她做出假设的时候），这样一来，如果后来的结果不能成立，她可以回溯到之前做出选择的时点，然后做出另一个不同的假设。

10.1.5　类比推理

下一个问题在文献中很有名，被称为"肿瘤问题"：

假设一个人胃部长了一个无法进行手术的肿瘤，而要想消除肿瘤的射线强度足可以破坏其他的器官组织，那么，要通过怎样的方法既可以利用射线治愈他的肿瘤同时又不损害肿瘤周围的健康组织呢？

最早向被试提出这个问题的是 Duncker（1945, p.1）。该问题对被试而言是一个相当艰巨的挑战。通过对一些被试表现的研究（专栏 10-3 列出了一个典型的方案），Duncker 指出问题解答绝不是盲目地尝试错误，而是对问题的基本要素及它们之间的关系做深层的理解。为了

女士	凯茜	戴比	朱迪	琳达	桑娅
狗	爱尔兰长毛猎犬				
子女数目			1		
职业					律师

金毛猎犬	拉布拉多猎犬	谢德兰牧羊犬	
4		≠3	0
管理人员	外科医生		教师

图 10-3　对女士、狗、儿女、职业问题的部分解决答案

找到解答，解决者首先抓住"这一解答的函数值"(p.4)，然后再安排具体的细节。肿瘤问题的解决方法是从不同角度发射较弱的射线（以至于没有一条单一的射线会造成损伤），而使所有的射线在肿瘤部位汇聚。尽管任何一条射线的强度都不足以破坏肿瘤（或是沿途的健康组织），但聚集射线的强度却足够。

专栏10-3　一份来自 Duncker（1945）被试的解题方案

1. 射线通过食道。

2. 通过化学注射使健康组织脱敏。

3. 通过外科手术暴露肿瘤部位。

4. 必须减少沿途射线的强度：（例如，不知行得通吗）到达肿瘤部位的射线才达到最大的强度（实验者：错误的类比，根本不存在这样的可能性）。

5. 病人可以吞食某种无机物（使射线无法通过）以保护健康的胃壁（实验者：不仅仅是胃壁需要保护）。

6. 要么射线进入体内，要么将肿瘤暴露出来。也许我们可以改变肿瘤的位置，但是怎么操作呢？通过压力？不行。

7. 插入一根插管。（实验者：要想使任何化学药剂在特定位置而不是在到达位置的途中产生效果的话，一般来说人们会怎么做？）

8. （回答：）中和在途中的效果，但这正是我一直尝试解决的。

9. 将肿瘤移到外部（比较6。）（实验者重复了问题并强调"……以足够的强度破坏肿瘤。"）

10. 强度应是可以调节变化的。（比较4。）

11. 通过事先放射较弱的射线使健康组织适应。（实验者："怎样使射线只破坏肿瘤区域？"）

12. （回答：）我认为不外乎两种可能性：要么保护机体，要么使射线无害。[实验者：如何使沿途的射线强度减小？（比较4）]

13. （回答：）某种转移……扩散射线……分散……等一等！通过透镜放射一束宽的、微弱的射线，使肿瘤位于射线的焦点上，这样就可以使肿瘤接受足够强度的射线。（整个过程持续约半小时。）

　　资料来源：Duncker (1945, pp. 2–3).

　　Gick 和 Holyoak（1980）给每个被试阅读专栏10-4中的故事后，再呈现 Duncker 的肿瘤问题。尽管这个故事看上去与肿瘤问题大相径庭，其所包含的解决方法却是一致的。Gick 和 Holyoak 发现，事先阅读过有关"将军的故事"，并且被明确告知其中包含一个有关暗示的被试，比阅读过这个故事但没有被明确告知两个问题之间有类比的被试更可能解决肿瘤问题。前一组被试运用了**类比推理**（reasoning by analogy）的问题解决方法。

专栏10-4　将军的故事

　　一个小国由一位住在坚固城堡内的独裁者统治。城堡坐落在国家的中央，被农田及小村庄包围着。许多乡间小道可以通往那里。一位起义军将领发誓要攻占城堡。他在一条路的路口召集了他的军队，准备发动一场全面直接的进攻。

　　然而，将军得知统治者在每条路上都埋了地雷，只有小队人马才可以安全通过，因为独裁者需要让他的军队和工人进出城堡。然而，任何巨大的压力都会触发地雷，这样不仅会摧毁道路，也会殃及许多邻近的村庄，因而要占领城堡似乎是不可能的。

　　但是，将军设计了一个简单的方案。他将军队分成许多小分队，派遣每一组前往不同的道路。当一切就绪时，他就发出一个信号，让每一小组沿不同的道路进军。最终整个军队同时在城堡汇合。用这种办法将军占领了城堡，推翻了独裁者的统治。

　　资料来源：Gick and Holyoak (1980, pp. 351–353).

肿瘤问题和将军的难题从表面上来看是不同的，但在背后却有着共同的结构。一个问题的基本要素至少与另一个问题的基本要素大致相应：军队类似于射线；占领敌方军事要塞类似于破坏肿瘤；士兵在城堡汇合类似于射线在肿瘤部位汇聚。要使用类比，被试必须先进行Duncker所描述的"寻找原则"的分析，超越细节并且聚焦于问题相互关联的结构。Gick和Holyoak（1980）将这个过程称为归纳出一个抽象的"图式"（该术语的定义见第6章、第7章），他们证实了那些建构这一表征的被试更可能从类似问题的解决过程中受益。

有趣的是，往往需要明确告知被试利用将军的故事来解决肿瘤问题。只有30%的被试自发地注意到了类比关系，而在被告知将军的故事有利于构建解答的情况下，有75%的人解决了问题（相比之下，在没有讲这个故事的情况下只有10%的人能解决这个问题）。这与Reed，Ernst和Banerji（1974）的报告相近：被试的表现得益于他们之前在相似问题上的尝试，但必须向他们指出相似之处。

在以后的研究中，Gick和Holyoak（1983）发现，如果给被试两个而不是一个类比的故事，他们就可以通过明显的提示来解答。让被试阅读将军的故事和另一则有关灭火队长让一群队员对着火同时用桶浇水来扑灭火的故事。然后告知被试实验是关于故事的理解。要求他们在解决肿瘤问题之前写下每一个故事的梗概和两者之间的比较。研究者认为，提供多种范例可以帮助被试建构抽象图式（在本例中，即研究者所称的"汇聚"图式）。此后，他们将这一图式运用于新的类似问题的解答中。Catrambone和Holyoak（1989）更进一步指出，除非明确要求被试比较故事，否则他们不会建构必须用以解决问题的图式。

10.2　问题解决的障碍

所谓问题，从定义上说，是不能通过简单明显的一个步骤就加以解决的。例如，我们不能将梳头作为问题解决的范例，因为使用梳子不需要太多思考克服特别的障碍。

相比之下，它包含了这样一种意味，即问题解决的目标实现是有障碍和限制的。有时这些障碍限制会非常强烈，以致于它们阻止或至少妨碍了成功地解决问题。在本节中，我们将回顾一些对许多问题都明显构成阻碍的因素。

10.2.1　心理定势

图10-4呈现了同一主题的一组问题：有3个大小不同的水罐，如何得到确定数量的水。在继续阅读前，请按顺序依次解决每个问题，并记录下解决每道题所花的时间。同时，请记录任何有关这些问题相对难度的想法。

当你解决这些问题时，也许会发现如下现象：解决第一题花费的时间相对较长，但随着你完成题量的增加，解决随后问题的速度会越来越快。你或许注意到这些问题的公共模式，它们都可以用公式B-A-2C来加以解决。你是否也用该公式解决倒数第二个问题？如果是的话，那就很有意思了，因为明显更直接的方法是A+C。最后一个问题也很有趣，因为它不符合第一个公式，但可以用非常简单的A-C迅速地解决这个问题。你是否过了很久才意识到这一点呢？如果是的话，你的表现就受到了心理定势的影响。

心理定势（mental set）是采用某种特定框架、策略或是过程，或者更一般地说，以某种特定方式而不是其他同样合理的方式看待事物的倾向。心理定势与**知觉定势**（perceptual set）可以进行类比，后者是以先前即时的知觉经验为基础，以某一特定方式知觉一个物体或图案的趋势。同知觉定势一样，心理定势似乎也是通过较少的实践归纳而来。在依次解决了一些遵循共同模式的水罐问题之后，便很容易运用这一公式，但却很难再发现这三者之间新的关系。

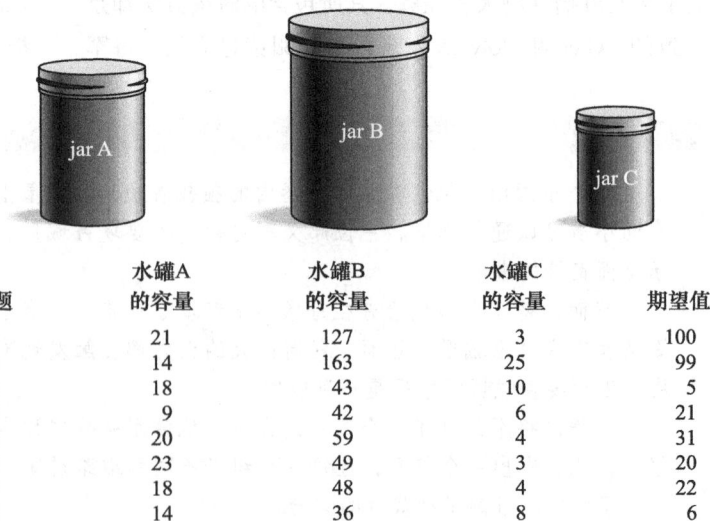

问题	水罐A的容量	水罐B的容量	水罐C的容量	期望值
1	21	127	3	100
2	14	163	25	99
3	18	43	10	5
4	9	42	6	21
5	20	59	4	31
6	23	49	3	20
7	18	48	4	22
8	14	36	8	6

图10-4　水罐问题

Luchins（1942）以大学生作为被试，将如图 10-4 所示的问题呈现给他们，并报告了实验结果。在用公式 B–A–2C 解决了前 4 个问题之后，所有的学生都运用该种方法解决第 5 个问题，而不是采用更直接可行的 A+C。更令人吃惊的是，当 B–A–2C 行不通时，受心理定势作用影响的学生无法认识到更明显的、行得通的办法 A–C。

心理定势常常使人们在没有意识到的时候做一些无根据的假设。图 10-5 给出了一个著名的例子。大多数人在解决九点问题时，认为 4 条线应该在点的"边界"之内。这些限制使问题不可能得到解决，解决办法见图 10-6 所示。

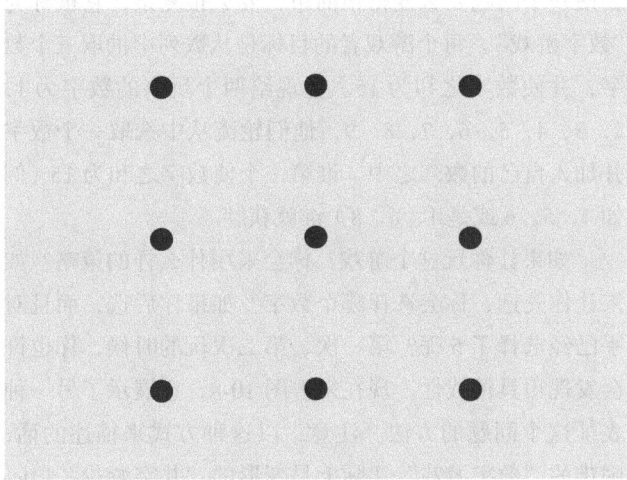

图 10-5　九点问题

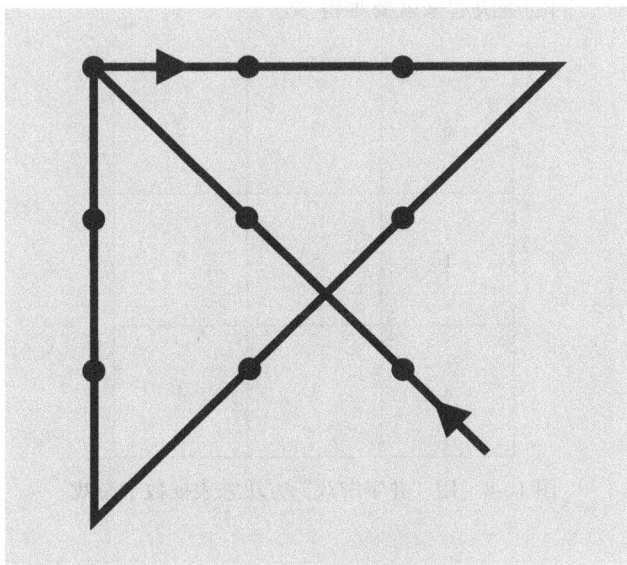

图 10-6　九点问题的解答

另一个有关心理定势的问题来自 Perkins（1981）。我来介绍一种场景，你们来确定这是什么场景：

有一个男人在 home[⊖]里。

那个男人戴着一个面具。

一个男人回 home。

请问发生了什么？

（There is a man at home. That man is wearing a mask. There is a man coming home. What is happening？）

由于我不能和你交流，只能报告当我将这个问题呈现给我的学生时他们问的问题（仅限于"是"或"否"回答类型的问题）：在 home 的这个男人是在他自己 home 吗？（是的）这个在 home 的男人知道其他的人吗？（是的）这个在 home 的男人期待其他人吗？（是的）这个面具是一种伪装吗？（不是）这个在 home 的男人是在卧室吗？（不是）这个在 home 的男人是在厨房吗？（不是）

学生开始出错的地方部分就在于对情境中的 home 所做的假定上。许多人将 home 等同于房子（house），尽管这个问题的答案是棒球赛。Perkins（1981）认为，人们用来解释问题的假设是一种心理定势，这种心理定势阻碍了问题解决。

另一个文献中著名的心理定势例子被称为"双绳问题"（Maier，1930，1931）。展现于你面前的是一间天花板上吊着两根绳子的房间。两根绳子离得很远以至于你不可能同时抓到它们。你的任务是以某种方式将两根绳子系在一起。在这个房间中只有一张桌子、一盒火柴、一把螺丝刀和一些棉纱。你该怎么办呢？

这个问题的解决方法对许多人来说是很难发现的：利用螺丝刀作为重物使其中一根绳子形成单摆运动。摆动这根绳子同时，走到另一根绳子旁边抓住它，将它们系在一起。在 Maier 的实验中少于 40% 的被试能在没有暗示的情况下解决该问题。造成困难的一个原因似乎是被试不愿意思考螺丝刀的其他功能。他们没能注意到螺丝刀既可以用作本来用途，同时也可以作为一个重锤。这个现象被称为**功能固着**（functional fixedness）。它显然也是心理定势的一种，受功能固着束缚的人明显对一个客体具有顽固的心理定势。

⊖　home 在英语中一般作"家"解，但此时却作"本垒"解，是一个棒球术语。"家"的定势影响了对"棒球赛"情景的认知。
　　——译者注

10.2.2 采用不完整或不正确的表征

问题解决中一个相关的困难与最初对问题的解释有关。如果问题被误解了，或是关注了错误的信息，问题解决者无疑将处于不利的境地。"棋盘问题"说明了这种现象对问题解决的阻碍。

如图 10-7 所示，有一个斜对角两个方块被切除的标准国际象棋棋盘。棋盘旁边是一些多米诺骨牌，每一张牌恰好占据棋盘的两格。完整的棋盘有 64 个方格，你应该很清楚这点。所以图中的棋盘还有 62 格。有没有一种摆放方法可使 31 张多米诺骨牌完全覆盖这个棋盘呢？

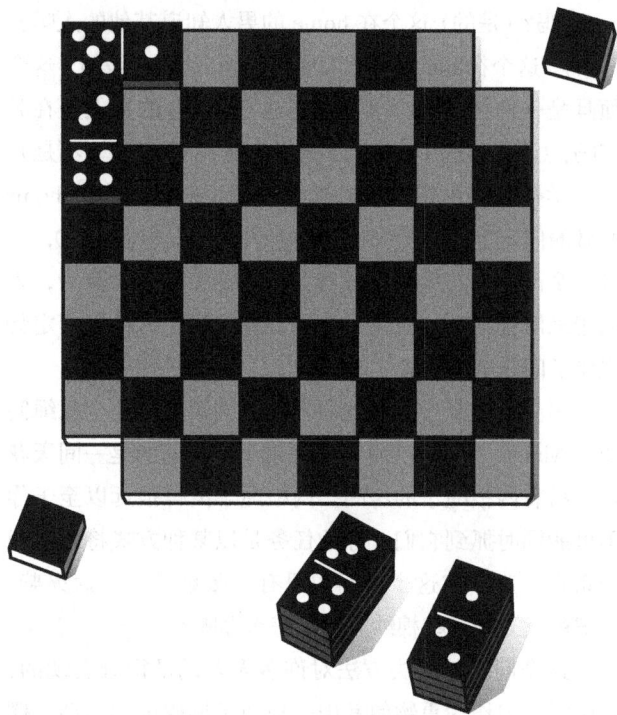

图 10-7　残缺棋盘问题

31 张多米诺骨牌能够覆盖满剩余的棋盘吗？每张骨牌正好覆盖两个格子。

解决的关键是意识到无论怎样摆放，根据棋盘的格式，每一张多米诺骨牌将覆盖一块黑格和一块白格。但是现在请注意，那两块切除的方格是同一颜色的。由于一张骨牌必然覆盖两块不同颜色的方格，因此不可能将 31 张骨牌覆盖满残缺棋盘的所有方格。

大多数人解决这个问题的困难之处在于，他们没能在关于问题的最初表征中包含这两条至关重要的信息，因而造成了表征的不完整。同样，在前述的棒球赛问题

中（男人在 home），用"一个人待在房子里"表征这个问题会使你误入歧途。这就是使用错误表征的范例，包含了问题中既没有呈现也不是正确的信息。

对表征的选择往往会造成很大的差异。研究专栏 10-2 中"女士、狗、子女、职业问题"的 S. H. Schwartz（1971）发现，建构图 10-3 中图表的人比那些仅仅写下名字、狗、职业之类并且以箭头或连线连接他们的人（例如，凯茜——爱尔兰长毛猎犬；金毛猎狗——4 个孩子）在解决问题时更为成功。

这里还有一个很著名的例子，它展示了表征的形式会使一个问题要么变得很简单，要么很复杂，它被称为"数字游戏"。每个游戏者的目标是从数列中抽取三个数字，并使数字之和为 15。呈现给两个玩家的数字为 1，2，3，4，5，6，7，8，9，他们轮流从中选取一个数字并加入自己的数列之中，谁第一个使数字之和为 15（例如 4，5，6 或是 1，6，8）谁就获胜。

如果让你玩这个游戏，你会采用什么样的策略？如果让你先选，你会选择哪个数字？如果你后选，而且对手已经选择了 5 呢？第一次、第二次玩的时候，你也许会发现很具挑战性。现在来看图 10-8，它展示了另一种表征这个问题的方法。注意，以这种方式来描述的话，困难的"数字游戏"实际上是变形的"井字游戏"（tic-tac-toe）。如图 10-8 所示，游戏很简单，但是没用这种表征，问题解决起来就要难得多。

6	7	2
1	5	9
8	3	4

图 10-8　用"井字游戏"方块来表征数字游戏

10.2.3 缺乏关于问题的特定知识或专长

到目前为止，我们一直在用一些具有谜题性质的问题来讨论一般的问题解决能力。我们假设大多数这样的

问题对所有人而言陌生程度是相同的，人们基本上以相同的方式解决它们。但一些问题，比如，国际象棋或其他一些有技巧的竞技；课本中有关物理、几何、电子学等方面的问题；计算机编程；以及疾病诊断中的问题等，就与我们刚才讨论的问题不一样了。尤其是，专家和新手在这类问题的解决上表现得更为不同（Chi，Glaster & Fart，1988）。

我们已从第 3 章中得知，专家和新手在认知能力方面是不同的，专家能够比新手"摄取"更多的知觉信息。然而，专家知识的效应并不只局限于知觉能力。对某一领域知识的熟稔，似乎改变了一个人在所处参照系中解决问题的方式。一个很好的例证就是比较大学心理学专业本科生与教授设计实验的能力。通常来说，教授在解决有关任务的问题时表现要好得多。设计实验的经验使他们从无关信息中挑拣出相关信息，并时刻提醒自己各种需要注意的情况。这些经验同样也提供了解决诸如评估所需的被试数目、可运用的统计分析方法、实验持续时间等问题的捷径法则。对某一问题只有有限知识背景的问题解决者明显处于不利境地。

de Groot（1965）曾做了一个关于专家 – 新手差异的经典实验。他同时测试国际象棋大师和相对较弱选手的思维过程，发现大师级棋手与一般选手所考虑到的可能步骤数目大致相当，只是前者更易于选择最佳步骤。Chase 和 Simon（1973）在重复实验中发现，一个国际象棋选手拥有越多的专门知识，就越能提取更多的信息，即使是只与一个反映正在对峙的象棋棋局的短暂接触。也就是说，如果同时向象棋大师和新手展示一盘棋局 5 秒钟，只要棋子安排是可能的棋局，大师们对于棋子分布信息的记忆就会更多。

Gobet 和 Simon（1996）测试了职业国际象棋联盟的世界冠军卡斯帕罗夫（Gary Kasparov）同时与 4 ~ 8 位同为象棋大师的选手对抗时的对弈老练程度。他的对手在每一步（平均）考虑 3 分钟；卡斯帕罗夫每一步的思考时间只有其 1/4 ~ 1/8 的时间（因为他同时要与多位选手对抗）。尽管承受了巨大的时间限制压力，卡斯帕罗夫几乎和在巡回赛中只面对一位选手而且有 4 ~ 8 倍的时间来进行考虑、计划步骤时表现得一样出色。Gobet 和 Simon 认为，卡斯帕罗夫的优越之处更多的是来自他识别模式的能力，而不是他计划下一步的能力。他们提出这一结论的事实是，同时下几盘棋会严重阻碍

卡斯帕罗夫提前思考的能力，然而他整体表现的质量却几乎没有受到什么影响。

Lesgold 等人（1988）比较了 5 位专家级 X 光片研究者与一、二、三、四年资历的住院医师在诊断 X 光片时的表现。他们发现专家与任何一位非专家的住院医师相比，注意到更多 X 光片上的具体细节，能够对原因及后果给出更多的假设，并能将许多症状结合起来分析。

Glaser 和 Chi（1988）在回顾了这些有关专家新手差异的研究之后，描述了两类人之间一些质的差异。首先，专家只在专业领域内卓越超群。也就是说，他们的知识具有领域特殊性的特点。例如，一位杰出的国际象棋大师不太可能像一位化学家那样出色地解决化学问题。我们已经在第 3 章中注意到，在专业领域内相比新手而言，专家能够知觉到更大的意义模式。施展技能方面也更快，同时表现出对领域内知识更强的记忆能力。

在问题解决中，专家往往能从更深入、更原则性的水平来看待、表征领域内的问题，而新手倾向于表面化地表征信息（Chi，Feltovich，& Glaser，1981）。例如，在解决物理问题时，专家倾向于以诸如牛顿第一运动定律等物理原理来组织问题；而新手则倾向于关注诸如倾斜的飞机、光滑的表面等问题中提到的物体。相对于新手而言，专家会花更多的时间定性地分析问题，试图掌握或理解问题的本质；而后者更可能一头扎进去开始寻找解答。最后在整个问题解决的过程中，专家更可能检验思考中出现的纰漏。

一个令人称奇的个案研究显示，专家知识本身对于问题解决来说是远远不够的。病人 P. F. 是一位 57 岁经验丰富的建筑师。由于患有严重的癫痫症，并且因为中风还接受了一次治疗。磁共振图像扫描（MRI）显示右半脑前额叶区域有明显的损伤，而这部分大脑区域早先被认为是掌管计划和解决问题能力的。Goel 和 Grafman（2000）邀请 P.F.（以及一个作为对照控制的建筑师，年龄及学历均与之匹配）为他们的实验室空间做一个新的设计。P.F. 和控制被试都认为这很容易。

观察 P.F. 后发现，"他老练的建筑学知识库……完好无损，在问题建构阶段他对知识的运用十分巧妙"（p.415）。然而，P.F. 无法从这一阶段进入问题解决阶

段。直到在两个小时的作业时间过去 2/3 后才建立起初步的设计，而且这是一个错误百出、无法进一步发展和具体化的最低限度的初级设计。实验者得出结论，认为这些初级设计代表的是一种结构不良的问题解决（即为本章开头描述的类型），因而 P.F. 的脑损伤"已经造成支持结构不良问题表征和计算的神经系统的部分损伤"（p.433）。

10.3　问题空间假说

研究问题解决的学者通常以在心理上搜寻一个问题空间来思考问题解决的过程（Baron，2008；Lesgold，1988；Newell，1980；Newell & Simon，1972）。**问题空间假说**（problem space hypothesis）的主要观点是，问题中事态进行的每一种可能状态对应于心理曲线图上的每一个节点。所有节点的分布占据一些心理区域，这个区域连同曲线就是问题空间。

图 10-9 展示了一般问题空间的示意图。每一个圆圈或是节点，对应于问题解决过程中某一时刻事态进行的某一状态。例如，如果问题是赢得象棋比赛的胜利，那么每一个节点对应于比赛中每一时刻可能形成的局面。标记为"初始状态"的节点对应于问题的初始情况，比如，第一步落子之前的棋盘格局。目标状态对应于问题解决后的状态，例如，游戏获胜时的棋局。中间状态（未在这一示意图中标记）由其他节点表示。

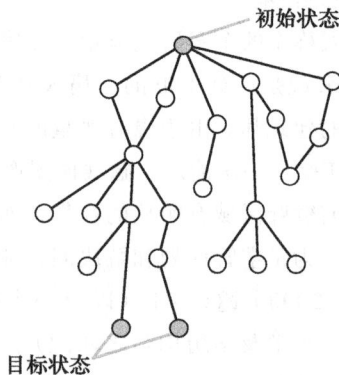

图 10-9　一般的问题空间

如果可能通过某些操作从一个状态移至另一个状态，这步移动可以通过连接两个节点的直线在问题空间中加以表示。任何"心理移动"的次序都可以用从一个

节点向另一个节点移动次序来加以表示。任何起始于初始状态、结束于目标状态的移动次序构成了通过问题空间的路径。图 10-10 描述的是一般的解决路径；图 10-11 描述了河内塔问题的部分问题空间。

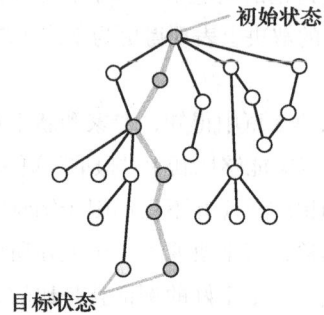

图 10-10　通过问题空间的一条解决路径

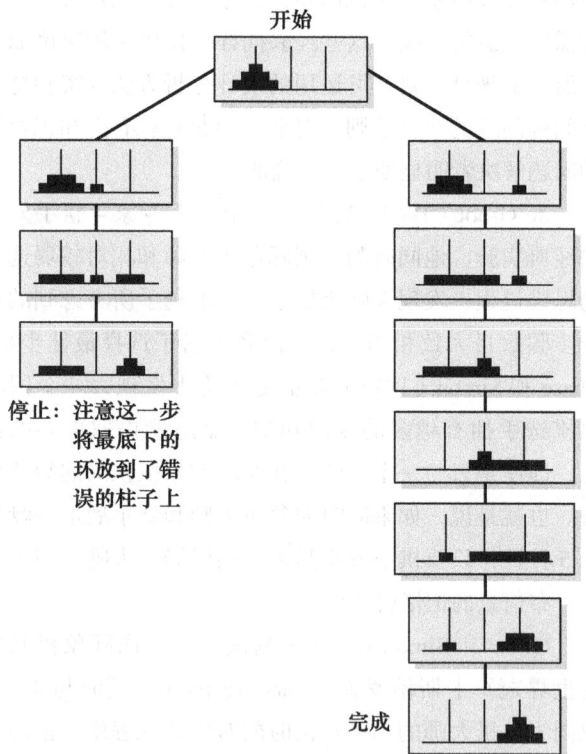

图 10-11　部分河内塔任务的问题空间，显示了解决的方案

好的问题解决就是有效路径的建立：即尽可能简短，并且在初始状态和目标状态之间尽可能少地绕道。一般认为，最佳路径是通过搜索获得的，彻底的搜索往往可能产生答案。

人工智能领域的研究者设计了不同的搜索算法以搜索问题空间（Nilsson，1998；Winston，1992）。其中之一是"深度优先"（depth-first）原则，即在返回检验其他可能选项之前，沿着曲线图尽可能深入地探索目标状态；另一个是"广度优先"（breadth-first）原则，即在更深地挖掘曲线走向之前，在已知水平下考虑所有的节点。不同的算法有不同的成功概率，当然这取决于曲线本身的性质。

Burns 和 Vollmeyer（2002）的一项研究有一些出乎意料的发现与搜索问题空间产生解决方法有关。他们相信探索问题空间会产生更佳的表现，而且他们认为，进程没有因为急于达到一个特定的目标而被缩短时，探索更可能产生。

Burns 和 Vollmeyer（2002）使用了如图 10-12 所描述的任务。让被试想象他们在实验室工作，并试图发现如何通过控制不同的成分输入以达到某种特定水质的效果。在这项任务中，他们可以通过改变输入成分（盐、碳、石灰）然后观察会产生什么样的输出结果（氧化作用、氯的浓度、温度）。事实上，图中显示输入具有线性关系，例如，盐量输入的改变会导致氯浓度 6 倍的增长。但是被试未被告知输入和输出的关系是什么（也就是，他们不会看到图中箭头上的数值）。

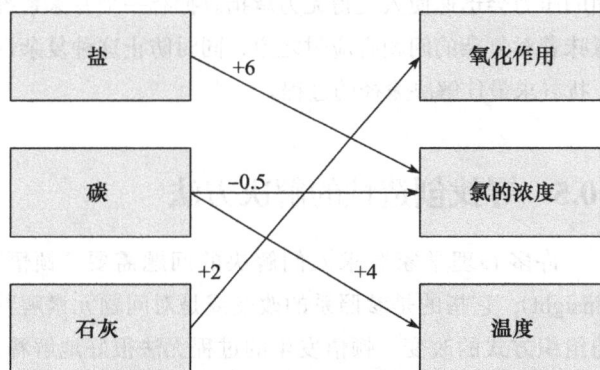

图 10-12　水箱系统（注意氯的浓度指的是输出的氯的浓度）

所有的被试都被告知将最终要求他们依据特定的输出值来达到一定的目标。其中一些被试（称为"具体目标"被试）在任务一开始就给予他们特定的目标，但告知可以在一段探索阶段后再达成目标；另一些被试（称为"非具体目标"被试）直到经过搜索阶段后才告知他们目标是什么。在探索阶段之后，给所有被试一张类似于图 10-12 的示意图，但没有显示任何联系，要求被试在输入、输出之间画出连接线，如果他

们认为自己确实知道的话，在连接线上标出方向和权重。研究者从中获得一个"结构分数"来计算被试关于联系方向与权重正确值的知识程度。

"非具体目标"被试比"具体目标"被试获得更高的结构分数。当要求输出达到特定目标值时，两组的表现相当，但在一个有新目标值的迁移问题上，"非具体目标"被试的表现要优于"具体目标"被试。Burns 和 Vollmeyer（2002）做了一个追踪研究，要求其中两种情况下的被试完成任务时出声报告想法。结果显示，非特定目标被试在搜索阶段更易于检验特定的假设。由此推测，以 Newell 和 Simon 的术语来说，尽管不同的任务都会产生不同的成本，拥有一个特定目标会减少致力于搜索问题空间的努力。

问题空间假说同样也可以帮助我们理解问题解决的障碍是如何发生的。未能对空间的某些部分进行搜索（例如，由于心理定势）会阻碍问题的解决。当解决方法位于空间内一个未能搜寻到的部分时，不完整或不正确的表征可能造成建构一个不完整或不正确的问题空间，反过来也不利于问题解决。

专长的获得是另一种搜索问题空间的方式，也许专长会令人们发展出更好的预感，即对问题空间的哪些区域进行搜索是最有效的，应该以怎样的顺序去搜寻可能得到结果。

10.4　专家系统

人们利用问题空间假说创造了**专家系统**（expert system），即被设计用于模拟某一领域内一位或几位专家决策的计算机程序。专家系统包含一个与该领域有关的事实的知识库，同时还包含一组**推理规则**（inference rules）（采取"如果 X 为真，则 Y 为真"的形式），有一个利用推理规则搜索知识库的引擎，以及一些界面，即与有问题要请教专家系统的使用者进行交流的手段（Benfer，Brent & Furbee，1991）。

有一个专家系统称为"狗仔队"（MUckraker），是专门用来给调查记者提供建议的专家系统，它可以向记者提供如何接近采访对象、如何准备访谈以及在调查一个问题时如何检索公共文献的最佳方法（Benfer et al.，1991）。表 10-1 呈现了"狗仔队"指导如何使别人接受采访的一些（简化）规则。

表 10-1 "狗仔队"规则的简单举例

规则	举例
规则 1：选择 邮件方式	如果<u>不知道</u>消息提供者在电话中与记者谈什么内容 而且访谈十分关键 而且采访前有<u>多于 6 天</u>的准备时间 那么（通过邮件）$_1$ 请求 = 60 否则电话请求 = 40 因为可以通过正式的、书面的请求获得采访
规则 2：绝对 选择邮件方式	如果消息提供者<u>可能不会</u>与记者在电话中交谈 而且访谈十分关键 而且采访前有<u>多于 6 天</u>的准备时间 那么（通过邮件）$_2$ 请求 = 80 因为（参见规则 1）
规则 3：不管 怎么样电话联系	如果消息提供者可能不愿意与记者在电话中 交谈 且如果采访<u>不是十分关键</u> 或者采访前的准备时间<u>少于 6 天</u> 那么（通过邮件）$_3$ 请求 = 10 因为没有时间寄邮件而且电话联系值得一试
规则 4：年长 的消息提供者	如果消息提供者的年龄<u>大于 49 岁</u> 而且访谈十分关键 而且在采访前有<u>多于 6 天</u>的准备时间 那么（通过邮件）$_4$ 请求 = 90 因为年长者对书面请求的回应更加积极
规则 5：结合 邮件方式	如果（通过邮件）预约的最大值 i 大于 79 那么寄出书面要求并且询问：您是否想看看 信件样本？ 要么打电话的方式也值得一试 因为大多数消息提供者愿意与记者在电话中 交谈

资料来源：Benfer et al. (1991, p. 6).

所用规则的格式包括一些前提或条件。例如，规则 2 包括 3 个前提：①如果消息提供者可能不会与记者在电话中交谈；②采访十分关键；③采访前有多于 6 天的准备时间。每一前提都规定了规则运行必须满足的条件。

规则同样包括结果部分，以"那么"为标志。这些结果是规则一旦应用所必然采取的行动。例如，规则 2 设定了一个变量（使用寄邮件的方式 2）的一个特定的值（即，80）。一些规则还包括解释或理由，以"因为"（BECAUSE）开头。注意"通过邮件 1"、"通过邮件 2"等这样的提法。这些是程序所使用变量的名称。规则 1 ~ 4 分别赋值为"通过邮件 1"到"通过邮件 4"。规则 5 则检查这 4 个变量被赋予的值有没有超过 79 的。如果有的话，规则 5 就指引记者通过邮件来向潜在的采访者发出请求。

建立专家系统是一项复杂的工作，通常要多次采访某一领域内一位或多位专家。经常要求他们接受在线的口头报告，在分类案例或解决问题时要出声地进行思维（Stefik，1995）。其中部分困难来自对任何专家而言，要陈述所有的知识是相当困难的。

例如，也许你在学习方面是"专家"。即使我仅仅是要求你陈述所有关于如何准备考试的知识，你都会觉得很难，不是吗？因而专家系统的开发者常常采用人类学家的技术。当专家在"埋头工作"时跟在他们身边，时不时让他们对自己进行的思维加以详细地阐述（Benfer et al.，1991）。通过反复的采访，开发者才能用公式表达如表 10-1 所示的规则。

为什么有人想要开发计算机化的专家系统并且用它代替人类专家呢？可能的一个原因是在许多领域训练有素的专家人数十分有限。例如，不是每一座城市的每一个行业都有一位专家，而如果专家的知识能够通过软件传播，财富也就传播开来了。

第二个论点将在第 11 章中进一步阐述。届时我们将看到人类的决策制定经常（即使不是一直）受到偏见的扭曲，有些甚至很阴险。特别是当一个问题十分复杂时，出于许多因素，施加在面对问题的人身上的认知方面的压力会迅速使人变得无力承担。拥有一个专家系统意味着对复杂的问题有应付之道，同时防止这种复杂性干扰寻求最佳解决途径的过程。

10.5 寻找创造性的解决方法

许多心理学家要求人们解决的问题需要"顿悟"（insight），它指的是参照系的改变或是对问题元素解释与组织方式的改变。顿悟发生的过程无法很好地解释，不管是什么，它显然都在通常称为**创造力**（creativity）的活动中发挥着重要的作用。尽管这一术语很难确切地定义，许多心理学家一致认为创造力与恰当的新异性有关，即符合某些意图的创意（Hennessey & Amabile，1988；Nielsen，Pickett & Simonton，2008；Runco，2004；Simonton，2011）。缺少新异性的合适想法是平淡无奇的，反之，不能将问题置于有利解决方式的创意则是古怪的。另一些认知科学家认为，创造力包含知识、信息或是心理表征，即创造者"已拥有的"、知道的、已经描述过的东西的结合或再结合（Dartnall，

2002）。

伟大的艺术、音乐、科学或者其他发现常常似乎都有一个共同的关键时刻。那一刻发现者在心理上多有一种"有了"（Eureka，之前的意思为"我想到了"）的体验，即常言所说的"灵光一闪"。许多关于作曲家、艺术家、科学家以及其他领域专家的传记以"有了"这样的故事作为开头（Perkins，1981，展示了一些这样的例子）。这些故事引出这样一种观念，即有创造力的人拥有平凡人没有的东西，或者他们与后者的认知加工存在很大的不同（至少当他们在进行创造性思维的时候如此）。

在这一节中，我们将关注两类对创造性顿悟的解释：一种是将创造力描述为特殊的认知加工过程，另一种将其视为正常的日常认知的结果。

10.5.1　无意识加工和酝酿

在大学 3 年级时我选了微积分的课程。尽管它很有用，但同时也常使我倍感受挫。我在做作业的时候，发现其中一个问题明显难以解答。这个问题会不停地折磨我，我不得不尝试每一种可以想到的办法。挫折中我只好将问题搁置在一边继续做其他事情。那天晚上从睡梦中醒来时，我竟然以一种全新的视角来看待这个问题。通常，我会发现正确的解决方法。（但当我碰上另一个不正确的解决方法时，挫败感又会卷土重来。这时我会抓起教科书，将它们扔到离我最近的一堵墙上。这本书在学期没结束的时候就已阵亡了。）

我所描述的经验是**无意识加工**（unconscious processing），或称**酝酿**（incubation）的"教科书式的案例"。当我的大脑忙于执行其他加工过程时，另一些加工过程却正在幕后进行（喜欢计算机类比的人也许会将它描述为相对于"交互式"加工的"批量"加工）。无意识加工不停地进行，即使在我睡觉时也不例外，直到找到答案，然后这个答案会立即宣告自己的存在，即使必须把我从睡梦中叫醒也在所不惜。那些相信无意识酝酿孵化的人通常认为，大脑中存在可以不上升到意识层面但仍能执行信息加工的无意识层面。

Smith 和 Blakenship（1989）通过所谓画谜（rebuses）的图片－文字谜题，对酝酿效应进行了实验展示。在被试解决 15 个谜题之后，呈现给他们第 16 个问题。第 16 个谜题给出的误导线索会导致被试对错误解释的固着。

稍后第二次给他们呈现这个关键谜题，但没有线索，再一次要求他们解决这个谜题并回忆线索。控制组被试即刻见到这个谜题的二次呈现，而实验组被试在解决谜题中会有 5 或 15 分钟的"中断"。在那段时间中他们要么什么也不做，要么完成要求很高的音乐感知作业（以防止他们私下继续解决实验问题）。实验者预测那些接受更长"满负荷"间隔（在那段时间呈现音乐作业）的被试更可能遗忘误导的线索，从而解决该谜题。事实上，实验结果完全不出所料。

然而，许多实验研究没有发现顿悟有事实依据的记录。在问题解决过程中，接受物理或心理中断从而有更多机会酝酿的被试，相对于那些始终解决问题的被试几乎没有表现出更彻底或更迅速的能力上的提高（Olton，1979）。并且，在第一个有关酝酿效应的实验中，被试报告说在"中断"阶段，他们偷偷地努力思考这个问题。事实上，在另一种实验条件下的被试，在中断阶段无法进行对问题的隐秘思考（通过让他们记忆一段课文），从而表现出极少的酝酿效应（Browne & Cruse，1988）。

同样，设计严格测试酝酿假说的实验也是相当困难的。实验者必须确保被试确实在酝酿阶段停止了对原始问题的思考，这对无法读取大脑的实验者来说是个极大的挑战！

10.5.2　日常机制

创造性的顿悟是否依赖于酝酿等特殊的认知加工过程呢？一种可供选择的观点认为，顿悟事实上源于每个人日常生活中使用的一般认知过程（Perkins，1981）。Perkins 的观点为这一有关创造力研究的方法提供了相关的概述，我们在此予以详细的回顾。还有一些研究者提出的理论略有差异，但在引导创造性思维的加工过程并不特殊这一点上与 Perkins 的观点一致（Langley & Jones，1988；Sternberg，1988；Ward，Smith & Finke，1999；Weisberg，1988）。

Perkins（1981）描述了一些构成一般日常执行功能以及创造性发明基础的认知加工过程的例子。其中之一是"指向性记忆"（directed remembering）。这是一种引导记忆的能力，它能使思考的人自觉地留意可以应对各种限制的过去经验或知识。本章中第一个任务是要求你回忆以字母 c 开头的食物或饮品，就是一个指向性记忆的任务。Perkins 认为这一加工过程也适用于创造性思维。例如，达尔文进化论的建立，必须为当时存在的科学知识提供表现一致的解释，那些知识限制了他可以发展出的解释类型。

第二个与此相关的认知过程是"注意"（noticing）。艺术家和科学家认为，创造的一个很重要的方面是修订草稿。根据 Perkins 的说法，在修订过程中，一个人必须注意到问题所在。注意同样在许多"有了"或是"啊哈"体验中起作用，当创造者察觉到了一个问题和另一个问题之间的相似性时往往就会有这样的体验。

"相反的再认"（contrary recognition），即将物体识别为另一样东西而不是本来的样子，它是另一个重要的创造性加工过程。将一朵云看作一头牛便是其中一例。这种能力显然与类比思维有关，因为它要求创造者超越现实以及实体的束缚，以其他方式对现实加以想象。

Perkins 认为在进行创造时，富于创造力的人依据的是一般认知加工过程。

因而，这个关于创造力的理论假定，有创造力的人与那些所谓没有创造力的人运用的是同样的认知过程。

文献记录的"灵光一闪"现象因此可以看作以逐步渐进方式发生的。酝酿遵循这个理论，在问题解决过程中以全新的开端为起点，遗忘那些无法实行的老办法。注意，这种描述与打破心理定势的描述十分类似。

的确，问题解决和对创造力的相反的再认之间的联系很强烈。它们都包含了在心理上搜索那些新异的、满足各种要求或限制的可能方案。一个人的创造力与努力、更持久地搜寻那些满足各种要求的意愿有关。因而，构成创造力的是创造者自身对新异、有益结果的价值观，是一种经得起长期不成功挫折的能力，以及个人的计划和能力。

就大部分来讲，许多创造力的理论仍没有得到实证检验。因而有关创造性活动究竟是使用特殊方式还是一般的认知过程这一问题仍是开放的。研究者还在致力于发展恰当的、实证的方法来研究创造力（Runco & Sakamoto，1999）。所以，刚才所描述的理论应当被视为可以引导进一步研究的观点，而不是已经发展成熟的、经得起严格检验的理论。

10.6　批判性思维

许多关于创造力的观点，是根据人们产生一些最初看来似乎"与众不同"或是"毫无联系"的想法的能力而提出的。然而，一旦一个新异的想法产生之后，就必须对它进行恰当与否的评价和判定。提出的解决方法是否确实满足所有的目标和限制呢？想法中是否有隐藏的细微瑕疵呢？主张的含义又是什么呢？

能够提出这些问题的人应该是在做心理学家、哲学家和教育学家称为的**批判性思维**（critical thinking）的工作。批判性思维的定义有许多，杜威（Dewey，1933）称之为"反省思维"，并将之定义为"根据其支持的背景以及倾向于做出的进一步结论，对任何观念或知识的可能形式进行积极、持久、仔细的考虑"（p.9）。杜威将反思与其他胡乱的想法、机械回忆以及信仰等人们无根无据的思考形式区分开来。

格式塔心理学家韦特海默（Wertheimer，1945）提出的几个例子很好地说明了批判性思维。其中有一个涉及学习如何求平行四边形的面积。一种教授的方法是给出公式，例如高中几何课本中为人熟悉的公式：面积＝底边 × 高。图 10-13a 展示了一个平行四边形的样例，并且标明了底边和高。

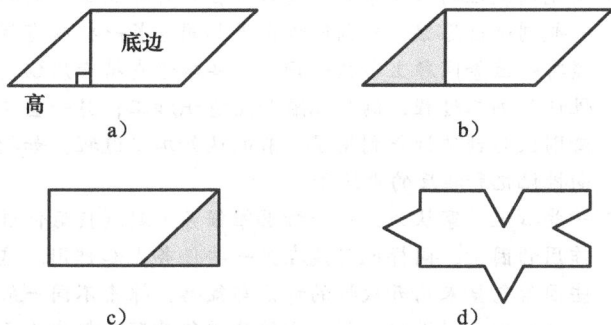

图 10-13 平行四边形及其他几何图形

如果学生仔细记住了这个公式，他就会用一种死记的方法，也就是韦特海默所称的机械背诵的方法来解决这个问题。然而问题是，如果这个学生忘记了这个公式，他会完全不知所措。韦特海默认为，更好的方法是尽力教会学生抓住问题的"基本结构"，即确认并理解问题的基本内容。

考虑图 10-13b 中展示的另一个平行四边形。注意阴影区域，假设将这一部分从平行四边形上切除并填补到另一端，如图 10-13c 所示，这一变形会创造出一个熟悉简单的几何图形——矩形。求矩形的面积公式是众所周知的（底边 × 高）。注意，变形是将从左边切除的那块区域原封不动地填补到右边，因而，整个面积没有改变。取而代之的是，创造出了一个具有相同面积、更加"规则"的几何图形。

教授这种解决方法的好处是什么？首先，它更加概括。这种方法不仅适用于平行四边形，同样也适用于许多不规则的几何图形，如图 10-13d 所描绘。其次，这个解决方法展现了对公式适用原因的更加深层次的理解。在这个实例中，公式并不是简单机械地运用于这个问题，而是产生于学生对平行四边形作为一个几何图形

本质的理解。

在近来关于批判性思维的研究中，Perkins 和他的同事们（Perkins，Allen & Hanfner，1983）呈现给不同学历水平的学生和成人不同的矛盾论题，要求被试对每个论题进行推理。一个例子是"需要对瓶子或罐头收取 5 美分的押金这一法律条款是否能够减少乱扔垃圾的情况"（Perkins et al., p.178）。实验通过观察被试几次对自己思考提出的反对或挑战来测试他的批判性思维。其中一个较好的批判性思维的例证如下。

法律条款希望人们为了 5 美分归还瓶子而不是到处乱扔。但我认为如今人们并不在乎 5 美分。但是等一下，这不是一次性 5 美分，因为人们可以在地下室积存一箱一箱的瓶子或一袋一袋的罐头，然后一次性地将它们交回，所以也许他们会这么做。但是，也许并不是这些瓶子和罐头被到处乱扔，而是外出野餐的人或是街头和公园里的孩子乱扔瓶子和罐头。他们不会费心为了一个镍币而归还它们，但是另一些人也许会（p.178）。

请注意这里思维的结构：每一句都在某些方面对上一句提出反驳。

用 Perkins 的话来说，良好的思维需要庞大的知识库以及高效使用的方法。同时，良好的思维还需要如刚才所示的质疑。通常阻碍批判性思维的是一种心理懒惰，即一旦找到一个解答就停止思考。一个无批判力的思考者对瓶子议案做如下推理："嗯，尝试减少垃圾是很好的，但是 5 美分不足以让人们这么做，所以行不通。"注意在这个例子中，此人只建立了一种心理情景就停止了，没有提出任何假设问题或是思考任何其他可能性。Perkins 等人（1983）敦促人们克服这种只有当问题完全表面化之后才对它们进行推理的倾向，而换以更加努力、持久地搜寻其他的可能和解释。

概要

1. 思维是对信息的操作，在广泛的、看上去十分不同的任务中都会发生。心理学家区分了不同类型的问题（例如，界定良好的与界定不良的问题）以及不同类型的思维（例如，集中性思维和非集中性思维）。然而我们还不清楚的是，对于不同任务所使用的认知过程是否在本质上也属于不同类型。一个看似不同类型的思维实际上来源于同一些认知过程的不同组合。

2. 一些研究问题解决的心理学家已经发现，人们在许多不同的情况下所使用的一般策略（例如，产生 - 检验法、手段 - 目的分析、类比推理），并且探讨了问题解决中存在的各种阻碍（心理定势、功能固着、错误或不完整的问题表征）。

3. 另一些心理学家支持领域特殊性知识和策略的重要性，认为它们能更好地预示特定被试能否成功地解决

指定任务。这些研究者指出，问题解决策略经常随问题解决者的专长、背景知识而定。

4. 不同种类思维问题之间的相似性也是可以确认的。一些心理学家认为，这些相似点可以用一个公共框架来解释，即所有思维的例子（包括在第 12 章中描述的问题解决的情节、虚构，甚至推理、决策制定）都是一种心理搜索（Baron，2008）。这个理论采用了问题空间假说（或是与它接近的意思）作为对人们如何在心理上操纵信息的很好描述。问题空间假说将思维视为寻找一条通过由可能性组成的"心理曲线"（心理曲线即问题空间）的路径。有时搜索路径是十分集中和受限的；而另一些时候（例如，做白日梦的时候），搜索又如同漫步一样，没有明确的目标。

5. 专家系统，即设计用于模拟特殊领域内人类专家的计算机程序，是问题空间的具体说明之一。专家系统有一个知识库、推理规则、探索通过知识库的方法和一个使用者界面，以便使用者提问题和被提问，提供给

程序更多的信息。

6. 研究创造性的心理学家在是否存在一种与领域无关的一般创造性思维，或创造性是否如同专长一样具有领域特殊性等问题上各执一词。一些学者支持专用创造性认知加工过程，例如酝酿和无意识加工；另一些学者则认为创造性是利用了一般的认知加工过程，如指向性记忆和相反的再认等。

7. 一些心理学家认为，在一种思维任务上起到良好促进作用的因素，同样也可能在另一些任务上起作用。这些因素包括采用开放性的评价与策略，探索不同一般的可能性，对做出的第一个结论进行质疑，努力避免偏见，并且尝试发现全新的、新颖的方法等。

8. 尽管没有人会对思维技巧可以代替宽泛深厚的知识库持有异议，但有人提出良好的思维技巧可以帮助从目前全部的知识库中提取最大量的信息。这个主张，主要建立在教育学家、哲学家和心理学家非正式的说法上，仍有待于对所有思维的使用过程做进一步的研究。

复习题

1. 界定良好和界定不良问题的解决是利用同一种加工吗？心理学家是如何着手回答这一问题的？

2. 对比问题解决的生成 - 检验法、手段 - 目的分析和类比推理。

3. Gick 和 Holyoak 关于类比推理的实验结果对人们将理论原则运用于现实世界有什么启示？请做出解释。

4. 心理定势现象在什么方面与知觉定势（在第 3 章中描述的）有相似之处？在什么方面二者又有所不同？

5. 描述问题解决中专家 - 新手的一些不同之处。

6. 讨论问题空间假说，它是如何说明以及解释问题解决的各种障碍的？

7. 探讨本章中回顾的问题解决之间的联系与区别。

8. 引发创造力的认知加工过程是何种类型？一个实验心理学家是如何检验这些过程的作用的？

推理与决策

6 点了，你等一个朋友来共进晚餐已超过一小时。她总是很准时，而且她是那种知道可能要迟到就会打电话的人。你记得她曾告诉你她将开车来你这里。将这些信息汇总，你得出结论，最有可能是她堵车了。心理学家用"推理"一词来描述这些以及其他"通过［变换］给定信息［称为一组**前提**（premises）］以得到结论"的认知加工过程（Galotti, 1989, p.333）。于是你决定继续耐心等半个小时再说。

"推理"和"决策"两个术语经常与"思维"一词互换使用，因此你可能注意到本章讨论的话题与第 10 章（思维与问题解决）有大量的重叠。将推理和决策与思维进行区分的心理学家视前两者为后者的特例。具体而言，当认知心理学家谈及推理时，往往是指一种特殊的思维，即用于解决难题或谜题的思维。推理常常包含一些逻辑规则的使用。在其他场合该词的运用更为广泛，它包括这样一种思维，人们接受某种信息输入，通过各种推论，创造出新信息或使不明显的信息外显化。认知心理学家用"决策"一词代指一个人面临许多选择时所进行的心理活动。我们接下来将依次考察这些认知加工过程。

11.1 推理

在进行推理时，我们头脑中有一个或多个特定目标，即我们的思维是聚焦式的。推理包含从其他信息得出的推论或结论。我们得出的一些结论包含了新信息，但更多的结论太过寻常，以至于我们没有意识到为之付出的脑力劳动。例如，一个朋友对你说："昨晚打垒球时，我设法去接一个短高飞球。"由此你几乎可以不假思索地推断出你的朋友事实上是试着去接那个球的。她说的"设法"预先假定了她付出的努力，并且也为你的推断提供了线索。所有这些发生得如此迅速而且自动化，以至于你有可能根本就没有意识到自己做出的推断。事实上，你接受了朋友的陈述（前提），并根据你对前提中词语及其预定意义的理解来得出结论。

研究推理的心理学家经常拿逻辑难题让人们解决。我最喜欢的一个例子（根据刘易斯·卡罗尔的《爱丽丝梦游仙境》）如专栏 11-1 所示。请先试着独立解答，再将你的思考与本章最后专栏 11-2 的答案比较。面对这样的任务，人们作推断时一般遵从形式逻辑的规则。这种倾向使得一些认知心理学家建立了"心理逻辑"，即一组他们认为在人们进行推论时所依据的逻辑规则。稍后我们将给出这种体系的例子。

专栏 11-1　一道逻辑谜题

"我们做点馅饼怎么样？"在一个凉爽的夏日，红桃国王问红桃皇后。

"没有果酱做馅饼还有什么意思？"皇后大发雷霆，"果酱是最好的部分！"

"那就用果酱好了"，国王说。

"我办不到！"皇后叫道，"我的果酱被偷了！"

"真的吗！"国王说，"这是很严重的事！谁偷了它？"

"我怎么知道谁偷了它？我要是知道，早把果酱拿回来并把那个恶棍的脑袋放在市场上卖了！"

国王派他的士兵四处打探果酱的下落，并在三月野兔、疯狂制帽匠和睡鼠的房子里找到了果酱。他们三个立刻被抓起来并验明正身。

"肃静！"国王在审判台上朗声说，"我要查明事情真相！我讨厌别人溜进我的厨房，偷我的果酱！"

"你有机会偷果酱吗？"国王问三月野兔。

"我从没偷过果酱！"三月野兔为自己辩护。

"你呢？"国王向树叶般颤抖的制帽匠狂吼，"你有机会成为罪犯吗？"

制帽匠一句话也说不出来，他只是站在那里喘气、小口抿茶。

"如果他无话可说，那就证明他有罪，"皇后说，"立刻砍掉他的头！"

"不，不！"制帽匠恳求道，"我们中有一个人偷了它，但不是我！"

"那么你又如何交代呢？"国王继续问睡鼠。"你对所有这些有什么要说的？三月野兔和制帽匠都说真话了吗？"

"至少有一个是。"睡鼠说完，就在剩下的审判中睡着了。

接下来的调查说明，三月野兔和睡鼠没有全说实话。

谁偷了果酱呢？

（答案见专栏 11-2）

然而，其他心理学家却注意到，一些需要做出推断的情景并不存在可以运用的逻辑规则。例如，考虑下面的**类比推理**（analogical reasoning）任务：如果华盛顿对应的是 1，那么杰弗逊对应的是什么？似乎不存在可运用于这一问题的普遍规则，要想得出正确推论似乎要依赖你对美国总统与他们执政次序的了解（华盛顿是第一任总统，杰弗逊是第三任）或他们在美国纸币上出现情况的了解（华盛顿头像出现在一美元钱币上，杰弗逊则出现在两美元上）。

我们接下来将考察各种推理任务。为了描述人们的表现，必须首先了解一些逻辑规则、论据和各种推理任务。下一节我们将回顾这些内容。我们也会考察一些妨碍推理表现，使人们得出错误结论或忽略反例、特例的因素。最后，我们将考察三种常见的理论框架，在得出推论与结论时，我们用它们来解释心理加工过程。

11.2 推理类型

认知心理学家和哲学家一起对各种推理做出区分。通常的一种区分是将推理分为两类：演绎与归纳。有好几种方式可以解释两者的区别。其中有一种说法是，**演绎推理**（deductive reasoning）是从一般到具体，也称从一般到特殊（例如，"所有大学生都爱吃比萨饼。蒂姆是一名大学生。因此，蒂姆喜欢吃比萨饼"）；**归纳推理**（inductive reasoning）则是从特殊到一般（例如，"盖奇是一名大学生。盖奇住在宿舍里。因此，所有的大学生都住在宿舍里"）。

另一种描述两种推理类型差别的说法是，在演绎推理中并没有新的信息加入，所得结论表征了前提中已经暗含的信息。相反，归纳推理的结论则包含了新信息。

此外，谈到演绎推理与归纳推理区别的相关方面，不得不提及所得出结论的类型。演绎推理，如果操作正确，将得出具有**演绎效度**（deductive validity）的结论（Skyrms，1975）。当且仅当前提为真而结论（或结论群）为假的情况不可能出现时，一个论点才称得上是演绎有效。演绎效度给推理者一个很好的保证：从正确前提出发，并遵循逻辑规则，就不可能得出错误的结论。关于"蒂姆和比萨饼"的论点是一个演绎观点：如果所有大学生爱吃比萨饼是正确的，并且蒂姆是一个大学生，那么蒂姆就会喜欢吃比萨饼。

如果所有推理都能得出可靠的结论，那当然是再好不过了。但是，演绎效度是演绎推理的一个独有特征。许多种类的推理是归纳性的而非演绎，此时我们对结论准确与否并无把握，我们对之只有或强或弱的信赖度。考虑一下"盖奇住在宿舍里"这一观点，事实上它并无任何途径来保证结论"所有大学生都住在宿舍里"的正确性。

一般说来，归纳推理处理的是可能的事实，而非确证性事实。如果归纳推理从正确的前提出发，遵循可接受的原则，那么它就具有**归纳强度**（inductive strength）的特征。如果前提正确而结论错误这一情形不太可能（而并不是没有可能）的话，那么这个论点就具有归纳强度（Skyrms，1975）。在接下来的两节里，我们将分析演绎推理和归纳推理任务的特例。这些例子会帮助我们澄清两种推理类型的区别，许多主张要求不同的评价模式（Rips，2001）。

11.2.1　演绎推理

演绎推理是心理学家、哲学家和逻辑学家共同感兴趣的主题，这一传统至少可追溯到亚里士多德（Adams，1984）。人们设计出各种逻辑系统以确立评价人类推理的标准。虽然有多种演绎推理，我们只考察其中的两种：命题推理与三段论推理。在考察人们在这些推理任务的表现之前，我们需要对这些任务本身进行总结。因此，我们首先简要地介绍一些逻辑术语。

1. 命题推理

命题推理（propositional reasoning）指从命题形式的前提中推出结论。一个"命题"可视为一个判断，例如"约翰喜欢巧克力蛋糕""明尼苏达州的诺斯菲尔德市人口约为 15 000""今天是星期五"。命题可以为真也可为假。为方便起见，它们可以缩简用一个字母表示，例如用字母 p 代替命题"玛莉是一个哲学专业的学生"。

如上所述的简单命题，可以通过一些**逻辑连接符**（logical connectives）来连接成复杂（复合）的命题。这些连接符包括 &（逻辑和），它的功能在某种程度上和英语单词 and（而、并且）相似（例如，约翰喜欢巧克力饼而玛莉喜欢啤酒）；∨，它的功能在某种程度上与英语单词 or（或）相似，但又不完全是（例如，乔治住在奥马哈，或我的裙子是棉布做的）；"¬"，否定符，类

似于 not（例如，"月亮是绿干酪做的不是真的"）；→，称为实质蕴涵连接符，它的使用大体上与"如果……，则……"相似（例如，如果现在已过了 5 点，那么我应当回家了）。

在这些定义里，我都提到每个逻辑符号的功能在一定程度上与某个英语单词相似。这究竟是什么意思呢？与英语单词不同，逻辑连接符是以真值函数形式来加以定义的：像 p & q 这样的复合命题，其真假仅取决于 p 的真假和 q 的真假（Suppes，1957）。请注意，真值函数性的作用不同于任务中英语的字面解释方式。请看下面两个句子："约翰穿上衣服，而且约翰离开房子"和"约翰离开房子，而且约翰穿上衣服"。我们对这两个句子的解释一般是不同的，认为前者是约翰生活中典型一天的写照，而后者则有些古怪了。但是，如果我们让字母 p 等价于"约翰穿上衣服"，q 等价于"约翰离开房子"，那么"p & q"在逻辑上与"q & p"具有相同的解释。我们认为这两个复合命题是"逻辑等价"的。当且仅当 p 为真且 q 为真时，"p & q"才能被赋予"真"的真值形式。

连接符 ∨ 与英语单词 or（或）的等同性就更差了。该英语单词使用时通常具有排除的意味，如"你可以吃一块曲奇或一块糖"，言下之意两者不可兼得。相比之下，∨ 的使用有包含的意味。因此听到例句并严格按逻辑样式来理解的人，就可能比按典型方式理解的人吃到更多的东西。当且仅当 p 为真，q 为真，也就是两者皆为真的情况下，"p ∨ q"才是真的。换句话说，当且仅当 p 为假而且 q 为假时，"p ∨ q"才是假的。

接下来让我们再来看连接符 →。在逻辑术语中，"p → q"等价于（具有相同的真值）"¬p ∨ q"（读作：非 p 或 q）。这种等价一点也不直观，但它源自 → 被定义的方式。我们将"p → q"中的 p 称为前提（或前件），q 为后件，并且无论何时只要前提是假，或后件为真时，"p → q"皆为真。反之，只有当 p 为真而且 q 为假时，"p → q"才是假的。因此，"如果我的外婆活到 569 岁，那么我的车是一辆梅赛德斯 - 奔驰"一定是正确的（尽管我只有一辆本田奥得赛），因为前提（"我的外婆活到 569 岁"）是假的。要注意的是，在逻辑中不一定非要呈现因果关系，或是暗含这样的关系。这与英语语言不同，当我们使用"如果……，则……"时，我们一般会期望前件是与（随后的）结论的原因有关。同样，

在使用英语表述时，如果 p 为假而且 q 为真，我们就视"如果 p，那么 q"为假（不同于逻辑，于彼它将视为真）。

这里有一例：我说，"如果你不停止大号练习，我就要尖叫。"作为反应，你停止了恼人的演奏，我还是尖叫了。根据逻辑我的行为很合乎道理，虽然我违背了你的期望。为什么？记住"如果 p，那么 q"的逻辑解释等价于"非 p 或 q"的逻辑解释。用" p 和 q"来取代我们例子中的关系，则"如果你不停止练习你的大号，（那么）我将尖叫"（在逻辑上）是"你［将］停止练习你的大号，［或］我将尖叫［或两者都发生了］的同义句。复合命题可由简单命题通过连接符联结而成。评价这样的复合命题的真伪，不是一件容易的事。任何复合命题最终的真伪取决于各个独立命题的真伪。逻辑学家已经常使用真值表作为一个系统化途径去考察独立命题

真伪性的所有可能组合。在一个**真值表**（truth table）里，独立命题真伪的每一种可能组合都被列成清单，并且联结符的定义被用于填补最终表述的整体真伪。这种解决的方法是算法式，就某种意义而言，它保证揭示出一个复合命题是否总是正确的［这种情况下它被称为**重言式**（tautology）］，还是有时正确，或总是不成立［此时称作**矛盾式**（contradiction）］。

但真值表的一大问题是，随着独立命题数量的增加它们的容量迅速扩增。如果在一个表述里有 n 个简单命题，那么表述的真值表就会有 2^n 行长。因此，人们又发明了多种快捷的方法，其中许多以推理规则的形式出现。两个众所周知的规则是肯定式（Modus Ponens）与否定式（Modus Tollens）。专栏 11-3 是有效推理规则的例示。一个规则有效是指如果前提是正确的，并遵从了这些规则，那么结论将也是正确的。

专栏 11-3　推理规则和谬误的示例

横线以上的字符是前提，横线以下的字符是结论。

肯定式（有效）	否定式（有效）	否定前提（无效）	肯定结论（无效）
$p \rightarrow q$	$p \rightarrow q$	$p \rightarrow q$	$p \rightarrow q$
p	$\neg q$	$\neg p$	q
q	$\neg p$	$\neg q$	p

专栏 11-3 同时给出了两个其实是无效的"规则"，也就是说，即使前提是正确的，它们也只会产生错误的结论。这种"规则"被称为**谬误**（fallacies）。让我们通过检验实例来说明为什么这些规则是谬误。考虑"肯定结论"被用于如下例子："如果一个男子系了领带，那么他是一个共和党人。约翰是一个共和党人。因此，他系领带。"注意第一个前提（"如果一个男子系了领带，那么他是一个共和党人"）不等价于其逆命题（"如果一个男子是共和党人，那么他系领带"）。事实上，第一个前提允许穿 T 恤衫的共和党人存在的可能性。

第二个谬误称为"否定前提"，典型地表现于" $p \rightarrow q$；$\neg p$，则 $\neg q$"之中。用上面的例子，这些命题可以具体化为："如果一个男子系了领带，那么他是一个共和党人。约翰没有系领带。因此，他不是一个共和党人。"因为上述提及的理由（即可能存在穿 T 恤衫

的共和党人），这个观点同样是错误的。

既然我们已经讨论了命题推理的性质，那么接下来就可以考察人们怎样对这些任务进行实际操作的心理研究了。Wason（Wason，1968，1969，1983；Wason & Johnson-Laird，1970）在他发明的选择任务（selective task）或称四卡任务（four-card task）中对人们的命题推理进行了研究。图 11-1 呈现了其中一例。被试看见 4 张卡片，两张是字母，另两张是数字。告诉他们所有 4 张卡片都为一面字母，一面数字。并且告诉他们一个规则，如"如果一张卡片的一面是个元音字母，那么它的另一面是个偶数"。我们可以用命题项来重新陈述这个规则，以 p 等价于"一张卡片的一面是元音字母"，q 等价于"这张卡片的另一面是个偶数"。那么该规则可写作" $p \rightarrow q$"。呈现给被试的 4 张卡片可能的情况分别是"A"（表示 p），"D"（表示 $\neg p$），"4"（表示 q），"7"（表示 $\neg q$）。要求被试翻看所有卡片，或部分卡片，以便她

检验给定规则的正误。在继续阅读之前，请记录你自己将翻转的一张或多张卡片，同时记录选择的理由。

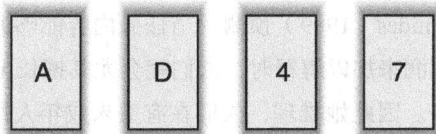

图 11-1 Wason（1968）选择任务示意

在这一任务的执行过程中人们往往会犯很多错误。正确的答案是选择"A"和"7"。为什么？参照专栏 11-3。卡片"A"是相关的，因为按照规则（"如果一张卡片的一面是元音字母，那么它的另一面是偶数"），它构成了肯定式的样式："$p \rightarrow q$，& P"。卡片"7"同样重要，因为按照规则，它构成了否定式的样式。卡片"D"不相关，因为它相当于$\neg p$，构成的是否定前提。同样，选择卡片"4"就等于承认肯定结论的谬误。一般说来，人们知道要选"A"，但是忽略选"7"，或错误地选"4"。稍后我们将讨论这类操作模式的一般解释。

专栏 11-1 所示的难题也是一例命题推理。这个难题是称为"诚实者／撒谎者"或"骑士／骗子"谜题中的一例。此例的任务是判断出谁在说真话，谁在说假话，并假定每个说话的人不是诚实者（骑士）就是撒谎者（骗子），且诚实者总说真话，撒谎者总说假话（Rips，1989）。我们再次将"被盗的果酱"这一故事转译成命题形式，让p代表"三月野兔在说真话"，q代表"疯狂制帽匠在说真话"，r代替"睡鼠在说真话"。（请注意，$\neg p$将是"三月野兔没有说真话"等）。

命题推理常常会发生所谓**内容效应**（contend effect）的现象。回忆 Wason 的四卡任务。在该实验中，面前有 4 张卡片，分别标有"A""D""4"和"7"。你的任务是翻看所有或部分卡片以检验规则"如果一张卡片的一面是元音字母，那么另一面是偶数"。

如果 4 张卡片换上了其他信息，个体的表现可能发生戏剧性的改进：卡片的一面是人的年龄，另一面是他的饮料。所示的 4 张卡片上写着"喝啤酒""喝可乐""16 岁"和"22 岁"。所要考证的规则是"如果一个人喝啤酒，那么他一定超过 19 岁"。这个实验是由 Griggs 和 Cox 进行的（1982），他们发现大约 3/4 的大学生被试能正确解决饮酒年龄的问题，但没有一个人能解决字母和数字的同类问题。

Griggs 和 Cox（1982）的研究显示，人们对于可能违反饮酒年龄规定的推理要远远优于他们在同样结构的抽象推理任务上的表现。

怎么解释这个效应？ Griggs（1983）提出了所谓的"记忆线索"解释。该观点认为，问题的某些内容暗示或使人重新想起与规则有关的个人经验。Griggs 和 Cox（1982）实验中的大学生被试之所以在与饮酒年龄有关的四卡任务中成绩优异，是因为他们具有关于饮酒年龄法规的个人经验（或许他们违反过这些法规）使他们考虑到哪种年龄与饮料的组合将违背法规。同样的被试在推断元音字母与数字时，是没有可供比较的相关经验的。

有趣的是，Blanchette 和 Richards（2004）发现，仅仅只是在条件推理任务中将中性词改为情感词（例如，把"如果一个人在图书馆，那么他会看见书"改成"如果一个人被惩罚，那么她会受到伤害"）就会让被试的推理表现变差。对于情感性的内容，人们更可能做出无效推断。

Cosmides 及其同事（Cosmides，1989；Cosmides & Tooby，2002；Fiddick，Cosmides & Tooby，2000）提供了推理规则的进化论解释。她的论点类似于人类（和其他所有生物）被进化的力量所塑造：

即使没有给予太多关注，认知心理学家也已经意识到，人的大脑不仅是具有当代计算机设计特征的计算系统，还是一个由进化的组织力量所"设计"的生物系统。这意味着构成人类心智的先天信息加工机制并非设计用来解决任意的任务，而只关乎适应：这些机制被设计用来解决我们祖先在人类进化过程中遇到的物理的、生态和社会环境所提出的生物学问题。但是，多数认知心理学家没有完全意识到这些事实在关于人类信息加工机制的实验研究中的重要作用（Cosmides，1989，p.188）。

Cosmides 接着又指出，大多数认知活动并不是由具有领域特殊性或独立的机制、规则、算法支撑，而是由许多非常特殊的机制进化适应式地去解决非常特殊的问题。例如，她相信进化促使人们非常善于进行社会契约和社会交换方面的推理：

社会交换（两个或更多的个体为了共同的利益而合作）在生物学上是稀有的：地球上诸多生物种群中仅有少数具有这种参与交换所必需的专门化能力……而人类就是其中的一种，并且社会交换充斥在所有人类文明的每个角落。

社会交换演变所必需的生态学和生活历史条件，在人类进化的历程中屡见不鲜。更新世的小集体群居以及狩猎、采集方面的合作优势，给个体提供了许多的机会，使他们可以通过交换商品、服务和一生中的特权来增进适应度（Cosmides，1989，pp.195-196）。

Cosmides（1989）认为，关于社会交换推理的任何进化适应机制都必须满足两个限制：①它必须关注社会交换的成本和利润，②它必须能够觉察社会交换中的欺诈行为。一个不能考虑成本和利润的人，就难

以对所提出的社会交换价值做出成功推理；一个不能识别欺骗行为的人，对于任何社会而言或许都将是一大不幸。

Cosmides（1989）预测，当任务内容能够通过社会成本和利润来加以解释时，人们就会尤其擅长 Wason 的选择任务。因此她推理，人们在有关未成年人饮酒的该问题版本上表现良好，是因为问题叙述会使推理者借助自己关于社会交换特殊目的的推理机制。饮酒问题版本的 Wason 选择任务，要求推理者寻找对社会契约的违反之处（欺骗）：只有那些达到法定年龄（就像支出某种"成本"）的人才被允许分享"利润"（喝含酒精饮料）。回顾推理的内容效应那一部分，Cosmides 推断说，除非内容具有内隐的或外显的成本 - 利润结构，否则人们的推理水平不会有所提高。

2. 三段论推理

另一种经常用于研究推理的难题或问题称为三段论。对这类问题的推理称为**三段论推理**（syllogistic reasoning）。这种问题呈现两个或更多的前提，要求推理者要么推出结论，要么评价已提供的结论，以考察前提总是正确的情况下，结论是否一定正确。虽然逻辑学家识别了不同类型的三段论，但我们在这里将只探讨范畴三段论。专栏 11-4 呈现了这样的例子。请边看边尝试解决它们，记录哪些较难，哪些相对容易，并记录原因。

专栏 11-4　范畴三段论示例

前提在直线上；如果存在有效的结论，则在直线下面。

所有的红书是天文书。 所有的天文书都是大书。 ——————————— 所有的红书都是大书。	一些文件是非文本的。 一些文件是不合法的。 ——————————— 没有结论。
一些飞行员是魔术师。 所有的魔术师都是双鱼座。 ——————————— 一些飞行员是双鱼座。	所有心理学专业的学生都是好奇的。 没有网球运动员是好奇的。 ——————————— 没有网球运动员是心理学专业的学生。
没有自由主义者是共和党人。 一些有钱人不是共和党人。 ——————————— 没有结论。	没有工会成员是恐惧的。 没有孩子是恐惧的。 ——————————— 没有结论。

范畴三段论（categorical syllogisms）呈现应对不同种类事物的前提。因此，前提本身包含了"数量词"。数量词提供了一个种类有多少成员落在考虑之列的信息，这些词包括："所有""没有"或"一些"。下面所有的例子都是数量化的前提，"所有高登猎犬都是狗""没有北极熊是非生命的物体""一些花是蓝色的"和"一些芭蕾舞女演员的个子不高"。现在你可能预料到，"所有"和"一些"的用法与通常的英语用法有细微的差别。这里，所有意味着"每一个个体"；一些意味着"至少有一个，也可能是全部"。（需引起重视的非常重要的一点是，在逻辑上命题"一些 X 是 Y"并不意味着"一些 X 不是 Y"，尽管这个推论似乎很自然。）

某些规则能有效地从范畴三段论中推出结论（Damer，1980）。例如，一个有两个否定前提的范畴三段论（如"没有 X 是 Y"或"一些 X 不是 Y"）没有必然的结论。类似地，两个前提全以"一些"作为数量词的范畴三段论是没有有效结论的。事实上，大多数范畴三段论都没有有效（在所有情况下皆为真的）结论。

许多范畴三段论的执行都有错误倾向（Ceraso & Provitera，1971；Woodworth & Sells，1935）。一般说来，当一个或多个前提以"一些"来数量化，或者一个或更多的前提为否定时，人们的判断往往较慢，错误也更多。例如，当呈现三段论问题"一些商人是共和党人。一些共和党人是保守的"，多数人错误地推断出"一些商人是保守的"，并自以为肯定正确。（为什么这个结论不对呢？注意第一个前提允许了这样的可能性：一些共和党人不以商人的身份存在。他们可能全是律师。或许只有这些共和党的律师才是保守的。）

三段论推理一般会产生至少四种错误。第一种，会产生内容效应（就像在命题推理中一样）。第二种，会有所谓的**可信度效应**（believability effect）。人们倾向于判定那些能够强化他们最初假想的结论为有效，而不管该结论是否由前提假设得来（Evans，Barston & Pollard，1983）。考虑如下三段论："一些大学教授是知识分子。一些知识分子是自由主义者。"对这个三段论的正确回答（如你现在所知）是不能得出什么特别的结论。但一般多数人（没读过推理一章的人）倾向于认定这些前提不可避免地会得出结论："一些大学教授是自由主义者"。这个结论符合他们对大学教授的先前看法与刻板印象：教授往往是些漫不经心、高谈阔论的人，他们很聪明但有

时又有些不切实际，他们不关心钱财，但关注社会公平。

请注意，如果对这个三段论的内容稍加改变，便能更清楚地看出这一结论为什么不总是正确的："一些男子是教师。一些教师是女子。"这个三段论描绘了一幅不同的心理画面。我们的常识使我们过滤掉可能"一些男子是女子"的结论，因为我们知道这是荒谬的。你也可能注意到，这个错误可用"对问题空间假设的有限搜索"来描述，具体讨论见第 10 章。

第三种会影响三段论推理的变量与前提措辞有关。否定［其中有词不（no）或非（not）］的前提一般比较难对付，也容易发生更多的错误，相比不包括否定项的前提，理解时间花费也更长（Evans，1972）。同样对多数人而言，all（全）或 none（没有）这样的量词限定比 some（有些）这样的量词限定容易应付（Neimark & Chapman，1975）。

更普遍地来说，信息的表达方式能决定一个推理任务的难易。可能的部分解释是，句法复杂的表述需要推理者投入更多的加工资源进行理解、编码、表征并将其储存在工作记忆中。因此，只有较少的心理资源可用于应对其他必须得出结论或检验有效性的推理加工。

第四种，三段论推理会导致对前提的理解错误。也就是说，人们经常做出假定或改变某些词的意思，而并没有与问题真正表达的意思很好地对应。例如，当被告知"所有 daxes 都是 wugs"（daxes 和 wugs 是虚构的、类似变形虫的生物），人们便经常自动认为 daxes 和 wugs 是同一样东西，或所有 wugs 都是 daxes。其实，根据表述只有两种可能性存在：每一个 dax 都是 wug，每一个 wug 都是 dax（通常的解释），或每一个 dax 都是 wug，但有其他的 wugs 不是 daxes。图 11-2 提供了这样的说明。

前提中的限定量词 some 造成了理解的难度。说"一些 bers 是 sabs"（bers 和 sabs 都是不同的类变形虫生物）仅仅是表达："至少一个 ber 是 sab，但是，可能有也可能没有其他的 bers 不是 sabs，并且可能有也可能没有其他 sabs 不是 bers。"一般说来，人们会错误地理解该表述，以为一些 bers 是 sabs，一些 bers 不是 sabs。人们在面对"如果……，那么……"的表述时会犯同样的错误。"如果 A，那么 B"并不意味着同类"如果 B，那么 A"，但这种混淆是很常见的。在出现"一些"（some）的情况下，人们忽略了前提的可能解释，正如图 11-3 里描述的那样。

dax=尖头生物
wug=有汽车轮胎似的脚的生物

所有daxes都是wugs
（所有的wugs都是daxes）

所有daxes都是wugs
（有其他的不是daxes都是wugs）

图 11-2 "所有 daxes 都是 wugs"可能情况的显示

ber =方体生物
sab=有触角的生物

一些bers是sabs
（一些bers不是sabs。一些sabs不是bers。）

一些bers是sabs
（一些sabs不是bers。）

一些bers是sabs
（一些sabs不是bers。）

一些bers是sabs
（事实上，所有的bers都是sabs，所有的sabs都是bers。）

图 11-3 "一些 bers 是 sabs"的可能含义示意图

有观点认为，在得出演绎有效性结论时的许多错误都可归之于对前提的曲解（Revlis，1975）。而且，即使给了人们详细的定义，在运用这些定义方面也经过相当的练习，这个问题依然存在（Galotti，Baron & Sabini，1986）。或许对"所有""一些"和"如果……，那么……"的一般日常理解是如此有力，以致人们难以忽略在推理任务中这些词的定义是有细微差别的这一事实。

11.2.2 归纳推理

归纳推理，也称为结论可能（但不保证）正确的推理，可能在日常生活的每一天数次发生于每个人的思维活动之中。虽然归纳推理的结论并不保证是正确的，但它们更为有用，因为它们事实上为我们的思考加入了新信息。一般说来，回想现实生活中归纳推理的例子比回想现实生活中演绎推理的例子更容易一些。Holyoak 和 Nisbett（1988）提供了几个常见的归纳例子：

一个从未听说不规则转换动词过去时态的孩子说："I goed to bed."一位股票分析专家，注意到数年来石油股的市场价格会在一年的最后两个月稳步攀高，然后在一月回落。于是她敦促她的客户在今年的 10 月月底买进石油股，在 12 月月底抛出。一位物理学家在观察光的折射与衍射图案后，提出光像波一样传播的假说（p.50）。

Holyoak 和 Nisbett（1988）将"归纳"定义为"在面对不确定的情况时拓展知识的推论过程"（p.50）。他们注意到归纳经常包含了规则或前提的范畴与形式。既然这样，你将会发现归纳、分类（第 7 章）和思维（第 10 章）之间有大量的重叠。归纳推理任务有多种，但这里我们只关注其中两种：类比推理与假设检验。

1. 类比推理

图 11-4 呈现了语词类比与图形类比的例子。你可能已从标准化测试中熟悉这类问题。这种问题的样式是"A 对于 B，相当于 C 对于 ____"。其一般的理念是前两项（A & B）揭示了某种关系；第三项（C）提供了另一关系的部分描述。推理者的任务是推出第四项（空白的那一项）应当是什么，并且使得它与第三项的关系相当于（或近似于）第一项与第二项的关系。

狗：西班牙长耳狗：：猫：

（A）圣拿赫人　　（B）波斯人　　（C）阿拉伯人

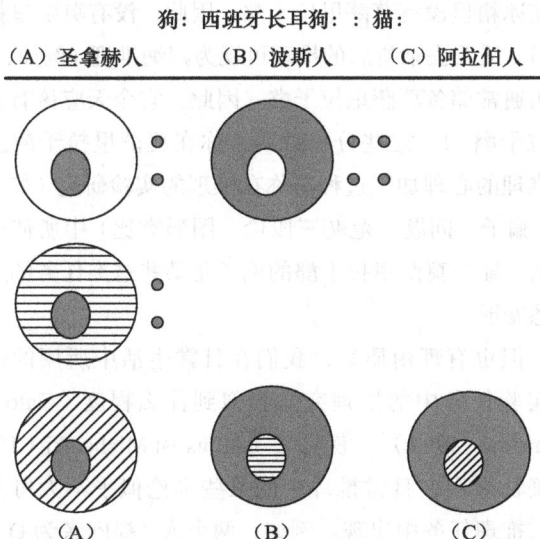

图 11-4　语词和图形类比示例

类比也可延展到所谓的序列完成和矩阵完成问题中。图 11-5 给出了这样的例子。虽然这些问题包含了更多的项，但用于类比推理的一般心理加工过程也可用于解决它们（Sternberg & Gardner，1983）。

类比推理的难易程度取决于问题的复杂程度。复杂程度又依赖于许多因素，依次如下：所要理解的个别项的复杂程度如何？推理者对此知识的掌握情况如何？找

出前两项关系的难易程度如何？空白项有多少种可能以及想出它们的难易程度如何（Pellegrine & Glaser，1980；Sternberg，1977a）？

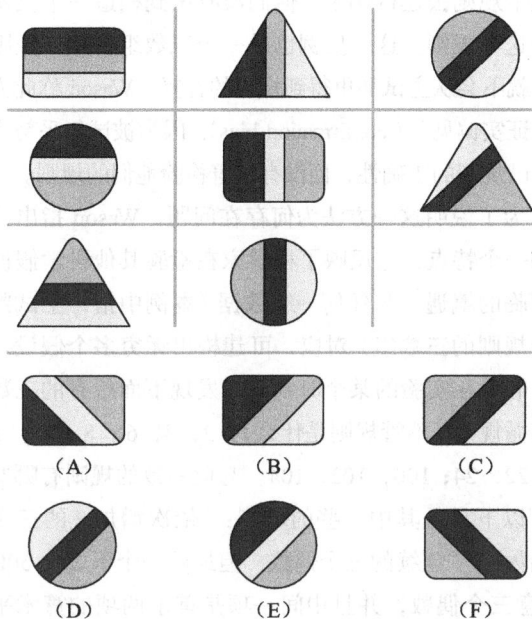

图 11-5　矩阵完成任务示例

你可能已注意到这是第 10 章已经讨论过的问题，即通过类比进行的推理是一种问题解决方法。我们已经提到，类比推理在经验中如此普遍，以至我们在所有的任务中都会用到它。就像我们试图找出类比问题中的联系一样，我们也试图找出看上去不相似的问题之间的联系（例如，第 10 章的肿瘤问题和第 14 章的普通问题）。在这两个例子中，我们都尝试运用找出的联系去决定采取何种解决方案。

2. 假设检验

归纳推理的另一例子也是 Wason（1960，1977）提出的。具体任务如下：给你三个数 2，4，6，并告诉你这三个一组的数字遵循某种规则。你的任务是判断该规则是什么，为此你要找到特定的参照。你不可以问与规则直接有关的问题，而是自己提供三数组，对于你给出的每一组数都会给予反馈，告诉你它是否符合规则。当然，你应当尽力不去乱猜；只有当你确信掌握规则时才能宣布。

在所有最初的 29 个被试中，只有 6 人直接发现了规则而没有在一开始做出错误的猜测。其他 13 人做了一次错误的猜测，9 人做了两个或以上的错误结论，还

有一人最终也没得到结论（Wason，1960）。实验结果显示的首先一点是，这个任务没有看上去这么难。多数犯错误的人思考方式是：形成对规则的大体概念，然后按照这个规则去建构例子。他们没有做到构造一个反例来检验这个规则。这一反例也是一个三数组，如果规则正确，就不会从主试那里得到肯定的答复。Wason 称此方法为"证实偏见"（confirmation bias），因为被试似乎努力证实自己规则的正确性，而没有试着检验他们的规则。

为了说明这一方法为何存在问题，Wason 指出该任务的一个特点，它反映了科学家在检验其他科学假设时所面临的境遇：与任何一组数据（本例中指，主试判断符合规则的三数组）对应，可建构出无穷多个假设。例如，假设在实验的某个时候，你发现下面所有的三数组都遵循规则（不管规则是什么）：2，4，6；8，10，12；20，22，24；100，102，104。与此一致的规则有哪些？

以下只是其中一些的可能："依次增加 2 的三个任意偶数"；"连续的三个偶数，但最后一个不大于 500"；"任意三个偶数，并且中间一项是首末两项的算术平均数"；"第二项是第一项与第三项算术平均数的三个偶数，但最后一项不大于 500"；"任意三个递增的偶数"；"任意三个递增的数"；"任意三个数"；"任意三样东西"。这个清单揭示了对于给定的数组而言，只要稍动脑筋，就会很容易地产生成百上千的规则。

这意味着没有规则能"被证明"是正确的，就像没有科学假设能被证明是正确的一样。假如你是一位科学家，面对的是一个预言某些试验结果的假设。你想，"如果我的假设是正确的 [p]，那么我将得到这种类型的结果 [q]。"然后你进行实验，很幸运或本应如此，你确实得出了那样的结果。基于你的规则（$p \rightarrow q$）和所得出的结果（q），能够得出结论说你的假设（p）是正确的吗？不能，因为如果这样的话，你就犯了肯定结论的错误。

简单地说，没有哪一种形式的结果（即使是来自成百上千次实验）能证明一个理论的正确，就像没有一个关于三数组的规则能被证明是正确的，即使有大量的例子显然都遵循它。最好的方法反而是尽可能多地反证出错误的规则（或者，如果你是一个科学家，尽可能多地提出可供选择的其他假设）。所以，如果你认为正确的规则是"任何递增的三个偶数"，你最好举一个反例三数组（例如，3，5，7）去检验它。为什么要这么做呢？如果该三数组符合规则，那么你就立刻知道你的假设是错误的。假如你想到该规则的另一例子（如 14，16，18），那么你既不能得知它确实符合规则，也不能用它去证明你的假设是正确的（因为没有假设能被证明是正确的），也就是说你不能排除任何东西。

11.2.3　日常推理

到目前为止，呈现的所有推理任务都是心理学家在实验中使用或是教师在课堂上运用的典型操作任务。这些类型的推理都可归为**形式推理**（formal reasoning；Galotti，1989）。哲学家、心理学家和教育学家假定这些类型的任务是所有推理的核心，甚至包括我们在日常生活中所用的推理。考虑以下**日常推理**（everyday reasoning）的例子：你正准备晚餐，按照食谱你需要莫萨里拉干酪。在冰箱里却一无所获。你推断家里的莫萨里拉干酪用完了，需要去杂货店买。

对你所做的推论可以进行如下分析。没有莫萨里拉干酪的推理可视为演绎推理，更具体来说是否定式的例子（例如，"如果有莫萨里拉干酪，它就会在冰箱里。现在冰箱里没有莫萨里拉干酪。因此，没有莫萨里拉干酪"）。需要去杂货店的推理可视为归纳推理（例如，"杂货店通常储备莫萨里拉干酪。因此，它今天应该有莫萨里拉干酪"）。这些分析说明，你在莫萨里拉干酪上进行推理的心理加工过程与你在推理的实验研究（如"骑士/骗子"问题、范畴三段论、图形类比）中所使用的如出一辙。莫萨里拉干酪的例子是某些这类任务的更为熟悉变形。

但也有理由质疑，我们在日常生活中所用的推理与实验任务中的推理究竟相似到什么程度（Galotti & Komatsu，1993）。 例 如，Collins 和 Michalski（1989）已确认人们在日常推理中的某些推论似乎不大可能在形式推理任务中出现。例如，两个人（提问者为 Q，回答者为 R）关于地理的问题进行了如下对话（Collins & Michalski，p.4）：

Q：乌拉圭是在安第斯山脉的国家吗？

R：我搞混了许多南美洲国家（停顿）。我不太清楚。我忘了乌拉圭在南美的哪个地方。说它属于安第斯山脉国家是个很好的猜测，因为许多国家都在那里。

此例中回答者首先表达了疑惑，然后下了一个结论（事实上是错误的）：因为许多南美国家在它们的疆域内包含了安第斯山脉的一部分，并且乌拉圭是个典型的南美国家，回答者从而推断，它也包含了安第斯山脉的部分。Collins 和 Michalski（1989）称之为一种"似乎合理的演绎"（用我们的术语，最好称之为似乎合理的归纳，因为结论不能被保证是正确的）。

日常推理任务与形式推理任务的区别已提供（见表 11-1）。这些不同可能要求认知心理学家进一步研究推理，并评价作为现实生活推理行为模范的实验推理任务的有用程度。在评估日常推理与形式推理的匹配度之前，我们需要等待更多新的发现。

表 11-1 形式推理与日常推理任务的比较

形式的	日常的
提供所有的前提	一些前提是内隐的，还有一些根本就不提供
问题都是自我限制的	问题并非自我限制
通常只有一个正确答案	通常有数个可能答案，但彼此有质的区别
对于常常存在的问题有现成的推理方法	具有应对突发问题的固定程序
问题什么时候得到解决通常是明确的	经常不清楚当前"最佳"的解决方法是否足够好
问题的内容常包含有限的、学业方面的兴趣	问题的内容通常与个人有潜在的联系
为自身兴趣而解决问题	问题的解决经常作为达到其他目标的手段

日常推理与许多认识偏见有关。思维中的偏见⊖（bias）可以定义为：不管呈现的信息是什么，都以某种特定方式行事的倾向。你可以将其视为经常以某种方式扭曲思维的一种错误。例如，一个人可能对达成最广泛的可能结论心怀偏见，于是错误地断定，广泛的一致性必须在一组前提之后才能得出。这一节中给出了许多偏见的例子。

研究者已认定一些与推理有关的偏见。其中一个在 Wason 的 2-4-6 任务中就已经提及，称为证实偏见。证实偏见是指只寻找支持既有观念的有关信息的倾向。例如，如果你认为所有的大学教授都是自由主义的，可能会试着去"检验"这一结论，但发现往往难以做到。因为你一般只去搜寻那些自由主义教授的例子，而忽略或遗忘了保守的大学教授。有证据表明，人们一般很少考虑与自己假定结论相反的例子（Baron，1985，1994）。

因此，人们在评估自己的推理或其他行为时，相对于那些与预期相悖的信息，想到或搜集与自己预料一致的信息要容易得多。

还有许多其他的偏见存在于思维之中，其中一些与决策制定关系更为密切。因此，我们将在下一节中延续并扩展关于思维中偏见的讨论。我们现在期望指出的关键一点是，人们表现出的思维往往是按照使他们思维或推理看上去比实际的更为谨慎、更周密的方向发生歪曲的。

11.3 决策

你已经是大学 2 年级学生并且意识到必须尽快确定一个主修方向，可能还包括一个辅修的方向。考虑哪一种选择，评价哪一个更具优势并做出决定，是用了什么样的认知过程呢？认知心理学家用**决策**（decision making）的术语来表示发生在选择中的心理活动。在上述的例子中，关于本科主修专业的决策常常只是你关于职业生涯和未来生活一系列重大决策中的一部分。通常决定是在面临某种不确定时做出的，它并不 100% 确定，例如，在各种专业要求的课程中你可以做得多好？或者你喜欢它们到何种程度？或者有多少不同的专业可以帮助你在毕业后获得一份好工作呢？你不可能确切知道自己是否喜欢给你上新课的老师的能力，那些课是否有趣、有用或者它们是否和你的长远目标及愿望相符。

然而，在某些时刻你又必须有所决定。在我任教的大学里，常常遇到在专业选择上希望从我这里获得指导的学生，他们明显表现为举棋不定、紧张不安和迷茫困惑。他们知道自己需要做决定但又不知如何去做。他们希望免受不确定的困扰，但又不想过早地失去选择权。他们意识到大量与决定相关的信息，但又不知怎样去选择、组织并在给定的时间里好好地利用。他们知道凡事没有一定，但又不想做出不利的选择。

此类两难问题对任何一个要做出重要而艰难人生抉择的人来说都不会陌生。不确定的程度令人苦恼，充满矛盾的目的和目标同样如此。大学 2 年级的学生通常不仅期望所选的专业有趣，而且最好也是自己能表现出一定天赋和能力的领域，可以和一些志同道合的师生一同分享学习的快乐，并且能够看到和将来工作的相关性以及未来职业生涯道路的灵活性。

⊖ 此偏见（bias）不同于彼偏见（prejudice），不带有价值取向而更多的是一种认知倾向，也译作偏差、偏误。——译者注

可供选择的数量也会起作用。很多学校提供的可选专业超过 25 个（有些甚至更多）。还有诸如双学士学位、辅修、参加校外学习研究项目等的选择，更加大了复杂性。潜在相关的信息数量相当大，此时决策者就需要一些帮助来组织这些信息。

因为决定往往是在不确定的条件下做出的，所以即使经过仔细的判定，而且对事实进行不带偏见的考虑，有些还是得不到希望的结果。心理学家一般认为，决策的"优良"不能通过个别决定的成功来加以衡量，比如，运气因素常常起很大的作用。因此，常常以决定的**合理性**（rationality）作为其成功的标尺。人们对该术语有不同的定义，但通常会采取 von Winterfeldt 和 Edwards（1986a）的定义：合理的决策"不管是什么，都与选择思考和行动的方式来为最终的结果、目标或者必须履行的道德规范服务有关，同时还要考虑到环境的允许"（p.2）。换言之，做到合理意味着综合考虑所有相关的目标和准则，而不仅是映入脑海的第一感觉。如果你去买一台新电脑，仅仅根据它的外观是否时髦而进行选择，却忽视了其他要求如速度、稳定性、软件齐备，那到头来吃苦的是你自己。理性决策也包括在各种情形下尽可能煞费苦心和不偏不倚地收集信息，不仅要求你对那些支持原先倾向性的事实证据进行检验，还要对那些相反的事实进行检验。

决策的认知加工包括在不同的选项中进行选择。

我们将对人们在决策时如何收集使用信息的细节进行回顾，从中我们不难发现其实决策制定远非完美。心理学家认为，之所以不能达到最佳的决策水平，在很大程度上是由于**认知超载**（cognitive overload），即当可以利用的信息淹没了可以利用的认知加工过程时所发生的情景。用于应付信息超载的策略尽管经常有效，但却会导致错误和非理性的发生。接下来我们将检验人们在收集事实依据之后又做了些什么，这些零散的内容是如何结合在一起的。最后，我们会简单地看一下改进决策制定的方法。

我们可以把决策的任务分成 5 个不同的类别（Galotti，2002）。图 11-6 给出了一个图表式的说明。这些任务的发生常常按照一种特定的顺序，但也可能一个顺序出现几次"循环"，在这些循环中，任务被重复执行和再完成。正如图示中箭头所描述的那样。我用了决策制定"阶段"这一术语，是想表达这样一种观点，对于决策任务并非一定有固定的顺序，一项任务的进行可能与其他任务的相重叠，有些任务可以跳过，而且任务还可以按不同的顺序完成。

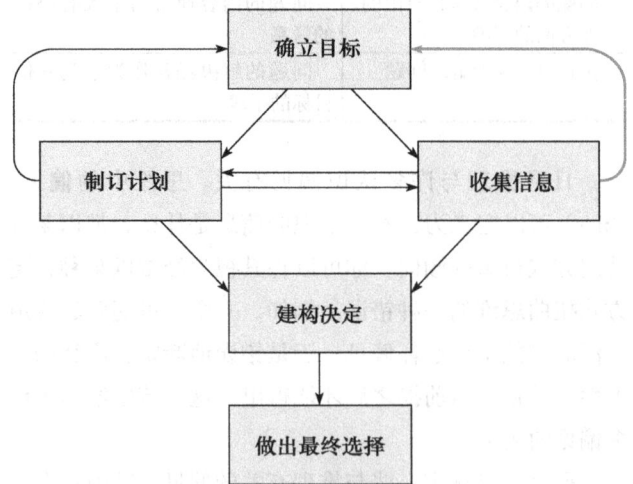

图 11-6　决策的阶段

11.3.1　确立目标

在我们试图了解一个人为什么做出这项决定而不是其他时，结果往往发现是由于决策者决策的"目标"使然（Bandura，2001；Galotti，2005）。许多学生向我描述他们选择生物学专业的计划，因为他们的目标是进医学院。有些人告诉我他们在考虑经济学，因为他们想进入一个富于竞争的组织训练课程。（正如已明了的那样，这些专业其实并不是所需的，甚至都不为那些谈及的组织机构所重视，它们推崇的是各种不同的专业，我们先把这个问题搁在一边。）

确立目标是指决策者对他们未来的计划、他们的原则和价值观以及自身的优势进行估量。也就是说，决策者要回答"什么是我想努力达到的"。这些问题的答案就是决策者的目标，它们会以各种不同的方式对决策制定产生影响。

11.3.2 收集信息

在决策之前，决策者需要信息，尤其需要知道各种不同的选择是什么。比如，每个选择最可能的短期和长期结果是什么？谁会受这样选择的影响？又如何受影响？这些效应会改变吗？采取或不采取一些特殊的行动是否会迫使决策者转向另外的决定或计划呢？换言之，每个选择对于其他选择而言是开放的还是封闭的呢？

另一些决定可能更为复杂。比如考虑购置新电脑。在任何时候都会有很多可供选择的机型。如果你还去考虑一台电脑制作的各个方面，选择就会成倍地增加。但决策者需要收集至少关于几项选择的信息。

除了选项的信息以外，决策者还需要收集可能用以选择的标准的相关信息。如果你从未买过电脑，不妨和朋友们聊聊，或者从你公司 IT 部门获得他们认为应该重点考虑的性能的有关信息。你也可以根据自己的目标，试着列出你心目中理想电脑的"性能清单"。

11.3.3 建构决定

对于复杂的决定，决策者需要一种可以组织所有信息的办法，尤其是在有很多选择以及需要在决策时有众多考虑的情况下。再以选择大学专业为例子。在一项研究中，我用超过一年的时间调查 1 年级学生对这一决定的思考。很多学生列出了一系列他们认为的决策标准，如"我追求物质享受吗""它会将我引至所感兴趣的职业吗""它的要求很多吗""我是否喜欢教课的老师"。在调查中学生们罗列了 7 个不同的标准和 4 个不同的选择，即可能的专业。要想真正考虑所有的标准和选择，决策者需要思考 28 条不同的信息。（比如，"我喜欢生物学吗""我喜欢化学吗""我喜欢心理学吗"。）

考虑 28 个不同的内容可是相当多的。决策者需要确定或创造一种管理信息的方法。这种方法就称为**决策建构**（decision structuring）。

11.3.4 做出最终选择

当汇总了所有需要收集的信息之后，决策者需要从最终的选项系列中做出选择。所包含的过程也许类似于扔硬币或扔飞镖这样简单，当然也可能相当复杂。这个过程可能包含其他决定，如决定何时停止决定的"信息收集"阶段或决定哪个信息更有关或更可靠。

11.3.5 评估

对决策而言，一个有益的（而且可能常被忽略的）决策的最后阶段是对整个过程加以评估：哪些做得很好，哪些不够好。其目的是反思和确认那些可以改进的加工领域，以及那些在将来一定会再次用到的类似决定。

在回顾了以上各阶段之后，让我们再来详细考察一下决策中所包含的一些加工过程。我着重关注中间三项：收集信息，建构决策和做出最终选择。因为这些加工过程是迄今为止认知心理学家研究最多的。

11.4 决策制定中的认知错觉

人们是怎样搜集所需的信息来做出一个决定的呢？这些信息常常来自他们自己的记忆。比如，选择专业的学生会考虑过去不同课业中的经验，或者他们听到学长对一些专业学习的体会。一旦搜集好信息，决策者必须判定每条信息的重要性和相关性。如果你不想成为生物学家的话，生物系课程的有关信息对你当然就不重要了。人们搜集和评估不同信息相关性的方法是这部分讨论的重点。

关于人们决策时技巧和风格的研究已一再显示某些系统性和普遍的**启发式**（heuristics）（捷径）或偏见存在，这些偏见就是可以导致系统发生错误的思维方式（D. G. Goldstein & Gigerenzer, 2011；Kruglanski & Gigerenzer, 2011）。一般来说，这些启发式和偏见是可以理解的，在大多数情况下也是合理的思维方法，但一旦误用就会导致出错。这些整体性偏见称为**认知错觉**（cognitive illusions）（von Winterfeldt & Edwards, 1986b）。这个术语本身就有与知觉错觉相类比的意味：认知方面的错误因可以理解的原因而出现，它可以为我们提供了解正常机能的一些相关信息。由于知觉没有与真正存在的事物相符合，我们确实可以也将这些错觉看成"错误"。然而，这些错觉并不能作为整个感知系统是错误的或不可信赖的依据，相反，错觉（某些特定情况下的知觉）可以告诉我们一些感知系统运作的通常方式，即人们关注的是哪些线索，怎样解释等。

同样，决策中的错误能告诉我们关于人在收集、分类和综合用来做决定的信息时的方式。接下来要介绍的认知错觉也向我们描述了人在没有帮助的条件下进行决策时，什么时候可能做出好的决策，而什么时候效果不好。最后，这些介绍能帮我们设计和实施教育方案或干预计划，以改善人们所做的决策和计划的质量。

那么究竟什么是认知错觉呢？Von Winterfeldt 和 Edwards（1986b）给予了详细的说明：如果在回答问题或决策时存在一种"正确"的方式，同时还有一种直觉的评估或决定，只有当两者之间的差异总是在同一方向时后者才被称为认知错觉。在正确值上下做随机波动的回答，并不认为是错觉。

11.4.1　可获得性

思考一下专栏 11-5 中的问题，并在继续阅读之前给出你第一感的答案。Tversky 和 Kahneman（1973）正是用这样的题目测试大学生的。普遍的发现是人们的直觉具有系统性错误。例如，在问题 1 中，字母"L"出现在第 3 个位置的频率大于在单词开头位置出现的频率。在问题 2 和 3 中，A 和 B 的选择数量相同（前者是委员人数而后者是路径数）。

专栏 11-5　显示可获得性的问题

1. 想一想字母 L，在英语中，这个字母是更有可能出现在单词的首位还是第三个位置呢？给出你的直觉或"本能的反应"。

2. 来自附近大学的 10 个学生愿意为一个课程委员会服务。他们的名字是 Ann，Bob，Dan，Elizabeth，Gary，Heidi，Jennifer，Laura，Terri 和 Valeric。

　a. 教务长想组成两人一组的委员会。你估计不同委员会的数量最终会是多少？（不要用公式，直接给出反应。）

　b. 教务长想组成八人一组的委员会，你估计不同委员会的数量最终会是多少？（不要用公式，直接给出反应。）

3. 想一下如下所示的两个结构：

A	B
××	××××××××
××	××××××××
××	××××××××
××	
××	
××	
××	
××	
××	

　　　一条结构中的"路径"就是连接每排"×"的一条线，从上面一排出发，到下面一排结束。请问每个结构中有多少路径？（仍请用直觉给出估计。）

如何解释错误呢？Tversky 和 Kahneman（1973）认为，当面对概率、频率或数值的估算任务时，人们依赖捷径或拇指法则，即所谓的启发式来使判断更为简便。一种这样的启发式称为**可获得性启发式**（availability heuristic），即"对相关心理操作如提取、建构或连接得以执行的容易度的评估"（p.208）。换言

之，容易想到、记起或计算的例子（比如特定的单词、特定的委员会数或特殊的路径）在人的脑海中更容易突显出来。这些例子特别突出因而被认为出现得更为频繁或更有可能。

在问题 1 中，想出一些以字母 L 作为开头的词（比如 lawn、leftover、Licorice）比 L 在第三位的词（bell、wall、ill）要容易。原因可能是我们词汇或"心理字典"组织的方式或者是我们学习和运用词语的方式，即按第一个字母的字母顺序排列。

在问题 2 中，确定不同委员会数的正确公式是

$$\frac{10!}{(x!)(10-x)!}$$

其中 x 是委员会的人数，当 $x=2$ 时，$10-x=8$，而 $x=8$ 时，$10-x=2$，表明二人一组和八人一组应该具有相同的数量（即 45）。Tversky 和 Kahneman（1973）认为，二人一组更显得独特。有 5 种二人形式的委员会构成可以做到在成员上不重叠，但任何两个八人一组的委员会至少有几个成员是重叠的。特殊性使人更容易想到不同的委员会构成方法。因此，二人一组的委员会数更容易得到（因为它们更为独特），继而认为其数量也更多。然而，你可以容易地发现二人一组和八人一组构成的数量必然是相等的。因为每种二人一组的构成方式意味着构成八人一组非委员的方式，反之亦然。

同样的分析可以运用到问题 3 中。每种结构的路径数可以用代数式 x^y 表示，x 代表行中 x 的数量而 y 是行数。因此 A 结构中路径的数量是 $8^3 = 512$，B 结构中的路径数是 2^9，也是 512。同样地，这里更容易看出 A 中有更多不重复的路径；A 中不同路径比 B 中的更容易辨认。A 中的路径更短些因而比 B 容易想到也更容易得到，因此可能会认为 A 中路径的数量比 B 多。

日常生活里也有运用可获得性启发式的相似例子。Ross 和 Sicoly（1979）调查了 37 对夫妻（丈夫和妻子分开独立调查），让他们对诸如做早饭、买杂物或照看小孩这样的家务劳动的责任范围进行评估。丈夫们和妻子们都声称，在 20 种家务中的 16 种，他们比自己配偶担负了更多的责任。而且让他们列出一些自己和配偶方在每项家务中的贡献时，相比所列的对方"事迹"，他们无一例外都更多地列出自己这方的丰功伟绩。

Ross 和 Sicoly（1979）用可获得性启发式来解释这些发现。自己的努力和行动对我们来说更显见和容易发现。毕竟我们做出一种行为时肯定是在场的，但朋友或配偶做事时我们可能在场也可能不在。自己的想法和计划对我们来说非常重要，而只有在他人做了或说了什么之后，我们才可能了解别人的想法，因而就会忽略他人的贡献和付出。大体上说，我们所做、所想、所说和所打算的对我们自己而言要比对他人更容易获得，当然，也比别人的所作所为、言行意图更容易获得。因此，我们就不会感到奇怪，为什么在共同承担的家务中各方总觉得自己承担得更多。

可获得性可以成为既有效率又有效果的启发式。如果我们可以确定，很容易地构建或回想某些例子是不带偏见的，那么它就可能是最好的，至少也是我们判断频率或可能性时可以利用的工具。如果你想判定心理学和哲学哪门功课你做的小论文更多，可能通过试着回忆每门课中特别的论文来判断作业的频率是相对公平的一种办法。在这种情况下，可能没有特别的理由使人确信心理学的论文比哲学的印象更深，如果有的话（比如，你 3 年前学的哲学而这学期才学心理学），那么比较就有可能不公平。

然而，如果你想判定哪个发生得更频繁、更多，比如在一个集体项目中你所花的时间或其他人在同样的项目上所花的时间哪个更多，用可获得性来判断就不公平了。因为你工作时自己总是在现场，但小组其他成员工作时你可能不是所有时间都在场。即使你在场，也可能更多地关注自己的工作和计划，而不是你搭档的工作和计划。因此，你自己工作的例子比其他人的例子对你而言可能更容易记起也更容易得到。

所以，展示可获得性启发式的目的并不是警告你远离它们的使用。相反，和其他启发式提出的目的一样，是为了提醒你先仔细考虑所选择的例子范围是不是同样可以获得。

11.4.2 代表性

学生琳达和乔在学生会度过了一个枯燥的周六下午。没什么更有意思的事做，他们便开始投掷硬币，来看每次落地哪面朝上，然后比较结果。琳达的结果顺序是"正、正、正、反、反、反"。乔的结果为"反、反、正、反、正、正"。哪一个学生报告的顺序更像统计上可能出现的结果呢？

大部分人直觉地认为乔的结果更像。毕竟，他的投

掷结果顺序不太具有模式且"看上去更随机"。然而，事实上两种结果的可能性是均等的。问题是人们普遍都会期望，一个像掷硬币这样的随机过程总会产生看上去随机的结果。也就是说，他们期望结果能够代表产生它们的过程。按这种方式判断的人用的是**代表性启发式**（representativeness heuristic）。

Kahneman 和 Tversky（1973）在一系列研究中展示了人们运用代表性启发式的情况。在一项研究中，将大学生被试分派到三种条件下。在"基本比率"条件下告诉被试说："想一下美国当今所有 1 年级的研究生。请写下你对注册就读于下列 9 个专业的学生占学生总数的百分比的最佳估计值。"9 个专业如专栏 11-6 中所示。向"相似性"条件下的被试呈现专栏 11-6A 中有关个性的描述，并要求他们根据"Tom W. 与所列 9 个研究生专业典型学生的相似程度"来划分 9 个专业的顺序。告诉"预测"条件下的被试，呈现给他们的有关个性的描述是根据 Tom W. 的投射测验（比如罗夏测试）结果在几年前写的，也就是在他中学的最后几年。然后要求被试预测 Tom W. 如果是研究生的话，在如下这些专业中就读的可能性各自有多大。

专栏 11-6B 显示，相似性评级的均数与可能性评级的均数非常相近，而独立于基本比率组的判断均数。这再一次说明了被试运用了代表性启发式。被要求估计 Tom W. 是某一领域研究生的可能性的被试，往往将有关此人个性的描述和他们自己对某一专业领域中典型研究生的样子进行比较，而忽略了基本比率。然而，基本比率是非常重要的信息。就像在前面提到的 X 光拍片的例子一样，如果你估计可能性的时候没能将基本比率信息也包括在内，就常常会导致回答错误，而且常常是沿着一个或更多的方向。

专栏 11-6　一个有关预测研究的数据

（A）Tom W. 的个性素描

尽管缺少真正的创造力，Tom W. 还是非常聪明。他有对规则和明确性的需要，希望整齐划一的系统且一切都按部就班。他的写作相当乏味和机械，偶尔才会因过时的双关语和科幻小说式的灵光一闪而略显生动。他有很强的好胜心。但似乎对他人缺乏感情和同情心，而且不喜欢与人交往。尽管自我中心，但他仍具有深厚的道德意识。

（B）对 9 个研究生专业领域的基本比率的估计值，以及关于 Tom W. 的相似性和预测数据

研究生专业领域	平均判断基本比率（%）	相似性平均等级	可能性平均等级
商业管理	15	3.9	4.3
计算机科学	7	2.1	2.5
工程	9	2.9	2.6
人文科学和教育学	20	7.2	7.6
法律	9	5.9	5.2
图书馆学	3	4.2	4.7
医学	8	5.9	5.8
生理和生命科学	12	4.5	4.3
社会学和社会工作	17	8.2	8.0

一个与之相关的判断中的错误称为**赌徒谬误**（gambler's fallacy）。想象你正站在赌城的轮盘边上，看到转盘连续 8 次停在红色区域。假设你仍相信转盘转到红色和黑色的可能性相同，那么下一把你会押哪种颜色？很多人会押黑色，因为如果停在红和黑的概率相等，那么前面的结果就有些离谱了，现在应该"轮到黑"了。然而，下次停在黑色区的机会和红色的仍是一样多。转盘不会以任何方式"记录"过去的结果，所以也不可能"修正"或"弥补"过去的结果。尽管从长远来看，停在黑色区的次数应该和红色相当，但这并不意味着短期内两者比例应该相等。这一解释还可应用在前面掷硬币的例子中。一个随机的过程（像掷硬币和轮盘赌

之类）并不总是产生看上去随机的结果，尤其是在短时期之内。

Tversky 和 Kahneman（1971）形容人们的（错误）信念为"小数目法则"（law of small numbers）。人们总是期望小样本（人数、抛掷硬币、实验尝试）就能够表现出总体的每一种特征。事实上，小样本更有可能偏离总体，因此相比大样本而言，以小样本为依据得出的结论信度较低。赌徒谬误这一问题可以视为相信小数目法则的一个例子。人们期望在轮盘赌的少数几次（如 8 次）转动中，停在红色的比率也能像非常大的样本（如 100 000 次）时的情况。但是，从小样本中发现与期望比率产生大偏见的机会往往相当大。换言之，只有非常大的样本才可期望它能代表它来自的那个总体（全域）。Sedlmeier 和 Gigerenzer（2000）在更深的层面上探讨了人们对于样本大小的直觉，认为人们有时确实对样本的大小有正确的直觉，但多数情况并非如此。

11.4.3 框架效应

行驶在公路上，你发现自己的汽车快没汽油了，你看到两家加油站，都张贴有汽油广告。A 站的价钱是每加仑 1 美元；B 站是 0.95 美元。A 站同时宣告，"现金支付每加仑的折扣为 5 美分"，而 B 站则称，"信用卡支付每加仑附加 5 美分"。其他所有条件都相同（比如加油站的干净程度，你喜欢的汽油品牌，两家站内的汽车数）时，你会选择哪家加油呢？许多人喜欢 A 站，因为现金支付的话还有折扣（Thaler，1980）。

这一倾向性很有趣。因为两家加油站的招数其实是一样的：如果现金支付每加仑的价钱是 0.95 美元，信用卡支付则为 1 美元。Tversky 和 Kahneman（1981）将这种现象用**框架效应**（framing effect）来解释：人们对结果的评估是根据参照点即他们当前的状态而发生变化的。按照所描述的当前状态，人们将特定的结果看作得还是失。因此，这种描述可以"框定"决定，或为之提供一个特定的情境。我们已经在前面的其他认知专题（如知觉、思维、推理）中了解到，情境效应可以在很大程度上影响人们的认知表现。框架效应，在本质上可以看作决策中的情境效应。

以下是加油站中故事的继续。"付现金打折"的招牌，价钱看上去像是经过讨价还价争取的，即你认

为自己的参照点是每加仑 1 美元，并由此节省或者得到了 5 美分。而面对 B 加油站的情况你往往会在心里这么说："噢，它们开价 95 美分。听上去不错。哎？如果我用信用卡付的话要 1 美元啊，还是去 A 加油站吧。" Tversky 和 Kahneman（1979）提出，人们对损失的重视程度远远胜于同样数量的得到（不管是钱还是其他形式的满意指标）。也就是说我们更关注是否会失去 1 美元而不是得到 1 美元；或更关注是否会失去 5 美分而不是得到 5 美分。

问题的关键在于，仅仅改变对情景的描述就能使我们采取不同的参照点，继而将同样的结果在一种情况下视为得，而在另一种情况下视为失。于是，我们会改变决定，不是因为问题有什么实质的变化，而仅仅是因为我们自己描述当前情形的方式改变了。

11.4.4 锚定

你可以大致回答（你不知道确切的答案）下面的数字问题：2000 年 4 月费城的人口大约有多少？（后面我会给出答案。）假如我问蒂姆和吉姆这个问题，但分别给他们不同的"初值"，它们是通过转动轮盘赌中的轮盘获得的。蒂姆和吉姆看着我转动赌轮，他们知道转与停完全随机，"初值"是任意的。吉姆的初值是 100 万，而蒂姆的是 200 万。如果他们像 Tversky 和 Kahneman 研究中的被试一样的话，吉姆会得出 125 万的估计值而蒂姆是 175 万。也就是说，给他们的初值极大地影响了最后的估计值，这一事实说明了**锚定**（anchoring）现象的存在。（根据美国 2000 年 4 月 1 日的人口普查数据，正确值应是 1 517 550。）

同样，假如有两组高中生，给他们 2 秒钟估计一个复杂算式的结果。第一组估计的是 8×7×6×5×4×3×2×1，平均报告结果是 2 250，第二组的问题是 1×2×3×4×5×6×7×8，结果（平均）为 512。正如你看到的，其实这是两个一样的问题。但你恐怕不会很快地告诉我那两个估计结果都太小了，因为正确值是 40 320。

Tversky 和 Kahneman（2000）是这样解释的：人们会尝试计算前面几项，然后再据此推断。推测的结果往往偏小而不是偏大。这可以解释两组被试对结果的低估。此外，从 1×2×3 开始计算的人得出的结果比从 8×7×6 开始的小，所以第一组低估结果的情况

更严重。

11.4.5 沉没成本效应

假如一项旨在推进教育的计划在你家乡开展。有300万美元投资用来帮助学生远离烟酒和毒品，计划为期4年，而在第3年时，有事实表明这一方案不起什么作用。一位当地议员提议，提前结束对这个项目的投资。然而有人却发出了抗议的呼声，停止一项已经投入巨资的项目无疑是一种浪费。这些人陷入了 Arkes 和 Blumer（1995）揭示的**沉没成本效应**（sunk cost effect），即"一旦投入了金钱、努力和时间，便产生了继续投入的趋向"（p.124）。

为什么说这是一种错误呢？可以这样来加以说明：是否已经付出大量钱款（或时间、精力、情感）不会影响未来成功的可能性。不管哪种选择，这种资源已经使用过了。因此，所有会影响决定的是期望的收益和各项选择的成本（Arkes & Hutzel，2000）。

11.4.6 虚假相关

你和一位朋友都学心理学（但并非主修专业），你们在观察了校园里的其他同学后，发现一种称为"绕头发"的行为模式：有人喜欢用拇指和食指捏起一缕头发，并逐渐绕在食指上。你认为这一行为在经受很大压力的人身上尤其容易发生。由于心理学课要求做一份研究作业，你和朋友便开始进行一项研究。在一天内，你随机观察了150个学生样本，将他们分为绕头发组和不绕头发组。（假设你和朋友分别进行观察，而且你们的评分者间信度很高。）稍后，每个被试接受一项心理测验，以确定他们是否承受着很大的压力。

结果如专栏 11-7 所示。根据这些数据，请给出直觉上你对压力和绕头发动作之间的关系评估。如果你修过统计课程，你可以尝试算出相关系数以及可能统计量的卡方检验。如果没有学过，就试着用自己的语言表达你所认为的关系大小。

专栏 11-7	虚假相关的例子		
		有压力	无压力
	绕头发	20	10
	不绕头发	80	40

根据上面的数据，给出你对两个变量间相关情况的直观评估（0～1）。

我把这个问题给30个上认知心理学课的学生做。大部分人认为两个变量之间至少存在一种微弱的相关。事实上，两者之间当然没有任何关系。请注意，有压力和没有压力的被试绕头发的比例都是 0.25（20／80 和10／40）。然而，学生们的直觉却相当典型：即使在数据之间不存在联系，人们仍旧报告发现看上去似乎有道理的数据之间的联系。在这个例子中，绕头发和压力似乎有些关联，因为绕头发听上去就是个紧张时会做的动作，而紧张的动作一般会在焦虑的状态下产生。

这种发现根本不存在的相互关系的现象称为**虚假相关**（illusory correlation）。注意这个例子，尽管在理想状态下（所有的数据都囊括在一个表中，你不用从记忆中回忆所有相关的例子）还是出现了这一情况。不存在模棱两可的情况（每个人要么是绕头发的，要么不是，要么是处在压力情况下，要么不是），也没有理由认为你会持有个人偏见而对评判形成干扰。两个变量的数据都是两分的（即都为是或不是），处理起来也很容易。

Chapman 等人（1967a，1967b，1969）展示过一个更令人感叹的虚假相关现象。他们深受临床心理学"画人测验"（draw-a-person test）使用中矛盾的困扰。这是个心理诊断方面的测试，要求被试"画一个人"，并根据一系列的维度（比如，画中人物是否有肌肉感，眼睛画得是否不规则，是否孩子气，胖瘦，等等）对画加以评分。临床心理学家报告，某些画的特征和特定的症状以及行为特征之间有非常明显的相关（比如疑心重的当事人画的眼睛往往不规则，聪明的来访者画的脑袋往往比较大）。尽管如此，这些报告从未得到过研究测验本身的研究人员的证实。

在一项实验中，Chapman 等人（1967a）给不熟悉画人测验的大学生看一套 45 张的画片，随机地与画这些画的人所表现出的症状相配对。这些大学生同样也"发现了"临床心理学家所报告的相关。因为画和症状是随机配对的，所以这些大学生和心理学家在数据中会出现某种相关，都表现出一种事先就已存在的偏见。他们"发现了"期望发现的相关，即便这种相关其实并不存在。

容易错误联系在一起的变量，在人们的头脑中往往更容易产生这样的联系（Chapman，1967b）。从表面上看，多疑的当事人画的眼睛大是有道理的：大眼睛可能是怀疑在艺术上的象征和代表。这里的关键是，我们带入情景之中的联系往往会影响我们的判断，即使它们其实并不存在我们也会信以为真。

11.4.7 事后诸葛式偏见

请看下面这个决定：你需要在心理学专业和经济学专业中选择一门作为主修。你权衡了自己的表现、目标、喜好和不喜欢，并且与两个院系的老师、学生，以及在这两个领域中教过你的老师、朋友、父母和其他相关人员有过深入的讨论。最后你决定选择经济学作为主修专业，主要是因为你对有关课题的兴趣以及你对经济学专业老师的喜爱。

几个月后，你发现自己对经济学的兴趣每况愈下，而相比以前，对心理学的兴趣却日渐浓厚。于是你重新考虑专业选择，又花了几周时间重新思考自己的目标和兴趣，并决定转投心理学专业。当你把这个决定告诉你最好的朋友时，她说："哦，我就知道会这样，迟早这都会发生，你看上去就不是适合那个专业的类型。而且，根据你上学期作业的情况，我知道你不会喜欢经济学太久的。"其他朋友对你现在的决定也没有表现出太多的惊讶，都说他们"早知道"你会转专业。

怎么你自己反倒没能预见这个不可回避的专业变化呢？你的朋友们是如何预见你的未来而你为什么不能呢？其实，可能的答案是你的朋友们也不知道，他们陷入的是所谓**事后诸葛式偏见**（hindsight bias）。Fischhoff（1982b）形容这种偏见为一种"在回顾（事后）过去事件时"会"一贯夸大地声称在事先就已经预见"的倾向（p.341）。一旦你知道一个决定是如何被推翻的，再来回顾这些事件时就会导致你更以为结果是不可避免的。

那么在前面描述的假想例子中，你的朋友又是如何用到事后诸葛式偏见的呢？他们号称自己"早就知道"你选经济专业的决定最后没有什么好结果。然而可能的情况却是你的朋友在事后回顾这一切时，知道你原来的决定并不理想，因此才更会考虑你这么做不成功的理由。他们事先预测你的决定会很不理想的能力也许非常弱。总之，一句话：事后看来总有理。最近的研究也已表明，由于在现实生活情境中事后诸葛式偏见的存在，被试都会（错误地）重新收集有利于结果的信息，诸如欧元对经济产生的效应（Hoelzl，Kirchler & Rodler，2002），对克林顿总统弹劾案的裁决（Bryant & Guilbault，2002），以及 O. J. 辛普森案的结果（Demakis，2002）。

11.4.8 证实偏见

在我的家乡，家长可以从 5 所公立学校中挑选一所让孩子在 1 年级时就读。因此，幼儿园孩子的家长会花很多时间和精力来为孩子挑选一所"最好"的学校。一些家长通过和其他家长讨论来进行选择。比如，对西班牙语融入课程有兴趣的家长，会寻找那些孩子接受这种教学方案的家长进行讨教，并问他们是否喜欢。假如与这位充满希望的家长交谈的 5 位孩子加入西班牙语融入课程的父母都很满意，那么他们对自己孩子适合这一教学方案的感觉也随之上升。

你可能会问，这有什么错吗？还有什么比其他家长告诉你的更好呢？其实，充满希望的家长如此收集信息的方法称为**证实偏见**（confirmation bias）。正如本章前面所提到的，这是一种只寻找与自己最初的直觉或假设相符的信息而忽略或无视其他信息的倾向。

如果家长只去寻找那些可能证实他们直觉的信息，认为进行的选择是最好的话，那么他们就会犯错误。如果只与参与课程方案的家长交流，他们得到的也很可能是正面的答案。（如果他们不喜欢这个课程，早就把孩子换到其他课程中去了。）最为理性的决定是随机挑选一些家长进行讨论，或者在与那些改变某一特定选择的家长进行讨论的同时，也与那些孩子仍旧按照最初选择进行培养的家长进行交谈。

11.4.9 过分自信

想一想专栏 11-8 中的问题，并从两个可能的答案中挑选一个。回答之后，请评判一下自己的信心水平。如果你对答案没有确定的把握，请用 0.5 来表示你认为正确的概率是 50∶50，（低于 0.5 的数值表示你认为错的

可能性更大，这样你就要选择另一个答案。）1.00 表示你 100% 确定自己的答案是正确的。0.5 ~ 1.00 表示中间水平的信心，比率越高，信心越大。

专栏 11-8 几个小问题

每个问题只有一个答案，请用 0.5（只是猜测）~ 1.0（完全确定）范围之间的数值评定你对每个答案的信心。

1. 哪份杂志在 1978 年时发行量更大？
   a.《时代》　　　　　　　　　　　　　　　b.《读者文摘》
2. 哪个城市的人口在 1953 年更多？
   a. 明尼苏达州，圣保罗　　　　　　　　　b. 路易斯安那州，新奥尔良
3. 谁是美国的第 21 任总统？
   a. 亚瑟　　　　　　　　　　　　　　　　b. 克利夫兰
4. 哪一艘联军装甲舰击破了南部邦联的装甲舰 Merrimack？
   a. Monitor　　　　　　　　　　　　　　　b. Andover
5. 谁开创了护士职业？
   a. 南丁格尔　　　　　　　　　　　　　　b. 巴顿

该讨论的目的并不在于答案的准确性。（如果你一定要正确答案，那么依次是 b，a，a，a，a。）这里在乎的是你的准确率和信心评定之间的关系。在好几项研究中（Lichtenstein，Fischhoff & Phillips，1982 年），给被试一长串类似专栏 11-8 的问题，在他们回答所有问题并对信心加以评定之后，根据准确率和他们自己的信心评定构成一种函数关系。比如，实验者可以找到被试的信心评定为 0.6 的所有问题，并计算其回答正确的比例。

典型的发现如图 11-7 所示。这种根据信心来标定准确率的曲线称为**标定曲线**（calibration curve）。曲线越接近斜率为 45 度的线，信心和准确率之间就越相配。注意，斜率为 45 度的线说明信心和正确率完全是同步的，被试信心评定为 0.6 的所有问题，其回答的准确率也应该是 60%。然而，这样的发现可谓少之又少。相反，如图 11-7 所示，典型的曲线是"弓形的"而背离了 45 度的斜率。

曲线斜率越接近 45 度，信心与准确度的"吻合"就越好。低于这根线的曲线偏离体现了**过分自信**（overconfidence），即信心高于实际的准确度。高于这根线的偏离表示了信心不足，这种现象很少发生。这里的一般思想是：如果所有被试给出 0.8 信心评定的问题（这

意味着他们估计答案准确的可能性是 80%），其实只答对了 60%。而被试认为自己 100% 正确的答案，也只有 75% ~ 80% 是对的。

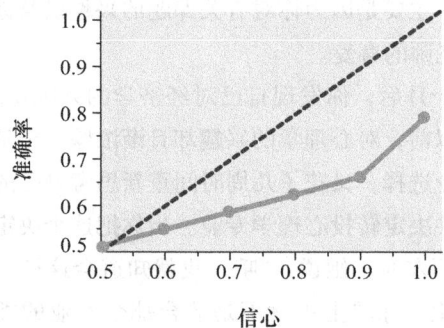

图 11-7　一条标定曲线的例子

换种方式讲，人们对自己回答准确率的感觉是被夸大的。过分自信对正确的决策而言是真正的阻碍。如果你对自己判断的信心不恰当的高时，你可能会摒弃所有决策中提供的帮助，因为你看不出有此必要。即使可以帮助你克服其他偏见和判断失误的办法就在身边，过分自信也会使你偏信自己的直觉，而不去相信可以获得的其他客观信息。过分自信其实就是决策中的自大。

到目前为止，我们已经回顾了（很不完整的）一系列在决策制定和计划中存在的启发式和偏见。再次重申

的是，这些收集和评估信息的方法并不总是错的或不好的。相反，这些例子指出了决策不能如人所愿顺利进展的地方。这些偏见的存在同样告诉我们，人是怎样"自然"地处理信息的，尤其是在信息丰富的时候。记录这些错误可为我们设立有效的纠正方案迈出第一步。

11.5 决策的效用模型

前一部分描述了人们收集信息时所犯的错误以及采用的思维模式。还有一个问题，人们是如何在所有收集到的信息中进行筛选，并最终完成一个决定的。在这一节中，我们将回顾两个模型，它们描述或试图描述人们在制定一个决定或从众多选择中做出挑选时究竟采取了什么样的行动。

可能先从比较笼统的决策制定（和思维）模型入手会更为容易。**标准模型**（normative models）规定了理想条件下的理想行为表现。**规范模型**（prescriptive models）描述的是我们如何"必须"做出决定。这类模型考虑的是非理想条件下进行决策的情况，它们提供给我们如何才能做到最好的指导。教师总设法让学生按照规范模型来做。相反，**描述模型**（descriptive models）仅仅细述了人们在做决定时实际做了些什么。这些并不保证一定是良好的思维方式，而只是对真实情况的描述。标准、规范和描述模型之间的区别在我们思考各种具体理论时非常重要。

11.5.1 期望效用理论

做一个选择专业的决定有时就好比是一次赌博。在大多数的赌博中，你是根据特定的结果赢（或输）钱的。概率论告诉我们（假定是没有做过手脚的硬币、牌等）任何结果的可能性。而赢或输钱的多少则告诉我们每一个结果的金钱价值。

如果我们能够将有关概率的信息和输赢数量的多少结合起来，那就太理想了。事实上，有一种方法就是对每种结果的"期望值"加以计算。将每种结果的概率乘以该结果输赢的数量，并把所有可能结果的值加起来，我们就可以确定这次赌博的期望值。因此，如果让我们在两种方案中选择一种，我们便可以计算出每一种赌注的期望值，并选择期望值高的下注。

这一期望值可以用下面的等式来表示，

$$EV=\sum (p_i \times v_i) \qquad (11\text{-}1)$$

式中，EV 代表赌博的"期望值"；p_i 是第 i 次结果的概率；v_i 是第 i 次结果的钱的数值。比如，一种抽奖彩票共有 10 张彩票，编号从 1 到 10。如果拿到 1 号，你将赢得 10 美元，如果拿到的是 2，3，4 号票，你将赢得 5 美元。其他数字的则什么也得不到。那么这种彩票的期望价值是

$$(0.1 \times 10) + (0.3 \times 5) + (0.6 \times 0)=1.60$$

计算期望值对你有什么益处呢？一方面，它可以指导你花多少钱（如果想花的话）购买一张彩票是合理的。如果你想做出理性决策的话，你就不应花费比期望值更多的钱来买一张彩票。（当然，在一些慈善类彩票中，仅仅出于支持的原因你想捐更多的钱。在这种情况下，你就需要把彩票的期望值和你愿意捐献的数量加在一起用最高的价格来买彩票。）

不是所有的决定都涉及金钱。我们还时常关注其他方面可能获得的收获：我们获得幸福、成功或达成目标的可能性。心理学家、经济学家以及其他学者用**效用**（utility）一词来对应描述人们的幸福、快乐，以及达到个人目标时的满意程度。只能实现一个目标的选择，相比能实现同样目标还外加其他内容的选择效用要低。对于这类选择，我们可以用与前面相似的等式加以表示，但用效用来代替前面的金钱价值。上述等式于是变为：

$$EU=\sum (p_i \times u_i) \qquad (11\text{-}2)$$

式中，EU 代表决定的"期望效用"；u_i 是第 i 次的效用，总和还是所有可能结果之和。

我们可以把最初关于选择专业的例子转化成期望效用（EU）模型。假如你已列出所有可能的专业，并对每种专业成功的可能性加以评估，并确定你整体成功和失败的效用。表 11-2 给出了这样的一个例子。你评估自己在一些专业上（比如社会学）成功较有机会，而在其他专业（可能是物理学）成功的机会不大。同时，你对不同专业的成功给予不同的赋值评判。在本例中，你赋予心理学成功的可能性最大，接着是化学和生物学。你对不同专业失败的效用情况也不尽相同。对有些专业而言（如化学、数学），你即使对失败的整体效用评价也是正的。而对另一些专业（如心理学、社会学），你对失败的整体效用赋值是负的。最后一列中给出的是每个专业的总体期望效用。根据评估的可能性和效用，它提示我们最佳选择应该是化学。而心理学和生物分别位列第二和第三位。

表 11-2　一个为选择专业决策的期望效用计算实例

专业	成功的概率	效用		期望效用
		对成功	对失败	
艺术	0.75	10	0	7.50
亚洲研究	0.50	0	−5	−2.50
生物学	0.30	25	5	11.00
化学	0.45	30	4	15.70
经济学	0.15	5	−10	−7.75
英语	0.25	5	0	1.25
法语	0.60	0	−5	−2.00
德语	0.50	0	−5	−2.50
历史	0.25	8	0	2.00
数学	0.05	10	5	5.25
哲学	0.10	0	−5	−4.50
物理学	0.01	0	0	0.00
心理学	0.60	35	−20	13.00
宗教	0.50	5	−5	0.00
社会学	0.80	5	−25	1.00

注：每种结果（成功和失败）的概率乘以每一结果的效用，并将两者加起来，得到的就是选择该专业的整体期待效用。概率和效用分别来自个体的决策以及主观期待。

你也许会问，本例中的效用是如何得出的。效用的计算相当直接。如你选择一种结果并赋值为 0，你就可以以它作为参照点评定其他结果的值。选择哪一个作参照点并不重要，因为最后的决定取决于 EU 的不同，而不是效用的绝对值（Baron，1994）。

很多人把**期望效用理论**（expected utility theory）看作一种决策制定的标准模型。有研究显示（Baron，2008），如果你总是做出期望效用最大化的选择，在足够数量的决策之后，你自己的满意度将到达最高点。换句话说，没有比用 EU 更好的选择方式了，它能使你在相当长的一段时间里提升个人整体的满意程度。

11.5.2　多属性效用理论

和许多其他人一样，你可能会感到用 EU 理论来选择专业使得决策过于简单化。尤其是你会发现对于任何特定的专业而言，很难对成功或失败的效用加以量化，你可能关心几个目标，但又很难找到让它们彼此都相适应的办法。

在三项研究中（Galotti，1999；Galotti et al.，2006；Galotti & Kozberg，1987），研究者要求大学生列出他们选专业时曾经考虑的因素。回答者列出很多因素，其中最多的是难度和吸引力。进行这类决策时的主要困难显然来自各种因素和目标的整合。用式（11-2）计算 EU 可能很难，因为关于这一决策的几方面的信息必须加以整合地考虑。还好有一种模型提供了对复杂决定的不同维度和目标进行整合的方法。它称为**多属性效用理论**（multiattribute utility theory，MAUT）。

多属性效用理论包括 6 个步骤：①把一个决定分解成独立的维度（比如刚才所列的挑选专业的 5 项）；②确定每个维度的相对权重；③列出所有的选择可能（如可能的专业）；④按照 5 个维度给各个不同的选择排序；⑤将排序乘以每个决定的权重以获得最后的值；⑥挑选值最高的选择。

表 11-3 提供了一则运用 MAUT 进行专业选择的例子。这是虚构的，但是看起来很像我们在研究项目中看到的例子。

在工作表的第一列，虚拟的决策者列出了她做决策的 4 条标准或者因素。第二栏表示的是重要性权重，由数字 1～10 评价（数字越大，因素越重要）。注意到她认为"主题兴趣"是最重要的。其次重要的是这一专业毕业生的"职业前景"。"系内教师"这一标准的重要性

表 11-3　在选择主修专业的决策时进行的多属性效用分析示例

标准	重要性比重	选项				
		心理学	生物学	数学	古典文学	社会学
主题兴趣	9	9	8	7	4	6
职业前景	8	7	9	8	1	3
系内教师	5	3	4	3	9	5
设备	7	5	4	3	7	8
模型		总分				
完全多属性效用理论		187	192	163	138	159
等权重标准		24	25	21	21	22
最高标准		9	8	7	4	6

仅为"中度"。此处关键在于这些权重是主观赋予的，而且会因学生的不同而发生变化。你自己对其中重要性的评判也许就与例子中给出的有很大的出入。

后面的 5 个栏目是学生对不同选择或专业的感知，根据这 4 条标准分别进行评分。

MAUT 加工过程的第 5 个步骤是：在所有维度上，把对所有可能选择进行的评估以及各个维度的权重结合到一起。这一步有好几种方法，表 11-3 的最后三行展示了其中的 3 种方法。"最高标准"模型关注的是最重要的标准（在这个案例里就是"主题兴趣"），并且只看评分的数字，其他都不看。在这个案例里，心理学稍高于生物学，因而是该学生认为的"最佳"选择。

第二个模型运用到学生更多的感知方面。在"等权重标准"模型中，计算对于所有标准的评分总和。在该模型中，生物学稍稍超越了心理学。

最后，在最复杂的"完全多属性效用"模型中，每一个评分与其相关的权重相乘然后再求和。根据这个模型，生物学是最好的，其次是心理学，这两项都远远超出其他选项。

要想在决策中使用 MAUT，所列维度必须是相互独立的，这一点非常重要。比如，"课程难度"这一维度与"该课程过去的成绩"维度之间也许是相关的。因此，决策者必须小心地确定每个维度。然后，决策者还必须在不同维度间做出权衡和取舍。虽然本例中决策者最关心的可能确实是未来的职业目标，但 MAUT 认为，如果有一种另外的选择在其他维度上有足够补偿的话，这名学生也可能选择这一项。

我在前面说过，许多心理学家把 MAUT 看成一个决策的规范模型（尽管也有其他的看法，我们稍后讨论）。也就是说，如果遵循 MAUT，人们就会以最佳地达成所有目标的方式来使他们自己的效用最大化。然而遗憾的是，很少听说在做重大决定时，尤其是与决策制定有关的信息非常多的条件下，人们会自发地使用 MAUT。

Payne 的一项研究显示（Payne，1976），人们并不总是自觉地运用 MAUT。Payne 考察在向人们提供有关不同选择的不同数量的信息时，他们是如何挑选公寓的情形。向被试呈现一块附有许多卡片的"信息板"，如照片 11-3 所示。每张卡片代表一套不同的单卧室并配备家具的公寓，并且还带有一个考察因素的名称，比如"噪声水平""租金"或"壁橱空间"。卡片的背后给出了该套公寓在这一维度上的值，比如，租金这一因素在各项上可能的值是 500 美元、650 美元或 980 美元。

John Payne 先驱性地运用"决策板"作为研究决策的一种方法。

被试一次可以查看一条信息（比如，公寓 1 的租金），并可以根据需要，任意次数地查看他们决策所需的信息。实验者随时跟踪被试查看的信息。实验中有两个因素发生改变：呈现选择（即公寓）的数量——2，6 或 12，以及从每种选择中可获得的信息种类——4，8 或 12。

当在两套公寓中进行选择时，被试对每套公寓查看了相同数量的因素。也就是说，如果他们查看了一套公寓的租金、壁橱空间、停车和洗衣设施的情况，也会对另一套公寓的租金、壁橱空间、停车和洗衣设施方面的信息进行查看。他们愿意在决定中做出取舍，让一个因素的满意值（比如低租金）来抵消另一个因素的不称心值（比如壁橱空间较小）。

然而，当被试必须从 6 或 12 套公寓中做出挑选时，他们就会用另外一种策略。他们会仅仅根据一个或几个较少的维度淘汰掉一些选项。比如，他们先看租金便马上淘汰掉所有高租金的公寓，根本不去考虑其他因素的抵消作用。这种策略称为**因素排除法**（elimination by aspects）（Tversky，1972）。其原理是这样的：首先挑选一个因素，比如租金。所有超过该因素阈值（如 500 美元）的选项都会被淘汰。接下来再选择一个因素（比如噪声水平），所有超过该维度阈值（比如非常吵闹）的选项都会被排除在外。这个过程一直继续下去，直到还剩下一个选择。Payne（1976）认为，当决策者有太多的信息需要处理时，他们会通过采取因素排除法这样并非最佳的启发式来减少"认知负担"。

MAUT 是一个规范模型，而因素排除法是一个描述模型。它向我们展示了人们究竟是如何行动的具体情形。不管因素排除法是不是最佳的决策方法，用有限的时间和记忆来做决定，终究是个开放的问题。在某些情况下，它可能完全是理性的。如果寻找公寓的人承担不起某一价位的租金，不管其他方面评价的好坏，都没有必要再花力气考虑那些租金贵的公寓。而在另一些情况下，对决策者而言花时间和精力用 MAUT 分析决定可能就非常重要了。还有各种不同的决策帮助（包括计算机辅助决策）存在，而且都证实很有用。

11.6 决策的描述模型

正如前面我已提到的那样，并非所有的研究者认为期望效用理论是一种规范模型。Frisch 和 Clemen（1994）指出了期望效用理论的一些缺点。首先，期望效用理论只对从一系列选择中做出最终决定进行了解释，而不是在维持现状和做出改变之间进行决策。其次，期望效用理论并没有描述人们"建构"决定的过程，即，收集信息与展开各种可能性和参数。

11.6.1 意象理论

一个近来提出的关于决策的描述模型与期望效用理论存在很大的区别，称为**意象理论**（image theory）（Beach，1993；Beach & Mitchell，1987；Mitchell & Beach，1990）。这个理论的基本假设是：人们在现实生活中的决定很少通过正规的建构加工过程，像 MAUT 和其他期望效用模型所预计的那样，将所有的选项和标准罗列出来，评估各项的重要性再将各类信息整合在一起。相反，大多数决策工作是在一个称为"选择前的选项筛查"过程中完成的。在这个过程中，决策者一般会通过主动的思考在众多可备选择中选出数量较少，也就是一或两项的备选项。他们通过自我询查，审视新的目标、计划或选择是否与三种意象相匹配来完成这一加工过程，这三种意象分别为："价值意象"（value image，包括决策者的价值观、道德和其他原则），"轨道意象"（trajectory image，包括决策者的目标和对未来的期望），"策略意象"（strategic image，决策者计划达到目标的方式）。

回到我们"选择专业"的例子中来，意象理论可以将大学生的选择看成对各种不同专业的"试读"。该学生可能因为某些专业与自己的价值观和准则不相吻合（例如，"我不能再读经济学了，因为所有的经济类专业都与钱有关"）而很快地拒绝它们。然后，再进行进一步的分析，如果有的专业不能与学生对未来的期望相符（比如，"艺术史如何？不可能。我可不想开租车终老一生"），或者不能与学生认为的可以达成未来理想的路径相符的话（比如，"如果我想去医学院，那么英语专业就不会对我有什么帮助"），这些选择也就会被排除。（顺便提一下，我引用的是学生的例子，并不代表我赞同他们的观点：我认识学经济的慈善家，学艺术史但后来在经济方面非常成功的人士，还有学英语文学专业却成为医生的人！）

根据意象理论，与三个标准（价值、轨道、策略）中的一个或几个相违背的选项会被排除出进一步的考虑范围。这一选择前的筛选并非补偿性的：违背任何意象都足以排除该选项。筛查的结果是只有一个选择还符合标准，在这种情况下，决策者的最终决定仅仅是到底接不接受该选择。如果最后剩下的选项多于一个，那么决策者就要使用补偿或其他策略来进一步做出最终的决定。如果最后一个选项也没留下，那么决策者可能就要尝试发现其他新的选择。

意象理论为我们研究现实生活中的决策提供了一些有益的思路。已有一些初步的研究对它提供支持，但仍需要有更多的研究来对其进行全面评估，以考察它在多大程度上真实反映了决策的早期加工过程。

11.6.2 再认启动决策

Gary Klein（1998，2009）研究了专家在时间紧迫、高风险（常常事关生死）的条件下进行决策的情形。这些专家包括消防队队员、儿科重症监护室护士以及军官。他发现很少有人在决策过程中用到效用类的模型，同时列出和评估几个选项。他认为专家在很大程度上是凭借直觉、心理模拟、运用隐喻或类比，以及回忆或编故事的方法进行决策的。Klein 和他的助手把研究扩展到一系列所谓"自然决策"的调查中（Lipshitz, Klein, Orasanu & Salas，2001），他们创立的模型被称为**再认－启动决策**（recognition-primed decision making）。

Klein 认为，其实专家在"估摸"情景时，大部分的决策就已经完成了。他们在观察新的情景时，会将之与先前遇到的情景进行比较，回忆在该情景下发生的一般情形以及个中缘由。Klein 发现，专家通常一次只考虑一种选择，并且心理模拟特定决定的可能效果。如果这个模拟符合眼下的情形，决策者便会付诸实施；如果不能，他就会尝试寻找其他选择或其他关于情景的隐喻。专栏 11-9 提供的例子中一个消防队员描述了他在做决定时的第六感。我们会在第 13 章里谈论更多关于专家/新手区别的内容。

11.7　推理和决策的神经心理学证据

对推理和决策之类的高阶认知过程进行脑区定位是非常艰难的任务。这些认知加工要求其他认知过程，诸如记忆、知识表征、语言、感知的参与，因此有可能不存在一个只与推理和决策有关的脑区。但是，神经心理学家越来越倾向于认为前额叶皮质（见图 2-3）在推理和决策及其他高阶认知功能中起到重要的作用。Waltz 及其同事（1999）发现前额叶皮质损伤的病人其推理能力严重受损，他们无法对整合多命题的问题进行推理（例如，贝丝比缇娜高，艾米比贝丝高），而作为前提的命题顺序又不是很直接便于整合的情形（艾米比贝丝高，贝丝比缇娜高）。有趣的是，前额叶皮质损伤的病人在智商或其语义记忆方面没有任何缺陷。而需要整合不同关系的归纳推理任务他们却不能很好地完成。这些研究者认为前额叶皮质在许多复杂认知任务中都非常重要，可能专门用于整合各种关系，也就是将不同的信息结合起来构成一个统一的心理表征。

神经科学家安东尼奥·达马西奥（Antonio Damasio，1994）也认识到前额叶皮质功能的重要性。他引用了著名的菲尼亚斯·盖奇（Phineas Gage）案例，他是一名建筑工人，1848 年为佛蒙特扩建铁路施工时遭遇了一场奇怪而悲剧的事故。在一起突然的爆炸事故中一根长铁条从空中猛飞下来，插入盖奇的左脸，刺穿了他的前额叶皮质，从头盖骨顶端左侧穿出。但盖奇奇迹般地活了下来，甚至在脑浆和血飞溅在铁棒的时候都没有失去意识。在事故后，他还可以短暂地交谈，也能够坐下以及走路。他在后续的感染中也没有发生问题（这要归功于盖奇的医生每天定时清洗他的伤口）。

然而在事故之后，就像达马西奥（1994）所说"盖奇已经不是原来的盖奇了"（p.7）。他变得情绪不稳定，粗鲁无礼，经常说脏话，并且变得非常顽固，不愿听取意见特别是当意见与他的直觉相冲突时。尽管在一开始做很多计划，他也会马上放弃其中的大部分。他失去了工作，一而再再而三。随着一个马戏团旅行了一阵子，在 1861 年去世。在达马西奥看来：

"盖奇的大脑损伤了前额叶皮质的特定部分，使得他失去了计划将来的能力、遵守之前学到的社会规则的能力，也失去了规划对其生存最有利的行动的能力"（p.33）。

在推理和决策时，不同神经中枢各自发挥什么样的作用还有待发掘，但达马西奥的研究与其他数百项其回顾过的研究给我们某种强烈的线索是前额叶皮质起到了重要的作用。

概要

1. 推理包括以目标为导向的思维，从其他信息中得出结论。所做的推论可以是自动的，也可以是有意图的。

2. 有多种类型的推理。演绎推理的结论可以是逻辑必然或有效的。它包括命题推理或三段论推理。归纳推理只能引出具有一定归纳力度的结论。包括类比推理和假设检验。

3. 形式推理包括这样的任务：它提供所有的前提，问题是自我限定的；通常有一个正确、明晰的答案；经常包含一些趣味有限的内容。日常推理包含的前提往往不很明显，通常并非自我限定的，并且常常与个人有关。

4. 心理学家探寻人类经验的普遍原理，而不仅仅局限于推理任务。一些关于推理的研究发现了人们在多种推理任务中表现的特点。其中一点是，前提的措辞方式可以极大地影响推理行为：人们经常曲解前提的意思或忽略前提意义的可能解释。我们也讨论了推理的内容与可信度效应的存在，注意到在对不同版本的同一问题的解决中，人们的表现可能相差很大，这取决于问题的内容。

5. 决策需要制定目标，收集信息，组织、结合和评估信息，以及做出最终的选择。

6. 由于过程非常复杂，也许决策会出错或者在很多方面都达不到最理想的效果就不会让人觉得惊讶了。很容易表明人们对不确定性和可能性的直觉、获得以及回忆相关信息的方法，以及用来整合不同信息的过程是很容易产生错误的。你至少可以想到一些决策中被视为认知错觉的偏见和错误：它们的产生有其可以理解的理由，而且在有些情况下是非常有用的。比如，只要你可以肯定例子是以一种不带偏见的方式收集而来，就可以运用"可获得性"来估算某一事物运转完美的相对频率。

7. 框架效应的存在表明，人们对选项的评估往往受到他们对这些选项的不恰当描述（或"框定"）的影响。如果对现状的描述是积极的，人们就会将变化视为冒险并且远离这样的选择；如果更为负面地定义现状的话，则情况正好与前面的相反。

8. 一个人们表现最为普遍的偏见是判断中的过分自信。一些证据表明，人们常会超出合理范围地（比如以他们的历史记录为依据）确信他们自己对未来的预测。过分自信还在一些更为特别的偏见中发挥作用，比如事后诸葛式偏见或虚假相关。总的说来，过分自信阻止人们对自己的思考进行检查，也妨碍他们对其他不同的可能性的接受。

9. 一些决策制定的标准模型旨在说明人们是如何在理想条件下做出决定的。例如多属性效用理论（MAUT），描述了关于概率的信息和各种可能结果的效用是如何进行组合和比较的。

10. 描述模型则描述人们"实际上"是如何做出决定的。其中之一的因素排除法认为，人们寻找的信息量取决于考虑中的选项数目。另一个决策制定的描述模型意象理论，则更多地强调了决策初始阶段的选项筛查，而不关心其后进行的对某一个选项进行选择的决策。再认启动决策是通过对专家进行研究而得出的模型，认为一旦专家"把握住"一个情景，其决策的大部分已经完成。

11. 前额叶皮质被认为在一个人整合关系的能力中起到重要的作用，这种能力就是指构造心理表征来组合不同的命题和关系，以及运用表征来下结论或做决定。

专栏11-2　专栏11-1中逻辑难题的解决思路

事实上制帽匠说，要么是三月野兔要么是睡鼠偷的。如果制帽匠说谎的话，那么就既不是三月野兔也不是睡鼠犯的案，这就意味着三月野兔没有偷，因此它说的是实话。因此，如果制帽匠说谎的话，三月野兔就没有说谎，所以制帽匠和三月野兔不可能同时说谎。因此当睡鼠说制帽匠和三月野兔没有都说谎是对的。所以我们知道睡鼠说的是真话。但我们又已知睡鼠和三月野兔没有都说真话，因此，既然睡鼠说了真话，三月野兔就没有讲真话。这也就意味着三月野兔说了谎。所以它的陈述不是事实，也就是说是三月野兔偷的果酱。

复习题

1. 描述归纳推理和演绎推理的异同。

2. 描述并比较命题推理任务中人们用以得出结论的两种方法。

3. 区分形式推理和日常推理。前者怎样能与后者产生联系？

4. （富有挑战性的题目）思考阻碍人们推理的因素。这些因素又怎样在其他思维与问题解决任务中体现？（提示：回顾第 10 章）你的答案说明在思维和推理之间有怎样的联系？

5. 描述证实偏见，并给出一个新的例子。

6. 推理规则（如，肯定前提）与第 9 章中讨论的句法规则有何异同？

7. 决策制定包括哪些主要阶段？

8. 为什么一些心理学家把决策中的启发式和偏见看成"认知错觉"？

9. 举出两个日常生活中使用可获得性启发式的例子，包括一个恰当而另一个不恰当的。说明为什么你的例子显示了可获得性。

10. 讨论事后诸葛式偏见和过分自信之间的关系。

11. 解释思维中标准模型、规范模型和描述模型之间的区别。

12. 论述意象理论，并将之与期望效用理论进行对比。

13. 意象理论和决策制定的再认－启动模型之间主要的异同点是什么？

CHAPTER12
第12章

青少年期的认知发展

　　大约在 19 年前，一个小男婴进入了我的生活。尽管他的到来让我充满喜悦，但我还是必须承认，在最初几个月里，他有限的行为和沟通方面的技能有时使我倍感挫折与压力。对他频繁的哭声我时常摸不着头脑，不知问题究竟出在哪里，也不知道他在这个世上感到的是幸福、悲伤、愤怒还是开心（意译 Dr.Seuss 语）。

　　60 多个月之后，我一手抚养大的儿子已经能够拼写自己的名字，向可信任的陌生人讲述自己生活中的故事（包括真实和虚构的），臆造虚构的学校（在这所学校里，他想象中的老师是灰姑娘，而在他想象的训练安排日程中一天有六场篮球比赛），还会老练地就睡觉和吃饭时间规定讨价还价，还可以记住几个月前旅行和对话的细节。

　　在写这一版教科书时，我与现在已经 19 岁的儿子和 11 岁的女儿重温了一遍他们成长的历程。看着他们凭借自己的能力面对挑战，感觉真是非常奇妙。这些个人经历，加上我职业上对认知能力的兴趣，使我不得不对这些能力的来源进行思考。在本章之前，我们所描述的认知能力、技巧和策略都是针对认知健全的人而言的，假定这个人获得了认知健全个体所必须具备的绝大部分（甚至是全部）技能。然而，有人可能会对此提出疑义，如果不了解认知的发展，那么对我们成人的认知了解从根本上就是不完整的。成人之所以能够运用他们的记忆，得出这个而不是另外的结论，按某种特定的方式知觉事物，不仅与他们所具备的理解眼前任务要求的当下能力有关，还与他们之前执行认知任务的经验有着很大的关系。

　　在本章中，我们将把目光转向认知能力、技巧和策略的获得，即它们是在何时、以何种方式获得或掌握的，哪些因素会影响它们的发展。我们将考察处于不同发展水平的婴幼儿如何应对各种不同的认知任务。

　　我们对认知发展的回顾非常具有选择性。一章的容量显然不足以涵盖我们之前讨论过的所有认知任务表现的发展。因此，我们将首先回顾一些有关认知发展的广泛的理论方法，并探讨一个一般性的问题："从婴儿到青少年的逐渐发展成熟过程中，认知能力是如何变化和发展的。"为此，我们将关注两种主要的理论方法：阶段理论（如皮亚杰提出的理论）和非阶段理论（如信息加工模型）。

　　认知发展的阶段理论（stage theories of cognitive development）之所以这样命名，是因为这类理论描述的发展，是由一系列性质不同的时期即**阶段**（stages）组成。每一阶段个体理解世界的方式都不尽相同。阶段理论认为，个体的认知发展会历经不同的发展阶段，因此儿童与成人在一个或多个方面存在根本的、质的差异。阶段理论假定儿童是以固定不变的顺序历经这些阶段，绝不会跳过某个阶段或往相反的方向发展。可以推定在某一阶段获得的认知能力，为儿童下一阶段的能力获得作了准备。从这个意义上说，一个阶段建立在另一阶段的基础上。大多数持阶段论的学者还会认为阶段具有普遍性，对各种不同文化和环境之下的儿童皆适用。

　　认知发展的非阶段理论（nonstage theories of cognitive development）则认为不同的发展时期并非存在质的改变，而把发展看作逐渐获得一种或多种能力的过程。这些能力包括心理联结、记忆能力、知觉分辨、注意集中、知识或策略。总的来说，非阶段理论认为儿童与成人的区别是在量而非质的方面。

在详细介绍完这两种理论方法之后，我们将考察儿童在一些经过挑选的具体认知任务上的认知发展。为此，我们将回顾几种观点，讨论儿童在发展过程中究竟掌握和获得了什么。我们将会看到，如今在"究竟是什么在发展？"（Siegler，1978）这个问题上存在着许多不同的（尽管也不是相斥的）回答。

与其他理论一样，发展理论是用来解释各种现象的富于组织的方法。它们包含的观点和预测皆能转化为可以检验的实验假设。尤其是，发展理论试图解释为什么在不同时期儿童行为和表现上会发生某些特定的变化，这些变化又是如何发生的。另外，发展理论主要关注保持长久的变化，而不是行为的暂时波动（P. H. Miller，2011）。

心理学中有几百种发展理论，其中大部分关注的面很窄，描述的仅仅是发展的一个方面（如记忆、知觉），而且许多只关注一个发展时期（如婴儿期或青少年期）。在此，我们首先来看一种十分宽泛的发展理论，它试图在一个广阔的时间跨度之中描述和阐释认知发展的诸多方面，这就是皮亚杰理论，它无疑是认知发展领域中一个至关重要的理论。之后我们将考察皮亚杰之外的其他理论。不是完全对立的理论，而是不同学者提出的观点集合。通常每一种理论只关注认知发展的一个非常有限的方面。

12.1 皮亚杰的理论

下图是让·皮亚杰（Jean Piaget，1896—1980）的照片，他对智力和认知机能是如何发生及作用的非常着迷。他很快否定了智力是从环境中被动获取、储存和组织的知识这一观点，也不认为智力只是生理成熟后自然展现的一种机能。相反，他认为智力是长期适应环境的结果，是儿童及其周围环境共同积极参与的产物（Piaget，1970/1988a）。在描述具体认知发展阶段之前，我们将首先回顾一下皮亚杰理论中的一般原理。

让·皮亚杰与教室里的一群孩子在一起交流。

12.1.1 一般原理

从某种意义上说，皮亚杰对儿童思维发展的长久兴趣始于他的童年时期。从小他就开始研究鸟类、化石和软体动物，并撰写这方面的文章。青少年时期，他又不断拓展自己的兴趣，对哲学研究产生了兴趣。有关自然

史和科学方面的知识引导他以一种习性学的方式思考诸如思维和智力这样的心理学概念。具体说来，皮亚杰发现，任何一种有机体适应环境的方式与人类儿童智力发展的方式都存在许多相似点，这两种过程都涉及适应。皮亚杰相信，智力代表了心理结构对物理、社会和智力环境的一种适应（Ginsburg & Opper，1988）。

皮亚杰认为儿童是自身发展的积极被试。他不认为认知结构是缓慢形成的，更不同意将认知结构看作由父母、教师或环境的其他方面强加在毫无怀疑、被动接受的孩子身上。相反，皮亚杰认为儿童与周围环境进行持续、主动的相互作用，建构起他们自己的心理结构，而心理结构正是建构认知和智力大厦的基本材料。

心理结构的建构在出生后不久便已开始。婴儿带着极少的认知"装备"来到这个世界上。事实上，新生儿拥有的全部几乎就是一套反射机制，包括吮吸和抓握等。这些反射（心理结构的前身）与环境相遇，两者的相互作用导致了原来反射的逐渐发展和变化。在这个过程中，婴儿（后来是儿童，再后来是青少年）通过练习、实验和偶然的发现，积极地参与其中。

皮亚杰认为发展的主要机制是心理结构的适应。此处类比的是进化意义上的适应，即动物经过若干世代，进化出新的结构或行为以更好地适应它们目前所处的环境。皮亚杰意义上的适应包括两种不同但相互联系的过程：同化和顺化。皮亚杰（1970/1988b）将同化定义为"把外界元素整合于一个正在形成或已经完成的结构之中"（p.7）。其含义是心理结构会运用到外部世界的新事物上。

一个有吮吸结构（皮亚杰称之为格式）的婴儿一开始可能只会吮吸母亲的乳房，然而当新事物放到他嘴巴能够到的地方时，婴儿就可能把这个结构运用于新的事物，比如一根手指。于是我们说，手指被同化到吮吸的格式中。

相反，顺化则涉及改变结构去适应新的事物。手指的形状和质地与乳房不同，吮吸时必须采取一种稍微不同的方式。每次婴儿吮吸一个新的东西，他都会改变自己的吮吸格式，尽管可能只是轻微的改变。这种结构内部的变化就是顺化○。至少在某种程度上，同化和顺化总是存在于每一个适应的动作之中，因为它们不可能离开对方而存在。在理想的情况下，两者是平衡的，或处于平衡化状态。

皮亚杰认为，在发展的每一个水平上，所有认知机能都是以一种特定的形式组织起来的。通过"组织"一词，皮亚杰想说明的是各个心理结构之间存在着联系。随着发展的进行，这些联系日趋复杂，数量更多，也更加系统化。虽然心理结构总是存在某种组织，但心理结构之间的特定相互关系在不同的发展阶段却会产生变化。相应的，儿童理解世界的方式也随着发展而发生变化。根据皮亚杰的观点，这是因为知识总是通过现有的心理结构加以获取和解释的。

12.1.2　发展阶段

皮亚杰描述了发展的四个主要时期（在这里把它们称为阶段），其中一些阶段可再分为一系列分阶段。我们这里只着重介绍四个主阶段，但有兴趣的学生可查阅其他资料（Ginsburg & Opper，1988；P. H. Miller，2011）以了解更多关于分阶段的内容。

1. 感知运动阶段

第一阶段是**感知运动阶段**（sensorimotor stage），从出生开始一直到大约18个月。之所以这样命名这一阶段，是因为皮亚杰相信处于这一发展时期的婴儿几乎完全通过感觉和动作经验来建立关于世界的经验。在皮亚杰看来，这一阶段的知识是通过感觉和动作获得的，而且知识本身就是感觉和动作。婴儿缺乏相应的心理表征能力，因此所有的经验都必须发生于此时此地，集中于眼前的事物之上。

这种阐述的意义相当深刻。它说明了婴儿体验世界的方式与较大儿童和成人是完全不同的。较大儿童可以有思想、有对过去经历有意识的回忆以及对于过去和将来的观念。然而，这些能力都建立在心理表征之上。缺乏心理表征能力的婴儿不会具备这些能力中的任何一种。对于婴儿而言，思想即是动作或感觉，因为除了动作和感觉之外，他们就再没有其他形式来代表思想了。

皮亚杰认为所有的认知发展都始于婴儿的生理承袭：一套简单的反射，如吮吸和觅食（碰一下脸颊时婴儿会把头转向这一方向）。随着婴儿渐渐成熟以及获取更多关于世界的经验，这种原始的"心理装备"会慢慢发展和改变。例如，吮吸会用在许多不同的物体上，像手指、玩具、钥匙、一束头发等，表明新的物体被同化到吮吸格式之中。而每个物体的形状、大小和质地都不尽相同，因此婴儿吮吸它们的方式也会稍有不同，这就促使吮吸格式产生顺化。

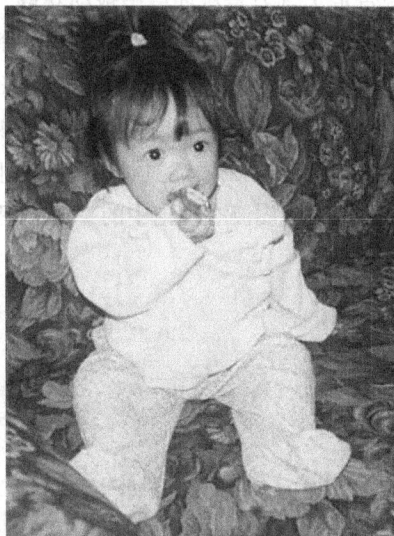

在皮亚杰看来，这名婴儿表现出的吮吸格式会经历同化和顺化。

渐渐地经过大约18个月，婴儿的这种格式变得更复杂，执行起来也更加流畅、更为有效，并与发展中的其他格式整合在一起。例如，婴儿一开始可能只会吮吸嘴边的物体。在婴儿后期，他们又学会如何把物体抓到自己面前。随着吮吸和抓握这两种格式的发展，它们会相互配合起来，于是一个较大的婴儿就会伸手去够一个

○　此处采用左任侠和李其维先生的译法，而不是传统的"顺应"。——译者注

有趣、新奇的物体，把它拉到面前，然后放进嘴里，作为一个新的事物去吮吸。

感知运动阶段的一个重要发展是客体永恒性概念的获得。如下面两张图片所示。一个成人在一个坐着的婴儿面前拿一件新奇而有趣的玩具来吸引婴儿的注意。当婴儿伸出手去够玩具时，成人先把它移出他所能够到的范围，然后在婴儿和玩具之间放一块板以阻隔视线，使婴儿不能抓到玩具。4 个月大的婴儿对此的反应是颇让人惊讶的：玩具从视线中消失几秒钟之后，婴儿就会看其他地方，并没有显示出一点寻找玩具的愿望。对此，皮亚杰是这样解释的：由于婴儿没有心理表征能力，因此，只有当物体此时此地出现在眼前时才能体验到它的存在。眼不见为净，这句话真是没错。

a)

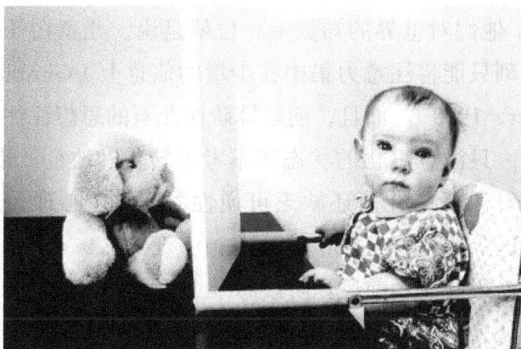
b)

根据皮亚杰的观点，在客体永恒性建立之前，婴儿不能够理解即使不在视线之中物体其实依然存在。

对于大些的婴儿（比如 8 个月左右），他们的行为则更多地体现出他们能够理解即便物体现在看不到也依然存在这一道理。这一年龄阶段的婴儿会寻找部分遮蔽的物体。再大一点的婴儿（10 ~ 12 个月）甚至会寻找完全遮蔽的物体。这一时期也是婴儿开始表现出"陌生人焦虑"的阶段，即一旦一位家长离开便会害怕地四处寻找，而对留下来与他们在一起的人表现出防范和警觉（常常是倒霉的临时照料者）。婴儿似乎将走开的父母也看成一件消失的物体，除了在此情况下，情绪上的反应远远大于一个皮球或其他玩具不见时的情形。

感知运动阶段另一重大的发展成就是意图性和对因果关系理解的增加。皮亚杰在描述这一方面（以及其他方面）的发展时用到循环反应这个概念，即一次次重复进行的行为。一开始，幼小的婴儿（1 ~ 4 个月）显示出初级循环反应，偶然发生的事件可以引出有趣的（从婴儿的角度看）结果、从而一再继续下去的行为，这主要集中在婴儿自己的身体上。吮吸大拇指便是一个例子。幼小的婴儿将大拇指放到嘴里的动作几乎是随机的，然而一旦大拇指放的位置恰当，大多数婴儿就会一直吮吸它。

二级循环反应大约出现在 4 ~ 8 个月时，它们指向婴儿身体之外的物体。这些反应包括摇动拨浪鼓发出响声或者击打婴儿床沿，使安装在婴儿床上的物体运动等。到了 18 个月左右，三级循环反应开始出现。皮亚杰把婴儿的三级循环反应比作科学实验。此时婴儿的头脑之中有了一个目标：要产生一个有趣的结果。例如，他可能把一件玩具从他坐的高椅的一边扔下去，然后看着它落下。这个有趣的结果使婴儿进行实验，以改变环境中的不同方面。他会从不同的高度，往不同的方向扔不同的玩具或其他东西，如瓶子、盛果汁的杯子和放食物的碗。这会使婴儿十分开心而照料者却十分恼火。

感知运动阶段大约在 18 ~ 24 个月后结束。在其认知生活刚起步时，婴儿拥有的只是反射，而现在他对物体以及它们不依赖自己的动作可以独立存在有了一个新的理解，对自身影响事物的能力也有了一个更好的感受。最重要的是，他开始具有表征物体、事件和人的心理的能力。更大的婴儿显示出一定的回忆过去事件的能力。例如，皮亚杰的一个女儿杰奎林在 14 个月左右时，就能模仿她 12 个小时前看到的一个小男孩发脾气时的模样（P. H. Miller, 2002）。这显示了诸多认知能力，如储存和回忆信息的能力，以及在事后模仿这些行为（延迟模仿）的能力。所有这些能力都必须运用心理表征。这些成就对于下一发展阶段将要遇到的许多认知任务来说都是必需的。

2. 前运算阶段

第二发展阶段从大约 18 个月一直持续到 7 岁左右，被称为认知发展的**前运算阶段**（preoperational stage）。由于具备了心理表征的能力，处于前运算阶段的儿童能用一种新的、比婴儿和学步幼儿更加复杂的方式来理解世界。具体说来，前运算阶段的儿童获得了符号功能，即用一个事物来表征或代表另一个事物的能力。此时的儿童展示出许多象征的功能：用一个空的杯子假装喝水；把洋娃娃或毛绒玩具当作婴儿，放在摇篮里面摇；"骑"一匹由木棍做成的"假马"等。

另一个相关的能力是语言的使用。这个年龄段的儿童会迅速获得一些"代表"生活中真实物体或事件的词汇。从这种意义上看，语言要求个体具有象征性思维的能力。皮亚杰把儿童的语言发展看成他们智力结构的反映而不是原因。儿童表征性思维的能力能确保他们进行更为丰富的认知活动，探索范围因此也更为广阔。这时儿童玩耍的方式比以前更复杂，包含了幻想和角色扮演等元素。他们可以互相交流各自现在和过去的经历，还可以谈论并开始计划将来的事，例如商量在午睡后去逛商店，也能运用语言来引领自己完成挑战性的任务。

与此同时，正如该阶段名称提示我们的那样，儿童的思维仍然存在重大的缺陷。事实上，前运算这一提法本身就意味着与其后的具体运算阶段不同。前运算阶段儿童一般缺乏更大儿童所拥有的心理运算能力（Gelman，1979），因此他们的思维有很大的局限性。当然，本书各章也一再显示成人同样具有思维上的局限性。但很显然，儿童的这些较明显的思维局限性显著地影响了他们的认知表现。

根据皮亚杰的描述，前运算阶段儿童的思维是自我中心式的。这个年龄段的儿童显然难以考虑别人的观点。例如，一个从托儿所回家的 4 岁小孩可能对他妈妈说，"是泰德做的"。他不会解释泰德是谁，他到底做了什么。在皮亚杰看来，这种自我中心式的语言出自他缺乏以母亲的角度看问题的能力，以至于不能理解母亲可能不知道泰德到底是谁。这个 4 岁的小孩以为每个人都了解他所知道的一切，都像他一样看待事物，都记得他所记得的事情。

皮亚杰和英海尔德（1948/1967）的研究从实验上

⊖ 皮亚杰也将这一情形称为思维的"单维化"。——译者注

证实了自我中心的存在。他们给儿童呈现一个有三座山的三维实体模型。在山的周围有不同的物体，例如一所小房子或一个十字架，从某些角度能看到它们，但从其他角度却看不到。学前儿童要说出桌子另一边的观察者（一个木质的小洋娃娃）是否能看到某个特定物体（如图 12-1 所示）。这些儿童往往认为其他观察者可以看到自己所能看到的一切，而没有考虑观察者所处的不同位置。

图 12-1 "三山任务"的实验刺激呈现装置示意

前运算阶段儿童的思维还有这样一个特点，即只集中⊖于他们对世界的知觉上。也就是说，儿童在任一特定时刻只能将注意力集中在少量的信息上（Ginsburg & Opper，1988）。而且，前运算阶段儿童的思想往往是静态的，只注意事物的状态而不考虑转化和改变。最后，前运算阶段的儿童还缺乏可逆性，即"在心理上逆操作"这个动作的能力。

能很好显示前运算阶段思维上述几方面特点的著名例证便是皮亚杰的数量守恒任务，如图 12-2 及图片所示。其进行如下：实验者在儿童面前排列两排棋子，一排黑色，一排红色，每排各有五枚。一开始，两排棋子是一一对应的（即每个黑棋都对着一个红棋），儿童判断两排棋子数量相等。然后，实验者把其中一排棋子向两边拉开（如图 12-2 所示），再问儿童哪一排棋子更多，还是两排棋子数量依然相等。4 岁儿童典型的回答是认为长的那排比短的那排多，显然还没有认识到，在桌上

移动棋子这种操作与数量无关，即这根本不会影响到各排棋子的数目。

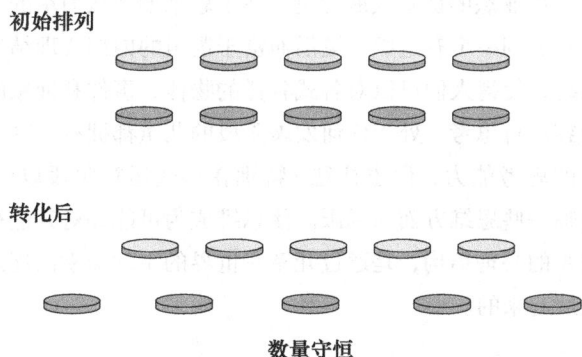

初始排列

转化后

数量守恒

图 12-2　数量守恒任务示意图

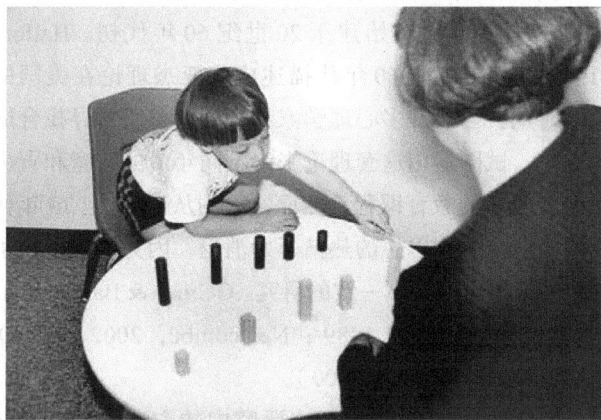

对于前运算阶段的儿童来说，靠近他的那排积木似乎要比离他较远的那排数目更少。

有一种对这一使人困惑的回答的解释是，儿童被两排棋子的外观弄糊涂了。其中一排看上去确实"更大"（更长），因此可能数量就更多。儿童把注意力集中在每排的长度上，而忽略了密度（棋子的间隔）和数目。儿童只注意两排棋子现在的样子（静态刺激呈现），而忽略了之后的转化其实并没有增加或减少棋子，因而不可能影响每排棋子的数目。最后，儿童也没有在心理上逆转将其中一排棋子分开的动作，即他可以在头脑中将较疏的那一排推回到原来的形状，两排棋子在数量上是相等的。在皮亚杰看来，前运算阶段儿童缺少的东西，例如去中心化、对转化的关注以及进行逆运算的能力，使他们在判断时除了自己的知觉经验外，不再依靠其他东西。

3. 具体运算阶段

当儿童进入下一发展阶段——**具体运算阶段**（concrete

operations stage）时，他们的思维再一次发生了戏剧性的变化。这一阶段从 7 岁左右持续到大约 11、12 岁。这时，儿童能注意的信息比以前要多得多，因此，能同时考虑一种情形的多个方面。皮亚杰把儿童思维的这一特点称为去中心化，以对比于前运算阶段儿童思维的中心化。具体运算阶段的儿童还能注意到转化的过程，而不仅仅是初始和最终的状态。

守恒任务为我们提供了一个熟悉的例子。达到数量守恒的儿童超越了自身的知觉，认识到某些变化（例如，数目或液体量的变化）只能通过增添或拿走这样的转化才会产生，而不能由另外的转化（例如，把距离拉开或改变形状）产生。皮亚杰认为这样的儿童思维已显示出可逆性。一个具体运算阶段的儿童能够（前运算阶段的儿童就不能）建立关于转化以及转化"逆运算"（将棋子移动到原来的位置，把液体倒回原来的容器）的心理表征，并运用这些知识来正确地判断液体的相对数量。

另一种在具体运算阶段发展成熟的能力是分类。较小的、处于前运算阶段的儿童很难前后一致地把一组物体归入不同的类别（例如，圆的、方的；或蓝的、红的）。儿童很难保持一个稳定的分类依据。一开始他可能根据形状来将积木进行分类，但在任务中途又开始根据颜色来分，最后得出的组别会包括不同形状、颜色的积木。而较大的、处于具体运算阶段的儿童能做到前后一致，从而能更好地完成任务。

与更小的儿童相比，典型的具体运算阶段的儿童思维似乎已十分成熟；然而，这个发展阶段仍然有局限性存在。具体而言，这一阶段的儿童难以用抽象的方式进行思考，其思维局限于真实的或想象中的具体事物上。而且与年龄更长的青少年相比，他们的思维也缺乏系统性。

4. 形式运算阶段

认知发展的最后一个阶段始于青春期前后，称为**形式运算阶段**（formal operation stage）。青少年的思维表现出更多的系统性。例如，给他们几个装有不同液体的烧杯，然后问他们如何将这些液体混合以产生某种颜色的液体，青少年会做出许多年幼儿童不能做的事情。首先，他们会按所有可能的方式把液体混合，并且常常是有系统地进行。他们每次试验一种组合，并记录结果。他们能更好地将一个因素分离出来，使其他因素保持不变，并精确地报告结果。这可能就是为什么在自然科学的课堂上初中和高中学生比年纪更小的学生在设计和实施实验的能力上更出色的原因。

形式运算阶段的思维者还能比具体运算阶段的思维者进行更为抽象的思考。这时，青少年把现实看成是各种可能性中的一种，并能够想象其他可能的现实存在。这一思维上的新解放是青少年理想主义和政治觉醒的来源之一。青少年对不同可能性的觉察为他们开拓了许多不同的通往未来的可能之路，因为他们可以"打破旧有的限制进行思考"（Moshman，2005）。

皮亚杰认为，科学实验中最为需要的假设和演绎推理能力，要到形式运算阶段才会发展起来。

一般而言，青少年还在逻辑思维方面胜年幼儿童一筹。这一部分归功于他们抽象思维的能力和根据任意命题进行推理的能力，例如"如果所有的 X 都是 Y，且没有一个 Y 是 Z 的话，则至少一些 X 不是 Z。"与年幼的儿童不同，青少年能够理解推理中的逻辑必然性。即指在一些论证中，如果前提为真，则结论也肯定为真（Moshman，2005）。

逻辑思维还衍生出一种新的能力，皮亚杰称之为反省抽象（Piaget 1964/1968）。青少年第一次能够仅通过对自己的思想进行思考并对这些反思加以抽象，从而获得新的知识和理解。通过反省抽象，他们开始注意到自己信念中有不一致的地方存在。反省抽象在思维的其他领域也很有用，特别是在社会性和道德思维中。此时，青少年能够很容易地了解他人的立场，并尝试按其他人的方式思考问题。

虽然皮亚杰（1972）认为所有青少年都能达到形式运算的思维水平，但对于这个问题一直存在许多争论。不过，皮亚杰并不认为达到这一发展阶段的人总能展现出最佳的思维能力。而是认为达到形式运算的青少年具

备抽象、系统、富于逻辑地进行思考的能力，尽管他们不总是如此。

皮亚杰的认知发展理论描述了思维如何从简单的反射发展到一个有组织、灵活而富于逻辑的内部心理结构系统，使得人们可以对各式各样的物体、事件和抽象的内容进行思考。处于任何发展阶段的儿童都拥有一套非凡的思考能力，但也往往（特别在形式运算阶段以前）面临一些思维方面的局限。使思维成为可能并对其进行组织的心理结构，是通过儿童对世界的主动探索而逐渐发展起来的。

12.1.3　皮亚杰理论的反响

皮亚杰的主要著作可追溯到 20 世纪 20 年代，但他在美国的声望却始建于 20 世纪 60 年代初。Halford（1989）把 20 世纪 60 年代描述成皮亚杰理论在美国的黄金时期，当时许多心理学家和教育学家纷纷寻找合适的方法，试图运用这套理论来为不同年龄的儿童和青少年设置合适的教育课程。然而，大约从 20 世纪 70 年代开始，对皮亚杰思想的热情开始消退，因为这时出现了许多与该理论推断不一致的研究（Gelman & Baillargeon，1983，and Halford，1989；Newcombe，2002，and D. Roth, Slone, & Dar，2000）。

许多研究者关心皮亚杰研究中的方法问题。皮亚杰对感知运动阶段认知发展的报告仅仅建立在对三个婴儿的观察之上，而且还都是他自己的孩子（P.H. Miller，2011）。因此，虽然以后的研究几乎重复了他报告过的所有现象，但皮亚杰的观察究竟受到偏见和过度解释的多大影响是很难说清楚的（Ginsburg & Opper，1988）。

在对较大儿童及成人的研究中，皮亚杰再次运用了临床法。他根据每个儿童的表现或解释调整任务或问题。虽然这种方法使用十分灵活，但同时也对研究的效度产生了威胁，尤其是实验者可能无意中潜在地向儿童提供了线索或引导性问题。

Siegel 和 Hodkin（1982）指出皮亚杰式任务中还存在其他方法上的问题。许多任务要求的似乎不仅仅是去理解所研究概念的能力。例如，在守恒任务中，儿童不仅要对经历不同转化的材料进行观察，然后做出正确判断，而且要小心解释他们的回答，有时还要抵御研究者提出的相反暗示。Siegel 和 Hodkin 指出，当研究中用不同的刺激评估某个特定的认知能力而反复向一名儿童问

同样问题时，这名儿童可能会改变自己的回答，因为儿童会以为成人之所以再一次问这个问题是因为自己之前答错了。一般而言，成人只会在回答错误而不是回答正确时重复他们的问题。

其他研究者和理论家也对皮亚杰理论的一些方面提出了疑问。许多人认为支持认知发展存在不同阶段的证据不够强（Brainerd，1978；P. H. Miller，2011）。比如，一套严格的阶段理论解释要求所有与某一阶段有关的能力表现出显著的协同性，而这一推论得不到很好的支持（Halford，1989）。另外，许多经验研究显示，幼儿有许多皮亚杰理论难以解释的能力和知识。

不过，即使是最尖锐的批评者也承认皮亚杰做出了巨大的贡献。绝大多数研究者都推崇皮亚杰理论的广泛性，以及皮亚杰在为揭示不同发展时期儿童思维重要特点时设置任务方面所表现出的智慧。

12.2　非皮亚杰学派对认知发展的研究

许多研究认知发展的心理学家都很欣赏皮亚杰在研究中表现出的敏锐观察，但并不接受他对原因的解释。具体说来，许多研究者认为，认知发展并不是沿着一系列不同质的阶段或时期进行的，不同水平的认知也并不是由不同质的智力结构造成。相反，这些研究者更倾向认为认知技巧和能力是逐渐显现或获得的。

在这部分心理学家中，很多人把成人认知加工模型作为理解儿童加工信息的框架。许多研究者将前面章节中描述的那些信息加工模型作为认知发展模型的起点。他们的基本思路是，揭示如何调整成人认知信息加工模型以描述和解释不同年龄、不同能力的儿童表现的方法。

如成人认知信息加工模型一样，儿童认知信息加工模型同样把其思维比喻成一台数字计算机。呈现给儿童的信息（无论是明显的还是潜在的）可看作输入。就如计算机有不同的储存装置（缓冲存储器、硬盘）一样，儿童也拥有一个或多个不同的记忆储存器。正像计算机从它的储存器中提取信息一般，儿童也有能力从存储中提取（至少是其中一些）信息，并在计算、分类、识别和整合等认知任务中运用它们。最后，就像计算机把信息显示在硬盘、打印机或终端显示器上一样，儿童也常常能产生不同形式的输出：语言回答、一幅画、一个手势或其他行为。

其他一些心理学家则把焦点集中在影响认知发展的生理（尤其是神经）因素和其他先天因素上。这些心理学家的假设前提是，幼小婴儿的心灵并不是一块"白板"，相反，他们在出生时就把某些心理结构带入了自己的认知生活。因此，这些心理学家研究的是幼小婴儿和学步幼儿就不足为奇了，因为他们习得认知技能的机会相对较小。

还有一些发展心理学家正试图再发现另外一位认知发展的"伟大理论家"，苏联心理学家列夫·维果茨基（Lev Vygotsky，1896—1934）。维果茨基理论与皮亚杰理论的主要区别在于，他认为儿童与其活动所在的情境是不可分割的。因此，要评估儿童理解永恒客体的概念、数量守恒或系统推理的能力，不能仅仅把关注的焦点放在儿童身上。相反，维果茨基认为，活动发生的环境，无论是物理的还是社会的，都必须予以考虑。

维果茨基提出了"最近发展区"的概念，用以解释儿童在成人指导和协助下常常有更高水平表现这一事实（P. H. Miller，2011）。如果一个能力更强的个体与一个年幼的、在认知上较不成熟的儿童一起合作，则该儿童的表现往往会有所提高，即使这种互动是非正式的（Rogoff，1990）。所以，维果茨基流派的发展心理学家更偏向于研究与成人一起执行日常任务的儿童。他们的工作可纳入第 1 章中提到的生态学范式之中。

在本节中，我们将回顾几个有别于皮亚杰学派的研究实例。这些例子不仅跨越了发展的不同时期，还涉及了不同的认知任务。虽然它们只代表了认知发展现有重要研究中的很小一部分，但却足以让我们明白认知发展心理学家所提出问题的种类，以及他们是如何寻找答案的。

12.2.1　婴儿期的知觉发展

在第 3 章中我们了解到，知觉活动对于我们从周围世界获取信息是极其重要的。因此，对知觉感兴趣的认知心理学家就必须理解知觉能力、技巧及其容量是如何发展的。Renee Baillargeon 的研究追溯了不同年龄婴儿对客体和事件知觉理解的发展（Baillargeon & Wang，2002）。以婴儿理解物理支撑这一概念的能力为例，如果（一般而言）一个物体在另一个物体的下面，并且两者的接触面积足够大，则下面的物体就可以在物理上构成对上面物体的支撑。

为了具体地加以说明，请看图 12-3。在研究中向参测婴儿呈现下面两种情形。上方描述的是一个可能事件：一只戴着手套的手推着一个盒子（上面有一张笑脸）沿着另一个盒子的顶部移动。之所以把它称作可能事件，是因为在现实生活中这很常见。下方则描述了一个不可能事件，在正常条件下它是不会发生的（实验者用戏法使之发生）：一个盒子沿着支撑的盒子顶部向前推进，直至其底部只有 15% 与支撑的盒子接触。

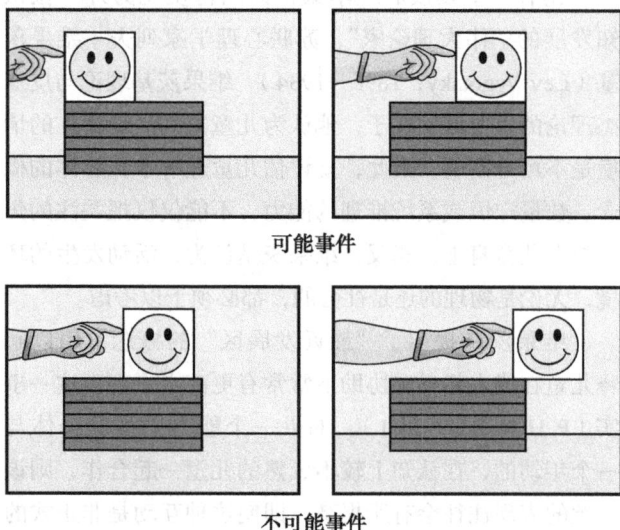

可能事件

不可能事件

图 12-3 婴儿理解支撑现象的研究范式。在两种情形下，都有一只戴着手套的手将一个盒子沿着一个平台的顶部从左推至右。在可能事件中（上方），盒子在其前沿抵达平台边缘时停下。而在不可能事件中（下方），盒子被继续往右推进，直至其底部只剩下左边的 15% 依旧靠在平台上

当婴儿看到这两个事件时会作何反应呢？如按皮亚杰的理论推测，幼小婴儿（如 10 个月以下）会把两个事件视作同样可能。但事实并非如此。实验结果显现出一种与皮亚杰理论不相一致的发展模式：

我们的结果显示，最早在 3 个月大时婴儿就能预期完全不与平台接触的盒子会掉下来，而与平台接触的盒子则保持稳定。在这个阶段中，盒子与平台的任何接触都被认为足以保持盒子的稳定。在 3 个月到 6 个半月之间，至少出现了两方面的进步。第一个进步是，婴儿开始意识到在判断盒子是否保持稳定时，必须把它与平台接触的位置考虑进去。婴儿最初以为无论盒子是在平台顶部还是贴在平台侧面都会使其保持稳定。但到了 4 个半月至 5 个半月，婴儿开始区分这两种接触，并认识到只有前一种方式能确保支撑。第二个进步是，婴儿开始认识到盒子与平台的接触面积也会影响盒子的稳定性。起初，婴儿认为即使盒子底部只有一小部分（如左边的 15%）与平台接触，它也能保持稳定（见图 12-3）。但到了 6 个半月，如果大部分的盒子底部不与平台接触，婴儿就预期它会掉下来。（Baillargeon，1994，pp.133-134）

同样，奎因等人的研究（Quinn，2002；Bhatt & Quinn，2011）表明，3 个月大的婴儿还不会运用相似性这一格式塔原则，而 6 ~ 7 个月大的婴儿就已经会使用。这些学者与其他研究者（Yoshida et al.，2010）都认为，不同的格式塔原则在婴儿发展的不同时期开始发挥作用。

12.2.2 幼儿句法的获得

在第 9 章中，我们讨论过语言能力及其运用的几个特点。每一方面都表现出有趣的发展变化。大多数研究语言发展的心理学家和语言学家都同意以下这个乍听令人吃惊的假设：儿童不学习句法（Chomsky，1959）。也就是说，从婴儿期到青少年期句法发展的方式是难以用简单的学习机制来加以解释的。其中一个原因是，句法一般在很短（仅仅几年）的时间里就已发展完成。再者，处于语言发展期的儿童会听到同一语言的各种不同说法，比如来自父母、兄弟姐妹、老师和其他人。然而，儿童获得的似乎不是特定的句子或表达方法，而是掌控某一特定语言的根本规则。相信诸位通过第 9 章的学习已经了解，统领一门语言的规则是十分复杂且难以用语言表达的。因此，父母和其他成人不太可能把这些句法规则教给儿童。

此外，对与儿童互动的家长研究表明，家长很少会纠正儿童语言中的句法错误（例如 "Yesterday I goed to the playground"）。相反，他们只会对其内容做出反应（如 "No，honey，yesterday we went to the zoo"；Ingram，1989）。诸如此类的理由使得发展心理学家倾向于用"语言获得"的说法而不是"语言学习"。

许多研究语言获得的发展心理学家同意乔姆斯基（1957，1959）关于人类生来具有"语言通则"的断言。也就是说，人们具有获得一种人类语言（与计算机语言和其他人造语言相对）的生物学上的准备。儿童实际获得的语言几乎肯定是由环境决定的：说英语的人的孩子

总会说英语，而讲匈牙利语的人的孩子总会说匈牙利语。乔姆斯基认为人类拥有一套"语言获得机制"，这是一组与生俱来的机制和知识，一旦被环境引发就可以运作。环境决定了哪一种（或几种）语言可以获得，而获得一门人类语言的能力则被认为是与生俱来的。

虽然儿童往往在一岁左右就开始使用可辨认的词，但一般要到 2 岁时他们才能说出包含一个词以上的话。事实上，在一个学步幼儿能说出多个词组成的语句之前，我们不可能谈论其语言中的句法，因为单词句不可能用不同的方式来加以构成。

如果儿童的双词句明显不具备结构，那么我们观察到的就应该是儿童词汇中随机两个词的搭配。事实恰恰相反，我们观察到的是：儿童的双词句表现出相当的规律性。注意专栏 12-1，那是我的侄女布兰迪在大约 18 个月时说的一些双词句或者三词句。你会发现某些词或短语，如"乖乖睡"（rockabye）和"噢，亲爱的"（Oh deah），总是出现在句子的前面；而其他一些词和短语，如"下来"（down）和"做的"（didit），总是出现在末尾；另外一些词，如"Dassie""Mummy"和"Santa"，则既可能出现在开始也可能出现在结尾。

专栏 12-1　双词句样例

Dassie（她对"Kathie"的叫法）下来。（意为"Kathie，坐在地板上"）

妈咪下来。（意思是"妈咪，坐在地上。"）

乖乖睡宝宝。

乖乖睡火鸡。

乖乖睡 Santa。

噢，亲爱的 Santa。

噢，亲爱的 Dassie。

噢，亲爱的妈咪。

噢，亲爱的海龟。

妈咪做的。（"做的"大意指做了某事）

Dassie 做的。

Brannie。（她对"Brandi"的叫法）

Braine（1963）提出了"轴心语法"的假说来解释这种规律性。Braine 认为，儿童首先是从他们听到的语言中选取一小部分经常出现的词来建构他们的双词句。这些词称为"轴心词"。儿童对于轴心词的知识不仅包括其发音和一部分意义，还包括它应该出现在语句中的哪个位置。儿童使用的其他词称为"开放"词。Braine 根据类似专栏 12-1 的资料提出，学步幼儿建构了以下"句法"规则："轴心词 1 ＋开放词"或"开放词＋轴心词 2"，其中轴心词 1 包括所有用在句首的轴心词（如"噢，亲爱的""乖乖睡"），而轴心词 2 则包括了所有用在句末的轴心词（如"做的""下来"）。

Braine（1963）的轴心语法解释了部分儿童语言中一些明显的规律性。然而，其他研究（Bowerman，1973；R. Brown，1973）表明，它不能解释所有儿童的

语言。虽然现在人们一致认为这套语法绝对是不完整的，在很多情况下甚至是错误的，但一些研究者却提出，它也许提供了有关儿童如何从所听到的语言中建构语法的有用意见（Ingram，1989）。

罗杰·布朗（Roger Brown，1973）从不同的方向来解释儿童双词句的规律性。布朗认为处于双词句阶段的儿童并不是通过遵从句法规则，而是通过使用一套小的语义关系来建构他们语句的。表 12-1 列出了他假设的语义关系。布朗认为，这套独特的关系是该年龄段幼儿应有的、关于这个世界知识的自然产物。在他看来，处于这一发展时期的儿童关注的是动作、实施者和对象，他们关心的是诸如对象的位置在哪里，它们何时、如何消失和再现的问题。如此，布朗的假设就能很好地符合皮亚杰关于感知运动发展的有关论述（Ingram，1989）。

表 12-1 早期语法中存在的语义关系

关系	定义和例子
1. 称呼	称呼一个指示物而不用手指着它。通常是对"那是什么"这一问题的回答。常常利用到"这""那""这里""那里"等词来指示(同时参照 11 下面的"指示词和实体")
2. 再现	曾经见到过的指示物的重现,曾经见过的指示物类别中的一个新例子,或曾经见到过的一群物体的数量上的增加。(例如"更多"或"另一个"X)
3. 不存在	某物从视野中消失(例如,"没有帽子""蛋全没了")
语义功能	
4. 作用者 + 动作	作用者就是"具有驱动力并能够引起一个行为过程的某人或某物,通常是有生命的,但也可能不是"(例如,"亚当走"、"车走"、"苏珊离开")
5. 动作 + 对象	对象就是"正在经历状态的变化,或接受一个动作驱使的某人或某物(通常是某物,或者没有生命的东西)"
6. 作用者 + 对象	一种运用上述两个定义的关系。它可看作一种不插入动作的指向关系
7. 动作 + 位置	"一个动作发生的场所或地点",如"汤姆坐在椅子上"。常常以"这里"和"那里"等形式标记
8. 实体 + 位置	对一个实体(即独立存在的任何事物或人)位置的说明。在成人语言中还需要一个连系动词(如"女士家"表示"这位女士在家")
9. 所有者 + 所有物	对物体属于某人的说明(如"妈咪椅子")
10. 实体 + 属性	对于"不能仅从其所属类别的特征中知道的实体属性"的说明(如"黄色的积木""小狗")
11. 指示词和实体	儿童用手指着实体并运用指示词,其他与 1 的称呼一样

布朗所采用方法的一个问题是,它要求成人必须理解儿童语言所表达的意思。它会使成人以自己的假想和信念去理解儿童语言,而且它还假定成人和儿童是以一种相似的方式来运用语言表达世上的事件和物体的。Ingram(1989)指出这种假定可能是错误的。

自 20 世纪 70 年代以来,许多研究都尝试避开句法和语义方法中存在的问题(Camaioni, 2001; E. V. Clark, 1993; Tomasello, 2006)。许多现存模型的复杂性和特殊性让我们难以在此进行讨论。不过,研究者一致同意,即使在语言使用的早期,儿童的语句已经表现出相当的规律性。由于这些规律有许多是通过观察不同文化、不同语言社会的儿童而得到的,所以研究者进一步假设,儿童的语言获得不可能仅仅是学习的结果。

12.2.3 学前儿童记忆策略的运用

许多儿童记忆发展的研究者都对年幼儿童和较大儿童在执行记忆任务时采用的不同方式感到吃惊(Biazak, Marley & Levin, 2010)。其中一个特别让人吃惊的差异是对于记忆策略的运用。记忆策略可定义为"为了帮助记忆而刻意采用的计划和程序"(A.L.Brown, Bransford, Ferrara & Campione, 1983, p.85)。其中一个重要的记忆策略是对将要记忆的材料进行复述。复述可以是无声或出声重复,通过复述能把信息保持在工作记忆中,使其更容易被长期保留(Ornstein & Naus, 1978)。

许多研究(Ornstein & Naus, 1978)反复证明了两点。第一,年幼儿童(即学前儿童和小学低年级学生)比较大儿童(即小学高年级和初中学生)更少复述材料。第二,不会自发复述的儿童经过引导可以做到,而且他们的记忆表现往往能够提高到那些会自发复述的同龄人水平。

Flavell、Beach 和 Chinsky(1966)的一个经典研究证实了第一点。他们对幼儿园、小学二年级和五年级的儿童进行研究。每个儿童都会看到两组图片,每组七张,然后他们要按照实验者进行的顺序指出这些图片。在一种条件下,实验者完成指示与儿童开始重复这一顺序之间的时间间隔为 15 秒。在等待的间隔,儿童戴着特殊的"太空帽",使他们既不能看到图片,也不能看到实验者,但实验者却可以观察他们是否用语言把要记忆的东西表述出来(其中一个受过唇读训练的实验者负责在每个环节观察和聆听这种语言)。结果引人注目:幼儿园被试几乎没有一个进行复述;而一半多一点的二年级生和几乎所有五年级生都表现出复述行为。

之后的一个研究(Keeney, Cannizzo & Flavell, 1967)运用相似的程序证明了第二点。这些研究者发现,6、7 岁的"复述者"在回忆信息时的表现比同龄的"非复述者"好很多。当非复述者后来经过训练学会复述时，他们的表现与原来的"复述者"就没有什么差别了。不过，当原来的"非复述者"被允许使用自己的方法时，他们还是会放弃使用复述策略。A. L. Brown 等人（1983）认为，童年早期对复述的使用有些勉强，很容易消失，而且仅仅在非常有限的环境中才会出现。

记忆发展的其他研究表明，儿童在一个记忆任务上的表现通常受到他们对该记忆任务材料已有知识和专长的影响。Michelene Chi（1978）的一个研究证实了这一点。该研究的被试是参加过国际象棋锦标赛的儿童（从小学三年级到八年级）以及几乎不懂国际象棋的成人。在标准的数字广度任务中，成人的表现比儿童好。然而，当记忆任务涉及对棋盘上棋子位置的记忆时，这些儿童的表现就会比成人好。一种可能的解释是，这些擅长国际象棋的儿童有关下棋的知识使他们能够注意到更多的棋子间的关系（例如"车在攻击皇后"），从而为他们提供了比不擅长国际象棋的成人更多的提取线索。

12.2.4　儿童中后期推理能力的发展

阐明认知发展信息加工模型的最后一组例子描述的是推理能力的发展。Osherson 和 Markman（1975）的一个经典研究表明，小学一、二、三年级的学生显然难以分辨在经验上正确或错误（即，事实上为真）的命题和在逻辑上正确或错误（即，由必然性或定义推断为真）的命题。实验者向儿童、青少年和成人呈现不同颜色的单色小塑料片，并告诉儿童实验者将针对这些卡片做一些陈述，然后要他们判断这个命题是对、是错或"无法得知"。一些命题是关于实验者摊开的手上可见的卡片，而其余的相似命题则是关于藏在实验者握紧的手中的卡片。这些命题包括逻辑的同义反复（肯定正确的命题），例如，"我手上的卡片要么是黄色，要么不是黄色"；逻辑矛盾（肯定错误的命题），例如，"我手上的卡片是白色的，而且它不是白色的"；以及不能肯定判断对错，而取决于卡片实际颜色的命题。

小学一、二、三年级甚至六年级学生都不能正确回答同义反复和矛盾对立的问题，特别是在卡片被隐藏的情况下。他们倾向于认为，诸如"我手上的卡片要么是蓝色，要么不是蓝色"的命题只有在能看见卡片时才能进行判断。相反，十年级生和成人则更倾向于认为，即

使不能看到卡片，如果命题是同义反复或矛盾对立，人们仍能根据形式对其进行判断。这些结果与皮亚杰的看法是一致的，逻辑推理，尤其是抽象、假设性的推理，必须在青少年期获得形式运算后才能实现。

Hawkins、Pea、Glick 和 Scribner（1984）后来做的一个研究则描绘了另外一种情形。他们向 4 岁和 5 岁儿童提出一些三段论问题，例如"pog 都穿着蓝靴子。Tom 是 pog。Tom 穿着蓝靴子吗？"完成这个三段论要求运用逻辑推理。与预期相反，学前儿童能够正确回答许多三段论问题，并且为他们的回答提供恰当的理由，尤其是在问题涉及虚构的动物时。实验者相信这些特殊的三段论问题避免了儿童利用他们对动物已有的知识（他们以前不可能有关于 pog 的知识或经验）。

而对于其他关于真实动物或物品的三段论问题，儿童的表现就显然要差一些，尤其是在问题的前提与儿童对世界的原有知识不一致时（例如，"眼镜掉在地上会弹起来。所有会弹起来的东西都是橡胶做的。眼镜是橡胶做的吗？"）。这一结果意味着虽然儿童早期可能已存在一定的逻辑推理能力，但这些能力大部分是未经充分发展和不稳定的，至少在青少年期之前是这样，这种状态也许还会在成年期持续（参见第 11 章中关于成人推理能力的讨论）。

Moshman 和 Franks（1986）的另一项研究也支持这种观点。他们给儿童（四年级和七年级生）做一个更为严格的逻辑推理能力测试。给这些儿童呈现几组卡片，每组三张。每张卡片上印有一个推论，它要么是①在经验上正确或错误的，要么是②在逻辑上有效（由前提必然得出结论；参见第 11 章）或无效的。参测儿童要以尽可能多的方式把卡片分类。在一些情况下，实验者会给他们有效的概念定义，并提示他们根据这个标准将卡片分类。然而，即使实验者特别关照他们这样做，四年级学生仍然难以按有效性的标准进行分类（而是会按结论的真假或推论的格式进行分类）。Moshman 和 Franks 解释结果时认为，这意味着即使儿童能够推出逻辑上有效的结论，他们完全理解有效性的概念也要等到大约 12 岁（恰巧，2011 年 Barrouillet 以及 Gauffroy 和 Barrouillet 最新的研究支持了该观点）。

我和我的合作者（Galotti，Komatsu & Voelz，1997）紧随这条研究主线，希望了解儿童何时能认识到演绎推理和归纳推理的不同。如下是这两种推理的例子：

① "所有 wortoid 都有三个大拇指。Hewzie 是 wortoid。Hewzie 有三个大拇指吗?" ② "Hewzie 是 wortoid。Hewzie 有三个大拇指。所有的 wortoid 都有三个大拇指吗?"大多数青少年和成年人能分辨出第一个问题(用到演绎推理)和第二个问题(用到的是归纳推理)的不同。前者的可能性较大(事实上该结论是肯定的);后者则只有部分(或大或小)的可能性。我们的研究显示,只有到四年级儿童才能前后一致且清楚地说出归纳和演绎推理的区别。不过到了二年级,他们就表现出了一种对此区别的潜在理解,进行演绎推理时更快、更自信。

对认知发展的非皮亚杰流派近期研究的上述回顾,从更窄更具体的角度对发展进行了描述。这个流派的研究者一般不关注普遍广泛的认知成就,相反,他们对自己使用的独特任务提供更具体的解释。因此,对于推理能力如何发展的一种解释与对于儿童如何获得和组织关于概念的新信息的一种解释之间,也许毫无共同之处可言。然而,前文中提到的那些研究者认为,这种狭隘性是有积极意义的。他们相信,通过关注具体的任务和领域,一幅关于儿童知道什么、能做什么的更清晰、更准确的画卷将最终浮现。

一些发展心理学家看到了皮亚杰这样的大理论家去世所留下的一大片空白(Bjorklund, 1997)。他们号召研究者在日常生活的情境中考察儿童在各种认知任务上的表现,并且要从一些成人看来可能是"失败"的表现中觉察到发展的"价值"所在。例如,Bjorklund 和 Green(1992)提出,学前儿童对自身能力不现实的高估常常被认为是他们缺乏现实自我判断力的表现,但其实这是有一定好处的。那些认为自己在某个领域能力很强的儿童在练习该领域技能时就会花更多时间,练习得更努力。我儿子迪梅在 5 岁时就表现出许多这样的情况。他确信自己的篮球技术"很棒",会常常不知疲倦地去练习"投篮",虽然成功率很低。作为一个成人,我评估自己篮球技术的能力比他好多了。(也许正因为如此,只要可以不投,我就绝不会去丢人现眼。)

12.3 "是什么获得了发展":一些后皮亚杰主义的回答

回忆一下前面的讨论,皮亚杰理论把认知发展描述为一个渐进获得更成熟的心理结构的过程。而其他流派

的研究者并非都承认不同年龄的儿童拥有不同质的心理结构。这些研究者为"儿童认知如何发展"的问题提供了各种不同的答案。在这里,我们将回顾其中几个最为普遍接受的观点。

12.3.1 神经方面的成熟

神经或大脑的发展是认知和认知发展心理学家越来越关注的一个方面。虽然大脑中的许多神经元在怀孕期间就已出现,但在出生以后,特别是头四年里,大脑仍然在继续发育(Nowakowski, 1987)。早期暴露于刺激之下有助于在神经元之间建立起正常水平的相互联系,由此形成一个更为复杂的神经细胞网络,使大量信息得以有效传递。

神经系统的发展是否直接影响了认知的发展呢?Goldman-Rakic(1987)记述了一些在猴子身上做的研究,这些研究显示,年幼的猴子能够完成某一认知任务(如皮亚杰的客体永恒性任务)的年龄,刚好与前额皮质区神经连接的发展高峰相吻合。

Adele Diamond(1991)沿着这条线索做了进一步的研究。他运用了一个经典的物体守恒任务,在该任务中,先给婴儿看一个物体藏在位置 A 处,然后让婴儿看到物体被改藏到位置 B 处,但是婴儿仍然去位置 A 处寻找被藏起来的物体,而不是去位置 B 处。Diamond 比较了较大婴儿(7 ~ 12 个月)执行"A,非 B"客体永恒性任务的能力与其额叶皮层的发展。结果显示,大脑中的这片区域无论是在突触的密度还是在轴突的髓鞘形成上都有极大的发展。Diamond 的研究表明,在"A,非 B"任务上的进步与婴儿的年龄(因此也与其额叶的发展)相关。在对额叶损伤的猴子所做的研究中,她让一些猴子产生特定的神经缺陷,结果它们在"A,非 B"任务上表现出与不同年龄的婴儿相同的行为模式。

Diamond(1991)相信额叶皮层构成了认知行为的基础,不仅表现在跨越时空整合信息的能力上,而且表现在抑制强烈反应倾向的能力上。一个在 A 地点(物体之前被隐藏的地点)而不是 B 地点(物体刚刚被藏的地点)寻找物体的婴儿必须记住藏匿地点已被更改这一信息,同时抑制自己做出以前曾经成功过的行为反应(在 A 地点寻找)。

更多最新的研究使用脑成像技术描述了下列图景:随着发展,大脑变得越来越协调和有组织性(Farber &

Beteleva，2011）。与所谓基础功能有关的脑区先发展，例如感觉和运动行为区，这和皮亚杰的观点一致。联结区域，即促进信息整合的脑区发展得稍慢一点。参与自上而下行为控制的区域最后发展，例如额叶和前额叶皮质（Casey，Tottenham，Listen & Durston，2005）。而且，随着个体发展并且具有了一定的经验，大脑中特定神经元的突触连接得以加强，而不使用的突触连接会逐渐凋亡。这一凋亡使得神经回路更有效率，日益专门化而且具有个体的独特性。Kuhn（2006）推测大脑的这一重组能够说明在青少年期，个体在表现上的差异越来越普遍的原因。尽管这也适合解释6个月大婴儿的认知能力，但是当一个孩子进入青春期时，在表现上的差异就更为广泛，例如一些青少年能够像成年人那样完成某些任务，另一些则不能。库恩认为引发这一变化的一个重要因素来自青少年所投身的经验，这些经验反过来使不同的神经回路的保持或者凋亡。

认知操作的神经基础是现在研究的前沿。某个认知任务是否要求神经发展达到某个水平，以及环境经验在神经活动和发展中的作用这些问题，肯定会成为未来十年的研究焦点。

12.3.2 工作记忆容量与加工速度

我们在第5章、第6章对记忆的论述中提到，工作记忆是许多认知任务的一个基本成分。工作记忆是存储和操作正在使用信息的系统。显然可以做这样的推理，

一个人工作记忆的容量越大，就越能完成更复杂的认知任务。研究者，如 Pascual-Leone（1970），Gathercole 及其同事（Gathercole & Pickering，2000；Gathercole，Pickering，Knight & Setgmann，2004）以及 Simmering（2012）尝试测量儿童在执行认知任务时可用的"心理空间"的大小。他们的报告指出这种容量随着年龄的增加而增加。

一些研究涉及对记忆广度的评估。实验者向儿童呈现一些符号串，例如数字、字母或单词等，然后让儿童重复。因此，记忆广度就是某一年龄的儿童能稳定复述出来项目的数目。图12-4是几个研究的结果，它们显示记忆广度随年龄增加而增加。

一些观点认为，工作记忆广度受到心理加工场所中信息消退快慢的限制（Hitch，Towse & Hutton，2001）。还有一些研究者提出，发展的不是工作记忆容量本身，而是信息加工的速率/效率（Case，1978；Dempster，1981）。例如，研究显示不同年龄的儿童命名项目、旋转心理图像和从视觉呈现中搜索的速度存在广泛的差异（Kail，1986，1988）。成人和较大儿童对这些任务的执行往往比较小儿童快。可以假定，这些任务都是在工作记忆中执行的。如果一项任务比另一项任务花的时间更长，这就可能反映它消耗了更多的"心理能量"。一般信息加工理论都假定心理能量是有限的，那么一个任务消耗的心理能量越多，余下可供其他加工使用的认知资源就越少。反过来，这也解释了为什么总体而言

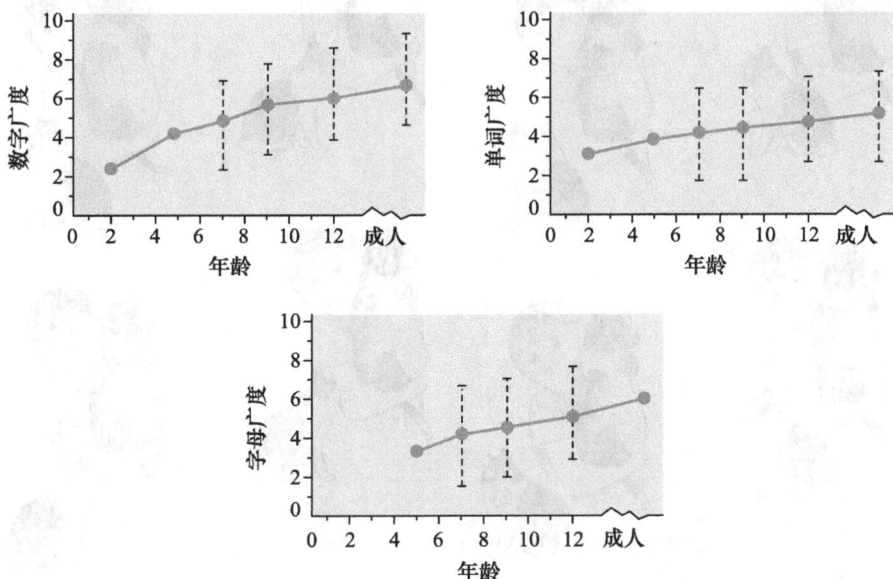

图 12-4 数字广度、单词广度和字母广度的发展差异

年幼儿童的认知表现会比较大儿童和成人差：信息加工者年龄越小，某个既定任务需要的心理能量就越多。工作记忆容量和效率如何随发展而改变这一问题仍是当今的一个研究课题（Cowan et al.，2006）。

12.3.3 注意与知觉编码

随便问一个家长或教师他们都会说：较小儿童的注意广度要比较大儿童小。正因为如此，他们往往花较少的时间从环境中寻找可得信息。具体而言，学前儿童对复杂认知任务的回应常常是冲动的，即很快但错误很多（Kogan，1983）。较小儿童区分相似物品的能力比较大儿童弱，也许亦与此有关（E. J. Gibson & Spelke，1983）。

如果你去看看星期天报纸上的漫画版，就可能看到描述这一现象的很好例子。其中一些游戏是让儿童仔细看两幅十分相似的图画，并找出其中的两处完全相同之处。这两幅图画往往看上去非常复杂，包含着许多物体或人，每个物体又包含了许多细节。而两幅图的不同之处常常都包含在细节之中。例如，一幅图可能画了一个头发中藏着一个圆点图案蝴蝶结的小女孩；而另一幅图中的同一个女孩摆着同样的姿势，穿着相同的衣服，只是戴的蝴蝶结是条纹图案。图 12-5 就是这样的一个例子。

与较大儿童和青少年相比，学前儿童和低年级小学生往往会觉得这种游戏更难。这部分与他们来回看两幅图片的时间有关。另一种解释来源于知觉学习理论（Gibson，1969），即较小儿童一开始注意到的不同之处较少。

Kemler（1983）延续了这一观点，认为随着发展的进行，儿童信息加工从一种**整体性**（holistic）方式转成一种更具**分析性**（analytic）的方式。Kemler 的意思是，较小儿童是从总体上加工信息的，他们关注的是物体间的总体相似性。例如，如果给他们一个红色三角形，一个橙色菱形和一个绿色三角形，然后让他们"把同类的物体放在一起"，较小儿童倾向于把红色三角形和橙色菱形放在一起，因为这两个物体之间的相似程度要大于它们任一个与绿色三角形的相似程度。与此相反，较大儿童和成人关注的则是信息的某个部分或某个方面。在同样的分类任务中，成人一般会把红色和绿色三角形分到一类，因为它们的形状相同。

研究还显示，儿童在集中注意力方面存在困难。在其中的一项研究中，Strutt、Anderson 和 Well（1975）要求儿童和成人尽可能快地将一叠画有各种几何图形的卡片分类。其中一些卡片上的图形只在相关属性上有差异。

图 12-5 请找出两幅完全一样的照片

例如当要求儿童按照形状分类时，图片上只有圆形或方形；而另外一些卡片上的图形则在相关和不相关的属性上都有差异。例如图形上方或下方有一条线或一个星形图案。这种不相关信息的存在不影响成人分类的速度。然而，它却能减慢 6 岁、9 岁和 12 岁儿童的分类速度，儿童越小影响越大。这个对"是什么获得了发展？"的回答显示，在知觉和注意方面，较小儿童执行认知任务时与较大儿童均存在差异。较小儿童编码和注意的内容与较大儿童和成人的有所不同。因此，由于输入不一样，他们的信息加工也就不一样。另外，年纪较大的儿童和成人将注意力集中在任务上的能力也发生了量的提高（Couperus，2011）。

12.3.4 知识基础和知识结构

一些信息加工流派的发展心理学家认为，获得常识和专长是认知发展中一个十分重要的方面。对成人的研究表明，人们的认知加工会随他们对任务使用材料的熟悉程度而相应地发生变化。例如，Chase 和 Simon（1973）向一位国际象棋大师（一个经确认的"专家"）、一位熟练的国际象棋手和一名初学者呈现一些棋局，上面摆放着按各种方式排列的棋子。他们的任务是观察某个棋盘5 秒钟，然后拿走棋盘，让他们在一个空棋盘上重新摆出棋子的位置。

研究者发现，当棋盘上呈现的是真实的棋局时（即棋子的排列方式可能在真实比赛中出现），大师和熟练棋手正确复盘的棋子数比初学者多得多。然而，当棋子是随机排列时，大师的表现并不比初学者和熟练棋手更好。Chase 和 Simon（1973）总结道，当呈现的信息与其专业知识有关时，专家能提取的信息就比初学者多。换言之，即专业知识有助于人们更高效地获得和组织信息。因此，当信息与一个人的专长有关时，他的表现总体来说会更好。这个解释与前面提到的 Chi 对儿童国际象棋高手的研究结果是一致的。

Chi 和 Koeske（1983）对一名 4 岁半的恐龙迷做了一个相关的研究。研究者首先测试该儿童对各种恐龙的熟悉和了解程度，并把 40 种恐龙分成两组：20 种儿童了解相对较多的恐龙为一组，另外 20 种一组是儿童了解相对较少的。然后，研究者在三种不同场景中向他呈现这两组恐龙的名单，每组都有 20 种恐龙。研究者每 3 秒说出一个名称，最后让他把名单复述出来。这个小恐龙迷回忆出的"熟悉"恐龙名称（20 个记住了大约 9 个）明显多于其"不熟悉"的（20 个记住了大约 4 个）。

Chi 和 Koeske（1983）据此以及另外一些研究的结果提出，一般而言儿童在记忆任务中（也许还有其他认知任务）如此糟糕的表现，要部分归咎于他们对该任务所使用信息的了解和专业知识的相对匮乏。如果同样的任务使用的是他们熟知的材料，那么其表现就会大大地改善。也许熟悉的材料在编码、提取相关信息、注意新异特征等活动中需要的认知努力较少。

Chi 的研究显示，在儿童具有专长的领域中，如对玩具的知识相当熟悉，儿童会表现出更好的记忆能力。

Katherine Nelson 及其同事所进行的研究角度稍有不同，他们关注的是儿童如何存储和组织知识，特别是关于事件的知识（Nelson，1986）。其主要方法是让儿童描述他们熟悉的日常生活里的知识，例如"你上幼儿园时会发生什么事情？"或者"告诉我制作曲奇饼时发生了什么。"对于后一个问题，Nelson 和 Gruendel（1981）从不同年龄的儿童身上收集到各种各样的回答，从

"呃，把它们烘好然后吃掉。"（一名 3 岁小孩）

到

"首先你需要一只碗，一只碗，你还需要大约两个鸡蛋和一些巧克力片以及一个打蛋器！然后你就要把蛋打开，放进碗里，并拿一些巧克力片，把它们搅和在一起。然后，把它放入烘箱烤大约 5 ~ 10 分钟，这样你就把曲奇饼做好了。然后你就把它们吃掉！"（一个 8 岁8 个月的小孩）(p.135)。

首先，显然即便是一个 3 岁的小孩对此也有一定

的了解。Nelson（1986）用脚本或泛化事件表征这些术语来表述这种知识的组织过程。你也许记得第6章中曾经提到，脚本包含的信息是按时间顺序组织的，也就是说是按事件中每一件事情发生的时间加以组织。请注意，儿童是如何运用时间联系把一个步骤和下一个步骤连起来的。例如，"首先做X，然后做Y，这之后再做Z"。随着儿童的发展，脚本变得更长且更精致。Fivush和Slackman（1986）也指出，随着儿童对一个事件熟悉度的加深（例如，如果该事件是"上幼儿园"，而儿童在一学年中反复接受测试），他们的脚本会变得越来越复杂，包含更多条件性的信息，如"天在下雨，我们在室内玩。"随着儿童把不同活动的更多选择具体化（例如，"我可以玩过家家，或者我可以画画，或者我可以看书，直至集体围坐时间⊖"），他们的组织变得更有层次性。同时，他们的组织也逐渐变得更为概括，在描述脚本时，提到某一天具体的活动细节更少了。

Nelson（1986）认为，脚本有助于许多认知活动，包括理解、记忆和对话。她认为脚本和泛化事件表征为儿童提供解释情景中行为、事件和人物的"认知情境"。特别是由于儿童似乎只在某些特定的情境中才能最好地完成认知任务，所以了解情境中的哪些方面为他们提供了帮助或造成了阻碍是十分重要的。Nelson相信，"儿童在不同情景中表现好坏的显著差异，是因为他们对一些情景建立了相关的泛化事件表征，而对另外一些情景则没有"（p.16）。

12.3.5 策略

在碰到一个复杂认知任务时，成人常常会发展出某种系统的方法来帮助自己更高效地达到该任务的要求。这种方法称为**策略**（strategy）。例如，许多大学生在为即将到来的考试做准备时，会复习一遍他们的课堂笔记，列出每堂课的阅读大纲，并就不清楚的材料向教师进行咨询。所有这些都是策略。

在对Flavell关于复述策略经典研究（Flavell et al., 1966；Keeney et al., 1967）的讨论中，我们已经提到过策略在认知发展中的作用。回忆一下，他们的研究表明较小儿童在记忆任务中较少会自发地使用复述策略，但可以学会使用它。不过，当研究者不要求使用该策略

时，他们大多数会放弃使用。Keeney等人认为，非复述者有产生缺失，即不使用对一个已知任务最为恰当的策略的倾向。虽然这些儿童有使用复述策略的能力，但他们并不会自发地使用它，而且在可选择不使用它时，他们就不加以使用。

这是为什么呢？有人回答说，策略要消耗心理能量。这个现象可能只是因为与较大儿童相比，对于较小儿童来说运用一个策略更加困难（Howe & O'Sullivan, 1990）。也许随着认知能力的提高（例如，神经发展更加成熟，工作记忆容量更大，知识基础更丰富以及其他因素的作用），执行一项策略所需的心理能量就会减少。这样，策略运用就为认知技能增添了更有用的内容。

研究表明，随着儿童获得算术经验，他们开始采用更为复杂的策略，以达到更好的表现。

这种解释与其他一些策略运用研究的发现是一致的。这些研究表明，当一个任务可使用几种不同策略时，较大儿童能更好、更灵活地调整他们对策略的选择（P. H. Miller, Haynes, De Marie-Dreblow & Woody-Ramsey, 1986）。Siegler和Jenkins（1989）在评论对儿童算术策略的研究时也指出，虽然几乎任何年龄段的儿

⊖ 围坐时间是西方学前教育中普遍采用的一种教学方式：小朋友和教师围坐在一起，进行教学或其他活动。——译者注

童和成人都有很多策略可供选用，但随着年龄和经验的增加，运用更成熟策略（可以推测，这些策略的执行要消耗更多的心理能量）的可能性也随之增加。不管怎样我们都可以肯定，策略有助于信息的加工，使用更好策略的人（无论是由于什么原因）常常有更好的认知表现。较小儿童不能像较大儿童和成人一样运用策略，因此在许多认知任务上处于劣势。

12.3.6　元认知

在同一项认知任务中，较大的儿童常常能比较小的儿童更好地评估任务的复杂性并调控自己的表现。例如，在 Flavell、Friedrichs 和 Hoyt（1970）所做的一项记忆研究中，研究者给学前儿童和小学生一组项目让他们去记忆，直至他们确定自己能全部记住为止。较大儿童能更好地判断自己何时已经学得充分了，并且能更好地预测自己可以回忆出多少个项目。

Flavell（1985）认为这是**元认知**（metacognition）的一个特点。元认知可以广义地定义为“任何以自身为目标的，或可以调节任何认知活动任意方面的知识或认知活动”（p.104）。其总体思想是，元认知是“对自身认知的认知”。它包括元认知知识，即对自己认知能力和局限性的认识。例如，你很可能会精确描述出自己的记忆能力、注意广度以及你对某一特定领域（如足球、认知心理学、其他琐事）知识的深度与广度。你了解自己的优势和不足，知道哪些策略对你最有用，你还懂得何时可以运用它们。而较小儿童对自己能力的了解就没这么多了，他们往往过于乐观，认为自己能很好、很容易且很快地完成大多数认知任务。

元认知还包括元认知经验，即在个体身上发生的、与个体对自身认知过程有关的知识和了解。例如，不确定或怀疑的经验，以及对自己的表现、决策或价值观的深层反思都属于元认知经验。Flavell（1985）认为，较大儿童和成人能够更好地辨认并意识到不同元认知经验的重要性。

显然，元认知知识和调节对于许多认知任务都尤为重要。较小儿童在认知任务上的表现之所以较差，其部分原因可能是他们没有关于这些任务要求的元认知知识。也就是说，他们不知道如何判断任务的难度，因而不能通过必要的程序或用其他方法来解决它。原因也可能是较小儿童对其信息加工的元认知控制较弱（A.

L. Brown et al.，1983）。例如，Markman（1979）指出，与六年级生相比，三年级生报告其所读文章中的前后不一致或矛盾之处的能力较差，即使在研究者提醒他们大声把文章读出来时也是如此。在后来的一项研究中（Markman & Gorin，1981），明确告诉 8 岁和 10 岁儿童寻找文章中的前后不一致处，结果他们做到了。从这些研究得到的一个大致结论是，儿童在阅读时不会自发地监控自己的认知表现，但经引导他们能这么做。不过除非是在最佳条件下，否则儿童（特别是较小儿童）可能不会发现自己认知加工的偏差。

近来，认知发展心理学家把关注的焦点转向了另一个相关的研究领域：儿童的心理理论（Atance & O'Neill，2004；Butterworth, Harris, Leslie & Wellman，1991；Flavell，1999；Perner, Lang & Kloo，2002）。心理理论这一术语意指具有这样的直觉，人们互相视对方为有认知能力的个体，对彼此的知觉、注意、记忆、语言和思维技能，以及对方的愿望和意图等，换言之，就是他们的心理状态做出某些推测。这些推定合在一起就被称为心理理论。

用来测试儿童（通常是学前儿童）心理理论的一个常用任务是所谓的错误信念任务。例如，研究者给儿童讲一个故事，说一个小男孩把一件玩具放进一个盒子里，然后离开了房间。当他出去时，他的妹妹走进房间把玩具从盒子中取出来玩，然后把它放在另一个地方。研究者问儿童，那个小男孩会觉得玩具在哪里。换句话说，儿童是否分得清他们自己对玩具位置的知识和另一个缺少相关信息的人对此的知识或信念？结果与皮亚杰理论一致：这种能力是在学前时期缓慢发展起来的（Jenkins & Astington，1996）。心理理论的出现一般与语言能力有关，而与记忆能力无关。显然，除了自己的心理状态以外，学前儿童还有许多关于别人心理状态的东西需要学习（例如，别人可能在想什么，可能想要什么，可能在回忆什么等）。Flavell、Green、Flavell 和 Grossman（1977）的研究表明，4 岁的儿童甚至不知道自己是否在自言自语！

我们已经回顾了认知发展的诸多研究材料。然而，在这个领域有如此众多的活跃研究，我们仅仅是对所有重要信息进行了点到为止的概述。

认知发展心理学家还会受到“是什么导致发展？”这一问题的挑战。具体而言，目前对于认知发展有多少是由生理因素（如遗传和成熟）决定，又有多少要归结于环境作用（如学校教育和练习的机会），仍然存在持续而激烈的争论。本领域目前的一个焦点就是找出引出、阻碍和促进认知发展的因素。

由于本章关注的是婴儿、儿童和青少年，你可能留下了这样一个印象，即成人的认知是不会改变的，并且所有成人的认知水平都差不多。我们将在第 13 章中看到，这种印象是错误的。成人与儿童一样，在其专业知识的多寡以及执行认知任务的独特方式上均存在差异。另外，最近关于认知和衰老的研究（这将在下一章中回顾）也指出，认知随年龄的变化并不止于青春期。

概要

1. 不同年龄儿童的认知表现各异。换言之，儿童在许多认知任务上，包括知觉、注意、记忆、语言、问题解决和推理，其表现形式与成人不同。总体而言，儿童越小，其表现与一般成人的差别越大。由于儿童确实与成人不同，所以在设计有价值的研究以帮助解释认知发展如何发生以及如何能促进发展这样的问题时，就需要研究者的智慧和审慎。

2. 对儿童与成人之间的差异以及较小的儿童和较大的儿童的个体差异的描述仍处于争议之中。一些心理学家，特别是皮亚杰学派的学者认为，要想对认知发展加以最好的描述，就必须强调处于不同发展水平、拥有不同心理结构的人之间存在的质的差异。

3. 皮亚杰提出的阶段理论认为，发展是由不同质的几个发展时期组成的。阶段理论认为从一个阶段到另一个阶段的递进顺序是固定的，而且这些阶段在各种文化中是普遍的。

4. 皮亚杰把认知发展分成四个基本阶段。第一个阶段称为感知运动阶段，婴儿通过感觉和运动经验获取新知识，他们缺少心理表征的能力。在 18 个月到 2 岁左右，儿童进入认知发展的前运算阶段，他们获得了表征和符号能力、语言以及想象和幻想游戏的能力。同时，其认知能力还受到其自我中心主义、单维化和不可逆思维的限制。

5. 皮亚杰认为小学年龄段的儿童（大约 5～11 岁）是具体运算思维者，他们可以考虑一个情形的多个方面，达到数量守恒，进行可逆性思维以及稳定地进行分类。最后，在进入青少年期后，他们获得了形式运算能力，例如系统、抽象、假设性地进行思维的能力。

6. 皮亚杰学派以外的研究者关注的是基本认知能力（如记忆容量、注意广度、知识基础）的变化以及组织信息的方式。他们研究支持认知功能的遗传和成熟因素，以及影响不同年龄儿童解决认知任务的方法的发展变化。与皮亚杰主义不同，许多非皮亚杰主义理论家反对认知发展阶段论的观点。他们认为认知发展是对使得认知操作更高效的能力、策略和知识的逐渐获得和组织。

复习题

1. 发展的阶段理论最主要的假设是什么？

2. 在皮亚杰理论中，是如何解释发展过程中认知结构适应的。

3. 皮亚杰认为处于不同发展阶段儿童的认知方式有质的区别。试举具体事例说明此观点。

4. 根据皮亚杰理论，描述前运算阶段思维的主要特征。

5. 试评价 Baillargeon 对婴儿期知觉发展研究的意义。

6. 为什么大多数认知发展心理学家把语言学习和语言获得这两个词区分开来？有什么论点支持这种区分？

7. 儿童中、后期推理发展的研究是如何支持或与皮亚杰的推测相冲突的？

8. 试对比心理学家提出的用于解释认知发展的两种机制。

认知的个体差异

本章以前，我们都假定每个人的认知发展经历了相同的进程。虽然在前面的章节中，也看到儿童处理认知任务的方式与成人并不完全相同，但是我们假设，随着时间的推移、儿童的成长，或许还有教育，儿童处理认知任务的方式会逐渐变得与成人相一致。事实上，我们一直忽略了被心理学家称为**个体差异**（individual differences）的现象，即不同个体在行为模式上存在质或量方面的稳定差异。

在第14章中，我们将关注个体所处文化对认知的影响。本章则将讨论个体差异的其他方面，即认知能力的差异，主要讨论智力，以及处理特定问题时认知风格的差异。我们同样还要探讨认知的性别差异问题：个体的生物性别以及与其性别相关的心理态度是如何对认知或认知的信息加工过程产生稳定影响的。

为什么认知心理学家会对认知的个体和性别差异感兴趣呢？简单来说，如果人们处理认知任务的方式一直在发生变化，心理学家就不能讨论认知是以哪一种方式工作这一问题了。因为如果实际上存在很多方式而只对其中一种加以说明，就不但忽视了人的多样性，也意味着对于某一项存在的任务而言只有一种处理的方式。研究者之所以对个体和性别差异问题感兴趣，是因为他们试图解释为什么一些人总能比另外的人出色地完成认知任务，为什么一些人感到更能胜任某些特定的认知任务。

13.1 认知中的个体差异

个体差异这个术语意味着不同的人会用不同的方法来处理相同的任务。在对个体差异研究感兴趣的心理学家中，研究人格特质的心理学家占了相当大的比例。而认知心理学家对个体差异关注则一般集中在如下两个不同的方面：能力上的个体差异（即执行认知任务的能力）和风格上的个体差异（指个体用于处理认知任务的特有方式）。

13.1.1 能力差异

许多心理学家将**认知能力**（cognitive abilities）等同

于**智力**（intelligence）。例如 Hunt（1986）就认为，"对于认知任务中人们所显示的与其个体特质相关的不同表现而言，'智力'只是一个利于人们速记的术语；……对于人们所展现的千差万别的心理能力而言，智力则是一个集合名词"（p.102）。其他心理学家虽然没有做出如上论断，但大多数都认为人们在智能（以及其他重要的能力）上存在差异。心理学家对于应该用一种普遍的心理能力（被称作智力）还是用许多变化的智能来描述这种差异还存在争议（Sternberg & Detterman，1986）。

即使那些认为智力是一种一般心理能力的心理学家对于这种能力究竟是什么也存在争论。一些人认为它应该是一种有效的学习能力，另外一些人则认为是适应环境的能力。还有一些智力概念把这种一般心理能力界定为心理速度、心理能量和心理组织（Gardner，1983，1999；Sternberg，1986a）。许多研究智力的心理学家对于不同认知能力中存在的稳定个体差异进行研究，以此来解释更为广泛智力任务中人们所表现出的更为普遍的差异。心理学家对人们究竟在哪些认知能力上存在差异正进行着激烈的争论。Horn（1989）开列了一张颇具代表性的一览表（注意以下所列并没有打算呈现全部的独立技能和能力）：

- 言语理解：对单词、句子、段落的理解。
- 对问题的敏感性：提出解决问题的方法。
- 三段论推理：由前提得出结论。
- 数字熟练度：进行算术运算。
- 归纳：指出关系中的原理。
- 一般推理：找到代数问题的解答途径。
- 联想回忆：呈现某要素时能够回忆起与之相关联的其他要素。
- 广度记忆：当一系列元素呈现之后能够立刻回忆出来。
- 联想流畅性：说出与给定词意思相近的词。
- 表达流畅性：用不同方式说同一件事。
- 自发变通性：说出同一种物体的不同功能和分类。
- 知觉速度：在快速条件下找到某一样品的示例。
- 形象化：对物体进行心理操作以使其具象化。
- 空间定位：视觉上想象出不在适当位置的部分并将其归位。
- 长度估计：估计两点之间的长度或距离。

此处的关键是人们（包括成人和儿童）在上述认知能力上表现出许多差异。如同我们在运动技能、音乐欣赏或幽默感方面的差异一样，在智力和认知方式上人们也会有许多不同：例如在记忆力、注意广度、专心程度等方面。这些差异又会导致我们处理和操作认知任务时方式方法的不同。

Keating 和 Bobbitt（1978）的一项研究支持了这种观点。研究者进行了三组实验，被试分别为 3 年级、7 年级、11 年级的学生，每一组都包含高能力（通过非言语智力测试来评估）和平均心理能力水平的学生。这些实验是在以前用成人来做的认知任务基础上进行的，包括第 5 章中介绍过的记忆扫描实验。研究者发现，

在控制了年龄效应之后（并以此假定发展水平也同时得到了控制），能力上的差异仍然存在，尤其是在执行复杂认知任务的情境下。图 13-1 显示了记忆扫描实验中不同记忆组规模、年龄和能力水平条件下的实验结果。可以看到，较大儿童反应时比较小儿童快，而且在各个年龄组中，高能力水平的学生比平均能力水平学生的反应快。

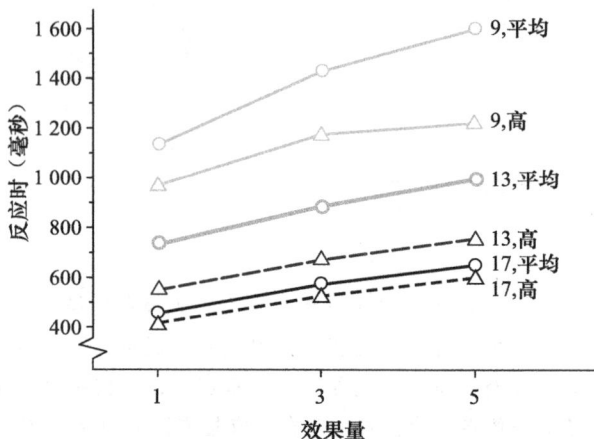

图 13-1　不同年龄和能力的儿童在一项记忆扫描任务中的平均反应时间

Keating 和 Bobbitt（1978）认为，执行基本认知加工（如编码和记忆扫描）的功效导致了年龄和能力上的差异。他们断言高能力水平的儿童（以及成人）在获得、储存和操作基本信息方面比其同龄一般能力水平的人更快、更高效。与此类似，较大儿童与年幼儿童之间也存在着加工速度和效率上的差异。

Hunt、Lunneborg 和 Lewis（1975）进行了一项相关的经典实验，以检验一种假定的特有智力成分，言语能力。这些研究者对两组大学生进行了测试：一组是在与大学学习能力测验（SAT）相似的标准化测验中言语分测验得高分的学生，另一组则是在同一测验中得低分的学生。（研究者指出，后面那组学生的成绩在普通人群中其实处于"平均"水平。）这项研究的目的在于了解标准化分数所反映的言语能力上的差别，是否可以用基本认知技能上的差异来进行解释。

该项研究中的一个认知任务是依据 Posner、Boies、Eichelman 和 Taylor（1969）设计的一项知觉匹配任务来制定的。在这项任务中，被试会看到两个字母，例如 A 和 B，或 A 和 a，或 A 和 a。他们要尽快判断出呈现的字母是否相同。在一种条件下（称为"物理匹配"），要

求他们仅在两个刺激完全匹配——如"AA"或"aa"，而不是"Aa"时做出"是"的反应。在另一种条件下（称之为"名称匹配"），要求被试在两个刺激指向同一个字母时做出"是"的反应，因此呈现"AA"、"aa"和"Aa"时都应该做出"是"的反应。

Hunt 等人（1975）是根据下面的逻辑原则设计这个实验的：一个言语水平高的人必然意味着具有"一种解释任意刺激的能力"，尤其具有一种"将任意视觉编码转换成为其名称"的能力（p.200）。因此，与言语能力较弱的学生相比，他们预期言语能力强的学生在名称匹配任务方面尤其擅长。

实际情况如图 13-2 所示，结果与期望一致。两组学生在物理特征匹配条件下的表现基本相同（实际上言语能力强的学生反应稍稍快一点）；当任务变得稍微复杂时，言语能力强的参测组优势变得更为明显。研究者是这样解释的，高水平的言语能力至少部分源自物理刺激和概念意义之间的快速转换能力，在这个例子中就是对特定字母的识别能力。

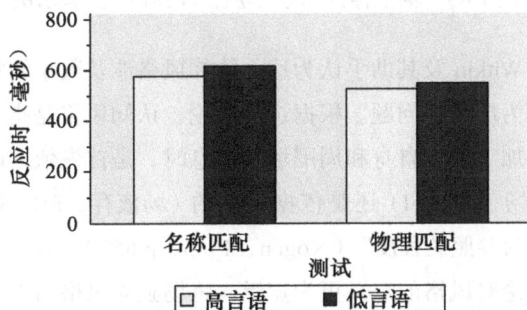

图 13-2　高言语水平被试与低水平被试在一项知觉匹配任务中的平均反应时

智力究竟是一元的还是由多种成分构成，心理学家和教育家一直存在着激烈的争论。Herrnstein 和 Moray（1994）的著作《弧线排序》（*The Bell Curve*）便是争论的焦点，一经问世便引发了众多反响。在书中有如下断言：

下列是从目前已超越技术争议的经典传统中得出的六种关于认知能力测验的观点：

1. 在人们表现各异的认知能力中存在着一个所谓的一般因素。

2. 所有标准化学业能力倾向测验或学业成就测验都在一定程度上对该一般因素进行了测量，但是专门为此设计的 IQ 测验能最为精确地测量它。

3. IQ 分数在最大程度上与日常用语中所谓的智慧或聪明相匹配。

4. 尽管不是一成不变，但 IQ 分数是稳定的，伴随着人的一生。

5. 编制良好的 IQ 测验不会明显地在社会、经济地位、种族、人种方面存在偏差。

6. 认知能力实质上是可以遗传的，其比例明显不少于 40% 但也不会超过 80%。（Herrnstein & Murray，1994，pp.22-23）

大部分对于这部著作的反应认为，作者拒绝以一种平衡的或负责任的方式引述其他观点（Gould，1995；Kamin，1995），许多批评主要针对这样的观点，即存在一种称为智力的一般认知能力，能够通过智商（IQ）测验加以准确地测量。另外许多人则对智力（不管它是什么）是稳定的且可遗传的假设表示怀疑。一个近来的综述（Nisbett et al.，2012）回顾了上述以及其他一些问题。

理论家霍华德·加德纳（Howard Gardner，1983，1993，1999）提出了一个与 Herrnstein 和 Murray 观点针锋相对的智力理论。加德纳（1993）提出了被他称为"多元论"的心智理论。他从什么是"智力"出发，并给出了这样的定义："是一种解决问题或设计出新产品的能力，被一种或多种文化及社会场景所推崇"（p.7）。在回顾脑损伤病人的临床数据、神童和天才的研究，以及不同文化中各个领域专家情况的基础上，加德纳（1983）提出至少存在七种不同的、独立"人类智能，后简称为'人类智力'"（p.8）。表 13-1 中列出了这些智力，还包括加德纳在 1999 年的著作中增加的另外两种。

表 13-1　多元智力

语言智力	运用语言达成交际和其他目标的能力；在写作和口语中都对细微处敏感；学习外语的能力
逻辑 - 数学智力	解决问题、设计并实施实验、进行推理的能力；分析状况的能力
音乐智力	对音乐形式加以分析和反应能力；创作或演奏音乐的能力
身体运动智力	运用身体进行艺术表演或运动的能力；创建身体产品；有技巧地运用整个或部分的身体
空间智力	在野外或有限制的空间内熟练通过的能力；想象空间场景；利用空间特征创造产品
人际关系智力	理解别人情绪、动机、意图、愿望的能力；与别人高效协作的能力
自我认识智力	理解自己的情绪、动机、意图、愿望，并运用这些知识自我调节的能力

（续）

自然观察智力	对环境中动植物的辨认能力；能按物种熟练对有机体分类并记述不同物种间的关系
存在智力	从诸如人类生存的本质、生活意义、死亡意味着什么、世界的最终命运等问题出发，从物理和心理角度来思考人在宇宙中的位置（注：加德纳还在评判这种能力是否真的应该被叫作"智力"）

　　加德纳（1983，1993，1999）认为，西方文化将特定种类的智力，尤其是言语和逻辑数学智力视为核心基础。与此同时，却对其他智能漠不关心，尤其是身体运动和人际关系智力。虽然我们也将有技巧的运动员或政治家视为有才能者，但不会将其与著名的科学家或伟大诗人等具备不同类型智能的人相提并论。加德纳认为，人们常常将才能和智力区别对待，唯有如此才能坚守只存在一种心理能力的观点。加德纳提倡更宽泛地看待人们的心理和认知能力。他赞成一种不同的学校教育，不再只关注语言和逻辑，还应在音乐、自我意识、群体合作、舞蹈以及表演艺术方面对学生进行仔细的训练。

　　加德纳的理论吸引了许多心理学家和教育家的热情与关注，他们中的一些人试图在课堂中贯彻上述的**多元智力理论**（multiple intelligences theory，MI）（Gardner，1993，1999）。有学者还提出如智力一般的多元创造力理论，教育家非常积极地接受了这些思想（Han & Marvin，2002）。然而，加德纳理论仍缺乏评估各种智力的有效工具。那些坚持 IQ 能够衡量智力这一唯一真实心理能力的研究者和教育家认为，IQ 一般就足以预测学校中的表现，多元智能的测验只会搞复杂。而对多元智力理论感兴趣者仍旧有很多工作要做，包括定义所有这些智力的参数，编制测量各种智力的有效方法，并且阐述不同智力间的内在关系。

13.1.2　认知风格

　　加德纳的多元智力理论指出人们在认知装备上各不相同，这一观点与另外一种长期以来的观念相一致：人们不仅在能力、智力和使用这些才能的效率上存在差异，而且在**认知风格**（cognitive style），即加工认知任务时习惯或偏好的方法上也是不同的（Globerson & Zelnicker，1989；Tyler，1974）。认知风格是指影响个体处理认知任务方式所特有的人格和动机因素（Kogan，1983）。

　　认知风格的一个例子是**场依存性/场独立性**（field dependence/field independence，FD/FI），这是心理学家研究知觉过程时提出的（Witkin，Dyk，Faterson，Goodenough & Karp，1962；Witkin & Goodenough，1981）。该术语所指的现象有好多种，其中一种是相对于其他人，有些人会发现自己更容易从一个整体图形中分辨出数字的部分。图 13-3 便是这样的例子，场依存性的个体在一幅大的图画中发现一幅隐藏图片显得更为困难费事（他们很难通过知觉将隐匿的图形从背景中剥离出来）；相反，场独立性个体会觉得这个任务很容易。

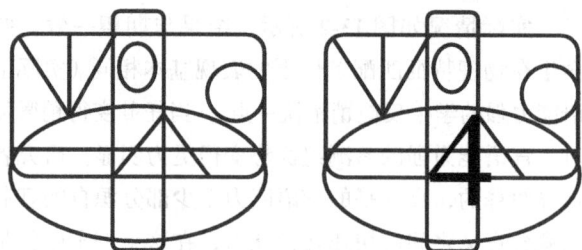

测验项目：在上图中找到数字"4"　　　　正确反应

图 13-3　场依存性/场独立性（FD/FI）测验示例

　　Witkin 及其助手认为这一认知风格涉及数字知觉以外更为广泛的问题。根据这种理论，认知风格是指"个体在加工来自自身和周围场景信息时，是首先依据内在的（场独立，FI）还是依据外在的（场依存，FD）指示物作为参照的程度"（Kogan，1983，p.663）。其后的一些理论对风格的定义更为宽泛，将场独立风格与人际关系中的一般自主方式相联系（一个人形成自己的观点，不会受朋友想法的影响），而场依存性的人则更依赖他人，尤其在似是而非的情况下。

　　第二种不同类型的认知风格差异称为**认知速度**（cognitive tempo），或称**反思型/冲动型**（reflectivity/impulsivity）风格。Kogan（1983）把这种风格定义为"在答案不确定的情形下，儿童寻找正确答案过程中延迟回答的程度"（p.672）。如图 13-4 所示，Kogan 及其同事（Kogan，Rosman，Day，Albert & Philips，1964）设计了相同图像匹配测验来评估儿童的认知速度。

　　呈现给被试的任务是发现与顶部图形完全相同的图形。当你看其他六幅图时，会发现每幅都与顶部的那幅非常相像，因此要找到那幅完全相同的图就需要特别小心。

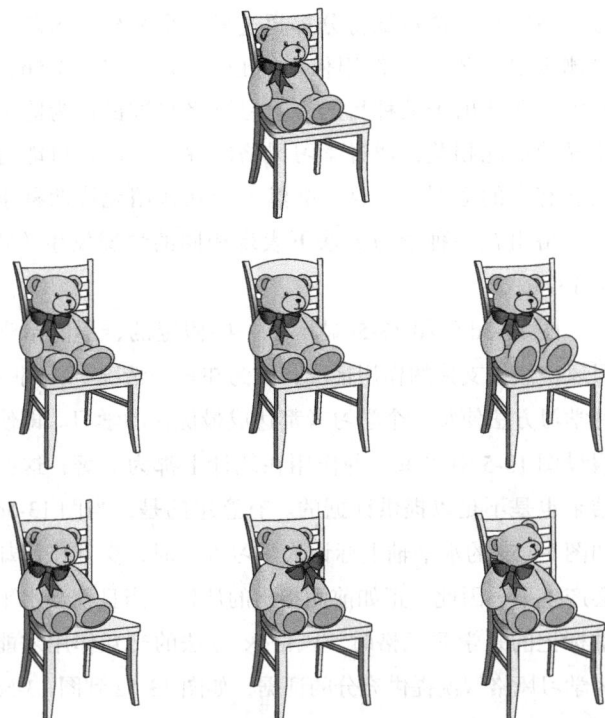

图 13-4　相同图像匹配测验示例的例子

　　儿童对相同图像匹配测验任务的反应不尽相同。有的反应十分迅速，有的则会慢一点。有些即使在很难的任务中也很少犯错；另一些即使是很简单的任务也会犯很多错误。多数儿童不外乎两种情形：那些反应快的犯错误也多（表现为冲动型风格），而那些反应慢的相应地出错也少（印证了反思型风格；Tyler，1974）。

　　最初认知风格被认为是可选择、可更改的行为方式或问题解决的方法，相对智力和年龄而言是独立的。更多近期研究却对上述假设发出挑战。认知风格看起来似乎不太容易因为训练而发生改变，而且认知风格还显示出发展上的差异：年幼的孩子似乎更多表现为冲动型和场依存性风格，年龄大的孩子则更多表现为反思和场独立性的风格（Zelnicker，1989）。

　　Zelnicker（1989）还提出反思型 / 冲动型、场依存性 / 场独立性并不是完全独立的维度，每种风格都与三个更为基本的维度相关：选择性注意，尤其是对整体刺激或是部分刺激做出反应的倾向；注意控制，注意的集中与转移；刺激组织，即对所输入刺激的心理转化（例如在第 8 章中描述过的心理旋转实验）。Zelnicker 断言个体的认知风格"决定了问题解决中进一步加工所能获得的刺激信息的质量"（p.187）。

　　近来在认知风格研究领域中研究者关注的一个概念称为**认知需求**（need for cogni- tion，NFC），大致是指一个人接受智力任务和挑战的动机（Cacioppo & Petty，1982）。具有高认知需求的个体似乎喜欢在思考、问题解决和推理方面倾注更多努力，在完成一项智力挑战后所获得的满足感也比低认知需求者高。Klaczynski 和 Fauth（1996）的实验则证实 NFC 和认知能力之间没有显著的相关，从而说明 NFC 只是认知风格的一种，而不是从 IQ 这样的认知能力上衍生出来的产物。与此同时，研究者指出低认知需求的个体往往完成不了大学学业，证明风格还会影响重要的人生结果。Stanovich 和 West（1997，1998，2000）进一步显示，诸如 NFC 这样的认知风格指标的确与各种特定的推理和决策制定任务表现存在相关。

13.1.3　学习风格

　　一些心理学家现在逐步将他们的注意转到不同认知风格的人在执行学习任务时是否也表现不同，即具有不同的**学习风格**（learning style）的问题上。Rollock（1992）的研究便是其中一例。他先给 35 个场独立性、42 个场依存性的大学生听录音磁带，然后进行测试，随后被试相互示范学习，之后再进行另一项测试。研究者假设第一种学习条件更有利于场独立性学习者，而第二种则对场依存性学习者有利。实验结果发现，尽管第一个假设没有得到支持，但第二个假设却得到了临界的显著支持。其他研究者研究了所谓的视觉与言语学习风格（Green & Schroeder，1990），研究结果尽管有些混杂，但仍证实了不同风格的存在。现在人们较为普遍地认为，当材料呈现方式符合学习者个体的学习风格时，学习效果最好。

　　在一篇关于文学风格的文献综述里，Pashler、McDaniel、Roher 和 Bjork（2009）寻找支持他们称为"互相协调假说"的证据，该假说认为教学方法与学习者的学习风格一致或者相互协调时，该教学方法最有效。他们同样也寻找支持更弱一点的"学习风格"假说的证据，即当学习与学习者的风格相适宜时，可以帮助学习者取得两者不相适宜时"更好的学习结果"（Pashler et al.，p.108）。

　　Pashler 等人（2009）首先提出了要想支持这些假设的话研究需给出什么样的证据：

第一，基于对学习风格的测量，学习者必须分为两类或更多类（例如，推定的视觉学习者和听觉学习者）。第二，每一种学习风格的被试要随机分配到至少两种不同学习方法中的一种（例如，材料视觉呈现对材料听觉呈现）。第三，所有被试完成同一个成就测验（测验不同就不能给予支持学习风格假说的证据）。第四，结果要能够显示对于一种学习风格组而言，某种学习方法要比另外一种更能获得最佳的测验成绩；而第二种学习方法却能使另外一种学习风格的被测组获得最佳的成绩。

因此，如果将学习风格标记于水平轴，当且仅当学习风格与学习方法之间产生通常所说的"交互作用"时，学习风格假说（以及基于学习风格的特定教学干预有效性）才算得到支持。图 13-5a 至图 13-5c 列出了三种这样的发现。对于每一种类型而言，对 A 组更为有效的方法与对 B 组更为有效的方法并不相同。对于这样的交互作用尤其需要注意的一点是，即使一个学

习风格组每一位被试得分都超过另一个风格组内所有参测人员，该交互作用依旧可以获得（见图 13-5b）。因此，即使出于某种目的，学习风格与被描述为能力差异的情况相关，通过学习风格的评估，还是可能得到强有力的证据。而且，必然的交互作用允许两种学习风格组在一种学习方法下表现相同的情况发生（见图 13-5c）。

图 13-5d 到图 13-5i 显示了一些假定的、不能给学习风格假说支持的作用情况，因为在每一情况下，同一种学习方法使每一个学习者都达成最优化的学习。即使假设图 13-5 中的每一种作用在统计上都为显著，这些结果也是不足以提供证据的。有意思的是，当图 13-5d 和图 13-5g 的水平轴上标记为学习方法时，交互作用却会产生……因此，正如前面指出的那样，当且仅当水平轴标记的是学习风格时，风格 × 方法的交互作用才能为学习风格假说提供充分的证据，如图 13-5a 到图 13-5c 所示（p.109）。

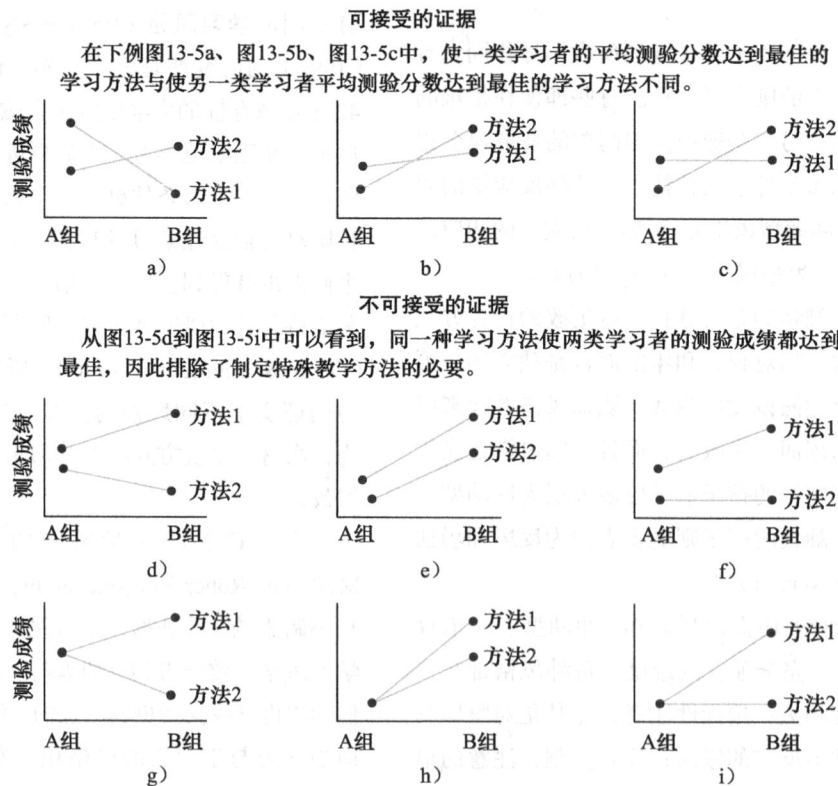

可接受的证据

在下例图13-5a、图13-5b、图13-5c中，使一类学习者的平均测验分数达到最佳的学习方法与使另一类学习者平均测验分数达到最佳的学习方法不同。

不可接受的证据

从图13-5d到图13-5i中可以看到，同一种学习方法使两类学习者的测验成绩都达到最佳，因此排除了制定特殊教学方法的必要。

图 13-5 对于学习风格假说的可接受证据和不可接受的证据。在每一个假定的实验中，被试都是先分为学习风格 a 或者 b，然后随机分配到学习方法 1 或 2 中。稍后，所有被试会接受同一个测验。只有使一类学习者的平均测验分数达到最佳的学习方法与使另一类学习者达到平均测验分数最佳的学习方法不同时，如图 13-5a，图 13-5b、图 13-5c 中所示，学习风格假说才算得到支持

13.1.4　专家和新手的区别

通过前面的章节我们已经了解到，在某一方面有专长的人在处理一项认知任务时往往与新手不同。我们第一次涉及这个话题是在第 3 章讨论知觉学习时。如果你回忆一下，便会想起我们曾讨论过专家和新手暴露在相同的信息下，获得或"领悟"的量却有所不同。一般而言，专家比新手更能觉察信息间的区别，尤其是一些细微的区别。可以用毕加索画前站着一位美术史学家和一个美术的门外汉作为类比：门外汉（新手）比美术史学家（专家）看到的信息少，美术史学家能毫不费力地领悟诸如笔触或构图方面的内容，而外行却一无所获。

接着，我们在第 7 章讨论过专家和新手在信息的概念表征上也存在区别。例如，在给定的领域，新手倾向于根据表面或知觉的相似性将物体或事例进行分类；专家则常常会用他们已有的知识形成更深层的规则来用于分类。例如，如果面对一定数量的绘画作品，新手可能会根据画上的内容来归类（风景、静物、肖像）；一位艺术专家则更可能依据画家、历史年代、构图诸如此类的绘画作品的各个方面来进行归类，这需要有相当程度的知识。

de Groot（1965）以及 Chase 和 Simon（1973）关于国际象棋专家和新手的一项研究表明，两组成员在认知加工上也存在不同。例如，当呈现一盘比赛的中局时（棋子是按照比赛中的状态排列），国际象棋专业选手能够在仅扫视 5 秒之后重新建构出 16 枚棋子（总共有 25枚）的位置，而一个国际象棋入门者在相同棋盘相同时间的条件下，只能重新摆放出 5 枚棋子的位置。

有趣的是，研究显示专家并不是记忆力更好才有这

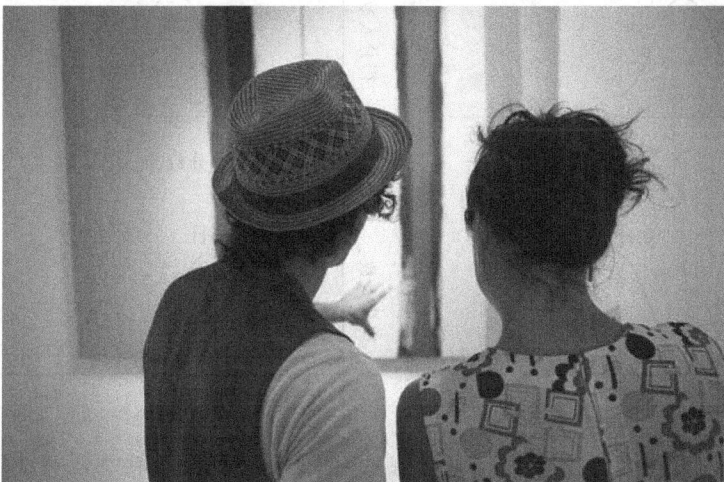

研究发现，专家与新手在分类刺激的方式上是不同的。

样的结果。事实上，当棋盘上的 25 颗棋子是随机摆放时，专家和新手的表现是相同的，两类人都只能重新复现 2 枚或 3 枚棋子的位置。对此，Chase 和 Simon（1973）指出，国际象棋专家利用国际象棋知识将棋子进行分组或"组块"成有意义的组合。就像第 5 章中介绍的，组块加工能够增加工作记忆中的信息量。

上述有关**专家/新手区别**（expert/novice differences）的发现表明了这样一个论点：个体在某一领域内的知识水平将影响个体在该领域内的认知加工。许多对某个专业领域信息的认知过程，诸如知觉和再认、编码、分类和归类、问题解决、推理和决策制定等，都会受其影响。

13.1.5　衰老对认知的影响

在前面的章节中我们已提到，认知技能和能力的发展意味着不同年龄、不同发展水平的儿童在加工相同认知任务时会采用不同的方法，这种年龄对认知过程的影响在青春期后仍然存在。实际上，研究者通过观察成人的发展和衰老过程发现，年轻人和老年人在认知过程上存在着许多区别（Salthouse，2012）。由于这个研究主题涉及面依然很广，限于篇幅在此我们只列举其中的部分研究。

相对于年轻人（20 岁、30 岁年龄区间的成年人），老年人（60 岁及以上的人）在认知能力和技能上出现了一些变化。例如，老年人在注意分配任务（如第 4 章中讨论的那些研究，McDowd & Craik，1988）中的表现没有年轻人好，这表明言语再认和言语辨别能力随年龄增加而衰减（Corso，1981），同时在各种记忆任务中老年人的表现也呈下降态势（Cavanaugh，1993），也包括解决河内塔之类问题时的表现（Davis & Klebe，2001）。

这些发现中有一项与工作记忆任务的表现有关。Salthouse 和 Babcock（1991）研究了18 ~ 87 岁的成人在数字广度、句子理解和心算等工作记忆任务中的表现。结果发现老年被试的记忆广度比年轻被试要短。在对数据进行了大量的统计分析后，Salthouse 和 Babcock 假设，造成记忆广度缩小的主要因素是加工过程有效性的下降，或者是各种基本认知过程（例如简单的加法运算或理解简单句）操作执行速度的减慢。

Campbell 和 Charness（1990）有关工作记忆的研究也得出了相同结果，随着年龄增大工作记

忆逐渐衰退。他们给三组成人（20岁组、40岁组和60岁组）呈现的任务是计算二位数的平方，被试进行六组实验，每组持续一到两个小时。研究者报告了两项重要发现。首先，计算练习能使表现得到改善，每一组中出错次数都逐渐减少。尽管如此，高龄组被试的错误比中年组多，而中年龄组被试又比小年龄组的错误多。即使经过练习，这些年龄差异仍然存在。

Baltes、Staudinger 和 Lindenberger（1999）在一篇综述中总结到，有关基本认知加工速度随年龄而下降的现象也许可以归因于前文中所发现的那些原因。著名衰老研究学者保罗·巴尔特斯（Paul Baltes）和玛格丽特·巴尔特斯（Margaret Baltes）指出，尽管如此，老年人常常能够通过选择最佳补偿方式来策略性地弥补加工速度的下降：

> 钢琴家阿图尔·鲁宾斯坦（Arthur Rubinstein）80岁时，电视台对他进行专访，询问他如何能够保持如此高专业水平的钢琴演奏技能，鲁宾斯坦认为原因在于他协同使用了如下三种策略：他只表演少数几首（有选择的）曲目；他经常练习这些曲目（最优化）；并且为了弥补在弹奏速度上的不足，他采用了一种印象管理的方法，就是在弹奏速度较快的段落之前有意放慢演奏速度，从而使后来的乐段显得较快（补偿）（Baltes et al., 1999, pp.483-484）。

这里需要牢记的重要一点是，随着衰老而一起改变的认知加工中的差异也受到其他个体差异的影响。其中包括智力、健康状况、正规教育年限、专长和认知风格等，这些因素会持续发挥重要作用。虽然我们关于衰老对认知加工的影响这一主题的了解只处于初级阶段，但它毫无疑问是支持任何个体认知机能水平是由许多因素共同决定的观点，这些因素包括上文提到过的个体因素，也包含任务和整体加工情境等因素（Lerner, 1990；Salthouse, 2012；Verhaeghen, 2011；Zöllig, Mattli, Sutter, Aurelio & Martin, 2012）。

上述关于认知能力中个体差异的简要回顾旨在强调一个重要观点：不是所有的人都用相同的方法处理认知任务。年

龄、能力、专长或风格的差异都会影响人们获得和加工信息的效果，使获取的信息量或信息加工程度不同。继而，这些差异又会给复杂认知任务的执行效果带来极大影响。

在过去40年间，一些心理学家还致力于研究导致认知个体差异的另一个原因，即性别差异。在下一节中，我们将讨论男性和女性在处理认知任务时是否采取了不同的认知风格和认知策略。

13.2 认知中的性别差异

性别之间可能存在差异是一个令人感兴趣的现象，正如心理学家卡罗尔·纳吉·杰克林（Carol Nagy Jacklin，1989）所指出的那样，我们所处的文化对性别差异尤为关注：

> 对男性和女性之间差异的推测受到了广泛关注。在我们的文化中，人们关心男孩和女孩间是否存在根本差异，相比其他也可能造成差异的因素，会更强调这种性别差异存在的可能性。例如，我们很少会考虑蓝眼睛和棕眼睛的孩子或高个与矮个孩子之间在智力和人格上是否存在差异。（p.127）

鉴于这个问题的敏感性，在具体讨论有关认知能力的性别差异之前，必须先就一些基本问题进行界定，其中最重要的就是关于"性别差异"这个术语的含义。

如果我们说在某一任务 X 的表现上存在性别差异，

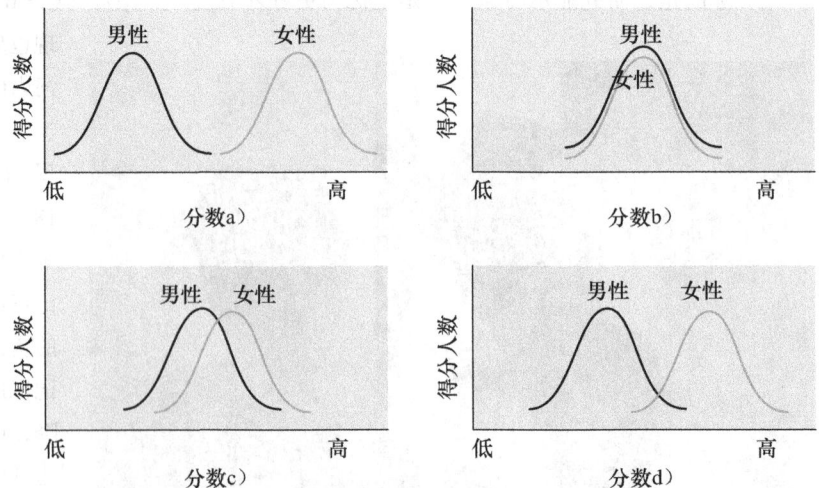

图13-6　假设的性别差异分布示例。每一条曲线代表在某一测验中某一性别被试得分的假定分布情况

就意味着图 13-6 所示的各种极为不同的情况。图 13-6a 显示了性别差异的一种可能，一种性别的得分高于另一种性别被试的得分，请注意一种性别的最低得分（图右侧的曲线分布）仍超过另外一个性别组中的最高得分。虽然很多人以为性别差异（或其他差异）是这样的一种情况，但现实永远不会那么简单。

图 13-6b、13-6c 和 13-6d 才是对行为表现上性别差异的更接近现实的描述：图 13-5b 表明无性别差异存在；后两图则显示了任务表现平均水平上存在性别差异的真实情况，但是不同性别间分数重叠的程度有所不同。无论是哪一种情况，尽管女性平均得分高于男性，但也有一些男性的得分会高于一些女性。因此在这两种情况下，不可能预测某一个具体的男孩或女孩的得分是多少。我们只能说，在有足够多的男性和女性参与的情况下，女性的平均得分高于男性。

而且，我们必须谨慎看待已有研究文献中的某些固有偏见。科学杂志总是简单地倾向于发表那些不同参测人员间存在显著差异的研究论文，而不是那些无显著差异的研究（这种现象被称为"文件抽屉问题"，因为绝大多数没有获得显著差异结果的研究常常被尘封在研究者的文件抽屉里）。部分原因是与杂志有限的篇幅有关，发现差异的研究总比那些没有差异的研究更令人感兴趣（Tavris & Wade，1984）。还有一部分原因在于阐释结果的困难：那些没找到组间差异的研究者往往没法下结论说差异就真的不存在。对此，Halpern（1992）解释说：

假定你的零假设是人只有一个头，没人会多也没人会少。为了证明这个假设，你搜集大量样本，计算每个人拥有头的数量，可能发现的情况还是每个人只有一个头。但你仍旧不能证明这个零假设，只要有一个例外，即只要有一个人有多于或少于一个头，就可以推翻它，而非常有可能你没有把这个人纳入到你的样本中。同样，大量的反面证据也并不能证明性别差异不存在（p.33）。

在解释性别差异的研究结果时研究者会遇到另外一个问题，即实验者期待效应，它是指研究者无意中影响了被试的反应或行为，从而使被试的表现符合实

在面对面访谈时，不可能向研究者隐藏回答者的性别。

验假设的一种倾向（Rosenthal & Rosnow，1984）。在第 8 章回顾表象学习时，我们已讨论过这种效应的作用。

很多心理学研究通过不让实验者知晓被试加入哪一种实验条件的方法，来避免或尽量减少这种期望效应。例如在记忆研究中，首先派出一名实验者，由他随机指派被试进入实验组或控制组，再让另一位实验者来主持测验，后者并不知道哪一组为实验组或控制组。

但对于性别差异研究来说完全是另一回事。无论被试何时受到观察或何时接受测验，让观察者或主试对被试的性别保持"不知晓状态"是不可能的。因此，观察者或主试都会有这样一个风险，即无心而潜在地"引导"被试以与研究假设或与文化刻板印象相符的方式来表现。比如，一个预期女性会更具言语表达能力或更具情绪表现力的主试可能无意之间强化了女性被试的这一行为，可能通过更多的微笑让被试做出更多与预期相一致的反应。有些研究为了避免这些问题，采取让被试将反应写下来（然后让不知作者性别的评定者对其反应进行分类和评分）等方式，但这也限制了观察的类型和能收集到的数据。由于这些原因，在以下讨论中，我们应该始终保持清醒：研究中可能会明显地存在偏差，尤其在性别差异的研究中。

13.2.1 技能和能力的性别差异

女性和男性之间是否在认知能力上存在总体差异？

在我们所处的文化中，许多人对这一问题各持己见互不相让［比如，"每个人都知道男人更聪明"或者"正是因为女人够聪明才让男人以为他们（男性）才更有天赋"］。但是一个认知心理学家仅有观点是不够的，哪怕这种观点被很多人认同。要想回答这一问题，首先必须界定何为更好的总体认知能力。然后还要将这种定义转化为在特定任务上的特定行为或反应模式（这称为将问题操作化，即使之具有可操作性）。最后，心理学家必须招募适合的男女样本，并实施已设定的任务。

心理学家可能选择的一种任务是智力测验。然而，采用这种方法会出现一个问题，在智力测验创编的过程中就已决定。就像 Halpern（1992）指出的那样，智力测验的编制者致力于保证男女在得分上没有总体差异。也就是说，很多测验的编制者不容许智力测验中存在男女反应会表现出可信性别差异的项目存在。

然而，这并不意味着男女在认知表现上不存在任何差异。在一篇属于早期经典但后来被广泛引用的关于性别差异的回顾文献中，Maccoby 和 Jacklin（1974）确认了三种显然具有可信性别差异的认知能力：言语能力、视觉空间能力和数量能力。在本节中，我们将依次对其进行讨论。

在回顾现有文献之前，我们有必要先就心理学家所采用的研究方法与技术进行考察。此类研究主要采用如下三种技术：第一种称为**叙事性综述**（narrative review），检索并阅读尽可能多的原始资料，然后详细记叙某人的结论。虽然这种总结具有相当的价值，Hyde 和 Linn（1988）指出叙事性综述有以下缺点："它不是量化和系统化的，主观性相当强。要完成对 100 篇甚至更多文献的阅读显然超过了人类思维的信息加工能力。"

Maccoby 和 Jacklin（1974）运用的第二种技术称为**计票**（vote counting），顾名思义，这种技术列出各项研究，再清点显示某一特殊效应的研究总数。大体上，每项研究在最后都会获得一定的"票数"，证实存在性别差异的研究为性别之间差异确实存在的观点赢得"一票"；未发现性别差异的研究为相反的观点得"一票"。虽然相对于叙事性综述是一个进步，但计票法依旧存在一些问题。最主要的是，尽管很多研究在总体质量、样本规模、采用的手段和工具的精密度及统计功效上存在差异，但每个研究还是都被赋予同样的权重（Block，

1976；Hedges & Olkin，1985；Hyde & Linn，1988）。

用以整合来自不同研究结果的一个更有力的技术称为**元分析**（meta-analysis）。它是一种用以合并各种不同研究结果的统计方法（Hedges & Olkin，1985）。元分析很受心理学家的欢迎，它可以使研究者对不同的研究做量化的比较。在元分析法中普遍运用的测量指标是 d 分数，定义为两组的平均得分差除以两组的平均标准差。这一指标称为**效果量**（effect size）。

我们来看看有关效果量的一个具体例子：假定女性在某一特定言语任务上表现超过男性。如果女性的平均得分是 100，男性平均得分为 50，如果两组的平均标准差为 75 的话，该研究的效果量即为（100-50）/75，即 0.67。事实上，效果量表示的是两项（或更多）平均数之间存在多少经标准化了的差异。Cohen（1969）提供了一些说明这种效果量值的经验法则：效果量为 0.20 时被认为是小的，0.50 的情况居中，0.80 则算是大的。因此，此处 0.67 的假定值可以看作一个中等偏大的效果量。

1. 言语能力

言语能力究竟指哪种能力？不同学者给出的定义不尽相同，但是一般认为言语能力包括词汇量、言语流畅性、语法、拼写、阅读理解、口头理解以及解决如言语类比或字谜游戏等语言问题的能力（Halpern，1992；Williams，1983）。Maccoby 和 Jacklin（1974）在回顾了到 1974 年为止的大量研究后得出结论，虽然女孩和男孩表现出几近相同的言语能力模式，但在 11 岁后直到高中及其后的年龄段中，女性在一系列言语任务上的表现均优于男性。这些任务包括语言理解和生成、创造性写作、言语类比及言语流畅性。

但后来的综述（Hyde & Linn，1988）却对 Maccoby 和 Jacklin 的结论提出了挑战。运用元分析的方法，研究者调查了 165 个具有以下特点的研究（包括发表的和未发表的）：被试都来自美国和加拿大，都大于 3 岁，且都无语言缺陷（如诵读困难）；这些研究都报告了原始数据，且原文提供了充足的信息以计算效果量。被试的言语能力通过词汇、类比、阅读理解、口头表达、作文及一般能力（与其他测量的结合）、SAT 语言得分以及字谜游戏等来加以检测。

在被检视的研究中，大约有 1/4 的研究结果表明男性的表现更好，3/4 的研究则发现女性有更出色的表现。

然而，当对数据进行统计显著性评估时发现，只有 27% 的研究在统计学意义上显示出女性的表现显著优于男性，66% 的研究发现不存在显著的性别差异，7% 的研究发现男性的表现显著地高于女性。如果再考虑所采用的言语任务类型，那只有字谜游戏、语言生成及一般能力等任务上令人信服地显示出女性的优势。这些任务的平均 d 值分别为 0.22、0.20 和 0.33，表明即使存在显著的性别差异，程度也是相当小的。分析年龄维度上的性别差异，作者也发现无论是学前儿童、学龄儿童、青少年还是成人，在 d 值上也只能找到非常微小的差异。

有意思的是，1973 年前发表的研究结果中出现的显著性别差异（平均 d = 0.23）大于近期的研究结果（1973 年后的平均 d = 0.10）。早期的研究表明女性比男性具有更优秀的言语能力；然而越来越多近来的分析反驳了这一论点。对此，Hyde 和 Linn（1988）总结道：

我们准备下结论说在言语能力上没有性别差异，至少在当今的美国文化中，以标准化言语能力测量工具进行的研究结果如此。对上述结论我们有一定的信心，因为我们对总共包含 1 418 899 个被试的 165 项研究进行了元分析……将 119 个 d 值加以平均，得到了 10.11 的均值。1/10 标准差的性别差异实在不值得我们在理论、研究或教材上给予过多关注。我们当然应致力于研究探讨那些具有更大效果量的现象。（p.62）

2. 视觉空间能力

很多之前的研究者都认为，要想给视觉空间能力这一术语下个确切的定义非常困难（Halpern，1992；McGee，1979；Williams，1983）。通常，它指的是在类似于第 8 章中所涉及的一些任务上的表现，如对不同物体、形状或图画等进行心理旋转或心理转换。Maccoby 和 Jacklin（1974）报告，在视觉空间能力上的性别差异确实存在，他们还断言一旦过了童年期，男孩的表现就会更为"优异"，他们报告的 d 值高达 0.40。

可以展示可信性别差异的任务是心理旋转。尽管在该任务的表现上，许多女性的表现比男性个体出色，但是平均来说，男性的表现要优于女性。在过去 25 年中，

心理旋转任务能够令人信服地展现出性别差异。平均来看，男性的表现要优于女性。然而，即使是在这项任务上，许多女性的个别表现也会超出许多个别的男性。

研究者在心理旋转任务上一直报告存在相当大的性别效应（d = 0.90）（Loring-Meier & Halpern，1999）。

Loring-Meier 和 Halpern（1999）为调查心理旋转任务中究竟是哪部分显示出性别差异而进行了一项研究。是一个图像的最初形成，是图像在工作记忆中的保持，是审视一个心理图像的能力，还是转变一个心理图像的能力？他们用 24 名男性和 24 名女性作为被试来完成四项 Dror 和 Kosslyn（1994）设计的任务，这里我们只讨论其中两项。

首先是图像形成任务：先在屏幕较低处呈现小写字母 l 作为提示，要求被试想象一个特定的大写字母 L，接着，出现一个由四个括号构成的框架区间，有一个 X 的记号出现在括号内的某一位置，被试须判断如果大写字母显现于框架之内的话 X 是否会被该大写字母所遮蔽。图 13-7 提供了例子。

第二个任务是图像保持。首先给被试呈现如图 13-8 所示的图形。要求被试记住这些图形后按一个键使图形消失。经过 2 500 毫秒的间隔，屏幕上呈现一个 X，被试须判断这个图形是否会覆盖住 X。

结果表明，四个任务中在准确性方面男性和女性之间没有差异。不过，男性在四个任务中都比女性完成得更快，使研究人员得出结论："一般情况下，男性在视觉空间表征的运用上更为精通熟练。"（Loring-Meier & Halpern，1999，p.470）。

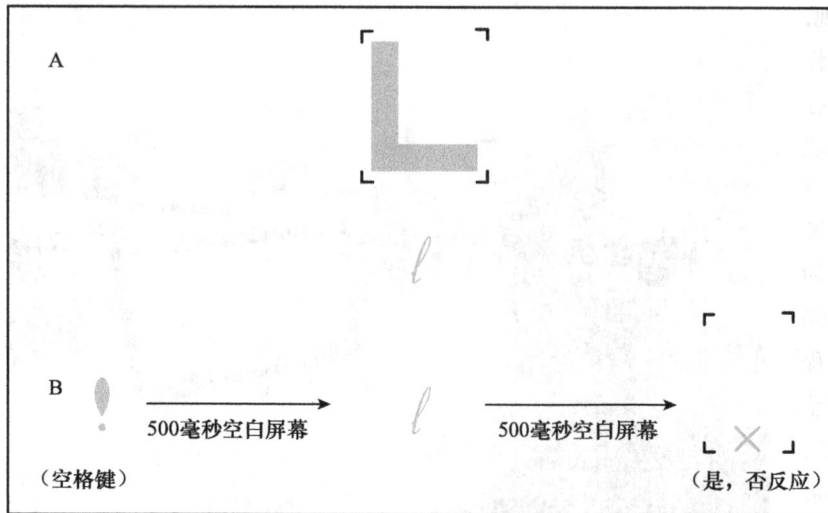

图 13-7 在图像形成任务中，（A）代表学习阶段中一个刺激的呈现，（B）是任务尝试的顺序

资料来源：Loring-Meier, S., & Halpern, D. F. Sex differences in visuospatial working memory: Components of cognitive processing. *Psychonomic Bulletin and Review*, 6, p. 466. Copyright © 1999, Psychonomic Society, Inc. Reprinted with permission.

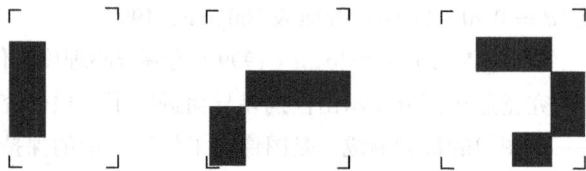

图 13-8 用于图像保持任务的刺激

资料来源：Loring-Meier, S., & Halpern, D. F. Sex differences in visuospatial working memory: Components of cognitive processing. *Psychonomic Bulletin and Review*, 6, p. 468. Copyright © 1999, Psychonomic Society, Inc. Reprinted with permission.

Linn 和 Petersen（1985）对空间能力上的性别差异进行元分析后，得出如下结论：在心理旋转任务上，随着任务特性的不同，性别差异的程度大小也不一样。总的说来，符号信息要求加工的速度越快，性别差异就越明显。一些包含复杂三维内容的心理旋转任务通常会比那些简单二维的心理旋转任务显示出更大的性别差异。Linn 和 Petersen 对这种性别差异给出了一些可能的解释。比如，女性在旋转图形时更慢，或者可能是使用于不同的策略来处理任务。

另一原因可能与男女大脑神经生理学上的发现有关。在一篇综述文章中，Levy 和 Heller（1992）指出，通常情况下女性大脑半球的偏侧优势和功能专门化程度低于男性。男女大脑半球在认知活动中的作用有些微的不同，这种说法在心理学上由来已久。对我们中的绝大多数（特别是习惯用右手的）人来说，言语流畅性、言语推理和其他分析性推理基本都由左半脑管理，与之相对，右半脑则专司理解空间关系和干预情感信息。

男性大脑比女性更多地具有偏侧优势，即意味着男性在其两个脑半球功能上表现出更多的不对称性。例如，女性在两个半球中多多少少都有语言功能的区域。与此相联系，左半脑损伤的女性比有同样损伤的男性在语言功能恢复方面情况要好（Levy & Heller，1992）。

在功能上有更多的不对称性意味着什么？它可能意味着更多的功能专门化，而专门化程度越高则表示个体执行特定任务时所拥有的资源越多。总体上，男性具有更多的偏侧优势使他们在处理如心理旋转这样的特殊空间任务时拥有更多的资源。当然，这个结论必须给予谨慎说明。虽然偏侧优势的性别差异被很好地证明，但并不是说每一位男性都显示出比任何一位女性更多的偏侧优势。而且，那些能够证实空间能力存在性别差异的任务都局限于一个很窄的类型中。

另一项研究（Levine，Vasilyeva，Lourenco，Newcombe & Huttenlocher，2005）给空间能力存在性别差异的观点增加了一个新的难题。这些学者给刚刚进入二年级的男孩和女孩呈现两个空间任务和一个非空间任务，进行为期一年的研究。不出所料，研究者在非空间任务（句法理解）上没有发现性别差异；在两个空间任务上（心理旋转和使航空照片与地图对应）发现存在总体的性别差异。然而令人惊讶的是，这种总体的差异是随着儿童社会经济地位的变化而变化的，如图 13-9 所示。尤其是低社会经济地位的学生在所有任务中并没有表现出任何性别差异；只有中等和高社会经济地位的学生表现出在空间任务上传统的男性优势。对于与社会经济地位相关的不同情况的一个可能解释如下：

对于与社会经济地位有关的差异一个可供选择的解释是，高水平地参与各种各样促进空间能力发展的活动，造成了男性在空间方面的优势。在低社会经济地位组，无论男孩还是女孩都难有机会参与这样的活动。尽管对于到底哪种类型的刺激能够促进空间能力发展仍然知之甚少，但是之前的研究指出像乐高玩具、拼图和电脑游戏与空间能力发展有关。进一步来说，男孩比女孩在这些活动上花费了更多的时间……即使低社会经济地位的儿童在玩游戏上也分性别，但是他们比其他孩子接触这类促进空间技能的玩具和游戏的机会少，因为这类玩具和游戏相对昂贵。（Levine et al.，2005，p.844）

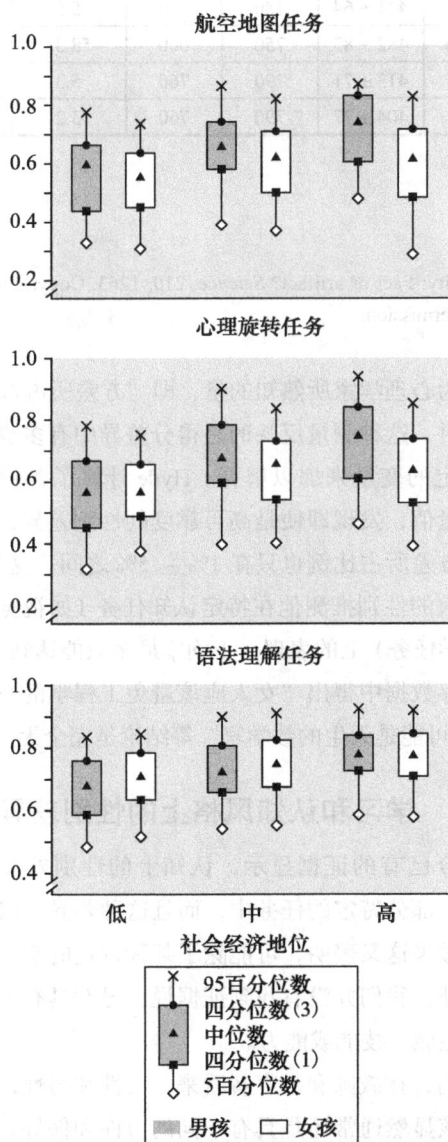

图 13-9　在航空地图任务（顶层组）、心理旋转任务（中间组）和句法理解任务（底层组）中的得分分布箱线图示意，分数变化随着性别和社会经济地位的不同而变化

总而言之，在空间能力方面存在性别差异的原因无外乎生物学因素，如偏侧优势，以及社会化因素，如能够玩到拼图和电脑游戏，或者两者的结合。不管是哪一种结论，这些差异都是有其应用价值的，例如，对于那些诸如 GRE、SAT 这类重要标准化考试的编制者来说：

这些测试中的很多问题要求视觉空间完形的形成、保持和转换……在这些重要的测验中，男性平均得分高于女性……这些是要求快速作答的测验，意味着相比那些反应慢的人来说，这些测验对那些回答问题快的答题者更有利（Loring-Meier & Halpern，1999，p.470）。

3. 数学和推理能力

数学能力这个术语涵盖一类技能，包括算术知识、技能及对数量概念的理解（如分数或比例、倒数）。跟言语能力和视觉空间能力这些术语一样，数学能力对于不同的研究者而言，所指的内容可能略有不同。

Maccoby 和 Jacklin（1974）认为在小学阶段，男孩和女孩的数学能力相差不多；从 12 ~ 13 岁开始，男孩的成绩和技能开始逐渐超越女孩。Hyde（1981）对 Maccoby 和 Jacklin 引用的研究进行了元分析，得出 d 的中位数分值为 0.43。这表明，平均来说，男孩超过了女孩近半个标准差。

Benbow 和 Stanley（1980，1983）的研究为数学能力存在性别差异提供了更多的支持性证据。他们采用的是数学青年天才研究（study of mathematically precocious youth，SMPY）中的相关数据。SMPY 旨在甄别有数学天赋的初中生，之所以将其对象锁定在初中生，是因为在初中阶段学校数学班中的男女学生人数基本一样多。但到了高中阶段，数学班上的男生数量要多于女生。以初中生为对象可以减少这种差异。

SMPY 研究对七年级和八年级的学生进行了学术能力评估测试（SAT），该测验为初、高中生所熟悉。表 13-2 显示了一些结果。Benbow 和 Stanley（1980）发现，虽然在 SAT 言语部分测验中两组表现相当，但在数学部分测验男生的得分比女生大约高 30 个点，而且分数越高，男生在得同样分数的学生中的比率越高。比如，SAT 总分在 700 分及以上的人中（10 000 个学生中只有 1 个达到此分），男生对女生的比例是 13∶1（Benbow & Stanley，1983），但有一些证据表明这种性别差异只是发生在那些需运用代数知识而不是几何和算术的特殊测题上（Deaux，1985）。

表 13-2 数学天才学生 SAT 的平均得分

测验日期	年级	人数		SAT 言语得分[1] ($\bar{x} \pm S.D.$)		SAT 数学得分[2] $\bar{x} \pm S.D.$		最高分		在 SAT 数学任务上得分高于 600 的百分比 (%)	
		男	女	男	女	男	女	男	女	男	女
1972.3	7	90	77			460 ± 104	423 ± 75	740	590	7.8	0
	8+	133	96			528 ± 105	458 ± 88	790	600	27.1	0
1973.2	7	135	88	385 ± 71	374 ± 74	495 ± 85	440 ± 66	800	620	8.1	1.1
	8+	286	158	431 ± 89	442 ± 83	551 ± 85	511 ± 63	800	650	22.7	8.2
1974.1	7	372	222			473 ± 85	440 ± 68	760	630	6.5	1.8
	8+	556	369			540 ± 82	503 ± 72	750	700	21.6	7.9
1976.12	7	495	356	370 ± 73	368 ± 70	455 ± 84	421 ± 64	780	610	5.5	0.6
	8[3]	12	10	487 ± 129	390 ± 61	598 ± 126	482 ± 83	750	600	58.3	0
1978.1	7 and 8[3]	1 549	1 249	375 ± 80	372 ± 78	448 ± 87	413 ± 71	790	760	5.3	0.8
1979.1	7 and 8[3]	2 046	1 628	370 ± 76	370 ± 77	436 ± 87	404 ± 77	790	760	3.2	0.9

注：$N=9\ 927$
[1]初高中生的随机样本所得的男女平均分数为 368（8）
[2]初高中生平均分：男，416；女，390
[3]这些杰出的八年级生至少比学校等级排置提早了一年完成课程。

资料来源：Benbow, C. P., & Stanley, J. C. Sex differences in mathematical ability: Fact or artifact? *Science*, 210, 1263. Copyright © 1980, American ssociation for the Advancement of Science.Reprinted with permission.

20 年后对这批 SMPY 学生的追踪调查显示，此项研究中的性别差异与这些学生所获学位的性质相关。例如，在某一地区，男性获得数学或与数学相关学科（例如，工程学、计算机科学、物理学）博士学位的人数比女性多 5 ~ 7 倍。调查显示，男性对事业成就的渴望远远高于女性，而女性相比男性而言更加认可均衡的生活（Benbow, Lubkinski, 2000；Lubkinski, Webb, Morelock & Benbow, 2001）。

Anita Meehan（1984）研究了在其他相关任务，尤其是皮亚杰形式运算任务上的性别差异。在第 12 章中我们讨论的形式运算任务包括逻辑推理、系统性思维的能力以及考虑所有可能性的能力。Meehan 考察了三种形式运算任务：命题逻辑任务，组合推理任务和比例推理任务。对总共 53 个研究进行元分析后，Meehan 在前两个任务上得到很小的 d 值，分别为 0.22 和 0.10，这在统计学上并不显著。在第三个更为明显的数学任务上（与比率有关），平均 d 值就增为 0.48。

到目前为止，我们已经在诸如视觉空间任务和数学任务等一些认知任务上发现了性别差异的存在，然而，Hyde（1981）指出此类研究中至关重要的一点：如果零假设是真，统计学上可靠的效果量（即发生概率相对较低）值并不必然很大。测量效果量值的一种方法是计

算一个为心理学家所熟知的量，即"方差所占百分比"。通俗地讲，这种测量反映的是得分差异中有多少可以由某个假定的变量来加以解释。Hyde 计算了各种测量中的效果量值，发现即便是高可靠度的性别差异，由性别引起的方差所占比例也只在 1% ~ 5% 之间。这就是说，从一个人的性别推测他在特定认知任务（如视觉空间任务或数学任务）上的表现，正确率最多只能达到 5%。因此从现存数据中得出"女人应该避免工程学的东西"或"男人更可能是天生的数学家"等结论是完全无保证的。

13.2.2 学习和认知风格上的性别差异

迄今已有的证据显示，认知上的性别差异只存在于很小一部分特定的任务中，而且这种差异一般都非常小。反过来这又表明，可能除了某种特定的空间和数学任务之外，我们并没有找到证据说，男女具有不同的基本认知性能、技能或能力。

然而，在教师和教育者看来，女性和男性，包括女孩和男孩显然通常还是具有不同的习性和偏好。更多女性比男性表现出"对数学的恐惧"，而且如果在高中阶段给她们选择的权利，她们会避免有关数学或分析性的课程（如数学、科学和逻辑）（Oakes, 1990）。显然，对教师以及其他与学生打交道的人来说，认知的性别差异可

谓比比皆是。那么，该如何解释普遍的传言与前文中引述的研究结果的差异？一种可能是，性别差异并不出自基本认知资源方面（才能、能力等），而在于这些资源究竟如何使用，不妨回忆一下我们前面讨论过的认知风格。

也许正是此类方式上的不同才是男女差异之所在。在下面两节中，我们将回顾两种不同却相关的说法，都与此观点有关。

1. 认知任务的动机

心理学家 Carrol Dweck 和她的同事（Dweck，1999；Dweck & Bush，1976；Dweck，Davidson，Nelson & Enna，1978；Dweck，Goetz & Strauss，1980）研究表明，即便在小学，男孩和女孩也会表现出不同类型的成就动机。成就动机是指人们定义和设置目标的方式，特别是与他们本身胜任力相关的目标（Dweck，1986）。影响人们执行广泛任务的两种主要行为模式已被确认：掌控定向型和无助定向型（Dweek，1999；Dweck & Leggett，1988）。

采用**掌控定向型**（mastery orientation）的儿童和成人会设置能挑战自我的目标，并以此提升他们的胜任力、理解力或对新事物的把握。当遇到障碍或困难时，他们会坚持到底。而且在需要时他们也乐于付出更多的努力。相反，那些**无助定向型**（helpless orientation）的人不会设置挑战性目标，而且在遇到困难时很容易就放弃。在大量的研究中，Dweck 和她的同事都采用如下的方式进行：给年龄较大的学龄儿童呈现一系列难题或相似的问题解决任务，通常这些任务是无法得以解决的。儿童得到"失败的反馈"，表明他们没有正确完成特定的任务。在其中一个研究中（Dweck & Bush，1976），儿童接收到来自一个成年男性或一个成年女性或同伴的失败反馈。当评估者是一个成人，尤其是一个成年男性时，女孩倾向于采用"无助"策略，把她们的失败归因于自身能力的欠缺。相反，男孩在相同的情境中，则愿意把失败归因于评估者的"过分挑剔"。有意思的是，当失败反馈信息是由同伴提供时，男孩倾向于采用"无助"策略，而女孩则更倾向于把问题归咎于她们自身的努力方面。

Dweck 等人（1978）的另一个研究结果则可用来解释成人的反馈信息在女孩和男孩身上产生不同效果的原因。研究者首先收集了由班级老师提供给四年级、五年级男女生的反馈信息，并将这些反馈进行编码。结果发现，在针对男学生的正面反馈中，超过 90% 的反馈都是关于智力品质的；但对女孩，这一数据连 80% 也不

到。负面反馈的差异就更大了：对男孩，只有 1/3 的反馈是关于智力品质的（剩下的则倾向于认为与操守、努力整洁程度或诸如此类的因素有关），但女孩接收到的超过 2/3 的负面反馈都与她们执行的任务相关方面有关。

Dweck 和 Goetz（1978）得出结论，可能由于女孩对成人要求的服从，在老师看来已尽了最大的努力。因此，她们会逐渐认为失败只是源于能力不足。相反，男孩的失败在老师看来更多是没有实际行动或努力不够造成的。因此在男孩的表现差于预期时，老师会更易倾向于（事实上，这种倾向是女孩的 8 倍）归咎于动机的欠缺而不是能力的欠缺。因此，男孩可能不经意地被教导成不把批评当回事（因为他们受到批评太多了）且不认为批评是针对个人能力的（因为众多批评均指向行为表现中的非智力方面，且大部分情境中直接认为是动机不足）。女孩由于受到的批评相对少，就鲜有机会去学习如何处理这些负面的评价。而且，成人对女孩行为表现的批评多集中于认为她们胜任力或能力的欠缺。总之，女孩收到的信息是：失败源自能力欠缺（对此几乎没有办法可以补救）；男孩收到的信息则是失败源自努力的欠缺（补救方法是很明显的）。

Dweck 等人（1978）在随后的研究中对这一假设进行了验证。在研究中，他们让孩子做字谜游戏，由一个男性实验者提供失败反馈信息，一组被试接受的反馈类型是通常由教师给男孩的那类反馈（"你那次做得不够好，因为它不够简明"）；而另一组则是教师给女孩的典型反馈类型（"你那次做得不够好，因为你根本就没有找对字"）。在经过这样的反馈经验之后，再呈现给所有孩子一个字谜，并再次给予负面反馈，然后问他们下列问题："如果一个男人告诉你这个字谜并不是完成得非常好，你觉得这是因为什么呢？"给出的选项为："(a) 我不够努力。(b) 这人太苛刻。(c) 我不擅长于此。"接受教师采用女生反馈方式的那组被试（包括女生和男生）将失败归咎于 (c)，即认为是自己能力明显不足的人数比另一组多两倍。而接受教师采用男孩反馈方式的被试（同样包括女孩和男孩）更倾向于把失败归咎于 (a)，认为是努力的明显欠缺，或者 (b)，认为是评估者的"过分苛刻"。

这个研究支持这样一个假设："给男孩和女孩的评价式反馈直接导致了女孩更倾向于把失败反馈视为她们能力水平的标示。"（Dweck et al.1987，p.274）。虽然归因方式是否会趋于稳定，以及何时趋于稳定并达到泛化

Dweck 和其他人的研究表明，教师和那些与儿童打交道的成年人，对男孩和女孩会采取不同的反馈方式来评价他们的智能。

仍是一个有待探讨的问题，但是它确实可以预示女性自我评价的低下，尤其是面临困难任务时。

2. 连接性学习

心理学界的女权主义批评家（Belenky，Clinchy，Goldberger & Tarule，1986；Gilligan，1982；Goldberger，Tarule，Clinchy & Belenky，1996）更多强调男女处理认知任务的不同方式。Belenky 及其合作者认为，当代主流文化从历史上看是由男性执掌的，必然导致推崇理性和客观甚于其他，同样合理的是，女性之中更为普遍的是理解的方式：

普遍认为的关于女性思想是情绪化、直觉的和个人化的刻板印象很可能造成了对女性思想和贡献的贬低，尤其是在推崇理性主义和客观性且以技术为导向的西方文化中……通常认定直觉性的知识更为简单，因而较之那些所谓采用客观方式获得的认识而言也就较少具有价值（p.6）。

Belenky 等人（1986）对 135 名女性进行了访谈，她们之中有一些是大学生或已大学毕业的女生，作者称另一些对象来自"看不见的大学"，即专门为妇女抚育孩子提供帮助的服务机构。研究者认为女性寻求的是一种**连接性认知**（connected knowing），即通过试图理解的意识加工过程来发现"真相"。这种理解的寻求其实是在个体与事物、事件、人或考虑的想法之间，找到一种个人化的联系，这就需要在其自身的框架内对所涉及的事物、事件、人或各项概念，用自己的方式加以接受和鉴别。

研究者把另一种认识事物的方式称为**分离性认知**（separate knowing），这种风格在男性以及那些在传统男性环境中获得社会化和成功的女性中更具代表性。分离性认知力求客观和严谨，即学习者置身于所学习和理解的事物、事件、人或概念之外。这种风格倾向于非人为的规则或标准，学习则意味着对所学信息的"掌握"而不是与之发生"衔接"。据 Belenky 等人（1986）所述，分离性认知包含了不同的智力风格，这种风格的人寻找争论或命题中的缺陷、漏洞、矛盾或者证据的遗漏。相反，连接性认知"建立的基础是学习者相信绝大多数真知来自个人经验而非权威的宣告……这些过程的核心是移情能力"（Belenky，pp.112-113）。

如果男女真有不同的学习和理解风格，那么在信息加工的某些方式上也自然会存在容易或熟悉性方面的差异。例如，数学或逻辑都强调严谨和论证，可能对"分离性"认知方式的人更有吸引力。而更具解释性的认知任务，如对诗歌的领悟或寻找不同的观点，可能对"连接性认知者"更容易些。如果认知风格因性别而不同，那么这就会造成某种类型的认知任务对于男性和女性来说是最容易不过或最能引起兴趣的。

在 Belenky 等人（1986）的研究中，女性被试表现出的有别于男性的反应究竟多大程度是由性别、社会经济地位、教育水平或其他因素引起的，对此还未曾评估。一些文献也再次发现在分离性和连接性认知上性别差异的存在，即使是来自一所著名的文理学院的本科生中也存在此类差异（Galotti，Clinchy，Ainsworth，Lavin & Mansfield，1999；Galotti，Reimer & Drebus，2001；Marrs & Benton，2009），但是仍有待更多的研究。最近越来越多的研究表明一个人"认知的方式"随着他与环境的相互作用而变化，这反驳了了解事物的方式是趋于稳定的观点（Ryan & David，2003）。即使认知的方式在很大程度上是稳定的，仍不清楚是否不同的认知方式能够预测在实际任务中有不同类型的认知表现。未来的研究仍需对这些重要的议题加以探讨。

来自女权主义的研究表明，认知性别差异可能并不存在于特定的任务上，而在于认知过程本身的方式上。未来研究的任务是进一步阐明男性和女性的"认知方式"在多大程度上存在差异，并且这种认知方式上的差异会对男性和女性在特定认知任务上的表现产生何种影响。此外，评估独立于其他人口学变量，如社会经济地位、教育水平或种族等因素之外的性别效应也应是研究的重点。

概要

1. 人们并不是以同样的方式来进行认知操作的。一些差异的潜在来源出自人们在生活中应对认知任务的表现上：认知能力、认知风格、专长以及衰老和性别的不同都会产生个体差异。
2. 个体在认知能力，尤其是在认知速度、存储容量和注意广度等方面都存在个体差异。一些心理学家将这些认知能力和智力相等同，其他认知心理学家则不同意这种等同关系，而是将认知能力看成智力的一部分。还有一些心理学家不认为有所谓的单一的"智力"存在。
3. 此外，人们在处理不同任务时会采用不同的认知方式或认知风格。有两种划分认知风格的维度：场依存/场独立性和反思/冲动型风格。这两方面是否没有关系以及认知风格可以被改变的程度，是留待未来研究探索的两个重要问题。
4. 人们的专长能够影响他们处理专业领域内认知任务的方式。专家能获得更多的特征信息并能用与新手不同的方式建构信息。专家能用他们的专业知识来组织信息，从而更有效地运用他们的记忆。
5. 认知过程中与年龄相关的变化并未在青春期后就完全消失；不同年龄的成人在认知表现上呈现了系统的差异。例如，年纪大的人在有关注意分配和工作记忆的任务中表现稍逊于年轻人，这可能是由于一种普遍的信息加工速度下降引起的。
6. 关于认知的性别差异研究十分活跃，因而，任何结论都只能是暂时的。现在比较稳妥的观点是：除了一些特定任务，就能力而言，男性女性、男孩女孩的总体表现类型的相似之处远远多于差异。如果仔细审视有关认知性别差异的很多论述（如在言语能力方面）就会发现这些论点不是错误的就是被夸大。有一些研究的确很好地证实了认知性别差异的存在（如在心理旋转任务或某些数学任务，尤其是代数任务上），但是这些性别差异往往取决于被调查者的年龄和教育背景，或者只表现在某些特定项目上。即使有些研究确切证实了差异的存在，但男女平均表现水平间的差异通常也是非常小的，只能解释总体方差的5%。
7. 另外一类问题是关于认知风格或方式的差异。这个问题争议之处在于女性和男性是否在收集、加工或评估信息的方式上采用不同的策略。Carol Dweck 的研究表明，在认知任务上，男女往往采用不同的方式。女孩倾向于形成无助定向型，特别是在面对失败时。虽然 Dweck 的文献涉及了教师给男女生的典型反馈类型，但男女生为何会采用不同策略的问题并不明了。我们推测，这些反馈类型也可能源自社会化的其他动因，如父母、兄弟姐妹、同伴及其他人，但关于这个问题还需要搜集更多的证据。
8. 来自女权主义的研究表明，认知性别差异可能并不存在于特定的任务上，而在于认知过程本身的方式。未来研究的任务是进一步阐明男性和女性的认知方式在多大程度上存在差异，并且这种认知方式上的差异对男性和女性在特定认知任务上的表现会产生何种影响。此外，评估独立于社会经济地位、教育水平或种族等因素之外的性别效应也应是研究的重点。

复习题

1. 认知心理学家为什么必须了解认知中的个体/性别差异？请就其原因进行讨论。
2. 认知能力上存在稳定的个体差异意味着什么？这一论断与在智力上存在稳定个体差异的主张是一样的吗？
3. 比较加德纳的智力理论和经典智力理论。
4. 讨论有关认知风格的观点。认知风格与智力或认知能力这两个概念如何区分？
5. 在解释认知性别差异研究结果（或类似的任何组间相关个体差异）时必须注意什么？
6. 解释元分析的逻辑。它是怎么形成的？为什么它比投票累计或者叙述性综述更好？
7. 讨论有关认知性别差异研究主要发现的启示。
8. Dweck 及其同事、Belenky 及其同事是如何从有关认知性别差异的研究中得出结论的？

CHAPTER14
第14章

认知的跨文化研究视角

迄今为止，众多文献描述了在美国或欧洲的人（通常是成年人，但在有些情况下也包括儿童）的认知能力和过程。这些文献研究潜在的假定是，根据此类人群建立的认知模型和理论是普遍的，它们不仅适用于全世界所有人，也能对其表现和行为加以描述。然而，对其他文化人群进行的调查常常显示，这样的推定即便不是错误的，也是问题多多。在本章中，我们将探讨一部分此类研究，并考察它们对于认知研究的意义。

涉及跨文化研究，我们必然要讨论如下若干问题。首先也是最重要的一点是，必须阐释**文化**（culture）这一术语的确切内涵。大部分人肯定都同意，印度乡村的居民与美国巴尔的摩城市中心的居民具有不同的文化。然而，新罕布什尔州的乡村居民与居住在洛杉矶市的人是否也经历着一种文化差异呢？Triandis（1996）提供了一份有说服力的论据，证明心理学家在研究中忽略文化因素会产生相当的风险：

几乎所有的当代心理学理论及其实证依据都来自西方人群（如欧洲人、北美洲人、澳大利亚人等）。然而，还有70%的人居住在非西方社会的文化背景中……如果心理学要成为一门通用学科，其理论和数据就应该从大多数人群中获取……如果当代心理学家致力于建立一种普遍的心理学，那么当今的心理学更应视为一种西方的本土心理学，它们只是普遍心理学中的一个特例而已。只有当这种本土心理学和心理学的普遍框架相结合，我们才能得到普遍意义上的心理学（p.407）。

心理学家、人类学家、社会学家和其他学者都已就文化的定义做过相当的讨论，但至今也没有得到广泛接受的明确答案。Cole 和 Scribner（1974）指出了文化所包含的一些要素：一门独特的语言；不同的风俗、习惯和着装方式；还有独特的信仰和哲学体系。其他进行跨文化研究的心理学家也检验出一些因素，比如说在不同类型任务中的表现或态度和信念方面所体现出来的种族和社会阶层特点（L. G. Conway, Schaller, Tweed & Hallett, 2001；Kagitçibasi & Berry, 1989；Segall, 1986）。事实上，Segall（1984）认为，文化的概念只不过是一系列诸如语言、习俗等独立变量的集合。然而，也有人不同意这个观点（Rohner, 1984）。

Triandis（1996）则提出了自己的观点，他认为称之为文化症候群的文化变量维度，可以用于心理学理论的建构中。所谓文化症候群是指"在一段特定历史时期中，在有界限的地理区域内，根据说某种特定语言的人们来确定主题，并围绕这一主题组织得到的共同态度、信仰、分类、自我界定、标准、角色界定和价值观的模式"（p.408）。表14-1给出了Triandis确定的一些文化症候群所包含的内容。

表 14-1 文化症候群的例子

严密度	在某些文化中，有很多适用于不同场合的标准，稍微偏离这些标准就会遭到指责和惩罚；在另一些文化，这种标准很少，而且只有当人们严重偏离这些标准时才会受到指责
文化的复杂性	诸如角色界定之类的不同文化要素，其数量可多可少（如，在猎人和采集者社会中只有约 20 种工作；与此相对，信息社会中大约有 250 000 种职业）
主动 – 被动	这一特征……包含若干主动因素（如竞争、行动和自我实现）以及被动因素（如反思性思维、将主动权交予他人和合作）
荣誉	这一模式是一种相对狭隘的特征，其核心为与荣誉有关的概念。在财产流动的环境中，为了保护财产，人们不得不表现得勇猛，使外人不敢侵犯自己的财产而荣誉感也由此产生。荣誉感包括信仰、态度、标准、价值观和行为（如对于冒犯的超敏感），都倾向于用以自我保护的攻击性行为使用，维护自身荣誉，并使儿童社会化成为受到挑战就要有所回应的人
集体主义	在某些文化中，自我被定义为集体（如家庭或部落）的一部分，而个人目标必须服从集体目标；规范、责任和义务调节着大部分社会行为；在调节社会行为时考虑他人的需求会得以广泛的实践
个人主义	自我被定义为不依赖于集体的独立存在。个人目标优先于集体目标。态度和所感受到的愉快结果塑造了社会行为。人们对社会行为中的利润与损失进行计算，当一种关系代价太过昂贵时，就被舍弃
纵向和横向关系	在某些文化中，层级制度至关重要，群体内的权威决定了大部分的社会行为。而在另一些文化中，社会行为更多主张的是平等

其最为根本的问题是：文化这一术语隐含着太多意味，简单地寻找出从一种文化到另一种文化的个体间差异，再把这些差异归结于"文化"，简直就等于什么也没说（Atran, Medin & Ross, 2005; Varnum, Grossman, Kitayama & Nisbett, 2010）。与之相对，我们的目标其实在于"解开"这一术语，并试图确定文化所包含的哪些方面和维度造成了可见的这些差异。例如，计算技巧的差异可以归结于某个文化中数字运用的差异吗？在来自不同文化的实验对象中，知觉差异与被试所处地域的典型地貌有关吗？在文化中，是什么对人们获得、存储和加工信息的方式产生特别影响？

Bovet（1974）的研究通过比较阿尔及利亚和日内瓦儿童与成人在皮亚杰认知发展任务中的表现来对这些问题加以讨论。Bovet 在阿尔及利亚被试中发现了一些

不寻常的结果模式，而她可以将这些模式与阿尔及利亚文化中的特定特征相联系。比如说，阿尔及利亚儿童在数量守恒方面有困难。Bovet（1974）推断，他们的这些困难反映了他们的日常生活环境和风俗：

需要进一步说明的是，在研究的特定环境中，饮食和厨房用具（碗、杯子、盘子）的形状和大小应有尽有，这样，要在这个维度进行比较就有点难度了。此外，进餐时每个人是从公用的大碗碟中各取所需，而不是让一个人和在座的每一位分享食物。因此，就没有了食物量比例大小的比较。最后，母亲不使用任何计量工具，而是凭直觉粗略估计"知道"该用多少东西，这样的态度可能会对儿童的态度产生影响。因此，儿童即使只是作为旁观者参与一些日常活动时，成人的思维方式可以经由这些活动影响儿童数量守恒概念的发展（p.331）。

（1）一个美国家庭用餐的场景和（2）另外一种文化中用餐的场景。根据 Bovet（1974）的观点，即使是如餐桌这样的日常情景也能够影响诸如计量概念这样的特定认知加工。

Bovet（1974）宣称，文化的某些方面，包括物理的（饮食用具的形状和尺寸）和行为方面的（围绕食物分配的演练），导致并且限制了儿童原本很自然地对数量产生的假设和疑问。试将 Bovet 对阿尔及利亚文化中的相关描述与你印象中北美中产阶级文化中的同样场景进行一下对比：在美国，餐桌上每个人的杯子、勺子、盘子都是一样的；家长给每个孩子几乎同样分量的食物（或许因为孩子的年龄和身材大小的不同，食物分量会稍有不同）。这样一来，关于谁"吃得多"（比如，诱人的甜食）的争吵就很寻常了。所有这些因素都有助于儿童关注数量与诸如容器形状等知觉表象之间的关系（当然是以一种潜在和微妙的方式）。这种关注对儿童随后解决守恒问题十分有益。不过，这样的推断要经过更严密的测试验证之后才能确认。因为也有可能是文化中的其他方面引发了这样的结果。没有实证研究的检验，我们就不能下断言。

近来，社会心理学家 Richard Nisbett 和他的同事一直在调查东亚居民（如日本，中国，韩国）认知加工过程的差异，并将之与西欧、北美居民（主要是美国居民）的认知加工过程进行比较。这些研究者认为，东亚人加工信息通常更全面，更多地考虑情境，而西方人加工信息时更多侧重分析（Ji, Peng & Nisbett, 2000；Miyamoto, Nisbett & Masuda, 2006；Nisbett & Norenzayan, 2002；Nisbett, Peng, Choi & Norenzayan, 2001；Varnum et al., 2010）。

跨文化研究提出的一个根本问题是，习俗、信仰、胜任力和能力究竟具有文化相对性还是具有文化普遍性。声言认知过程具有文化相对性，就意味着承认特定文化有其特定的认知过程（Poortinga & Malpass, 1986）。例如，形成层级组织范畴的能力（比如，贵宾犬是狗，狗是哺乳动物，哺乳动物是动物，动物是生物）对于某些文化中的人来说，可能比其他文化中的人要重要得多（Greenfield, 2005）。对比之下，文化普遍论是指诸如人们都使用语言这样的全人类共通的现象。

这个问题的答案深刻影响着研究问题的结构方式。比方说，假定认知过程、能力或策略具有普遍性，那么在此基础上提出的跨文化问题就很可能是关于各个文化因素究竟如何影响和塑造文化的。这里我们假设认知过程、能力或策略在各种文化中都存在，但某种文化（或文化中的某方面）可以促进、阻碍或是改变它们的表现

方式。

与之相对，持文化相对论者，尤其是激进的文化相对论学者（Berry, 1981, 1984）不会认为认知过程、能力或策略在所有文化中都存在。而且这些学者并不将文化视为是几个独立因素的总和，而是认为文化是一种格式塔或完形，不能将其分解为小片。特定的概念、过程、能力之类因而只与特定的文化相关，也只在这些文化中才能发现它们。所以，由此提出的认知理论及其解释必然与所有文化（至少也是许多文化）不同。

跨文化研究者面临着许多方法论上的挑战，而这些挑战对于那些仅仅研究一种文化下情境的研究者来说（如第 2 章到第 13 章中描述的大部分研究）并不十分重要。回想一下心理学导论中指出的，真正的实验要做到：①把实验被试随机分配到实验条件中；②控制好实验处理方法（即控制自变量）；③控制其他混淆因素或事件。无论哪位实验者在设法实现这些控制时都会感到困难（有时候这样的控制甚至是不可能实现的）。跨文化研究者在理论上就永远不可能实现第一条标准（因为无论从实际上还是从道德上来讲，人终究是不可能随机分配到某种文化中去的），而且事实上，研究者大概也永远不可能实现第二条或是第三条原则。尤其是对于有些任务而言，它们和某些文化的关系比另外一些文化更为密切，由此要选择出对不同文化中的人来说难度相同又同样熟悉，而且可以同样有效测量出所要研究的行为与能力的实验任务（比如记忆测验和问题解决测验）就近乎不可能了（Malpass & Poortinga, 1986）。如果某一任务在特定文化中经常出现，生活在该文化中的被试在执行该任务时表现得比那些生活在对该任务不熟悉文化中的被试更为出色，可能是许多与认知能力不相关的其他因素造成。例如前者对该任务有更多实际操作的经验，觉得这项任务更加轻松，或是更乐于完成该任务等。以下我们会就这一方面给出具体的说明。

顺便说一下，你可能已经注意到了，跨文化研究中的另一个问题是无法把对象随机分配到不同文化中去。性别差异、发展差异或其他个体差异的研究者也面临着相同的问题（L. G. Conway et al., 2001）。有关被试的变量，诸如年龄、性别、文化、种族起源，都是研究人员无法指定的变量。这就使得实验结果的解释更加棘手。

开展跨文化研究的另一个问题在于，同一文化中的

个体可能一点儿也不在意该文化的影响或者不会对这一影响做出评价（Kitayama，2002）。文化习俗，诸如日常工作、宗教仪式、习惯做法、衣着款式以及习气癖性等，可能既是心照不宣的，又是内隐的，即被该文化广泛接受，因而也常常被忽略，或认为不值得关注。就像 Kitayama（2002）所说："文化之于人类，正如水之于鱼"（p.90）。

在本章的最后一部分，我们会探讨在美国开展的跨文化研究传统。我们将特别关注人们在每天的认知任务中如何表现（而不是在实验室中，而且通常不是在学习任务上的表现）。一个重要问题将成为我们关注的焦点：在前几章中提到的那些认知理论和模型在多大程度上能够解释"现实生活中的"认知呢？本章中回顾的许多研究表明，人们的表现通常具有情境敏感性，即表现会根据任务、指示语或其他环境特征的改变而改变。

14.1　跨文化认知研究的实例

在这部分中，我们将回顾并选择一些跨文化认知研究实例加以讨论。像前两章一样，我们不可能在跨文化研究中涉及人类认知的每一方面。所以，我们只能以跨文化的视角检验认知能力和认知过程研究中相当小范围内的研究例证。

14.1.1　知觉的跨文化研究

回想一下第 3 章中介绍的内容，知觉是指对感觉刺激的解释。例如，运用视网膜成像的信息，看到背景中衬出的一个物体，或是辨认出那个慢慢靠近的毛茸茸家伙就是你的猫咪。因为我们的知觉通常是迅速且不费力就能完成的，我们会很容易因此做出判断，知觉是我们感觉系统内置的固有工作方式的结果。但是，一些跨文化心理学里程碑式的研究直接向这一假设发起了挑战，研究显示，不同文化中的人"看东西"常常是不一样。下面展示的就是在第 3 章中讨论过的自上而下加工的很好的例子。

1. 图像知觉

Hudson（1960，1967）的研究表明，不同文化中的人们看到的并不完全一致。Hudson 先是察觉到，南非矿场和工厂里的班图族工人似乎难以理解海报和电影的内容。为了调查其中的原因，他给许多南非人（既有黑人也有白人，有受过教育的也有没念过书的）展示如图 14-1 所示的图片。注意，所有的图片中都绘有一头象、一只羚羊、一棵树和一个手举长矛的人。这些卡片只在呈现的深度知觉线索上有所区别。卡片 1 利用了物体的大小线索（远处的物体看上去显得较小），卡片 2 和卡片 3 都用了遮挡的线索（近处物体会部分遮挡远处的物体）。卡片 4 利用了以上所有线索，另外还加了一些线性透视的线索（平行线看上去会在远处相交；其他轮廓线都经过调整，以便与这一框架相适）。要求被试描述他们看到了什么，他们认为图片中的人在做什么，以及哪几对人或动物彼此最为靠近。

结果显示，受过教育的被试通常可以三维立体地理解图片的含义（比如，看到人把矛指向羚羊，而不是大象；把大象看成在很远的地方而不是认为大象很小）。但是，不论是黑人还是白人，没上过学的人通常只"看到"二维的图像。Hudson（1960）论证说，学校教育本身并不是导致三维图像知觉的原因，其根本原因是受到的非正式教育和习惯性地接触这样的图片。他认为，诸如对生活中的图片、照片以及其他家中书本杂志中插图的接触，都为"图片读写能力"提供了大量至关重要的非正式练习。Hudson 之所以得出这样的推论，是因为他观察到学校在图像理解方面很少提供正式指导，另外，即使是接受过学校教育的黑人工人，相比接受过教育的白

图 14-1　Hudson（1960）采用的刺激

人工人，也在三维图像理解上有很大困难。

Deregowski（1968）在研究中非赞比亚儿童和成年工人时考虑到一个不同的可能性。他想知道是否真的存在图像知觉的跨文化差异，或是说，是不是因为 Hudson 实验任务本身的某些特征使得被试表现得似乎无法三维立体地理解这些图片。在一项研究中，他指派给被试两种任务：一种是 Hudson 式任务，一种是要求被试用棍子摆出图片中描绘出的模型（如图 14-2 中所示）。

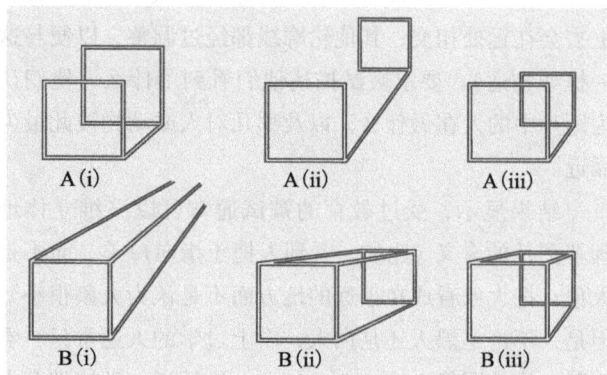

图 14-2　Deregowski（1968）使用的刺激

Deregowski（1980）发现，尽管有超过 80% 的被试无法以三维的方式知觉 Hudson 的图片，但是有超过一半的被试确实能够构造出三维而非二维的模型。Deregowski 认为，在其他方面，也许他的实验任务与 Hudson 的在难度上有所不同，Hudson 的任务还包括一项要求更高的反应。比方说，也许构造模型的任务给图片的视觉检查提供了更多的引导，因而为被试"正确"理解提供了更多线索。

Cole 和 Scribner（1974）根据这些以及其他研究得出结论认为，要断定人们能或不能三维立体地知觉图片，这种想法太过简单化了。他们认为，这个问题应该是，人在何时以及如何开始理解一个二维刺激其实是具有深度意义的。图片的内容（对人、动物和抽象几何形状的描绘）可能影响到知觉；反应的模式（回答问题，或是构造模型）也可能影响人们知觉图像的方式。无论原因是什么，人们在看待和理解描绘三维景象的二维图片时，所采用的方式在不同文化中并不一定完全相同。

这一观点在 Liddell（1997）的一项研究中得到进一步阐述和深化。她给一、二、三年级的南非儿童看彩色

的人物图片和关于非洲的图像。要求儿童仔细看这些图片并"告知（实验者）从图片中看到了什么"。儿童对图片回答由熟练的实验者深入分析，之后再编码，标定儿童提供的命名数量（比如说"那是朵花"，"那是顶帽子"）、在图片中各项之间建立联系的次数（比如"桌子摆在夫人前面"）以及对于图片做出的叙述和理解次数（诸如"母亲正把孩子放到床上"）。

在给每个儿童呈现的总共由六幅图组成的系列中，儿童平均指出了 65 个名称，23 次关联和 3 条叙述。换句话说，这些南非儿童往往提供了图片事实性的甚至是脱离现实的信息，而不是"理解"这些图片。另外，提供理解性条目的倾向随着学校教育年数的增加而减少。三年级儿童提供的理解条数比一、二年级的少。Liddell（1997）把这项发现与一个以英国儿童为样本的研究结果进行对照。那项研究显示，叙述条数随学校教育年数的增加而增多。她认为，对这一差异的可能解释在于，南非的初等教育系统偏重事实性和描述性学科（与开放性或创造性学科相反）。另外一种解释（或者还有一个原因），可能是由于在大多数非洲乡村家庭中图画书和早期阅读的缺乏妨碍了这些儿童对图像的解码和理解。

最近，另外一项对照片感知能力的研究也有了一些关于感知能力跨文化差异的有趣发现。Miyamoto 等人（2006）先拍摄三个不同规模的美国城市（纽约市，密歇根州安娜堡市，密歇根州切尔西市），并与日本的三个相应城市（东京，彦根，虎姬）照片加以比较。研究者走访每个城市的学校、邮局和旅馆，拍摄建筑物周围街道的照片。照片样本如图 14-3 所示。

研究人员然后招募了日本和美国两国的被试（大学生），让他们给每张照片按诸多维度进行评估，包括每张图片中物体的数量，照片看起来混乱或者有条理的程度，以及物体间的分界线如何模糊不清或者如何清晰。他们还创造出使用计算机化图像再认软件的客观情景测量方法。他们的研究结果表明，被试认为在日本拍摄的照片比在美国拍摄的照片更加模糊不清，且包含更多的元素（物体）。他们推测，日本的场景可能比美国的场景更能促进对情境的知觉。反过来这也解释了为什么在他们的另外一项研究中，所采用的变化盲点任务（见第 4 章）中，美国被试注意到更多的中心物体的变化，而日本被试则对"背景"和情境体的变化更为敏感（Masuda

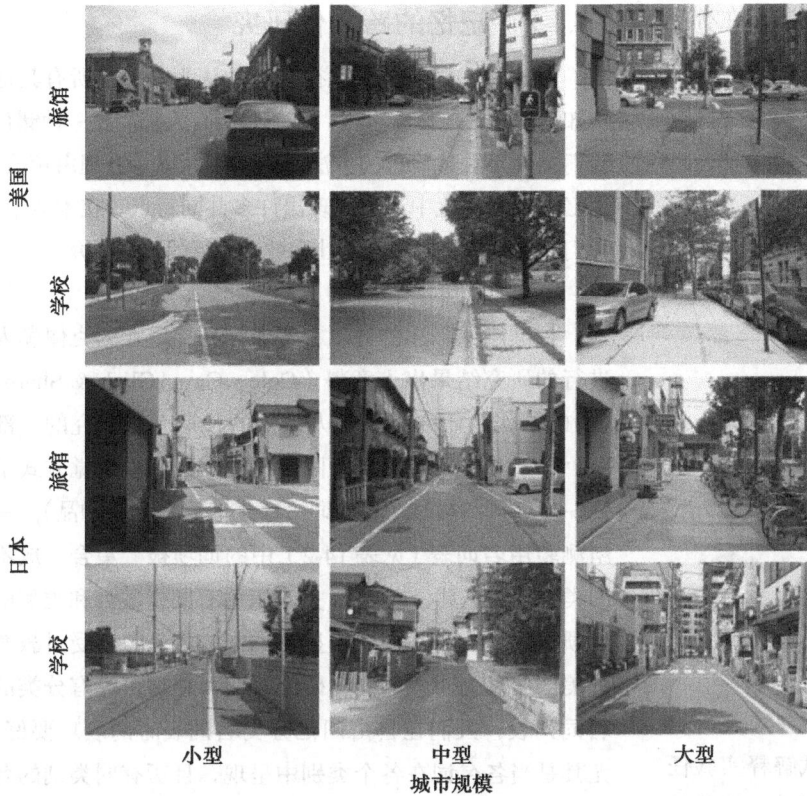

图 14-3 Miyamoto 等（2006）采用的在美国和日本的学校、旅馆前拍摄的照片样例

& Nisbett，2006）。Varnum 等人（2010）提出观点，以上的这些认知差异源自于社会定向的不同，美国人更推崇独立的价值观，而日本人则趋向于尊重互相依赖的社会价值。

2. 视错觉

另外关于知觉的跨文化研究集中在视错觉领域，如图 14-4 所示。Rivers（1905）研究了托雷斯海峡人（巴布亚新几内亚土著）和来自印度南部的人视知觉方面的特征。Rivers 报告称，相对于西方样本人群，他的研究对象更倾向于产生水平垂直错觉，即虽然两条线段一样长，但是垂直线看起来比水平线长。然而，Rivers 的

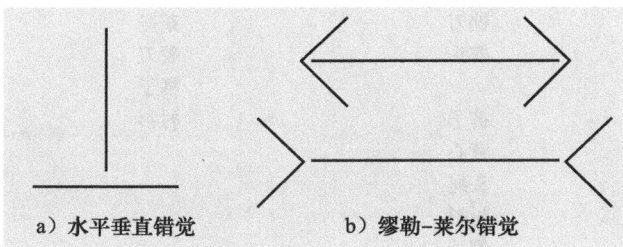

a）水平垂直错觉   b）缪勒－莱尔错觉

图 14-4 跨文化研究中的一些视错觉

实验对象与西方人相比不易于产生缪勒－莱尔错觉，即虽然两条线段一样长，但是两端带有箭头"尾巴"的直线看起来比两端带有箭头"脑袋"的要长。

Segall、Campbell 和 Herskovits（1966）在这项观察的基础上，进行了一项如今已成为经典的研究。他们在研究中使用了缪勒－莱尔错觉和水平垂直错觉（参见图 14-4），从非洲和菲律宾的 14 个居住区以及美国选取了近 2 000 人作为样本进行研究。研究者的假设是，先前的经验会影响到人们对错觉的敏感性。Segall 和同事认为，身处木匠之类工作环境中的人，即在这种环境中，木材及其他材料都以直线、矩形和其他的几何关系为特征，相对来说更易产生缪勒－莱尔错觉。这里的观点是，木匠环境给身处其中的人们提供了大量看见矩形的机会（如木板、房屋、窗户），从而也有一定的机会看到角度和接合点。缪勒－莱尔错觉和这一经历的关系如下所述：

在木匠环境中成长的人们倾向于将缪勒－莱尔错觉图形……看成是三维物体在空间的延伸。在这种情形下，图中的两个主要部分代表了两个物体。例如，图 14-4b 的上半部分，如果水平线部分被知觉为代表一个盒子的边缘，整个图形就被知觉为一件物体的前沿；而在下图中，假如水平线部分被知觉为另一个盒子的边缘，它就被知觉为循着盒内部的后沿。因此，图中上半部的水平线"肯定"比实际长度要短，而图中下半部分的水平线"肯定"比实际的要长。（Segall et al.，1966，pp.85-86）

这一论证是基于心理学家 Egon Brunswik（1956）提出的观点：在任何情况下，人们都是根据过去理解此类线索的方式来理解线索。人们之所以这么做是因为过去他们以这样的方式对此类线索的理解通常是正确的。然而，在某些场合，线索可以误导人们得出错误的理解。

通过类比推理，Segall 等人（1966）预测，在有些文化中，当地平线是日常地形的一部分时（诸如沙漠或是平原），相对于居住在没有提供广阔视野的文化中的人们，那里的居住者更容易产生水平垂直错觉（如丛林居民）。

Segall 和同事预计，若是文化中地平线呈现在地标中的话，人们对水平垂直错觉会表现得更加敏感。

Segall 等人（1966）仔细地向所有被试解释实验任务，使用了许多方法措施来确保被试理解每一项操作并有机会对每种错觉的几种变形进行反应。在每次试验中，呈现给被试的刺激都是一对直线（有时会造成错觉的，有时是不会造成错觉的其他线段组合），然后由被试指出，哪根线比较长。尽管两种错觉或多或少地在所有文化中都存在，实验结果大体上还是证实了上述预期。尽管和其他研究者的发现有些不一致（Deregowski，1980，1989），Segall（1979）仍旧坚持认为：

为了在其生存的特定生态环境中最有效地工作，人们的知觉方式受到了他们学习获得的推断的塑造。我们可以下这样的判断……我们学会的知觉方式是按照我们需要的知觉方式进行的。就这一意义上来说，环境和文化塑造了我们的知觉习惯。（p.93）

但是需要注意的是，现在讨论的这个问题是关于知觉的，即人们如何理解他们的感觉信息的，而不是感觉的，即信息的获取。也就是说，没有人声称视觉（或听觉、嗅觉）系统的工作方式就存在跨文化差异，而是文化差异可能存在于紧接着信息获取的认知加工过程中。换一种说法，可以认为文化影响了人们解释感觉信息的方式，并由此对其所观察到的事物产生有意义的理解。

14.1.2　记忆的跨文化研究

和知觉一样，记忆也被广泛地认为几乎是所有其他认知活动形式的核心过程。显然，所有人都需要一种储存他们一度接触过信息的方法以备后用。似乎有理由相信，记忆在各种文化中都会表现出许多共同特点。在本节中，我们将检验一些用非西方社会被试进行的记忆研究。

1. 自由回忆

根据刚才陈述的设想，对非洲利比里亚的克佩勒人进行的研究结果出人意料（Cole，Gay，Glick & Sharp，1971）。作为研究克佩勒人认知的长期系列研究的一部分，Cole 等人采用了自由回忆任务。他们以听觉方式呈现一串名词给被试（所有词语都是他们熟悉的物品）。一组测验用名词表（见表 14-2）中的词项被"集合"成不同类别（如工具、衣物），另一组含有同样数目和类型的词项，但没有将其分成明显的类别。之前曾以受过教育的美国居民为对象的同样研究表明，相对于没有分类的名词列表，人们在自由回忆分类名词表时的表现要好，尤其是当各名词在各个类别中呈现，且所有同类别的名词一起呈现时（Bousfield，1953；Cofer，1967）。

表 14-2　科尔等人研究所用的刺激（1971）

可被集合的	不可被集合的
盘子	瓶子
瓢	镍币
茶壶	鸡毛
平底锅	盒子
杯子	电池
	椅角
土豆	石头
洋葱	书本
香蕉	蜡烛
橘子	硬垫
椰子	绳子
	指甲
短弯刀	香烟
锄头	棍子
餐刀	草
锉刀	茶壶
榔头	餐刀
	橘子
裤子	衬衫
背心	
头绳	
衬衫	
帽子	

资料来源：Cole and Scribner (1974, p. 127).

克佩勒的儿童（年龄由 6 岁至 14 岁）和成人参加了实验。儿童被试中，有些是在校生（一至四年级），有些则处于失学状态；所有的成年人都受过教育。研究把这些被试的表现和南加利福尼亚中产阶级白人儿童的表现进行比较。

Cole 及其同事（1971）在他们的美国被试样本内发现了很大的年龄差异，年龄较大儿童在每套列表中能回想起的单词远比较小儿童的要多。但是，克佩勒被试中只有些许的年龄差异。此外，受过教育的克佩勒人并不比没受过教育的克佩勒人表现得好多少。尽管分类名词列表对所有的克佩勒人和美国人样本来说都更容易些，但只有美国被试在他们的自由回忆中表现出很多聚类现象：即无论分类列表中的名词如何呈现，美国儿童，尤其是 10 岁及 10 岁以上的儿童，更可能先回想出所有的工具，然后再说出所有的食物等。相比之下，克佩勒被试就未必会这么做。

显然，乍一看克佩勒人记忆系统的运作和美国人的不一样。然而，Cole 等人（1971）随后进行的研究中，检验了若干项与之竞争的假设。例如，克佩勒人可能真的没明白这项任务。也许他们对这项任务没多大兴趣，所以没有很努力地去完成。也可能提供的线索不够清晰。在一系列的研究中，研究者收集到的皆是与以上各项假设相反的证据。

在一项系列研究中，Cole 等人（1971）证明，当给克佩勒人暗示，让他们按分类来回想时［比如说，在回忆时，实验者说的话会诸如"告诉我所有你记得的衣物。（被试回答）好的，现在告诉我所有你记得的工具……"］，他们的表现进步惊人。这个结果（以及其他一些限于篇幅而无法详述的结果）使 Cole 和 Scribner（1974）联想到，尽管克佩勒人在记忆任务中表现不同，但很少有证据支持这样一个观点：克佩勒人的记忆系统工作方式与美国人或西欧人的记忆系统工作方式有质的不同。Cole 和 Scribner 认为：

在自由回忆研究中呈现出的记忆表现上的文化差异，是基于这样的一个事实，越老练的（受过教育的）被试在对任务做出反应时越是会寻找一种结构，并将这一结构作为他们回忆的基础。而未接受过教育的被试则不太可能会有这样利用结构的活动发生。一旦他们也这么做，或者任务本身就提供了材料的结构时，不同被试

间所表现出的文化差异就会大大减小甚至消失（p.139）。

下文中我们将再度讨论**学校教育**（schooling）或者正规教育年限对认知的作用，尤其是西方类型的学校教育。

一项较为新近的研究（Gutchess et al.，2006）预先提出假定，聚类在西方文化（例如，美国）中比东方文化（如中国）中更普遍。研究人员让两种文化中的年轻人和年长者都进行自由回忆任务，根据第 13 章中描述的与年龄相关联的分类局限性推测，对于年长的东方被试而言，聚类尤其困难。结果他们的确发现，当两种文化中的群体回忆出相同数量的词项时，西方和东方年长者聚类的程度是尤为不同的。

2. 视觉空间记忆

把传统的、以实验室为基础的实验带到其他文化中时往往会招致一些批评，因为任务本身对于不同文化中人们的熟悉程度、重要性和普遍兴趣程度皆是有所不同的。如果真是如此，它就给那些用相同任务比较不同文化中人们表现的跨文化研究提出了严峻的问题。如果实验任务并非从人们的日常生活中衍生而来，人们的表现将不会提供多少关于他们真实能力的有价值的信息。

许多研究者以此为戒，尝试设计出的研究很大程度上以现实生活任务为蓝本。在一项此类研究中，Kearins（1981）研究了澳大利亚沙漠地区土著儿童和青少年的视觉空间记忆，给研究对象完成的任务是：让他们用 30 秒时间观看排列好的物体，把这些物体打乱，再让他们重新排列这些物体。Kearins 设计这个实验的基本原理是：传统沙漠生活需要在大片空间内的不同地点之间作大范围的移动，而这些地点中有许多是"视觉上无法标记的"。出于与预料之外的降雨、狩猎以及其他食物采集的需要有关的各种原因，地点之间的路线很少会完全一致。可以推测，这样的生活需要除路线知识以外的各种其他的空间知识。生活在这种环境中的居民可能具有更强的记忆空间联系的能力：

对于单一环境特征的记忆不可能可靠地标示出任一具体地点，既因为在这样一个有很多重复特征的地区地貌单一，很少有显著的特征，还因为人们前往的方向不很确定，可能是任意的。如果能确定若干特征间的特定空间关联，那么就可以极好地指明某一具体位置，而不用参照方向。对于在水源间迁移和从饲料基地出发的日

常饲料运输来说，有关此类关联的准确记忆就可能具有相当的价值（p.438）。

Kearins（1981）给澳大利亚土著人和澳大利亚白种人的儿童呈现四组条件。在每组条件中，他们都会看到20件熟悉物品。其中两组是人工制品（诸如餐刀或顶针之类）；另外两组是自然界存在的物品（诸如羽毛或岩石）。在两组中，所有的物品都是同种类型的（比如全是岩石或全是瓶子）；另两组中，组内的物品类型不同（比如一把小刀、一块橡皮、一枚顶针）。测试在操场的长凳上或是树下进行，并且尽量采取措施使任务不像专门的测试。儿童对每组物品观看30秒钟，接着闭上眼睛，此时物体被搅乱成一堆。接着再让这些儿童重新组合这些排列，而且没有时间限制。

如图14-5所示，实验结果显示，土著孩子在每组条件下都比他们的白种同龄人表现得更好。Kearins（1981）评论说，这种任务对于土著儿童来说显然是太容易了：相当大比例的儿童一个错误也没犯（在不同组中的比例为14%~54%，与白种儿童中平均4.5%的比例作比较）。

对土著被试的观察显示，他们观察排列时通常只是静静地坐着，没有显示任何复诵的迹象。白人儿童和青少年更可能会绕着他们的座位来回移动，拿起物品，还"念念有词"。在重组阶段，土著儿童有条不紊地安放物品，而且很少有改动。澳大利亚白种儿童重组阶段开始时"心急火燎"，接下来又会在物品安放的位置上做很多改动。Kearins（1981）认为，土著儿童运用的是一种

视觉策略；白种儿童运用的则是言语策略。当土著儿童被问及他们是如何执行这项任务时，他们往往耸耸肩，或者说他们记得排列的"样子"；而澳大利亚白种人往往详尽地描述言语复述策略。

Kearins（1981）从这项实验以及其他实验中获得的数据支持了这样一个观点：文化可以有选择地施加"环境压力"以增强特定的认知技能。在本实验中，即为视觉复述策略。她还认为，一旦某一技巧形成，个体便会更多地练习它，从而有可能增强这种技能。此外，在一种文化中有用的认知（和其他）技巧和习惯，可能是在儿童早年经过父母和其他成人鼓励而形成的。其结果是，特定的认知能力变得更普遍，而且能够被更加熟练地运用。

14.1.3　分类的跨文化研究

想象一下，你走进一个房间，看见许多大小不同的积木。积木的一面画有大、中、小三种大小的圆形、正方形或是三角形，这些图形或为红色，或为黄色，或是红黄相间的条纹。试想，现在要求你"把相配的积木放在一起"，即一个要求你分类的模糊指令。我想你立刻会发现，把积木分类有几种方法：根据画的形状，根据积木的大小，或是根据记号不同。我们会观察你的表现，并就此提出两个问题：你是根据什么来划分积木类别的？运用这一划分根据时的一致程度有多大呢？

按照心理学家Jerome Bruner等人（1966）的观点，我们完成分类任务的方法随着发展而变化。起先，我们往往会使用知觉的分类依据，特别是颜色（Olver & Hornsby，1966）。后来（当面对与积木不同、意义更多的物品时）我们分类所依赖的更多是非知觉的、更"深层的"标准，因为我们开始根据功能而不是外形将物品归类。所以，较小儿童（关注于形状）可能把胡萝卜和木棍放在一组，番茄和球放在另一组，而较大儿童更可能会把它们分为两种食物和两种人工制品。而且，正如我们在第12章中讨论过的，无论儿童选择使用什么标准，他们选择一致的标准进行分类的能力也随着发展

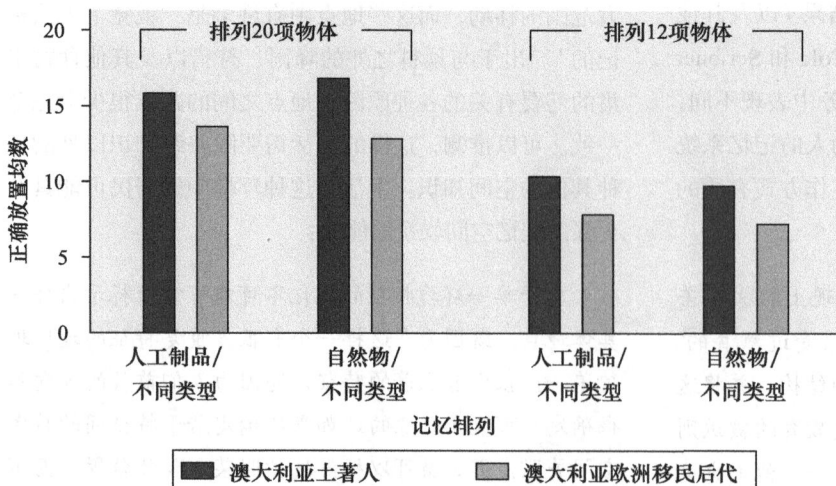

图14-5　Kearins（1981）的研究结果

进程而增强。

Bruner 的一名合作者 Patricia Greenfield 对西非塞内加尔乡村未受过教育的沃洛夫族儿童开展了类似的研究（Greenfield, Reich, & Olver, 1966）。她给（6 ~ 16 岁）儿童看十件熟悉的物件，其中四样是红色的，四件是衣物，四件是圆形的（有些物件具有两种或两种以上的这些特征）。告诉他们，挑选出"相像的"物件并说出它们的相像之处。

考察的问题是，"儿童能运用任一标准前后一致地挑选出物件，使这些物件全且仅为红色，全且仅为圆形，或者全且仅是衣物吗？"部分沃洛夫儿童（超过65%）根据颜色来挑选对象，且随着年龄的增长，他们显著增强了有条理地使用分类标准的能力。在 6 ~ 7 岁时，只有约 10% 的儿童可以彻底地选出全部四个红色物件而不包含其他颜色物件；在 9 岁时，约有 30%；而到 15 岁，接近 100%。

在另一项研究中，Greenfield 等人（1966）给受过教育和未受过教育的沃洛夫儿童（年龄从 6 岁到 13 岁）以及未受过教育的成年人呈现几组物件的图画。在每一组中，两个物件为同种颜色；两个为同种形状；两个具同种功能。图 14-6 即为该实验中的一些例子。他们要求参测对象指出每组的三个物件中哪两个"最相像"，并解释原因。

Greenfield 等人（1966）检查了儿童和成人分类时的依据标准，发现其中学校教育具有很大的作用。首先，未受过教育的被试更难理解图片和辨认出图中的物件，这一发现与之前讨论过的 Hudson（1960）报告一致。其次，上过学的儿童使用颜色作为分类根据的可能

性要小很多，而且对颜色偏好的减少与上学年数相关。相反地，根据形状和功能进行分类的比例随着上学年份的增加而增长。其实，把形状或功能作为分类依据在未受过教育的被试中是"几乎不存在"（Greenfield et al., p.295）。总之，这些研究者认为"学校教育似乎是我们在抽象刺激中发现的唯一最重要的影响因素"（p.315）。

在研究墨西哥尤卡坦的玛雅人过程中，Sharp 和 Cole 想知道用颜色分组的偏好是否必然地阻碍其他分类依据的使用（Cole & Scribner, 1974）。他们给被试（一年级、三年级、六年级的儿童和只受过不超过三年学校教育的青少年）看一些绘有不同几何图案的卡片，这些图案有不同的颜色、形状以及数量特征（比如说一个圆、两个圆）。被试把卡片分类之后，主试要求他们用另一个维度把卡片重新分类。结果显示，第一，能够一致地根据颜色、形状或数量来进行分类的被试比例随学校教育年数的增加而增长；第二，重新分类的能力也依学校教育情况而定：一年级生几乎完全不能重新分类，一半不到的三年级生和（仅受过不超过三年学校教育的）青少年可以重新分类。六年级生中，60% 会使用与第一次分类时不同的维度来重新分类。

Irwin 和 McLaughlin（1970）发现了另外一个影响到这一任务表现的变量。他们进行了一项类似的试验，使用了类似 Sharp 和 Cole 所用的刺激作为一种条件，但在另一种条件下，使用的刺激由八碗稻谷组成。稻谷对于研究的被试（利比里亚中部的马诺稻农）来说是种很熟悉的日常物品。这些碗装稻谷的区别在于碗的类型（大或小）和稻谷的类型（加工过的或是没加工过的）。

结果显示，尽管未受过教育的成人不能很好地把卡片或是碗进行重新分类，但所有的被试（包括成人）对稻谷分类的速度要比对卡片分类的速度快得多。在之后的研究中，Irwin、Schafer 和 Feiden（1974）以马诺地区农民和美国大学本科生为参测对象，让两组人对卡片上的形状（在一种条件下）和稻谷（在另一种条件下）进行分类。就像预期的那样，马诺人难以对形状分类，但可以相当轻易地把稻谷分类。

相反地，美国人在对形状分类和重新分类时完成得很好，但对稻谷分

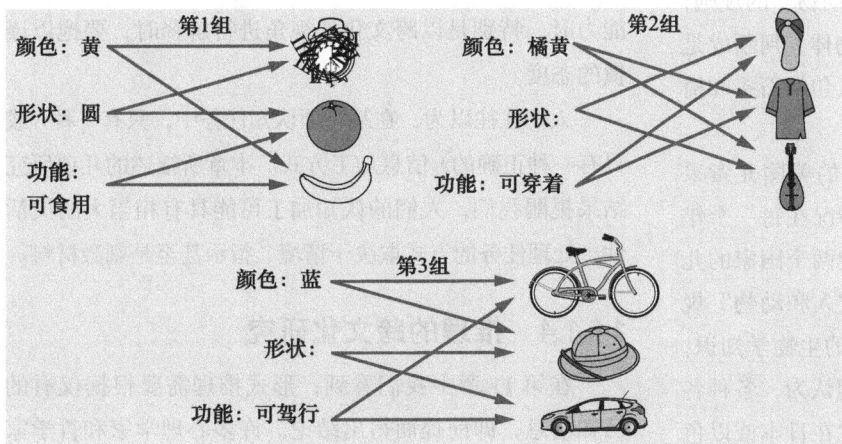

图 14-6　Greenfield 等（1966）所使用的刺激

类就不那么内行了。与早先的研究一起考虑的话，这些结果表明：接触特异刺激（可能是出于文化环境的因素）可以对诸如分类这样即便是很基本的认知任务产生惊人的影响作用。

Hatano 等人（1993）则进一步拓宽了研究的范围，他们检验了日本、以色列和美国儿童关于生物学意义上存活的概念。用作者的话来说，三个国家都是"高度发达且科学进步的"，但是他们的主导文化看待植物和动物之间关系的态度有所不同：

日本文化中包含一种信念，认为植物和人类非常相像。佛教教义认为，即便是一棵树或一株小草也有灵魂，这形象地表达了这种信念。许多日本成年人……认为植物是有感觉和情绪的。类似地，在日本的民间心理学中，即便是无生命的物体有时也会被当作是有灵魂的（p.50）。

与此截然不同的是，"在以色列传统中，植物就其生命状态来说，被看作与人类以及其他动物明显存在区别"（p.50）。

Hatano 等人（1993）采访了三个国家幼儿园里的小孩、二年级、四年级的小学生，询问他们如下问题：人、其他动物（兔子和鸽子）、植物（树和郁金香）以及无生命的物体（石块和椅子）是否具有生命的各种属性，比如说他们是不是活的，有没有心脏、骨骼或大脑之类的东西，有没有可以对冷或痛的感觉能力，会不会生长或死亡。作者报告了几个有趣的发现。其中一个发现是儿童似乎在使用"规则"：一条称为"人、动物和植物"的规则，意思是儿童总是把这三者当作是活着的，而不认为无生命的物体是活着的；叫作"人和动物"的规则，即只把人和动物（而非植物或无生命的物体）判断成是活着的；"所有事物"规则则把一切事物（包括石头和椅子）都当成活着的。

图 14-7 描述了结果的一部分。较多的美国儿童采用"人、动物和植物"规则，而且这一情况在每一个年龄段的被试中都存在。以色列儿童比其他两个国家的儿童更可能否认植物是活着的（即，采用"人和动物"规则）。作者推测，美国儿童拥有明显丰富的生物学知识，这可能与他们收看的电视节目有关。他们认为，各种各样的自然类节目、杂志和图画书在美国比在日本或以色列更普遍，而且这些可能是儿童，特别是幼儿园孩子概

念性知识的一个决定性因素。当然，这并不是唯一可能的解释，需要进一步调查验证。

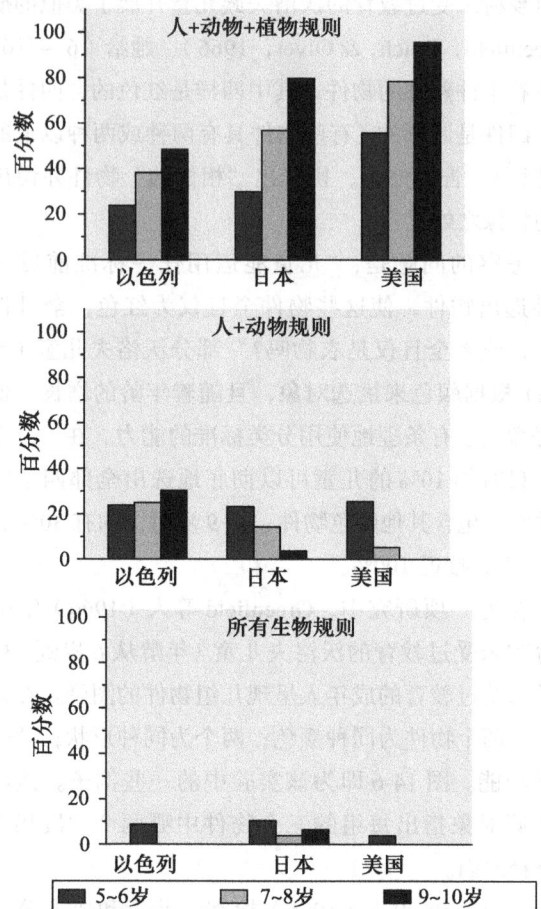

图 14-7　儿童采取每种规则的百分比（Hatano，1993）

综上所述，上述研究提出了原先在第 12 章中讨论过的一条原则：采用熟悉的材料有助于认知能力的施展。这里所描述的结果再一次证明，有理由认为在解释认知能力时，特别是以跨文化的视角进行解释时，要抱以谨慎的态度。

人们往往以为，在某一项认知任务中，只有一种（或只有一种正确的）信息加工方式。本章所描述的几项研究结果提醒我们，人们的认知加工可能具有相当大的灵活性，处理任务的方式取决于情境、指示甚至是刺激材料。

14.1.4　推理的跨文化研究

在第 11 章中我们看到，形式推理需要根据仅有的已知信息，即前提而得出结论。许多心理学家和哲学家认为，这样的加工过程是那些更常发生的推理和思维的

基础，诸如"人终有一死；苏格拉底是人；（因而）苏格拉底终归是要死的"这样的问题很基本因而也就相当容易解决了。

苏联心理学家列夫·维果茨基的学生 A. R. Luria（1976）研究了居住在中亚的农民，其中一些有文化一些则没有受过教育，是怎样处理这样的言语三段论推理的。一些三段论的内容熟悉而实际，要求被试把一条熟悉的原则应用于一个新环境中。如这个例子："棉花生长于炎热潮湿的地方。英格兰寒冷潮湿。棉花能在那儿生长吗？"另一个例子："遥远的北极白雪覆盖，所有的熊都是白色的。诺娃亚·赞姆亚在遥远的北极。那儿的熊是什么颜色？"

对这些三段论的反应取决于农民的背景。没上过学的农民简单地拒绝应对这些问题，通常做出的反应如"我不知道；我看到过黑熊，没见过其他颜色的熊……每个地区都有自己的动物；如果该是白的，就是白的；该是黄的，就是黄的。"或是说"我怎么知道？"（Luria，1976，pp.109-110）。有一位调查对象是在偏远村庄居住了 37 年的文盲，他概括了这个问题："我们一向只说我们看到的东西；我们不谈那些没见过的东西。"当实验者问道："那我话的意思是什么？"并重复这个三段论时，村民回答：

嗯，可以这么说吧，我们的沙皇跟你们的不一样，你们的也跟我们的不一样。你的话只能由在你们那儿的人回答，如果不是你们那儿的人就不可能根据你的话来回答什么。（p.109）

Luria（1976）认为，没文化的村民面临三条局限。第一，他们难以接受与自身经历相抵触的大前提（即使是为了论证起见）。通常这样的假设他们不予考虑或根本就遗忘了。第二，没文化的村民拒绝把大前提（比如"遥远北极的熊都是白色的"）看成是真实普遍的。相反，他们会把这些陈述当作是某个人的独特经历的描述，常常在他们的推理中不予考虑。第三，那些缺少教育者往往不会将不同的前提看作一个问题的几部分，而是把所有的前提当作是一条条独立的信息。参加过文化课程的农民正好相反，他们接受这样一个事实，即结论不是从自身知识中得出，而是从问题（前提）本身就得出正确的结论。

然而从另一个角度分析，尽管采用的是颇为不同的前提，但这些村民的推理也是符合逻辑的。实际上，他们的论证是这样构建的："如果我有黑熊的第一手知识，我就能回答这个问题；我没有第一手知识；因而我无法回答这个问题。"Cole 和 Scribner（1974）让利比里亚克佩勒部落成员做推理任务，报告了类似的结果。以下便是研究中的一个实例：

实验者（当地克佩勒人）：	一次，蜘蛛去参加一个宴会。在它吃任何东西之前先要回答这个问题：蜘蛛和黑鹿总是在一起吃东西。蜘蛛在吃，那么黑鹿在吃吗？
被试（村中老人）：	它们是在灌木丛中吗？
实验者：	是的。
被试：	它们一起吃东西吗？
实验者：	蜘蛛和黑鹿总是一起吃东西的，蜘蛛在吃，那么黑鹿在吃吗？
被试：	但我不在场，怎么能叫我回答这样一个问题？
实验者：	你不能回答吗？即使你不在场，你也能回答这个问题。（重复问题）
被试：	噢，噢，黑鹿在吃。
实验者：	你说黑鹿在吃的理由是什么？
被试：	因为黑鹿总是成天在灌木丛中走来走去吃绿叶，而且，它休息一会儿就会又起来吃（p.162）。

请注意这段文字中的一些细节。首先，被试回避回答这个问题，他自认为缺乏个体知识或经验，因而无法知道答案。其次，他假定，只有基于个体直接知识才能回答问题。当实验者硬要他回答时，他做了答复，但只是基于他的知识而不是基于三段论的前提本身。用 Henle（1962）的说法，被试"无法领会逻辑任务"（P.370），拒绝基于（或纯粹基于）实验者提供的前提来得出结论。

该研究中的其他被试在回避实验者给他们设定的任务时用了不同方法。有的引入了新前提，通常是那些结合被试个体知识的前提，为的是可以基于这类知识来得出结论并加以证明。Sylvia Scribner（Cole & Scribner，1974）的调查表明，被试似乎会曲解记忆中的三段论，忘记一些前提，并改动其他前提，如下例所示：

问题：	首领的弟兄或者给首领一只山羊，或者给他一只鸡。首领的弟兄没有给首领山羊。他给首领鸡了吗？
被试：	是的，我知道他给了。
（然后要求被试回忆这个问题）：	首领的弟兄会给首领一只山羊。如果他没给首领山羊，就会给他一只鸡。
实验者：	我问的问题是什么？
被试：	你问我，首领的弟兄会给首领一只山羊吗？
实验者：	（又读了一遍问题）
（要求被试回忆这个问题）：	对的，那就是你告诉我的。
	首领的弟兄会给首领一只山羊，如果他没给他一只山羊，就会给他一只鸡。
实验者：	我问你的问题是什么？
被试：	你问我，首领的弟兄会给他一只山羊。如果他没给首领山羊，会给他一只鸡吗？（p.165）

注意这里被试没有复述出题目中的所有前提。在每次回忆中，他都漏掉了第二个前提，即首领的弟兄没有给首领一只山羊。没有这个前提，就不能回答这个问题，可能是由于被试总是不能把问题记住。

显然的，没受过教育的人在进行三段论推理的一个困难在于，他们对于"留在问题界限之内"的无能为力或没有意愿（Cole & Scribner，1974，p.168）。这些人往往遗漏、添加或改变前提，以便可以通过个体知识来得出结论。值得指出的是，并不是只有没有受过教育的被试才会产生这样的错误。就像我们在第 12 章中看到的那样，年幼儿童在做推理任务时难以保持"在界限之内"。此外，改变、遗漏或添加三段论中的前提的倾向也在美国成人中存在，尤其是在处理难题时，Henle（1962）证明了这一点。这其实也表明，其他文化中人们推理的基本过程的确是相似的，对一种文化而言是困难的事情，对其他文化来说也是难题。这些数据同时揭示了学校教育或是读写能力可以改善人们形式推理的能力。之后我们将更深入地探讨这个问题。

然而，Nisbett 及其同事的新近研究表明，并不是所有推理的跨文化差异都可以从接受正规学校教育的年限方面来解释。例如，韩国人比美国人在形式推理任务中具有更多的内容效应（Norenzayan，Choi & Nisbett，2002）。和更多借助于形式推理策略的欧美大学生相比，中国和韩国的大学生更多地使用推理的直觉策略（Norenzayan，Smith，Kim & Nisbett，2002）。Norenzayan 和 Nisbett（2000）认为，研究所发现推理能力的这个跨文化差异可能是（东亚）集体主义文化差异对信息分析过程的作用后果，这些之前已经讨论过了。Nisbett 和 Norenzayan（2002）认为对跨文化差异的部分解释可能源于工业化，也可能有一部分源于对抗性辩论、契约关系以及知识形式化的西方文化传统。

14.1.5 计算的跨文化研究

跨文化认知研究中最引人注目的是围绕数学（通常是算术）知识和问题解决的研究。可以想象，算术系统的发展和运用对几乎所有文化中的众多种日常活动来说都是必不可少的：购物、售货、买卖、做账、确定相对数量等等。我们饶有兴趣地注意到，并不是所有的文化都发展出了同样的系统，因此对这些系统方式的形成进行审视是很有意义的。

让我们先来讨论有关计算的算术技巧问题。Rochel Gelman 和 Randy Gallistel（1978）研究了美国学龄前儿童，证明即便是很小的美国儿童也知道大量的计算知识。对于小数目（即，比 5 小的数），即使是 2、3 岁的孩子也能一下子数清。但是，计算意味着什么呢？Gelman 和 Gallistel 给出了一个惊人复杂的定义：

[计算] 包括几个部分的协调运用：依次地注意一批项，把每一个注意到的项与一个数字名称匹配；以常规的顺序运用数字名称的常规列表；认出所用到的最后一个名称代表了这批项的数值（p.73）。

Gelman 和她的同事观察了学龄前儿童的计算行为，可以识别出计算的几条独特"原则"，如下所列：

1. 一一对应原则：在有待计数的数组中，每一项皆以被赋予一个且是唯一的不同"记号"的方式来加以"标记"。

2. 固定顺序原则：分配给每项的标记（数字名称）

必须以一个固定顺序排列，并可重复。

3.基数原则：当一个人在计数一个数组时，最后一个标记代表了这组项目的数量。

4.抽象原则：任何群体的项目，有形的或无形的，同类的或不同类的，都可以计算。

5.次序无关原则：一组项目中计数的次序（即，哪项标"1"，哪项标"2"，等等）并不会影响到一组项目的数量或计数程序。

儿童可能具备其中一些原则，但无论在哪个发展阶段，儿童都不可能掌握所有这些原则。不过，即使她的"计数"行为和成人的不完全一样，当她的行为表明已经能够遵循至少其中部分原则时，就可以认为她是在"计数"。例如，一个2岁半的儿童这样计算一个盆子中的三只玩具鼠："一、二、六！"当实验者要求他再数一遍时，这孩子高兴地照办了："呀，一、二、六！"（Gelman & Gallistel，1978，p.91）该儿童表现出了清晰的证据证明她遵循了一对一原则和稳定次序原则，因而是真的在计算，即使所运用的是一种与成人不同的计算语言系统。

Geoffrey Saxe（1981；Saxe & Posner，1983）的跨文化研究发现则表明，不同文化中的计算系统也有所不同。Saxe 报告了对巴布亚新几内亚的偏远村庄欧克萨平儿童所作的研究。与在我们文化中所使用的以 10 为基数的数字系统不同，Saxe 发现欧克萨平人发展出了一种没

有基数结构的身体 – 部位计数系统。欧克萨平人在手、臂、肩、颈和头部标记了 27 个不同的身体部位。就像我们用手指计数一样，欧克萨平人用手指，也用手臂、肩膀、脖子和头部各部位来计数，当他们要数一个比 27 大的数时，他们便会循环并添加前面的数字。图 14-8 说明了欧克萨平人的计数系统。

有人对 Saxe 及同事提出了一个问题：欧克萨平人使用的"无基数"计数系统是否会改变对特定数目关系的理解。比方说，皮亚杰的数量守恒任务（若需要回顾，请见第 12 章）依赖于对"更多"或"更好"概念的理解，这种任务对欧克萨平儿童比对美国儿童更加难吗？Saxe（1981）发现，尽管欧克萨平儿童发展计算和守恒的概念普遍较晚，但他们的发展类型却和美国儿童颇为相似。有趣的是，新近采用的货币经济比传统的欧克萨平生活需要更多的算术计算，经常参与这一经济系统的欧克萨平人正在改变并且重新组织他们的身体 – 部位计数系统，以使计算更容易。

近期有一项研究涉及了计数系统及其与计算关系方面的问题。K. F. Miller、Smith、Zhu 和 Zhang（1995）要求来自伊利诺伊州厄巴纳 – 香槟市和中国北京的学龄前儿童完成多种形式的计算任务，然后加以比较。这一比较很有意思，因为汉语与英语的数目命名规则不同。两者都有从 1 到 10 不同的数字名称，且名称之间没有

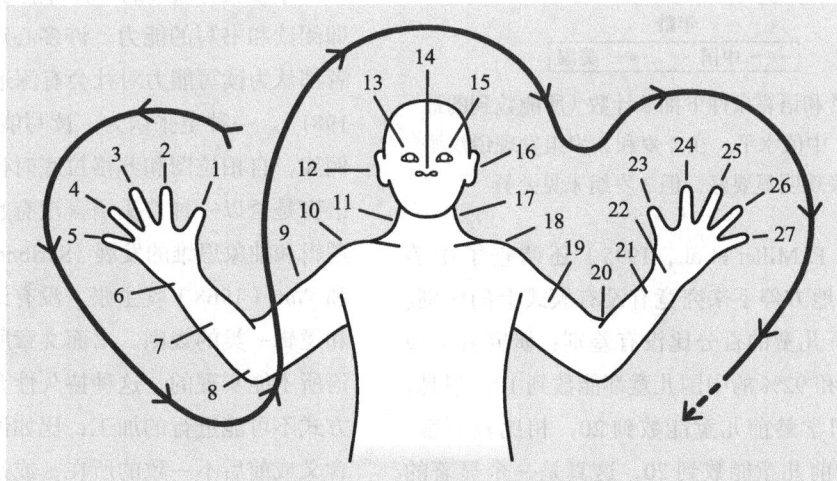

图 14-8　欧克萨平计数系统。欧克萨平人使用的身体部位传统顺序依次为：(1) tip^na、(2) tipnarip、(3) bumrip、(4) h^tdip、(5）h^th^ta、(6) dopa、(7) besa、(8)kir、(9) tow^t、(10) kata、(11)gwer、(12) nata、(13) kina、(14) aruma、(15) tan-kina、(16) tan-nata、(17) tan-gwer、(18) tan-kata、(19) tan-tow^t、(20) tan-bir、(21) tan-besa、(22) tan-dopa、(23) tan-tip^na、(24) tan-tipnarip、(25) tan-bumrip、(26) tan-h^tdip、(27) tan-h^th^ta

预测关系：即不能从 8 叫作八，预测 9 会叫作九；1 到 10 的数字名称是没有次序的。

然而，对于数字中的第二组十个数字，两种语言就产生了分歧。汉语采用了一种以 10 为基数、连贯的指称系统：11 汉语直接称为"十一"。但是英语里 11 和 12 的名称（eleven & twelve）并没表示清楚这两个数字与 1 和 2 的关系。在数字 20 以后，尽管英语比汉语多了一些花样（比如把 20 叫作 twenty），这两种语言又开始用类似的方式来命名数字了。调查者预计，中国的学龄前儿童会比较容易学会计数，尤其是计算 11 到 19 的数字。

实验中给儿童各种各样的计算任务。如，要求儿童尽可能多地数数，一旦他们停下来就会得到实验者的提示，让他们继续数下去。儿童数到的最后一个数作为他的计数水平。图 14-9 显示了不同年龄的学龄前儿童计数水平的中位数。虽然两国的三岁儿童都能数到差不多大小的数，但是 4 岁和 5 岁的中国儿童比他们的美国同龄人可以数到更多。

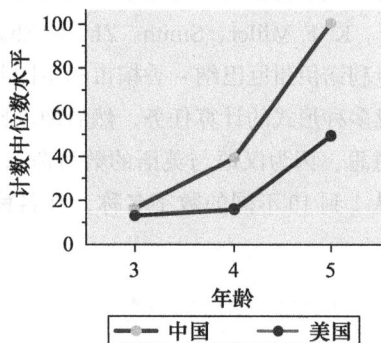

图 14-9　不同年龄和语言条件下抽象计数（所能数到的最大数值）中值水平。在 4 岁和 5 岁组发现说汉语的儿童表现明显要好，但 3 岁组未见差异

研究者（K. F. Miller et al., 1995）还调查了中美儿童数数在什么地方停下来究竟有没有模式上的区别。只能数到 10 以下儿童的百分比没有差别：研究者发现 94% 的美国儿童和 92% 的中国儿童都能数到 10。但是，只有 48% 的美国学龄前儿童能数到 20，相比较而言，74% 的中国学龄前儿童能数到 20，这真是一个显著的差异。在接下去的几十个数字中，这个差异没有扩大。这表明，美国儿童的计数不如中国儿童的原因在于：两种语言中一个（中文）弄清了以 10 为基数的数字系统本身；而另一个语言系统没弄清，这就是差异所在。

K. F. Miller 等人（1995）认为，这种源于语言系统

的差别有助于解释为什么在计算方面中日学龄前儿童表现得比美国同龄人更出色。虽然相比一些亚洲国家，美国的算术教学已经被证实存在许多不足之处（Stevenson et al., 1990），但是 Miller 等人宣称，问题的一部分（至少是部分地）可以追溯到儿童入学时对以 10 为基数的数字系统理解的根本差异。

近期的关于数字认知的跨文化研究验证了来自不同文化的人们如何把数字映射到"心理数值线"（一种内部表征的方法，在这种方法中，不同的数值彼此相关，两个较近距离的数值描述了较近的数值关系）上。对于这种心理表征的特性是否具有文化相关性和普遍性的争论始终在进行（Bender, 2011; Nuñez, 2011）。

我们在这一部分回顾了一些认知任务在不同文化中不同表现的研究实例，也意识到学校教育是影响许多不同认知任务的一个重要变量。在下一部分中，我们将更加仔细地讨论这一变量所产生的效应，尝试分离出是学校教育的哪些方面造成了这样的效应。

14.2　学校教育和读写能力的作用

学校教育是怎样使认知产生如此明显的变化的呢？是特定课程使然，还是学校情境总体效应的结果？跨文化认知研究对这些问题的探讨刚刚起步。

学校教育效应的一种可能原因是**读写能力**（literacy），即阅读和书写的能力。许多心理学、语言学和人类学学者都认为读写能力对社会有深远影响（Scribner & Cole, 1981）。一种主张认为，读写能力从根本上改变了思维。例如，自柏拉图和苏格拉底时代起，学者就想知道书面语言是否以一种口头语言没有且不能做到的方式推进了逻辑和抽象思维的发展（Scribner & Cole）。例如，Goody 和 Watt（1968）就主张，没有语言就不可能有诸如历史和逻辑一类的规则。书面文章所提供的持久性材料是口语所不能实现的。这种持久性允许人们进行某些以别的方式不可能进行的加工，比如说，比较两个句子以领会含义或前后不一致的所在，或是检查句子的内部结构或句法。

著名的马克思主义心理学家列夫·维果茨基坚持认为，就像马克思所认为的那样，人类的"本质"实际上是个体与环境的相互作用（Vygotsky, 1986）。因此，认知加工能力就不仅仅是我们生物遗传的结果，而是人与

环境相互作用的结果，这种相互作用不仅改变了环境，而且塑造了我们认知的特质（Scribner & Cole，1981）。

在任何时候，任务所能调用的工具改变了任务执行的方式。例如，语言加工软件的发明和使用改变了许多教授和大学生撰写论文的方式。万维网改变了人们获取和搜索信息的方式。维果茨基以为，同样的原则可适用于书面语言的存在：它极大地转变了智力加工过程。

比较人类认知实验室（1983）总结了维果茨基关于文化如何影响认知和认知发展的原则。第一，文化对特定问题和问题解决环境的作用是文化"决定了问题是否存在"（p.335）。例如，某人是否需要学习熟记祷词或誓词取决于该文化中是否有任务或场合需要他背诵记忆祷词或誓词。如果该文化并不需要这样的熟记，那么在这种文化中的人们就较少需要发展针对这种任务的策略和处理方式。

第二，文化决定了问题和事件发生的频率。背诵频率是每天一次，每周一次，还是每月一次？毫无疑问，频率将影响到任务实践次数的多少。

第三，文化决定了哪些事件会同步发生。熟记是否和其他任务一同发生，比如阅读或测量。两种任务的共同发生很可能为任务提供了不同的情境，因而可能影响到任务执行的方式。

第四，文化能够"调节情境中任务的难度水平"（laboratory of comparative human cognition，1983，p.335）。例如，文化决定了年幼者怎样才可能完成熟记任务。从文化中也能估计建立出一系列最终达到完全掌握的等级任务的方式。比如，一个四岁的孩子可能从学习简单的韵文开始逐步掌握长篇祷词或是史诗。文化决定了从最初到最终成就的道路。

许多研究显示，学校教育能够对影响各自不同认知任务的表现。

回忆一下有关亚历山大·鲁利亚（维果茨基的学生）的一项研究，该研究于 20 世纪 30 年代苏联一个偏远地区，乌兹别克斯坦的农民中进行（Luria，1976）。当时该地区正经历着深刻的社会经济变革，农村正引入集体化耕作和工业化的观念与做法。作为这次社会经济改革的一部分，一些居民参加了文化课程。鲁利亚比较了参加过和没有参加过文化课程的人在各种知觉、推理和分类任务中的表现。他发现了一致的群体差异：不具读写能力的人最可能用具体的、知觉的和受情境约束的方式对任务作反应；受过学校教育的那组对象表现出更强的、更为抽象和概念化的处理材料的能力或倾向。受教育组可以从前提中进行推理，并根据除他们自身经验以外的知识得出结论。

在解释鲁利亚（1976）的研究结果时出现了一个问题，就是研究离析出两个相关但在概念上独立的因素：读写能力和学校教育，其实是混淆的。正如 Scribner 和 Cole（1981）指出的，学校教育和读写能力常常是相关联的，但又不是同义词。在鲁利亚的调查中，有读写能力的对象同样也上过学；没读写能力的被试也就意味着没有上过学。

学校教育可能对认知产生什么影响呢？首先，值得注意的是学校本身给学生施加的特殊要求。学校是这样一个地方：为数不多的人（老师）要求其他人（学生）回答他早已知道答案的问题。试想这种情况发生在其他情境中会是多么不协调。想象如下的场景，有人走过来询问去图书馆的路。作为一名本地居民你知道怎么走，给他指了个方向，比如"向前走两个街区，在十字路口右拐，接着在一个路口左转，再走半个街区，你就会看到它了。"接着，你的谈话对象告诉你，你指的路错了，还有一条近道可以走。你会觉得这段谈话"正常"或是"时常会发生"吗？只有在像学校一样的场合，老师才提出问题来评估学生的知识而非获得信息。这使得学校情境本身就与日常生活有所背离。

学校和日常情境的不同还表现在许多其他方面。教授的科目通常很少和日常生活有联系。比如说，学地理或历史的学生可能永远没有机会体验所讨论的现象。还有一些学科很抽象（诸如算术和几何），因此在日常生活中很少直接出现。

在学校完成一项作业，例如，学习拼写表，其动机不是作业自身固有的，不像日常任务（比如学骑车）的动机。在后面一种情况下，你之所以学习是因为任务本身对你很重要；在前面一种情况下，学生学习经常是因为老师或父母让他们学。Bruner（1966）认为，学校教育因此提供了用一种去情境化的方式考虑抽象论题的实践，即脱离此时此地的日常生活情境。

Scribner 和 Cole（1981）进行了一系列研究，以分清读写能力和学校教育各自的作用。他们在 20 世纪 70 年代研究了西非利比里亚的维依人。维依人是研究中很有意思的一类人，因为他们发明了属于他们自己的书写体系，称为维依书写体，这种书写文字用于许多商业和个人交易中。维依手写体不在学校传授，只在家里学习。尽管在研究进行时，总人口中只有约 7% 认识维依书写体，但它仍是成年男性认识的最常见的书面语言：成年男性中 20% 认识维依书写体；16% 认识阿拉伯语；6% 认识英语，英语是学校和政府的官方语言。

研究者访谈了 650 名 15 岁以上的人。除了一份冗长的自传式问卷（关于人口统计方面的信息，学校教育和读写能力状况，家庭教育和读写能力状况，职业等等），所有调查对象还要花一小时时间完成一系列不同的认知任务。其中包括分类任务（使用的刺激有几何图形和熟悉的物件），记忆任务（比如回忆一下在分类任务中用到的物件名称），逻辑任务（给出像之前描述过的三段论）和语感任务（比如问，"太阳"和"月亮"的名称可不可以互换，互换的结果会是什么）。在某些任务中，要求被试给出口头解释，之后将作评分。

被试划分为 7 组。前 6 组只包含 15 岁以上的男性，依次为：没有读写能力的男性；只识维依书写体的男性；只识阿拉伯语的男性；既识阿拉伯语也识维依书写体的男性；上过几年学，识英语、阿拉伯语和维依书写

体的男性；上学超过 10 年的男性。第 7 组包含 15 岁以上的女性（其中 11 名有读写能力的维依女性的数据最终没有被采纳，可能是女性具备读写能力相当不典型的缘故）。

总体实验设计需要比较无读写能力组、识维依书写体组和上学组之间的差异。如表 14-3 便是研究的部分结果，颇有些出人意料。在大部分认知任务中，读写能力本身只有分散且微不足道的作用。Scribner 和 Cole（1981）总结说，不用上学就获得的读写能力（比如在家里学会维依书写体）并没有产生鲁利亚（1976）和其他人报告的普遍认知效应。

相反，学校教育的确产生了许多效果。最明显的作用是，学校教育，尤其是用英语指导的教育，增强了语言解释和判断能力。上过学的被试比没上过学的能够更好地对他们的回答给出条理清晰的解释。即便是上学组和未上学组的表现没有区别的情况下，在解释答案时仍存在显著的组间差异。换句话说，学校教育并没有影响到反应的选择，而是影响到调查对象解释和判定选择的技巧。

不过，Scribner 和 Cole（1981）的确还是发现了读写能力对某些具体任务的影响。大部分影响和语言有这样或那样的关系。例如，识字的被试更可能给出维依书写体中句子语法组成的合理解释。他们还发现，在示范如何理解儿童画谜后（参见图 14-10 中画谜的例子），被试学习"阅读"其他书写体更容易。Scribner 和 Cole 使用这些原则来发明维依画谜，并将其传授给识维依书写体（没上过学）的和不识维依书写体的村民。识字的村民学习这一任务比不识字的村民容易得多，而且表现远超不识字的人。

表 14-3 Scribner 和 Cole（1981）的结果

任务和度量	无读写能力男性	只识维依书写体	只识阿拉伯语	识维依和阿拉伯语	上过学识英语	上学超过10年	无读写能力女性
几何分类（整理以 3 为基准的数字维度）	1.6	2.0	2.0	1.9	1.7	1.9	1.7
语言解释（最高分＝12）	5.3	5.1	5.8	5.6	5.6	9.3	4.9
分类（最高分＝6）	3.4	3.5	3.0	3.5	3.8	3.9	3.4
语言解释（最高分＝42）	31.5	31.2	29.0	29.5	32.5	34.6	30.5
记忆（回忆数，最高分＝24）	16.2	16.0	16.2	16.2	17.1	14.9	16.5
逻辑（正确数，最高分＝6）	1.6	1.3	1.7	1.5	3.0	3.9	1.7
理论解释（最高分＝10）	6.1	5.7	6.2	5.7	7.6	7.9	6.2
语言客观性（最高分＝3）	0.7	0.5	0.9	1.2	1.3	1.3	0.7

我们怎样理解 Scribner 和 Cole（1981）的发现呢？和一些常见看法相反，他们的研究不支持读写能力或学

图 14-10　画谜示例。翻译为：在花床上，向外看蜜蜂。（In flower beds, watch out for bees）⊖

校教育对认知过程的进行方式有影响的观点。尽管在一些任务中，上过学或识字的被试比没上过学、不识字的被试表现出色，但是后者的表现常常并不差，或只是比前者略微差而已。读写能力和学校教育的确对一些认知任务的执行方式有明显影响，至少在有些情况下是这样的。所以，显然学校教育和读写能力两者对认知都有影响，至少有时候是有影响的。

Scribner 和 Cole（1981）在回顾其所有发现之后，提出了"实践的读写能力"作为理解这些实验结果的框架。所谓实践，指的是"一再发生的、使用特定技术和特定知识系统的、以目标为指向的序列行为"（p.236）。两位作者检验了读写能力所需要的知识和技巧，以及读写能力实践促成的知识和技巧。人在开始读写时所进行的活动、运用练习已认识的字所进行的活动（比如阅读或写作一封信）增强了一些非常具体的技巧。Scribner 和 Cole 断言，读写能力并不促进广泛普遍的认知变化，而是促进了更为局部的、具体的任务情境中的认知变化。

同样的理由可以解释学校教育的作用。回忆一下，上过学的维依人只在需要语言解释的任务上表现得比没

上过学的维依人出色。Scribner 和 Cole（1981）指出，学校教育的"实践"，特别是英语学校教育，是一个重要原因。在学校里，能为自己的回答给出一组结构严密的理由，并掌握任务的处理与方式，尽管这些处理方式是脱离实践经验的却也能得到奖赏（Bruner，1966）。因此，在上述实验情境中，那些最富经验的人在利用特定技能促进其他情境中问题解决方面表现得最好。

综上所述，Scribner 和 Cole（1981）认为，在通常情况下，认知技能与情境密切相关。从他们的观点来看，似乎不可能存在一种或几种能够影响或改善广泛认知能力或技能的活动，比如"思维"或"分类"。这些学者反而坚持认为，认知处于其自然发生的条件中，或与之紧密相连。个体所处的文化和日常环境为认知任务设定了实践的边界和可能性，认知活动于此实践，从而也得以巩固和加强。情境和文化影响着认知，也受认知的影响。

14.3　日常环境中的情境认知

情境认知（situated cognition）不是只在遥远其他国度的文化中才存在的现象（B. G. Wilson & Myers，2000），正如一些针对工作场所进行研究所获得的结果所表明的那样，文化情境在美国也影响着认知。Sylvia Scribner 生前曾对美国某牛奶加工厂（"乳品厂"）进行了现场研究，她调查了工作现场的认知活动，并将其称为"工作智力"（Scribner，1984，p.9）。同时，她特别对实践思维和理论思维进行了划分（Scribner，1986），后者是一种在许多学校活动中用到的思维：与有意义的情境脱离，执行自己并不感兴趣的任务，为了思维而思维。与理论思维相对，实践思维更为人所熟悉，因为它是"存在于日常生活中大量有目的活动之中，……用以达成活动目标"（p.15）的思维。例如，想出一家"卖得最好"的超级市场或是分析机器功能紊乱的原因。

Scribner（1984）的现场研究一共征用了 300 个白领和蓝领被试。她所选用的蓝领任务包括：产品

⊖　英语中的"钟"与"观看"是同一个词 watch；"4"与"for"同音，字母"B"的复数与"蜜蜂"的复数读音相同。——译者注

装配（仓库工作）、开列存货清单、给交货标签定价。Scribner 和同事由观察被试在正常工作环境中的工作表现开始，将其结构化并呈现给工人这些任务的实验刺激形式。

从她的早期跨文化研究中，Scribner（1984）得出了这样的结论：即认知技能依赖于"通过社会来加以组织的经验"（p.10）。换句话说，处理认知任务的方式随着环境和情境而改变。她发现在乳品厂中出现了同类模式：即使像心算这样的基本任务，同样的人在不同的条件与环境下还是会以不同的方式来加以完成。

产品装配工（有时称为预装工）就是一个具体的例证。他们的工作主要包括把特定数量的不同产品放在一起，为装上货车做准备。Scribner（1984）详细地描述了这一工作环境：

> 产品装配是一项仓库工作，是一类无须技巧的体力劳动，属于乳品厂里收入最低的工作之一。乳制品容易变质的特点要求仓库温度保持在 38 华氏度[一]；于是，仓库就成了冰箱，人们也这样称呼它。
>
> 白天，成千箱乳制品（如脱脂牛奶，巧克力牛奶）和果汁饮料通过传输带从工厂的装填机器运到这个冰箱，在这儿它们和许多别的乳制品（如酸奶，农家鲜奶酪）一起堆放于指定地点。预装工早晨 6 点来到冰箱。等待他们的是一捆划定了递送路线的发货单，称为出货单。每张单据上都列出了每位批发司机第二天要发送的产品及数量。预装工的任务就是找到每种产品，用一把金属的长"吊钩"，拖出需要的那种产品的箱数，把它们运到一个常用装配地，这地方靠近一条围绕冰箱的活动滑轨。
>
> 当指定货车订单中的所有项目都装好时，它们就被拖上滑轨，搬运过检查点，来到装货台（pp.18-19）。

Scribner（1984）注意到预装工在工作中面临的一个有趣问题。货车司机的订单里是用一套单位来表示产品的量（如，牛奶用夸脱，巧克力牛奶用半品脱表示），但是仓库里的流质产品是按照箱而不是按这些单位来保存的。所有产品的箱子都大小相同。而根据产品的不同，所含有的单位量也不同。因而，整箱东西可以含有 4 个单位加仑[二]，9 个单位半加仑，16 个单位夸脱[三]，32 个单位品脱[四]，或是 48 个单位半品脱。

出货单是用电脑把司机的订单转换成箱数制作而成的。那么，某个司机需要 4 加仑果汁就会转化为 1 箱果汁。但是司机的要求常常不是恰好整箱数。例如，司机要 5 加仑牛奶，这个量就转化为一箱多一个单位。发货单主要遵循以下惯例：要是"剩余"单位的数量小于等于半箱，订单就表示成整箱数加上单位数（就像 5 加仑的例子所示）。要是"剩余"单位比半箱多，数量就表示成整箱数减去单位数。这样，在夸脱的情况下（一箱有 16 夸脱），要是司机预订了 30 夸脱的巧克力牛奶，发货单上会写 2(箱= 32 夸脱)–2(夸脱)，即 32–2=30。（警告：这一系统不是凭直觉获知的，因而请你自己仔细地通过这个例子推导。）

Scribner（1984）的问题是，预装工是怎么处理装配订单中的混合数量的，比如 3+1，或 7–5。你可能想，这个问题可以用一种相当明显的方式回答：手持 1–6 订单的预装工会简单地拿过 1 箱再从中拿走 6 夸脱。但事实并非如此。

实际上，预装工在处理这个问题（即，1–6）时会使用几种不同方法。有时，他们用刚才描述的"明摆着"的方法供应订货。其他时候，他们则在心里"重写"订单，使用身边半满的箱子来减少实际上要搬动的单位量。例如，当身边有个半满的夸脱箱（记住，16 夸脱一箱）里有 14 夸脱时，预装工简单地拿走 4 夸脱（1 箱 –6 夸脱= 10 夸脱；14 夸脱 –4 夸脱= 10 夸脱）。在另一种情况下，有个半满的箱子里有 8 夸脱，那么预装工只是又多加了 2 夸脱。

Scribner（1984，1986）发现，尽管同一个问题用不同方法解决了，解法总是遵循以下规则：只搬动最小数量的产品就满足订货要求，即对产品单位只做最少的转化。即便劳动力的"节省"很少（比如在一笔总共 100 单位的订单中节省了一次转换），熟练的预装工还是迅速而且近乎自动地计算并遵循这一效率最高的解决办法。这一过程中所需的心算令人印象深刻，因为计算既迅速又准确，极少出错。而且大部分时候工人是同时装配一批订单，因此几乎肯定地增加了他们工作的认知需求。

结果最终也证明，有必要通过工作上的培训来增强这一认知灵活性。"新手"预装工，即乳品厂的其他工人，和由九年级学生组成的对照组，即相比预装工而言，在发现最佳解决办法时效率要低得多，也不那么熟练。Scribner（1984）建立了一个模拟任务，其中有不

[一] 3.4 摄氏度。——译者注

[二] 1 加仑 =4 夸脱≈ 3.79 升。——译者注

[三] [四] 1 夸脱 =2 品脱≈ 1.136 升。——译者注

同的订单，并把这样的任务分配给其他乳品厂工人和一组九年级学生。当最佳办法需要对订单进行一些心算时，预装工 72% 的时间里可以成功求解；存货员（其中许多都有过当预装工的经验），65%；乳品厂的职员（几乎没多少产品装配的经验），47%；九年级学生，25%。学生在解决问题中往往特别"规范"和"刻板"，用同一方法解决每个问题，即使有简便得多的策略（需要一些心算的），或者使用发货单上指定的方法就可解决时也如此。

Scribner（1986）在做其他工作的熟练工身上也发现了类似的认知灵活性的例子。她推断，尽管像学校用的测验和许多认知心理学实验中要求的那样，正式的问题解决往往要求或促进了指定的解决方法和固定规则的掌握。但是实践思维并不如此机械。实践思维反而"以原始问题的适当公式或重新定义为转移"（p.21）。实践思维灵活而且需要对"同一"问题按当前情境制定不同的解决办法。这里我们注意到实践思维和"学业"思维的区别，后者往往要求用解决一个问题的所有步骤来解决所有的同类型问题。

在另一种工作环境下，食品杂货店中，也报告了类似的发现（Lave et al., 1984）。尽管在收银工作中，食品杂货只是很小的一部分，但是它却是家庭所必需的一种经常性活动。Lave 及其助手以食品杂货店作为日常生活的认知加工研究背景，以 25 名杂货店顾客为对象，这些被试具有不同的社会经济和教育背景。研究者陪伴顾客的购物全程，并记录他们和其他顾客之间的谈话。

典型的超级市场里有大约 7 000 种不同货物，而一般顾客每周会购买 50 种（Lave et al., 1984）。这样一来，可供选择的数量显然相当庞大。一般顾客怎样才能在一小时左右完成购物呢？答案再一次与认知灵活性和对问题具体特征的适当解决办法有关。例如，一位顾客发现一包奶酪上的标价高得出奇。为了确定这个价格是否正确，他找到了箱子里的另一包分量与这包几乎一样的奶酪，接着他比较了这两包的标价，确实发现了它们的不一致。哪一包标错了呢？为了找到答案，他把这两包和箱子里的其他奶酪比较，确定了实际上是第一包上的价格标错了。注意这里顾客对于心理资源的"节省"：虽然他可能计算出每包中一盎司的价格，但是这样的计算要求很高，而且容易出错。相反，他找到了解决问题的另一种方法，这种方法既能更简便地完成任务，同时又能减少出错的可能性。

Lave 等人（1984）对人们在杂货店里进行的算术运算特别感兴趣。研究者发现，人们在店内的算术几乎完美，即准确率高达 98%，这一数据与同样这些人在"类似学校里的"算术测验中 59% 的平均准确率相比，显然存在显著差异。为什么会产生这样的差异呢？在某种程度上，人们常常发明出比传统计算更好的办法，就像上面这个例子。另一方面我们看到，在学校里习得的技能可能会用于课堂之外。不过，使用时的创造性、灵活性和有效性要高得多。

Ceci 和 Roazzi（1994）描述了由 Carraher 及其同事对以沿街贩卖为生的巴西儿童所进行的研究，这些研究发现，当给儿童一些真实生活情境中常见的问题时（例如，"如果一只大椰子值 76 元，小的值 50，那么两只一共值多少钱？"这样的问题），儿童的表现有 98% 是正确的。当给他们一个正规测验问题时（"76+50 等于多少？"），回答

Lave 及其合作者（1984）用食品杂货店中的场景来研究日常生活中的认知加工。

平均只有 37% 是正确的。

　　本章中描述的许多研究观点再一次表明，我们所认为的"这一"认知加工方式其实是认知在特定环境中所采用的"一种"方式。认知加工往往以不同的方式进行，一些我们可能认为是根本性的认知过程（如，在知觉、记忆或思维中的加工过程）或许会有彻底的改变，即便是在成人身上也是如此。Nisbett 和 Norenzayan（2002）提醒我们"文化习俗和认知过程相辅相成。文化习俗促进某些类型的认知过程，而认知过程又使这些文化习俗长存"（p.562）。

概要

1. 跨文化认知研究表明，一种认知任务处理和执行的方式没必要在所有时候对所有人都完全一样。一些任务因为熟悉而比较容易，至少美国主流文化的认知心理学家如此预期。就像 Wober（1969）所表达的，如果太经常地采用一种文化中的认知任务，那么心理学家将无法简单地通过衡量"他们能够多好地完成我们的任务？"（p.488）来研究另一文化中人们的认知。另一种文化中的人们或许在测试中表现差劲，但仍具有该实验设计所要测量的认知能力。

2. 不同文化中的人们会找到解决他们面临的认知（或其他）挑战的不同方法。特定的环境，包括特定的文化会强化特定的技巧、策略和解决方法。这些方法会使特定任务变得容易且"自然"，但却增加了另外一些问题的解决难度。

3. 就像之前提到的那样，认知常常颇为灵活。对任何任务的实践通常会加快其执行速度，并且使它具有更高的准确率。这个观点同时又意味着：实践常常影响任务的执行方式。这表明研究者需要评价的不仅仅是特定文化中个体对任务的熟悉程度，还有该个体在该（或类似）任务中的具体实践水平。

4. 正规学校教育尽管肯定无法改变认知加工的全部，但也改变了认知加工的一些重要方面。尤其是，学校教育影响了人们处理"抽象"材料的能力；使人们在解决问题时较少地依赖周围环境中的情境线索；并且能更清楚地解释他的回答和思维。学校教育也有助于人们想出怎样解决遇到的新任务，特别是在计划和建构方面。总的说来，学校教育明显有助于人们从他们的日常程序中"抽出身来"，并且促进他们从不同角度思考。而且，就像比较人类认知实验室（1983）指出的那样，学校教育为人们参加认知心理学实验作了特别好的准备！

5. 有趣的是，现已证明基本学业技能并非是人们面对日常生活认知问题时的最佳选择。经过特定任务的实践，不管是在杂货店购物还是清点存货，都可以让人们发现聪明的捷径，既减少了所需（心理的或生理的）努力，同时又提高了准确率。虽然学校可能坚持认为学生应该用类似的方法解决所有计算问题，但是相关研究表明，在"真实世界"里，用于解决一个问题的办法常常随当时情境的不同而改变。

6. 一个普遍且重要的观点是，认知过程的模型经常隐含地假定，该模型所涉及的问题普遍重要而且熟悉，这是近来研究者质疑的一个假定。同样地，尽管新的研究向上述观点发起了挑战，但是现存的认知模型常常假设同一认知程序以同一方式运用于一个问题的所有版本。放弃这些假设毫无疑问将使认知研究者的工作变得困难许多。但长远来看，这些新模型将变得更准确、更完整。

复习题

1. 断言特定认知能力或技能具文化相对性或文化普遍性的意思是什么？这两种断言有何区别？

2. 描述 Hudson 图像知觉的研究，讨论它们的含义。

3. Kearins 下结论说，文化可以把"环境压力"强加于特定认知技能。参照 Kearins 及其他研究者的实际发现，对这一结论进行讨论。

4. 学校教育似乎有助于认知表现，尤其是在形式推理之类的任务方面。解释这种现象的原因。

5. 学校教育和读写能力似乎是两个不同因素，它们对认知表现的影响是有区别的。描述一两个它们的差异，思考这些差异的原因。

6. Scribner 对乳品厂工人的研究在哪些方面与其他跨文化研究结果是一致的，哪些方面有差异？

译者后记

　　《认知心理学：认知科学与你的生活》（原书第 5 版）译稿全部完成了，因为有了翻译其第 3 版打下的基础，所以，重温一下原作者的认知心理学体系是一件相对轻松愉快的经历。可是，由于种种原因，从接受翻译工作到彻底完稿，还是耗费了一年多的时间。

　　2006 年的那一幕至今记忆犹新——我用自行车驮着一摞出版社刚刚寄给我的新书，到复旦南区心理学系逐一发放给同学们。如果从当年在上海医科大学（现已合并入复旦大学成为"复旦上海医学院"）教授心理学概论算起，本人教授心理学导论类课程已有 25 年之久。对于认知心理学的相关内容，浏览查阅过的教科书也难以计数。凯瑟琳·加洛蒂教授编撰的教科书条理清晰，章节连贯，相互呼应，既不乏前沿的最新研究介绍，也涵盖经典的实验、理论，对于学习者而言，尤其浅显易懂，不失为奠定认知心理学基础的一本入门的教科书。其最后三章对于我这个研究儿童认知发展的人来说尤为亲切。虽然，学习者也可从发展心理学的教科书中涉及同样的内容，但在认知心理学的整体框架下介绍，仍旧成为一种必然——认知不是静态的，自有其个体发生和种系发生的轨迹与内在规律可循；认知也不是游离在外的，自有其依托的种种情境，既包括微观的、个体的，也有宏观的、属于整个时代的文化与精神背景。学习和研究中免不了将认知过程片段化、局部化和细节化，但我们不应忘记认知的主体：完整的人，以及人所处的文化与社会环境。

　　本书的第 1、2 章由吴国宏翻译，第 3 ~ 5 章由刘铭翻译，第 6 ~ 8 章由华剑侃翻译，第 9 ~ 11 章由赵伊人翻译，第 12 ~ 14 章由王超翻译，最后，由吴国宏统一审校完稿。

吴国宏

2015 年 8 月

推荐阅读

推荐阅读

神经科学原理 [英文版·原书第5版·上下册（附赠光盘）]

作者：（美）埃里克 R. 坎德尔 等 ISBN：978-7-111-43081-0

诺贝尔奖获得者坎德尔领衔主编，多位神经科学泰斗级人物共同编著

国际上最权威神经科学教科书，被称为"神经科学圣经"

全面更新至第5版

国际著名神经生物学家蒲慕明、

北京市神经再生及修复研究重点实验室主任徐群渊

北京大学心理学系主任周晓林 隆重推荐

随书赠送光盘，包含书中全部近千张彩图

坎德尔主编的《神经科学原理》是美国一般大学研究所和医学院神经科学课程最常用的教科书，由神经科学领域里著名学者执笔。第5版内容丰富新颖，是一本难得的教科书。对神经科学研究者来说，也是跟踪神经科学各领域近年来进展的一本很好的参考书。

—— 国际著名神经生物学家　蒲慕明

脑 与 认 知

《重塑大脑，重塑人生》

作者：[美] 诺曼·道伊奇　译者：洪兰

神经可塑性领域的经典科普作品，讲述该领域科学家及患者有趣迷人的奇迹故事。

作者是四次获得加拿大国家杂志写作金奖、奥利弗·萨克斯之后最会讲故事的科学作家道伊奇博士。

果壳网创始人姬十三强力推荐，《最强大脑》科学评审魏坤琳、安人心智董事长阳志平倾情作序

《具身认知：身体如何影响思维和行为》

作者：[美] 西恩·贝洛克　译者：李盼

还以为是头脑在操纵身体？原来，你的身体也对头脑有巨大影响！这就是有趣又有用的"具身认知"！

一流脑科学专家、芝加哥大学心理学系教授西恩·贝洛克教你全面开发使用自己的身体和周围环境。

提升思维、促进学习、改善记忆、激发创造力、改善情绪、做出更好决策、理解他人、帮助孩子开发大脑

《元认知：改变大脑的顽固思维》

作者：[美] 大卫·迪绍夫　译者：陈舒

元认知是一种人类独有的思维能力，帮助你从问题中抽离出来，以旁观者的角度重新审视事件本身，问题往往迎刃而解。

每个人的元认知能力也是不同的，这影响了学习效率、人际关系、工作成绩等。

通过本书中提供的心理学知识和自助技巧，你可以获得高水平的元认知能力

《大脑是台时光机》

作者：[美] 迪恩·博南诺　译者：闫佳

关于时间感知的脑洞大开之作，横跨神经科学、心理学、哲学、数学、物理、生物等领域，打开你对世界的崭新认知。神经现实、酷炫脑、远读重洋、科幻世界、未来事务管理局、赛凡科幻空间、国家天文台屈艳博士联袂推荐

《思维转变：社交网络、游戏、搜索引擎如何影响大脑认知》

作者：[英] 苏珊·格林菲尔德　译者：张璐

数字技术如何影响我们的大脑和心智？怎样才能驾驭它们，而非成为它们的奴隶？很少有人能够像本书作者一样，从神经科学家的视角出发，给出一份兼具科学和智慧洞见的答案

更多>>>

《潜入大脑：认知与思维升级的100个奥秘》 作者：[英] 汤姆·斯塔福德 等 译者：陈能顺
《上脑与下脑：找到你的认知模式》 作者：[美] 斯蒂芬·M.科斯林 等 译者：方一雲
《唤醒大脑：神经可塑性如何帮助大脑自我疗愈》 作者：[美] 诺曼·道伊奇 译者：闫佳